KB150431

시험에 끌려다니지 않고
시험 흐름을 끌고 나가는

영양교사 임용준비서 **1** 권

시험에 끌려다니지 않고
시험 흐름을 끌고 나가는

식품학
조리원리
식품위생학
단체급식

시끌 시끌

차윤환·김옥선 지음

영양교사 임용준비서 **1**권

최신 기출문제
완벽 수록!

합격으로 가는
가장 빠른 길!

이론 + 문제

교문사

머리말

어느덧......
13년이란 세월이 흘렀다.

2007년 영양교사 임용고시가 처음 시작되고, 벌써 10년이 넘는 시간이 흘렀다. 2007년 여름에는 《미리 보는 영양교사》라는 교재를 처음으로 만들어 시장에 출간하고, 그 후 이름을 바꾸어 가면서 13년 만에 드디어 5번째 교재를 만들게 되었다.

그 긴 시간 동안 개인적으로, 그리고 영양교사 임용적으로 많은 변화들이 생겼다. 우선 개인적으로 13살이라는 나이를 더 먹었고, 그 결과 어느덧 반백 년 고지에 올라서게 되었다. 패기보다는 완숙이라는 말이 조금 더 친근해지게 되었고, "달려 달려"라는 말보다는 "살살"이라는 말이 친근해졌다.

이런 개인적 변화와 더불어 영양교사는 학교에서 중추적인 자리를 잡았다. 매년 수백 명의 신임 영양교사가 학교에 새로 자리를 잡고, 그 후 학생들의 식생활과 영양교육 등을 책임지고 있다. 아직은 갈 길이 멀지만, 2007년과 비교할 때 현재 영양교사의 위치는 '우리 아이들의 식생활과 평생 건강을 책임지는 선생님'으로써 비약적으로 그 중요도가 증가하였다.

13년이 흐르는 동안, 임용시험을 준비하는 학생들의 자세도 많이 변한 것 같다. 과거 학생들이 교사로서의 사명감을 가지고 오랜 시간 임용을 준비했다면, 요즘 학생들은 이런 자세보다는 좀 더 가볍고 유연하게 임용을 준비하는 것처럼 보인다.

이번에 만든 교재는, 오늘날의 학생들이 좀 더 편안하게 임용 준비를 할 수 있도록 도움을 주기 위한 것이다. 본 교재는 대략 2007년 이후 출제된 영양교사 임용문제와, 2000년 이후부터 출제된 유사 임용문제를 모두 발췌해서 문제 파트에 정리한 것이다. 또 자주 출제되었던 이론 내용을 정리하여 본문의 이론 부분에 소개하였다.

임용시험을 준비할 때 많은 양의 공부는 꼭 필요하다. 이처럼 엄청난 공부량 속에서도 조금 더 중요한 부분은 분명 존재한다. 처음 임용을 준비하는 초년생들을 위해, 임용 준비 방법을 설명한 영상은 표지 뒷면에 QR 코드로 연결하여 볼 수 있게 준비하였다. 기술식 문제가 출제된 이후의 임용문제는 따로 해설을 붙이지 않았는데, 이는 문제의 정답보다는 그 문제를 분석하고 정답을 찾아가는 과정이 더 중요하다는 저자의 의견이 반영된 것이다.

이 책은 1권과 2권을 합쳐 약 1,400쪽이라는 방대한 양의 지면으로 구성되어 있다. 이 엄청난 지면만큼 우리 사회에서 영양교사의 위상도 높아지기를 기대한다.

사람이 어떤 일을 하는 데에는, 일의 크고 작음과 상관없이 누군가의 응원과 지지가 꼭 필요하다. 필자의 경우, 이 책을 집필함에 있어 이러한 응원과 지지가 도움이 되었다. 이 책을 보고 임용을 준비하는 학생들의 뒤에도 누군가의 응원과 지지가 있기를 기원한다.

그 누구보다도 저는 여러분을 응원하고 지지합니다. 파이팅....

2020년 4월 10일
홍제동 방 안에서
저자 올림

5

차 례

머리말 ··· 4

PART 1

식품학

CHAPTER 01 **식품**

1. 식품의 정의 ······································· 15
2. 식품의 기능 ······································· 16
3. 식품의 분류 ······································· 17
4. 식품성분의 분류 ·································· 18
5. 건강기능식품의 종류 ··························· 19
문제풀이 ·· 20

CHAPTER 02 **수분**

1. 식품 중 수분의 역할 ··························· 23
2. 자유수와 결합수 ································· 24
3. 수분활성도 ·· 25
4. 등온흡습(탈습)곡선 ···························· 26
문제풀이 ·· 29

CHAPTER 03 **탄수화물**

1. 탄수화물 ··· 40
2. 단당류 ·· 41
3. 이당류와 삼당류, 올리고당과 다당류 ······ 42
4. 탄수화물 유도체 ································· 44
5. 전분 ·· 45
6. 전분의 호화 ······································· 46
7. 전분의 노화 ······································· 48
8. 전분의 호정화 ···································· 50
9. 전분의 분해효소 ································· 50
10. 식이섬유 ·· 51
문제풀이 ·· 53

CHAPTER 04 **지질**

1. 지질의 기본적 개념 ·· 72
2. 지질의 분류 ·· 74
3. 지방산 ·· 75
4. 지질의 물리화학적 특성과 측정 방법 ······································· 76
5. 유지의 산패 ·· 79
6. 유지의 자동산화 ·· 80

문제풀이 ·· 84

CHAPTER 05 **단백질**

1. 아미노산 ··· 102
2. 단백질 ·· 105

문제풀이 ··· 113

CHAPTER 06 **무기질과 비타민**

1. 무기질의 기능과 중요성 ·· 118
2. 무기질의 기능 ··· 119
3. 산성식품과 알칼리성 식품 ·· 122
4. 비타민의 정의와 종류 ··· 124
5. 비타민의 종류와 특징 ··· 125
6. 비타민 과잉증 ··· 126

문제풀이 ··· 128

CHAPTER 07 **식품의 색**

1. 갈변 ··· 131
2. Maillard 반응 ·· 132
3. 캐러멜화 반응 ··· 136
4. 아스코르빈산 산화반응에 의한 갈변 ······································ 137
5. 효소적 갈변반응 ·· 137
6. 식물성 색소 ·· 140
7. 동물성 색소 ·· 144

문제풀이 ··· 145

CHAPTER 08 **식품의 맛과 향**

1. 미각의 생리적 작용 ·· 162
2. 식품의 냄새 성분 ·· 163

문제풀이 ··· 165

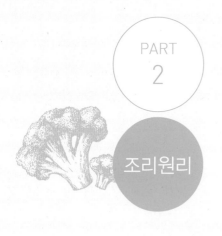

PART
2

조리원리

CHAPTER 01 **식품 중의 단백질**

1. 단백질의 분류 ···································· 173
2. 곡류단백질 ······································ 174
3. 대두단백질 ······································ 176
4. 우유단백질 ······································ 177
5. 계란단백질 ······································ 178
6. 육류단백질 ······································ 179
7. 제한 아미노산과 단백가 ···················· 180
8. 식품 조리에 사용하는 효소들의 종류 ······ 180

문제풀이 ··· 182

CHAPTER 02 **조리의 기본원리**

1. 조리의 정의와 목적 ·························· 191
2. 조리의 조작 ···································· 192
3. 조리 과정 중의 영양성분 변화 ············· 194
4. 가열 방법에 따른 조리 방법 ················ 196
5. 조리에 의한 식품의 변화 ··················· 197

문제풀이 ··· 198

CHAPTER 03 **농산물의 조리**

1. 곡류의 조리 ···································· 207
2. 두류의 조리 ···································· 211
3. 감자의 조리 ···································· 212
4. 밥 짓기 ··· 213

문제풀이 ··· 214

CHAPTER 04 **축산물의 조리**

1. 육류의 조리 ···································· 231
2. 우유의 조리 ···································· 233
3. 계란의 조리 ···································· 236

문제풀이 ··· 238

CHAPTER 05 **해산물의 조리**

1. 어패류의 조리 ·································· 259
2. 해조류의 조리 ·································· 262

문제풀이 ··· 263

CHAPTER 06 **과채류의 조리**

1. 과일과 야채류의 조리 ·· 269
2. 김 치 ·· 271

문제풀이 ·· 273

CHAPTER 07 **그 외 다른 조리**

1. 유지의 조리 ·· 280
2. 당류의 조리 ·· 282
3. 한천과 젤라틴의 조리 ·· 283
4. 조미료와 향신료 ·· 284

문제풀이 ·· 289

PART
3

식품
위생학

CHAPTER 01 **식품위생 개론**

1. 식품위생의 기원 ·· 307
2. 식품위생의 정의 및 개념 ·· 308
3. 건강장애 원인물질과 식중독 위험 ································ 311

문제풀이 ·· 314

CHAPTER 02 **식품과 미생물**

1. 미생물의 일반적인 내용 ·· 320
2. 1차 오염과 2차 오염 ·· 321
3. 오염지표균 ·· 322
4. 소독, 멸균과 살균 ·· 324
5. 소독과 살균법 ·· 325
6. 잠재적 위험 식품 ·· 329

문제풀이 ·· 330

CHAPTER 03 식품의 변질과 위생

1. 일반세균과 병원성균의 차이 ······················· 340
2. 산패, 부패, 변패의 차이 ······················· 341
3. 식품의 초기 부패와 판별 ······················· 341

문제풀이 ······················· 345

CHAPTER 04 식중독

1. 식중독의 정의와 분류 ······················· 353
2. 세균성 식중독 ······················· 354
3. 바이러스에 의한 식중독 ······················· 364
4. 화학성 식중독 ······················· 368
5. 자연독에 의한 식중독 ······················· 374
6. 곰팡이독 ······················· 375

문제풀이 ······················· 377

CHAPTER 05 식품과 전염병

1. 경구 전염병 ······················· 413
2. 인축 공통 전염병 ······················· 417
3. 식품과 기생충 ······················· 417
4. 위생동물 ······················· 419

문제풀이 ······················· 420

CHAPTER 06 식품첨가물

1. 식품첨가물 ······················· 429
2. 독성 실험-급성과 만성독성실험 ······················· 432

문제풀이 ······················· 434

CHAPTER 07 새로운 식품위생관리 방법과 HACCP

1. 새로운 식품위생관리 방법 ······················· 443
2. 중요 위생 사건 ······················· 445
3. HACCP의 정의 ······················· 453
4. HACCP의 12절차 ······················· 454
5. HACCP 적용 추진 절차 ······················· 471

문제풀이 ······················· 474

PART
4

단체급식

CHAPTER 01 **단체급식의 이해**

1. 단체급식의 정의 ································· 487
2. 단체급식의 의의 및 역할 ··············· 488
3. 단체급식의 장단점 ······················· 489
4. 단체급식 생산시스템 ····················· 490
5. 단체급식의 분류 ··························· 490
6. 단체급식 관리자 ··························· 495

문제풀이 ··· 498

CHAPTER 02 **급식영양관리**

1. 영양관리 ································· 503
2. 메뉴(식단)관리 ··························· 504

문제풀이 ··· 513

CHAPTER 03 **급식구매관리**

1. 구 매 ································· 519
2. 검 수 ································· 527
3. 저장과 출고 ··························· 527
4. 재고관리 ································· 528

문제풀이 ··· 533

CHAPTER 04 **급식생산관리**

1. 급식 수요예측 ··························· 544
2. 표준 레시피 ··························· 545
3. 대량조리 ································· 547
4. 운반과 배식 ··························· 548

문제풀이 ··· 551

CHAPTER 05 **급식원가관리**

1. 원가의 개념과 분석 ····················· 559
2. 재무제표 작성 및 손익분기 분석 ······· 562

문제풀이 ··· 566

CHAPTER 06 **급식경영관리**

1. 급식경영관리의 지휘와 조정 ··········· 570
2. 급식경영 계획의 기법 ··················· 577

문제풀이 ··· 579

CHAPTER 07 급식인적자원관리

1. 인적자원관리의 개념 ··· 585
2. 인적자원의 확보 ··· 585
3. 인적자원의 개발 ··· 587
4. 인적자원의 보상 ··· 587

문제풀이 ··· 589

CHAPTER 08 급식시설관리

1. 학교급식 위생관리 지침서 ··· 594
2. 시설·설비 위생관리 ·· 594
3. 개인 위생관리 ··· 605
4. 식재료 위생관리 ·· 610
5. 작업 위생관리 ··· 613
6. 급식기구 세척과 소독 ·· 617
7. 환경 위생관리 ··· 621
8. 중요관리점 관리 방안 ·· 625

문제풀이 ··· 635

부 록

한국인영양섭취기준
Dietary Reference Intakes for Koreans ; KDIRs ················· 646

PART 1

식품학

식품
수분
탄수화물
지질
단백질
무기질과 비타민
식품의 색
식품의 맛과 향

개 요

식품학이란 식품에 대한 일반적인 내용을 다루는 과목으로 알려져 있다. 이런 이유로 여러 학교에서 식품학을 저학년 때 한 학기에 배우는 경우가 많다. 영양사 시험에서 식품학은 식품학과 식품미생물학 및 조리원리 세 과목이 묶여서 과락과목으로 되어 있다. 근래에 들어 식품학은 단순히 일반적인 내용만을 논하지는 않는다. 시판되는 식품학 교과서를 보면 식품의 일반적인 내용만을 다루고 있는 책과 함께 식품화학적인 내용을 포함하고 있는 책도 찾아볼 수 있다. 이 중 후자의 형태를 갖는 교과서가 점차 늘어나서 식품학이라는 과목이 식품화학처럼 생각되고, 영양사 시험에서 식품화학적인 내용이 많이 포함되고 있다.

식품학이 식품의 일반적인 내용을 다루는 과목이라면, 식품화학은 식품 속에 포함되어 있는 일반성분과 특수성분을 화학적으로 다루는 과목이다. 식품화학에서는 식품의 성분을 화학적으로 분석하고, 식품의 조리과정 중이나 처리과정 중 어떤 화학적 변화를 받게 되는지에 대한 내용을 다룬다.

탄수화물은 단당류와 다당류로 나누어지고, 단당류는 그들의 화학적 구성에 따라 다양하게 나누어진다. 단당류는 여러 화학적 결합을 통해 다당류를 만들게 된다. 지방은 글리세롤에 지방산이 에스테르 결합을 하고 있고, 단백질은 20개의 아미노산이 펩티드 결합을 통해 폴리머(polymer)를 만든 것이다. 이런 화학적 접근들을 이 과목에서 다루게 될 것이다.

식품학은 영양교사 임용에서 영양교육, 영양학과 더불어 3대 중요 과목이다. 문제 출제 비중은 낮으나 문제 난이도를 높여서 당락을 좌우하는 문제를 낼 수 있기 때문이다.

CHAPTER **01**

식품

식품학에 관한 내용 첫머리에는 당연히 식품에 대한 정의가 들어가야 될 것이다. 일반적으로 우리는 이 부분을 너무 쉽게 생각하고 신경 쓰지 않는 경향이 있다. 하지만 막상 아는 것과 말하는 것은 다르다. 쉽다고, 알고 있다고 생각해도 막상 말하고 쓰려고 하면 오히려 더 쓸 수 없는 경우도 많다. 식품은 식품영양학, 식품공학, 식품가공학, 식품조리학의 공통적인 부분이다. 그만큼 광범위한 내용을 담고 있다. 어려운 내용은 없으니 쉬엄쉬엄, 하지만 한 번에 끝낼 수 있도록 준비해 보도록 하자.

1 식품의 정의

식품을 정의하기는 매우 어렵다. 일반적으로 학생들에게 식품의 정의를 물으면 대부분은 '먹는 것 혹은 먹을 수 있는 것edible matter'이라고 답한다. 식품에 관한 기록을 보면 '백토(白土)'에 대한 것이 있다. 이 '하얀 흙'은 과거 우리나라에서 구황식품으로 사용되어 왔다. 이 백토 역시 분명 '먹는 것 혹은 먹을 수 있는 것'이라는 정의에 적합한 것이 된다. 하지만 이를 식품으로 보지는 않는다. 약품도 분명 먹는 것이지만 역시 식품으로 보지는 않는다.

이런 설명을 듣게 되면 학생들은 식품의 정의를 '영양소를 포함하고 있는 먹는 것 혹은 먹을 수 있는 것'이라고 바꾼다. 거의 95%는 맞는 설명이지만 이것 역시 100%는 아니다. 어느 교과서든 중요한 것은 앞에 나오게 된다. 식품화학은 식품의 성분을 화학적으로 분석한 학문이다. 당연히 식품 중 가장 중요한 성분이 가장 먼저 나오게 될 것이다. 시중에 판매되는 대부분의 식품화학 책에서 가장 먼저 나오는 식품성분은 물 혹은 수분이다. 3대 영양소는 탄수화물, 지방, 단백질이고, 5대 영양소는 탄수화물, 지방, 단백질, 비타민, 무기질이다. 물은 3대에도 5대에도 포함되지 못했다. 하지만 그런 물이 가장 중요한 성분인 것이다. 최근에서야 물을 포함하여 6대 영양소로 분류하는 책들이 나오게 되었다. 과거의 관점에서 보면 물은 영양소가 아

CHAPTER 01 **식품**   **15**

니다. 그런데 물은 식품이고 가장 중요한 성분이다. 그럼 위의 정의 역시 문제점을 갖게 된다.

몇몇 문헌에서 식품의 정의를 찾아보면 다음과 같다. 우리나라 식품위생법에서는 "식품이라 함은 모든 음식물을 말하며 다만 의약으로 섭취하는 것은 예외로 한다"라고 정의하고 있다. 세계보건기구WHO에서는 식품을 '인간이 섭취할 수 있도록 완전 가공 또는 일부 가공한 것 또는 가공하지 않아도 먹을 수 있는 모든 것'이라 정의하고 있다. 일부 학자들은 식품을 '식량을 그대로 또는 단순 처리한 후 작은 유통단위로 가공성과 저장성, 부가가치성을 향상시킨 가공식품'이라고 정의하고 있다.

이상의 내용을 통해 보았을 때 식품에 대한 정의는 매우 어렵고 한마디로 표현하는 것이 불가능하다는 것을 알 수 있다. 하지만 그래도 시험에서 '영양소를 포함하고 있는 먹는 것 혹은 먹을 수 있는 것'이라 정의한다면 어느 정도는 맞는다고 생각된다.

2 식품의 기능

인간이 식품을 섭취하는 이유는 다양하다. 이런 섭취 이유는 식품의 기능과 어느 정도 연관성을 가지고 있다. 식품의 기능은 크게 6가지 정도로 나눌 수 있다.

영양적 기능   생리적 기능   기호적 기능

그림 1-1
식품의 기능   사회적 기능   과시적 기능   건강적 기능

① **영양적 기능** : 식품의 제1기능으로 인간이 살아가는 데 필요한 여러 영양소를 공급하는 수단이 된다.

② **생리적 기능** : 식품의 제2기능으로 인간이 배고픔을 이겨내고 포만감을 주는 수단이 된다.

③ **기호적 기능** : 식품의 제3기능으로 맛있는 것을 먹음으로써 인간은 즐거움을 느끼게 된다. 이를 통해 인간은 쾌락을 느끼게 되고, 이를 식도락이라고 한다.

④ **사회적 기능** : 식품의 제4기능으로 인간은 여러 사람이 같이 나누어 먹는 식사를 통해 사회적 동질감과 구성원 간의 교감을 느끼게 된다.

⑤ **과시적 기능** : 식품의 제5기능으로 고급 식품을 먹음으로써 다른 이들에게 자신의 권위를 과시할 수 있게 된다. 중국 부호들의 경우 일반 회사원의 6개월치 월급에 해당하는 고급 식사를 하면서 자신이 성공했다는 것을 느낀다고 한다.

⑥ **건강적 기능** : 식품에 들어 있는 여러 특이·기능적 성분이 개인의 건강에 도움을 주는 기능이다. 21세기에 들어오면서 크게 부각되고 있으며, 건강적 기능이 강화된 식품을 건강식품 혹은 기능성 식품으로 분류하기도 한다.

3 식품의 분류

세계에는 수많은 종류의 식품이 존재한다. 이 많은 식품을 분류하는 것 역시 매우 중요하다. 식품의 종류만큼 분류하는 방법도 여러 가지가 존재한다. 그중 가장 흔하게 사용하는 방법을 아래 표에 정리하였다.

표 1-1
식품의 분류

분류 방법	분류의 예
생산지역	농산물, 수산물, 축산물, 임산물
가공 정도에 따라	원재료, 중간가공품, 최종가공품
식품의 주요 구성성분	단백질식품, 당질식품, 지방질식품, 섬유질식품
그 외	일반식품, 기호식품, 기능성식품

우선 식품을 생산하는 생산지역에 따라 분류할 수 있다. 생산지역에 따라 쌀, 밀, 채소와 같은 농산물, 물고기와 해초와 같은 수산물, 버터, 육류, 계란과 같은 축산물과 과일과 같은 임산물로 나눌 수 있다.

식품을 소비하기 위해 어느 정도 가공과정을 거치게 된다. 그 가공 정도에 따라 원재료, 중간가공품, 최종가공품으로 분류할 수 있다. 예를 들어 고추(원재료)를 수확한 후 이것을 말리고 가루를 내어 고춧가루(중간가공품)를 만들고, 이 고춧가루를 배추에 넣어서 배추김치(최종가공품)를 담그고 배추김치를 소비할 수 있다. 이런 일련의 과정을 통해 원재료, 중간가공품, 최종가공품이 쉽게 구분되는 것처럼 보이지만 실제로 구분하기는 쉽지 않다. 예를 들어 위에서 설명한 배추김치를 이용하여 김치찌개를 만들게 되면 배추김치는 중간가공품이 되고 김치찌개가 최종가공품이 되어 버린다. 또한 원재료였던 고추를 따서 그냥 먹었다면 이때 고추는 원재료가 아닌 최종가공품이 된다. 즉 가공 정도에 따라 식품을 나누는 것은 상황에 따라 다르게 적용될 수 있다.

식품에 주로 들어 있는 성분에 따라 단백질식품, 당질식품, 지방질식품, 섬유질식품 등으로 구분할 수도 있다. 하지만 단백질식품이라고 해서 단백질만 들어 있는 것은 아니고 다른 여러 성분이 섞여 있다는 것을 잊어서는 안 된다. 이런 몇몇 성분이 많이 들어 있는 식품들은 식품의 기능성이 강조되어서 식사요법에 사용되는 경우도 많다. 예를 들어 근육운동을 통해 근육을 증가시키는 운동선수는 단백질식품을 이용할 수 있고, 변비나 장운동에 문제가 있는 사람들은 섬유질식품을 이용할 수 있다.

5대 영양소의 함량이 높아 영양소 공급의 기능을 하는 일반식품과 향과 맛 성분을 조절하여 식품의 기호적 기능을 증진시킨 기호식품으로도 나눌 수 있다. 기호식품에는 차, 커피, 주류와 같은 것들이 포함된다. 최근 들어 식품성분에 대한 추출과 임상연구가 활발히 진행되면서 식품성분 중 몇몇 성분의 기능성이 소개되었다. 이런 일련의 연구 결과를 이용하여 기능성식품이 많이 소개되었고, 이들은 여러 매체를 통해 많은 관심을 불러일으키고 있다.

4 식품성분의 분류

식품은 6대 영양소를 비롯하여 다양한 맛, 향, 냄새 성분들이 복잡하게 섞여 있는 혼합물이다. 이들 성분을 체계적으로 나누고 분류하는 것은 식품의 영양적 가치와 기호적 가치, 더불어 기능적 가치를 이해하는 데 매우 중요하다.

식품을 구성하는 성분을 나누는 방법에는 여러 가지가 있다. 이 중 일반적으로 제시되는 식품성분의 분류법을 그림 1-2에 나타내었다. 식품의 성분은 식품의 영양적 가치에 영향을 주는 일반성분과 식품의 기호적 가치에 영향을 주는 특수성분으로 나누어진다. 일반성분은 수분Moisture과 고형분Solid material으로 나눌 수 있고, 고형분은 다시 유기물과 무기물로 나눌 수 있다. 여기서 유기물이란 탄소를 함유하고 있는 성분을 말하는데 3대 영양소와 대부분의 비타민이 유기물이다. 무기물은 탄소를 함유하지 않는 성분을 말하며, 무기질과 소금과 같은 것들이 속한다. 특수성분은 기호성에 영향을 주는 색, 향기, 맛 성분과 몇몇 효소성분 그리고 안전성에 영향

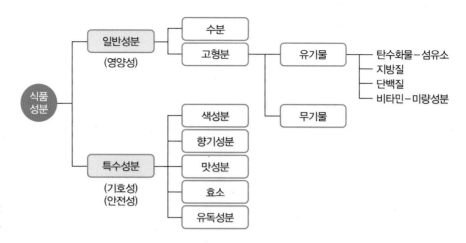

그림 1-2
식품성분의 분류

을 주는 유독성분 등이 포함된다. 일반적으로 식품의 일반성분은 식품의 영양성, 특수성분은 식품의 기호성에 영향을 준다.

5 건강기능식품의 종류

21세기에 들어서면서 식품의 다양한 기능 중에서도 생리활성과 관련된 기능에 대한 연구와 관심이 두드러졌다. 여기서는 생리활성과 관련 있는 식품용어를 간단히 정리해보도록 하겠다.

우선 건강식품health food이란 식품의 형태를 띠고 있으면서 건강에 도움을 주는 식품을 말한다. 세계 5대 건강식품으로 소개되기도 했던 올리브유, 요거트, 김치, 낫토, 렌틸콩과 같이 식품의 형태를 띠면서 양질의 영양소를 가지고 있는 것들이 여기에 해당된다.

기능성식품functional food이란 식재료에 함유되어 있는 생리활성 물질을 추출·농축하여 농도를 올린 것을 말한다. 특정 생리활성에 대한 효과를 실험적으로 증명받고, 공공기관에서 생리활성을 인정받은 제품들이 여기에 속한다. 루테인과 지아잔틴, 감마리놀렌산, 콜라겐 등 농축된 생리활성물질과 영양소가 바로 이러한 기능성식품의 예이다.

식이보충제dietary supplement란 우리가 흔히 이야기하는 5대 영양소를 쉽게 보충하도록 도와주는 제품들이다. 종합비타민제, 단백질보충제, 철분제가 그러한 예이다. 식이보충제를 이용하면 음식을 통해 섭취하기 어려운 영양소를 쉽게 공급받을 수 있다.

문제풀이

01 다음 4가지 설명 모두에 해당하는 건강기능식품 원료를 2가지 쓰시오. [2점] 유사기출

> - 식품의약품안전처장이 고시한 기능성 원료이다.
> - 피부건강·항산화에 도움을 줄 수 있다.
> - 단세포 단백질(single cell protein, SCP)이다.
> - 광합성을 하는 미생물이다.

① : _____   ② : _____

02 다음 설명을 읽고 괄호 안의 ①, ②에 들어갈 용어를 쓰시오. [2점] 유사기출

> 생균으로 적정량을 섭취하였을 때 인체에 건강 증진 효과를 주는 미생물을 총칭하여 (①)
> (이)라고 한다. 유산간균(*Lactobacillus*)과 비피더스균(*Bifidobacterium*)으로 대표되는 이러한
> 미생물들은 주로 소장과 대장에서 활동하여 해로운 균의 증식과 작용을 억제한다.
> (②)은/는 난소화성 성분으로 (①)의 영양원이 되어 장내 환경을 개선하는 데 도움을 주는
> 물질이다. 올리고당, 락툴로오스(lactulose), 식이섬유 등이 여기에 속한다. 시판되는 요구르트
> 에는 (①)와/과 (②)이/가 함께 들어 있는 경우가 많다.

① : _____   ② : _____

03 다음 설명을 읽고 괄호 안의 ①, ②에 들어갈 용어를 쓰시오. [2점] 유사기출

> 과학기술이 발달하면서 소비자의 요구에 부응하는 다양한 식품들이 개발되어 유통되고 있다. 최근 건강에 대한 관심이 고조되어 식품의 건강기능성이 강조되면서 천연자원에서 기능성 물질을 탐색하는 움직임이 활발하다. 식물의 대사 과정에서 만들어지는 화학물질을 총칭하는 (①)은/는 식물이 여러 가지 유해환경으로부터 종(種)을 보호하기 위해 생성하는 일종의 방어물질이다. 이런 물질들을 첨가하여 면역 증진, 항염증, 항산화 등의 기능성을 강화한 건강기능식품을 개발하기도 한다.
> 또한 (②)은/는 건조식품의 단점을 극복하기 위해 개발된 식품 유형으로, 수분함량은 10~40%이고 수분활성도는 0.65~0.85이다. 식품을 건조하면 수분함량이 감소하여 저장성은 증가하지만 식감이 나빠지는데, (②)은/는 가소성이 있고 저장성도 있다. 우주식도 이런 유형의 식품에 해당한다.

① : _____ ② : _____

04 다음 글을 읽고 ①~⑤에 해당하는 답을 쓰시오. 기출문제

> 인간의 생명 유지를 위해 필수 불가결한 요소인 식품은 그 역할에 따라 1차 기능인 (①), 2차 기능인 (②), 그리고 3차 기능인 (③)(으)로 크게 나누어진다. 이 중에서 3차 기능을 강조한 식품을 체계적으로 관리하기 위해 새로이 법이 제정되었는데, 이 법에서는 이들 식품들을 총칭하여 (④)(으)로 정의하고 있다. 이러한 역할을 하는 물질 중에서 근래 가장 많이 소비되는 재료가 (⑤)으로 이는 새우나 게의 껍데기에 많이 들어 있는 물질이다.

① : _____ ② : _____ ③ : _____

④ : _____ ⑤ : _____

해설 식품의 기능 중 최근에 알려지기 시작한 생리적 기능성 식품에 대한 것을 묻는 문제이다. 이런 식품을 기능성식품(functional food) 혹은 식품공전에는 건강보조식품으로 정의·분류하고 있다. 새우나 게의 껍데기에는 키토산 성분이 많이 들어 있다.

05 일반적으로 식품은 여러 가지 성분들이 혼합되어 있는 혼합물이다. 식품은 일반적으로 일반성분과 특수성분으로 나눌 수 있다. 일반성분과 특수성분을 구성하는 성분을 각각 3가지씩 쓰시오.

일반 성분	① : _____	② : _____	③ : _____
특수 성분	① : _____	② : _____	③ : _____

해설 식품의 일반성분과 특수성분에 대한 기본적인 내용을 묻는 문제로 각각의 구성 성분들이 무엇인지 쓰면 된다.

06 지구상에 사는 모든 인간은 식품을 섭취하며 산다. 식품은 사람에 대해 다양한 기능을 가지고 있다. 식품의 다양한 기능들 중에서 아래 소개한 기능에 대해 각각 2줄 이내로 간단히 설명하시오.

식품의 영양적 기능 _____

_____

식품의 생리적 기능 _____

_____

식품의 기호적 기능 _____

_____

식품의 건강적 기능 _____

_____

해설 식품의 다양한 기능에 대한 정의를 쓰는 문제이다. 영양소 공급, 배고픔이라는 생리적 현상의 충족, 맛있는 것을 먹음으로 얻게 되는 만족감과 식품을 통한 건강의 유지 및 향상에 대한 내용을 2줄 이내로 풀어쓰면 된다.

CHAPTER 02

수분

수분은 6대 영양소 중 가장 중요한 부분이다. 수분에서 꼭 기억해야 될 내용은 4가지 정도가 있다. 첫째, 식품에서 수분이 하는 역할과 기능이 무엇인지 알아야 된다. 그리고 식품 속에 존재하는 수분의 두 가지 형태인 자유수와 결합수란 무엇이며 이들의 특성이 무엇인지 알아야 된다. 세 번째로 수분함량을 표시하는 % 함량과 수분활성도와의 관계에 대한 개념 정립을 명확히 해야 하며, 마지막으로 등온흡습-탈습곡선이 무엇인지 꼭 알아 두어야 한다.

1 식품 중 수분의 역할

식품 중에서 수분은 다음과 같은 역할을 한다.

① **식품성분의 용매 역할** : 식품 중에 존재하는 가용성 성분들, 즉 설탕, 소금, 가용성 색소, 수용성 비타민, 가용성 단백질, 아미노산, 단당류 등은 수분 속에 녹아 있는 형태로 존재한다.

② **맛에 영향을 준다** : 식품성분이 물에 녹지 않으면 인간은 맛을 느낄 수가 없다. 즉 인간의 입속에 식품이 들어가서 침에 녹지 않는다면 인간은 식품을 맛 볼 수 없다. 따라서 이미 녹아 있는 용액 상태이거나 분말화시켜서 표면적을 넓혔거나, 물에 잘 녹는 정도에 따라 식품의 맛이 다르게 느껴진다.

③ **수분함량은 식품의 저장성, 수송에 영향을 준다** : 수분함량이 낮을수록 식품의 저장성은 증가하게 된다. 생오징어는 쉽게 부패하는 데 비해 마른오징어는 오랜 시간 저장하여 먹을 수 있다. 또한 수분은 다른 물질에 비해 비중이 높고 무겁기 때문에 수분함량이 많을수록 수송비가 증가하게 된다. 따라서 식품가공에서는 수분함량을 줄여 저장성과 수송성을 높인다.

④ **수분은 체내에서 영양소의 운반체 역할을 한다** : 체내에서 수분이 가장 많이 존재하는 곳은 혈액이다. 인간이 섭취한 영양소는 혈액 중의 수분에 의해 용해되

식품성분의 용매 역할

수분은 식품성분을 녹여, 서로 섞이게
하는 용매의 역할을 한다.

맛에 영향을 준다

수분은 녹는 성분만을 우리는 맛볼 수 있다.
수분의 함량에 따라 맛에 차이를 느끼게 된다.

저장성에 영향을 준다

수분함량에 따라 미생물생육이 영향받으므로
식품의 저장성에 수분의 영향은 매우 크다.

체내 운반체 역할

신체 내에서 혈액 등의 모습으로 여러
성분을 운반하는 운반체의 역할을 한다.

그림 2-1
수분의 역할

어 이동하게 된다. 혈당과 같은 것들이 대표적인 예이다. 반대로 영양소가 물
에 녹지 않으면 혈액 중에 녹지 않아 체내에서 이동할 수 없다.

2 자유수와 결합수

수분은 두 개의 수소와 한 개의 산소로 구성되어 있는 분자량 18의 크지 않은 분자
이며 화학식으로는 H_2O로 쓴다. 물은 표준조건하에서 100℃에 끓고 0℃에서 언다.
밀도는 1kg/L이다. 물은 주위에 존재하는 4개의 물 분자와 수소결합을 이루고 있어
분자량에 비해 끓는점이 매우 높게 나타난다.

식품에 존재하는 수분 중에서 위에 설명한 물의 성질을 그대로 가지고 있는 수분
을 자유수Free water라고 한다. 하지만 식품의 여러 성분들의 이온기나 작용기에 화
학결합 등의 방법에 의해 영향을 받는 수분이 있다. 이들을 결합수Bound water라고
한다. 결합수는 자유수와는 달리 일반적인 수분의 특성을 갖지 못한다.

자유수는 일반적인 수분(물)의 특성을 나타내고, 결합수는 이와 다른 성질을 나타
낸다. 이 둘의 특성 차이는 다음과 같다.

1) 자유수의 특성

① 일반적인 수분의 특성을 똑같이 나타낸다.
② 단당류, 설탕 등의 수용성 전해질을 녹이는 용매 역할을 한다.
③ 100℃에서 끓고 0℃에서 언다.
④ 식품에서 쉽게 제거하여 건조시킬 수 있다.
⑤ 미생물의 증식, 생육과 효소의 가수 분해 반응 등에 자유롭게 사용된다.
⑥ 비열과 비중이 순수한 물과 같이 높다.
⑦ 비중이 4℃에서 최고를 나타낸다.
⑧ 표면장력과 점성이 높다.

2) 결합수의 특성

① 일반적인 수분과는 다른 특성을 나타낸다.
② 단당류, 설탕 등의 수용성 물질에 용매로 작용하지 못한다.
③ 주위의 여러 이온기에 결합되어 있어 100℃ 이상에서도 제거되지 않는다.
④ 또한 0℃ 이하에서도 얼지 않는다.
⑤ 자유수보다 밀도가 높다.
⑥ 미생물의 증식, 생육과 효소 반응 등에 사용되지 못한다.
⑦ 식품 조직 내에 존재할 경우 강한 압력을 가해도 제거하지 못한다.

3 수분활성도

우리는 일반적으로 수분함량을 %로 나타낸다. %에 의한 함량 표시는 매우 광범위하게 사용되고 있어 매우 친숙하고 편하다. 하지만 수분함량을 표시함에 있어 %와 더불어 수분활성도Water activity라는 개념이 사용되고 있다. 수분활성도란 식품에 존재하는 수분 중 활성을 나타내는 수분의 양이 얼마인지 나타낸 것이다. 수분활성도라는 개념이 왜 필요한지를 설명하기 위해 다음과 같은 수분 구성을 갖는 두 종류의 식품을 가정하였다.

표 2-1
**식품 A와 식품 B의
수분 구성 비교**

구 분	식품 A	식품 B
수분함량(%)	80	80
자유수의 함량(%)	20	70
결합수의 함량(%)	60	10
수분활성도	낮다.	높다.

식품 A와 B의 수분함량은 둘 다 똑같이 80%를 나타내고 있다. 단순한 수분함량으로만 본다면 두 식품의 차이는 없을 듯하다. 하지만 식품 A는 80% 중 자유수가 20%, 결합수가 60%로 결합수의 양이 3배나 높다. 하지만 식품 B는 자유수가 70%, 결합수가 10%로 자유수의 함량이 훨씬 높게 구성되어 있다. 식품 A는 자유수가 적은 관계로 미생물 생육과 효소 작용이 억제되고, 저장성이 좋으며, 건조가 잘되지 않을 것이다. 하지만 식품 B는 반대의 모습을 나타낼 것이다.

이렇듯 수분함량만으로는 표현하지 못하는 식품성분에 회합되어 있는 물의 강도를 표시하기 위해서 도입된 개념이 수분활성도이다. 수분활성도는 순수한 물의 수증기압P_0에 대한 식품의 수증기압P의 비율로 정의된다. 일반적으로 수분활성도는 0에서 1의 사이 값을 갖고, 아래와 같은 식을 이용하여 구할 수 있다.

$$A_w = \frac{P}{P_0}$$
$$= \frac{M_w}{M_w + M_S}$$

M_w : 식품 시료 중 물의 mole 수
M_S : 식품 시료 중 용질의 mole 수

미생물의 생육은 수분의 함량에 많은 영향을 받게 된다. 내염균이나 내건균 등을 제외한 세균, 효모, 곰팡이의 최저 생육 수분활성도는 0.9, 0.85, 0.80 정도로 나타난다. 즉 수분활성도를 낮출수록 미생물의 생육이 어렵고, 저장성이 길어지는 것을 알 수 있다. 수분활성도를 낮추기 위해서는 자유수의 함량을 낮추면 된다. 자유수의 함량을 낮추는 방법으로는 건조시켜 자유수를 제거하는 방법과 용질인 당과 염을 첨가하는 방법과 냉동처리하는 방법이 있다. 이런 방법들은 식품의 저장성 향상을 위해 다양하게 사용되고 있다.

4 등온흡습(탈습)곡선

식품은 대기 중의 상대습도에 의해 수분을 흡수하기도 하고 수분을 빼앗기기도 한다. 이런 과정을 거쳐 최종적으로는 수분의 평형상태를 유지하는데 이를 식품의 평형수분이라고 한다. 이 식품의 평형수분함량과 상대습도와의 관계를 나타낸 곡선이 등온흡습(탈습)곡선이라 한다. 그림 2-2에서 보는 바와 같이 등온흡습곡선은 느린 S자 형의 곡선으로 나타나며, 식품의 종류에 따라 S자의 형태는 다양하게 나타난다.

등온흡습곡선은 A영역, B영역, C영역으로 구분한다.

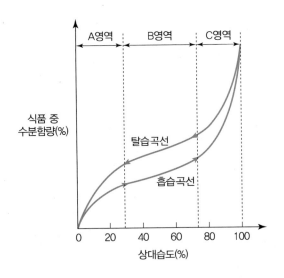

그림 2–2
등온흡습곡선

상대습도 0~20% 정도의 A영역 수분은 아미노기나 카르복실기와 같은 이온그룹과 강하게 결합된 단분자층 수분이 손상되어 존재한다. 이 영역에서 자유수는 존재하지 않고, 일부 결합수마저도 제거되어 있는 영역이다.

상대습도 20~45% 정도의 B영역 수분은, 자유수는 제거되어 있고 결합수에 의해 식품이 단분자층Mono molecular layer을 구성하고 있다. 단분자층이란 수분에 의해 식품이 얇은 수분층을 형성하는 것을 말하며, 이 상태의 수분함량에서 최적의 저장조건을 갖게 된다. 현장에서 강의하는 동안 학생들에게서 단분자층이 A영역에 위치하는지 B영역에 위치하는지에 대해 많은 질문을 받았다. 식품화학의 세계적인 권위자인 Owen R. Fennema의 《Food Chemistry, second edition》을 보면 단분자층은 A영역과 B영역의 경계층에 위치하고 있다고 설명되어 있다. 또 일반적으로 수분함량이 증가할수록 식품의 저장성이 나빠지는데, 이 단분자층에서는 A영역에 비해 수분함량이 늘어났음에도 저장성은 오히려 더 좋아진다고 설명되어 있다. 결론적으로 단분자층의 위치는 A와 B의 경계층에 위치하고 있어 A영역에 속한다고도 B영역에 속한다고도 할 수 없을 듯하다. 실제로 Fennema는 그의 저서에서 등온흡습곡선을 일반적인 세 구역이 아니라 A, B, C구역과 더불어 A, B의 경계와 B, C의 경계, 총 5단계로 나누어 각각의 특징을 설명하고 있다.

상대습도 45% 이상의 C영역은 자유수의 함량이 늘어나는 영역으로 식품의 모세관에 수분이 자유로이 응결되어 있는 상태이다. 자유수에 의해 미생물의 생육과 효소 반응이 일어나는 영역이다.

이상의 등온흡습곡선을 그려 봄으로 식품의 최적 저장 수분함량을 알 수 있으며, 이는 식품가공과 식품위생에 이용될 수 있다.

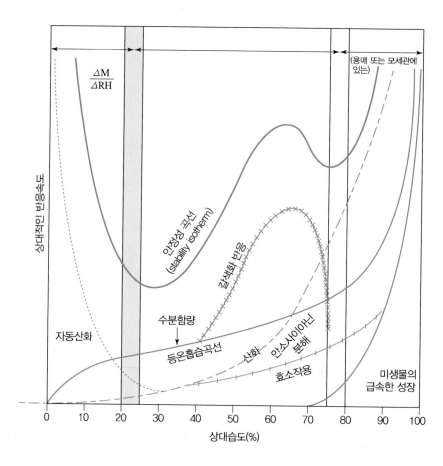

그림 2-3
식품의 수분활성도와
여러 변패과정의
상대적 속도

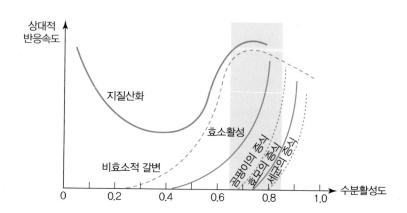

그림 2-4
수분활성도와
식품의 안전성

문제풀이

01 다음은 식품의 수분과 수분활성도에 관한 내용이다. 작성 방법에 따라 서술하시오. [4점] 영양기출

> 식품 중의 수분은 자유수와 결합수 형태로 존재하는데 ① 식품 중에 결합수의 양이 증가하면 식품의 저장성이 향상된다. 식품의 저장성은 수분함량보다는 수분활성도의 영향을 더 많이 받는다. 일반적으로 ② 식품의 수분활성도는 순수한 물의 수분활성도보다 작다.

> 작성 방법
> • 결합수의 성질을 고려하여 밑줄 친 ①의 이유 2가지를 제시할 것
> • 순수한 물의 수분활성도 값을 쓰고, 밑줄 친 ②의 이유를 제시할 것

02 다음은 수분활성도(water activity)와 식품 안정성(stability)의 관계를 보여 주는 그래프이다. A 반응 곡선은 영역 I (단분자층 형성 영역)에서 수분활성도가 낮을수록 오히려 상대 속도가 증가하는 현상을 보인다. 이러한 현상이 나타나는 이유를 설명하고 A 곡선의 반응 명칭을 쓰시오. [4점] 영양기출

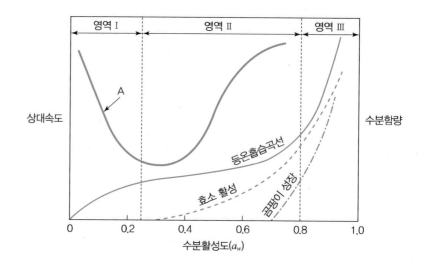

_____

_____

_____

03 다음에 해당하는 식품가공 방법을 쓰고, 이 방법으로 식품을 가공할 때 얻을 수 있는 장점 3가지를 서술하시오. [4점] 유사기출

> • 원료 및 제품의 수분함량을 줄여 액체 중에 있는 용질의 농도를 높이는 조작이다.
> • 일반적으로 용매의 증발에 의해서 이루어지지만 냉동, 역삼투에 의해서도 가능하다.
> • 식품의 예로 연유, 당시럽, 잼, 토마토페이스트 등이 있다

① : _____

② : _____

③ : _____

04 다음은 대장균, 황색포도상구균 및 *Zygosaccharomyces rouxii* 균주의 생육속도와 수분활성도(A_w)와의 관계를 나타낸 그림이다. 작성 방법에 따라 서술하시오. [4점] 유사기출

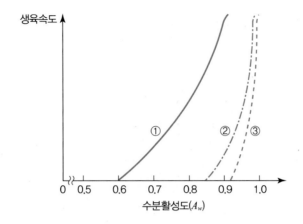

작성 방법
- ①~③에 해당하는 균주의 명칭을 순서대로 쓸 것
- 식품을 당장(sugaring)할 경우 포도당과 설탕 중에서 같은 양을 사용하였을 때 미생물 증식 억제 효과가 더 큰 것을 제시하고, 그 이유를 설명할 것
- 일반적으로 수분활성도가 낮을수록 미생물의 생육이 억제되는 주된 이유를 식품 중 수분의 상태와 관련하여 설명할 것

_____

_____

_____

05 다음 그림은 식품의 등온흡습(탈습)곡선(moisture sorption isotherm)을 나타낸 것이다. 굴곡점을 기준으로 등온흡습(탈습)곡선을 ㄱ, ㄴ, ㄷ의 세 영역으로 나눌 때, 보기의 지시에 따라 각 항목을 서술하시오. [10점] 유사기출

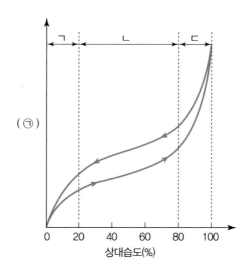

보기

- ㉠에 해당하는 등온흡·탈습곡선의 세로축 이름을 쓰고, 그 이름에 대한 정의를 내릴 것
- 각 영역(ㄱ, ㄴ, ㄷ)에 해당하는 수분의 존재 형태와 결합 종류(상태)를 쓸 것
- 각 영역(ㄱ, ㄴ, ㄷ)에 해당하는 수분이 식품 안정성에 미치는 영향을 ㄱ 영역에서는 지방의 산패 속도의 관점에서 쓰고, ㄴ과 ㄷ 영역에서는 효소반응 속도, 비효소적 갈변반응 속도 및 세균 성장의 관점에서 쓸 것

ㄱ : _____

ㄴ : _____

ㄷ : _____

06 식품 중에 존재하는 수분은 크게 자유수 (유리수)와 결합수로 구분한다. 자유수는 일반적인 수분과 성질이 같으나, 결합수는 크게 다르다. 결합수의 물리적 성질 중, 자유수와 다른 성질 3가지만 쓰시오. 기출문제

① : _____

② : _____

③ : _____

해설 식품 중에 존재하는 수분은 자유수와 결합수의 형태로 존재한다. 이 두 수분의 특징을 서로 비교하여 차이점을 골라 서술하는 문제이다(분문 요약 참조).

07 식품의 수분활성도를 구하려고 한다. 이 식품의 수분함량은 54%이고 소금함량은 29.25%이며 나머지는 수분활성과 무관한 성분으로 구성되어 있다. 이 식품의 수분활성도를 구하기 위한 계산식을 쓰고 수분활성도를 구하시오(단, 물의 분자량은 18, 소금의 분자량은 58.50으로 하며, 수분활성도는 소수 셋째 자리에서 반올림하여 구함). 기출문제

계산식 _____

수분활성 _____

해설 식품영양학과 학생들은 매우 재미없어 히는 문제일 듯하다. 본 문제는 식품가공 임용에서 나왔던 기출문제이다. 가끔 영양사 문제에서도 이런 계산 문제가 출제되어 학생들을 당황하게 하는 경우가 있다. 원리를 알면 전혀 어려운 문제가 아니니 여기서 한 번에 숙지하길 바란다.

여기에 사용되는 계산식은 본문에 있는 다음 식을 이용하여 구할 수 있다.

$$Aw = Mw / (Mw + Ms)$$
Mw : 식품 시료 중 물의 mole 수
Ms : 식품 시료 중 용질의 mole 수

여기서 Mw는 식품 시료 중 물의 몰수로 수분함량(%)을 분자량으로 나누면 구할 수 있다. Ms 역시 같은 방법으로 구하면 된다. 문제의 조건에서 소수 셋째 자리에서 반올림하라고 명시하고 있으니 수분활성도는 0.86이라고 쓰면 된다.

$$\frac{Mw}{(Mw+Ms)} = \frac{\dfrac{54}{18}}{\dfrac{54}{18}+\dfrac{29.25}{58.50}} = \frac{3}{3+0.5} = 0.85714285$$

08 식품의 등온흡습곡선은 다음과 같이 전형적인 S형 곡선을 나타낸다. A, B, C 각 부분에서 식품 중에 존재하는 수분의 형태를 쓰시오. 기출문제

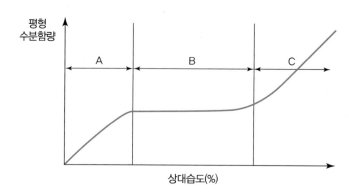

A 부분 _____

B 부분 _____

C 부분 _____

해설 등온흡습곡선의 각 영역에 대한 특징을 묻는 문제는 언제 어디에서든 다양하게 출제될 수 있다. 이번 문제는 각 영역의 수분형태를 묻는 문제이다. 일반적으로 A영역은 결합수 혹은 일부 손상된 결합수가 존재하고 B영역에는 결합수와 약간의 자유수가 존재하고, C영역에는 결합수와 다량의 자유수가 존재한다고 알려져 있다.

09 식품의 수분은 식품의 조직감, 미생물의 성장에 큰 영향을 미친다. 식품 속에 존재하는 수분에 관하여 다음 질문에 답하시오. 기출문제

09–1 건조식품에 있어서 안정성, 저장성이 가장 좋은 최적 수분함량을 의미하는 것으로, 식품을 안정하게 저장할 수 있는 최소의 필요 수분량인 동시에 최대 허용 수분량을 말하며, 이 수분함량은 BET(Brunauer–Emmet–Teller)식에 의해 구할 수 있다. 이 수분함량을 무엇이라고 하는가?

_____

09–2 식품에 존재하는 수분 중 식품의 구성 성분과 결합되어 있어 일반적인 수분과 달리 0℃ 이하에서도 얼지 않고, 100℃에서도 제거하기 어려우며, 당과 같은 식품 성분을 녹일 수 없는 수분을 무엇이라고 하는가?

_____

해설 09–1은 식품의 단분자층에 대한 설명이다. 단분자층은 식품의 저장성과 안정성에 큰 영향을 미친다. 우리들은 BET공식에 의해서만 단분자층의 수분함량을 구할 수 있다고 생각하지만, 실제로는 BET식 외에도 GAB(Guggenheim-Anderson-de Boer)과 같은 다양한 식이 존재한다.

10 아래 빈칸에 알맞은 낱말을 채우시오.

> 식품의 수분은 여러 가지 기능을 한다. 일반적으로 수분은 식품 성분의 (①)역할을 하여 설탕과
> 소금, 수용성 비타민들이 수분에 녹아 있는 형태를 하고 있다. 수분의 함량은 식품의 (②)의
> 생육에 영향을 주어 식품의 (③)에도 많은 영향을 끼친다. 식품의 (③)을 늘리기 위해 수분의
> 함량을 조절하는 가공기술들이 폭넓게 사용되고 있다.

① : _____ ② : _____ ③ : _____

해설 수분의 기능과 수분함량, 미생물의 생육과 저장성과의 관계를 묻는 문제이다.

11 수분활성도의 정의를 2줄 이내로 간단하게 설명하시오.

_____

_____

해설 수분활성도의 정의를 묻는 기본적인 문제이다.

12 아래의 빈칸을 채우고 각각의 대표적인 특징을 5가지씩 적으시오.

> 식품 중에 존재하는 수분은 (①)와 (②)의 형태로 존재한다. (①)은 일반적인 물과 똑같은
> 성질을 나타내는 물이며, (②)는 식품 중의 여러 성분들의 이온기나 작용기에 화학결합 등의
> 방법에 의해 영향을 받는 수분으로 일반적인 물의 성질을 갖지 못한다.

① : _____ ② : _____

1의 특징

① : _____

② : _____

③ : _____

④ : _____

⑤ : _____

① : _____

② : _____

③ : _____

④ : _____

⑤ : _____

해설 자유수와 결합수의 정의와 특징에 대한 내용을 묻는 기본적인 문제이다.

13 다음 그림은 냉동 저장 과정 중 식품 조직 내 수분의 상태 변화를 표현한 것이다. (가)와 (나)에 대한 설명으로 옳은 것은? 기출문제

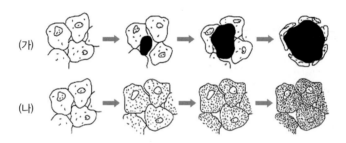

① 육류의 경우 해동 시 (나)는 (가)에 비해 많은 드립(drip)이 발생한다.

② 건조커피나 수프용 건조채소 제조 시 (나)보다 (가) 방법이 더 많이 활용된다.

③ (나)에서는 미세한 얼음 입자가 균일하게 분산되어 (가)에 비해 조직의 파괴가 적으며 연육 효과가 있다.

④ (가)처럼 수분의 상태 변화가 진행되면 해동 시 물이 유출됨으로써 조직감이 달라지고 효소 반응이나 미생물의 생육이 억제된다.

⑤ (가)와 (나)에 나타나는 수분의 상태 변화는 물 분자 간 수소 결합에 의한 것이며, 건조 현상은 세포 단층막의 결합수에 의한 승화 현상이다.

정답 ③

14 식품의 수분활성도를 설명한 내용 중 가장 적합한 것은? 기출문제

① 수분활성도는 용질과 수분의 결합정도에 따라 달라진다.
② 같은 농도를 지닌 설탕과 소금 용액의 수분활성도는 같다.
③ 비슷한 수분함량을 가진 식품은 수분활성도 역시 비슷하다.
④ 수분활성도는 수화수가 많을 경우 그렇지 않은 경우보다 증가한다.
⑤ 수분활성영역이 단분자층에서는 지질산화반응이 최대반응 속도를 나타낸다.

정답 ①

15 식품에 존재하는 수분의 성질, 존재 형태 및 수분 활성(water activity)에 관한 설명 중 옳은 것을 〈보기〉에서 고른 것은? 기출문제

보기
ㄱ. 물의 비점(boiling point), 융점(melting point) 및 비열(specific heat)이 물과 비슷한 분자량을 가진 암모니아(NH_3), 메탄(CH_4) 보다 큰 것은 물 분자가 서로 수소 결합을 하고 있기 때문이다.
ㄴ. 식품에 자유수(free water) 형태로 존재하는 수분은 미생물의 생육에 이용되지 못하기 때문에 식품의 저장성을 높이기 위하여 결합수(bound water)보다 자유수 함량을 높이는 것이 바람직하다.
ㄷ. 식품의 수증기압은 순수한 물의 수증기압보다 크기 때문에 식품의 수분 활성은 1.0 이상을 나타낸다.
ㄹ. 등온흡습곡선(isotherm)에서 이 곡선의 굴곡점을 따라 수분을 세 영역으로 나눌 때, 식품의 수분함량이 단분자층(monomolecular layer)을 형성하는 수분량일 때가 저장성이 가장 높다.

① ㄱ, ㄴ   ② ㄱ, ㄷ   ③ ㄱ, ㄹ
④ ㄴ, ㄷ   ⑤ ㄷ, ㄹ

정답 ③

16 다음은 일정 온도에서 식품의 수분활성(water activity)과 수분함량을 나타낸 표이다. (가)~(마)에 대한 설명으로 옳지 않은 것은? 기출문제

식품	수분활성	수분함량(%)
(가) 과일	0.98~0.99	74~96
육류	0.96~0.98	70~80
(나) 햄	0.90~0.92	56~65
(다) 건조과일	0.72~0.80	18~22
(라) 과일젤리	0.64~0.69	18
(마) 밀가루	0.60~0.70	13~16

※ 단, 식품의 수분활성과 수분함량은 실제와 다소 차이가 있을 수 있음

① (가)는 대부분의 미생물이 생육 가능한 수분활성을 가지고 있다.
② (나)는 제조 과정 중 소금을 사용하여 원재료(육류)보다 수증기압이 낮아졌다.
③ (다)는 원재료(과일) 내 결합수가 표면으로 이동하여 증발되는 과정을 통해 수분함량이 낮아졌다.
④ (라)는 설탕을 사용하여 원재료(과일)의 수분활성을 낮춘 중간 수분식품이다.
⑤ (마)의 경우는 동일한 저장 조건에서 지방 함량이 많은 통밀가루가 흰밀가루보다 저장성이 낮다.

정답 ③

17 수분활성은 식품 중에 존재하는 자유수의 함량을 나타내는 지표로서 미생물의 증식, 효소작용 그리고 화학반응과 밀접한 관계가 있다. 수분활성에 대한 설명으로 옳은 것을 〈보기〉에서 모두 고른 것은? 기출문제

보기
ㄱ. 수분활성은 물의 몰(mole)수를 식품의 물에 녹아 있는 용질의 몰수와 물의 몰수의 합으로 나눈 값이다.
ㄴ. 식품의 수증기압에 대한 같은 온도에서의 순수한 물의 수증기압의 비로 정의된다.
ㄷ. 당과 같은 친수성 물질을 첨가함으로써 수분활성을 감소시킬 수 있다.
ㄹ. 보통 곰팡이와 세균이 자랄 수 있는 최저 수분활성은 각각 0.91과 0.80 정도이다.

① ㄱ, ㄴ 　　　　② ㄴ, ㄷ 　　　　③ ㄱ, ㄴ, ㄷ
④ ㄴ, ㄷ, ㄹ 　　　⑤ ㄱ, ㄴ, ㄷ, ㄹ

정답 ③

CHAPTER 03

탄수화물

일반적으로 3대 영양소라 하면 탄수화물, 지방, 단백질을 말한다. 이 중 탄수화물은 인간이 매일 섭취해야 하는 열량원으로 섭취량이 가장 많은 영양소이다. 이를 이해하기 위해서는 단당류Monomer와 다당류Polymer의 관계에서부터 각 단당류와 다당류의 특징, 전분의 호화와 노화, 아밀로오스와 아밀로펙틴의 특징, 전분 분해 효소 등을 알아 두어야 하며 그 내용이 매우 많다.

여기서 잠깐 부가 설명을 하면 3대 영양소에 대해서는 여러 과목에서 소개되었다. 식품화학에서 많은 설명이 있었을 것이고, 생화학에서도 역시 많은 설명이 있었을 것이다. 하지만 두 과목에서 바라보는 3대 영양소의 중요도는 서로 다르다. 식품화학에서는 탄수화물, 지방, 단백질 순으로 중요하다고 하면, 생화학에서는 단백질, 지방, 탄수화물 순으로 중요하다고 본다.

바라보는 관점이 다른 관계로 배우는 내용 역시 다르다. 식품화학에서는 3대 영양소의 화학적 구성과 가공 중의 변화를 중점으로 보는 데 반해, 생화학에서는 각 성분의 생합성과 체내에서의 대사에 더 많은 비중을 둔다. 그러니 생화학에서 다 배운 것이라 생각하지 말고, 거기서 배우지 못한 내용을 여기서 다시 확실하게 다져둘 필요성이 있다.

식품화학은 말 그대로 화학의 한 부분이다. 화학은 세상의 모든 사물을 그 사물을 구성하는 물질이 무엇인지Material와 그 물질들이 어떻게 반응하는지에 대한 것Reaction을 연구하는 학문이다. 식품화학 역시 식품을 구성하는 물질 자체에 대한 내용과 각 물질의 반응에 대한 것으로 구성되어 있다. 여기서는 탄수화물의 물질적인 면으로 단당류, 이당류, 다당류의 종류와 특성, 이성질체 현상, 아밀로오스와 아밀로펙틴에 대한 것을 다룰 것이다. 그리고 탄수화물의 반응과 관련해서는 호화, 노화, 호정화와 당화에 대한 내용을 다루게 될 것이다.

1 탄수화물

탄수화물Carbohydrate은 탄소, 수소, 산소의 3가지 원소로 구성되어 있으며, 수소와 산소의 비율이 2 : 1로 $C_m(H_2O)_m$으로 표현 가능하다. 분자식에서 보는 것과 같이 탄소의 수화물로 탄수화물이라 불린다.

1) 탄수화물 식품의 형태

탄수화물은 식품 중에서 3가지 형태로 존재한다.

① **저장물질** : 식품을 통해 열량원을 얻는 전분이 대표적인 저장물질의 예이다. 그 외 이눌린Inulin과 같은 다당류의 형태로 뿌리나 줄기 등에 존재한다.

② **보호물질** : 셀룰로오스 등의 형태로 세포막을 구성하여 세포를 보호한다.

③ **구성물질** : 야채와 과일의 경우 섬유소Fiber, 셀룰로오스Cellulose, 펙틴Pectin 등에 의해 줄기와 표피 등이 구성된다.

2) 탄수화물의 특징

탄수화물은 일반적으로 몇 가지 특징을 가지고 있다. 이를 정리하면 다음과 같다.

① 탄수화물은 일반적으로 무색 또는 백색의 결정을 쉽게 형성한다.

② 탄수화물은 다당류를 제외하고는 일반적으로 물에 잘 녹으나, 알코올에는 잘 녹지 않는다.

③ 단당류의 경우 부제탄소의 존재 때문에 선광성을 가지고, 조건에 따라 변성광이 생기게 된다.

④ 일부 특이당Rare sugar을 제외하고는 대부분의 미생물에 의해 쉽게 사용된다.

⑤ 대부분의 경우 환원말단이 존재하여 환원성을 갖는다. 환원말단이 없는 비환원당으로는 수크로오스sucrose와 라피노오스raffinose가 있다.

⑥ 대부분의 당은 감미를 갖는다. 감미는 당의 종류에 따라 다르게 나타난다. 설탕이 감미를 표현하는 척도로 사용되며, 감미는 일반적으로 아래와 같은 순서로 나타난다.

> Fructose > Invert sugar(전화당) > Sucrose > Glucose > Maltose > Galactose > Lactose

⑦ 일반적으로 단당류와 이당류의 용해도는 감미도가 증가할수록 증가하며, 온도와 당의 종류에 따라 다르게 나타난다.

⑧ 다당류인 전분의 경우는 일반적으로 물에 불용성을 나타내고, 효소 처리에 의해 덱스트린이 되었을 경우 가용성으로 변하게 된다.

2 단당류

탄수화물 중 포도당Glucose, 과당fructose과 같이 탄소 3개에서 7개로 구성되어 있는 것들을 단당류Mono-saccharide라고 한다. 탄소의 개수에 따라 3탄당Triose, 4탄당 Tetrose, 5탄당Pentose, 6탄당Hexose 그리고 7탄당Heptose로 나누어진다. 우리가 잘 알고 있는 포도당과 과당은 6탄당에 해당되고, 리보스ribose와 자일로스xylose는 5탄당에 해당된다. 이런 단당류들이 모여서 올리고당, 덱스트린, 전분 등의 다당류Poly-saccharide를 구성하게 된다. 이런 단당류는 에테르 결합Ether bond을 통해 더 큰 복합체를 만들어 간다. 그 과정은 아래와 같다.

단당류 〉 이당류 〉 삼당류 〉〉 올리고당 〉〉 덱스트린 〉〉 전분

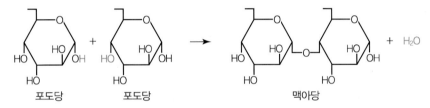

그림 3-1
탄수화물의
탈수 축합 과정

포도당   포도당   맥아당

 단당류의 분류

단당류는 크게 단당류 내부에 알데히드Aldehyde기를 갖고 있는 aldose, 케톤Ketone기를 가진 케토스ketose로 나누어진다. 단당류에 존재하는 탄소들은 비대칭탄소 원자로서 탄소원자에 결합되어 있는 OH기의 위치에 따라 입체이성질체가 존재하게 된다. 이상의 내용을 통해 보았을 때 단당류는 탄소의 개수, 알데히드기와 케톤기의 존재 여부, 입체이성질체의 위치 등에 따라 아래 그림과 같이 여러 단당류로 분류되고 각각의 단당류는 고유한 이름을 갖게 된다.
단당류는 화학적으로 피셔Fischer 투영식, 하워스Haworth 투영식, chair and boat form으로 표시가 가능하다. 피셔 투영식은 단당류를 구성하고 있는 부재탄소에 결합하고 있는 OH기의 위치에 따라 달라지는 이성질체를 표현하기 매우 쉽다. 뒤에 소개하고 있는 알도오스의 위치이성질체를 표현하는 방법이 바로 피셔 투영식에 의한 것이다. 하워스 투영식은 고리형으로 표현한 방법으로 단당류가 다당류를 만들 때의 결합 형태를 표현하는데 매우 유용하다. α형과 β형의 표현이 매우 쉽고, 말토오스의 $\alpha-1,6$ 결합과 $\beta-1,6$ 결합의 표현과 비환원성당과 환원성당의 표현이 매우 쉽게 설명된다. Chair and boat형의 표현은 탄소와 탄소의 결합이 자연계에서 존재하는 방법을 나타내는 법으로 대부분의 포도당은 체어chair형으로 존재하고 있다.
단당류의 경우 크게 에피머Epimer와 아노머Anomer 관계가 성립된다. 에피머는 단당류를 구성하는 -OH기와의 공유 결합한 탄소 중 한 개의 위치가 다른 것을 말한다. 그림 3-2를 보면 글루코오스의 경우 allose, altrose, mannose와 galactose 등과 에피머 관계에 놓여 있다. 아노머는 하워스 투영식에 의해 쉽게 설명될 수 있다. 이는 비환원당의 -OH기의 위치에 따라 $\alpha-$, $\beta-$형으로 구분하는 것이다.

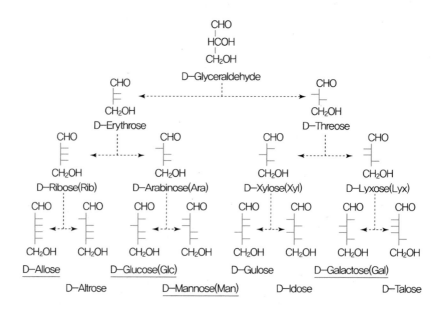

그림 3-2
알도오스의 위치
이성질체에 따른 분류

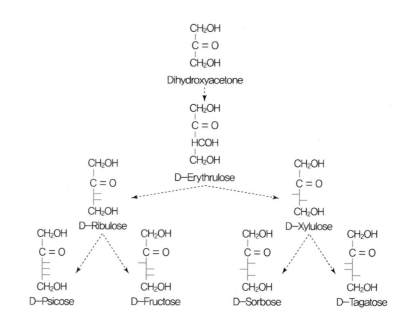

그림 3-3
케토오스의 위치
이성질체에 따른 분류

3 이당류와 삼당류, 올리고당과 다당류

앞에서 설명한 단당류Monosaccharide들은 일반적으로 자연계에서 홀로 존재하는 경우는 거의 없고, 다른 단당류와 결합하여 존재한다.

1) 이당류

이당류Di-saccharide는 단당류가 2개 결합하여 존재하는 당으로 설탕(서당sucrose), 젖당(유당lactose), 말토오스(맥아당maltose), 이소말토오스Isomaltose와 셀로비오스cellobiose 등이 존재한다. 이들 이당류의 특징을 정리하면 다음과 같다.

표 3-1
이당류의 특징

구 분	구성단당류	결합형태	환원성	특 징
설탕(sucrose)	Glucose + Fructose	$\alpha-1,2$ 결합	×	대표적인 비환원성 이당류, 감미도의 기준
젖당(lactose)	Galactose + Glucose	$\beta-1,4$ 결합	○	우유에 많이 포함되어 있는 이당류
맥아당(maltose)	Glucose + Glucose	$\alpha-1,4$ 결합	○	맥아 중 많이 존재하는 이당류로 아밀로오스의 구성패턴이 된다.
이소말토오스 (Isomaltose)	Glucose + Glucose	$\alpha-1,6$ 결합	○	전분에서 가지가 생기는 부분의 결합패턴
셀로비오스 (Cellobiose)	Glucose + Glucose	$\beta-1,4$ 결합	○	셀룰로오스의 결합유닛

2) 삼당류

삼당류Tri-saccharide는 단당류가 3개 결합되어 있는 당으로 대표적인 것으로 라피노오스Raffinose가 있다. 라피노오스는 Galactose + Glucose + Fructose가 결합한 당으로 Galactose와 Glucose는 $\alpha-1,6$ 결합을, Glucose와 Fructose는 $\alpha-1,2$ 결합으로 되어 있는 비환원성 당이다.

3) 올리고당

올리고당Oligo-saccharide은 단당류가 8~13개 정도 결합되어 있는 당들을 통틀어 지칭하는 말로 최근 정장작용, 유산균 생육의 촉진, 충치 예방 등의 다양한 기능성이 알려져 사용이 늘어나고 있는 당이다. 올리고당은 집합명사로 올리고당에는 프락토올리고당, 이소말토올리고당, 갈락토올리고당, 말토올리고당, 자일로올리고당, 혼합올리고당 등이 포함되며 시중에서 판매되고 있다.

4) 다당류

다당류Polysaccharide는 단당류가 매우 많이 결합되어 있는 당류를 말한다. 구성 단당류가 한 종류인 다당류를 단순다당류, 그 외 다른 여러 가지가 혼합되어 있는 다

표 3-2
식품의 대표적인
다당류

일반명	화학적 특성	특 징
전분 (starch)	$\alpha-1,4$ and $\alpha-1,6$ linked glucose	가장 흔하게 접하는 다당류 중 하나로 amylose 와 amylopectin으로 구성됨
셀룰로오스 (cellulose)	$\beta-1,4$ linked glucose	포도당이 12,000개 이상 결합되어 있는 폴리머, 소화가 되지 않는다.
이눌린(inulin)	$\beta-1,2$ linked fructose	돼지감자에 많고, 분자량은 5,000정도로 추정
헤미셀룰로오스 자일란스 (Hemicellulose xylans)	$\beta-1,4$ linked xylose	xylose와 uronic acid 잔기로 구성되며 150~ 200개 단당류로 구성되어 있음. $\beta-1,3$ 결합으 로 arabinose와 결합하여 side chain을 만듦
펙틴 (Pectin)	$\alpha-1,4$ linked galacturonic acid	Rhammose와 소수의 fucose, xylose, galactose 가 side chain을 구성, jelly 형성에 영향을 미침
클루코만난 (Glucomannans)	$\beta-1,4$ randomly linked glucose and mannose	포도당과 만노오스가 1 : 2의 비율로 결합되어 있고, jelly 제품 제작에 사용됨

당류를 복합다당류라고 한다. 단순다당류에는 전분Starch, 셀룰로오스Cellulose와 이
눌린Inulin 등이 있으며, 복합다당류에는 헤미셀룰로오스hemicellulose와 펙틴pectin
등이 있다.

4 탄수화물 유도체

탄수화물은 많은 OH기와 알데히드와 케톤기 등을 가지고 있기 때문에 다양한 유도
체를 형성할 수 있다. 산화, 환원과 치환 등의 반응을 통해 다양한 유도체가 만들어
지게 된다. 이를 그림 3-4에 간단하게 표현하였다.

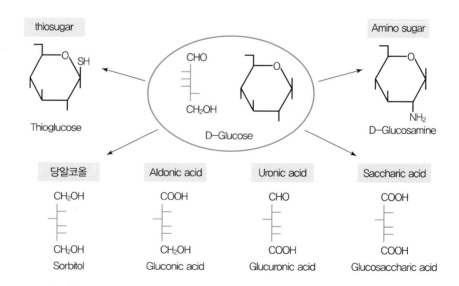

그림 3-4
D-글루코오스의
중요 당유도체

그림에서 보는 바와 같이 당의 C_1에 환원 반응이 일어나면 당알코올로 유도체가 만들어지게 된다. 포도당의 당알코올을 솔비톨Sorbitol이라고 하며, 감미료로 사용된다. 최근 유행하는 자일리톨 역시 자일로스xylose를 당알코올로 유도체화하면 생기는 물질이다. Aldonic acid, uronic acid와 saccharic acid는 당이 산화반응을 받아 COOH기로 치환되었을 경우 생기는 유도체들이다. C_1만 산화가 된 경우 aldonic acid라고 하며, C_6만 산화가 된 경우를 uronic acid라 하며, C_1과 C_6 둘 다 산화된 경우를 saccharic acid라고 한다.

고리형으로 표현된 포도당에 아민기가 치환되면 amino sugar라 하고, 황이 치환되었을 경우는 thiosugar라고 한다. 요즘 유행하는 글루코사민은 글루코오스glucose의 아미노당 유도체이다.

유기물로 구성된 식품 중에 흔하게 존재하는 작용기인 −OH(하이드록시기), −CHO(알데히드기)와 −COOH(카르복실기)는 서로 산화와 환원 과정을 거쳐 상호 변환이 가능하다. 그 관계는 아래와 같다.

| −H | 산화 ⇄ 환원 | −OH | 산화 ⇄ 환원 | −CHO | 산화 ⇄ 환원 | −COOH |

5 전분

전분Starch은 식물성 저장 탄수화물로 세포질에 있는 색소체에서 광합성을 통해 합성된다. 곡류와 서류에 많이 함유되어 있으며, 인간의 주요 열량원으로 사용된다. 전분은 무색, 무미, 무취의 흰색 분말로 물에 현탁되어 비중이 높은 현탁액을 형성한다.

전분 입자의 모양과 크기는 전분을 얻은 출처에 따라 다르게 나타난다. 쌀 전분 입자의 크기가 가장 작고, 감자 전분 입자의 크기가 가장 크게 나타난다. 전분 입자는 X−선 회절에 의해 A, B, C형으로 구분할 수 있으며, 밀과 옥수수 같은 곡류 전분은 A형, 감자 전분은 B형, 그리고 고구마 전분은 C형으로 분류된다.

전분의 구조는 아직 100% 명확하게 알려지지 않았다. 하지만 여러 연구를 통해 보았을 때 전분은 단단한 구조의 결정형 부분Crystal layer과 상대적으로 덜 단단한 무정형 부분Amorphous layer이 양파처럼 한 겹 한 겹 교대로 쌓여 있는 반결정 구조 Semicrystaline structure를 이루고 있는 것으로 생각되고 있다. 전분을 구성하는 대부분의 아밀로오스는 무정형 부분에 존재하고 있어 전분의 호화와 같은 물리적 변화가 주로 무정형 부분에서부터 시작하는 것으로 생각된다. 아밀로펙틴은 결정형과 무정형 부분 모두에서 관찰된다.

전분은 아밀로오스와 아밀로펙틴으로 구성되어 있다. 이 둘은 모두 포도당으로만 이루어진 순수다당류이지만 그 물리적 형태와 성격은 매우 다르게 나타난다. 이런 특징의 차이는 최종적으로 전분의 물리·화학적 특성에도 영향을 주어 찹쌀과 멥쌀의 차이를 나타나게 한다. 다음 표 3-3에서 아밀로오스와 아밀로펙틴의 성질을 비교하였다.

표 3-3
아밀로오스와 아밀로펙틴의 성질 비교

구 분	아밀로오스(amylose)	아밀로펙틴(amylopectin)
모 양	직선으로 생긴 나선형 구조로 포도당 6개마다 한마디가 진행됨	가지가 생겨 있는 그물 구조로 구형을 취함
결합상태	포도당이 $\alpha-1,4$ 결합으로 계속 결합되어 있음	포도당이 $\alpha-1,4$ 결합을 하고 있는 사이사이 $\alpha-1,6$ 결합을 하여 가지를 만듦
요오드 반응	요오드 결합에 의해 심청색	결합이 잘되지 않아 적자색
분자량	40,000~340,000	4,000,000~6,000,000
수용성	물에 잘 녹음	잘 녹지 않음
노화의 정도	노화가 잘 일어남	노화가 잘 일어나지 않음
아밀레이스(Amylase)에 의한 분해	95~100% 분해됨	50% 정도 분해됨
비환원말단 사이	200~2,100(glucose)	20~25(glucose)
호화반응	쉽게 일어남	어렵게 일어남
존재영역	전분의 무정형부분	무정형, 결정 영역 모두
부탄올 추출	추출 가능	추출 불가능
내포화물	생성	생성 어려움
함 량	쌀 20%, 찹쌀 0%	쌀 80%, 찹쌀 100%

전분을 다양한 방법으로 분해하면 최종적으로 많은 수의 포도당이 만들어진다. 전분에서 포도당까지 가는 과정을 간단히 요약하면 아래와 같다.

전분 >> 덱스트린Dextrin >> 올리고당Oligo sugar >> 말토오스Maltose > 포도당

6 전분의 호화

전분의 호화Gelatinization of starches는 매우 중요한 전분의 물리적 변화 과정이다. 전분에 과량의 물을 붓고, 열을 가해 주면 수분 흡수와 열에 의해 전분 고유의 미셀 micelle 구조가 파괴되는데, 이 일련의 과정을 호화라고 한다.

아래 그림 3-5와 같이 일반적으로 쌀을 생전분Raw starch 혹은 베타전분β-starch
이라고 부른다. 이곳에 많은 물과 열을 가하면 전분입자는 팽윤이 되면서 고유의 구
조가 깨지면서 밥이 된다. 호화를 거친 전분을 호화전분 혹은 알파전분α-starch이라
고 부른다.

호화는 베타전분에서 알파전분으로 변하는 과정이기 때문에 일명 알파화라고 부
르기도 한다. 호화된 전분은 시간이 지나면 다시 원래의 베타 전분의 모습으로 돌아
가려는 성향이 있다. 이렇게 되는 과정을 노화라 하고, 베타 전분으로 돌아가기 때
문에 베타화라고 부르기도 한다.

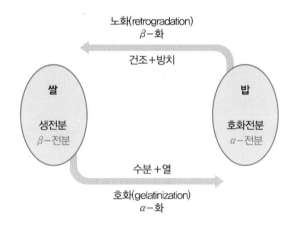

**그림 3-5
전분의
호화 및 노화**

1) 호화 과정

일반적으로 호화 과정(호화 메커니즘)은 3단계로 진행된다.

① 제1단계(개시 단계) : 전분 현탁액의 온도를 서서히 올리면, 전분입자들이 주위
   에 있는 수분을 흡수하여 팽윤하게 된다. 초기에 흡수한 수분은 가역적으로
   제거되기 때문에 쉽게 제거되어 원래의 전분입자 모양으로 돌아갈 수 있다.
   25~30% 정도의 수분은 가역적으로 흡수 제거가 된다.

② 제2단계(중간 단계) : 전분 현탁액의 온도가 계속 올라가면 수분의 흡수량이 더
   욱 많아지고, 전분입자 내부의 수소결합이 절단되어 전분의 결정성 구조가 파
   괴된다. 그러면서 전분의 흡수성은 더욱 증가하여 급격히 팽윤이 일어나게 된
   다. 일반적으로 전분의 호화시작온도에서 이런 중간 단계의 모습을 나타낸다.

③ 제3단계(최종 단계) : 전분의 호화점을 지나게 되면 전분의 입자가 급속도로 파
   괴되어 투명한 콜로이드colloid 용액이 된다. 최종 단계를 지난 호화전분들은
   이전의 생전분에 비해 여러 가지 다른 특징을 나타내게 된다.

2) 호화전분의 특징

호화된 호화전분은 이전의 생전분에 비해 몇 가지 커다란 특징 변화를 보이게 된다. 대표적인 특징은 아래와 같다.

① 수분 흡수 등의 팽윤 과정을 통해 부피가 증가한다.

② 생전분은 전분의 종류에 따라 다른 X-선 회절도를 보였으나 호화시키면 전분의 종류에 상관없이 동일한 X-선 회절도를 보인다.

③ 물에 녹는 가용성 부분이 증가한다.

④ 수용성 색소 등의 흡수 능력이 증가한다.

⑤ 현탁액의 점도가 증가한다.

⑥ 광선의 투과율이 증가한다.

⑦ 소화효소에 대한 반응성이 증가하여 소화율이 증가한다.

3) 호화에 영향을 미치는 외부요인

전분의 호화 과정은 다양한 외부요인에 의해 촉진되기도 하고 억제되기도 한다. 전분의 호화에 영향을 미치는 것들은 다음과 같다.

① **전분의 종류** : 전분의 종류에 따라 전분의 호화 온도는 다르게 나타난다. 감자전분과 같은 서류에서 얻은 B형 전분은 호화온도가 낮아 쉽게 호화가 이루어지는 데 비해, 밀과 옥수수 같은 곡류 전분들은 호화점이 높아 호화가 잘 일어나지 않는다.

② **수분과 온도** : 수분함량이 많을수록, 온도가 높을수록 호화는 빨리 일어난다. 수분이 적은 경우는 가열온도를 더 많이 올려야만 호화가 진행된다.

③ **pH** : 알칼리성에서 호화속도는 증가한다.

④ **염류**Salt : 호화 시 첨가되는 양이온, 음이온에 의해 호화가 촉진된다. 낮은 농도의 NaCl은 감자전분의 호화를 촉진시키고, $CaCl_2$의 첨가 역시 호화에 의한 감자전분의 점도를 현저하게 증가시키는 것으로 알려져 있다.

⑤ **당류의 첨가** : 당류를 첨가하면 자유수의 함량을 줄여 호화를 억제한다. 20% 이상의 당류를 첨가하면 호화는 억제된다.

7 전분의 노화

전분의 노화Retrogradation of starch는 전분의 호화와 언제나 동시에 존재한다. 호화된 전분이 다시 원래의 베타전분으로 돌아가는 것을 노화라고 한다. 호화전분은 노화를 거치면서 호화전분의 특성을 잃고, 다시 생전분의 특성을 갖게 된다.

노화 과정(노화 메커니즘)은 아직 명확하게 밝혀지지 않았으나, 호화 과정의 메커니즘은 호화 과정 중에 용출되어 나온 아밀로오스들이 서로 엉키면서 시작점이 되고, 이곳을 중심으로 재결정이 이루어져 이전과는 다른 결정성을 갖게 되는 것으로 설명되기도 한다. 노화된 전분은 호화하기 이전의 전분에 비해 더 강한 결정성을 띠게 되어, 호화시키기 위해 더 높은 온도가 필요하다.

호화와 노화 과정을 수차례 반복시킬 경우 전분은 더 이상 호화도 노화도 되지 않는 전분으로 변하게 되는데, 이를 저항전분Resistance starch라고 부른다.

1) 전분의 노화에 영향을 미치는 외부요인

전분의 노화는 일반적으로 억제시키고 싶은 반응이다. 전분의 호화가 외부요인에 영향을 받는 것처럼 노화 역시 외부요인에 많은 영향을 받는다. 전체적으로 전분의 호화보다 노화가 더 많은 외부요인의 영향을 받는다.

① **아밀로오스의 함량** : 전분에 포함되어 있는 아밀로오스의 함량이 높을수록 노화는 촉진된다. 아밀로오스가 함유되어 있지 않은 찰전분Waxy starch은 노화가 잘 일어나지 않는다.

② **전분의 종류** : 옥수수와 밀 전분과 같은 곡류전분이 감자, 고구마와 타피오카 전분 같은 서류전분에 비해 노화가 잘 일어난다.

③ **전분의 농도** : 전분 현탁액 중 전분 농도가 높을수록 전분의 노화가 빨라진다.

④ **수분함량** : 수분함량이 30~60%일 때 노화 속도가 증가하지만 수분함량이 30% 이하일 경우는 노화가 억제되어 α-건조미 등의 제작에 응용되기도 한다.

⑤ **온도** : 일반적으로 냉장온도인 2~5℃에서 노화는 촉진된다. 하지만 냉동 상태가 되면 수분의 동결로 인해 노화는 억제된다.

⑥ **pH** : 강산성에서 노화 촉진, 중성에서는 노화가 억제된다.

⑦ **염류** : 첨가된 양이온과 음이온에 따라서 노화에 영향을 미친다.

2) 노화 억제 방법

앞의 노화에 영향을 주는 인자들을 바탕으로 실제 사용 가능한 노화 억제 방법을 제시하면 다음과 같다.

① **수분함량 조절** : 수분함량 30% 이하에서는 노화가 억제되므로 식품의 수분을 10~15%로 조절한다.

② **냉동** : 냉동시키면 수분이 동결되어 노화가 진행되지 않는다. 이 경우 수분함량을 15% 이하로 낮추고 냉동시키면 노화를 더 강하게 억제시킬 수 있다.

③ 가당 : 호화전분에 설탕을 첨가하면 호화전분 내 자유수 감소를 가져와 건조시
킨 것과 같은 효과를 볼 수 있다. 이 경우 자유수의 감소로 인해 노화가 억제
된다.

④ 유화제 첨가 : 유화제는 구조적으로 극성을 띠고 있으므로 α전분의 구조를 안
정화시키는 기능이 있어 노화를 방지하는 작용을 한다.

3) 노화전분의 변화

호화과정을 거친 후 노화된 전분은 이전 생전분과 호화전분에 비해 다른 성질을 나
타낸다. 노화 전분의 성질 변화를 빵의 노화에 의한 성질 변화를 통해 관찰하면 다
음과 같다.

① 맛과 향미 등이 저하된다.
② 경도가 증가하여 딱딱해진다.
③ 투명도가 감소하여 불투명해진다.
④ 잘 부서진다(부서짐성 증가).
⑤ 결정 부분이 증가하여 결정화가 촉진된다.
⑥ 보수력이 저하된다.
⑦ 수용성 부분이 감소하게 된다.

8 전분의 호정화

전분의 호정화Dextrinization of starch란 전분에 물을 가하지 않고 150℃ 이상으로 가
열할 경우 전분이 덱스트린으로 변하는 현상을 말한다. 일반적으로 우리가 흔히 뻥튀
기 과정이라고 말하는 것이다. 호화가 과량의 물을 필요로 하고, 화학적 변화보다는
물리적 상태 변화가 생기는 반면, 호정화는 수분이 필요 없고, 화학적 변화를 받는다
는 차이점을 가지고 있다. 그런 이유로 호정화를 거친 전분은 호화전분에 비해 물에
쉽게 녹고, 효소작용을 받기 쉬워 호화전분에 비해 소화가 잘되고 소화율이 높다.

9 전분의 분해효소

전분은 여러 분해효소에 의해 화학적으로 분해된다. 전분의 분해효소Amylase로는
α-amylase, β-amylase와 glucoamylase가 있다.

1) α-amylase

α-amylase는 액화효소라고도 불리며 타액, 췌장, 맥아와 미생물에서 널리 발견되고 있다. 전분의 α-1,4 결합을 무작위적으로 가수분해시켜, 단당류인 포도당부터 말토오스, maltotriose와 덱스트린 등을 생성한다. 액화효소는 α-1,6 결합 근처의 α-1,4는 분해하지 못하여 α-limit dextrin을 생성한다.

2) β-amylase

β-amylase는 당화효소라고 불리며, 맥아에서 주로 분리하여 사용하였으나 지금은 미생물에서도 발견되고 있다. 액화효소와 달리 당화효소는 비환원말단부터 말토오스 단위로 순차적으로 분해한다. 당화효소로 전분을 가수분해하면 말토오스와 함께 β-limit dextrin을 얻을 수 있다.

3) glucoamylase

glucoamylase는 곰팡이인 *Asp. niger*, *Rhi. delemer*와 효모 등에서 발견된다. 이 효소는 비환원성 말단부터 α-1,4와 α-1,6 결합을 순차적으로 포도당Glucose 단위로 분해하여 전분입자를 거의 100% 가수분해할 수 있다.

10 식이섬유

식이섬유Dietary fiber 혹은 섬유질은 집합명사로 셀룰로오스와 같이 체내에서 소화 분해되지 않는 당질을 총칭하는 말이다. 과거 식이섬유는 체내에서 칼로리화되지 않아 관심 밖인 적이 있었으나 여러 식이적 기능성이 알려지면서 지금은 매우 중요한 위치를 차지하고 있다. 식이섬유의 기능성을 살펴보면 아래와 같다.

① 장의 연동 운동을 촉진시켜서 대변의 형성과 변통을 좋게 한다.
② 보수 흡수성이 좋아 변을 벌크bulk화하여 변비 예방·치료에 도움을 준다.
③ 장내 중금속을 제거한다. 즉 장내 존재하는 카드뮴, 수은 등 유독 중금속 제거를 돕는다.
④ 혈중 콜레스테롤 저하 기능을 갖는다.
⑤ 소화·흡수가 되지 않아 저칼로리 식품 제조에 사용된다.
⑥ 때로 소화관 내에서 살고 있는 미생물이 식이섬유를 발효해서 유기산을 만들고 이것을 우리가 흡수하는 경우도 있다.

이상과 같은 다양한 기능성이 있으나 과도한 식이섬유의 섭취는 여러 문제점을 나타낼 수 있다. 예를 들어 장의 연동 운동 촉진은 일반인에게는 좋은 기능이지만, 장 질환을 가진 사람에게는 무리가 될 수도 있다. 또 장내 중금속을 제거할 때 유해 중금속뿐만 아니라 철분, 칼슘 등의 필요 중금속 역시 같이 제거된다. 혈중 콜레스테롤 저하 역시 콜레스테롤 수치가 높은 사람에게는 좋은 기능성이지만, 혈중 콜레스테롤 수치가 낮은 사람들에게는 결코 좋지 않다. 식이섬유의 기능성은 사람과 경우에 따라 좋게도 나쁘게도 작용될 수 있음을 잊지 말아야 한다.

01 다음은 전분의 호화에 관한 내용이다. 작성 방법에 따라 서술하시오. [4점] 영양기출

> 생전분은 전분의 종류에 따라 특징적인 X–선 회절도를 나타내는데, 고구마전분의 경우
> (①)형이다. 전분이 호화되면 ② 전분의 종류에 관계없이 X–선 회절도는 V형을 나타낸다.
> 전분의 호화는 수분함량, pH, 온도, 염류, 당 등에 의해 영향을 받으며, ③ 알칼리성 염류는
> 전분의 호화를 촉진시키고, ④ 고농도의 당은 전분의 호화를 억제시킨다.

> 작성 방법
> • 괄호 안의 ①에 들어갈 유형의 명칭을 제시할 것
> • 밑줄 친 ②, ③, ④의 이유를 각각 1가지씩 제시할 것

---

02 다음 괄호 안의 ①, ②에 해당하는 용어를 순서대로 쓰시오. [2점] 영양기출

> 식이섬유는 물에 녹지 않는 불용성 식이섬유와 물에 녹는 수용성 식이섬유로 분류된다. 불
> 용성 식이섬유인 셀룰로오스는 포도당과 포도당이 (①) 결합으로 중합되어 있으며, 수용
> 성 식이섬유인 펙틴은 주성분인 갈락투론산(galacturonic acid)과 갈락투론산이 (②) 결합
> 으로 중합되어 있다.

① : _____

② : _____

03 다음은 전분의 호화(gelatinization) 및 겔화(gelation)에 대한 그림과 설명이다. (　) 안에 공통으로 들어갈 성분의 명칭을 쓰시오. [2점] 유사기출

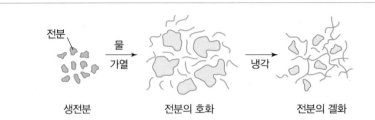

생전분　　　　　전분의 호화　　　　　전분의 겔화

- 전분의 호화는 전분을 물과 함께 가열함에 따라 팽윤이 일어나며, 전분 내 포도당들이 결합된 나선상 구조의 (　　)이/가 용출되어 점도가 증가하고 반투명성의 콜로이드 상태로 되는 현상이다.
- 전분의 겔화는 이 호화액을 냉각시켜 (　　)이/가 수소결합으로 연결된 3차원적 네트워크를 형성하여 부드러운 겔(gel)이 되게 하는 현상이다.
- 옥수수전분은 쌀 전분보다 (　　)의 함량이 높아서 더 단단한 겔을 만든다.

___

04 다음은 식품과 관련된 효소에 관한 설명이다. 괄호 안의 ①, ②에 해당하는 효소의 명칭을 순서대로 쓰시오. [2점] 유사기출

- 아밀로오스(amylose)에 (①)이/가 작용하면 비환원성 말단에서부터 알파−1,4 글리코사이드(α−1,4 glycoside) 결합이 연속적으로 절단되어 다량의 맥아당(maltose)이 생산될 수 있다.
- 아밀로펙틴(amylopectin)에 (①)이/가 작용할 경우에는, 맥아당 단위로 절단하다가 알파−1,6 글리코사이드(α−1,6 glycoside) 결합에 도달하면 작용이 정지되어 베타−한계 덱스트린(β−limit dextrin)이 생성된다.
- 사과, 배, 감자 등의 갈변 현상에 관여하는 (②)은/는 구리를 함유하고 있는 산화효소로 카테콜(catechol) 또는 이의 유도체들이 산화되는 반응을 촉진한다.
- 산소가 없으면 (②)의 작용이 일어나지 않으므로 식품을 밀폐된 용기에 넣고 CO_2, N_2 등의 기체를 충전하여 갈변을 억제할 수 있다.

① : _____

② : _____

05 다음은 올리고당에 관한 설명이다. ①, ②에 해당하는 용어를 순서대로 쓰시오. [2점] 유사기출

①	• 대두에 존재하는 올리고당의 일종이다. • 갈락토오스(galactose), 포도당 및 과당이 각각 1분자씩 결합된 구조로 되어 있다. • 설탕에 비해 약한 단맛을 가지며, 효모에 의해 멜리비오스(melibiose)와 과당으로 분해될 수 있다.
②	• 우엉, 벌꿀 등에 존재하는 올리고당이며, 산업적으로는 주로 효소적 방법에 의해 생산된다. • 설탕 분자에 1~3개의 과당 분자가 $\beta-1,2$ 결합으로 연결된 올리고당류이다. • 이 올리고당의 시럽은 설탕에 비해 약 60% 정도의 감미를 가지고 있다.

① : _____ ② : _____

06 다음은 탄수화물의 결합 형태에 대한 설명이다. 괄호 안의 ①, ② 각각에 공통으로 해당하는 글리코사이드(glycoside)결합 형태를 순서대로 쓰시오. [2점] 유사기출

• 셀로비오스(cellobiose)는 D-글루코오스(D-glucose)가 (①)을/를 한 것으로 자연계에 유리상태로 존재하지 않고 단맛이 없다.
• 키틴(chitin)은 N-아세틸 글루코사민이 (①)(으)로 반복되어 있으며, 키틴에서 아세틸기(acetyl)가 제거된 것을 키토산(chitosan)이라고 한다.
• α-아밀라아제(α-amylase)는 전분의 (②)을/를 무작위로 가수분해하여 소당류, 저분자량의 덱스트린(dextrin), 엿당 및 포도당을 형성하는 효소로 액화효소(liquefying enzyme)라고 한다.
• 펙틴산(pectic acid)의 기본구조는 α-D-갈락투론산(α-D-galacturonic acid)이 (②)(으)로 연결된 직선상의 고분자 물질이다.

① : _____ ② : _____

07 다음은 어떤 해조류 가공 제품의 특징과 그 제품을 구성하는 다당류 성분에 대한 설명이다. 이 다당류 성분 2가지의 명칭을 쓰시오. [2점] 유사기출

• 열수나 온수에서 교질용액(sol)이 되고, 냉각하면 겔(gel)이 형성된다.
• 2가지 다당류 성분의 구성 비율에 따라 겔화 능력과 강도가 달라진다.
• 2가지 다당류 모두 D-galactose와 3,6-anhydro-L-galactose가 교대로 반복한 나선상의 직쇄 구조를 갖는다.
• 한 다당류는 황산에스터(sulfate ester)의 함량이 5~10% 정도로 다른 다당류에 비해 많다.
• 식품, 미생물 배지, 의약, 호료 및 세제 등 다양한 용도로 사용된다.

① : _____ ② : _____

08 전분의 노화는 전분의 종류, 온도, 수분함량, pH, 공존 물질 등 여러 가지 인자의 영향을 받는다. 전분의 노화 속도에 대하여 작성 방법에 따라 서술하시오. [4점] 유사기출

> 작성 방법
> - 찹쌀전분과 멥쌀전분의 노화 속도를 비교하고 그 이유를 쓸 것
> - 일반 가정용 냉장고에서 냉장한 쌀밥과 냉동한 쌀밥의 노화속도를 비교하고 그 이유를 쓸 것

---

09 다음은 옥수수 전분 당화액으로부터 액상과당(high fructose corn syrup, HFCS)을 제조하는 공정도이다. 그림을 보고 작성 방법에 따라 순서대로 서술하시오. [4점] 유사기출

옥수수 전분 당화액 → 여과 · 정제 → 효소반응 → 정제 · 농축 → 액상과당

> 작성 방법
> - 효소반응 공정의 효소, 기질, 생성물의 명칭을 순서대로 쓸 것
> - 같은 조건과 방법으로 설탕(밀가루 대비 50%, w/w)을 사용한 과자와 설탕 대신 액상과당을 사용한 과자를 제조하였다. 그 결과, 한 경우는 과자 표면에 당 결정이 석출되었고 다른 경우에는 결정 석출 없이 촉촉한 물성이 유지되었다. 각 경우는 설탕과 액상과당 중 어느 것을 사용한 것인지와 그 이유를 쓸 것

---

10 전분당 생산에는 산당화법과 효소당화법이 사용되고 있다. 효소당화법에 사용하는 α - amylase와 glucoamylase의 기작을 각각 설명하고, 이 공정의 결과로 얻어진 전분당 'DE(dextrose equivalent) 85'에 대하여 서술하시오. [4점] 유사기출

_____

_____

_____

11 다음 사례에서 나타나는 전분의 변화에 맞게 ①~③을 순서대로 쓰시오. [2점] 유사기출

> 영희는 쌀통에서 쌀을 꺼내 씻었다. 씻은 쌀로 밥을 지어 따끈따끈한 밥을 맛있게 먹었다. 남은 밥은 랩으로 싸서 냉장고에 3일 동안 넣어 두었다.

| ⌇⌇⌇ 아밀로오스 | ⫘⫘ 아밀로펙틴 |

① : _____

② : _____

③ : _____

12 전분의 조리 및 가공에 따른 특성 변화 중에서 당화(saccharification), 호화(gelatinization) 현상을 각각 2줄 이내로 설명하고, 이를 적용한 식품의 예를 각각 1가지씩 쓰시오. 기출문제

구 분	설 명	식품의 예
당화		
호화		

해설 전분의 변화 중 가장 대표적인 당화와 호화의 정의와 변화되는 현상 및 적용되는 식품의 예를 묻는 기본적인 문제이다. 당화는 전분이 당화효소나 산에 의해 가수분해되어 전분보다 작은 당으로 화학적으로 분해되어 가는 과정을 말한다. 이 과정에서 전분의 감미가 증가하고, 액상으로 변화하게 된다. 이를 이용한 식품은 식혜나 누룩 등이 있다. 호화는 과량의 수분이 존재하는 경우 가열에 의해 전분이 물리적 변화를 받게 되는 것으로 전분의 미셀 구조가 파괴되고, 가용성 전분이 녹아나오며, X-선 구조가 파괴되고, 현탁액의 점도가 올라가는 등의 변화가 생긴다. 호화를 이용한 식품은 밥, 죽 등이 있다.

13 다음 빈칸에 알맞은 말을 쓰시오. 기출문제

> 전분현탁액을 가열하면 점도가 매우 높은 콜로이드 용액을 형성하는데 이를 호화라고 하며, 냉각 시에는 반고체의 젤(gel)을 형성한다. 이때 전분 내의 (①)은(는) 열수에 불용성인 젤(gel)로 되고, (②)은(는) 열수에 수용성인 교질용액(sol)이 된다. X-선으로 관찰 시, 생전분은 규칙적인 분자배열을 가진 결정구조를 가지고 있는데 이를 (③) 전분이라고 하며, 불규칙한 분자배열을 가진 무정형의 호화전분을 (④) 전분이라고 한다. 이 호화전분을 실온에 장시간 방치하면 미세한 결정을 형성하고 굳어지는데 이를 전분의 노화라고 한다.

① : _____   ② : _____

③ : _____   ④ : _____

해설 전분의 구성 성분은 아밀로오스(amylose)와 아밀로펙틴(amylopectin)이다. 아밀로펙틴은 열수에 불용성이고 아밀로오스는 가용성이다. 호화되기 전인 생전분이나 노화전분은 결정 구조를 가지고 있는데 이를 베타전분(β-starch)이라 한다. 호화를 시키면 전분은 결정구조가 파괴되는데 이를 알파전분(α-starch)이라 한다.

14 포장된 상태로 각각 냉동고와 냉장고에 1일간 보관했던 인절미(찹쌀떡)를 상온에 2~3시간 정도 꺼내 놓았다가 아이들에게 간식으로 주었다. 그런데 냉동고에 있던 떡이 냉장고에 있던 떡보다 더 부드럽고 맛이 있었다. 이렇게 된 이유를 1가지만 쓰시오. 기출문제

이유 _____

_____

15 밥, 떡, 빵 등이 굳어지는 현상을 노화라고 한다. 노화가 진행되면 맛이 좋지 않고 소화율도 떨어지게 된다. 다음 표는 노화 및 노화 방지 원리를 나타낸 것이다. 빈칸 ①~④에 알맞은 말을 쓰시오. 기출문제

분류	온도	수분함량	pH	전분분자 종류
노화	①	30~60%	산성	③
노화 방지	60도 이상 0도 이하	②	알칼리성	④

① : _____ ② : _____

③ : _____ ④ : _____

16 찰밥은 멥쌀로 지은 밥보다 점성이 더 크고 노화도 더디게 일어난다. 찹쌀과 멥쌀의 전분 구성상 특징을 간단히 설명하시오. 기출문제

찹쌀 _____

멥쌀 _____

17 다음 빈칸에 맞는 용어를 차례로 쓰시오. 기출문제

> 물엿은 전분을 가수분해하여 만든 반고체의 당액으로 중간 가수분해 생성물들이 일정 비율로 혼합되어 있어 특유의 단맛과 점성을 가진다. 세균(*Bacillus subtilis*)이 생산하는 액화효소인 (①)(은)는 전분분자의 $\alpha-1,4$ glycoside 결합을 무작위로 성글게 절단하여 전분을 수용성인 (②)(으)로 만드는 역할을 한다. 한편 당화효소인 (③)(은)는 전분분자의 $\alpha-1,4$ glycoside뿐만 아니라 $\alpha-1,6$ glycoside 결합 부분까지 절단하여 전분을 (④)(으)로 만드는 역할을 한다.

① : _____ ② : _____

③ : _____ ④ : _____

해설 전분의 분해효소에 대한 종류와 특성을 묻는 쉬운 문제이다. α-amylase는 액화효소라고 불리며, 전분의 α-1,4 결합을 무작위로 분해하여 포도당, 말토오스, 올리고당, 덱스트린 등을 만든다. β-amylase는 당화효소라고 불리며 비환원 말단부터 α-1,4 결합을 말토오스 단위로 분해한다. α-1,6 결합은 분해하지 못해 β-limit dextrin을 형성한다. Glucoamylase는 다른 효소와는 달리 α-1,4와 α-1,6 결합 모두를 분해하여 최종적으로 포도당을 만드는 효소이다. 위의 문제에서 3번의 답은 당화효소를 보았을때는 β-amylase 라고 쓰는 것이 맞을 듯하다. 하지만 뒤의 세부 설명을 보면 β-amylase에 대한 설명이 아니라 glucoamylase에 대한 설명이므로 3번의 답은 glucoamylase로 하는 것이 맞을 듯하다.

18 곡류의 전분은 아밀로오스와 아밀로펙틴으로 구성되어 있으며, 이들은 포도당 간의 결합 형태로 인해 다른 구조를 갖게 되고 이로 말미암아 요오드 반응도 다르게 나타난다. 아밀로오스와 아밀로펙틴에서 나타나는 포도당 간 결합의 이름과 이들이 요오드와 반응할 때 나타나는 정색반응의 색은 각각 무엇인지 답하시오. 기출문제

구분	결합명	정색반응 색
아밀로오스		
아밀로펙틴		

해설 아밀로오스와 아밀로펙틴의 결합형식과 요오드에 의한 정색반응을 묻는 기본적인 문제이다.

19 식품 중의 과일, 물엿, 모유 등에 존재하는 이당류(disaccharides)인 설탕(sucrose), 맥아당(maltose), 젖당(lactose)을 구성하는 각각의 단당류 종류를 빈칸에 결합 순서대로 쓰고, 결합형식을 쓰시오. 기출문제

이당류의 종류	구성 단당류	/	결합형식
설탕		/	
맥아당		/	
젖당		/	

해설 탄수화물 파트에서 이당류와 삼당류의 당의 이름 및 구성당의 종류와 결합 방식은 매우 중요한 내용이다. 설탕, 맥아당, 젖당뿐만 아니라 셀로비오스(cellobiose), 라피노오스(raffinose) 등의 이당류, 삼당류에 대해서도 정확히 내용을 숙지하도록 하자.

20 다음 글의 빈칸 ①~③에 들어갈 말을 쓰시오. 기출문제

> β-starch는 아밀로오스(amylose)와 아밀로펙틴(amylopectin) 분자들이 서로 밀착되어 (①)
> 결합에 의해서 섬유상 집합체인 (②) 구조를 이루고 있으며, X-선을 조사하면 뚜렷한 반점
> 동심원륜(concentric ring)의 회절도를 보여 주고 소화효소와의 친화력이 (③).

① : _____   ② : _____   ③ : _____

해설 호화되지 않은 β-starch의 특징을 묻는 문제이다. β-starch는 수소결합에 의해 서로 밀착되어 있고 미셀(micelle)구
조를 이루고 있다. 이들은 각각 특유의 X-선 회절도를 가지며 소화효소와의 친화력이 낮고 빛에 대한 투과성 역시 낮다.

21 전분의 호화(gelatinization)를 2줄 이내로 정의하시오. 기출문제

호화 _____

_____

해설 전분의 호화에 대한 정의를 쓰는 기본적인 문제이다(본문 참조).

22 탄수화물의 다당류는 한 종류의 단당류로 구성된 단순 다당류와 2종 이상의 단당류로 구성된 복합
다당류로 구분된다. 그중 전분은 포도당으로만 구성된 단순 다당류인데 전분의 구조와 성질에 관하
여 다음 물음에 답하시오. 기출문제

22-1 전분을 구성하고 있는 구성성분 2가지와 이 성분들의 포도당 결합 형식을 각각 쓰시오.

문항	구성성분명	결합형식
①		
②		

22-2 멥쌀로 밥을 지으면 찰기가 없지만 찹쌀로 밥을 지으면 매우 찰기가 있다. 이와 같은 현상은 찹쌀이 멥쌀
에 비하여 상대적으로 무엇의 함량이 높기 때문인가?

_____

해설 22-1은 전분을 구성하는 아밀로오스와 아밀로펙틴에 대한 기본적은 성질을 묻는 문제이고, 22-2는 아밀로오스와 아
밀로펙틴의 함량 차이에서 오는 찹쌀과 멥쌀의 성질을 비교한 문제이다. 정말 기본적인 문제이다.

23 다음은 어떤 식품 성분의 특성이다. 이 성분이 무엇인지 쓰고 대사적 질환과 관련되는 생리적 기능을 3가지 쓰시오. [기출문제]

> • 물에 녹거나 겔을 형성한다.
> • 식품의 안정성과 점성을 높이기 위한 첨가제로 사용한다.
> • 장내 세균에 의해 분해·흡수되어 평균 1g당 2~3kcal의 에너지를 낸다.
> • 성장기 어린이나 노약자의 경우 섭취량에 주의가 필요하다.

성분 _____

생리적 기능

① : _____

② : _____

③ : _____

해설 이 문제는 다른 교과서에 있는 내용을 그대로 낸 것이다. 해당 교과서에서는 성분명이 '가용성 식이섬유'로 나와 있다. 가용성 식이섬유라 함은 집합명사로 그 내부에 여러 성분들을 포괄적으로 포함하고 있다. 가용성 식이섬유 역시 식이섬유이기 때문에 이들의 생리적 기능은 식이섬유의 생리적 기능인 장의 연동운동 촉진, 혈중 콜레스테롤 수치 저하, 중금속 제거 등을 쓰면 된다.

24 멥쌀과 찹쌀을 구성하는 전분의 성분과 구조적 차이를 이화학적으로 설명하고, 이 차이가 떡의 노화에 미치는 영향을 쓰시오. [기출문제]

성분 _____

구조 _____

_____

노화에 미치는 영향 _____

_____

해설 이번 문제 역시 앞에서 출제되었던 전분의 구성성분인 아밀로오스와 아밀로펙틴에 대한 내용을 묻고 있다. 아밀로오스와 아밀로펙틴의 구조에 대해서는 계속 기출문제로 나올 정도로 중요하니 꼭 기억하길 바란다. 아밀로오스와 아밀로펙틴은 노화와 호화에 대한 속도가 다르게 나타난다. 이 문제는 아밀로오스와 아밀로펙틴의 노화에 대한 영향까지 포괄적으로 묻고 있다.

25 아래 빈칸을 채우고, ⑤와 ⑥에 **해당되는 대표적인 탄수화물을 1개씩 적으시오.**

> 탄수화물은 단당류와 소당류와 다당류로 나눌 수 있다. 단당류는 탄소의 수에 따라 5개인
> (①), 6개인 (②)으로 나눌 수 있다. 단당류는 포함되어 있는 작용기에 따라 알데히드가
> 포함되어 있는 (③)와 케톤기가 포함되어 있는 (④)로도 나눌 수 있다. 단당류가 두
> 개 모여 있는 경우는 (⑤)라 하며, 세 개 모여 있는 경우는 (⑥)라고 한다.

① : _____ ② : _____ ③ : _____

④ : _____ ⑤ : _____ ⑥ : _____

⑤의 예 _____

⑥의 예 _____

해설 단당류(monosachharide)를 분류하는 방법과 이당류(disaccharide)와 삼당류(trisaccharide)에 대해 묻는 기본적인 문제
이다.

26 아래 빈칸을 채우시오.

> 대부분의 탄수화물은 환원말단을 가지고 있다. 하지만 이당류 중 (①)와 삼당류 중 (②)는
> 대표적인 비환원성 당이다. (①)은 (③), (④)로 구성되어 있으며, (②)는 (⑤),
> (⑥), (⑦)로 구성되어 있다.

① : _____ ② : _____ ③ : _____ ④ : _____

⑤ : _____ ⑥ : _____ ⑦ : _____

해설 대표적인 비환원당인 설탕(sucrose)과 라피노오스(raffinose)에 대한 것을 묻는 문제이다.

27 전화당(invert sugar)이란 무엇인지 2줄 이내로 간단히 적으시오.

_____

_____

해설 전화당이란 설탕(sucrose)에 invertase를 작용시켜 설탕을 분해하여 포도당(glucose)과 과당(fructose)을 1:1로 만든 당
이다.

28 아래의 빈칸에 알맞은 낱말을 채우시오.

전분은 (①)와 (②)로 구성되어 있다. 전분은 (③)에 따라 A, B, C형으로 나눌 수 있다. 대표적인 A형 전분은 (④), B형은 (⑤), C형은 (⑥)이다.

① : _____ ② : _____ ③ : _____

④ : _____ ⑤ : _____ ⑥ : _____

해설 전분을 구성하는 구성성분은 아밀로오스와 아밀로펙틴이다. 전분은 X – 선 회절도에 따라 A, B, C 형으로 나눌 수 있다. A형에는 곡류 전분인 옥수수전분, 밀전분, B형에는 서류 전분인 감자전분, C형에는 중간형인 고구마전분이 포함된다.

29 전분은 아밀로오스와 아밀로펙틴으로 구성되어 있다. 이들은 포도당으로 구성되어 있음에도 결합 형태의 차이 등으로 인해 물리화학적 특성이 매우 다르다. 아래의 표를 완성하시오.

구 분	아밀로오스	아밀로펙틴
모양		
결합상태		
요오드 반응 색		
수용성 여부		
노화의 정도		
Amylase에 의한 분해		
호화반응		
부탄올 추출		
내포화물의 생성		
멥쌀 중의 함량		
찹쌀 중의 함량		

해설 본문의 아밀로오스와 아밀로펙틴의 비교 부분을 참조한다.

30 α – 전분이 β – 전분과 다른 물리화학적 특성을 5가지 적으시오.

① : _____

② : _____

③ : _____

④ : _____

⑤ : _____

해설 호화된 전분을 α – 전분, 생전분과 노화전분을 β – 전분이라 한다. α – 전분을 만드는 과정을 우리는 호화 혹은 α – 화 라고 부른다. 호화에 의해 전분이 어떤 물리화학적 변화를 받는지에 대한 것을 묻는 문제이다.

31 호화란 과량의 수분 존재하에서 온도 증가에 의해 전분이 물을 흡수하여 구조가 파괴되어 가는 과 정을 말한다. 호화의 메커니즘은 개시 단계, 중간 단계, 최종 단계로 나누어 설명할 수 있다. 각 단계 의 특징을 설명하시오.

개시 단계 _____

중간 단계 _____

최종 단계 _____

해설 호화의 메커니즘은 수분의 흡수 정도와 전분구조의 물리적 파괴 정도 등에 따라 3단계로 나누어진다(각 단계의 특징은 본문 을 참조).

32 전분의 노화란 무엇인지 2줄 이내로 간단히 설명하시오.

_____

_____

해설 노화에 대한 정의를 쓰는 기본적인 문제이다.

33 최근 기능성 전분으로 알려지고 있는 저항전분(resistance starch)이란 무엇인지 설명하시오.

_____

_____

해설 저항전분이란 호화와 노화를 계속적으로 반복한 전분을 말한다. 이 전분은 최종적으로는 호화도 노화도 일어나지 않고 소 화효소에 저항성을 갖게 된다. 다른 말로는 난소화성전분이라고 한다.

34 전분의 호화는 다양한 요소에 의해 촉진되거나 억제된다. 다음 요소들 중 호화를 촉진시키는 인자들을 골라 쓰시오.

구 분	보 기	정 답
전분의 종류	곡류전분, 서류전분	
수분	함량이 많을수록, 적을수록	
온도	낮을수록, 높을수록	
pH	산성, 중성, 알칼리성	
염류	첨가, 제거	
당류	첨가, 제거	

> 해설 호화를 촉진시키는 조건을 고르는 문제이다. 호화는 서류전분일수록, 수분이 많을수록, 온도가 높을수록, 알칼리성일수록, 염류가 첨가될수록, 당류가 제거될수록 촉진된다.

35 전분의 노화를 방지하는 방법에는 수분조절, 온도조절, 첨가물 첨가 등이 있다. 노화를 억제하는 방법 각각에 대해 자세히 설명하시오.

수분조절 _____

온도조절 _____

첨가물 첨가 _____

> 해설 노화에 영향을 주는 인자는 매우 많다. 이 중 수분, 온도, 첨가물에 대한 것을 설명하는 문제이다.

36 아래 내용에 대해 2줄 이내로 간단하게 설명하시오.

전분의 호정화 _____

전분의 호화와 호정화의 차이 _____

_____

호정화된 전분의 특징 _____

_____

> 해설 호정화는 호화, 노화와 더불어 대표적인 전분의 변화 과정이다. 호정화는 호화와는 다른 메커니즘을 가지고 있고, 호화된 전분의 특징 역시 다르다. 호정화에 대한 기본적인 내용을 묻고 있는 문제이다.

37 최근 들어 식품을 통한 건강기능성이 대두되면서 식이섬유(dietary fiber)에 대한 관심이 많아져 식이섬유를 응용한 음료, 알약, 비스킷 등이 많이 생산되고 있다. 식이섬유가 갖고 있는 생리적·영양학적 기능을 4가지 이상 쓰시오.

① : _____

② : _____

③ : _____

④ : _____

해설 식이섬유는 기능성 식품에 기본적이고 포괄적으로 사용되고 있다. 식이섬유는 소화흡수가 되지 않아 칼로리가 없으며, 장의 연동운동 촉진, 변의 벌크(bulk)화, 장내 중금속 제거, 혈중 콜레스테롤 저하, 장내 세균이 발효하여 유기산을 만들고 이를 장에서 흡수하는 등의 식이적인 기능성을 갖는다.

38 전분분해효소에는 α – amylase, β – amylase 와 glucoamylase가 있으며, 각 효소는 서로 다른 특징을 가지고 있다. 아래 표를 완성하시오.

구 분	α – amylase	β – amylase	glucoamylase
별명			
분해 방식			
주요 분해 산물			포도당
제한적 영역	α – limit dextrin		

해설 전분분해효소에 대한 문제들은 매우 자주 출제된다. 따라서 각 분해효소에 대한 가수분해 방식, 분해 후의 생성물과 효소의 특징들을 철저하게 알아 둘 필요성이 있다.

39 당알코올에 대한 설명 중 옳은 것만을 〈보기〉에서 있는 대로 고른 것은? 기출문제

보기
ㄱ. 포도당의 당알코올은 솔비톨(sorbitol)이다.
ㄴ. 일반적으로 보습성이 있으며, 과당보다 단맛이 약하다.
ㄷ. 곶감 표면에 생기는 흰 가루는 말티톨(maltitol)이라는 당알코올이다.
ㄹ. 에리스리톨(erythritol), 자일리톨(xylitol) 등은 저열량 감미료로 이용된다.
ㅁ. 1번 탄소의 알데히드(aldehyde)가 산화되어 알코올(alcohol)로 변화된 당이다.

① ㄱ, ㅁ   ② ㄴ, ㄷ   ③ ㄹ, ㅁ
④ ㄱ, ㄴ, ㄷ   ⑤ ㄱ, ㄴ, ㄹ

정답 ⑤

40 식물성 다당류 A~D의 특성과 식품에 적용된 예로 옳은 것은? 기출문제

> • A는 갈락토오스(galactose)로 구성된 갈락탄(galactan)으로 홍조류에서 얻어진다.
> • B는 포도당이 $\beta-1,4$ 결합의 직쇄상으로 연결되어 있으며, 사람에게는 소화시키는 효소가 없다.
> • C는 당 유도체인 만뉴론산(mannuronic acid)과 글루큐론산(glucuronic acid)으로 구성되어 있으며, 갈조류의 세포막 성분이다.
> • D는 결정 부분과 비결정 부분이 동심원의 규칙성 있는 배열로 이루어진 입자구조(granule)이다.

① A는 젤 형성 능력이 약해 빵, 과자류 등에 사용된다.
② A와 B는 소화가 잘 안 되므로 다이어트용 푸딩, 국수 등에 사용된다.
③ C는 냉수에 잘 녹으므로 샐러드드레싱, 푸딩, 치즈 등에 사용된다.
④ C와 D는 냉수에서 팽윤되므로 냉동 과일 파이속(pie filling) 등에 사용된다.
⑤ D는 건열에 의해 용해성이 감소되므로 양갱, 젤리 등에 사용된다.

정답 ②

41 전분의 특성을 설명한 것으로 옳지 않은 것은? 기출문제

① 쿠키, 크래커, 건빵은 수분함량이 낮아 오래 보관해도 노화가 잘 일어나지 않는다.
② 쌀과 같이 전분 입자가 작은 것은 감자와 같이 전분 입자가 큰 것보다 호화가 빨리 일어난다.
③ 전분을 물과 함께 가열하면 팽윤 후 점성과 투명도가 증가되며, 소화효소의 작용을 받기 쉬워진다.
④ 엿은 전분을 당화하여 생성된 당 용액을 농축하여 만든 것으로 전분보다 단맛과 점도가 증가되고 결정화 작용은 억제된다.
⑤ 죽은 호화를 이루기 위해 잘 저어 줘야 하지만 너무 오래 저어 주면 내부 결합이 끊어져서 점도가 오히려 낮아지게 된다.

정답 ②

42 전분의 호정화(dextrinization)에 대한 설명으로 옳은 것을 〈보기〉에서 모두 고른 것은? 기출문제

> 보기
>
> ㄱ. 호정화가 되면 전분의 점성은 약해지나 용해성이 증가된다.
> ㄴ. 전분에 물을 가하지 않고 160~170℃로 가열하면 호정화가 일어난다.
> ㄷ. 호정화된 전분은 상온이나 냉장 온도에서 노화되지 않는다.
> ㄹ. 호정화 과정에서 전분은 효소 작용에 의해 다양한 길이의 덱스트린(dextrin)으로 분해된다.
> ㅁ. 밥, 미숫가루, 루(roux) 조리 시 호정화가 일어난다.

① ㄱ   ② ㄱ, ㄴ
③ ㄱ, ㄴ, ㄷ   ④ ㄱ, ㄴ, ㄷ, ㄹ
⑤ ㄱ, ㄴ, ㄷ, ㄹ, ㅁ

정답 ③

43 펙틴질(pectic substances)에 대한 설명으로 옳은 것만을 〈보기〉에서 있는 대로 고른 것은?
기출문제

> 보기
>
> ㄱ. 펙틴질은 프로토펙틴(protopectin), 펙트산(pectic acid), 펙틴산(pectinic acid), 펙틴(pectin)을 포함한다.
> ㄴ. 프로토펙틴은 펙틴의 모체가 되는 물질로 식물의 유연조직(parenchymatous tissues)에 많이 존재하며, 식물이 성숙하면서 프로토펙티나제(protopectinase)에 의해 가수분해되어 펙틴이 된다.
> ㄷ. 펙틴은 그 분자 속 카르복실(carboxyl)기의 일부가 메틸에스테르(methyl ester)나 산의 형태, 또는 염의 형태로 되어 있는 친수성 폴리갈락투론산(polygalacturonic acid)이다.
> ㄹ. 펙틴의 구성단위인 $\beta-D-$갈락투론산($\beta-D-$galacturonic acid)은 $\beta-1,4$ 결합으로 연결되어 있다.
> ㅁ. 폴리갈락투로나제(polygalacturonase)는 펙틴의 $\beta-1,4$ 결합을 불규칙적으로 가수분해하여 펙틴 분자의 크기를 감소시킨다.

① ㄱ, ㄴ, ㄷ   ② ㄱ, ㄹ, ㅁ
③ ㄴ, ㄷ, ㄹ   ④ ㄴ, ㄷ, ㄹ, ㅁ
⑤ ㄱ, ㄴ, ㄷ, ㄹ, ㅁ

정답 ①

44 전분의 노화(retrogradation)에 대한 설명으로 옳은 것을 〈보기〉에서 고른 것은? 기출문제

> 보기
> ㄱ. 전분의 노화는 α-전분이 β-전분으로 변하는 것이다.
> ㄴ. 노화된 전분은 V형의 X-선 회절도(X-ray diffraction pattern)를 나타낸다.
> ㄷ. 노화에는 전분 분자들을 구성하고 있는 아밀로오스(amylose)와 아밀로펙틴(amylopectin)이 모두 관여하는데, 아밀로펙틴이 아밀로오스보다 더 빨리 노화된다.
> ㄹ. 전분의 종류, 수분함량, 온도, 전분 내의 아밀로오스와 아밀로펙틴의 함량 등이 전분의 노화에 영향을 준다.
> ㅁ. 모노글리세라이드(monoglyceride), 자당 지방산 에스테르(sucrose fatty acid ester)는 전분의 노화를 억제하는 효과가 있다.

① ㄱ, ㄴ, ㄷ   ② ㄱ, ㄷ, ㅁ
③ ㄱ, ㄹ, ㅁ   ④ ㄴ, ㄷ, ㄹ
⑤ ㄴ, ㄹ, ㅁ

정답 ③

45 다음은 전분의 구조에 대한 설명이다. (가)~(다)에 알맞은 것은? 기출문제

> 전분은 수백 내지 수천 개의 (가)이 중합된 것으로서 아밀로오스(amylose)와 아밀로펙틴 (amylopectin)의 두 종류로 구성되어 있다. 아밀로오스는 (가)이 α-1, 4 결합에 의해 직쇄상(linear)으로 중합된 것으로 대부분 (나) 구조를 하고 있어 그 내부 공간에 요오드와 같은 특정 화합물이 들어가 포접화합물(inclusion compound)을 형성할 수 있다. 한편, 아밀로펙틴은 α-1, 4 결합 이외에 (다) 결합에 의해 가지가 있는 전분이다.

	(가)	(나)	(다)
①	포도당	알파-나선형(α-helix)	α-1, 6
②	과당	알파-나선형(α-helix)	α-1, 3
③	포도당	베타-시트형(α-sheet)	α-1, 6
④	과당	베타-시트형(α-sheet)	α-1, 3
⑤	포도당	알파-나선형(α-helix)	α-1, 2

정답 ①

46 다당류에 대한 설명 중 옳은 것을 〈보기〉에서 모두 고른 것은? 기출문제

> 보기
> ㄱ. 전분은 곡류와 서류에 많이 들어 있다.
> ㄴ. 섬유소는 물을 흡수하는 능력이 있다.
> ㄷ. 섬유소의 섭취량이 적으면 배변이 쉬워진다.
> ㄹ. 글리코겐은 식물성 식품에 존재한다.
> ㅁ. 글리코겐은 에너지가 필요할 때 포도당으로 분해되어 쓰인다.

① ㄱ, ㄴ   ② ㄷ, ㄹ
③ ㄱ, ㄴ, ㅁ   ④ ㄴ, ㄷ, ㄹ
⑤ ㄷ, ㄹ, ㅁ

정답 ③

CHAPTER 04

지질

지질은 인간에게 열량원과 신체의 구성성분으로 중요한 역할을 하는 영양소이다. 지방산과 지방은 다른 것이고, 지방산의 조성에 따라 지방은 다양한 성질을 나타낸다. 이 장에서는 지방산의 종류 파악과 포화·불포화 지방산의 특징을 이해한다. 지방의 산패의 메커니즘과 산패 측정 방법 등에 대해서도 잘 숙지한다. 가능하다면 영양학적인 내용과 서로 연계시켜서 콜레스테롤이나 LDL, HDL 등의 내용도 숙지할 필요성이 있다.

1 지질의 기본적 개념

지질은 식품 중에서 맛과 향에 큰 영향을 미치며, 생체 조직에서 세포막과 피하지방층을 구성하는 주요 구성성분이다. 지질은 생체 조직에 저장되어 단열과 완충 작용을 하며, 콜레스테롤의 경우 호르몬 생성의 중요한 재료로 사용된다.

지질은 한마디로 정의하기 어렵지만 일반적으로 아래와 같이 정의할 수 있다.

① 물에 녹지 않으며, 헥산, 벤젠, 클로로포름 등의 유기용매에 녹는 물질이다.
② 지방산 에스테르 및 이 에스테르의 구성 성분인 지방산(중성지질), 알코올(왁스), 스테로이드 등의 천연물질들이다.
③ 생체에 의해 이용할 수 있는 물질이다.

하지만 지질 중의 거의 대부분은 중성지질Triacylglycerol, Triglyceride을 지칭한다. 중성지질은 글리세롤Glycerol에 유리지방산Free fatty acid이 에스테르 결합Ester bond한 것을 말한다. 이 결합 반응은 그림 4-1에 나타나 있다.

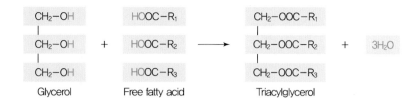

그림 4-1
중성지방의 탈수 축합 과정

$$CH_2-OH \qquad HOOC-R_1 \qquad\qquad CH_2-OOC-R_1$$
$$CH_2-OH \quad + \quad HOOC-R_2 \quad \longrightarrow \quad CH_2-OOC-R_2 \quad + \quad 3H_2O$$
$$CH_2-OH \qquad HOOC-R_3 \qquad\qquad CH_2-OOC-R_3$$

Glycerol   Free fatty acid   Triacylglycerol

지질은 일반적으로 상온의 상태에 따라 지Fat와 유Oil로 나눌 수 있고, 이를 합쳐서 유지라는 말을 쓰기도 한다. 일반적으로 fat을 구성하고 있는 지방산은 포화지방산Saturated fatty acid(14 : 0, 16 : 0, 18 : 0)들이며, 주로 동물성 재료에서 얻어지는 우지, 돈지, 버터 등이 여기에 속한다. 하지만 팜유는 식물성 재료에서 얻어지면서도 포화지방산의 함량이 높아 상온에서 고체상이고 fat으로 분류한다.

Oil은 상온에서 액체상으로 불포화지방산(16 : 1, 18 : 1, 18 : 2, 18 : 3)Unsaturated fatty acid으로 구성되어 있으며, 식물성 재료에서 얻는 콩기름(대두유), 옥수수기름(옥배유), 참기름과 들기름 같은 지방들이 여기에 속한다. 하지만 어유Fish oil는 동물성 재료에서 얻어지면서도 고도의 불포화지방산Poly-unsaturated fatty acid이 많이 함유되어 상온에서 액체로 존재한다.

표 4-1
지질의 상온의 상태에서의 구분

구 분	지(Fat)	유(Oil)
상온에서의 상태	고체상	액체상
주요 구성 지방산	포화지방산	불포화지방산
주요 출처	동물성 지방층	식물성 지방층
주요 유지	우지, 돈지, 버터	콩기름, 옥수수기름, 참기름, 들기름
예외의 경우	팜유(식물성이면서 fat)	어유(동물성이면서 Oil)

서양의 경우 fat과 oil 중에 fat의 사용을 선호하여, 콩기름과 옥수수기름 같은 식물성 기름의 불포화지방산에 수소첨가하여 경화시켜 경화유를 만들어 사용한다. 경화 과정(수소 첨가)을 거치면 불포화지방산은 포화지방산으로 바뀌어 fat으로 변화하게 된다. 이렇게 만든 지질로는 마아가린, 경화대두유와 쇼트닝 등이 있다. 하지만 이 과정 중에 cis-form인 지방산이 trans-form으로 변화하게 되며, 이를 trans-지방산이라 부른다. Trans-지방산은 최근 건강에 위해하다는 연구 보고가 있어 어린이들이 먹는 제품들에는 함량 표시가 의무화되어 있다.

cis형에서 trans형으로의 변환은 그림 4-2와 같은 과정을 통해 이루어지는 듯하다. 불포화지방산의 결합이 파이결합과 시그마 결합일 때는 탄소의 회전이 불가능하지만 열이나 빛을 받게 되면 이중 결합의 파이 결합이 깨지면서 탄소의 회전이 쉬워진다. 이 과정에서 trans형으로 모양이 바뀌고 탄소에 있던 잉여 전자들이 다시

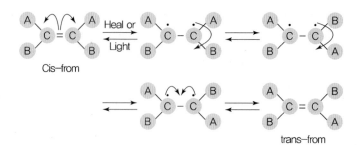

그림 4-2
Trans 지방산의
생성 메커니즘

파이결합을 만들면 이전에는 없던 trans 지방산이 생기게 된다. 이런 변화 반응은 상호 변화 반응으로 일반 조건에서는 일어나지 않고 충분한 양의 열이나 빛이 있을 경우에만 존재한다. 따라서 자연 중에 존재하는 일반적인 지방속에는 trans 지방산이 존재하지 않으나 가열 처리를 하거나 수소 첨가 반응을 시킨 지방산에서는 존재하는 것이다.

2 지질의 분류

지질은 구성성분과 구조에 따라 다음과 같이 다양하게 분류할 수 있다.

① 단순지질Simple lipid : 지방산이 에스테르 결합을 한 지질
   ㉠ 중성지방Neutral fat, Triacylglycerol, Triglyceride
   ㉡ 왁스Wax

② 복합지질Complex lipid : 지방산이 글리세롤glycerol 또는 아미노 알코올amino alcohol과 결합한 에스터ester에 다른 화합물이 결합한 지질
   ㉠ 인지질Phospholipid
   ㉡ 스핑고지질Sphingolipid
   ㉢ 당지질Glycolipid
   ㉣ 황지질Sulfolipid
   ㉤ 지단백질Lipoprotein

③ 유도지질Derived lipid : 단순지질, 복합지질들의 가수분해에 의해서 생성되는 지용성 물질
   ㉠ 지방산Fatty acid
   ㉡ 고급알코올Higher alcohol

④ Terpenoid lipid : isoprene의 중합체로 생각되는 지방질

ㄱ 스테로이드Steroid

ㄴ 스쿠알렌Squalene

ㄷ 카로테노이드Carotenoid 및 비타민 A

ㄹ 테르펜류Terpenes

3 지방산

지방산Fatty acid은 지질의 구성요소로서 지질의 가수분해Lipolysis에 의해 얻어지는 물질이다. 일반적으로 직쇄상으로 결합한 탄소 사슬이며, 끝에 작용기로 −COOH 기를 가지고 있다. 자연계에 존재하는 지방산은 대부분 짝수이며, 탄소수가 4개인 저급지방산부터 24개 정도의 고급지방산까지 다양하게 발견되지만, 탄소 16개와 18개로 구성되어 있는 것이 대부분이다.

지방산은 내부에 이중결합이 있고 없음에 따라 포화지방산과 불포화지방산으로 나눌 수 있다.

1) 포화지방산

포화지방산은 이중결합이 없고, 동물성 유지에 많이 함유되어 있다. 수소원자에 의해 포화되어 있기 때문에 쉽게 산화되지 않으며, 탄소수가 증가하면 융점과 비점이 증가한다. 대표적인 포화지방산으로는 palmitic acid($C_{16:0}$, 16 : 0), stearic acid($C_{18:0}$, 18 : 0) 등이 있다.

2) 불포화지방산

불포화지방산은 내부에 이중결합이 1개 이상 있고, 식물성 유지에 많이 함유되어 있으며, 불포화되어 있는 부분에서 산화반응이 쉽게 일어난다. 이중결합의 숫자가 증가할수록 산화속도는 급격히 증가하며, 불포화도가 클수록 굴절률은 커진다.

대표적인 불포화지방산으로는 palmitoleic acid($C_{16:1}$, 16 : 1), oleic acid($C_{18:1}$, 18 : 1), linoleic acid ($C_{18:2}$, 18 : 2), linolenic acid($C_{18:3}$, 18 : 3), arachidonic acid($C_{20:4}$, 20 : 4), eicosapentanoic acid ($C_{20:5}$, 20 : 5), docosahexanoic acid($C_{22:6}$, 22 : 6) 등이 있다.

불포화지방산의 이중결합 부분은 대부분 cis−form형으로 되어 있고, 두 개 이상의 이중결합은 비공액구조 non−conjugated pentadiene를 갖고 있다.

$$-C=C-C-C=C-\text{Non}-\text{conjugated pentadiene}$$

지방산의 이름을 붙이기 위해서는 탄소에 번호를 붙여야 된다. IUPAC법에 의해서 작용기인 -COOH기부터 번호를 붙여야 되지만 경우에 따라서는 반대편 탄소부터 번호를 붙이는 것이 유용할 경우가 있다. 이렇게 번호를 붙이면 반대쪽, 즉 끝에서부터 번호를 붙이기 때문에 앞에 ωOmega를 붙인다. 일반적으로 영양학에서 ω-3계열 지방산의 기능성에 대해 많은 얘기들이 나오고 있다. 앞의 설명대로 ω-3계열 지방산은 끝의 탄소부터 3번째 탄소에 이중결합이 나타나는 지방산으로 linolenic acid나 EPA와 DHA와 같은 고도의 불포화지방산을 지칭한다. 이들은 순환계, 특히 혈액순환계나 심장계 질환의 예방에 좋은 효과를 보인다고 알려져 있다.

4 지질의 물리화학적 특성과 측정 방법

1) 지질의 물리적 성질

① **용해도**Solubility : 유지는 물에 녹지 않으며 유기용매에 녹는다. 하지만 탄소수 7개 이하의 지방산 역시 물에 약간 녹을 수 있다. 탄소 4개로 구성된 뷰티르산 butyric acid은 우유 중 유지방을 구성하는 지방산으로 물에 녹는다.

② **녹는점**Melting point : 지질을 구성하는 포화지방산의 탄소수가 증가할수록 지방산과 지방산 사이에 겹치는 표면적 증가로 녹는점이 증가하게 된다. 불포화지방산의 함량이 많거나 불포화도가 높으면 높을수록 녹는점은 낮아지게 된다.

지질은 여러 종류의 포화·불포화지방산의 혼합물이기 때문에 어느 한순간에 녹지 못하고 일정 범위에서 서서히 녹게 된다. 구성하는 지방산의 조성이 단순할수록 녹는점은 좁은 범위에서 녹게 된다.

또한 구성 지질들의 결정구조에 따라 몇 개의 녹는점을 가질 수도 있다. 이를 동질이상현상Polymorphism이라고 하며 이 현상은 초콜릿 제조 등에 사용된다.

③ **비중**Specific gravity : 유지의 비중은 보통 측정온도가 명시되어 있는데 대체로 25℃에서 측정하게 된다. 일반적으로 유지의 비중은 0.92~0.94 정도이며, 포화지방산 함량이 많을수록, 지방산 잔기가 줄어들수록 비중이 감소한다.

④ **굴절률**Refractive index : 유지의 굴절률은 1.45~1.47 정도이며, 탄소수가 많은 지방산 및 불포화지방산의 함량이 많을수록 굴절률이 높다.

⑤ **발연점**Smoking point : 유지를 가열할 때 유지의 표면에서 엷은 푸른색의 연기가 발생할 때의 온도이다. 이 연기가 튀김식품에 흡수되면 풍미가 저하되기 때문에 발연점이 높은 유지가 더 좋다. 발연점에 영향을 주는 요인에는 여러 가지가 있다. 구성 지방산의 사슬 길이가 길수록, 불포화도가 낮을수록 발연점은 높아진다. 하지만 유리지방산의 함량이 높거나, 불순물의 함량이 높을수록 발연점은 낮아진다. 콩기름의 경우 정제하기 전에는 150℃ 전후인 발연점이, 정제를 하고 나면 200℃ 이상으로 올라가게 된다. 이런 현상은 착즙을 해서 만들어 불순물이 포함되어 있는 extra virgin olive oil과 정제과정을 거친 pureed olive oil에서도 나타난다.

⑥ **인화점**Flash point**과 연소점**fire point : 유지에서 발생한 증기가 공기와 섞여 발화하는 온도를 인화점이라 하고, 이 연소가 계속적으로 지속되는 온도를 연소점이라 한다.

2) 지질의 화학적 성질

물리적 성질과 더불어 유지에는 고유의 화학적 성질이 있다. 유지의 화학적 성질은 유지의 품질, 식별, 순도와 변조 검출 등에 사용될 수 있다. 유지의 화학적 성질을 나타내 주는 것으로는 다음과 같은 것들이 있다.

① **검화가(비누화가, saponification value, SV)** : 유지는 KOH와 같은 알칼리 존재하에서 가열하면 가수분해를 일으켜 glycerol과 지방산의 염인 비누를 만든다. 이를 비누화 반응이라고 한다.

그림 4-3
비누화 반응

이런 유지의 특성을 이용하여 만든 정의가 바로 비누화가Saponification value이다. 비누화가는 유지 1g을 완전히 비누화시키는 데 필요한 KOH의 mg수로 정의되며, 이 값을 통해 유지를 구성하는 지방산의 사슬길이의 장단과 분자량을 유추할 수 있다. 일반적으로 사슬길이가 짧고 분자량이 적을수록 비누화가는 커진다.

② **요오드가**Iodine value, IV : 요오드가는 유지를 구성하는 지방산의 불포화도를 측정하는 항수이다. 그림 4-4와 같이 지방산의 이중결합은 촉매작용에 의해 수소가 첨가되어 단일결합으로 바뀐다. 요오드 역시 수소와 같은 방식으로 첨가될 수 있다. 이때 첨가되는 요오드의 양을 측정함으로써 지방산의 불포화도를 측정할 수 있다. 요오드가의 정의는 유지 100g이 흡수하는 I_2의 g수로 나타낸다. 요오드가가 높다는 것은 유지를 구성하는 지방산 중 불포화지방산이 많음을 나타낸다.

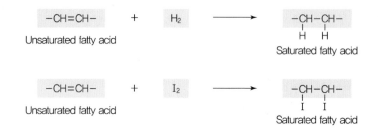

그림 4-4
지방산의 첨가반응

③ **산가**Acid value, AV : 일반적으로 지방산은 자연 중에 자유로운free 형태로 존재하지 않고 중성지방에 에스테르 결합 형태로 존재한다. 하지만 유지의 신선도가 떨어지고 오랫동안 저장하게 되면 중성지방에서 분리되어 나와 유리지방산 형태가 된다. 이 지방산을 중화하는 데 필요한 알칼리의 양을 산가라고 한다. 산가는 정확하게 1g의 유지 중에 존재하는 유리지방산을 중화하는 데 필요한 KOH의 mg수로 정의된다.

④ **로단가**Rhodan value : 요오드가와 같이 유지의 불포화도를 측정하는 항수로 유지 100g 중의 불포화결합에 첨가되는 로단[$(CNS)_2$]을 요오드로 환산한 g수로 정의된다. 특히 18 : 1, 18 : 2와 18 : 3의 함량을 결정하는 데 사용된다.

⑤ **라이헤이트-마이슬가**Reichert-Meissl value, RMV : 수용성·휘발성 지방산의 함량을 재는 데 사용된다. 유지 5g 중의 휘발성·수용성 지방산(탄소 4~6개)을 중화하는 데 필요한 0.1N KOH의 mL 수로 정의되며, 버터와 유지방 함유 식품의 위조와 함량 검사에 사용된다.

⑥ **폴렌스키가**Polenske value : 불용성·휘발성 지방산의 함량을 재는 데 사용되며, 유지 5g 중의 휘발성·불용성 지방산(탄소 8~14)을 중화하는 데 필요한 0.1N KOH의 mL 수로 정의된다. 야자유나 코코넛유 검사에 주로 이용된다.

⑦ **헤너가**Hener value : 유지 중의 물에 불용인 지방산의 함유 %이다.

5 유지의 산패

유지Lipid도 다른 성분들과 마찬가지로 시간이 지나면 본래의 품질을 잃게 된다. 이런 유지의 변화를 산패Rancidity라고 부르는데, 이는 단백질의 부패와 탄수화물의 변질 혹은 노화와는 다른 것이다.

1) 산패의 종류

유지의 산패는 메커니즘에 따라 몇 가지로 분류할 수 있다.

① **가수분해에 의한 산패** : 유지가 물, 산, 알칼리와 효소에 의해 가수분해되어 유리지방산이 발생하여 생기는 산패이다. 이 경우 맛의 변화와 불쾌취 생성 등이 나타난다.

② **자동산화에 의한 산패**Autoxidation : 유지 산패의 주된 원인이며, 불포화지방산을 함유한 유지 속의 이중결합이 공기 중의 산소와 결합하여 산화 생성물을 만들면서 발생하는 산패이다. 이것에 대한 자세한 내용은 뒤에 추가하겠다.

③ **가열산화에 의한 산패**Thermal oxidation : 유지를 산소 존재하에서 150~200℃로 가열할 때 일어나는 산패이다. 자동산화가 가속화되고, 중합반응에 의한 점도 상승, C−C 결합의 분해에 따른 카르보닐carbonyl 화합물의 생성, 이취off-flavor의 생성, 유리지방산의 증가 등의 현상이 나타난다.

④ **유지의 변향** : 유지의 변향은 산패와는 다른 증상이다. 유지의 변향은 산패가 진행되지 않았는데도 풀냄새, 콩비린내 같은 이취가 발생하는 것이다. 변향이 발생하는 메커니즘은 아직 밝혀지지 않았으나 18 : 2와 18 : 3이 많은 유지에서 주로 일어나기 때문에 이런 지방산과 연관이 있을 것이라 생각된다.

2) 유지의 산패 측정법

유지의 산패 측정은 식품위생적으로 중요하고, 식품의 안정성, 안전성, 가공성 등을 연구하는 데도 매우 유용하다. 유지의 산패 정도를 측정하는 방법으로는 다음과 같은 것들이 있다.

① **오븐 테스트**Oven test : 유지나 유지식품을 접시에 담아 실온이나 실온보다 높은 온도에서 보관하면서 일정 시간마다 관능검사를 통해 산패를 확인하는 방법이다. 쉽고 비교적 정확하게 측정할 수 있으나, 개인 차이가 존재한다. 문제점이 있다.

② **산소흡수속도 측정법** : 산패 반응은 산소의 흡수를 동반한다. 따라서 압력 게이지가 달린 밀폐 용기 속에 유지를 넣고 압력의 감소를 통해 산소의 흡수 정도

를 측정하여 산패를 측정한다.

③ **과산화물 함량 측정법**Peroxide value, POV : 유지의 자동산화 과정 중 초기 혹은 중간 과정에 생성되는 과산화물의 함량을 측정하는 방법이다. 과산화물가는 유지 1kg당 들어 있는 과산화물의 밀리 당량으로 표시한다. 재현성이 좋아 유지제품의 품질관리와 규격치로도 사용된다.

④ **카르보닐**Carbonyl **화합물 함량 측정법** : 유지의 산패가 진행되면 유지 내부에 카르보닐 화합물의 함량이 증가하게 된다. 2,4-DNPH법이나 TBAThiobarbituric acid **value** 법을 이용하여 유지 중 카르보닐기를 발색시킨 후 흡광도를 측정하여 산패 정도를 측정할 수 있다.

6 유지의 자동산화

유지의 자동산화Autoxidation는 상온에서 산소가 존재하면 자연스럽게 일어나는 산화 반응이다. 유지는 어느 기간 동안은 산소가 흡수되지 않다가 급격히 증가하게 되는데 산소의 흡수 증가와 더불어 과산화물과 카르보닐화합물의 생성도 증가한다. 과산화물의 변화가 없는 이 시간을 유도기간Induction time이라고 부른다. 과산화물은 시간이 지남에 따라 증가되다가 어느 수준 이상부터는 분해되어 함량이 감소하게 된다. 이 관계는 아래 그림 4-5에 나타내었다.

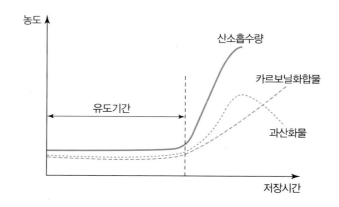

그림 4-5
유지의 자동산화

자동산화는 일반적으로 초기반응Initiation reaction, 전파반응Chain reaction, 종결반응Termination reaction의 3단계로 정리할 수 있고, 각각의 단계에서 일어나는 반응은 서로 다르다.

초기 단계에서는 열, 기계적 에너지, 빛, 수분 등에 의해 유리라디칼Free radical이 생성되거나, 이미 생성되어 있던 과산화물이나 유리라디칼에 의해 새로운 라디칼이 생성된다. 이 과정에서 일어나는 반응은 그림 4-6에 간단하게 정리하였다.

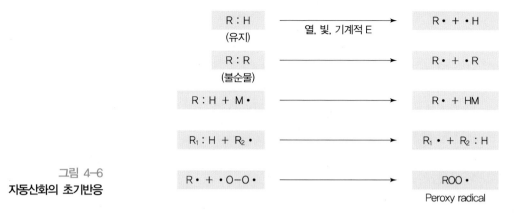

그림 4-6
자동산화의 초기반응

전파 단계(연쇄 단계)는 초기 단계에서 만들어진 유리라디칼과 프록시 라디칼 peroxy radical에 의해 공기 중의 산소가 유지의 이중결합 부분에 결합하여 과산화물을 계속적으로 만들어가는 과정이다. 초기에 사용된 라디칼은 이 반응을 거치면서 다시 재활용되어 과산화물이 계속 만들어진다. 이 단계에서 산소흡수량이 늘어나며 동시에 과산화물 역시 증가하게 된다.

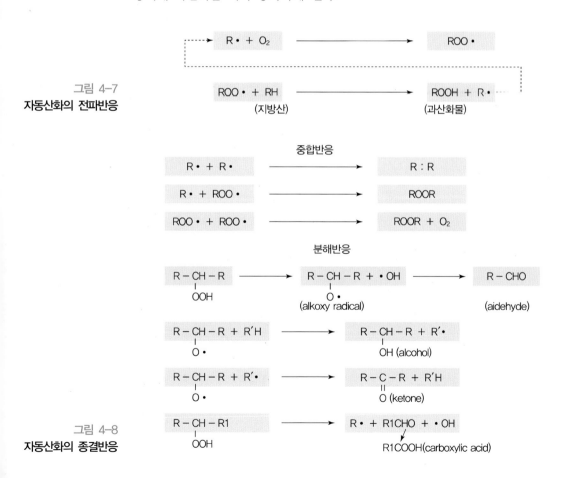

그림 4-7
자동산화의 전파반응

그림 4-8
자동산화의 종결반응

마지막 종결 단계는 크게 중합반응과 분해반응으로 이루어진다. 이 과정에서 앞서 만들어진 유리 라디칼들은 사라지게 된다. 중합반응에 의해 이전에는 없던 고분자의 중합체가 만들어지고, 분해 반응에 의해 이전에는 없었던 aldehyde, ketone, alcohol, carboxylic acid 등이 생성되어 산패취의 원인이 된다. 분해반응에 의해 전파 단계에서 만들어진 과산화물은 분해되어 과산화물가가 오히려 감소하는 모습을 보이게 된다.

1) 자동산화에 의한 유지의 변화

유지는 자동산화를 거치면서 많은 변화를 거치게 된다. 그중 몇 가지를 살펴보면 다음과 같다.

① 이중결합의 전위Rearrangement가 일어난다. 앞에서 설명했듯이 자연 중의 불포화지방산은 비공악구조non-conjugated form로 존재하는데, 자동산화를 거치면 공악구조conjugated form로 변화하게 된다.

② 산패취와 같은 이취가 생성된다. 자동산화의 분해반응을 통해 이전에는 없던 알데히드, 알코올 등의 저분자 향기 성분이 생성된다.

③ 중합체의 생성으로 인하여 유지의 점도가 증가하게 된다.

④ 고도의 불포화지방산은 영양학적으로 매우 중요하다. 그런데 자동산화 과정 중 다른 지방산들보다 이들 고도 불포화지방산들의 분해가 더욱 빨리 일어나 영양적으로 손실을 입게 된다.

⑤ Vit-A와 carotene의 감소가 두드러지게 일어난다.

⑥ 자동산화를 거치면서 cis-form으로 존재하던 지방산이 trans-form으로 변하면서 소화율이 감소하게 된다.

⑦ 위에서 설명한 trans-지방산 외에도 독성을 나타내는 카르보닐 화합물들이 생성된다.

⑧ 유지의 투명도가 저하되어 식품으로서의 가치가 저하된다.

2) 자동산화에 영향을 미치는 외부요인

유지의 자동산화에는 많은 인자들이 영향을 미친다. 그중 대표적인 몇 가지를 설명하면 다음과 같다.

① **불포화도** : 지방산의 불포화도가 증가할수록 자동산화는 급격하게 촉진되는 경향이 있다. 18 : 1, 18 : 2와 18 : 3의 경우 이중결합 수가 1, 2, 3개로 증가할수록 자동산화의 속도가 1 : 20 : 100으로 급격히 증가하는 모습을 보인다.

② **온도** : 온도의 증가는 자유라디칼 생성을 촉진시켜 자동산화의 초기반응을 빨리 일어나게 하여 전체적으로 자동산화 반응속도를 증가시킨다. 하지만 0℃ 이하에서는 온도가 떨어질수록 유지속의 수분이 동결되어 산화를 일으켜 산패를 촉진시킨다.

③ **광선** : 유지의 산화는 광선 특히 청색, 보라색을 갖는 자외선 조사에서 촉진된다. 따라서 갈색병이나 이들의 파장을 막아 주는 포장제를 사용하여야 한다.

④ **금속** : 유지 중의 금속은 미량으로도 산패를 촉진시킨다. 금속의 표면은 유리라디칼과 연쇄반응의 촉매로 작용하기 때문이다. 일반적으로 사용하는 금속 중 구리Cu의 촉진 정도가 가장 크다.

⑤ **효소** : 지방분해효소인 lipase, lipoxidase 등에 의해 산화는 촉진된다.

⑥ **색소** : hemoglobin, cytochrome C 등의 heme화합물은 빛을 감광하여 유리라디칼의 생성을 촉진시켜 자동산화를 촉진시키게 된다.

⑦ **수분** : 유지 중에 함유된 미량의 수분은 유리라디칼의 소스source로서 자동산화의 개시반응을 촉진시킨다.

⑧ **산소분압** : 산패는 산소를 소비하는 반응이다. 산소분압이 낮을 경우는 산소압에 비례하여 산패가 촉진되나, 약 150mmHg 이상에서는 산소압 증가에 영향을 받지 않는다.

⑨ **항산화제**Antioxidant**와 상승제**Synergist : 천연이나 인공 항산화제의 첨가는 자동산화의 초기 단계에서 유리라디칼의 생성을 억제시켜 유지의 자동산화를 억제하는 역할을 한다. 대표적인 천연항산화제로는 tocopherol, ascorbic acid, sesamol, gossypol, 로즈메리엑기스 등이 있으며, 인공항산화제로는 BHA, BHT, PG, EP 등이 있다. 항산화제는 유리라디칼의 생성만을 억제시켜 줄 뿐, 분해·중합 반응을 억제시키지는 못한다.

　　항산화제와 더불어 상승제라는 것도 있다. 상승제는 항산화능력이 없는 물질이지만, 항산화제와 같이 사용할 경우 항산화제의 효과를 크게 증가시켜 주는 물질이다. 대표적인 예로 구연산, 주석산, phytic acid, 인산 등이 있다.

01 다음은 엄마와 딸의 대화이다. 작성 방법에 따라 서술하시오. [5점] 영양기출

엄마	오늘은 튀김을 만들어 볼까? 기름을 넣었으니 온도를 160℃로 맞춰 봐.
딸	네, 기름이 남았는데 왜 새 기름을 사용했어요?
엄마	남은 기름은 ① <u>유통기한이 지난 기름</u>이야. 그래서 어제 새로 사온 기름을 사용한 거야.
딸	엄마! 벌써 온도가 180℃가 넘었어요.
엄마	그래? 뜨거우니까 기름이 튀지 않게 가장자리에 살짝 넣어 가며 해 보자.
	… (중략) …
딸	엄마, 이제 다 끝났으니 정리할까요.
엄마	그래, ② <u>튀김에 사용한 기름</u>은 다른 병에 옮겨서 보관하자.
딸	제가 기름은 바람이 잘 통하는 곳에서 뚜껑을 열고 식힌 후 병에 옮겨 담아 둘게요.

작성 방법
• 밑줄 친 ①, ②의 기름에서 일어날 수 있는 산화의 차이를 서술할 것(단, 이 두 기름은 지방산 조성이 동일하다고 가정함)
• 밑줄 친 ②에 영향을 미친 요인 2가지를 대화에서 찾아 제시할 것
• 밑줄 친 ②에서 나타난 변화 2가지를 서술할 것

_____

_____

_____

02 다음은 여중생 승유와 영양교사의 대화 내용이다. 괄호 안의 ①, ②에 해당하는 물질의 명칭을 순서대로 쓰시오. [2점] 영양기출

승유	선생님, 어제 엄마가 참기름과 들기름을 사오셨는데, 들기름만 냉장고에 넣어 두셨어요. 왜 그렇게 하시는지 여쭤 봤는데, 그냥 그렇게 하면 좋다고 사람들이 얘기하니까 그렇게 하시는 거래요. 선생님은 그 이유를 아시나요?
영양교사	참기름과 들기름에는 불포화지방산이 80% 이상 함유되어 있어서 산패되기 쉽단다. 그런데 참기름에는 이러한 반응을 막아 주는 천연항산화제인 (①)와/과 토코페롤이 들어 있어서 실온에 보관해도 돼. 하지만 들기름에는 이 물질들이 적게 들어 있고, 다가불포화지방산인 (②)은/는 참기름보다 훨씬 많아서 실온에 두면 산패가 더 쉽게 일어난단다.
승유	그럼 들기름은 꼭 냉장 보관해야겠네요.

① : _____ ② : _____

03 프라이팬을 가열하고 대두유를 둘렀더니 시간이 지나자 푸른 연기가 피어났다. 이 연기의 성분은 대두유의 가열 분해 산물인 (①)(으)로부터 생성된 (②)이다. 괄호 안의 ①, ②에 해당하는 용어를 순서대로 쓰시오(단, 대두유에 포함되어 있는 이물질은 제외함). [2점] 영양기출

① : _____ ② : _____

04 다음은 튀김조리(deep fat frying)에 사용하는 기름을 재사용할 때 나타날 수 있는 현상에 대한 설명이다. 괄호 안의 ①, ②에 들어갈 용어를 순서대로 쓰시오. [2점] 유사기출

- 튀김 기름을 여러 번 재사용하면 기름의 발연점이 낮아진다. 그 이유 중의 하나는 식품 속의 수분이 고온의 기름 속으로 빠져나와 지질의 가수분해를 촉진시켜 (①)의 함량이 높아지기 때문이다.
- 또한, 기름 성분인 지방(산)이 산화, 중합 반응이 일어나서 분자량이 커지면 (②)이/가 증가하고 지속성 거품이 발생하는 물리적 특성 변화가 나타난다.

① : _____ ② : _____

05 다음은 지방산의 성질 중 불포화지방산과 관련된 설명이다. (　　) 안에 공통으로 들어갈 용어를 쓰시오. [2점] 유사기출

> - 유지에 함유된 불포화지방산이 수소화과정이나 고온처리 등에 의해 탄소와 탄소 사이 이 중결합에 인접한 수소의 입체적 위치가 변화되어 생성된 지방산을 (　　)(이)라고 하며, 포화지방산과 유사한 입체적 모양을 지닌다.
> - 마가린, 쇼트닝을 사용하여 만드는 케이크, 과자, 프렌치프라이, 팝콘, 튀김 등에 (　　)이/ 가 다량 함유될 수 있어서 이러한 식품을 자주 섭취하면 관상동맥경화증, 심장병 등의 심혈관계 질환에 영향을 줄 수 있다.
> - 세계보건기구에서는 (　　)의 섭취를 하루 총 섭취 에너지의 1% 미만이 되도록 권고하고 있으며, 우리나라에서도 모든 가공식품에 이 지방의 함량을 의무적으로 표시하게 되어 있다.

_____

06 다음은 '제과·제빵' 수업 시간에 교사와 학생이 나눈 대화이다. (　　) 안에 들어갈 유지(油脂)의 성질을 쓰시오. [2점] 유사기출

> 학생　선생님, 페이스트리는 왜 바삭바삭한 거죠?
> 교사　유지의 (　　　　) 때문에 바삭바삭한 거예요.

_____

07 단순지방질은 지방산과 각종 알코올(alcohol)로 이루어진 에스테르(ester)의 총칭이다. 괄호 안의 ①, ② 각각에 공통으로 해당하는 용어를 순서대로 쓰시오. [2점] 유사기출

> - 중성지방(neutral fat)은 지방산과 (①)의 에스테르이며, 보통 글리세라이드(glyceride)라 고 부른다.
> - (①)은/는 3가의 알코올이므로 한 분자에 3분자의 지방산이 결합할 수 있다.
> - 왁스류(waxes)는 (②)와/과 고급 지방산의 에스테르로 영양적 가치는 없으나 동식물계 에 광범위하게 분포되어 있다.

① : _____　② : _____

08 다음은 식품분석실험 시간에 식품 중 특정 성분의 함량을 분석하는 방법이다. 이 측정법과 측정되는 성분의 명칭을 순서대로 쓰시오. [2점] 유사기출

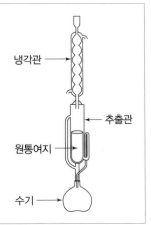

- 분말 시료 5~10g을 칭량하여 원통여지에 넣고, 상부를 탈지면으로 막고 추출관에 넣는다.
- 수기에 에테르(ether)를 넣고, 수기, 추출관, 냉각관을 오른쪽 그림과 같이 연결한 후 냉각관에 물을 통하게 하면서 가열기에서 가온(60℃)하여 추출한다.
- 추출이 완료되면 추출관 중의 원통여지를 꺼낸 후 수기를 가열기에서 가온하여 에테르를 완전히 증발시킨다.
- 수기를 건조시킨 후 데시케이터(desiccator)에서 방냉하여 항량을 측정한다.

냉각관

추출관

원통여지

수기

측정법 _____

측정되는 성분의 명칭 _____

09 과산화물가(peroxide value)는 유지의 산패도와 유도기간을 측정하는 데 많이 이용되는 방법이다. 과산화물가에 대하여 작성 방법에 따라 서술하시오. [4점] 유사기출

작성 방법
- 과산화물가의 정의를 쓸 것
- 오래된 유지에서 과산화물가가 낮게 나오는 이유를 설명할 것

_____
_____
_____

10 다음은 2가지 지질의 화학적 분석치를 비교하여 나타낸 자료이다. 이 표에 나타난 결과를 바탕으로 지질 A와 B의 평균분자량, 불포화도, 하이드록시기(hydroxyl group) 함량, 유리지방산 함량 및 저급지방산 함량을 비교하시오. [5점] 유사기출

분석 항목	분석치 비교 결과
라이헤르트–마이슬가(Reichert-Meissl value)	지질 A < 지질 B
비누화가(Saponification value)	지질 A < 지질 B
산가(Acid value)	지질 A < 지질 B
아세틸가(Acetyl value)	지질 A > 지질 B
요오드가(Iodine value)	지질 A > 지질 B

11 유지의 산패 정도를 측정하는 데 사용되는 TBA가(thiobarbituric acid value) 측정법의 원리를 서술하시오(단, 반응물, 반응조건, 생성물의 측정 순으로 서술할 것). [3점] 유사기출

12 다음의 유지 중 발연점이 가장 높은 것과 가장 낮은 것을 쓰고, 튀김요리를 할 때 생기는 유지의 이화학적 변화 2가지를 각각 1줄 이내로 쓰시오. 기출문제

라드(lard) 대두유(soybean oil) 쇼트닝(shortening) 올리브유(olive oil)

발연점이 가장 높은 것 _____

발연점이 가장 낮은 것 _____

이화학적 변화 ① : _____ ② : _____

해설 2008년도 영양교사 문제로 문제에 대한 이의 신청이 많았다. 개인적으로도 정답 선택이 쉽지 않은 문제이다. 유지의 발연점은 일반적으로 구성 지방산의 사슬길이, 불포화도에 영향을 받는다. 이와 더불어 유리지방산의 함량과 불순물의 양에 의해서도 큰 영향을 받는다. 식품화학 교재(식품화학 – 개정증보판, 1995년, 김동훈, 탐구당) 514~515쪽을 보면 발연점에 영향을 주는 요인들과 몇몇 유지들의 발연점들이 정리되어 있다.

- 라드의 경우, 식품화학 514쪽 표 13 – 4를 보면 고급 돼지기름(leaf lard)의 발연점은 221℃, 많이 사용한 돼지기름의 발연점은 190℃로 나와 있다.
- 올리브유의 경우, 514쪽 표 13 – 4에서는 175℃로 나와 있다. 하지만, 515쪽 표 13 – 5에서는 조제 올리브유(olive oil, virgin)의 발연점이 199℃로 나와 있다.
- 대두유의 경우는 조제 엑스펠라추출 대두유(crude, expeller, soybean oil)는 181℃, 조제 용매추출 대두유(crude, extracted, soybean oil)는 210℃로 나와 있다.

참고로 조제 옥수수유(corn oil, crude)는 178℃, 정제 옥수수유(corn oil, refined)는 227℃로 나와 있다. 이 책의 내용을 통해 보았을 때 유지의 발연점은 정제 여부(위의 옥수수유), 추출 방법(위의 대두유), 사용시간(위의 라드) 등에 따라 다르게 나타나는 것으로 이런 정확한 설정 없이 단순하게 라드, 대두유, 쇼트닝, 올리브유에서 발연점이 가장 높은 것과 낮은 것을 묻는다면 매우 선택하기 어렵다. 만약 동일한 정제 정도로 동일한 방법으로 추출한 경우라면 발연점이 높은 것은 쇼트닝과 라드에서, 발연점이 낮은 것은 올리브와 콩기름에서 고를 수 있을 것으로 생각된다.

13 경화유의 제조 과정에서 어떠한 촉매와 첨가제가 사용되는지를 쓰고, 제조 과정에서 일어나는 지방산 입체 이성체의 변화를 쓰시오. 기출문제

촉매 _____

첨가제 _____

지방산 변화 _____

해설 수소 첨가(경화)는 니켈(Ni)촉매하에서 수소기체를 첨가하여 불포화지방산을 포화지방산으로 만드는 과정이다. 이 과정에서 이중결합의 배위가 일어나고, π – 전자의 이동으로 인해 cis형인 불포화지방산이 trans형으로 바뀌게 된다. 여기서 수소를 첨가하면 불포화지방산이 포화지방산으로 바뀌게 되는데, 둘은 입체이성체 사이가 아니므로 이는 세 번째 질문의 답이 될 수 없다.

14 다음 글을 읽고 버터 대신 사용되는 유지를 1가지만 쓰고, 그것의 사용 이유를 설명하시오. 기출문제

> 쿠키는 저장 기간이 길기 때문에 첨가되는 유지의 종류가 중요하다. 일반적으로 풍미가 뛰어난 버터를 많이 사용하나, 요즈음은 버터 대신에 다른 종류의 유지를 사용하고 있다.

사용 유지 _____

사용 이유 _____

해설 버터 대신 쿠키 제조에 사용되는 유지는 쇼트닝이라 답해야 될 것 같다. 쇼트닝은 제품을 부드럽게 하고, 공기 포집에 도움을 주어 팽창제 역할도 한다. 제품을 바삭바삭하게 해 주는 역할도 한다.

15 발연점이 높은 식용유를 사용하여 튀김을 하는 것이 좋은데 발연점이 높은 식용유를 2개만 쓰시오. 그리고 튀김을 여러 번 하면 산패가 촉진되어 발연점이 낮아지고 점도와 거품이 증가하여 맛과 향이 나빠지는데 이때 생성되는 물질을 2개만 쓰시오. 기출문제

> 발연점이 높은 식용유

① : _____

② : _____

> 생성되는 물질

① : _____

② : _____

해설 발연점이 높은 식용유를 일반적으로 튀김적성이 좋은 식용유라고 한다. 이미 설명한 것처럼 발연점은 정제도에 따라 다른 수치를 나타낸다. 일반적으로 정제 콩기름, 정제 돼지기름, 정제 팜유 등의 발연점이 높다. 가열에 의해 유지의 산패가 진행되면 이전에 없던 산패취가 발생하는데, 이는 지방산이 분해되면서 생기는 알데히드와 케톤 등의 카르보닐화합물이다. 이와 더불어 중합체들이 만들어지고 고분자 물질들이 생성되어 점도가 증가하게 된다.

16 지방질의 자동산화에 의한 산패의 3단계를 쓰고, 지방질이 자동산화되는 과정에서 생성되는 유리기에 수소원자를 공급하여 자동산화반응을 저지하는 물질을 쓰시오. 기출문제

> 산패의 3단계

① : _____

② : _____

③ : _____

> 저지물질

_____

해설 지방의 자동산화는 유리라디칼이 만들어지는 초기반응(initiation reaction), 생성된 라디칼들이 계속적으로 다른 라디칼을 만들고 과산화물을 만드는 전파반응(chain reaction)과 라디칼끼리 서로 결합하고 과산화물이 분해하는 종결반응(termination reaction)으로 나누어진다. 산화방지제(antioxidant)는 생성된 유리라디칼에 수소원자를 공급하여 유지의 유도기간을 길게 해 주는 역할을 한다.

17 지방의 산패 정도를 알기 위해서는 지방의 산패 중에 생성되는 과산화물의 함량을 측정해야 한다. 이때 산패 정도를 표시하는 과산화물가(peroxide value)의 정의를 쓰시오. 기출문제

_____

_____

해설 과산화물가는 유지 1kg당 들어있는 과산화물의 밀리당량으로 정의된다.

18 식품 중 지방의 자동산화반응기구(autoxidation mechanism)를 초기 단계, 전파 단계, 종결 단계로 구분하여 쓰시오. 기출문제

초기 단계	①	
전파 단계	①	②
	③ $ROOH \rightarrow RO \cdot + \cdot OH$	
종결 단계	①	②
	③ $ROO \cdot + ROO \cdot \rightarrow ROOR + O_2$	

해설 본문의 자동산화 초기, 전파, 종결반응식을 참고한다.

19 다음은 식품의 여러 가지 성분 중 유지에 관한 설명이다. ①~④에 해당하는 답을 쓰시오. 기출문제

> 지방질은 고급 지방산과 글리세린이 복합된 에스테르로서 글리세라이드라고도 한다. 지방질의 종류는 상온에서 (①) 상태인 것을 기름, (②) 상태인 것을 지방으로 구분할 수 있다. 지방질의 이화학적 성질은 구성 지방산에 의해 결정되는데, 지방질의 (③) 함량에 따라 상온에서의 상태가 결정되는 특성이 있다. 지방질을 식별하는 방법으로 여러 가지 화학적 성질을 측정하는데, 이 중에서 지방질에 포함되어 있는 (③)(와)과 반응하는 (④)의 양에 따라 식물성 지방질을 건성, 반건성, 불건성으로 나눌 수 있다.

① : _____ ② : _____

③ : _____ ④ : _____

해설 아주 쉬운 단답식 같지만 생각만큼 쉽지는 않은 문제이다. 일단 지질은 상온에서 액체인 유(oil, 기름)와 고체인 지(fat, 지방)으로 구분할 수 있다. 이들은 구성하고 있는 포화지방산의 함량에 의해 구분된다. 포화지방산의 함량과 불포화지방산의 함량은 양날을 칼로 하나가 올라가면 하나가 내려간다. 즉 3번의 첫 번째 빈칸에는 포화와 불포화지방산이면 어느 것이든지 들어갈 수 있다. 하지만 두 번째 3번의 빈칸에는 불포화지방산만 들어갈 수 있으므로 3번에는 불포화지방산이라고 해야할 것이다. 건성, 반건성, 불건성유는 요오드가에 의해 구분되며 이는 불포화지방산과 반응하는 요오드의 양을 나타낸다.

20 탄수화물, 단백질과 함께 식품을 구성하는 중요 성분 중의 하나인 지질은 저장, 조리 중에 변패하게 된다. 지질의 성질과 변패에 관하여 다음 물음에 답하시오. 기출문제

20-1 글리세롤과 지방산이 에스테르 결합을 이루고 있는 중성지질은 알칼리에 의해 분해되어 비누로 만들어진다. 이와 같은 현상을 비누화(Saponification)라고 하며, 비누화할 때 필요한 알칼리의 양을 비누화가(값)라고 한다. 비누화가는 지질을 구성하고 있는 지방산의 평균 분자량에 반비례한다. 지질 비누화가의 정확한 정의를 적으시오.

_____

20-2 신선한 지질은 본래 유리지방산을 함유하고 있지 않으나 저장, 조리 중 가수분해로 인하여 유리지방산이 혼재하는 경우가 많다. 이와 같이 지질의 품질 저하 정도를 측정하기 위하여 지질에 포함된 유리지방산의 함량을 나타내는 말로 1g의 지질 중에 함유된 유리지방산을 중화하는 데 필요한 KOH mg수를 무엇이라고 하는가?

20-3 지질은 상온에서 자연 발생적으로 공기 중의 산소를 흡수하여 서서히 산화된다. 지질이 산소를 흡수하는 속도는 처음 일정 기간까지는 거의 일정하고 산소 흡수량도 적지만, 어느 기간이 지난 후에는 지질의 산소 흡수속도가 급격하게 증가하고 산화 생성물의 양도 급증한다. 이와 같이 지질의 산소흡수 속도가 매우 느린 어느 일정 기간을 무엇이라고 하는가?

해설 지질에 대한 일반적인 몇몇 개념을 묻는 문제이다. 1번은 비누화가의 정의를 묻는 문제이고, 2번은 산가(acid value)를 묻는 문제이다. 3번은 자동산화의 유도기간에 대한 것을 묻는 문제이다.

21 유지 또는 지방질을 오랫동안 저장해 두면 공기 중의 산소와 결합하여 산화가 일어나게 된다. 이러한 산화를 방지하기 위하여 사용하는 합성 항산화제(인공 항산화제)에 대한 물음에 답하시오. 기출문제

21-1 식품의 지방 산화를 방지하기 위하여 사용하는 합성 항산화제를 3개만 쓰시오.

① : _____

② : _____

③ : _____

21-2 항산화 효과가 없거나 극히 미약한 항산화력을 가지고 있지만, 다른 항산화제와 함께 사용하여 항산화 효력을 강화시키는 물질을 무엇이라 하는가?

해설 인공항산화제의 종류와 상승제에 대한 것을 묻는 문제이다(본문 내용 참조).

22 유지의 경화 과정(수소 첨가 과정)이란 무엇인지 2줄 이내로 간단히 쓰시오.

해설 유지의 경화 과정은 매우 중요한 내용이다. 경화 과정이란 불포화지방산이 니켈 촉매하에서 수소기체가 통과될 때 수소가 첨가되어 이중결합이 없어지며 포화지방산으로 변화하는 것을 말한다. 이 과정에서 입체이성질체인 trans형의 지방산이 생긴다.

23 유지 중에 존재하는 trans‒지방산이 무엇인지 설명하고, 건강적인 위험성에 대해서도 설명하시오.

_____

_____

해설 자연계의 불포화지방산은 모두 cis형을 이루고 있다. 이 불포화지방산이 가열 등의 과정을 거쳐 trans형으로 변화한 지방산을 trans‒지방산이라 하며, 이는 심장순환계 계통에 위해를 입힐 수 있다.

24 유지의 경화 과정(수소 첨가 과정) 중 trans‒지방산이 생겨난다. 그 이유가 무엇인지 수소첨가 메커니즘을 통해 설명하시오.

_____

_____

해설 본문을 참조한다.

25 유지는 구성성분과 구조에 따라 단순지질(simple lipid), 복합지질(complex lipid), 유도지질(derived lipid)과 terpenoid lipid로 나눌 수 있다. 이들은 서로 다른 특징을 가지고 있다. 이들의 정의와 대표적인 예를 2개 이상 적으시오.

구 분	정 의	예
단순지질		중성지방, 왁스
복합지질	지방산이 glycerol 또는 amino alcohol과 결합한 ester에 다른 화합물이 결합한 지질	
유도지질		지방산, 고급알코올
Terpenoid lipid	isoprene의 중합체로 생각되는 지방질	

해설 유지의 구성 성분에 대한 내용이다. 단순지질, 복합지질, 유도지질과 terpenoid lipid의 정의 및 대표적인 지질의 이름을 적는 문제이다. 기본적인 내용을 묻는 문제로 정답은 본문을 참조하여 스스로 써 보길 바란다.

26 중성지방(triacylglycerol)은 글리세롤(glycerol)과 지방산(fatty acid)의 에스테르결합(ester bond)에 의해 이루어져 있다. 지방산은 이중결합이 있는지 없는지에 따라 다시 포화지방산과 불포화지방산으로 나누어진다. 자연계에 존재하는 지방산의 일반적 특징을 5가지 쓰시오.

① : _____

② : _____

③ : _____

④ : _____

⑤ : _____

27 지방산은 여러 가지 명칭으로 불린다. 자연 중에 많이 존재하거나 영양학적으로 중요한 지방산들의 이름을 완성하시오.

구 분	관용명 혹은 IUPAC명
16 : 0	
18 : 0	
18 : 1	
18 : 2	
18 : 3	
	arachidonic acid
	eicosapentanoic acid
	docosahezanoic acid

28 유지는 오랜 시간이 지나면 본래의 품질을 잃게 된다. 이런 유지의 변화를 산패라고 한다. 유지의 산패는 여러 메커니즘에 의해 이루어지는데 메커니즘에 따라 크게 4가지로 나누어 생각할 수 있다. 이 4가지를 쓰시오.

① : _____

② : _____

③ : _____

④ : _____

29 유지의 산패 중 가수분해에 의한 산패란 어떤 것을 말하는지 2줄 이내로 간단히 쓰시오.

_____

_____

> 해설 유지의 산패 중 가수분해에 의한 산패의 정의를 쓰는 것이다. 유지가 물, 산, 알칼리와 효소에 의해서 가수분해되어 유리
> 지방산이 발생하여 생기는 산패를 말한다.

30 유지의 산패 중 가열산화에 의한 산패란 어떤 것을 말하는지 2줄 이내로 간단히 쓰시오.

_____

_____

> 해설 유지의 산패 중 가열산화에 의한 산패의 정의를 쓰는 것이다. 유지를 산소 존재하에서 150~200℃로 가열할 때 일어나
> 는 산패를 말한다.

31 유지의 화학적 성질은 다양한 항수를 통해 나타낼 수 있다. 각각의 항수는 유지의 한 가지 특징만을
표현하게 된다. 아래 나타난 화학적 성질을 나타내는 항수이 정의와 이 항수를 통해 알 수 있는 화학
적 특성에 대해 설명하시오.

비누화가(saponification value)

정의 : _____

특성 : _____

요오드가(iodine value)

정의 : _____

특성 : _____

산가(acid value)

정의 : _____

특성 : _____

정의 : _____

특성 : _____

정의 : _____

특성 : _____

해설 유지의 화학적 특성을 측정하는 수치에 대한 정의와 각 수치들이 의미하는 의미를 적는 문제이다(본문 내용 참조).

32 다음은 유지의 자동산화 과정 중 대표적인 몇몇 물질의 시간에 따른 농도 변화를 나타낸 그래프이다. 유지의 자동산화는 일반적으로 초기반응(initiation reaction), 전파반응(chain reaction), 종결반응(initiation reaction)으로 나누어진다. 아래 그림에서 각 반응 단계가 어디인지 설명하시오.

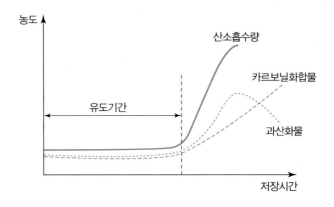

_____

_____

_____

해설 자동산화의 초기, 전파, 종결 반응이 각각 어디인지를 알아내는 문제이다. 초기반응은 유도기간이라 알려져 있는 과정으로 서서히 유리라디칼이 만들어지는 단계이다. 전파반응은 라디칼에 의해 과산화물이 만들어지는 과정으로 그림에서 과산화물이 만들어져서 정점까지 올라가는 단계이다. 종결반응에서는 과산화물의 분해가 일어나 과산화물이 줄어들기 때문에, 위의 그림에서는 과산화물이 정점에서 떨어지는 부분이 바로 종결 단계가 된다.

33 다음 글을 읽고 ①~⑥에 해당하는 답을 쓰시오.

> 유지의 자동산화 중 초기 단계에는 열, 기계적 에너지, 빛 등에 의해 (①)가 생성된다. (①)은 전파 단계에서 공기 중의 산소와 반응한 후 다시 지방산과 반응하여 지방산을 (②)로 만든다. 이 반응 후 (①)은 다시 재활용되어 계속적으로 반응이 진행된다. 자동산화의 종결반응은 (③)반응과 (④)반응이 일어난다. (③)반응에 의해 (①)은 사라지고 이전에는 없던 분자량이 큰 화합물들이 나타나게 된다. (④)반응에 의해 산패취가 나타나게 되는데, 이는 (④)반응 중에 생성된 (⑤), (⑥) 등이 원인이다.

① : _____   ② : _____   ③ : _____

④ : _____   ⑤ : _____   ⑥ : _____

해설 ① 유리라디칼, ② 과산화물, ③ 중합반응, ④ 분해반응, ⑤와 ⑥ 알데히드, 케톤, 에스테르 등의 카르보닐화합물로 쓰면 전체적으로 문장이 맞다.

34 유지는 자동산화 과정을 거치면서 여러 화학반응을 받게 된다. 이 과정에서 산패 이전과는 다른 몇 몇 특성들이 나타나게 된다. 이 특성 변화는 좋은 방향보다는 나쁜 방향으로 나타난다. 자동산화에 의해 나타나는 유지의 특성 변화를 5가지 쓰시오.

① : _____

② : _____

③ : _____

④ : _____

⑤ : _____

해설 본문에서 자동산화에 의한 유지의 변화 부분 내용을 참조한다.

35 유지의 자동산화에 영향을 미치는 인자들에 대해 5가지 이상 적고 설명하시오.

① : _____

② : _____

③ : _____

④ : _____

⑤ : _____

해설 본문 중 자동산화에 영향을 주는 외부인자 부분 내용을 참조한다.

36 다음 글을 읽고 ①~⑩에 해당하는 답을 쓰시오.

> 유지의 자동산화에 영향을 미치는 여러 요인 중 항산화제의 영향은 매우 크다. 항산화제는 유리라디칼의 생성을 억제하여 자동산화의 (①)을 연장하여 산패를 억제하는 효과를 나타낸다. 항산화제 중 천연항산화제로는 (②), (③), (④) 등이 있고, 인공항산화제로는 (⑤), (⑥), (⑦) 등이 있다. 항산화제와는 다르나 (⑧)는 단독으로는 항산화효과가 적지만 항산화제와 같이 사용할 경우 항산화제의 항산화효과를 급격히 올려 주는 역할을 한다. (⑧)에는 (⑨), (⑩) 등이 있다.

① : _____ ② : _____ ③ : _____

④ : _____ ⑤ : _____ ⑥ : _____

⑦ : _____ ⑧ : _____ ⑨ : _____

⑩ : _____

해설 항산화제와 상승제에 대한 일반적인 내용을 묻는 문제이다. 인공항산화제와 천연항산화제의 종류, 상승제의 종류를 적어 주면 전체적인 문장이 만들어진다.

37 다음은 유지류(A~E)의 지방산 조성의 일부이다. 각 조성에 해당되는 유지를 나열한 것으로 옳은 것은? 기출문제

(단위 : %)

구 분	A	B	C	D	E
C4:0	3				
C16:0	25	28	8	9	14
C18:0	12	13	4	3	3
C18:1	30	45	28	80	10
C18:2	3	3	54	6	15
C18:3			5		
C20:5					22
C22:6					19

	A	B	C	D	E
①	라드	버터	대두유	팜유	쇠기름
②	라드	쇠기름	팜유	대두유	올리브유
③	버터	라드	대두유	올리브유	정어리유
④	버터	라드	팜유	대두유	쇠기름
⑤	버터	쇠기름	팜유	올리브유	정어리유

정답 ③

38 튀김에 사용한 기름에서 일어난 산화 과정을 설명한 것으로 옳은 것은? 기출문제

① 가열한 기름은 지방산의 탄소-탄소 결합의 분해에 의해 여러 가지의 비휘발성 카르보닐 (carbonyl) 화합물을 형성한다.

② 튀김 중, 식품과 기름의 상호작용에 의해 튀김 식품 중의 색소나 인지질 등 유용성 성분이 용출되어 갈변반응이 일어난다.

③ 사용했던 튀김유를 계속 사용하면 산화 중합체가 형성되고 유리지방산의 함량이 증가되면 서 발연점은 급격하게 높아진다.

④ 튀김 중에 일어나는 지속적인 발포(forming)는 수분 증발 때문이며 튀김 시 공기 접촉 면적 이 적을수록, 가열온도가 낮을수록 많아진다.

⑤ 전체 불포화도는 감소되나, 공액 이중결합(conjugated double bonds)의 불포화지방산 비율은 감소하고 비공액 이중결합(non conjugated double bond)의 불포화지방산 비율은 증가한다.

정답 ②

39 지질(lipids)은 식품에 특유한 풍미를 부여하고 식품 조직을 부드럽게 해 주며, 식품의 가열 매체로 이용되는 등 식품의 가공 조리에 매우 중요한 역할을 한다. 이러한 지질의 물리화학적 성질을 설명 한 것 중 옳지 않은 것은? 기출문제

① 유지의 융점이 일정하지 않은 것은 동질이상(polymorphism) 현상과 유지를 구성하는 지방 산의 종류가 많기 때문이다.

② 지방과 물이 유화(emulsification)된 식품 중 우유의 유화 형태는 유중수적형(W/O)이다.

③ 유지의 검화가(saponification value)가 높으면 그 유지의 저급 지방산 함량이 높다.

④ 유지의 요오드가(iodine value)가 높으면 그 유지에 불포화지방산이 많이 내포되어 있음을 의미한다.

⑤ 유지의 산패 정도를 나타내는 값인 과산화물가(peroxide value)는 유지 1kg에 함유된 과산 화물의 밀리 당량수(milli equivalent)로 표시한다.

정답 ②

40 일반적으로 마가린을 제조할 때에는 수소첨가(hydrogenation)한 경화유를 사용한다. 여기서 사용하는 경화유의 제조 시 수소첨가의 목적에 대하여 옳은 것을 〈보기〉에서 고른 것은? 기출문제

> 보기
> ㄱ. 트랜스지방산(trans fatty acid) 등의 이성체를 만들어 영양학적 가치를 높인다.
> ㄴ. 유지에 가소성(plasticity)을 부여하여 물리적 성질을 개선한다.
> ㄷ. 글리세라이드(glyceried)의 이중결합에 수소를 결합하여 산화 안정성을 높인다.
> ㄹ. 유지 내의 지용성 비타민 함량이 증가한다.
> ㅁ. 고체지방함량지수(solid fat index)를 높인다.

① ㄱ, ㄴ, ㄹ   ② ㄱ, ㄷ, ㅁ   ③ ㄱ, ㄹ, ㅁ
④ ㄱ, ㄷ, ㄹ   ⑤ ㄴ, ㄷ, ㅁ

정답 ⑤

41 유지의 산패를 억제하는 항산화제에 대한 설명으로 옳은 것만을 〈보기〉에서 있는 대로 고른 것은? 기출문제

> ㄱ. 항산화제는 산화의 개시를 지연시키거나 산화속도를 늦추어 주기 때문에 유도기간 (induction period)을 연장시켜 준다.
> ㄴ. 항산화제는 자동산화 과정의 초기 또는 전파 단계에서 생성된 유리기(free radical)와 결합하여 연쇄 반응을 중단시킨다.
> ㄷ. 고시폴(gossypol)은 참깨 중에 존재하는 천연항산화제로서 참기름의 높은 산화 안정성에 기여한다.
> ㄹ. 식용 유지나 지방 식품에 사용되는 합성 항산화제는 주로 페놀(phenol)계 항산화제들로서 BHA(butylated hydroxy anisole), BHT(butylated hydroxy toluene), PG(propyl gallate) 등이 있다.
> ㅁ. 비슷한 항산화효과를 가지는 물질들이 함께 사용될 때 항산화효과가 높아지는데 이러한 현상을 시네레시스(syneresis)라고 한다.

① ㄱ, ㄷ   ② ㄱ, ㄴ, ㄹ   ③ ㄴ, ㄷ, ㅁ
④ ㄴ, ㄹ, ㅁ   ⑤ ㄱ, ㄷ, ㄹ, ㅁ

정답 ②

42 다음은 유지의 산패 단계이다. (가)~(다)에 대한 설명으로 옳은 것만을 〈보기〉에서 있는 대로 고른 것은? 기출문제

$$(가) 단계 \qquad RH \longrightarrow R\cdot + H\cdot$$
$$(나) 단계 \qquad R\cdot + O_2 \longrightarrow ROO\cdot$$
$$ROO\cdot + RH \longrightarrow ROOH + R\cdot$$
$$(다) 단계 \qquad RH\cdot + R\cdot \longrightarrow 2R$$
$$R\cdot + ROO\cdot \longrightarrow ROOR$$
$$ROO\cdot + ROO\cdot \longrightarrow ROOR + O_2$$

보기

ㄱ. (가)에서는 열이나 빛, 금속에 의해 산패가 촉진된다.
ㄴ. (가)에서는 포화지방산을 많이 함유할수록 산패가 촉진된다.
ㄷ. (나) 과정을 반복하여 산화를 확대한다.
ㄹ. (나)에서는 지방이 알코올, 알데히드, 산, 케톤 등 다양한 물질로 변한다.
ㅁ. (다)에서는 각종 유리 라디칼(free radical)이 서로 결합하여 중합체를 형성한다.

---

① ㄱ, ㄴ
② ㄹ, ㅁ, ㄷ
③ ㄱ, ㄴ, ㄷ
④ ㄷ, ㄹ, ㅁ
⑤ ㄱ, ㄷ, ㄹ, ㅁ

정답 ⑤

43 유지의 산화과정에 대한 설명 중 옳지 않은 것은? 기출문제

① 유지의 자동산화과정은 초기반응, 전파반응, 종결반응으로 이루어진다.
② 과산화 라디칼(peroxyl radical)과 하이드로퍼옥사이드(hydroperoxide)는 자동산화의 초기반응에서 생성된다.
③ 유지의 산화를 촉진하는 산화촉진제로는 헴(heme) 화합물, 금속, 광선 등이 있다.
④ 유지의 산화속도는 지방산의 조성, 특히 이중결합의 수, 위치·기하 이성질체의 조성에 의해 좌우된다.
⑤ 유지의 산화를 억제해 주는 물질을 항산화제라 하며, 비타민 C와 E, 금속 불활성화제, 천연 항산화제 등이 있다.

정답 ②

CHAPTER 05

단백질

단백질은 20가지의 아미노산들이 다양한 순서로 펩티드 결합한 생체고분자 물질이다. 아미노산 중 필수 아미노산은 영양적으로 매우 중요하며, 8~10가지가 존재한다. 사람에게 필수 아미노산이 부족할 경우 영양적으로 위험에 노출된다.

아미노산은 양쪽성을 가지고 있는 물질로 주위의 pH에 따라 극성이 변한다. 아미노산의 특성은 단백질에서도 고스란히 나타나, 주위 pH 변화에 의해 단백질 구조가 변화하게 된다. 위에서 분비되는 펩신의 경우가 대표적인 예로 위산이 분비될 때만 pH 변화에 의해 전구체에서 펩신으로 변화한다. 체내에서 사용되는 효소들은 단백질이다. 따라서 이 효소들은 주위의 pH, 온도, 조효소 등에 의해 반응이 조절된다.

이상과 같이 아미노산과 단백질은 영양학적·생화학적으로 매우 중요한 부분을 차지하고 있다. 하지만 식품에서 단백질은 영양학과 생화학에 비해 그 중요성이 떨어진다. 우리가 일반적으로 단백질에 대해 말하는 여러 특성은 생화학에서 주로 얘기하는 것이다. 식품에서 단백질에 대한 이야깃거리는 '우유 속에 포함되어 있는 단백질은 무엇이고 어떤 특성이 있다'와 같은 것들이다.

영양교사 임용에서는 생화학 과목이 따로 존재하지 않을 듯하다. 그러므로 여기서는 생화학적인 아미노산과 단백질에 대한 설명을 하고, 식품학적 단백질에 관한 내용은 이후로 넘길까 한다.

1 아미노산

아미노산Amino acid이란 분자 내에 $-NH_2$기와 $-COOH$기를 가진 화합물로서 단백질을 구성하는 기본 물질이다. 대부분 $\alpha-L-amino\ acid$이다. 아미노산의 기본식은 오른쪽에 나타내었다.

$$R-\overset{\overset{\displaystyle H}{|}}{\underset{\underset{\displaystyle NH_2}{|}}{C}}-COOH$$

Non-ionic amino acid

앞의 기본식 R−부분에 어떤 것이 오느냐에 따라 아미노산은 20가지 정로 구분된다. 대표적인 아미노산 20가지는 표 5−1에 나타내었다.

표 5−1
대표적인
아미노산 20가지

이 름	약 자	필수 여부	구 조
Glycine	Gly	No	$H - CH - COO -$ 아래 NH_3^+
Alanine	Ala	No	$CH_3 - CH - COO -$ 아래 NH_3^+
Phenylalanine	Phe	Yes	⬡$- CH_2 - CH - COO -$ 아래 NH_3^+
Valine	Val	Yes	$CH_3 - CH - CH - COO -$ 아래 $CH_3 \quad NH_3^+$
Leucine	Leu	Yes	$CH_3CHCH_2 - CH - COO -$ 아래 $CH_3 \quad NH_3^+$
Isoleucine	Ile	Yes	$CH_3CH_2CH - CH - COO -$ 아래 $CH_3 \quad NH_3^+$
Proline	Pro	No	$CH_2 - CH_2 \quad COO-$ / $CH_2 \quad C$ / $NH_2^+ \quad H$
Methionine	Met	Yes	$CH_3 - S - CH_2CH_2 - CH - COO -$ 아래 NH_3^+
Serine	Ser	No	$HO - CH_2 - CH - COO -$ 아래 NH_3^+
Threonine	Thr	Yes	$CH_3CH - CH - COO -$ 아래 $OH \quad NH_3^+$
Asparagine	Asn	No	$H_2N - \overset{O}{\overset{\|}{C}} - CH_2 - CH - COO -$ 아래 NH_3^+
Glutamine	Gln	No	$H_2N - \overset{O}{\overset{\|}{C}} - CH_2CH_2 - CH - COO -$ 아래 NH_3^+
Cysteine	Cys	No	$HS - CH_2 - CH - COO -$ 아래 NH_3^+

(계속)

이 름	약 자	필수 여부	구 조
Tyrosine	Tyr	No	$HO-\langle\bigcirc\rangle-CH_2-CH-COO-$ 아래 NH_3^+
Tryptophan	Trp	Yes	$CH_2-CH-COO-$ 아래 NH_3^+, indole 고리
Lysine	Lys	Yes	$H_3N^*CH_2CH_2CH_2CH_2-CH-COO-$ 아래 NH_3^+
Arginine	Arg	*	$H_2N-C-NHCH_2CH_2-CH-COO-$, NH_2^+, NH_3^+
Histidine	His	†	$CH_2-CH-COO-$ 아래 NH_3^+, imidazole 고리
Aspartic acid	Asp	No	$HOOC-CH_2-CH-COO-$ 아래 NH_3^+
Glutamic acid	Glu	No	$HOOC-CH_2CH_2-CH-COO-$ 아래 NH_3^+

* 아동 성장에 필수지만 성인에게는 아니다.
† 아동에게 필수이다.

아미노산은 NH_2기와 $COOH$기를 둘 다 가지고 있는 특징적인 화학구조 때문에 몇 가지 독특한 특성을 가지고 있고, 그중 가장 대표적인 것은 다음과 같다.

① 용해성 : 구조에서 나타나 있는 것처럼 아미노산은 극성을 나타내기 때문에 물과 염류용액에는 잘 녹으나, 비극성 유기 용매인 에테르, 헥산 등에는 잘 녹지 않는다.

② 양성물질(양쪽성 물질) : 아미노산은 분자 내부에 산으로 작용하는 $-COOH$기와 알칼리로 작용하는 $-NH_2$기를 공유하고 있기 때문에 산과 알칼리로 모두 작용할 수 있다. 즉 산화 반응, 환원 반응, 어느 반응에도 참여할 수 있다. 다른 말로 표현하면 산화제로서도 환원제로서도 모두 작용할 수 있다.

③ 등전점 : 아미노산은 양성물질인 관계로 등전점이라는 독특한 특성을 갖는다. 등전점이란 아미노산이 양의 전극과 음의 전극 중 어느 전극으로도 이동하지 않는 상태의 pH를 말한다.

그림 5-1에서 보는 것처럼 아미노산은 산성용액 중에서 $-NH_3^+$기에 의해 양성을 나타내며, 알칼리 용액에서는 $-COO-$기에 의해 음성을 나타낸다. 즉, pH를 산

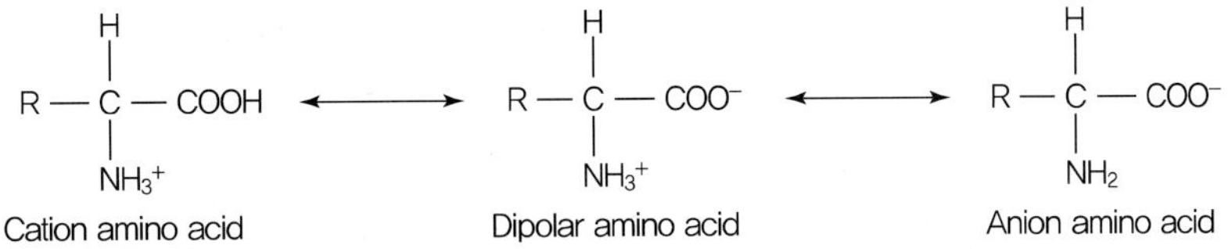

$$R-\overset{\overset{\displaystyle H}{|}}{\underset{\underset{\displaystyle NH_3^+}{|}}{C}}-COOH \longleftrightarrow R-\overset{\overset{\displaystyle H}{|}}{\underset{\underset{\displaystyle NH_3^+}{|}}{C}}-COO^- \longleftrightarrow R-\overset{\overset{\displaystyle H}{|}}{\underset{\underset{\displaystyle NH_2}{|}}{C}}-COO^-$$

Cation amino acid   Dipolar amino acid   Anion amino acid

그림 5-1
아미노산의 등전점

성과 알칼리성 중간에서 알맞게 조정하면 아미노산은 양이온과 음이온을 모두 갖게 되는데 이때에는 양성과 음성이 똑같기 때문에 양의 전극과 음의 전극 어디로도 움직이지 않게 된다.

등전점에서 아미노산은 용해도가 급격히 떨어지게 된다. 용해도의 감소는 아미노산 용액의 점도와 삼투압의 감소로 이어지게 된다. 하지만 반대로 등전점에서는 흡수력과 기포력이 최대로 증가한다.

 아미노산의 분류

20가지나 되는 아미노산은 −R에 붙어 있는 작용기의 종류에 따라 몇몇 종류로 분류될 수 있다. 작용기는 크게 6가지로 나눌 수 있고, 각각에 함유된 아미노산은 아래와 같다.
① 중성 아미노산 : glycine, alanine, valine, leucine, isoleucine, serine, threonine
② 산성 아미노산 : aspartic acid, glutamic acid
③ 염기성 아미노산 : lysine, arginine, histidine
④ 함황 아미노산 : cysteine, cystine, methionine
⑤ 방향족 아미노산 : phenylalanine, tyrosine, tryptophan
⑥ 복소환식 아미노산 : proline, hydroxyproline, histidine, tryptophan

필수아미노산은 인체 내에서 합성되지 않으므로 외부에서 섭취해야만 하는 아미노산을 말한다. 20가지 아미노산 중 필수아미노산 여부는 앞의 표 5−1에서 이미 나타내었다.

2 단백질

단백질Protein이란 여러 개의 아미노산이 펩티드결합Peptide bond을 통해 만든 생체 고분자 물질이다. 아미노산과 아미노산이 서로 결합하여 거대 고분자로 커져 가는 방식과 탄수화물과 지방의 결합 방식에는 비슷한 점이 있다. 포도당과 포도당은 각각의 하이드록시기OH에서 수분을 빼내어 에테르 −O− 결합을 만든다. 수분이 제거되면서 결합하기 때문에 탈수축합 반응에 의해 더 큰 분자를 만드는 것이다. 지방은 글리세롤glycerol의 OH기와 유리지방산의 COOH에서 물이 빠져나가면서 에스테르−COO−결합이 만들어진다. 이 반응 역시 탈수축합 반응이다. 아미노산이 다른 아미노산과 결합하는 방식 역시 COOH기와 NH_2기가 반응하여 탈수축합반응에 의해 이루어진다. 결국 3대 영양소가 거대 생체 고분자를 만들어 가는 방식은 모두 탈수축합반응을 기본으로 두고 있다. 이 고분자들이 체내에서 분해될 때에는 수분의 첨가가 이루어져야 한다. 수분이 첨가되면 더 작은 분자로 작아지기 때문에 우리의 소화 과정에서 일어나는 대부분의 반응이 가수분해반응인 것이다.

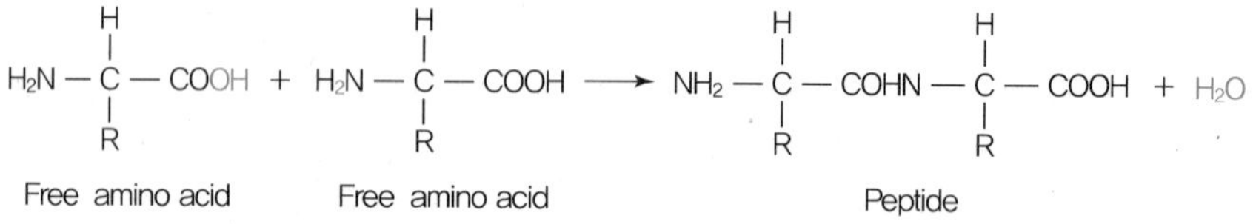

그림 5-2
단백질의 탈수 축합 과정

단백질은 체내에서 피부, 장기 조직과 같은 상피 조직을 만들기도 하고, 근육 조직, 머리카락 같은 모발 조직들을 만든다. 우리가 다른 사람을 바라봤을 때 눈에 보이는 거의 모든 것은 단백질이라 해도 무관하다. 미남 또는 미녀 배우와 나의 차이는 결국 단백질의 모양이 멋있냐 아니냐 정도라고나 할까. 이외에도 체내에서 일어나는 대사 과정을 조절하는 효소 등도 대표적인 단백질이다.

단백질은 출처, 구조상의 특징 및 화학적 성질과 단백질의 조성에 따라 분류할 수 있다. 그중 특정 용매에 대한 용해도의 차이에 따른 분류를 전통적으로 많이 사용하고 있다.

① **단백질의 출처에 따른 분류** : 식물성단백질, 동물성단백질, 미생물단백질과 단백질 농축물로 나눌 수 있다. 식물성단백질에는 곡류단백질, 콩류단백질들이 있고, 동물성 단백질에는 육류단백질, 달걀단백질과 우유단백질이 있다. 미생물단백질은 생산하는 미생물의 종류에 따라 세균단백질, 효모단백질, 곰팡이단백질 등으로 나눌 수 있다. 마지막으로 단백질농축물에는 어류단백질농축물 Fish protein concentrate : FPC과 녹엽단백질Leaf protein concentrate : LPC 등이 있다. 단백질의 영양적 가치를 나타내는 단백가의 경우, 동물성단백질들이 일반적으로 높게 나타난다.

② **단백질의 조성에 따른 분류** : 단순단백질Simple protein, 복합단백질Conjugated protein과 유도단백질Derived protein로 나눌 수 있다.

　　㉠ **단순단백질** : 아미노산들로만 구성되어 있는 단백질이다. 따라서 단순단백질은 가수분해 시 아미노산 이외에 다른 분해물질은 생성되지 않는다. 단순단백질에는 albumin, globulin, glutelin, prolamin, albuminoid, histone, protamine 등이 있다.

ⓛ 복합단백질 : 아미노산 이외에 다른 여러 원자단들이 포함되어 있는 단백질 이다. 복합단백질에는 핵산기Nucleic acid가 포함되어 있는 핵단백질 Nucleoprotein, 탄수화물이 포함되어 있는 당단백질Glycoprotein, 인산기가 포함되어 있는 인단백질Phosphoprotein, 지방질이 포함되어 있는 지단백질 Lipoprotein, 색소체가 있는 색소단백질Chromoprotein과 금속이 있는 금속단 백질Metalloprotein이 있다.

ⓒ 유도단백질 : 앞의 단백질들이 산·알칼리, 기타 화학물질과 효소들에 의해 변성, 분해된 단백질이다. 유도단백질은 분자량의 크기에 따라 다시 1차 유 도단백질과 2차 유도단백질로 나누어진다.

1차 유도단백질은 단백질의 구조가 약간 변화된 변성단백질로 불용성을 띤다. 대표적인 것으로 gelatin, protean, metaprotein과 응고단백질이 있다. Gelatin은 콜라겐collagen을 물과 가열 시 생성되고, protean은 수용성단백 질이 산·알칼리 처리나 가열에 의해 물에 녹지 않게 된 것이다.

2차 유도단백질은 단백질이 가수분해되어 작은 분자량의 물질로 변화된 것이다. 분해 정도에 따라 Protein >> Proteose > peptone > peptide 순으로 나누어진다.

단순단백질은 특정 용매의 용해도에 따라 다시 분류할 수 있는데, 식품에서는 이 분류법이 더 중요하다. 해당 내용은 아래 표 5-2에 자세히 정리하였다.

표 5-2
단순단백질의 분류

이 름	특 징	출 처
Albumins	• 물과 묽은 염류용액에 잘 녹음 • 가열에 의해 응고됨 • 염류용액의 경우 농도 증가 시 결정성 침전 생성	leucosin(맥류), legumelin(두류), phaseolin(강낭콩), myogen(육류), lactalbumin(우유), ovalbumin (난백), serumalbumin(혈청)
Globulins	• 물에는 불용성 • 중성염의 묽은 용액에는 가용성 • 가열에 의해 응고 • 항산암모늄의 반포화용액에 의해 침전 • 주로 저장단백질임	legumin(대두), vicilin(대두), conphaseolin(강낭콩), arachin (땅콩), avenalin(호밀), maysin (옥수수), tuberin(감자), myosin (육류), lactoglobulin(우유), ovoglobulin(계란), fibrinogen(혈장)
Prolamins	• 물 또는 중성염류용액에 불용성 • 70~80% 에탄올 수용액과 저급알코올수용 액에 잘 녹음 • 알칼리용액에도 잘 녹음 • 주로 식물성 식품에 주로 존재	hordein(보리), gliadin(소맥), zein(옥수수)

(계속)

이 름	특 징	출 처
Histones	• 물에 잘 녹고, 산성용액에도 잘 녹음 • 묽은 ammonium hydroxide에는 녹지 않음 • 가열에도 응고되지 않고, 알칼리용액에 의해 침전됨 • 염기성단백질로 arginine과 lysine이 많이 함유됨 • 세포의 핵단백질내에 핵산과 결합하여 존재 • 동물성 단백질에만 함유	globin(적혈구), thymushiston(흉선), scombrone(고등어)
Glutelins	• 묽은 산과 알칼리에 녹음 • 곡류에 존재	oryzenin(쌀), glutenin(소맥)
Protamins	• 물과 묽은 산에 잘 녹음 • 70~80%가 염기성 아미노산으로 구성 • 분자량이 적어 5,000 정도 • 핵단백질 형태로 동물성단백질에 존재	salmine(연어), culpeine(청어), scombrine(고등어), sturine(상어)
Albuminoids	• 물, 유기용매와 소화효소에도 작용을 받지 않음 • 경성단백질이라 부름 • 결체조직, 연골, 손톱, 뿔, 머리카락과 피부의 주성분임	• Keratin : 머리카락, 손발톱, 피부, 깃털의 주성분 • Collagen : 뼈, 연골, 결체조직을 구성하는 섬유상단백질 • Elastin : 동맥과 같은 탄력성이 있는 결체조직에 존재, 탄성섬유라고도 함 • Fibroin & sericin : 실크를 더운물로 추출했을 때 추출되는 단백질

앞에서 살펴본 단백질들을 살펴보면 크게 3가지 공통적인 특징을 관찰할 수 있다.

① **고분자 물질이면서 복잡한 구조** : 단백질은 고분자 화합물로 분자량이 수만에서 수백만에 이른다. 단백질의 구조는 매우 복잡하고 순수정제가 어려워 구조를 밝히기 어려웠으나, 최근에는 NMR과 X－선 회절과 같은 분석기술의 발달과 정제기술의 발달로 여러 단백질의 구조들이 밝혀지고 있다.

② **다양한 용해성** : 앞에서 단순단백질을 용해도에 따라 분류했던 것처럼 다양한 용해성을 나타낸다. 수용성단백질의 경우 구성아미노산들 중 친수성기가 많이 함유되어 있고, 이들이 물과 접촉하기 쉬운 위치에 있기 때문에 물에서 쉽게 콜로이드colloid를 만든다.

③ **등전점** : 아미노산과 같이 단백질 역시 양쪽성(양성)화합물이다. 단백질이 양성반응을 할 수 있는 것은 구성아미노산의 잔기에 산과 염기로 작용할 수 있는 잔기들이 있기 때문이다. 이들 잔기의 양이온과 음이온의 숫자가 동일해지는 pH를 등전점이라 한다. 식품으로 사용되는 단백질은 대부분 산성쪽에 등전

점을 갖는다. 등전점에서 단백질은 팽윤력Swelling, 용해도Solubility, 점성 Viscosity, 보수성Water holding capacity 등이 가장 낮게 나타나고, 기포성 Foaming capacity은 최대치를 나타낸다.

1) 단백질의 구조

앞에서 설명한 것처럼 단백질의 구조는 매우 복잡하다. 단백질의 기능과 기질과의 특이성, 변성에 의한 생리적 특성의 손실 등은 단백질의 구조와 매우 밀접한 관계를 가지고 있다. 여러 화학자 및 생화학자들은 단백질의 복잡한 구조를 체계적으로 연구하기 위해 단백질의 구조를 1차 구조부터 4차 구조까지 나누었다.

(1) 1차 구조

단백질의 1차 구조는 단백질을 이루고 있는 아미노산이 어떤 순서로 배열되어 있는 지를 밝혀내는 것이다. 아미노산은 자신이 가지고 있는 $-COOH$기와 다른 아미노산 $-NH_2$를 반응시켜 $-CONH-$라는 펩티드결합을 만든다. 이렇게 만들어진 펩타이드는 다른 아미노산과 또 펩티드결합을 만들어 더 큰 분자로 자라나게 된다. 이 결합한 아미노산이 무엇인지와 어떤 순서로 결합되어 있는지를 알아내는 것이 1차구조를 밝혀내는 것이다. 1차 구조는 이것과 더불어서 $-S-S-$결합의 위치 결정도 포함된다. 1차 구조를 설명함에 있어 아미노산의 위치를 표현하는 것은 매우 중요하다. 이 경우 아미노산 사슬의 $N-$말단부터 번호를 붙여 $C-$말단에서 번호를 끝마친다.

(2) 2차 구조

1차 구조에 의해 결합된 아미노산들은 직선으로 존재하지 못하고 다른 아미노산의 잔기와 반응하여 일정한 형태를 취하거나 일정한 형태 없이 엉키게 된다. 아미노산들이 어디부터 어디까지 엉켜 있고, 어디부터 어디까지 일정한 형태로 나열되어 있는지를 밝히는 것이 2차 구조이다.

일반적으로 아미노산들은 $\alpha-$helix구조, $\beta-$sheet구조와 random구조를 가지고 있다. α$-$helix구조는 스프링과 같다. 이 구조는 매우 안정하며, 나사선이 한 바퀴 도는 데 3.6개의 아미노산이 필요하다. $\beta-$sheet구조는 $-CO-$기와 $-NH-$기가 사슬의 방향과 직각으로 배열되어 분자 간 수소결합을 이룬다. 대개 5~15개 아미노산이 연결된 사슬이 나란히 배열하여 수소결합을 이루어 병풍과 같이 주름진 판 모양이 되면 곁사슬은 병풍 평면의 위와 아래로 향하게 된다. $\beta-$sheet 2개의 펩타이드peptide 사슬이 서로 반대방향으로 늘어설 때는 평형의 수소결합을 이루는 비평행형Antiparallel구조, 같은 방향이면 평행형Parallel구조라고 부른다.

(3) 3차 구조

2차 구조에서 말한 α-helix구조, β-sheet구조와 random구조는 하나의 단백질 사슬에 구역별로 존재한다. 또한 이들은 서로 이온결합, 수소결합, 소수결합, S-S 결합 등에 의해 가교Cross linkage를 형성하여 휘어지고 구부러진 구상 또는 섬유상의 복잡한 공간 구조를 가지게 되는데 이를 단백질의 3차 구조라고 부른다.

(4) 4차 구조

단백질의 4차 구조는 있을 수도 있고 없을 수도 있다. 단백질 중에 어떤 것들은 3차 구조를 갖는 독립된 단백질 구성인자들이 몇 개 서로 모여서 하나의 역할을 하는 경우가 있다. 헤모글로빈Hemoglobin은 4개의 subunit 단백질들이 Fe 원자를 중심으로 모여 있는 4차원 구조를 가지고 있다.

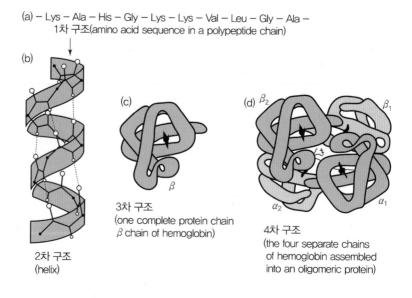

(a) – Lys – Ala – His – Gly – Lys – Lys – Val – Leu – Gly – Ala –
1차 구조(amino acid sequence in a polypeptide chain)

2차 구조
(helix)

3차 구조
(one complete protein chain
β chain of hemoglobin)

4차 구조
(the four separate chains
of hemoglobin assembled
into an oligomeric protein)

그림 5-3
단백질의
계층적 구조

2) 단백질의 변성

일상에서 단백질식품은 대부분 열로 가열한 후 섭취한다. 육류는 직화 혹은 훈제 등의 방법으로 가열처리하고, 계란 역시 삶거나 frying 처리한 후 먹는다. 중국요리의 피단 같은 경우는 오리알을 석회, 점토, 소금과 겨 등에 침전시킨 후 먹는다. 이런 과정을 거치게 되면 단백질은 원래의 형태를 잃고 색, 형태, 점도, 맛, 향 등에 변화가 생기게 된다. 이런 일련의 과정이 단백질의 변성이다.

단백질의 변성은 다시 정확하게 정의하면 다음과 같다. 단백질의 변성이란, 단백질이 물리적 요인(가열, 건조, 교반, 압력, 동결 등), 화학적 요인(산성, 염기성, 요소

처리, 유기용매, 중금속 등)에 의하여 1차구조의 변화 없이 2차, 3차, 4차구조가 변하는 형상을 말한다.

(1) 단백질 변성이 나타나는 특성 변화

우선 용해도의 감소가 두드러지게 나타난다. 변성되지 않은 단백질의 소수성 부분은 단백질의 내부에 모여 있는 구조를 띠지만, 변성이 일어나면 이들 소수성 부분이 표면으로 나오게 되어서 용해도가 급격히 떨어진다.

두 번째로는 다른 화학물질에 대한 반응성이 증가하게 된다. 단백질이 변성되면서 여러 작용기들이 표면 쪽으로 옮겨지고, 소화효소나 다른 화학물질과의 반응 표면이 증가하여 반응이 잘된다.

세 번째로는 응고가 되거나 젤화가 일어난다. 용해도의 감소는 단백질의 유동성을 상실시켜 점도를 증가시키고 결과적으로 망상구조의 젤을 형성하게 한다.

네 번째로는 생물학적 활성이 소실된다. 삶은 계란으로는 병아리를 부화시킬 수 없다. 변성이 일어나면 단백질의 구조가 변화하기 때문에 단백질이 가지고 있는 생물학적 특성들은 모두 잃게 된다.

다섯 번째로 고유의 선광도와 등전점의 변화가 나타난다.

(2) 단백질의 변성에 영향을 주는 인자

이미 설명했던 것처럼 단백질의 변성에 영향을 주는 인자로는 물리적 요인과 화학적 요인이 있다.

① 물리적 요인 : 가장 중요한 것은 가열에 의한 변성이다. 가열을 하면 열에너지의 공급에 의해 수소결합과 같은 약한 화학결합들이 끊어지고 원래의 형태를 잃어버리게 된다. 일반적으로 단백질은 대개 55~75℃에서 변성과 응고 현상이 일어난다.

다음은 동결에 의한 변성이다. 수분 동결에 따라 단백질 분자의 상호결합 촉진과 염류의 농축 또는 pH의 감소에 의해 단백질 분자의 상호결합이 촉진되어 변성이 일어나게 된다.

건조에 의해서도 변성이 일어난다. 육단백질의 건조에 의한 염류농축(염석) 및 응집으로 인하여 변성이 촉진된다. 하지만 동결건조의 경우 변성이 거의 일어나지 않아 흡수성과 복원성이 좋다.

마지막으로 표면장력에 의한 변성이 발생한다. 계란흰자를 강하게 저어 기포를 형성시키거나 제빵 공정에서 글루텐의 얇은 막이 형성되는 것이 바로 여기에 해당된다. 표면장력에 의해 단백질의 단분자막이 변성되고 불용성의 막을 형성하여 변성이 일어난다.

그 외에 X-선과 고압 처리에 의해서도 단백질의 변성이 일어난다.

② 화학적 요인 : pH에 영향을 주는 산·알칼리에 의한 변성이 있다. 산을 첨가할 경우 단백질의 이온결합 부위에 변화가 일어나 구조적 변성이 생기게 된다. 생선의 초절임, 카제인casein의 등전점을 이용한 젖산 발효제품 등이 여기에 포함된다.

알코올이나 아세톤과 같은 유기화합물의 첨가에 의해서도 변성이 일어날 수 있다. 이런 유기용매가 첨가될 경우 탈수작용이 일어나 단백질의 변성, 응고, 침전 현상이 일어난다. 계면활성제인 SDS 수용액을 넣을 경우 친수성 원자단과 소수성 원자단 사이에 개입하여 소수성 상호작용을 방해하여 변성이 일어나게 된다.

금속이온을 넣을 경우 금속 양이온이 -COOH기와 더불어 염의 가교를 형성하여 변성·침전된다. 이는 두부의 응고 시 간수를 넣는 것과 같은 원리이다. 그 외에도 황산암모늄과 황산나트륨과 같은 중성염을 등전점이 변하지 않는 범위에서 소량 첨가하면 단백질 분자간의 인력을 약화시켜 단백질의 가용화가 촉진된다.

알카로이드 시약은 단백질의 아미노기와 극성 결합을 하기 때문에 변성과 침전을 일으킨다.

이상과 같은 많은 물리적, 화학적 요인에 의해 단백질의 변성이 일어나고, 이는 단백질을 이용하는 생화학이나 미생물학뿐만 아니라 조리에서도 기본이 된다.

문제풀이

01 단순단백질은 용매에 대한 용해성에 따라 7가지 종류로 분류된다. 이 중 수용성 단백질 2가지를 쓰고 각각의 단백질이 가열에 의해 응고하는지에 대하여 쓰시오. [2점] 영양기출

_____

_____

02 다음은 단백질의 1차 구조와 2차 구조에 대한 설명이다. 각 구조를 형성하는 화학결합 A와 B의 명칭을 순서대로 쓰시오. [2점] 유사기출

> • 1차 구조는 한 아미노산의 카르복실기(carboxyl group)와 다음 아미노산의 아미노기 (amino group)가 화학결합 A에 의해 연결되어 형성된다.
> • 화학결합 A는 공유결합으로서 아마이드(amide) 결합의 일종이다.
> • 2차 구조에는 나선 모양(α−helix), 병풍 모양(β−sheet) 등이 있으며, 주로 화학결합 B에 의해 형성된다.
> • 화학결합 B는 전기음성도가 큰 O 또는 N 원자에 결합되어 있는 H 원자와, 다른 O 또는 N 원자의 비공유 전자쌍 사이에 서로 끌어당기는 상호작용이다

_____

_____

03 식품 중의 조단백질을 정량할 때는 일반적으로 켈달(Kjeldahl) 방법이 사용된다. 이 정량 방법은 분해, 증류, 중화, 적정의 4단계 반응을 거친다. 정확한 분해 절차에 따라 시료를 분해하여 얻은 분해액은 다음 단계인 증류 과정을 거치는데, 이때 암모니아(NH_3)를 유출시키기 위하여 첨가하는 용액의 명칭을 쓰시오. [2점] 유사기출

_____

_____

04 다음 글을 읽고 ①~④에 해당하는 답을 쓰시오. 기출문제

> 단백질은 아미노산들이 강한 공유결합인 (①)(으)로 연결되어 있으며, 최소한 100여 개의 아미노산으로 구성되어 있다. 자연적으로 존재하는 총 20개의 L-아미노산들이 고유한 배열로 식이 및 조직 단백질을 구성하고 있다. 단백질 구조는 1~3차 그리고 4차 구조로 나누어지는데, 이렇게 구성된 단백질을 빠르게 저어주거나 가열, 산 또는 알칼리 용액으로 처리했을때 구조가 풀어지는 과정을 (②)(이)라 하며 구조가 풀린 단백질을 본래의 입체 구조가 유지될 수 있는 조건으로 돌려주면 (③)(이)가 된다. 단백질의 소화 과정 중 위에서 분비되는 (④)에 의해 식이 단백질이 (②)되어 (①)(을)를 가수분해시키기 위한 효소의 접근이 용이하게 된다.

① : _____ ② : _____

③ : _____ ④ : _____

해설 개인적으로 싫어하는 문제이다. 대학에서는 일반적으로 영어로 가르치고 있는 것을 한국말로 바꾸어야 되기 때문이다. 단백질은 아미노산의 카르복실산과 아민기가 탈수축합반응에 의해 펩티드결합(peptide bond)을 만들어 1차 구조를 구성한다. 단백질은 1~4차 구조를 가지고 있다. 아미노산의 긴 사슬 구조인 1차 구조가 서로 엉켜 2~4차 구조를 갖추는데 이것을 생화학에서는 folding이라고 한다. 이 folding구조가 열과 효소, 화학물질 등 다양한 외부 인자에 있어서 풀어지는데 이를 de-folding 혹은 un-folding이라고 한다. 이렇게 풀어진 구조가 다시 엉키게 되면 이를 re-folding이라고 한다.

05 단백질을 구성하고 있는 단위인 아미노산의 기본 구성 원소와 아미노산 분자의 일반 구조를 제시하시오. 그리고 필수아미노산을 섭취해야 하는 이유를 들고, 필수아미노산의 종류와 함유식품을 각각 5가지씩 쓰시오. 기출문제

기본구성 원소와 분자의 일반 구조 _____

_____

_____

 _____

 _____

 _____

필수아미노산의 종류와 함유 식품 _____

종류 : _____

함유식품 : _____

해설 아미노산은 교재에 나와 있는 것처럼 가운데 부제탄소를 중심으로 카르복실산(− COOH)과 아민(− NH₂)과 수소(− H)가 결합하고 나머지 하나는 아미노산의 종류마다 다른 치환기(R)를 가지고 있다. 필수아미노산은 우리가 살아가면서 필요한 아미노산이지만 체내에서 합성하지 못해 외부에서 식품을 통해 꼭 섭취해야 되는 아미노산을 말한다. 필수아미노산은 8종에서 10종이 있다고 알려져 있고, 필수아미노산의 종류는 표 5 − 1에서 설명하였다. 우리가 일반적으로 양질의 단백질원이라고 부르거나 단백가가 높은 식품은 이 필수아미노산의 함량이 높은 식품이다.

06 다음 글을 읽고 ①∼⑨에 해당하는 답을 쓰시오.

> 단백질은 3대 영양소 중 한가지로 매우 중요하다. 단백질은 여러 방법에 의해 다양하게 분류할 수 있다. 단백질의 출처에 따라서는 (①), (②), (③) 단백질로 나눌 수 있다. 또는 단백질의 조성에 따라 (④), (⑤), (⑥)으로 나눌 수도 있다. 이 중 (④)는 특정 용매의 용해도에 따라 (⑦), (⑧), (⑨) 등으로 더 세부적으로 분류할 수 있다.

① : _____ ② : _____ ③ : _____

④ : _____ ⑤ : _____ ⑥ : _____

⑦ : _____ ⑧ : _____ ⑨ : _____

해설 단백질은 출처에 따라 동물성·식물성·미생물성 단백질로 나누어지며, 단백질 조성에 따라서는 단순단백질·복합단백질·유도단백질로 나누어진다. 이 밖에도 용해도 특성에 따라 분류하면 albumin, globulin, prolamin, histone, glutelin, protamin, albuminoid가 있다.

07 아미노산과 단백질은 다른 영양성분과는 다르게 등전점이라는 특징을 가지고 있다. 아미노산과 단백질은 등전점에서 매우 특이한 특성들을 나타낸다. 아미노산과 단백질의 등전점에 대한 다음 질문에 답하시오.

등전점이란 _____

 _____

등전점에서의 특징 3가지

① : _____

② : _____

③ : _____

등전점을 식품에 이용한 경우 2가지

① : _____

② : _____

해설 등전점은 아미노산이나 단백질을 구성하는 양이온과 음이온의 양이 같아지는 **pH**를 말한다. 일반적으로 등전점에서 아미노산은 용해도가 가장 낮고, 흡수력과 기포력이 최대치를 나타내고, 단백질은 팽윤력, 용해도, 점성, 보수성은 최하값을, 기포성은 최대값을 나타낸다. 등전점은 치즈의 제조, 대두단백질의 추출 등에 응용된다.

08 단백질은 복잡한 구조를 가지고 있다. 이런 단백질의 구조는 여러 이유에 의해 변화하게 되는데, 이런 변화 중 원래의 형태를 잃고 색, 형태, 점도, 맛, 향 등에 큰 변화가 생기는 것을 변성이라고 한다. 단백질의 변성이란, 물리적 요인과 화학적 요인에 의해 1차 구조의 변화 없이 2차, 3차, 4차 구조가 변하는 형상을 말한다. 단백질의 변성을 일으키는 요인을 4가지 이상 적으시오.

단백질 변성 요인

① : _____

② : _____

③ : _____

④ : _____

해설 자유수와 결합수의 정의와 특징에 대한 내용을 묻는 기본적인 문제이다. 단백질의 변성은 식품화학에서 매우 중요하다. 단백질의 변성은 물리적 방법에 의한 물리적 변성과 화학적 방법에 의한 화학적 변성으로 나누어진다. 변성을 일으키는 물리적 방법에는 가열, 건조, 교반, 압력, 동결 등이 있고, 화학적 방법에는 산성, 염기성, 요소 처리, 유기용매, 중금속 등을 이용한 방법이 있다.

09 단백질의 변성은 단백질의 물리·화학적 특성에 많은 변화를 준다. 변성에 의해 발생하는 단백질의 특성 변화를 3가지 이상 적으시오.

단백질 특성 변화

① : _____

② : _____

③ : _____

해설 변성단백질은 이전에 비해 용해도의 감소가 나타나고, 다른 화학물질과의 반응성이 증가되며, 응고가 되거나 겔화되며, 생물학적인 활성을 소실하며, 고유의 선광도와 등전점의 변화가 나타난다.

---

10 아미노산에 대한 설명 중 옳지 <u>않은</u> 것은? 기출문제

① 아미노산은 아미노기($-NH_2$)와 카르복실기($-COOH$)를 가지고 있는 양성 전해질로 물과 유기용매에 모두 녹는다.

② 아미노기가 결합된 탄소 위치에 따라 α, β, γ-아미노산으로 구분되며 단백질을 구성하는 것은 α-아미노산이다.

③ 글리신(glycine)을 제외한 α-아미노산은 부제탄소(asymmetric carbon)가 존재하며 광학이 성체인 D형과 L형이 있다.

④ 아미노산 수용액에 전류를 통하면 전하가 0(zero)이 되어 전기장에서 이동하지 않는 고유의 pH 값인 등전점을 가진다.

⑤ 아미노산은 특유의 맛을 가지고 있어 글루탐산(glutamate)의 경우 조미료의 원료로 이용된다.

정답 ①

---

11 단백질 구조에는 1~4차 구조가 있다. 이 구조에 대한 설명으로 옳은 것을 〈보기〉에서 모두 고른 것은? 기출문제

보기
ㄱ. 1차 구조는 단백질을 구성하는 아미노산의 배열 순서를 의미한다.
ㄴ. 2차 구조는 이온결합에 의하여 이루어지며 알파-나선형(α-helix)과 베타-시트형(β-sheet)이 있다.
ㄷ. 3차 구조는 3차원의 입체 구조를 말하며 이온결합, 수소결합, 소수성 결합, S-S 결합 등에 의하여 이루어진다.
ㄹ. 4차 구조는 단백질 단위(subunit)의 중합도를 말한다.

① ㄱ, ㄴ   ② ㄴ, ㄷ   ③ ㄱ, ㄴ, ㄷ
④ ㄱ, ㄷ, ㄹ   ⑤ ㄱ, ㄴ, ㄷ, ㄹ

정답 ④

CHAPTER 06

무기질과 비타민

무기질이란 뼈, 혈액 등의 인체를 구성하고 인체의 생리활동을 조절하는 무기원소이다. 일반적으로 동물이나 식품을 태운 후에 재로 남은 부분으로서 회분Ash이라고도 부른다. 인체를 구성하는 무기질의 비율은 4%밖에 되지 않지만, 종류는 82종이나 된다. 무기질은 식품화학적 중요성보다 생애주기영양학적 중요성 및 식사요법과 영양교육적 중요성이 더욱 크다. 특히 현대 여성들에게 많이 발병되는 골다공증, 빈혈 등의 질병은 무기질의 섭취와 직결되어 있어 이를 어떻게 섭취할지에 대한 교육과 식사요법을 어떻게 할 것인지에 대한 포괄적인 내용을 잘 인식하고 있어야 한다. 식품화학은 다른 과목을 풀기 위한 기본적 학문으로 무기질 역시 그런 면에서 접근해 들어가야 할 것이다.

비타민은 5대 영양소 중 한 가지로 체내에서 미량만을 필요로 하는 조절소이며 대부분 유기물로 구성되어 있다. 우리는 비타민이라고 하면 A, B, C, D, E 등이 붙는다는 것과 비타민 A는 야맹증, 비타민 C는 괴혈병 같은 결핍증과 관련되어 있다고 들어 왔다. 지금도 대부분의 책에서 이들 결핍증에 대한 설명을 계속하고 있다. 솔직히 비타민 부분에서 결핍증을 뺀다면 별로 할 말이 없을 정도로 결핍증의 비중은 크다. 하지만 2000년대 들어 비타민에 대한 내용은 실질적으로 변화하고 있다. 비타민 결핍증은 우리나라의 경우 더 이상 문제가 되지 않고 있으나, 비타민제·과자류·음료류 등으로 인한 비타민의 과잉 섭취가 점차 문제시되고 있다. 결핍증에 비해 과잉증에 대한 내용은 충분히 연구가 되어 있지 않아서 그 문제성은 더욱 크다. 따라서 본 장의 마지막에 비타민의 과잉증에 대한 얘기를 간단히 다시 소개하도록 하겠다.

1 무기질의 기능과 중요성

무기질은 체내에서 체내조직의 구성성분과 생리현상조절 인자로 작용한다. 무기질은 체내에서 3가지 역할을 한다.

① 골격과 치아조직 등 체조직의 구조적 형성에 관여한다.

② 정상적인 심장박동, 근육의 수축성 조절, 신경의 자극 전달과 산·알칼리 평형에 관여한다.

③ 대사작용의 조절기능을 하며, 세포 활동에 관여하는 효소나 호르몬의 중요한 구성요소가 된다.

무기질은 여러 생화학적 반응에서 중요한 역할을 한다. 특히 탄수화물, 지질, 단백질의 분해 과정 중 에너지 생성 반응의 활성에 중요한 역할을 한다. 또한 포도당으로부터 글리코겐을 합성하거나, 지방산과 글리세롤glycerol로부터 중성지질을 합성하거나 아미노산에서 단백질을 합성하는 데 있어서도 매우 중요한 조효소의 역할을 한다. 인슐린의 합성에는 아연을 필요로 하고, 소화에 중요한 역할을 담당하는 위산에는 염소가 꼭 필요하다.

무기질의 중요성을 설명하는 것은 생각보다 어렵다. 그 이유는 무기질이라는 집합명사에 포함되어 있는 개별 무기질의 수가 매우 많고, 그들의 기능 역시 서로 다르기 때문이다. 이런 이유로 무기질의 중요성에 대한 영양적 지식을 교육하는 것은 매우 어렵다. 만약 무기질의 중요성을 영양교육을 통해 전달해야 한다면 다음 내용을 충실히 전달하여야 할 것이다.

무기질은 3대 영양소처럼 열량원으로 사용되지는 못하지만, 무기질이 없다면 3대 영양소의 분해와 재합성의 대사 과정은 일어나지 못하게 될 것이다. 최근에는 비타민도 종류에 따라서는 무기질을 동반해야 활성을 발휘할 수 있다고 밝혀졌다. 이와 같이 체내에서 일어나는 수많은 대사를 원활하게 조절하기 위해 무기질이 꼭 필요하다.

체내대사조절 기능 이외에도 무기질은 뼈, 혈액과 세포막 등의 구성성분으로서 신체를 구성하는 데 중요한 역할을 한다. 뼈를 형성하는 칼슘이 부족하면 골다공증이 생기며, 적혈구를 형성하는 철분이 부족하면 적혈구 생성의 부족으로 빈혈이 생기게 된다.

이상과 같이 무기질은 대사조절과 조직구성물로서 매우 중요한 역할을 한다.

2 무기질의 기능

체내에서 필요로 하는 무기질은 그 필요량에 따라 인위적으로 주요 무기질Major mineral과 미량 무기질Minor mineral로 나눌 수 있다. 이 중 주요 무기질Major mineral의 생리적 기능은 표 6-1에 간단하게 정리하였다.

표 6-1
주요 무기질의
특징과 기능

이름	특징	생리적 기능	결핍증
칼슘 (Ca)	1. 체내에서 가장 많은 무기질로 체중의 2% 차지 2. Ca의 흡수는 다른 성분과 칼슘의 형태에 의해 영향을 받음 3. Vit-D, lactose, peptide 등은 칼슘의 흡수 촉진 4. 인산, 시금치의 수산, phytic acid, 식이섬유 및 지질은 흡수 방해 5. Ca : P=1 : 1 또는 1 : 1.5일 때 흡수율이 가장 높음	1. 뼈대의 형성 2. 신경근육의 흥분작용 3. 혈액응고 4. 세포접착 작용 5. 세포막의 상태와 기능 유지 6. 근육의 수축·이완작용 7. DNA 합성 촉진 8. 신경 전달물질 방출 9. 말초신경의 신경호르몬 방출과 신경신호의 전달 10. 효소의 활성화 11. 백혈구의 식균작용	1. 골다공증 2. 손톱 부스러짐 3. 신경전달 이상 4. 근육경직과 경련 5. 불안초조현상 유발
인 (P)	1. Ca과 함께 체내의 85%가 골격을 구성 2. 혈장과 혈액에도 존재 3. ATP, FAD, NAD, NADP 등의 성분 4. 인지질의 구성성분으로 세포의 투과성에 영향을 미침	1. Ca의 흡수에 영향을 줌 2. Vit-D는 인의 흡수를 촉진 3. Mg, F, Ca 등은 인의 흡수 방해	1. 흥분 2. 뼈의 통증 3. 피로 4. 호흡의 불규칙 5. 소아의 경우 뼈의 약화·발육부진
마그네슘 (Mg)	1. 엽록소의 구성성분 2. 녹엽채소에 함유 3. 혈청에 65%는 유리이온상태, 35%는 혈장단백질과 결합	1. Ca, P와 함께 뼈 생성에 영향 2. 신경전달과 근육수축 작용에 영향 3. 탄수화물 대사에 관여하는 효소 활성에 관여 4. 혈관을 이완시켜 혈관성 질환 예방에 기여 5. 호흡기와 소화기 계통의 대사에 참여하는 세포대사에 영향을 줌	1. 신경의 흥분 2. 성장장해 3. 탈모 4. 수종 5. 피부장애 6. 집중력장애 7. 우울증 8. 근육경련 9. 이완기 고혈압 10. 동맥경화증 11. 심근경색증 12. 신장에 이상이 있을 경우 과잉증이 옴
나트륨 (Na)	1. 1.1~1.4g/kg이 체내에 존재 2. 혈청에는 313~334mg NaCl/kg이 존재 3. Na pump의 중요 인자	1. 혈액의 완충작용 2. pH를 유지시킴 3. 삼투압 조절 4. 심장의 흥분과 근육 이완 5. 침, 췌장, 장액의 pH 유지	1. 설사, 구토, 발한 2. 위산감소에 의한 식욕저하 3. 현기증을 동반한 정신적 무력감 4. 혈압량 감소, 정맥파괴, 저혈압, 발작 5. 과잉 시 : 고혈압

(계속)

이 름	특 징	생리적 기능	결핍증
염소 (Cl)	1. 남자 성인은 1.2g/kg 필요 2. 세포외액과 세포내에 존재 3. 혈장에 많이 존재함	1. 전해질로 혈장과 적혈구 속으로 쉽게 전이 2. 체액의 pH 조절과 위산형성으로 식품의 소화와 흡수를 보조 3. 체내의 산-염기평형 조절 4. 삼투압조절에 작용	1. 저염소증으로 다 갈증 2. 식욕과잉 3. 성장장해 4. 언어발달 장해가 생김
칼륨 (K)	• 세포내의 대표적 전해질	1. 산-염기 평형과 삼투압 유지 2. 근육의 수축에 관여 3. 신경의 자극전달에 관여 4. 리보솜의 단백질 합성과 글리코겐 합성에 관여	1. 구토 2. 이뇨제의 장기복용 3. 만성신장병 4. 당뇨병성 산독증 5. 과잉 시 : 신부전증, 급성탈수증, 부신피질부전증, 산독증
황 (S)	• 함황아미노사, Vit-B1 & biotin, 담즙산, 연골 등에 존재	1. 세포의 원형질 보호에 필요 2. 체내 산화반응에 필요 3. 혈액 해독에 관여 4. S-S 결합생성을 도와 콜라겐 형성에 기여	
철분 (Fe)	1. 헤모글로빈에 74%가 위치함 2. 26%는 간, 지라, 골격 등에 저장철로 존재	1. 임신 시 태아에 많은 Fe 축적이 필요 2. 소아, 임산부, 과도한 다이어트 시 결핍증이 일어남	1. 점막세포(소화관)의 위축 2. 손톱의 연화 3. Hb 합성불량 4. 골격근의 Mb부족 5. Cytochrome 부족에 의한 전자전달계의 기능감소 6. 빈혈, 피로, 유아 발육부진

그 외에도 구리Cu, 요오드I, 망간Mn, 플루오르F, 셀레늄Se, 몰디브덴Mo, 아연Zn, 크롬Cr, 코발트Co, 알루미늄Al 등이 미량 무기질Trace mineral로 체내에 필요하다. 미량 무기질의 생리적 기능은 표 6-2에 요약하였다.

표 6-2
미량 무기질의
특징과 기능

이 름	특 징	생리적 기능	결핍증
구리 (Cu)	1. 몇몇 효소의 구성 성분 (Polyphenol oxidase와 Ascorbic acid oxidase) 2. 신체의 간, 근육, 혈액에 주로 함유	1. 당질대사에 이용 2. 골수 내에서 헤모글로빈 생성 시 철분 이용을 촉진 3. 콜레스테롤 대사에 관여함 4. 장의 철분 흡수 촉진 5. 조혈작용 6. 콜라겐 합성에 관여	• 악성빈혈
요오드 (I)	1. 미역, 김과 같은 해초에 풍부 2. 조개, 새우와 굴에도 많이 함유되어 있음 3. 갑상선 내에 0.15mg 정도 함유	1. 성장기의 발육을 촉진 2. 갑상선 호르몬인 thyroxine의 구성성분	1. 갑상선부종 2. 피로와 빈혈 3. 발육 정지 4. 비만증
망간 (Mn)	1. 당질 대상에 관여 2. 지질 대사에 관여 3. 단백질 대사에 관여 4. 소변 형성에 관여	1. 뼈와 간장 효소의 활성에 관여 2. 뼈 생성을 촉진	1. 뼈 형성 장애 2. 성기능 장애
불소 (F)	1. 뼈와 치아의 강도에 영향을 줌 2. 음료수 등을 통해 공급받음	1. 치아 보전과 연관 2. 충치 예방과 관련	• 충치 유발
셀레늄 (Se)	1. 생선과 간에 많이 함유 2. 콩팥과 해산물에도 많이 함유	1. 항산화제 기능을 함 2. 지방대사에 관여함 3. 생체 면역기능 강화에 영향을 줌	
몰디브덴 (Mo)	1. 두류 식품에 많이 함유됨 2. 0.15~0.5mg 정도가 권장량임	1. 인체의 뼈에 축적됨 2. 효소활성화에 영향을 줌 3. 단백질의 구성요소로도 작용	
아연 (Zn)	1. 췌장 내에 함유 2. 굴과 간, 곡류 등에 많이 함유	1. insulin 생성에 관여 2. 성장 골격과 근육 형성에 영향 3. 당질대사에 관여 4. 알코올 분해와 효소활성화에 관여	1. 생식기관 발달 저해 2. 상처 회복 저해 3. 근육 발달 저해
코발트 (Co)	1. 쌀과 콩에 많이 함유 2. 간과 췌장, 신장과 흉선에 많이 함유	1. 비타민 B_{12}의 구성성분 2. 항빈혈 효과 3. 효소작용의 활성화에 참여	• 빈혈 발생에 관여

3 산성식품과 알칼리성 식품

"약알칼리성의 사람이 건강하다. 건강을 위해서는 알칼리성 식품을 먹어야 한다"라는 명제는 더 이상 의미가 없지만 아직도 대부분의 비전공자들이 혼동하는 정보이기 때문에 영양상담에서 문제화될 여지가 있다. 고로 여기서 확실하게 정리하고 넘어가기로 한다. 산성과 알칼리성에 대해서는 크게 4가지 개념이 존재할 수 있다.

① **산 식품**Acidic food : 산성 물질이라 함은 pH 7보다 낮은 pH를 갖는 물질이다. 즉 산성 식품이라 함은 pH가 7보다 낮은 식품을 말한다. 인간들이 섭취하는 대부분의 식품은 산성 식품인데, 콜라와 같은 경우는 pH 2 정도의 강산이지만 섭취하여도 전혀 문제가 되지 않는다. 그 이유는 인간의 위에서 분비되는 위액이 위 속의 pH를 1~1.5로 맞추어 놓고 있기 때문에 위액 pH 정도의 산성 식품은 인간이 섭취하여도 전혀 문제되지 않는다.

② **알칼리 식품**Alkalic food : 위의 산성 식품과 마찬가지로 pH가 7보다 높은 식품을 알칼리 식품이라고 한다. 일반적으로 알칼리성을 띠는 물질은 인간이 식용하기에 문제가 있다. 알칼리가 위에 들어가면 위액을 중화시키고 펩신의 작용을 못하게 하여 소화불량을 일으키기 때문이다. 따라서 시중에서 알칼리성 식품이라고 하는 것은 다른 의미를 나타내는 식품이다. 시중의 알칼리성 식품은 밑의 알칼리 생성 식품을 말한다.

③ **산 생성 식품**Acid forming food : 식품 자체가 산성인지 알칼리인지는 상관이 없으나 소화 흡수되어 체내에서 산성을 나타내는 식품을 산 생성 식품이라 한다. 식품 중에 함유되어 있는 무기질 중 P, S, Cl, Br, I 등이 많을 경우 체내에서 산성을 나타낸다. 따라서 이들을 산 생성 원소라고 부른다.

④ **알칼리 생성 식품**Alkali forming food : 위의 개념과 마찬가지로 식품 자체가 산성인지 알칼리성인지는 상관이 없으나, 소화 흡수되어 체내에서 알칼리성을 나타내는 식품을 알칼리 생성 식품이라 말한다. 식품 중에 함유되어 있는 무기질 중 Ca, Na, Mg, K, Fe, Cu, Mn, Co, Zn 등이 많을 경우 체내에서 알칼리성을 나타낸다. 따라서 이들을 알칼리 생성 원소라고 부른다.

위의 4가지 개념은 혼동될 여지가 많다. 시중에서 사용되는 '산성 식품, 알칼리성 식품'이라는 용어는 위의 산 식품과 알칼리 식품이 아닌 산 생성 식품과 알칼리 생성 식품을 말하는 것으로, 언어 사용 시 세밀한 주의가 필요하다.

하지만 산 생성 식품이나 알칼리 생성 식품을 많이 먹는다고 해서 인간의 체내가 산성이나 알칼리성으로 변하는 것은 아니다. 인간의 체내 체액의 pH는 7.3 정도를 유지하는데 이는 약알칼리성이다. 7.3의 pH는 언제나 유지되고 있어서 알칼리 생성 식품을 많이 먹는다고 해서 체액의 pH가 알칼리성으로 변한다고 보기에는 무리가 있다.

비타민의 정의와 종류

비타민이란 미량으로도 동물의 영양과 생리작용을 조절하여 체내의 물질대사를 원만하게 진행하도록 하는 유기화합물로, 대부분 인간의 체내에서는 합성하지 못하여 꼭 음식을 통해 섭취하여야 하는 영양소이다. 비타민은 대부분 조절제의 역할만 할 뿐 그 자체가 열량소로는 작용하지 않는다.

호르몬과 효소들도 체내에서 조절제의 역할을 한다는 것은 비타민과 비슷하지만, 호르몬과 효소는 신체 내에서 지방질과 단백질을 이용하여 합성할 수 있다는 것이 비타민과의 차이점이다. 토코페롤인 Vit-E와 같은 몇몇 비타민들은 항산화제 역할을 수행하기도 한다.

비타민은 현재 20여 종이 알려져 있다. 이들은 크게 용해되는 형태에 따라 지용성 비타민과 수용성 비타민으로 나누어진다.

지용성 비타민으로는 비타민 A, D, E, K가 있다. 지용성 비타민은 지방질에 녹아 있는 경우가 많아 지방질을 많이 함유하고 있는 식품 섭취를 통해 얻을 수 있다. 이렇게 얻어진 지용성 비타민은 체내의 피하지방층과 같이 지방질의 함량이 높은 부분에 저장되어 필요한 시기가 되면 대사과정에 조절소로 참여한다.

수용성 비타민은 비타민 B군, C, niacin, folic acid, biotin 등이 있다. 수용성 비타민은 우유, 과일, 채소와 육류와 같은 식품에 함유되어 있다가 음식을 통해 섭취된다. 지용성 비타민과는 다르게 수용성 비타민은 체내에 저장하기 어렵고, 소변으로 배출되기 때문에 매일 일정량을 꾸준히 섭취해 주어야 한다.

이런 지용성과 수용성 비타민의 성격 차이로 인해 비타민 과잉증의 경우 지용성 비타민에서 더 일어나기 쉽다. 그 외의 지용성 비타민과 수용성 비타민의 일반적인 성질 차이는 표 6-3에 정리·비교하였다.

표 6-3
지용성 비타민과 수용성 비타민의 비교

성 질	지용성 비타민	수용성 비타민
용해도	물에 불용성	물에 가용성
흡수와 이동	지방과 함께 흡수되어 임파계로 이동	당질, 아미노산 같은 가용성 영양성분과 소화 흡수
방 출	담즙을 통하여 아주 서서히 방출	소변을 통하여 매일 방출
저 장	간 또는 지방 조직	저장하지 않고 일정량만 보유
공 급	매일 공급할 필요성은 없음	매일 공급하여야 함
전구체	존재함	존재하지 않음
조리시 손실	조리 시 손실이 적음	산화반응에 의해 쉽게 손실됨

5 비타민의 종류와 특징

대표적인 비타민의 종류와 특징은 표 6-4에 정리하였다.

표 6-4
비타민의
종류와 특징

명 칭		화학명	특 징	결핍증	식 품
지용성 비타민	A	retinol	1. isoprene side chain 2. 불포화알코올 3. 성장촉진과 상피세포기능 유지 4. 생식기능 촉진	• 야맹증 • 건조성 안염	• 간유 • 버터 • 당근 • 시금치
	provitamin A	carotenoid			
	D$_2$	ergocalciferol	1. 비비누화물, 불포화알코올 2. 골격의 성장·발육 3. 아미노산의 재흡수 4. 칼슘과 인의 대사에 관여 5. 항구루성 비타민	• 곱추병 • 골연화증	• 우유 • 버터 • 닭 • 간유 • 계란
	D$_3$	cholecalciferol			
	E	tocopherol	1. 페놀핵의 −OH기의 구조 2. 항산화제 3. 생식기능유지 4. 혈액의 세포막 보호	• 불임증	• 배아 • 상추 • 대두유 • 계란
	K	phylloquinone	1. naphthoquinine 핵을 갖는 구조 2. prothrombin 생성에 영향 3. 담즙대사, 혈액응고에 관여	• 혈액응고 저해	• 녹엽식물
수용성 비타민	B$_1$	thiamin	1. thiazole 핵의 −N=C−S−결합 2. cocarboxylase의 성분 3. 당질연소에 영향을 줌	• 각기병 • 신경염	• 돼지고기 • 땅콩
	B$_2$	riboflavin	1. 물에 난용 2. 광분해의 황색 3. 산화환원효소인 FMN과 FAD의 구성성분 4. 성장촉진 5. 적혈구 생성 6. glycogen 합성	• 피부증상 • 구순 • 구각염 • 설염	• 우유 • 효모
	B$_6$	pyridoxine	1. 생체 내 인산 에스테르로 존재 2. 아미노산 대사에 중요한 인자	• 피부증상	• 배아 • 간 • 두류 • 채소

(계속)

명칭		화학명	특징	결핍증	식품
수용성비타민	B₁₂	cobalamine	1. porphyrin의 유도체 2. 적색 3. 분자 내 cobalt(Co)를 함유 4. 적혈구 생성, 성장에 관여 5. 항 악성빈혈인자	• 악성빈혈	• 쇠간
	niacin	nicotinic acid	1. pyridine의 유도체 2. 염기성 아미노산 3. 지방산합성, 아미노산 합성 분해에 관여 4. 항 펠라그라 인자	• pellagra	• 효모 • 땅콩
	M	folic acid	1. pteroy glutamate와 그 유도체 2. 황색 3. 적혈구 생성과 아미노산 대사 관여 4. RNA와 DNA 대사의 보조효소	• 악성빈혈	• 시금치 • 간 • 닭 • 돈육
	H	biotin	1. avidin에 의해 저해 2. 산성(함황) 아미노산 3. Carboxylase의 보효소 4. 지방산 합성 분해 관여	• 피부증상	• 간 • 콩팥 • 계란
	C	ascorbic acid	1. hexose의 유도체 2. 모세혈관의 기능 유지 3. 콜라겐 형성에 관여 4. 체내 수소운반체로 사용 5. 아미노산과 콜레스테롤 대사 관여 6. 항 괴혈병인자	• 괴혈병	• 과실 • 채소
	P	citrin	1. flavonoid 유도체 2. 담황색 3. 모세혈관의 침투성 조절 4. 빈혈 예방	• 피하출혈	• 감귤류

6 비타민 과잉증

비타민 과다증상은 비타민의 과다 투여로 일어나는 증세라고 쉽게 정의할 수 있다. 결핍증이 문제가 되던 시기도 있었지만 비타민제와 비타민 음료 등의 범람으로 인해 최근에는 어린이들의 비타민 과잉증이 문제시되고 있다. 앞에서 설명한 것처럼 수용성 비타민은 소변으로 배설되기 때문에 과잉증이 적으나, 지용성 비타민은 체외로 배출되기가 힘들어서 과잉증을 보이기 쉬우며 일반적으로 비타민 A, D의 과잉증이 나타나고 있다. 이것은 약물의 형태로 다량 투여되었을 때 일어나는데, 1899년에 북극탐험가가 흰곰의 간을 매일 먹고 비타민 A 과잉증이 되었다는 기록이 있다.

1) 비타민 A 과잉증

급성과잉증으로는 뇌압(腦壓)의 항진증상을 가져오며 두통과 구토, 유아(乳兒)에서는 대천문(大泉門)이 부어오르고, 기면(嗜眠) 경향을 보인다. 만성과잉증으로는 피부와 뼈에 특이한 증상이 나타나는데, 피부가 거칠어지며 가려움을 수반하고, 사지의 뼈에 유통성종창(有痛性腫脹)이 나타난다. 유아에게는 식욕부진·탈모·체중증가 정지·불쾌감 등이 나타난다. 이 증상들은 비타민 A의 투여를 중지하면 비교적 조기에 좋아진다.

2) 비타민 D 과잉증

성인에게는 전신권태·구역질·구토·변비·다음다뇨(多飲多尿)·탈수 증상이, 어린이는 그 외에 근긴장의 저하와 피부의 건조 등이 나타난다. 검사에서는 혈청 칼슘의 값이 비정상적으로 높고, 혈청 콜레스테롤의 상승이 나타난다. 위의 증상들이나 검사값의 이상은 비타민 D의 투여를 중지해도 오래 계속된다.

최근에는 수용성 비타민에 대한 과잉증도 서서히 문제시되고 있다. 최근 유행했던 비타민 C 음료의 경우 가장 독성이 적은 수용성 비타민 함유에도 불구하고 과잉 복용을 계속할 경우 결석과 같은 신장계통 질환이 일어날 수 있다고 보고되었다.

영양학회는 비타민의 하루 권장량을 정하고 있으므로, 영양사 혹은 영양교사는 이들 권장량을 학생들과 학부모들에게 숙지시킬 필요성이 있다.

01 비타민은 인체에 필수적으로 요구되는 미량영양소로 그 용해성을 기준하여 지용성 비타민과 수용성 비타민으로 대별할 수 있다. 지용성 비타민 2가지와 수용성 비타민 1가지를 쓰시오. [기출문제]

지용성 비타민 _____

수용성 비타민 _____

해설 비타민은 수용성 비타민과 지용성 비타민으로 구분된다. 비타민명을 쓰는 아주 기본적인 문제이다. 문제의 난이도를 고려해 보았을 때 비타민 C라고 쓰는 것보다는 Ascorbic acid(아스코르빈산)이라고 쓰는 것을 원하는 것으로 생각된다.

02 무기질은 5대 영양소 중 하나로 우리 몸에 꼭 필요하다. 식생활이 서구화되면서 과거에는 나타나지 않았던 무기질 부족 증상들이 나타나고 있어 점차 무기질에 대한 관심이 높아지고 있다. 무기질이 체내에서 하는 일반적인 기능과 체내에서의 중요성에 대해 각각 3가지씩 쓰시오.

무기질의 일반적 기능

① : _____

② : _____

③ : _____

체내에서의 중요성

① : _____

② : _____

③ : _____

03 다음 글을 읽고 ①~④에 해당하는 답을 쓰시오.

> 우리가 섭취하는 영양소는 우리 몸에서 열량원, 구성원, 조절소로 다양하게 사용되고 있다. 이들 중 (①), 호르몬, (②), 무기질은 조절소로 사용된다. 이 중 호르몬과 (②)는 체내의 (③), (④)를 이용하여 합성할 수 있으나, (①)과 무기질은 식품을 통해 섭취하여야 한다.

① : _____

② : _____

③ : _____

④ : _____

04 비타민은 수용성 여부에 따라 수용성 비타민과 지용성 비타민으로 나누어진다. 이들은 각각 다른 특성을 나타내는데 아래 표의 빈칸을 보충하시오.

구 분	지용성 비타민	수용성 비타민
흡 수	①	가용성 영양성분과 흡수
배 출	②	소변을 통해 배출
저장장소	③	④
전구체	전구체가 존재	전구체가 존재하지 않음
조리 시 손실	손실이 적음	산화반응에 의해 쉽게 손실

① : _____

② : _____

③ : _____

④ : _____

05 지용성 비타민으로는 비타민 A·D·E·K, 수용성 비타민으로는 비타민 B₁·B₂·B₆·B₁₂·C 등이 있다. 이들은 편이성 등의 여러 이유에서 알파벳을 붙여 사용된다. 하지만 비타민의 화학명은 따로 있는데 위에 언급한 9가지 비타민의 화학명과 결핍증을 요약하여 보시오.

비타민명	화학명	결핍증
A		
D		
E		
K		
B₁		
B₂		
B₆		
B₁₂		
C		

해설 비타민의 종류와 특징 부분을 참고한다.

CHAPTER 07

식품의 색

식품의 색, 맛, 향 성분을 일반적으로 기호성분이라 말한다. 앞에서 언급했던 6대 영양소로 식품의 영양성을 알 수 있다면, 기호성분은 식품의 기호성을 알 수 있게 해 준다. 그중 색은 가장 중요한 성분이다. 식품은 그 종류에 따라 특유한 색을 가지고 있으며, 식품의 신선도와 선택에서 매우 중요한 요소가 된다. 특히 갈변과 변색에 대한 부분은 매우 중요하므로 정확하게 숙지하고 있어야 한다.

이 장은 크게 두 가지로 구성되어 있다. 흔히 갈변Browning이라고 불리는 부분과 색소성분에 대한 내용이다. 갈변에서는 효소적 갈변과 비효소적 갈변에 대해 살펴볼 것이다. 색소성분에서는 식품 중에 존재하는 식물성 색소와 동물성 색소에는 어떤 것들이 있는지, 그리고 여러 조건에 의해 색이 변하는 것에 대해 자세히 살펴볼 것이다.

갈변과 색소에 대한 부분은 다른 전공의 임용에서 출제 빈도가 높았던 부분으로 주의 깊게 공부해야 한다.

1 갈변

갈변Browning이란 식품이 여러 요인들에 의해 갈색으로 변화하는 현상이다. 갈변은 식품의 기호성과 품질에 있어 좋은 쪽으로 혹은 나쁜 쪽으로도 영향을 미칠 수 있다. 하지만 대부분의 갈변은 나쁜 쪽으로의 변화일 경우가 많다. 식품에서 일어나는 갈변은 크게 효소에 의한 갈변Enzymatic browning reaction과 비효소적 갈변Non-enzymatic browning reaction으로 나누어진다.

효소적 갈변은 반응하는 효소와 기질의 종류에 따라 폴리페놀산화효소polyphenol oxidase와 티로시나제tyrosinase에 의한 갈변으로 나누어진다. 폴리페놀산화효소에 의한 반응은 사과나 복숭아 갈변의 주요 메커니즘으로 과실 중에 카테콜catechol이 효소 작용에 의해 벤조퀴논benzoquinone이 되고 최종적으로 melanin이 되어 갈색을 띠게

된다. Tyrosinase의 의한 반응은 감자 갈변의 주요 메커니즘으로 감자 중의 tyrosine
이 효소에 의해 DOPA가 된 후 여러 단계를 거쳐 melanin을 형성해 갈색이 되는 과
정이다.

비효소적 갈변에는 마이얄Maillard 반응, 캐러멜화와 아스코르빈산 산화반응이 있
다. 이 중 가장 중요한 마이얄 반응은 당과 단백질이 존재하면 두 성분이 결합물질
을 만들고, 반응이 계속 진행되어 최종적으로 melanin 색소를 만들게 된다. 당과 단
백질은 자연계에서 쉽게 동시에 존재하기 때문에 마이얄 반응은 식품, 생체 내외 등
수많은 분야에서 일어난다. 캐러멜 반응은 당분이 가열을 받아 탈수 과정을 거쳐서
일어나는 갈변 반응이다. 제과·제빵제품의 오븐 속에서 만들어지는 향과 색이 바
로 이 반응에 의해 생성되는 것이다. 아스코르빈산 산화 반응은 아스코르빈산이 공
기 중에 노출되었을 때 산소에 의해 산화반응을 일으켜 갈색 물질을 만드는 반응이
다. 이상의 내용은 그림 7-1에 간단히 도식화하였다.

그림 7-1
갈변의 분류

2 Maillard 반응

Maillard 반응은 다른 갈변에 비해 광범위하게 일어나고, 그만큼 더 중요하다. 이
반응은 여러 가지 이름으로 불리기도 한다.

① Maillard 반응 : 발견자인 Maillard의 이름을 따서 명명한 이름
② Amino-Carbonyl 반응 : 반응의 작용기가 Amino기와 Carbonyl기인 것을 따
    서 지은 이름
③ Melanoidine 반응 : 최종 반응 산물이 melanoidine인 것을 따서 지은 이름

위의 이름에서도 알 수 있듯 Maillard 반응은 아미노기와 카르보닐기가 둘 다 존
재할 경우 일어난다. 그런데 아미노기는 단백질, peptide와 아미노산에서 존재하고,
카르보닐기는 환원당이나 유지 산화생성물 등에 존재한다. 따라서 단백질과 탄수화

물이 존재하는 식품은 언제든 Maillard 반응에 의해 갈변이 일어날 수 있다. 이 반응은 가열뿐만 아니라 자연발생적으로도 일어나기 때문에 온도 조절로 막을 수 없다. 특히 lysine의 아미노기를 먼저 사용하여 함량을 급격히 떨어뜨리므로 lysine이 1차 제한 아미노산인 식품(밀가루) 등은 영양적으로 매우 치명적이다.

1) Maillard 반응의 5단계

Maillard 반응은 크게 5단계로 구분할 수 있다.

① 1단계 : aldose, ketose와 1차 아미노기로부터 N-substituted glycosamine을 형성한다(Glucosylglycine : Glucose와 glycine이 반응 시 생성되는 물질).

② 2단계 : Amadori rearrangement(아마도리반응)에 의해 aldoseamine 혹은 keto-seamine이 생성된다(fructosylglycine).

③ 3단계 : 두 번째 재배치 반응에 의해 ketoseamine은 aldose와 반응하여 diketo-seamine을, aldoseamine은 amino와 반응하여 di-amino sugar를 형성한다.

④ 4단계 : 3단계에서 만들어진 아미노당Amino sugar이 분해되면서 하나 혹은 더 많은 물 분자가 손실되고, 이 물 분자는 아미노 화합물Amino compound이나 비아미노 화합물Non-amino compound로 간다(참고원문 : Degradation of the amino sugars with loss of one or more molecules of water to give amino or non-amino compounds).

⑤ 5단계 : 4단계에서 만들어진 화합물이 서로 혹은 다른 아미노 화합물과 축합 반응을 일으켜서 색소를 형성하거나 고분자Polymer를 만들게 된다(참고원문 : Condensation of the compound formed in step 4 with each other or with amino compounds with formation of brown pigments or polymers).

2) 3단계

위에서 본 5단계를 다시 초기, 중기, 최종 단계로 나눌 수 있다. 1~3단계가 초기 단계에 해당되고, 4단계가 중간, 5단계가 최종 단계에 해당된다. 각 단계의 특징을 간단히 설명하면 다음과 같다.

① 초기 단계 : 아직 색소가 생성되지는 않은 단계이며 근자외선에서 흡광을 나타 내지 않는다. 주로 축합반응Condensation, 에놀화 반응Enolization, 재배치 반응Rearrangement이 일어난다. 알칼리 용액 중에서 환원력이 더욱 증가하는 모습을 보인다.

② 중간 단계 : 주로 초기 단계에서 만들어진 생성물의 산화·분해가 일어나게 된다. 이 과정 중에 여러 종류의 고리화합물Cyclic compound이 생성되고,

furfurals, reductones과 휘발성 물질Volatile compounds이 만들어진다. 색소 성
분들이 만들어져 근자외선부에서 강력한 흡광력을 보여 주며, 일부는 흐린 노
란색을 띠기도 한다. 중간 단계에서는 주로 당탈수반응과 당분해 반응이 일어
난다. 당탈수반응Sugar dehydration에 의해 3−deoxyglucosone과 그것의 3,4−
dione 화합물이나 HMFHydroxymethyl−furfural 화합물이 생성된다. 또 당분열
반응에 의해 α−dicarbonyl 화합물이나, reductones과 색소물질이 생성된다.
　이 과정에서 아미노산과 단당류의 함량 감소가 일어나며 아미노산보다 단
당류의 감소가 더 크게 일어난다. 중간 단계 반응은 산성용액 중에서 환원력
이 증가한다.
③ **최종 단계** : strecker 분해반응Degradation, 알돌축합반응Aldol condensation과
polymerization이 일어난다. Strecker 분해반응은 아래와 같다.

$$\alpha-\text{dicarbonyl compound} + \text{Amino acid} \rightarrow \text{Aldehydes} + CO_2$$

　중간 단계에서 만들어진 $\alpha-$dicarbonyl compound가 아미노산과 반응하면서 여
러 분자의 알데히드 화합물과 이산화탄소를 생성하게 된다. 여기서 알데히드는 휘
발성 성분과 향기성분으로 식품의 냄새에 관여한다. 발생하는 이산화탄소는 갈색도
가 증가할수록 반응 진행도가 높아질수록 증가하여, 갈변 반응의 정도를 나타내는
척도로 사용할 수 있다. 이 분해반응 중 아미노산이 급격하게 감소하게 된다. 알돌
Aldol 축합 반응은 다음 그림 7−2와 같이 일어난다.

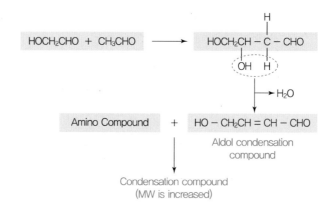

그림 7−2
알돌 축합 반응

　알돌 축합 반응은 이전에 만들어진 반응성이 강한 **carbonyl** 화합물 중 $\alpha-$위치에
수소를 가진 화합물에 의해 일어난다. 축합 반응에 의해 만들어진 알돌 축합화합물
은 이전에 비해 분자량이 증가하게 되는데 이 화합물은 다시 다른 아미노화합물과
계속 축합반응을 일으키며, 분자량은 계속 증가하게 된다.

마지막으로 polymerization 반응이 일어난다. 이 과정을 통해 비로소 melanoidine 이라는 색소성분이 만들어진다. 이 색소성분은 캐러멜caramel과 비슷하며, 향기 또한 비슷하다. melanoidine은 형광을 띠는 물질이며 sulfite를 첨가하여도 탈색되지 않는다.

이상의 초기, 중간과 최종 단계의 반응을 간단히 정리하면 그림 7-3과 같다.

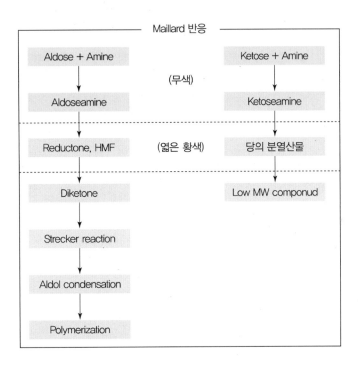

그림 7-3
Maillard 반응

Maillard 반응을 거치며 식품에 색과 향의 변화가 크게 나타난다. 또한 영양소의 감소가 생기며, 때에 따라 독성물질도 생성된다는 연구 보고가 있다.

3) Maillard 반응에 영향을 주는 인자

Maillard 반응에 영향을 주는 인자로는 온도, 수분함량, pH, 당류, 아미노산류, 불활성 기체의 존재 여부, 아황산염과 칼슘염, 반응물질의 농도와 수분활성도가 있다.

① **온도** : 다른 화학반응과 마찬가지로 온도가 증가함에 따라 반응도 증가한다.
② **수분함량** : Maillard 반응이 진행하기 위해서는 꼭 필요하다. 하지만 갈변 반응의 최적수분함량이 존재하며, Maillard 반응의 최적 수분함량은 반응에 참여하는 당류와 아미노산의 혼합비에 따라 다르게 나타난다.
③ **pH** : 일반적으로 pH가 증가함에 따라 반응이 증가한다.

④ 당류 : Maillard 반응에 참여하는 당의 종류에 따라 반응성이 다르게 나타난다. 일반적으로 5탄당 > 6탄당 > 설탕 순으로 나타나고, 6탄당 중에는 과당 > 포도당으로 나타난다.

⑤ 아미노산 : 당류와 마찬가지로 아미노산의 종류에 따라 반응성이 다르게 나타난다. 일반적으로 아미노산의 아미노기가 카르복실기와 멀리 떨어져 있을수록 당류의 카르보닐기와 반응하기 쉽다. 아미노산 중 lysine의 ε-아미노기는 반응하기 쉽다.

⑥ 불활성기체 : 불활성기체가 존재할 경우 Maillard 반응은 산화반응이 주를 이루고 있다. 따라서 산소를 이산화탄소, 질소같은 불활성 기체로 치환하면 반응이 느리게 발생한다.

⑦ 아황산염과 칼슘염 : 아황산염은 환원성 물질로 카르보닐 화합물과 반응하여 술폰산염을 형성하여 반응에 참여하는 카르보닐 화합물이 줄어들기 때문에 Maillard 반응이 억제된다. 칼슘염의 경우는 아미노산과 결합하여 반응에 참여하는 아미노기를 줄여주기 때문에 Maillard 반응을 억제한다.

⑧ 반응물질의 농도 : 일정 온도의 경우 Maillard 반응은 환원당의 농도에 비례, 질소 화합물의 농도의 제곱에 비례한다.

⑨ 수분활성도 : 수분활성도가 0.6~0.7일 때 반응속도가 가장 높으며, 0.6 이하와 0.8~1.0에서는 반응속도가 떨어진다. 수분활성도 0.8~1.0에서 반응속도가 감소하는 이유는 수분에 의한 희석효과 때문이며, 0.6 이하에서는 용매로서의 물이 존재하지 않아 반응물질의 이동이 불가능하기 때문이다.

3 캐러멜화 반응

캐러멜화 반응Caramelization은 당의 탈수 반응에 의해 일어난다. 당을 가열하면 온도가 올라감에 따라 탈수 반응이 일어나면서 갈변하게 된다. 따라서 Maillard 반응과는 다르게 자연적으로 일어나지 않고, 아미노기나 카르보닐기의 존재에 아무런 상관이 없다. 당을 가열하여 만든 캐러멜은 색소와 향료로 이용되며, 초기 당에 상관없이 형성된 캐러멜은 대체로 일정한 형태를 보인다.

일반적으로 가장 많이 사용되는 설탕Sucrose의 캐러멜화 과정을 요약하면 표 7-1과 같다.

표 7-1
설탕의
캐러멜화 과정

반응온도	특 징
160℃	설탕이 포도당과 과당의 무수물로 변화함
200℃	캐러멜화 반응이 시작됨
200℃-35min	설탕 1분자당 1분자의 물이 탈수됨, Iso-saccharosan 생성
200℃-55min	설탕 무게비의 9%의 수분을 손실, Caramelan 생성
200℃-55min 이상	무게비 14%의 손실, Caramelen 생성
더 가열 시	캐러멜 생성

4 아스코르빈산 산화반응에 의한 갈변

아스코르빈산Ascorbic acid은 원래 야채나 과실류 속에 풍부하게 존재하는 중요한 수용성 비타민 중 하나이다. 아스코르빈산은 자연 항산화제로 널리 사용되며, 효과적인 항갈색화제Anti-browning agent로 과실과 야채의 건조제품과 과즙, 냉동제품과 통조림 제품에 많이 사용되고 있다. 그러나 아스코르빈산의 비가역적 산화생성물Irreversibly oxidized products은 이런 항갈색화 능력이 없고 오히려 새로운 갈색화 반응을 주도하는 것으로 알려져 있다. 이렇게 발생하는 갈변을 아스코르빈산 산화에 의한 갈변이라고 한다. 아스코르빈산 산화에 의한 갈변은 아스코르빈산 산화반응Ascorbic acid oxidation에 의해 촉진되나 이 효소를 불활성시킨 후에도 갈변이 진행되는 것을 보아 비효소적 갈변임을 알 수 있다. 이 반응은 아스코르빈산 함량이 높은 감귤류, 오렌지류 등의 가공품들에 있어 중요한 갈변의 원인이 된다.

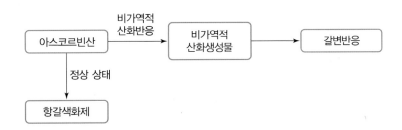

그림 7-4
아스코르빈산
산화에 의한 갈변

5 효소적 갈변반응

효소적 갈변은 비효소적 갈변과는 달리 특정 효소에 의해 갈변이 진행되는 반응이다. 일반적으로 효소적 갈변반응에는 폴리페놀산화효소polyphenol oxidase에 의한 갈변과 티로시나제tyrosinase에 의한 갈변이 있다.

1) 폴리페놀산화효소에 의한 갈변

폴리페놀산화효소는 polyphenol oxidase, diphenol oxidase 또는 polyphenolase라고 불린다. 이 효소에 의한 갈변 메커니즘을 간단히 요약하면 다음 그림 7-5와 같다.

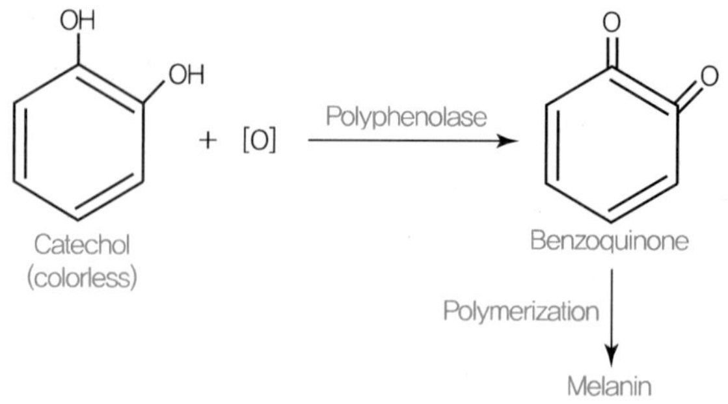

그림 7-5
효소에 의한
갈변 메커니즘

사과, 복숭아 등에 많이 존재하는 catechol은 위에서 보는 바와 같이 폴리페놀이다. 여기에 폴리페놀산화효소가 작용하면 benzoquinone이 되며, 이 물질이 polymerization 반응을 거치면 melanin이 되어 갈색을 띠게 된다. 이 산화효소는 효소분자 내에 Cu기 원자를 가지고 있어서 Cu와 접촉을 하면 효소의 활성도Activity가 높아진다. 반응의 최적 pH는 5~7 정도로 알려져 있다.

2) 티로시나제에 의한 갈변

티로시나제Tyrosinase 역시 갈변 효소이며 polyphenolase와의 차이점은 작용기질이 tyrosine이라는 것만 다르다. 갈변의 반응 역시 전체적으로 비슷한 메커니즘으로 진행된다. 감자의 갈변을 막기 위해 과거에는 아황산염을 사용하였으나, 지금은 아황산염의 사용이 금지되어 있다.

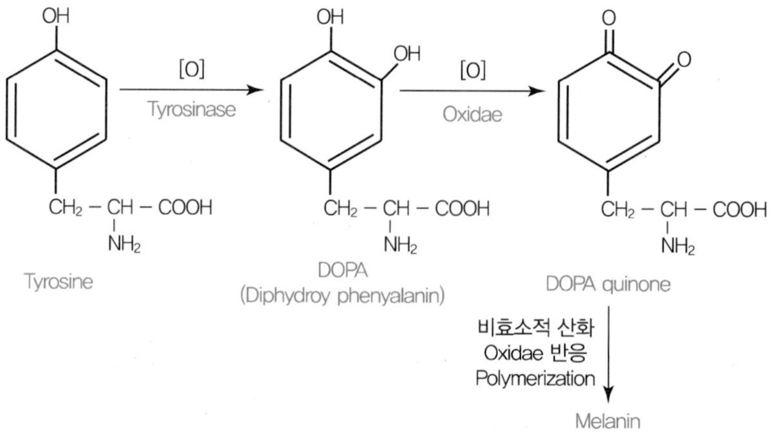

그림 7-6
티로시나제에 의한
갈변 메커니즘

감자를 물속에 넣으면 tyrosinase가 수용성인 관계로 물에 녹아나와 감자의 갈변이 억제된다. 감자의 갈변 억제 방법은 이후 조리원리 부분에서 다시 정리하도록 하겠다. 그림 7-6에 티로시나제에 의한 갈변의 메커니즘을 정리하였다.

3) 효소적 갈변의 억제 방법

효소적 갈변을 억제하는 방법을 정확하게 이해하기 위해서는 먼저 효소반응을 이해해야 한다. 일반적으로 효소반응은 아래와 같이 단순하게 표현할 수 있다.

$$[E] + [S] \longrightarrow [ES] \longrightarrow [E] + [P]$$
Enzyme   Substrate   Complex   Enzyme   Product

일단 효소반응이 진행되기 위해서는 효소Enzyme와 기질Substrate이 필요하다. 이 둘이 일단 효소-기질 복합체Enzyme-substrate complex를 만든다. 이 복합체에서 화학적 반응이 진행되어 기질은 새로운 생성물Product이 되고 효소는 다시 원상태로 돌아오게 된다. 효소반응을 막기 위해서는 효소를 제거하거나 혹은 본래의 기능을 상실시켜 주면 된다. 또는 기질을 제거하여 주어도 된다. 효소반응이 산화반응일 경우는 반응이 진행되기 위해 산소가 공급되어야 된다. 이 경우 산소 공급이 원활하지 못하면 효소반응은 억제 된다. 이상과 같이 효소, 기질, 산소 공급 중 한 가지만 억제되면 효소반응은 일어나지 않는다. 효소는 단백질이기 때문에 열변성이나 화학적 변성을 통하게 되면 본래의 기능을 상실하게 된다.

효소에 의한 갈변이 진행되기 위해서는 활성을 가지고 있는 갈변 효소와 기질이 필요하고, 산소가 꼭 필요하다. 이 중 기질의 제거는 어려운 일이므로 효소를 불활성화시키거나, 산소와의 접촉을 억제하는 방법을 강구하면 된다. 대표적인 억제 방법은 다음과 같다.

① **열처리**Blanching : 데치기 정도로도 효소는 쉽게 열에 의해 변성되어 불활성화되며, 생화학적 활성을 나타내지 못하고 갈변 반응을 일으키지 못한다.

② **아황산가스나 아황산염 이용** : 과거 이 방법으로 아주 손쉽게 효소의 갈변을 억제할 수 있었다. 하지만, 아황산염은 천식 환자들에게 치명적인 영향을 줄 수 있어 지금은 사용이 금지되어 있다. 또한 이 방법을 사용할 경우 Vit-B$_1$과 B$_2$가 쉽게 파괴되어 영양의 감소가 동반된다.

③ **산소를 제거** : 산소를 제거하면 산소와의 접촉을 막을 수 있다. 예로는 불활성 기체의 첨가나 CA저장 같은 것들이 있다.

④ **산을 이용하여 pH를 조절** : 효소들은 모두 최적 반응 pH를 가지고 있다. 산을 이용하여 pH를 낮추면 효소들의 반응속도가 급격히 감소한다.

6 식물성 색소

지금까지 갈변에 대해 살펴보았다. 앞에서 말했던 것처럼 갈변은 식품의 색에서 매우 중요한 부분이다. 하지만 갈변처럼 이전에 없던 갈변 색소가 발생하는 것 외에도 식품은 본래의 색을 가지고 있는 경우도 많다. 식품 속에서 식품의 색을 나타내는 물질은 매우 다양하다. 이들을 분류하는 방법은 매우 많으나 흔히 출처에 따라 나누는 경우가 많다. 출처에 따라 식품 속의 색소는 그림 7−7과 같이 동물성 색소와 식물성 색소로 나누어진다. 그리고 식물성 색소는 용해도에 따라 지용성 색소와 수용성 색소로 나눌 수 있다. 지용성 색소에는 carotenoid와 chlorophyll이 있으며, 수용성에는 anthocyanin과 flavonoid들이 있다.

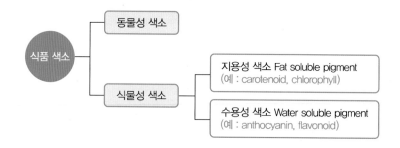

그림 7−7
식품색소의 분류

위에서 설명한 carotenoid는 오렌지색, 노란색 또는 빨간색을 띠며, 물에 녹지 않고 지방이나 용매에 녹는, 구조적으로 서로 비슷한 색소의 총칭이다. carotenoid 색소 내에는 매우 다양한 개별색소들이 존재한다. 우리가 흔하게 접하는 베타카로틴β−carotene, 다이하이드로−베타카로틴Dihydro−β−carotene, 잔소필Xanthophyll, 제아잔신Zeaxanthin, 크립토잔신Cryptoxanthin, 파이살리엔Physalien, 비키신Bixin, 라이코펜Lycopene, 사잔신Canthaxanthin, 아스타잔신Astaxanthin, 소루빈Capsorubin, 토룰라호딘Torularhodin과 잔신Capsanthin과 같은 것들이 바로 carotenoid계 색소이다.

수용성 색소 중 flavonoid는 라틴어에서 노란색을 뜻하는 'flavus'에 어원을 두고 있으며 주로 노란색이나 담황색을 나타내는 경우가 많다. 플라보노이드계 색소에는 안소잔신류Anthoxanthins, 안소사이얀닌류Anthocyanins, 카테킨류Cathchins와 류우코잔신류Leucoxanthins 등이 포함되나 일반적으로는 안소잔신류anthoxanthins만 플라보노이드계 색소로 생각된다. 카테킨류Cathchins와 류우코잔신류Leucoxanthins은 원래 색이 없으나 산화되면서 흑갈색으로 변한다. 일반적으로 이들은 플라보오니드가 아니라 탄닌류Tannin로 분류한다.

수용성 색소 중 안토시아닌류Anthocyanins는 여러 과실의 선명한 색을 나타내 주는 색소이다. 일반적으로 수백 종의 안토시아닌이 존재하는 것으로 알려져 있다. 안토시아닌은 선명한 색을 가지고 있지만 가공이나 조리 과정 중 다른 성분 혹은 금속 이온과 쉽게 반응하여 복합체를 만들어 퇴색이 되어버린다. 안토시아닌류 색소에는 펠라고니딘Pelargonidin, 사이야니딘Cyanidin, 델피니딘Delphinidin, 페오니딘Peonidin, 페튜이딘Petuidin과 말비딘Malvidin과 같은 것들이 있다.

식품성 색소 중 수용성 색소는 서로 어느 정도의 상관관계를 가지고 있는 경우도 많다. 예를 들어 탄닌류의 epi-catechin이 산화하면 안토시아닌류인 cyanidin이 되고, 이것이 더 산화되면 플라보노이드인 quercetin이 된다. 즉 각각 서로 산화 환원 과정을 통해 전환될 수 있는 여지를 가지고 있다.

식품의 색소는 출처 외에도 화학구조에 따라 아래와 같이 4가지로 나눌 수 있다.

① tetra pyrol compoumds로 chlorophylls, hemes 등이 여기에 속한다.
② isoprenoid 유도체들로 carotenoid가 여기에 속한다.
③ benzopyran 유도체들로 anthocyanin과 flavonoid가 여기에 속한다.
④ 가공색소들로 caramel, melanoidin들이 여기에 속하면 가공 중 발생한다.

1) 식물성 지용성 색소

Chlorophyll은 엽록소로 식물의 광합성이 이루어지는 곳이다. 엽록소의 구조식을 간단히 표현하면 다음과 같다.

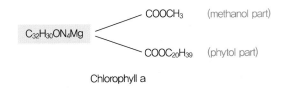

그림 7-8
엽록소의 구조식

엽록소는 구조학적으로 Mg 부분, phytol 부분 그리고 methanol 부분을 가지고 있다. 엽록소는 지용성이지만 phytol 부분이 떨어져 나가면 물에 녹는다. 엽록소는 화학적 방법에 의해 분해과정을 거치게 되는데 이 과정 중에 다양하게 색이 변화한다. 변화 과정은 그림 7-9에 자세히 나타내었다.

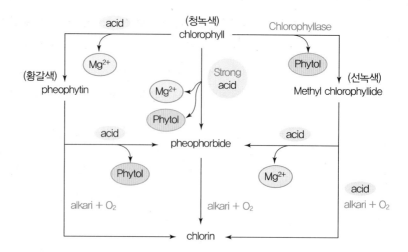

그림 7–9
Chlorophyll의
분해과정

위의 그림에서 보는 바와 같이 청녹색의 chlorophyll은 산에 의해서 마그네슘이온을 잃어 황갈색의 pheophytin이 되고, chlorophyllase 작용을 받았을 때는 phytol을 잃고 선녹색의 methyl chlorophyllide로 변화하게 된다. 그 외 강산 처리를 할 경우 마그네슘이온과 phytol기를 동시에 잃어 pheophorbide로 변화하게 되며 그 이후 알칼리하에서 산화시킬 경우 최종적으로 chlorin까지 분해된다.

김치를 담그고 나서 시간이 지나면 배추의 녹색이 점차 갈색으로 변화하는 것을 볼 수 있다. 이는 김치 중에 유산균이 생육하면서 만들어 낸 유산에 의해 pH가 떨어지고 그로 인해 마그네슘 이온이 제거되어 pheophytin이 되기 때문이다.

Chlorophyll과 마찬가지로 지용성인 carotenoid 색소는 지용성 색소이며 식물성 carotenoid계 색소와 동물성 carotenoid계 색소가 있다. 식물성 carotenoid계 색소에는 $\alpha-$, $\beta-$, $\gamma-$carotene과 같은 carotene류와 cryptoxanthin, lutein, zeaxanthin과 같은 xanthophll류가 있다.

Carotenoid계 색소는 구조적으로 모두 trans–형일 때 더 짙은색을 띠게 되고, cis–형이 끼어들면 색이 약해진다. 빛을 조사하거나, 가열 처리하거나, 산 처리를 하면 carotenoid의 trans–형 일부가 cis–형으로 바뀌어 색이 약해지게 된다.

2) 식물성 수용성 색소

식물성 수용성 색소로는 anthocyanin계 색소와 anthoxanthin계 색소(플라보노이드 계를 대표함) 혹은 tannin계 색소가 있다. 화학구조상 모두 polyphenol 화합물을 갖고 있다. 탄닌Tannin은 떫은맛을 내는 맛 성분이기도 하다.

(1) Anthocyanin계 색소

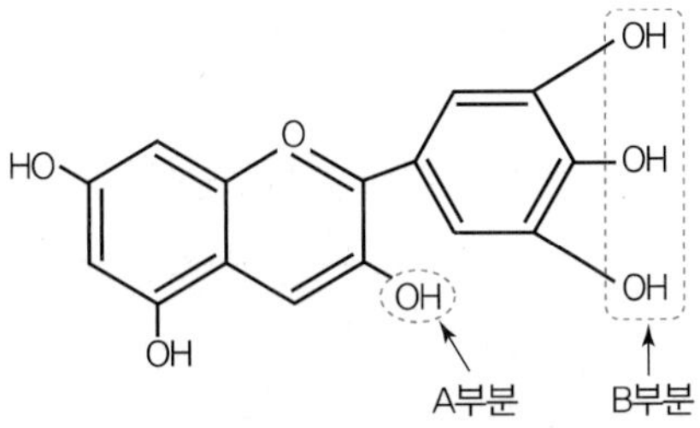

그림 7-10
Anthocyanin의 구조

Anthocyanin은 anthocyanidin에 당이 결합되어 있는 기본 구조를 가지고 있다. 위의 그림에서 A부분에 당이 가서 붙게 된다. B부분에는 −OH기나 −OCH₃기가 붙는데 −OH기가 많이 붙을수록 푸른색이 증가하고, −OCH₃가 많아질수록 적색이 증가한다. Anthocyanin계 색소는 다음과 같은 특징을 가지고 있다.

① 수용액의 pH에 따라 색깔이 변한다. Cyanin의 경우 pH 3에서는 적색을 나타내지만, pH를 8.5로 올리면 자색으로, pH를 11로 올리면 청색으로 변한다.
② SO_2에 의해 쉽게 탈색된다.
③ 색소의 농도에 따라 색깔이 다르게 나타난다.
④ Anthocyanin계 색소는 다당류에 흡착되어 있다.
⑤ Anthocyanin계 색소는 보통 혼합물로 존재하며, 혼합물의 성분은 변한다. 따라서 색도 변한다.
⑥ Tannin이 산화되면 Anthocyanin으로, 다시 산화되면 flavonoid로 바뀐다.
⑦ Anthocyanin은 금속 이온들과 여러 색깔의 복합체를 형성한다. Metal의 종류에 따라 색이 좋아지기도 나빠지기도 한다.

(2) 탄닌

탄닌Tannin은 일정하게 정의할 수 없는 물질로 떫은 맛을 내는 맛 성분 중의 하나이다. Polyphenolic 화합물로 여러 가지 항균력, 항산화력, 또는 생리적 특성을 보이는 경우가 많다. 탄닌은 원래는 무색이지만 산화되면 색을 띠기 때문에 색소로도 볼 수 있다. 탄닌은 금속과의 결합력이 매우 강하여 금속이온 제거용으로 사용되기도 한다.

표 7-2
pH에 따른
식물성 색소의
색깔 변화

색 소	pH에 따른 색깔		
	산 성	중 성	알칼리성
Chlorophyll	황갈색	녹 색	녹 색
Anthocyanin	적 색	자 색	청 색
Flavones	백 색	백 색	노란색

7 동물성 색소

동물성 색소에는 myoglobin과 hemoglobin이 있으며, 동물성 carotenoid계 색소들도 있다. 이 중 myoglobin의 분해 과정이 가장 중요하다.

Myoglobin은 육류에 많이 포함되어 있다. 이 myoglobin(Mb)은 상황에 따라 몇몇 색으로 변화하게 된다. 우선 산소를 가지고 있으면 oxymyoglobin(MbO₂)이 된다. 이때는 선홍색을 띠고 있으며, 그러한 이유로 신선한 육제품은 선홍색을 나타낸다. 산소를 얻고 잃고는 가역적 반응으로 진행된다. Myoglobin이 산화되면 metmyoglobin(Met−Mb)이 되며 갈색을 띤다. Met−Mb는 환원에 의해 자주색의 Mb로 다시 돌아갈 수 있다. 하지만 HNO₂ 존재하에서 환원시키면 nitrosoamine(NO−Mb)가 된다. 이때 색은 핑크색을 나타낸다. NO−Mb는 햄 제조 시 발색제로 첨가한 아질산염들의 반응 메커니즘과 같다. Mb을 변성시키고 산화시키면 갈색을 나타내는 Hemin이 된다. 그림 7−11에 Myoglobin의 분해 과정을 도식화하였다.

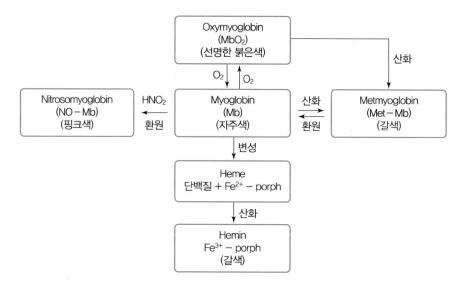

그림 7−11
Myoglobin의
분해 과정

햄 가공 시 가열 변성을 하면 육류가 적색 계통에서 갈색으로 변화하게 된다. 이는 햄 품질을 떨어뜨리는 현상으로 이를 막기 위해 아질산염들이 첨가된다. 아질산을 첨가하면 핑크색이 나타나 색에 의한 거부감을 방지할 수 있다는 장점과 더불어 아래와 같은 추가적인 장점을 얻을 수 있다.

① Myoglobin과 반응하여 안정적인 핑크색을 얻을 수 있다.
② 특유의 육류 향기를 유지할 수 있다.
③ 식중독균인 *Clostridium botulinum*의 생장을 억제할 수 있다.
④ 일종의 지방산태취인 Warmed−off flavor(WOF)를 제거할 수 있다.

01 다음은 마이얄 반응을 설명한 내용이다. 작성 방법에 따라 순서대로 서술하시오. [4점] 영양기출

> 비효소적 갈변반응인 마이얄 반응(Maillard reaction)은 이 반응의 발견자 이름을 딴 명칭
> 이며, 반응물과 생성물 이름을 딴 명칭은 각각 (①)와/과 (②)이다. ③ 마이얄 반응의
> 속도는 아미노산 측쇄(side chain)의 화학적 특성에 따라 달라진다.

> 작성 방법
> • ①, ②에 해당하는 명칭을 순서대로 쓸 것
> • 밑줄 친 ③의 반응속도가 가장 빠른 아미노산 분류의 명칭을 쓰고, 그 이유를 서술할 것

① : _____

② : _____

③ : _____

02 다음은 고등학생 주현이와 영양교사의 대화 내용이다. 작성 방법에 따라 각각 서술하시오. [5점]

영양기출

주현	선생님, 녹차가 건강에 좋다고는 하는데, 저는 ① 녹차가 쓰고 떫어서 마시기 싫어요.
영양교사	그러니? 하지만 그 쓰고 떫은맛은 강한 항산화 기능을 가진 대표적인 성분에서 나온 거야. 그 성분은 피부 노화를 늦춰 주고 체지방 감소에 도움을 줄 수 있어.
주현	그렇군요. 제가 어디서 들었는데 홍차나 녹차를 만드는 찻잎은 크기만 다를 뿐 같은 거라던데요? 그런데 왜 ② 홍차 잎은 적갈색이고, ③ 녹차 잎은 적갈색이 아닌가요?

작성 방법

① 쓰고 떫은맛의 원인이 되는 대표적인 성분의 명칭을 쓸 것
② 홍차 제조 과정에서 일어난 '색소 변화 반응의 명칭', '생성된 색소의 명칭 1가지', '색소 변화 반응이 일어난 이유'를 쓸 것
③ 녹차 잎은 적갈색이 아닌 이유를 녹차 제조 과정과 관련지어 쓸 것

① : _____

② : _____

③ : _____

03 영희는 닭고기를 1cm 두께로 썰고 간장, 물, 설탕을 넣은 소스를 발라 120℃에서 구웠고, 철호는 동일한 조건에서 설탕 대신 꿀을 사용하였다. 그런데 철호가 구운 닭고기가 좀 더 진한 갈색이었다. 이 갈색화 반응의 명칭과 갈색화 반응 초기 단계의 반응물, 그리고 갈색화 반응의 차이를 일으키는 설탕과 꿀의 구조적 특성을 설명하시오. [3점] 영양기출

_____

_____

04 여러 가지 생리 활성 기능을 가지는 식물성 색소인 플라보노이드(flavonoids)로는 안토잔틴 (anthoxanthin), 안토시아닌(anthocyanin), 탄닌(tannin) 등이 있다. 이 중 안토잔틴을 구조에 따라 5가지로 분류하여 쓰시오. 그리고 안토시아닌의 pH에 따른 색 변화를 서술하시오. [3점] 영양기출

_____

_____

05 다음은 감자 껍질을 벗기거나 썰어서 공기 중에 방치하면 갈색으로 변하는 과정에 대한 그림이다. ( ) 안의 ①에 해당하는 효소명을 쓰고, 이와 같은 갈변을 방지하기 위한 원리를 포함한 방법 2가지를 서술하시오. [4점] 유사기출

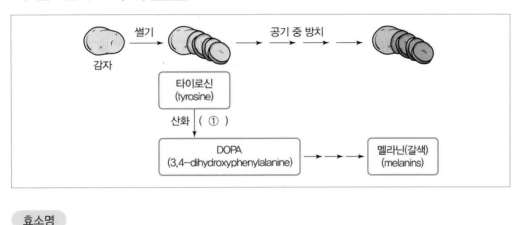

효소명 _____

갈변 방지 방법 _____

_____

06 다음은 교사와 학생이 학교 식당에서 점심 식사를 하면서 나눈 대화 내용의 일부이다. 괄호 안 ①, ②에 해당하는 용어를 순서대로 쓰고, 밑줄 친 ③에 해당하는 단점 2가지를 서술하시오. [4점] 유사기출

> 교사 　오늘 점심 메뉴는 우리 학생들이 좋아하는 불고기백반, 시금치나물, 배추김치네……
>
> 학생 　와, 모두 제가 좋아하는 음식이네요. 그런데 선생님, 지난주 갓 담근 김치는 잎이 청록색이었는데 오늘은 적당히 익어서 녹갈색으로 변했네요.
>
> 교사 　지난 시간에 채소의 색이 조리할 때 어떻게 변하는지 배웠지? 이를 이용해서 설명해 보렴.
>
> 학생 　네, 배추김치의 청록색이 시간이 지나면서 녹갈색을 띠는 이유는 색소 (①)이/가 발효에 의해 생성된 (②)의 작용으로 페오피틴(pheophytin)으로 변하기 때문이에요.
>
> 교사 　와! 정말 잘 설명했네. 그런데 시금치나물은 선명한 청록색이지. 아마 끓는 물에 식소다(중조)를 약간 넣어 데친 것 같아.
>
> 학생 　선생님, ③ 식소다를 넣은 물에 채소를 데치면 단점이 있어요?

① : _____　　② : _____

③의 단점 _____

07 다음은 식품의 갈변 반응에 대하여 선생님과 학생들이 나눈 대화 내용이다. 이 반응의 명칭과 반응에 필요한 작용기 2가지의 명칭을 쓰고, 사과나 감자의 갈변 반응과 다른 점을 서술하시오. [4점] 유사기출

학생 A	오래된 고추장의 색깔이 짙은 갈색으로 변하는 이유는 무엇인가요?
선생님	간장을 달였을 때 짙은 갈색으로 변하는 것과 같은 원리에 의해서 일어나지만 사과나 감자의 갈변 반응과는 달라요.
학생 B	가열하지 않을 때도 발생하나요?
선생님	네, 이 반응은 가열한 식품뿐만 아니라 가열하지 않은 식품에서도 자연발생적으로 일어나요.

① : _____   ② : _____

사과나 감자의 갈변 반응과 다른 점 _____

08 바다에서 갓 잡아 온 신선한 가재는 청록색을 띠고 있었는데, 이것을 물에 넣고 삶았더니 적색으로 변하였다. 신선한 가재가 청록색을 띠고 있는 이유를 쓰고, 가열에 의해 적색으로 변하는 기작을 서술하시오. [3점] 유사기출

_____

_____

09 다음은 시금치를 데치는 과정에서 클로로필의 변화를 나타낸 것이다. (가)에서 알칼리를 넣고 시금치를 데칠 때 파괴되는 영양소 중 황(S)을 포함하고 있는 비타민을 쓰시오. (가)와 (나)에서 유리되는 성분 ①과 (나)에서 유리되는 무기질 ②를 쓰시오. 그리고 시금치의 변색 방지를 위해 뚜껑을 열고 데치는 이유를 쓰시오. [4점] 유사기출

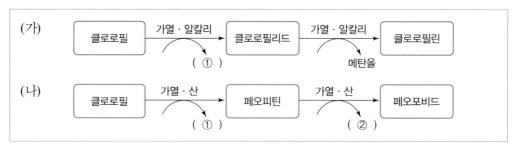

① : _____   ② : _____

뚜껑을 열고 데치는 이유 _____

10 다음은 수용성 식물성 색소 ①을 대략적으로 분류하고 대표 함유식품을 정리한 표의 일부이다. ①
~③에 해당하는 명칭을 쓰고, ④에 해당하는 대표 함유식품 1가지를 쓰시오. 기출문제

주요 색소군	색소명	세분된 색소명	대표 함유식품
①	안토크산틴 (anthoxanthin)	케르세틴(quercetin)	④
		다이제인(daizein)	콩
		루틴(rutin)	메밀
	②	말비딘(malvidin)	포도
		펠라고니딘(pelagonidin)	딸기
	탄닌(tannin)	클로로겐산(chlorogenic acid)	커피
		③	차

① : _____ ② : _____

③ : _____ ④ : _____

해설 식물성 색소의 계통도와 대표적 함유 식품을 적는 문제이다. 수용성 식물성 색소는 flavonid류라는 커다란 분류 속에 안토크산틴(anthoxanthin), 안토시아닌(anthocyanin)과 탄닌(tannin)이 포함된다. 안토크산틴 중 케르세틴은 양파 껍질에 많이 들어 있고, 탄닌성분 중 차에는 catechin gallate가 들어 있다. 이들은 색을 내면서 동시에 맛에도 영향을 미치는 성분들이다. 아토크산틴은 쓴맛을 내는 경우가 있고, 탄닌은 떫은맛을 내는 것으로 알려져 있다.

11 식품의 갈변에는 효소적 갈변 반응과 비효소적 갈변 반응이 있다. 비효소적 갈변 반응인 Maillard reaction과 Caramelization의 특징을 설명하고 갈변 반응에 의한 식품의 예를 각각 1 가지만 쓰시오. 기출문제

Maillard reaction의 특징과 식품의 예 _____

_____

Caramelization의 특징과 식품의 예 _____

_____

해설 비효소적 갈변 중 Maillard reaction(마이얄 반응)과 Caramelization(캐러멜화)의 정의, 특징과 이를 응용한 식품을 묻는 기본적 개념 확인 문제이다. 본문을 이용하여 쉽게 풀 수 있을 것이다.

12 사과나 배 등은 껍질을 벗긴 상태에서 공기 중에 노출되면 갈변 현상이 나타나는 식품들이다. 다음 물음에 답하시오. 기출문제

> **갈변 현상을 일으키는 요인 3가지**
>
> ① : _____
>
> ② : _____
>
> ③ : _____
>
> **갈변 현상을 억제하기 위해 담그는 용액 2가지**
>
> ① : _____
>
> ② : _____

해설 사과나 배의 껍질을 벗기면 갈변된다. 이때 일어나는 갈변의 주체는 polyphenol oxidase에 의한 효소적 갈변으로 생각된다. 효소적 산화 갈변이 일어나기 위해서는 효소와 기질과 산소라는 3가지 요인이 필요하다. 그리고 이 반응을 억제하기 위해서는 물속에 담가 산소와의 접촉을 막든가, 산성수용액 중에 담가 효소의 활성도를 떨어지게 하든가 또는 사용은 중지되었지만 아황산염 수용액 중에 넣으면 된다.

13 다음 표는 시금치, 적색양배추, 컬리플라워의 색소와 pH에 따른 색깔을 나타낸 것이다. 빈칸에 적당한 내용을 채워 쓰시오. 기출문제

색소와 pH 채소	색소	pH에 따른 색깔		
		산 성	중 성	알칼리성
시금치	Chlorophyll	①	녹 색	녹 색
적색양배추	②	적 색	③	청 색
컬리플라워	Flavones	백 색	백 색	④

① : _____ ② : _____

③ : _____ ④ : _____

해설 식품에 들어 있는 대표적인 식물성 색소의 이름과 이들의 pH에 따른 색의 변화를 묻는 문제이다. 시금치에 많이 들어 있는 chlorophyll은 산성에 의해 Mg^{2+} 이온이 분리되어 황갈색의 pheophytin이 된다. 적색양배추에 많이 들어 있는 anthocyanin은 pH의 증가에 따라 '적색 > 자색 > 청색'으로 변한다. 컬리플라워에 많이 들어 있는 flavones는 알칼리에서 노란색을 나타낸다.

14 식품의 가공 및 조리 과정에서 일어나는 갈색화 반응은 효소적 갈색화 반응과 비효소적 갈색화 반응으로 나뉜다. 비효소적 갈색화 반응의 종류를 3가지 쓰시오. 기출문제

> 비효소적 갈색화 반응의 종류 3가지

① : _____

② : _____

③ : _____

> 해설 갈변 중 비효소적 갈변 반응인 Maillard reaction(마이얄 반응), caramelization(캐러멜화)과 ascorbic acid oxidation(아스코르빈산 산화반응)에 의한 갈변을 묻는 기본적 개념 확인 문제이다.

15 동물성 색소 중에서 햄(heme)색소에는 미오글로빈(myoglobin)과 헤모글로빈(hemoglobin)이 있다. 적색의 미오글로빈은 산소와 결합하여 산화되면 처음에는 선명한 적색이 되고 산화가 더욱 진행되면 암갈색이 된다. 미오글로빈의 산화 과정에서 생성되는 선명한 적색 물질과 (암)갈색 물질은 각각 무엇인지 쓰시오. 기출문제

> 선명한 적색물질 _____

> (암)갈색 물질 _____

> 해설 미오글로빈은 조건에 따라 다양한 형태로 바뀌고 그때마다 나타내는 색 역시 변화한다(본문 중 myoglobin의 분해 과정 참고).

16 다음은 식품 가공 및 저장 중에 일어나는 비효소적 갈변 반응에 관한 설명이다. 괄호 속에 알맞은 말을 쓰시오. 기출문제

> 마이얄 반응은 대부분의 식품에서 일어난다. 이 반응은 식품에 존재하는 성분 중 주로 알데히드나 케톤기를 지닌 (①)과(와) (②) group을 지닌 아미노산, 아민 및 펩타이드가 반응하여 갈변 물질을 형성하는 것이며 상온에서도 일어난다. 우유에서 이 반응이 일어나면 제한 필수아미노산이며 ε-amino기를 가진 (③)이(가) 쉽게 파괴되어 영양가가 감소한다. 그리고 caramelization은 (④)의 함량이 높은 식품을 (⑤)℃에서 가공할 때 잘 일어나며 이 반응은 가열로 인한 당의 산화 및 분해산물에 의한 (⑥) 반응으로 갈변 물질을 생성하는 반응이다. 또한 오렌지쥬스나 분말 오렌지 등을 가공할 때 일어나는 주된 갈변 반응은 항산화제 혹은 항갈변제로 첨가하거나 과일 자체에 포함된 (⑦)가(이) 완전히 (⑧)된 후 반응에 참여하여 갈변 색소를 형성하는 반응이다.

① : _____   ② : _____

③ : _____   ④ : _____

⑤ : _____   ⑥ : _____

⑦ : _____   ⑧ : _____

비효소적 갈변에 대한 메커니즘을 묻는 문제이다. 마이얄 반응은 알데히드나 케톤기를 가진 당류와 아미노기를 가지고 있는 아미노산, 아민, 펩티드가 반응하여 일어난다. 이때 다른 아미노산에 비해 lysine이 먼저 반응에 참여하여 영양가 감소가 일어난다. 캐러멜화는 과당(fructose)함량이 높은 식품을 200℃에서 가열할 경우 탈수축합 반응으로 갈변 물질이 만들어진다. 아스코르빈산 산화반응에 의한 갈변은 과일 자체에 포함된 ascorbic acid가 완전히 비가역 산화되어 비가역적 산화물이 된 후 반응에 참가하여 갈변 색소를 만드는 반응이다.

17 금속으로 된 냄비에 물을 끓여 가지를 데쳤더니, 가지의 색이 짙은 청색으로 변했다. 그 원인은 무엇이며, 이를 방지하기 위한 조리 시의 주의점을 쓰시오. 기출문제

원인 _____

_____

조리 시의 주의점 _____

_____

가지의 색은 식물성 색소 중 anthocyanin 색소에 의해 색이 좌우된다. Anthocyanin계 색소는 금속이온과 반응할 경우 색이 탈색·변색 된다. 이 경우 조리사는 금속재질이 아닌 조리기구를 이용하여 조리하거나 금속재질 도구에서 금속이 용출되어 나오지 않도록 조치를 취하고 조리하여야 한다.

18 다음 글을 읽고 ①~⑤에 해당하는 단어를 쓰시오.

> 갈변(browning)이란 식품이 여러 요인들에 의해 갈색으로 변화하는 현상을 말한다. 갈변은 발생 원인에 의해 효소에 의한 갈변과 비효소적 갈변으로 나누어진다. 효소에 의한 갈변은 (①), (②)가 있고, 비효소적 갈변에는 (③), (④), (⑤)가 있다.

① : _____ ② : _____ ③ : _____

④ : _____ ⑤ : _____

효소적 갈변과 비효소적 갈변의 종류를 묻는 기본적 문제이다.

19 다음 글을 읽고 ①~⑤에 해당하는 답을 쓰시오.

> 비효소적 갈변 중 Maillard 반응은 여러 다른 이름으로 불린다. 반응하는 작용기에 의해
> (①), 만들어지는 최종산물에 의해 (②)이라고 불린다. Maillard 반응은 여러 아미노산
> 중 (③)를 먼저 사용하기 때문에 1차 제한 아미노산이 (③)인 식품에서는 발생할 경우
> 영양적으로 나쁜 영향을 준다. Maillard 반응은 (④), (⑤)와 같은 식품 중에 일어나
> 식품의 풍미를 좋게 하는 역할을 한다.

① : _____ ② : _____ ③ : _____

④ : _____ ⑤ : _____

해설 비효소적 갈변 중 Maillard reaction(마이얄 반응)에 대한 기본적 내용의 질문 문제이다. 본문 내용을 참고하여 풀면 된다.

20 비효소적 갈변 반응 중 Maillard 반응의 특징을 3가지 이상 적으시오.

① : _____

② : _____

③ : _____

해설 Maillard reaction(마이얄 반응)은 아미노기와 카르보닐기가 존재하면 자연발생적으로 생겨나며, 온도에 의한 영향을 적
게 받는다. 아미노기를 갖는 아미노산 중 필수아미노산인 lysine이 먼저 반응에 참여하여 영양가에 나쁜 영향을 준다.

21 다음 글을 읽고 ①~⑦에 해당하는 답을 쓰시오.

> Maillard 반응은 초기, 중간, 최종 단계로 나눌 수 있다. 초기는 아직 색소가 생성되지 않은
> 단계로 (①)반응, (②)반응, (③)반응이 일어난다. 중간은 초기 단계에서 만들어진 생
> 성물의 산화, 분해가 일어나는 단계로 (④)반응과 (⑤)반응이 일어난다. 마지막으로 최
> 종 단계에서는 (⑥)반응, (⑦)반응과 polymerization 반응이 일어난다.

① : _____ ② : _____ ③ : _____

④ : _____ ⑤ : _____ ⑥ : _____

⑦ : _____

해설 Maillard reaction(마이얄 반응)은 갈변 메커니즘을 5단계나 혹은 3단계로 나누어 볼 수 있다. 이 중 3단계에 따른 분류에
서 각 단계에서 일어나는 주요 반응을 정리하는 문제이다. 초기에는 축합반응, 에놀화반응, 아마도리 재배치 반응이 일
어나고, 중간에는 당탈수 반응과 당분해 반응이 일어난다. 최종적 마지막 단계에서는 strecker 분해 반응과 알돌 축합 반
응, polymerization 반응이 일어난다.

22 다음 글을 읽고 ①~⑦에 해당하는 답을 쓰시오.

> 폴리페놀산화효소는 (①)와 (②)에 많이 존재하는 (③)을 산화시켜 (④)로 만든 후 polymerization 반응에 의해 melanin 색소를 만든다. 폴리페놀산화효소는 효소분자 내에 있는 (⑤)와 접촉하면 효소의 활성이 높아지고, 최적 pH는 (⑥)~(⑦) 사이를 나타낸다.

① : _____   ② : _____   ③ : _____

④ : _____   ⑤ : _____   ⑥ : _____

⑦ : _____

해설 폴리페놀산화효소는 사과와 복숭아에 많고 catechol을 산화시켜 benzoquinone을 만든 후 폴리머 반응에 의해 갈변 색소를 만든다. 구리이온과 접속하면 활성이 내려가고 최적 pH는 5~7 정도로 알려져 있다.

23 아래 빈칸을 알맞은 낱말로 채우고, 억제 방법을 3가지만 쓰시오.

> Tyrosinase에 의한 갈변은 (①)에서 많이 일어난다. Tyrosine이 이 효소에 의해 산화되어 (②)가 된 후 산화효소에 의해 (③)이 된다. 이후 여러 반응을 거쳐 melanin을 형성한다.

억제 방법

① : _____

② : _____

③ : _____

해설 감자에 많이 들어 있는 tyrosinase는 tyrosine을 산화시켜 DOPA가 된 후 다시 산화되어 DOPA quinone이 된다. 이후 산화반응과 폴리머화를 거쳐 갈색 물질을 만든다. 감자의 갈변을 억제하기 위해서는 열처리를 하거나, 물에 담가 두거나, 아황산염 수용액 중에 담가 두거나 산성수용액 중에 담가 두면 된다.

24 Polyphenol oxidase와 tyrosinase에 의한 갈변은 모두 효소에 의한 갈변 반응이다. 이 반응을 억제하는 방법을 3가지 적으시오.

① : _____

② : _____

③ : _____

해설 효소에 의한 갈변 반응 억제 방법에 대한 본문 내용을 참고한다.

25 다음 글을 읽고 ①~⑥에 해당하는 답을 쓰시오.

식품에 포함되어 있는 색소는 크게 동물성 색소와 식물성 색소로 나눌 수 있다. 동물성 색소는 갑각류의 껍질에 존재하는 동물성 (①)와 근육 중에 존재하는 (②)가 있다. 식물성 색소는 지용성과 수용성으로 나눌 수 있는데, 지용성 색소로는 당근 등에 많이 함유되어 있는 (③), 광합성이 일어나는 (④)가 있다. 수용성 색소로는 과일이나 야채에 많이 포함되어 있는 (⑤), (⑥)이 있다.

① : _____ ② : _____ ③ : _____

④ : _____ ⑤ : _____ ⑥ : _____

해설 식품에 존재하는 색소성분에 대한 내용을 묻는 문제이다. 동물성 색소에는 동물성 카로테노이드(carotenoid)와 미오글로빈(myoglobin)이 있다. 식물성 색소는 지용성인 식물성 카로테노이드(carotenoid)와 엽록체(chlorophyll)가 있고, 수용성으로는 플라보노이드(flavonoid), 안토시아닌(anthocyanin), 탄닌(tannin) 등이 있다.

26 다음 글을 읽고 ①~⑤에 해당하는 답을 쓰시오.

식품 중에 포함되어 있는 chlorophyll은 청녹색을 나타낸다. 여기에 산처리를 할 경우 분자 중의 Mg^{2+}가 제거되면서 (①)색의 (②)가 된다. Chlorophyll에 chlorophyllase를 처리할 경우는 phytol이 빠져나와 (③)색의 (④)로 변화한다. 두 물질 모두 계속해서 산처리를 해 주면 (⑤)로 변한다.

① : _____ ② : _____ ③ : _____

④ : _____ ⑤ : _____

해설 본문 중 chlorophyll의 분해 과정 부분을 참고한다.

27 다음 글을 읽고 ①~⑦에 해당하는 답을 쓰시오.

Anthocyanin계 색소는 pH의 변화에 따라 변한다. Cyanin의 경우 pH 3에서 (①)색, 8.5에서 (②)색, 11에서 (③)색으로 변화한다. (④) 가스에 의해 쉽게 탈색되기도 한다. Anthocyanin은 (⑤)와 복합체를 만들어 색깔이 변하기도 하여 조리 시 주의를 요한다. (⑥)이 산화되면 anthocyanin이 되고, 다시 산화하면 (⑦)이 된다.

① : _____ ② : _____ ③ : _____

④ : _____ ⑤ : _____ ⑥ : _____

⑦ : _____

28 햄 가공 시에는 핑크빛이 나게 하기 위해 발색제로 nitrate를 사용한다. 발색제를 사용하지 않을 경우 육류는 변성하여 갈색을 나타내지만, nitrate를 사용하면 환원이 되어 핑크색이 된다. 발색제는 핑크색을 발색하는 기능 외에도 몇 가지 추가적인 기능을 수행한다. 발색제가 하는 다른 기능을 3가지 적으시오.

① : _____

② : _____

③ : _____

29 〈보기〉는 식품의 변색 원인에 대한 설명이다. (가)~(라)에 들어갈 내용을 바르게 나열한 것은? 기출문제

보기
- 엽록채소의 클로로필(chlorophyll)은 지용성 색소이지만 일부 채소에서는 클로로필라제 (chlorophyllase)에 의해 (가) 이/가 제거되기 때문에 가용성의 (나) 이/가 된다.
- 육류 조직의 근육 색소인 미오글로빈(myoglobin)은 저장, 가공 중 육류의 —SH기에 의해 (다) 을 생성하여 (라) 현상이 나타난다.

	(가)	(나)	(다)	(라)
①	포피린 (porphyrin)	클로로필라이드 (chlorophyllide)	설프미오글로빈 (sulfmyoglobin)	광선 굴절 반사
②	포피린 (porphyrin)	페오피틴 (phaeophytin)	클로미오글로빈 (cholemyoglobin)	녹색 침착화 진행
③	피틸기 (phytyl group)	클로로필라이드 (chlorophyllide)	설프미오글로빈 (sulfmyoglobin)	녹색 발현
④	피틸기 (phytyl group)	페오피틴 (phaeophytin)	클로미오글로빈 (cholemyoglobin)	녹색 침착화 진행
⑤	포피린 (porphyrin)	클로로필라이드 (chlorophyllide)	설프미오글로빈 (sulfmyoglobin)	녹색 발현

정답 ③

30 조제 분유의 캔을 개봉한 후 40℃에서 10일간 저장하였다. 이때 수분활성도에 따른 분유의 갈색도 (○)와 유효 라이신(lysine) 손실률(●)을 관찰하여 아래와 같은 결과를 얻었다. 그림에 대한 설명으로 옳은 것만을 〈보기〉에서 있는 대로 고른 것은? [기출문제]

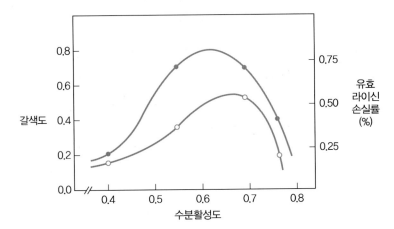

보기

ㄱ. 조제 분유의 저장 중 마이얄(Maillard)형 갈변 반응이다.

ㄴ. 갈변 반응이 일어날 때 수분활성도 0.6 부근에서 유효 라이신 함량이 가장 높다.

ㄷ. 라이신 분자 중 ε-위치에 있는 아미노기가 갈변 반응에서 중요한 역할을 한다.

ㄹ. 수분활성도 0.65 이상에서 갈변 반응이 저해되는 이유는 반응물질이 다 사용되었기 때문이다.

ㅁ. 수분활성도 0.4 이하에서 갈색도가 낮은 이유는 수분이 단분자층을 형성하여 지방 산화가 억제되었기 때문이다.

① ㄱ, ㄴ   ② ㄱ, ㄷ   ③ ㄱ, ㄷ, ㄹ

④ ㄴ, ㄹ, ㅁ   ⑤ ㄷ, ㄹ, ㅁ

[정답] ②

31 각 색소의 특성 중 (가)~(라)에 해당하는 내용을 나열한 것으로 옳은 것은? 기출문제

색소	특성
클로로필 (chlorophyll)	포피린(porphyrin)환에 결합하고 있는 Mg^{2+}이 산에 의해 수소 이온과 치환되면 황갈색의 <u>(가)</u>을/를 형성한다.
카로티노이드 (carotenoid)	많은 수의 공액 이중 결합이 있고, 식용 유지의 관산화에 의해 생성되는 <u>(나)</u>의 강력한 소거제로 작용한다.
안토시아닌 (anthocyanin)	안토시아니딘(anthocyanidin) 기본 구조의 C_2에 붙어 있는 페닐기에 수산기에 3개 있는 것을 <u>(다)</u>이라고 하며 포도에 함유되어 있다.
안토잔틴 (anthoxanthin)	2-페닐벤조피론(2-phenylbenzopyrone)의 기본 구조를 가지며 메밀의 루틴(rutin), 양파 껍질의 <u>(라)</u> 등이 있다.

	(가)	(나)	(다)	(라)
①	페오포바이드 (pheophorbide)	과산화물	펠라고니딘 (pelargonidin)	아피제닌 (apigenin)
②	페오포바이드 (pheophorbide)	일중항산소	시아니딘 (cyanidin)	아피제닌 (apigenin)
③	페오피틴 (pheophytin)	과산화물	델피니딘 (pelphinidin)	퀘르세틴 (quercetin)
④	페오피틴 (pheophytin)	삼중항산소	시아니딘 (cyanidin)	퀘르세틴 (quercetin)
⑤	페오피틴 (pheophytin)	일중항산소	델피니딘 (pelphinidin)	퀘르세틴 (quercetin)

정답 ⑤

32 다음 〈보기〉에서 북어 제조 중 색의 변화에 대한 설명으로 옳은 것만을 모두 고른 것은? 기출문제

> 보기
> ㄱ. 지질산화 때문이다.
> ㄴ. 단백질 변성 때문이다.
> ㄷ. 비효소적 갈변 반응 때문이다.
> ㄹ. 건조 중 근색소가 농축되었기 때문이다.
> ㅁ. 효소의 생물학적 활성기능이 상실되었기 때문이다.

① ㄱ, ㄴ, ㄷ   ② ㄱ, ㄹ, ㅁ   ③ ㄴ, ㄷ, ㄹ
④ ㄴ, ㄹ, ㅁ   ⑤ ㄷ, ㄹ, ㅁ

정답 ①

33 저장 중에 나타나는 식품의 변화에 대한 원인으로 옳은 것만을 〈보기〉에서 모두 고른 것은? 기출문제

> 보기
>
> ㄱ. 단맛이 증가된 바나나 : 전분이 분해되어 단순당의 함량이 증가되었다.
> ㄴ. 적갈색으로 변한 딸기잼 : 안토잔틴(anthoxanthin) 색소가 공기 중의 산소에 의해 산화되었다.
> ㄷ. 물러진 배추김치 : 배추의 펙틴질이 폴리갈락투로나제(polygalacturonase)에 의해 분해되었다.
> ㄹ. 검은 반점으로 쓴맛이 나는 고구마 : 흑반병이 생긴 것으로 쓴맛 물질은 이포메아마론(ipomeamarone)이다.
> ㅁ. 녹갈색으로 변한 오이소박이 : 발효가 진행되면서 생성된 유기산에 의해 클로로필(chlorophyll)이 클로로필린(chlorophylline)으로 변화되었다.

① ㄱ, ㄴ   ② ㄴ, ㅁ   ③ ㄱ, ㄷ, ㄹ
④ ㄴ, ㄷ, ㄹ   ⑤ ㄷ, ㄹ, ㅁ

정답 ③

34 육류의 조리·가공 중 일어나는 색의 변화에 대한 설명으로 옳은 것은? 기출문제

① 미오글로빈(myoglobin)은 산화되어 Fe^{3+}을 함유한 옥시미오글로빈(oxymyoglobin)이 되었다가 가열하면 Fe^{2+}로 변한 갈색의 메트미오글로빈(metmyoglobin)이 된다.
② 육류 가공품을 가열하면 미오글로빈(myoglobin)의 글로빈(globin)은 변성되어 떨어져 나가고, 헴(heme) 부분은 열에 안정한 미오헤미크로모겐(myohemichromogen)이 된다.
③ 육류 가공품의 미오글로빈(myoglobin)은 육류를 침지하는 염류 용액에서 형성된 아질산(HNO_2)에 의해 선명한 빨간색의 니트로소미오글로빈(nitrosomyoglobin)으로 변한다.
④ 가열에 의해 분리된 메트미오글로빈(metmyoglobin)의 헴(heme) 부분인 헤민(hemin)은 분자 내 수산이온(OH^-)이 조리 시 사용된 소금의 염소이온(Cl^-)으로 대체되어 쉽게 헤마틴(hematin)으로 된다.
⑤ 육류의 저장 시 표면이 녹색으로 변할 수 있는데, 이는 세균의 작용에 의해 형성된 설프미오글로빈(sulfmyoglobin) 때문이며, 이 육류를 가열하면 설프미오글로빈이 갈색의 페로프로토포르피린(ferroprotoporrhyrin)이 된다.

정답 ③

35 식품의 색에 관한 설명이다. (가)~(다)에 알맞은 것은? 기출문제

보기

식품이 나타내는 색은 식품의 원재료가 원래 지니고 있는 천연색소, 특수한 목적을 위하여 첨가하는 착색제, 그리고 식품의 가공, 저장 및 조리 중에 식품 성분 간의 화학적 반응에 의해 생성되는 색소 등에 의하여 결정된다. 식품의 가공, 저장 및 조리 중에 일어나는 마이얄(Maillard) 반응은 효소가 관여하지 않는 갈변 반응이다. 이 반응은 아미노산, 펩티드 및 단백질과 같이 __(가)__ 기(group)를 가진 화합물과 포도당 및 과당과 같이 __(나)__ 기를 가진 화합물이 함께 있을 때 상호 반응하여 궁극적으로 갈색 색소인 __(다)__ (이)가 생성되는 반응이다. 이 반응의 특징은 캐러멜 반응(caramelization)과는 달리 상온에서 자연발생적으로 일어난다는 것이다.

	(가)	(나)	(다)
①	아미노 (amino)	카르보닐 (carbonyl)	멜라노이딘 (melanoidins)
②	카르복실 (carboxyl)	하이드록실 (hydroxyl)	멜라노이딘 (melanoidins)
③	페닐 (phenyl)	카르복실 (carboxyl)	플라보노이드 (flavonoids)
④	카르복실 (carboxyl)	하이드록실 (hydroxyl)	카로티노이드 (carotenoids)
⑤	아미노 (amino)	카르보닐 (carbonyl)	카로티노이드 (carotenoids)

정답 ①

36 사과, 감자 등과 같은 식품은 폴리페놀산화효소(polyphenol oxidase)의 촉매작용에 의해 품질을 저하시키는 갈색화 반응이 일어난다. 이 반응을 억제하는 옳은 방법에 대하여 〈보기〉에서 모두 고른 것은? 기출문제

보기

ㄱ. 열처리를 하여 효소를 불활성화시킨다.
ㄴ. 갈색화 반응에 참여할 수 있는 산소를 제거한다.
ㄷ. 아황산가스, 아황산염 용액, 황화수소 화합물 등의 환원성 물질을 첨가한다.
ㄹ. 산(acid)을 이용하여 pH를 조정한다.

① ㄱ, ㄴ   ② ㄱ, ㄷ   ③ ㄱ, ㄴ, ㄷ
④ ㄴ, ㄷ, ㄹ   ⑤ ㄱ, ㄴ, ㄷ, ㄹ

정답 ⑤

37 조리 시 클로로필(chlorophyll)의 변화 과정을 나타낸 그림이다. (가)~(라)에 알맞은 것은? 기출문제

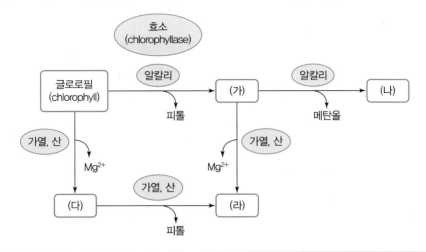

보기	ㄱ. 클로로필린(chlorophylline)	ㄴ. 클로로필라이드(chlorophyllide)
	ㄷ. 페오포바이드(pheophorbide)	ㄹ. 페오피틴(pheophytin)

① (가) ㄱ, (나) ㄴ, (다) ㄹ, (라) ㄷ 　② (가) ㄴ, (나) ㄱ, (다) ㄷ, (라) ㄹ
③ (가) ㄴ, (나) ㄱ, (다) ㄹ, (라) ㄷ 　④ (가) ㄷ, (나) ㄹ, (다) ㄱ, (라) ㄴ
⑤ (가) ㄷ, (나) ㄹ, (다) ㄴ, (라) ㄱ

정답 ③

38 다음은 조리, 가공 중에 일어나는 엽록소(chlorophyll)의 변화에 대한 설명이다. (ㄱ)~(ㄷ)에 알맞은 것은? 기출문제

> 보기
>
> 배추나 오이를 이용하여 김치를 담근 후 갈색을 띠는 것은 엽록소의 (ㄱ)이(가) 초산 (aceticacid) 또는 젖산(lactic acid)의 수소이온으로 치환되어 (ㄴ)이(가) 형성되었기 때문 이며, 시금치를 뜨거운 물로 데칠 때 선명한 녹색을 띠는 것은 식물 조직 내에서 유리된 효소에 의하여 (ㄷ)을(를) 형성하기 때문이다.

	(ㄱ)	(ㄴ)	(ㄷ)
①	Mg^{2+}	페오피틴(pheophytin)	페오포르비드(pheophorbide)
②	Mg^{2+}	페오피틴(pheophytin)	클로로필라이드(chlorophyllide)
③	Cu^{2+}	페오포르비드(pheophorbide)	클로로필라이드(chlorophyllide)
④	Cu^{2+}	페오피틴(pheophytin)	클로로필라이드(chlorophyllide)
⑤	Mg^{2+}	페오포르비드(pheophorbide)	페오피틴(pheophytin)

정답 ②

CHAPTER 08

식품의 맛과 향

인간이 느낄 수 있는 기본적인 맛에는 일반적으로 단맛, 쓴맛, 신맛과 짠맛이 있다. 이 기본 맛 외에도 매운맛, 맛난맛, 떫은맛, 아린맛, 알칼리맛, 금속맛 등의 복합적인 맛이 있다. 맛은 매우 복잡하고 미묘한 문제이기 때문에 문제화하기가 어려운 부분이다. 시험에서의 중요도 역시 낮다고 해야 할 것이다. 하지만 오늘날 분석기기의 발달로 맛 성분에 대한 분석이 쉬워지고, 그만큼 관심이 높아지고 있는 분야이다.

1 미각의 생리적 작용

맛은 인간의 미각을 통해 알 수 있다. 그런데 미각은 몇 가지 생리적 작용에 의해 맛의 왜곡을 가져오기도 한다. 이런 왜곡 현상은 크게 맛의 대비, 맛의 변조, 맛의 상쇄와 미각의 피로로 요약할 수 있다. 각각에 대해 간단히 설명하면 다음과 같다.

① **맛의 대비** : 다른 말로 맛의 강화현상, 상승작용이라고도 부를 수 있다. 주요 맛을 내는 성분에 다른 성분을 넣어 주면 주요 맛을 내는 성분의 맛이 증가하는 현상을 말한다.

② **맛의 변조** : 한 가지 맛을 본 후 바로 다른 맛을 볼 때 두 번째 맛이 다르게 느껴지는 현상을 말한다.

③ **맛의 상쇄** : 두 가지 정미물질을 혼합했을 때 각각의 고유한 맛이 약해지거나 없어지는 현상을 말한다.

④ **미각의 피로** : 동일한 맛을 계속 맛보아 미각이 둔해져서 그 맛이 다르게 느껴지거나, 둔해지는 현상을 말한다.

미각에 대한 특징은 관능검사에서 매우 중요한 요인으로 작용하여, 검사 방법을 디자인할 때는 이들의 영향을 최소화할 수 있도록 미리 대비하여야 좋은 결과를 얻을 수 있다.

식품 중에 포함되어 있는 맛 성분은 매우 다양하여 모든 것을 하나하나 체크하는 것은 불가능하다. 하지만 그중 중요 맛 성분들을 아래에 간단하게 소개하도록 한다. 여기서 알아야 될 것은 경우에 따라 맛 성분인 동시에 색을 내기도 하고, 향을 내기도 한다는 것이다. 즉 식품의 색 성분, 맛 성분, 냄새 성분은 각각 따로이지 않은 경우도 있다는 것을 기억하길 바란다.

① 단맛 성분 : 대부분의 당류, 아미노산 중 일부, 당알코올 등이 단맛을 낸다.

② 짠맛 성분 : NaCl, KCl, NH$_4$Cl, NaBr, NaI 등이 짠맛을 낸다.

③ 신맛 성분 : 식품속의 신맛은 carboxylic acid에 의한 것이 많다.

④ 쓴맛 성분 : Caffeine, theobromine, quinine, naringin, hesperidine, limonin(밀감 과피), quercetin(양파 껍질), cucurbitacin(오이 끝부분), rutin(메밀), humulon & lupulon(hop의 암꽃), thujone(쑥), 아미노산 중 tryptophan, leucine, phenylalanine과 tyrosine, CaCl$_2$와 MgCl$_2$

⑤ 매운맛 성분 : Capsaicine(고추), Allicin(마늘, 양파), Allyisothiocyanate(고추냉이, 무), Cinamic aldehyde(계피), Zingerone & gingerol(생강)

⑥ 맛난맛 성분 : MSG(monosodium glutamate), glycine(조개), glutamine(육류), theanine(녹차), asparagine(육류), 핵산 중 GMP와 IMP, succinic acid(청주, 조개), taurine(문어, 오징어)

⑦ 떫은맛 성분 : Tannin류 중 shibuol(감), chlorogenic acid(커피), catechin gallate (차잎), theanine(녹차)

2 식품의 냄새 성분

식품의 냄새 성분은 어떤 것들보다 복잡하다. 우리가 편하게 마시는 커피의 향조차 아직 100% 밝혀내지 못하고 있다. 현재까지 대략 200여 가지의 성분에 의해 커피향이 만들어진다는 정도만 알고 있다. 하지만 최근 발달된 분석기기의 힘에 의해 새로운 사실들이 급속히 밝혀지고, 많은 학자들의 관심이 모이고 있다. 이 부분은 문제화되기에 아직 이른 감이 있다고 판단되므로 단순하게 몇몇 내용들을 간단히 요약·나열하는 선에서 마칠까 한다.

정유Essential oil는 지방질의 한 가지가 아니라, 식물체를 수증기 증류할 때 얻어지는 방향성의 유상물질을 말한다. 로즈메리추출물, 자몽추출물과 같은 것들이 여기에 속한다. 정유는 방향성뿐만 아니라 항균력, 항산화력 등의 기능성 성분으로 현재 많은 연구가 진행되고 있다.

감귤류에는 ester와 terpenoid 화합물이 많이 들어 있다. 대표적인 향기 성분으로는 limonen, citral, copaene, cubebene 등이 있다. 야채의 향기 성분에는 함황화합물들이 영향을 미치며 아래와 같은 것들이 있다.

① sulfur−containing amino acid
② volatile sulfur compound
③ glycosides of sulfur compound
④ non−volatile sulfates

이 화합물들은 자신이 직접 냄새에 관여하기도 하지만 다른 휘발성 성분으로 전화해서 향기에 관여하는 경우도 많다.

양배추에 포함되어 있는 isothiocyanate는 가열 시 함유되어 있는 황화합물들이 분해되어 황화수소나 기타 휘발성 황화합물을 형성하여 특유의 냄새를 만들어 낸다. 양파의 중요 향기 성분인 휘발성 황화합물은 전구물질인 alliin이 alliinase라는 효소에 의해 분해되어 allylsulfenic acid를 형성하여 만들어진다.

01 다음은 식품의 맛에 관한 설명이다. 괄호 안의 ①, ②에 해당하는 용어를 순서대로 쓰시오. [2점]
영양기출

- 맛 성분의 미각 정도는 성분의 농도에 따라 다르다. 그러므로 맛 성분의 미각 정도를 비교하는 방법으로 맛 성분의 최저 농도인 맛의 (①)을/를 사용한다.
- 다음 그림에 해당하는 물질의 맛은 (②)(이)다. 이 맛의 원인이 되는 성분으로는 알칼로이드(alkaloid)류, 배당체, 단백 분해물 및 무기염류 등이 있다.

① : _____   ② : _____

02 다음은 식품의 특성에 관한 설명이다. 괄호 안의 ①, ②에 해당하는 명칭을 순서대로 쓰시오. [2점]
영양기출

- 양배추의 글루코시놀레이트(glucosinolate)는 효소에 의해 가수분해되어 향미성분을 생성하는데, 이 향미성분 중의 (①)이/가 가열조리에 의해 (②)을/를 생성하면 불쾌취의 원인이 된다.
- 밀가루를 반죽하면 밀가루 단백질 중 (①)을/를 함유하는 아미노산이 분자 내 교차 결합을 하여 입체 망상구조가 형성된다.
- 초고온살균한 우유에서 나는 가열취의 원인은 주로 유청 중의 베타락토글로불린(β-lactoglobulin)이 분해될 때 발생하는 (②) 때문이다.

① : _____   ② : _____

03 다음은 양배추의 조리 과정에서 일어나는 대표적 변화이다. 괄호 안의 ①, ②에 들어갈 냄새 성분의 명칭을 순서대로 쓰고, 양배추를 데칠 때 냄새 성분 ②를 감소시킬 수 있는 조리 방법 2가지를 서술하시오. [4점] 유사기출

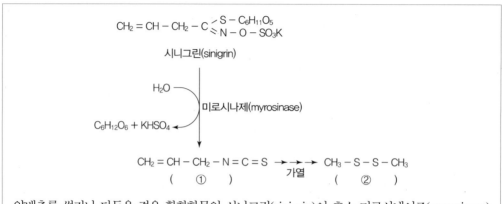

양배추를 썰거나 다듬을 경우 황화합물인 시니그린(sinigrin)이 효소 미로시네이즈(myrosinase)의 작용으로 독특한 냄새 성분 (①)(으)로 변하고, 이를 가열 조리하는 경우에 더욱 분해되어 불쾌한 냄새 성분 (②)(으)로 변한다.

① : _____ ② : _____

04 식품의 맛은 여러 요인에 영향받는다. 맛은 인간의 여러 생리적 기능에 의해 왜곡되는 경우가 있다. 이 중 맛의 대비와 맛의 변조에 대해 설명하시오.

맛의 대비 _____

_____

_____

맛의 변조 _____

_____

_____

해설 맛에 대한 몇 가지 특징적 현상에는 맛의 대비, 맛의 변조, 맛의 상쇄와 미각의 피로가 있다. 각각이 무엇인지 정확하게 구분하고 응용할 수 있는 능력이 필요하다.

05 맛에는 단맛, 짠맛, 신맛 등 여러 가지 맛들이 존재한다. 이러한 맛들을 느끼게 하는 성분이나 식품을 3가지 이상 적으시오.

단맛 _____

짠맛 _____

신맛 _____

쓴맛 _____

매운맛 _____

맛난맛 _____

떫은맛 _____

해설 식품 중에 포함되어 있는 맛 성분들과 많이 포함되어 있는 식품에 대한 연결의 출제 비중은 높지 않지만, 출제될 경우 모르면 전혀 쓸 수 없는 문제이기도 하다. 교재에 나와 있는 정도는 시험 전에 익혀 두는 것이 좋을 것 같다(본문 참고).

06 식품에 존재하는 ⓐ효소와 작용기전에 따른 ⓑ생성물이 옳게 연결된 것은? 기출문제

보기
ㄱ. 감자의 껍질을 벗기면 ⓐ에 의해 ⓑ이 형성되어 표면이 갈색으로 변한다.
ㄴ. 겨자씨에 존재하는 시니그린(sinigrin)은 ⓐ에 의해 가수분해되어 톡 쏘는 자극성을 가진 냄새 성분인 ⓑ 및 여러 유도체를 형성한다.
ㄷ. 대두, 완두, 생선머리 등에 들어 있는 ⓐ는 다가불포화지방산과 이들의 에스테르 화합물을 산화시켜 불쾌취를 내는 ⓑ을 생성한다.
ㄹ. 겉보리 싹을 틔운 엿기름 등에 존재하는 ⓐ는 전분의 $\alpha-1, 4$ 결합을 비환원당 말단부터 ⓑ단위로 가수분해하여 단맛을 내게 하므로 당화효소라 한다.
ㅁ. 타액, 발아싹 등에 존재하는 ⓐ는 전분의 $\alpha-1, 4$ 결합을 무작위로 분해하는 액화효소로 ⓑ을 생성한다.

	ⓐ	ⓑ
①	ㄱ : 티로시나제(tyrosinase)	안토시아닌(anthocyanin)
②	ㄴ : 알리나제(alliinase)	알릴 이소티오시아네이트(allyl isothiocyanate)
③	ㄷ : 리폭시게나제(lipoxygenase)	과산화물(peroxides)
④	ㄹ : α-아밀라아제(α-amylase)	맥아당(maltose)
⑤	ㅁ : β-아밀라아제(β-amylase)	덱스트린(dextrin)

정답 ③

07 김의 감칠맛을 활용하여 김 소스를 제조하고자 한다. 이용하고자 하는 효소로 가장 타당한 것은? 기출문제

① cellulase
② pectinase
③ catalase
④ protease
⑤ hemicellulase

정답 ④

08 간장, 된장, 젓갈 등의 전통 발효식품에 상대적으로 많이 함유된 기능성 성분은? 기출문제

① 분지쇄 아미노산(branched chain amino acid)
② L-카르니틴(L-carnitine)
③ 테아닌(L-theanine)
④ 타우린(taurine)
⑤ 펩티드(peptide)

정답 ⑤

09 다음은 맛난맛(감칠맛)에 대한 설명이다. (가)~(라)에 해당하는 내용을 바르게 짝지은 것은? 기출문제

> 핵산계 조미료는 가다랑어포에서 추출한 맛난맛(감칠맛) 성분으로, 핵산 성분인 리보뉴클레오티드(ribonucleotide)구조에서 리보오스(ribose)의 5번 탄소 위치에 (가)이 결합된 것을 주로 조미료로 사용하고 있다. 핵산계 조미료 중 (나)는 육류·어류의 맛난맛이고, (다)은 버섯류의 맛난맛인데, 둘 중에서 (라)가 맛이 더 강하며 MSG와 서로 상승작용을 가지고 있다.

	(가)	(나)	(다)	(라)
①	인산	구아닐산 (guanylic acid)	이노신산 (inosinic acid)	5'-IMP
②	인산	이노신산 (inosinic acid)	구아닐산 (guanylic acid)	5'-GMP
③	인산	이노신산 (inosinic acid)	구아닐산 (guanylic acid)	5'-IMP
④	나트륨	구아닐산 (guanylic acid)	이노신산 (inosinic acid)	5'-GMP
⑤	나트륨	구아닐산 (guanylic acid)	이노신산 (inosinic acid)	5'-IMP

정답 ②

10 다음 대화에 나타난 맛의 상호작용과 동일한 현상으로 옳은 것은? 기출문제

> 소라 엄마, 왜 단팥죽에 소금을 넣어요?, 난 단 것이 좋은데……
>
> 엄마 단팥죽에는 소금을 조금 넣어야 더 달고 맛이 있단다.
>
> 소라 아, 그렇구나……

① 숙성된 김치는 덜 짜게 느껴진다.
② 흑설탕이 백설탕보다 더 달게 느껴진다.
③ 커피에 설탕을 넣으면 덜 쓰게 느껴진다.
④ 오징어를 먹은 직후 귤을 먹으면 쓴맛이 느껴진다.
⑤ 신맛이 나는 딸기에 설탕을 뿌려 먹으면 덜 시게 느껴진다.

정답 ②

11 식품의 맛 성분에 관한 설명으로 옳은 것을 〈보기〉에서 고른 것은? 기출문제

> 보기
>
> ㄱ. 맛을 느끼는 정미 성분의 최저 농도를 미맹(味盲, taste blind)이라 한다.
>
> ㄴ. 설탕은 변선광(mutarotation)을 일으키지 않아 물에 녹이거나 시간이 경과해도 감미도가 변하지 않는다.
>
> ㄷ. 과당(fructose)은 α형과 β형의 용해도 차이가 없기 때문에 온도에 따라 감미도가 변하지 않는다.
>
> ㄹ. 신맛은 용액 중에 해리되어 있는 수소 이온(H^+)에 기인한다.
>
> ㅁ. 오이 꼭지에 함유된 큐커비타신(cucurbitacin)과 양파 껍질에 들어 있는 쿼세틴(quercetin)은 쓴맛을 나타내는 배당체이다.

① ㄱ, ㄴ, ㄷ   ② ㄱ, ㄷ, ㅁ   ③ ㄱ, ㄹ, ㅁ
④ ㄴ, ㄷ, ㄹ   ⑤ ㄴ, ㄹ, ㅁ

정답 ⑤

12 다음은 우유와 유제품에 관한 대화이다. ㉠~㉤의 주요 냄새 성분에 관한 설명으로 옳은 것은?

기출문제

> 엄마　애들아, 빵 사 왔다.
> 가영　(냉장고 앞에서) 난 우유랑 먹어야지. 엄마, 뭐 드실래요? 민호야 넌?
> 엄마　난 어제 마시던 우유가 좀 남았는데……. 아! 저기 창가에 있네.
> 민호　난 ㉠ 요구르트 그리고 ㉡ 버터도 꺼내 줘.
> 가영　음! 이 ㉢ 신선한 우유 냄새! 난 따뜻하게 ㉣ 데운 우유가 좋아.
> 엄마　어머! 그런데 좀 변했나? 내 ㉤ 우유에서 이상한 냄새가 나네! 어쩌지?

① ㉠은 피페리딘(piperidine), 멘톨(menthol) 등이다.
② ㉡은 다이아세틸(diacetyl), 아세토인(acetoin) 등이다.
③ ㉢은 프로필머캅탄(propylmercaptan), 휴물론(humulone) 등이다.
④ ㉣은 δ-아미노발레르산(δ-aminovaleric acid), 캄펜(camphene) 등이다.
⑤ ㉤은 2, 6-노나디에놀(2, 6-nonadienol), 진지베렌(zingiberene) 등이다.

정답 ②

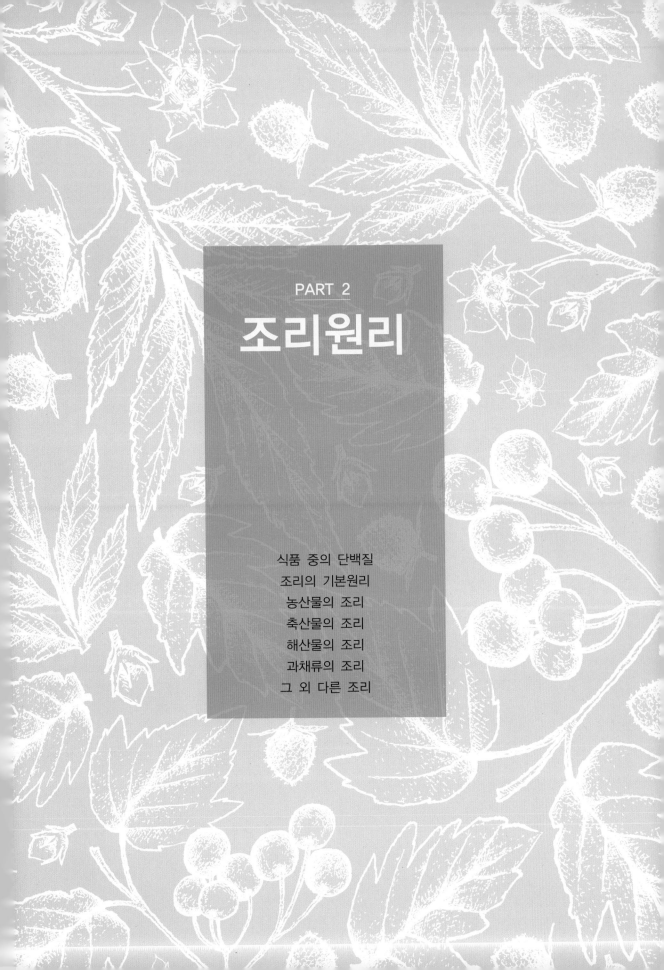

PART 2

조리원리

식품 중의 단백질

조리의 기본원리

농산물의 조리

축산물의 조리

해산물의 조리

과채류의 조리

그 외 다른 조리

개요

조리원리 및 실습은 영양사 시험에서 식품학 및 조리원리라는 과목으로 많이 알려져 있다. 영양사 시험의 과락 과목 중의 하나로 중요도가 매우 높다.

조리원리는 식품을 만드는 과정에 대한 내용으로 원재료를 이용하여 음식을 만드는 과정에 대한 전반적인 이해를 도모하는 과목이다. 조리원리에는 크게 다음과 같은 내용이 포함되어 있다.

1. 조리 시 조작방법에 대한 내용
2. 식품 재료에 다른 조리방법의 차이
3. 맛과 색을 주는 인자
4. 조리 시 식품 성분들의 변화

3과 4는 식품학 혹은 식품화학 부분에서 이미 다룬 내용들이다. 그러므로 실질적으로 조리원리에서는 1번과 2번에 대한 내용만 중점으로 다루면 된다.

이 부분의 첫 장은 식품화학에서 다루어야 될 내용이지만, 조리원리 부분에서 소개하기로 한 '식품의 단백질'에 대한 내용을 다루게 될 것이다. 그다음 조리의 기본 원리에 대한 내용들로 조리의 의의 및 조리의 기본 조작을 배우게 될 것이다. 그다음 식품 재료에 따라 조리를 어떻게 하는지에 대해 배우면 조리원리 부분이 끝나게 된다.

최근 조리원리 문제는 난이도가 점차 상승하고 있어 식품학과의 연계를 통한 조리법의 근본적 접근을 공부하도록 해야 한다.

CHAPTER 01

식품 중의 단백질

식품화학과 생화학에서 다루는 단백질의 내용은 앞에서 이미 소개하였다. 이제는 식품 중에 존재하는 단백질에 대해 다루어야 한다. 한 가지 성분으로만 구성되어 있는 식품은 매우 드물다. 대부분의 식품은 단백질, 탄수화물, 지방, 비타민, 무기질을 비롯하여 여러 특수성분들이 포함되어 있는 아주 복잡한 혼합체이다. 식품 중의 단백질은 단백질 공급원으로 알려져 있는 육류뿐만 아니라, 탄수화물 공급식품으로 알려진 밀가루, 쌀, 옥수수 등에도 포함되어 있다. 그런 이유로 육식을 하지 않는 스님들도 콩이나 일상적인 식사를 통해 단백질을 공급받게 된다.

이 장에서는 식품들 중에 포함되어 있는 특징적인 단백질 중 밀가루, 대두, 쌀, 우유, 계란과 육류에 포함되어 있는 단백질에 대해 다루도록 하겠다.

1 단백질의 분류

단백질의 분류에 대해서는 이미 식품화학에서 자세히 다루었기 때문에 여기서는 간단히 소개하겠다. 단백질은 이화학적 성질, 구조, 출처에 따라 분류할 수 있다.

이화학적 성질에 의한 분류는 단백질을 구성하는 성분들에 의해 나누면, 단순단백질, 복합단백질, 유도단백질로 나눌 수 있다.

그림 1-1
이화학적 성질에 의한 단백질의 분류

또한 단백질의 구조에 따라서 구상단백질과 섬유상 단백질로 나눌 수 있다.

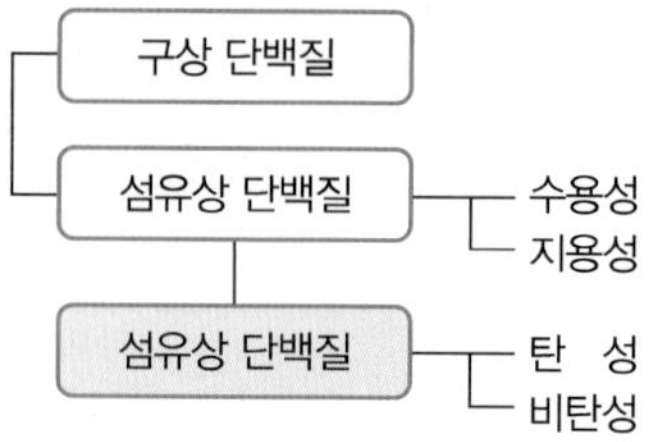

그림 1-2
**구조에 따른
단백질의 분류**

단백질의 3차, 4차원 구조에 따라서 구형인 구상 단백질과 섬유상 단백질로 나눌 수 있다. 구상 단백질에는 헤모글로빈과 같은 것이 있다. 섬유상 단백질은 근육 단백질이나 콜라겐 같은 것들이 있다. 섬유상 단백질은 용해도에 따라 수용성과 지용성 섬유상 단백질로 다시 나눌 수 있고, 탄성에 따라 탄성과 비탄성 섬유상 단백질로 나눌 수도 있다.

다음은 단백질의 출처에 따라 식물성 단백질과 동물성 단백질로 나눌 수 있다.

```
┌ 식물성 단백질 ┬ 대두단백질
│              └ 곡류단백질
└ 동물성 단백질 ┬ 우유단백질
               ├ 계란단백질
               ├ 육류단백질
               └ 어류단백질
```

그림 1-3
**출처에 따른
단백질의 분류**

식물성 단백질은 대표적으로 대두단백질과 곡류단백질이 있으며, 동물성 단백질에는 우유단백질, 계란단백질, 육류단백질과 어류단백질이 있다. 출처에 의한 분류에서 나온 단백질들은 이후 하나하나 살펴보기로 하겠다.

2 곡류단백질

곡류단백질Cereal protein은 곡류 중에 포함되어 있는 단백질이다. 우리가 많이 먹는 밀가루와 쌀에 포함되어 있는 단백질을 살펴보면 다음과 같다.

밀은 종자에 따라 10~18%의 단백질을 함유하고 있다. 이 밀이 제분 과정을 거쳐 밀가루가 되면 단백질의 함량이 8~16%로 줄어들게 된다. 밀가루의 단백질은 일반적으로 글루텐Gluten단백질이라 부른다. 밀가루는 단백질의 함량에 따라 강력분, 중력분, 박력분으로 나누어진다. 강력분은 단백질 함량이 13% 정도이고, 제빵 용도로 사용된다. 중력분은 11% 정도 함유하고 있고, 제면 용도로 사용된다. 마지막으로 박력분은 9% 정도 함유하며, 제과나 튀김옷으로 사용된다. 밀가루별로 사용용도가 다른 이유는 바로 이 단백질 때문이다. 밀에 함유된 글루텐단백질에 의해 제빵 성질이 나타나는데, 이를 통해 신장성과 점탄성을 나타나게 하며, 가스gas 포집력을 증가시키는 역할을 한다.

글루텐단백질 외에도 밀 속에는 비글루텐non-gluten단백질도 존재하고, 글루텐단백질 역시 더 세분하여 나눌 수 있다. 그 내용은 그림 1-4에 자세히 나타내었다.

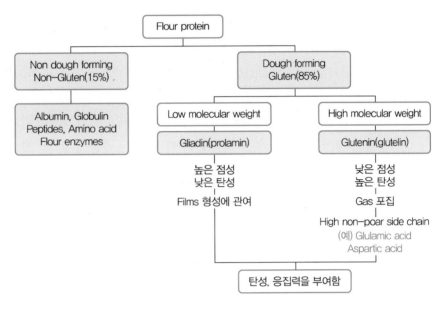

그림 1-4
밀가루에 포함된
단백질

밀가루단백질Flour protein은 크게 15% 정도 차지하는 비글루텐단백질과 글루텐단백질로 나눌 수 있다. 비글루텐단백질은 알부민, 글로불린, 펩티드와 아미노산, 밀가루 중의 효소 등으로 구성되어 있으며, 제빵 특성을 나타내지 못한다. 여기에 비해 제빵 특성을 나타내는 글루텐은 단백질 중 85%의 양을 차지하고 있으며, 이것은 다시 낮은 분자량을 갖고 있는 Gliadin 단백질과 높은 분자량을 갖고 있는 Glutenin 단백질로 나눌 수 있다. Gliadin은 글루텐 단백질의 성질 중 늘어나는 신장성을 주로 담당하고 있으며, 막 형성에 관여한다. 하지만 glutenin은 탄성을 많이 가지고 있고, 가스 포집 능력이 있다. 이들은 특히 비극성 사이드체인을 많이 가지고 있다. 이 둘이 모여 밀가루의 제빵 특성인 탄성과 응집력을 부여하게 된다. 밀가루 중 단백질은 다른 아미노산에 비해 lysine과 methionine이 제한 아미노산으로 함량이 가장 적다.

쌀에 함유된 단백질은 밀가루단백질처럼 제빵성과 같은 기능성을 가지고 있지는 않다. 쌀에는 종자에 따라 차이가 있으나 대략 6~10%의 단백질이 들어 있다. 하지만 단백질 효율비PER의 경우 쌀이 밀가루보다 더 높게 나타난다. 단백질 함량 자체는 밀가루가 더 높지만, 제한 아미노산인 lysine의 함량은 쌀이 더 높아서 단백질 효율비가 더 높게 나오는 것이다.

표 1-1 쌀과 밀의 단백질 비교	구 분	Protein(%)	Lysine(%)	PER
	Rice	6~10	3.8	1.45±0.05
	Flour	8~16	1.9	0.94±0.02

3 대두단백질

대두는 밭에서 생산되는 쇠고기라는 말이 생길 정도로 양질의 단백질이 풍부하게 함유되어 있다. 우리나라의 경우 몇 백년 전부터 대두를 이용한 두부, 두유, 된장, 간장 등의 식품을 꾸준히 섭취해 왔다. 서양의 경우는 얼마 전까지만 하더라도 대두 요리에 대한 인식이 크지 않았으나, 최근 미국 FDA가 대두에 암과 순환기 질환 예방 효과가 있음을 인정하고 나서부터 두부·두유를 중심으로 한 식품 소비가 급격히 증가하고 있다. 대두 중 단백질의 함량은 대략 30~50% 정도이다. 대부분의 대두단백질Soy-protein은 globulin으로 84% 정도를 차지한다. 나머지는 albumin, protease와 비단백화질소NPN 등이다. 대두단백질은 ultra centrification에 의해 분리시킨 후 생성되는 층에 따라 분류한다. 만들어지는 층과 해당 층의 대표적인 성분들을 간단히 요약하면 표 1-2와 같다.

표 1-2 대두에 함유된 단백질	Protein	함 량	대표성분
	2S protein	22%	Trypsin inhibitor Cytochrome C 2.3S Globulin 2.8S Globulin Allantoinase
	7S protein	37%	β-amylase Hemagglutins Lipoxygenase 7S Globulin
	11S protein	31%	11S Globulin
	15S protein	11%	Unknown protein

일반적으로 대두단백질을 언급할 때는 7S 대두단백질과 11S 대두단백질을 얘기한다. 두 단백질의 함량이 제일 많기 때문이다. 7S 단백질은 열변성 온도가 70℃ 정도인데 비해, 11S 단백질은 95℃ 정도로 높다. 따라서 대두단백질을 완전히 변성시키기 위해서는 100℃ 이상의 가열이 필요하다.

이들 이외에도 대두단백질 중에는 trypsin inhibitor가 2S에 함유되어 있다. 이 trypsin inhibitor의 존재 때문에 생콩을 날로 먹을 경우 trypsin이라는 소화효소가 제대로 작용을 못하기 때문에 소화장애를 일으켜 설사를 유발하게 된다. trypsin inhibitor는 단백질인 관계로 가열을 할 경우 변성되어 본래의 기능을 상실하게 된다. 이럴 경우는 소화장애가 일어나지 않는다.

4 우유단백질

우유단백질Milk protein은 아이 때부터 섭취하게 되는 단백질이다. 우유단백질은 양질의 단백질로 주요 단백질은 casein(카제인)과 whey(유청) 단백질이다. 우유 중 단백질 함량은 3~4% 정도로 다른 식품에 비해 낮다. 하지만 우유의 대부분이 수분임을 감안한다면 3~4%가 그렇게 낮은 함량은 아니라고 생각된다. 우유단백질은 일반적으로 pH를 등전점으로 떨어뜨려 침전시키고, filteration시켜 분리해 낸다. 그림 1-5에 우유단백질의 구성 단백질들을 간단히 도표화하였다.

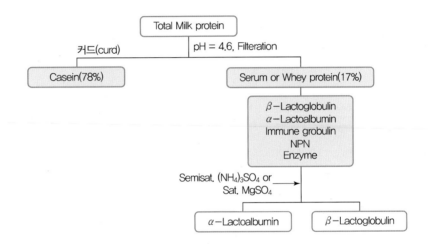

그림 1-5
우유에 함유된
단백질

우유단백질의 대부분은 casein(78%)이며 17% 정도의 serum과 whey 단백질이 함유되어 있다. Serum과 Whey 단백질은 반포화 황산암모늄이나 포화 황산마그네슘으로 처리하면 β-Lactoglobulin과 α-Lactoalbumin을 침전·분리시킬 수 있다.

우유 단백질의 주성분인 casein과 whey에 대해 좀 더 자세히 살펴보면 Casein은 Ca와 P의 함량이 높아 아이들의 골격 형성에 많은 도움을 준다. 특히 이 두 성분의 비율이 Ca 섭취를 가장 잘하게 하는 비율을 유지하고 있어서 영양 면에서 더욱 좋다. Casein은 전기영동장치를 이용하여 분리하면 α, β, γ-subunit으로 분리되는데 각각의 함량이 75%, 22%, 3%를 차지하고 있다. 이 중 가장 많은 양을 차지하는 α-casein은 다시 α_s-Casein과 κ-Casein으로 나눌 수 있다.

Whey 단백질은 앞에서 본 바와 같이 여러 가지 단백질들로 구성되어 있다. 이 중 β-Lactoglobulin은 lysine과 glutamic acid와 aspartic acid가 풍부하고, -SH기를 가지고 있는 cystein이 많아 우유 가열 시 발생하는 향미의 주요 원인이 된다. 또한 immune globulin은 일반 우유보다 초유에 많이 존재하는데, 갓 태어난 송아지의 면역성 증진을 위해서라고 생각된다.

5 계란단백질

계란은 식품 조리에서 매우 중요한 위치를 차지하는 재료이다. 계란단백질Egg protein은 다른 단백질에 비해 단백가가 높으며 가격도 저렴하여 양질의 단백질 공급원으로 좋은 조건을 가지고 있다. 단백질 외에도 여러 성분들이 들어 있어서 다양한 용도로 사용되고 있다. 계란은 흰자와 노른자로 나눌 수 있는데, 흰자 부분에 더 많은 단백질 성분이 들어 있다. 흰자와 노른자에 들어 있는 성분들을 정리하면 아래와 같다.

---

1. Egg White Protein(10~11%)
   - Ovalbumin : Phoshoprotein(인단백질), 열처리에 의해 쉽게 변성됨
   - Conalbumin : Fe와 쉽게 결합하는 성질이 있고, 미생물에 방어작용을 나타낸다.
   - Ovomucoid : Trypsin inhibitor
   - Ovomucin : 불용성이며, 혈액응고 저해 작용을 한다.
   - Avidin : Biotin과 쉽게 결합하는 능력을 갖는다.
   - Flaveprotein : Riboflavin과 쉽게 결합한다.
   - Proteinase inhibitor
2. Egg York Protein(물로 희석 시 침전함)
   - Lipoprotein : 유화제의 역할을 함
   - Phosvitin
   - Livetin

계란흰자의 경우 단백질 함량은 10~11% 정도이다. 이 중에는 Trypsin inhibitor나 혈액응고 저해 작용을 하는 ovomucin과 proteinase inhibitor와 같은 위해성 단백질도 포함되어 있다. 그뿐만 아니라 biotin과 결합하는 avidin과, riboflavin과 결합하는 flaveprotein 같은 단백질도 함유하고 있다.

계란노른자에 함유되어 있는 특이한 단백질로는 lipoprotein이 있다. 이 인단백질은 유화제 역할을 하여 마요네즈, 아이스크림 제조와 제과제빵 시 매우 중요하게 작용한다.

6 육류단백질

동물성 단백질을 대표하는 것은 역시 육류단백질이다. 동물의 조직은 여러 가지가 있는데 아래에서 보는 바와 같이 우리가 식용으로 먹는 부위는 골격근 부분이다.

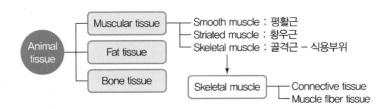

그림 1-6
동물 조직의 구성

동물 조직은 근육, 지방, 골격 조직으로 구성되어 있다. 이 중 육류단백질인 부분은 근육 조직이다. 근육 조직은 하는 역할에 따라 몇 가지 근육형으로 나눌 수 있다. 그중 우리가 식용으로 하는 근육 조직은 가장 큰 골격근이다. 골격근은 다시 결체조직과 근섬유 조직으로 나눌 수 있는데, 이 중 결체 조직이 많게 되면 질긴 성질이 많아지게 된다.

육류의 가공적 가치는 육류의 연한 정도, 냄새, 육즙의 함량, 지방의 함량, 육색깔, 마블층의 양과 분포, 신선도와 영양도에 따라 결정된다. 위에서 설명한 대로 식육으로 이용하는 부분은 skeletal muscle이다. 이 중 근원섬유단백질Muscle fiber tissue은 두 가지 종류의 초원섬유Myofilament로 구성되어 있다. 굵은 섬유Myosin filament는 A-band를 구성하고, 가는 섬유Actin filament는 I-band를 구성한다. I-band는 Z-선을 중심으로 나누어져 있으며 A-band는 중앙에 M-선을 중심으로 나누어져 있고 중앙부에 H-zone이 있다. Z-선과 Z-선 사이의 반복되는 구조적 단위를 근육마디라 칭하며 길이는 보통 2.5μm 정도를 나타낸다.

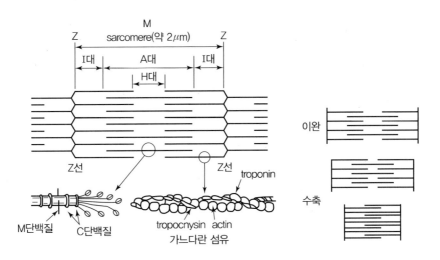

그림 1-7
근육의
수축·이완에 따른
필라멘트의 변화

7 제한 아미노산과 단백가

단백질을 구성하는 필수 아미노산 중 가장 적은 양이 함유되어 있는 아미노산이 바로 제한 아미노산이다. 일반적으로 단백질은 필수 아미노산의 함량비에 의해 단백가가 결정되는데, 아무리 다른 아미노산의 함량이 많다고 하여도 함량이 적은 아미노산에 의해 영양성이 결정된다. 따라서 제한 아미노산을 알고 이를 보충하는 것은 영양성과 단백가 증가를 위한 가장 기본적인 일이다.

단백가Protein score란 식품의 단백질을 구성하는 아미노산 중 제한 필수 아미노산 Limiting essential amino acid의 함량과 FAO/WHO에서 제정한 이상적인 표준단백질 Reference protein에 해당되는 필수 아미노산의 함량을 %로 나타낸 것이다. 일반적 식품의 단백가는 계란 100, 우유 78, 소고기 83, 대두 73으로 대개 동물성단백질의 단백가가 높다.

8 식품 조리에 사용하는 효소들의 종류

식품의 조리나 가공에는 여러 가지 효소가 사용된다. 조리에 사용되는 효소들을 간단히 소개하면 다음과 같다.

1) 탄수화물 관련 효소

① α-amylase : 액화효소라고 하며, 전분의 α-1,4-결합을 무작위로 분해하여 전분을 포도당, 말토오스, 올리고당, 덱스트린으로 만든다. α-1,6-결합 부분은 분해 못하여 α-limit dextrin을 형성한다.

② β-amylase : 당화효소라고 하며, 전분의 α-1,4-결합을 비환원말단부터 말토오스Maltoe 단위로 분해하여 말토오스와 β-limit dextrin을 형성한다. α-amylase와 마찬가지로 α-1,6-결합 부분은 분해 못하여 β-limit dextrin을 형성한다.

③ Glucoamylase : 전분의 α-1,4결합과 α-1,6결합 모두를 분해하여 포도당으로 만든다. 효소 반응 후 최종 단계에서는 포도당만이 만들어지며, limit dextrin은 생성되지 않는다.

④ Invertase : 설탕Sucrose의 α-1,2 결합을 분해하면 포도당Glucose과 과당 Fructose이 1 : 1로 생성된다. 이렇게 설탕을 분해해서 포도당과 과당이 섞여 있는 상태의 당을 전화당Invert sugar이라 하고 전화당을 만드는 효소를 invertase라고 한다. 전화를 시키면 설탕은 이전과 달리 환원당의 혼합체로 변

하고 용해도가 설탕일 때보다 증가한다. 감미도 역시 변화하게 된다. 전화당의 감미도는 정확하게 정해지진 않았으나 100 전후로 알려져 있다. Invertase는 벌꿀의 침 속에 포함되어 있어 벌꿀 속에 전화당이 많이 들어 있다.

⑤ Lactase : 유당Lactose은 갈락토오스Galactose와 포도당Glucose의 $\beta-1,4$결합인 이당류이다. 이 유당을 분해하는 효소가 바로 lactase이다. 동양인은 체내에 이 효소가 없거나 적어서 우유를 마시면 lactose intolerance가 나타나 설사를 하거나 배에서 꾸룩꾸룩 소리가 난다. 유당분해증과 lactose intolerance가 심한 사람들을 위한 유제품을 만들 때 이 효소가 꼭 필요하다.

⑥ Cellulase : cellulose는 포도당과 포도당이 $\beta-1,4-$결합으로 되어있는 cellobiose의 polymer이다. 식물의 줄기와 잎 등을 구성하는 구성다당류이며, 식이섬유 중한 가지이다. cellulase는 이 cellulose를 분해하는 효소이다. 인간은 Cellulase가 없어서 식물을 소화시키지 못한다.

2) 단백질 관련효소

① Protease : 단백질을 분해하여 작은 분자량의 단백질이나 아미노산을 만드는 효소를 통틀어 protease라고 한다. 우리 체내의 단백질 소화는 모두 이 효소에 의해 이루어진다고 생각하면 된다.

② Rennin : 응유효소라고 불리는 단백질 분해효소이다. 과거에는 송아지의 위에서 추출하여 사용하였다. 우유에 처리할 경우 단백질이 서로 엉겨 붙어 커드를 만들고 이 커드를 모아 거르고 압착하면 치즈가 된다.

③ Bromelin : 파인애플에 존재하는 단백질 분해효소이다. 고기의 연화나 우유의 응유에 사용된다.

④ Papain : 파파야에 존재하는 단백질 분해효소이다. 고기의 연화나 우유의 응유에 사용된다.

⑤ Ficin : 무화과에 존재하는 단백질 분해효소이다. 고기의 연화나 우유의 응유에 사용된다.

3) 지방질 관련 효소

① Lipase : 지방질은 분해하는 효소를 총괄하여 부르는 말이다.

② Lipoxygenase : 불포화지방산이 산화되어 hydroperoxide가 되는 반응을 촉진하는 효소로 대두에 존재한다.

③ Lipohydroperoxidase : hydroperoxide의 분해를 촉진하는 효소이다.

01 다음은 우유를 활용하여 치즈를 만드는 과정에 대한 설명이다. 괄호 안의 ①, ②에 들어갈 용어를 순서대로 쓰고, 단백질 응고 원리를 서술하시오. [4점] [유사기출]

> • 치즈는 우유를 원료로 산(acid)이나 응유효소인 (①)을/를 첨가하여 단백질을 응고시킨 후 유청을 분리하여 제조한다.
> • 코티지 치즈(cottage cheese) 제조 시에는 데운 우유를 식힌 후 산을 첨가하면 pH가 카제인(casein) 단백질의 (②)에 접근하게 되어 응고현상이 일어난다.
> • 체다 치즈(cheddar cheese) 제조 시에는 응유효소로 알려진 (①)을/를 우유에 작용시켜 ③ 단백질을 응고시킨다.

① : _____ ② : _____

단백질 응고 원리 _____

02 다음은 '서양 조리' 실습 시간에 교사와 학생이 나눈 대화이다. 괄호 안의 ①, ②에 들어갈 용어를 순서대로 쓰고, 밑줄 친 ③의 이유를 서술하시오. [4점] [유사기출]

> 학생 쇠고기가 질겨서 부드럽게 하고 싶은데 어떤 방법이 있나요?
> 교사 조리 전에 칼집을 넣어 (①)을/를 끊어 주면 도움이 될 거에요.
> 학생 혹시 다른 방법은 없나요?
> 교사 파인애플을 갈아 즙을 내서 쓰기도 하지요.
> 학생 파인애플즙이 어떻게 고기를 부드럽게 해 주나요?
> 교사 파인애플즙에는 단백질을 분해하는 (②)(이)라는 효소가 들어 있어요. 그런데 ③ 통조림에 들어 있는 파인애플은 그런 효과가 없어요.

① : _____ ② : _____

③ : _____

03 다음은 축산물 가공에 관련된 단백질의 특성에 관한 설명이다. 괄호 안의 ①, ②에 해당하는 용어를 순서대로 쓰시오. [2점] 유사기출

> - 식육단백질은 용해도의 차이에 따라 물 또는 저이온 강도의 염 용액에서 추출되는 수용성단백질, 고이온 강도의 염 용액에 의해 추출되는 (①) 단백질, 염 용액으로 추출되지 않는 불용성 단백질로 나눌 수 있다.
> - 식육단백질은 조직상의 위치와 기능에 따라 근섬유의 근장 중에 존재하는 근장단백질, 근육 수축에 관여하는 섬유상단백질인 (②) 단백질, 결합조직을 구성하는 결합조직단백질로 나눌 수 있다.
> - 육가공에서 원료육은 (②) 단백질 함량이 높고 결합조직이 적을수록 육가공 과정 중 (①) 단백질이 많이 용출되어 보수성과 결착력이 높아진다.

① : _____   ② : _____

04 효소반응의 조절 기작은 효소반응의 저해와 다른자리입체성 조절(allosteric regulation)로 구분된다. 이 중 효소 활성을 감소 또는 제거하는 물질을 효소 저해제라고 하는데, 저해제에 의한 효소반응 조절을 통해 효소 활성 기작에 대한 유용한 정보를 얻을 수 있다. 효소반응 저해의 특성을 서술하시오. [4점] 유사기출

> 경쟁적 저해 방식의 특성과 기질농도 변화에 따른 효소와 저해제 간의 반응 특성 _____

_____

_____

_____

> 비경쟁적 저해 방식의 특성과 기질농도 변화에 따른 효소와 저해제 간의 반응 특성 _____

_____

_____

_____

05 다음은 치즈와 두부의 제조공정이다. (가)의 ①에 함유된 주된 단백질 1가지와 (나)의 가열과정에서 불활성화되어 콩단백질의 소화율을 높일 수 있는 성분을 쓰시오. 그리고 치즈와 두부의 단백질 응고원리를 첨가물질과 관련지어 각각 쓰시오. [4점] 유사기출

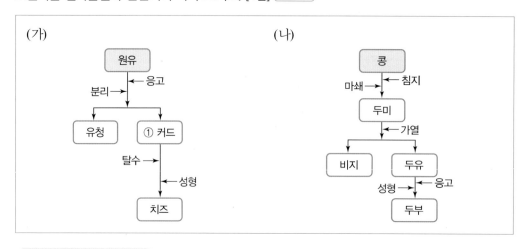

①에 함유된 주된 단백질 _____

콩단백질의 소화율을 높일 수 있는 성분 _____

치즈와 두부의 단백질 응고원리 _____

_____

_____

06 우유 단백질은 pH 4.6까지 산성화시키면, 침전하는 단백질과 침전하지 않은 단백질로 나누어진다. 이때 나누어진 단백질 이름을 각각 쓰고, 단백질이 침전되는 pH를 무엇이라고 하는지 쓰시오. 기출문제

침전하는 단백질 _____

침전하지 않는 단백질 _____

단백질이 침전되는 pH _____

해설 우유단백질을 침전시켜 거른 다음 발효시켜 만든 것이 치즈이다. 우유를 침전시키는 방법으로는 응유효소를 이용하거나 등전점으로 pH를 낮추는 방법이 있다. pH를 4.6으로 낮추면 우유단백질 중 casein이 침전되고 serum이나 whey 단백질은 침전되지 않는다. Serum이나 whey 단백질에는 lactoglubulin, immune globulin, 효소 등이 함유되어 있다(본문의 우유에 함유된 단백질 부분 참고).

07 다음은 식품가공에 쓰이는 효소를 나타낸 표이다. (   )에 들어갈 알맞은 내용을 쓰시오. 기출문제

효소 이름	기 질	생성물	쓰임새
( )	녹말	덱스트린, 맥아당, 포도당	물엿, 빵, 술제조
락타아제	( )	갈락토오스, 포도당	저 젖당우유 제조
인베르타아제	설 탕	( )	전화당제조
레닌	카제인	폴리펩티드	( )

효소 이름 _____

기질 _____

생성물 _____

쓰임새 _____

해설 아밀라아제는 녹말을 분해하여 덱스트린, 맥아당, 포도당으로 분해하는 효소이다. 락타아제는 락토오스를 분해하여 갈락토오스와 포도당으로 만드는 효소이다. 인레르타아제는 설탕을 분해하여 포도당과 과당으로 만드는 효소이며 이 과정을 전화라고 한다. 레닌은 카제인을 분해하여 응고시키는 효소로 치즈 제조에 사용된다(좀 더 자세한 내용은 본문의 식품조리에 사용하는 효소들의 종류 부분내용 참고).

08 밀가루 단백질은 다른 곡류의 단백질과는 다른 특성으로 반죽 형성능력이 있다. 이러한 성질을 이용하여 국수류, 빵류 등을 제조하는데 , 밀가루를 단백질 함량에 따라 강력분, 중력분, 박력분으로 구분한다. 이렇게 밀가루를 ① 강력분, 중력분, 박력분으로 구분하는 기준 단백질이 있다. 그리고 이 단백질은 두 종류의 단백질로 구성되는데, 한 가지는 ② 분자량이 약 25,000~100,000으로 연성은 강하나 탄성이 약한 단백질이고, 또 다른 한 가지는 ③ 분자량이 약 100,000 이상으로 탄성은 강하나 연성이 약한 단백질이다. 위의 ①, ②, ③에 해당되는 단백질명을 쓰시오. 기출문제

① : _____

② : _____

③ : _____

해설 밀가루에는 반죽형성능력을 주는 글루텐 단백질이 있다. 글루텐 단백질의 함량은 밀가루를 사용용도에 따라 나누어 강력, 중력, 박력분에 따라 달라진다. 글루텐 단백질은 분자량이 작고 연성이 강한 글리아딘과, 분자량이 크고 탄성이 강한 글루테닌 단백질로 구성된다.

09 대두는 건강 면에서 최근 많은 조명을 받고 있다. 대두 중 단백질의 함량은 30~50%이고, 그중 (①)이 84%를 차지하고 있다. 대두 단백질은 초원심분리에 의해 2S, 7S, 11S와 15S 단백질로 나눌 수 있다. 이 중 (②)와 (③)가 많은 양을 차지하고 있다. 대두단백질에는 2S 부분에 (④)가 들어 있어서 가열해서 먹지 않으면 소화장애가 생긴다. 또한 7S 부분에는 (⑤)가 함유되어 있어 변성 처리하지 않을 경우 대두유와 같은 지방의 산패를 촉진시킨다.

① : _____   ② : _____   ③ : _____

④ : _____　　　　⑤ : _____

대두 단백질은 glubulin이 84% 정도 차지하고 있으며, 초원심분리에 의해 세부적으로 나눌 경우 2S(22%), 7S(37%), 11S(31%)와 15S(11%)의 구성을 갖는다. 2S 단백질에는 trypsin inhibitor가 함유되어 있고, 7S 단백질에는 lipoxygenase 가 함유되어 있다.

10　우유 단백질은 (　①　)과 (　②　)로 이루어져 있다. 이 중 응유효소에 의해 (　③　)을 침전시켜 만든 것이 치즈이다. (　③　)은 (　④　)의 함량이 높아 아이들 골격 형성에 많은 도움을 준다. 특히 (　⑤　)와의 비율이 (　④　)의 흡수를 위한 최적의 비율이기 때문에 더욱 좋다.

① : _____　　　　② : _____　　　　③ : _____

④ : _____　　　　⑤ : _____

우유단백질의 주성분은 casein과 whey 단백질이다. 이 두 단백질은 응유효소를 처리하거나 casein의 등전점인 pH 4.6에서 서로 분리할 수 있다. Casein은 인의 함량이 많은 인단백질이다. 우유는 칼슘과 인의 비율이 이상적이기 때문에 다른 식품에 비해 칼슘의 섭취율이 높다.

11　계란은 값싸게 양질의 단백질을 공급해 주는 식품이다. 계란은 (　①　)의 기준이 될 정도로 양질의 단백질로, 흰자와 노른자로 나누어 볼 수 있다. 계란흰자에는 trypsin inhibitor와 biotin과 쉽게 결합하는 (　②　)가 포함되어 있고 노른자에는 유화제 역할을 하는 (　③　)이 들어 있어 마요네즈 제조에 유용하게 사용된다.

① : _____　　　　② : _____　　　　③ : _____

계란은 단백질의 영양적 가치를 평가하는 단백가의 기준이 된다. 계란에는 대두에도 존재하는 trypsin inhibitor가 존재하고, biotin과 결합하여 biotin을 불활성시키는 avidin이 함유되어 있다. 노른자에는 레시틴과 lipoprotein이 함유되어 있어 유화제의 역할을 한다.

12　3대 영양소인 단백질의 영양적 가치를 평가하기 위해서는 제한 아미노산과 단백가의 개념을 이해하는 것이 매우 중요하다. 제한 아미노산과 단백가의 정의에 대해 각각 2줄 이내로 간단히 쓰시오.

제한 아미노산　_____

_____

단백가　_____

_____

본문의 제한 아미노산과 단백가 부분 내용을 참고한다.

13 다음 〈자료〉는 식품의 조리, 저장, 가공과 관련된 효소를 설명한 내용이다. (A)와 (B)에 해당하는 각 효소의 작용 기전을 〈보기〉의 (가)~(마)에서 옳게 연결한 것은? 기출문제

자료

(A) • 오이소박이에서 일어나는 연부현상의 원인 중 하나이다.

  • 과일의 펄프 분해를 촉진하여, 청징 작용에 의해 주스의 수율 향상에 도움을 준다.

(B) • 열처리되지 않은 대두에서 나는 특징적인 불쾌취의 원인이 된다.

  • 밀가루 반죽에 있는 카로티노이드 색소에 작용하여 퇴색시킨다.

보기

	(A)	(B)
①	(가)	(나)
②	(나)	(라)
③	(다)	(마)
④	(라)	(다)
⑤	(마)	(가)

정답 ②

14 농산 가공품을 제조하는 과정에는 효소의 작용을 이용하거나 억제하기 위한 처리법이 있다. 이러한 처리법과 그와 관련된 이유를 설명하는 효소의 작용을 짝지은 것 중 옳지 **않은** 것은? 기출문제

보기 1

ㄱ. 홍차 제조의 발효 고정에서 20~25℃ 유지
ㄴ. 과일주스의 여과를 원활하게 하기 위한 효소 첨가
ㄷ. 감귤 통조림의 백탁 방지를 위한 효소 첨가
ㄹ. 녹차 잎의 증열(steaming)
ㅁ. 물엿 제조를 위한 맥아의 첨가

보기 2

가. 콜로로필라제(chlorophyllase)의 활성화로 인한 백탁 방지
나. 폴리페놀산화효소(polyphenol oxidase)의 활성화로 인한 홍갈색 색소의 생성 촉진
다. 알파아밀라아제(α-amylase)에 의한 전분의 가수분해
라. 폴리페놀산화효소(polyphenol oxidase)의 불활성화로 인한 갈변반응 억제
마. 펙티나아제(pectinase) 첨가로 인한 펙틴질의 분해

① ㄱ-나 ② ㄴ-마 ③ ㄷ-가
④ ㄹ-라 ⑤ ㅁ-다

정답 ③

15 식품단백질에 대한 설명으로 옳은 것만 〈보기〉에서 있는 대로 고른 것은? 기출문제

보기

ㄱ. 현미에는 7~11%의 단백질이 함유되어 있는데, 특히 배유 부분에 집중되어 있다.
ㄴ. 글리아딘(gliadin)과 글로테닌(glutenin)은 밀가루를 물과 함께 반죽할 때 형성되는 글루텐(gluten)의 주성분을 이루고 있는 단백질들이다.
ㄷ. 미오신(myosin)과 액틴(actin)은 육류의 근원섬유 단백질에 속한다.
ㄹ. 우유의 pH를 4.6 정도로 조절할 때 침전되지 않는 단백질을 카제인(casein)이라 부르며, 전체 우유 단백질의 대략 50%에 달한다.
ㅁ. 오브알부민(ovalbumin), 콘알부민(conalbumin), 오보뮤 코이드(ovomucoid)는 계란흰자에 들어 있는 단백질들이다.

① ㄱ, ㄷ ② ㄴ, ㅁ ③ ㄱ, ㄴ, ㄹ
④ ㄱ, ㄷ, ㄹ ⑤ ㄴ, ㄷ, ㅁ

정답 ⑤

16 식품단백질의 변성 조건에 따른 변화에 대한 설명으로 옳지 <u>않은</u> 것은? [기출문제]

① 파파야(papaya)의 파파인(papain)은 75℃에서 활성이 유지된다.
② 우유의 카제인(casein)은 75℃ 정도의 열이나 레닌에 의해 응고되어 침전된다.
③ 난백을 저으면 공기가 들어가 오보글로블린(ovoglobulin)이 얇은 기포막을 형성한다.
④ 육류의 콜라겐(collagen)에 물을 넣어 장시간 가열하면 젤라틴(gelatin)으로 변화된다.
⑤ 대두의 글리시닌(glycinin)은 75~85℃의 온도에서 1~2%의 염류를 첨가하면 응고되어 젤이 형성된다.

[정답] ②

17 청주, 위스키 및 전분당과 포도당 제조에 이용되며 $\alpha-1,4$결합, $\alpha-1,6$결합 모두 가수분해하는 엑소(exo)효소는? [기출문제]

① α-amylase
② β-amylase
③ glucoamylase
④ α-amyloglucosidase
⑤ 4-α-glucanotransferase

[정답] ③

18 다음 효소들의 특성 및 작용에 관한 설명으로 옳은 것을 〈보기〉에서 고른 것은? [기출문제]

> 보기
> ㄱ. 우유의 리파아제(lipase)는 유리지방산을 생성하여 변패취를 일으키는 원인이 되기도 하나, 치즈의 향미를 증진시키기 위해 이용하기도 한다.
> ㄴ. 미생물에 널리 분포되어 있는 펙틴분해효소(pectinase)는 과일의 성숙(成熟) 및 연화(軟化)에 중요한 역할을 하며, 혼탁한 과일 주스를 청징(淸澄)하게 하는 작용을 한다.
> ㄷ. 파파야에 존재하는 파파인(papain)은 산성 아미노산 또는 루이신(leucine), 티로신(tyrosine)의 결합 부위를 가수분해하므로 맥주의 혼탁 제거, 소화제 등에 이용된다.
> ㄹ. 사과의 폴리페놀라아제(polyphenolase)는 산화하여 도파(dihydroxyphenylalanine, DOPA)를 형성한 후 중합반응을 통해 갈변반응에 관여하는 효소로, 데치기(blanching)에 의해 억제 가능하다.
> ㅁ. Aspergillus niger 등이 생성하는 헤스페리디나아제(hesperidinase)는 헤스페리딘(hesperidin)을 람노오스(rhamnose)와 글루코사이드(glucoside)로 가수분해하여 감귤 통조림의 백탁(白濁)을 방지한다.

① ㄱ, ㄴ, ㄹ
② ㄱ, ㄴ, ㅁ
③ ㄱ, ㄷ, ㄹ
④ ㄴ, ㄷ, ㅁ
⑤ ㄷ, ㄹ, ㅁ

[정답] ②

19 한국대학교 4학년 학생이 교육실습생 실습활동을 수행한 후 기록한 일지의 주요 내용이다. 교육실습생의 과제에 대한 학생들의 의견 중 옳은 것은? 기출문제

> • 장소 : 대한고등학교 식품가공 수업시간의 3학년 교실
> • 과제 : 식품의 동결(freezing) 및 해동(thawing) 과정이 옳지 않으면 품질이 저하될 수 있으므로 이에 대한 특징을 정확히 알아야 한다. 식품 내의 물이 어는 동결 과정과 얼음이 녹는 해동 과정에 대한 여러분들의 의견을 제시하시오.

> 경식 　얼음의 열전달속도는 동일한 무게에 해당하는 물의 열전달속도보다 느리다.
> 난희 　완만한 동결과는 달리, 급속동결 중에 생성되는 얼음 결정의 수는 적고 크기는 큰 편이다.
> 동수 　이질성(heterogeneous) 얼음핵 형성속도는 동질성(homogeneous) 얼음핵 형성속도보다 빠르다.
> 류영 　얼음이 녹아 물이 되는 해동속도는 물이 얼음이 되는 동결속도보다 빠르다.
> 민지 　동결식품을 해동할 때 발생할 수 있는 드립(drip)의 양은 동결속도에 따라 달라진다.

① 경식, 동수　　　　　② 경식, 류영　　　　　③ 난희, 류영
④ 난희, 민지　　　　　⑤ 동수, 민지

정답 ⑤

20 다음은 우유단백질에 대한 설명이다. (가), (나)에 들어갈 단백질을 옳게 짝지은 것은? 기출문제

> 보기
> • 우유의 단백질은 카제인(casein)과 유청단백질(whey protein)로 구성되어 있다.
> • 카제인은 인산기를 가지고 있는 알파-카제인(α-casein), 베타-카제인(β-casein), 그리고 (가)으로 구성되어 있다.
> • 유청단백질은 (나), 알파-락트알부민(α-lactalbumin), 그리고 소혈청 알부민(bovine serum albumin)이 주요 단백질이다.

	(가)	(나)
①	감마-카제인(γ-casein)	알파-락토핀(α-lactorphin)
②	감마-카제인(γ-casein)	알파-락토글로불린(α-lactoglobulin)
③	카파-카제인(κ-casein)	알파-락토핀(α-lactorphin)
④	카파-카제인(κ-casein)	베타-락토핀(β-lactorphin)
⑤	카파-카제인(κ-casein)	베타-락토글로불린(β-lactoglobulin)

정답 ⑤

CHAPTER **02**

조리의 기본원리

인간은 자연에서 얻는 식재료를 그냥 섭취하는 경우도 있지만, 대부분 조리해서 먹는다. 원시 시대에는 원재료를 부수거나, 자르거나, 불에 굽거나 하는 단순한 방법으로 조리를 하였으나, 현대에는 살균, 유화, 균질화, 추출 등의 다양한 물리적·화학적 방법으로 조리를 하고 있다. 조리를 하면서 인간의 식생활은 다양하고 풍족해졌다. 조리를 하게 되면 식재료는 기본적으로 변화를 받게 된다. 이런 변화는 식품의 소화율과 풍미를 증가시키며, 색과 조직감의 향상도 가져와 식품의 가치를 증가시킨다. 조리 중에 발생하는 많은 과정들은 식품화학과 식품가공학이라는 학문의 범주에서 다루어지는 경우도 많다. 여기서는 식품학 부분에서 다루지 못한 내용과 조리의 기본적인 내용들에 대해 설명하도록 하겠다.

1 조리의 정의와 목적

조리의 사전적 정의는 "여러 재료를 알맞게 맞추어 먹을 것을 만듦"이며, 동의어는 요리이다. 하지만 조리를 한마디로 정의하기란 조금 어렵다. 예를 들어 식재료의 껍질을 벗기고, 잘게 자르고, 물에 끓이고 하는 일련의 과정을 꼭 거쳐야만 식품이 되는 것은 아니기 때문이다. 야채와 과일 같은 경우 물에 간단히 씻는 과정만으로 최종 섭취하는 식품이 되고, 수박이나 멜론 같은 경우는 칼로 자르는 행위만으로도 식품이 되기도 한다. 복잡하고 시간이 오래 걸리는 과정만이 조리는 아닌 것이다.

그렇다면, 조리의 목적은 무엇일까? 조리의 목적은 무엇보다도

첫째, 식품의 기호도를 올려 더욱 맛있거나, 먹기 편한 상태로 만드는 데 있다.
둘째, 조리를 통해 시각적으로 더욱 먹음직스럽게 만들 수 있다.
셋째, 가열과 세척 등의 조리를 통해 식품의 위생적 가치가 더욱 올라가게 된다.
넷째, 가열 조리를 통해 식품의 소화가 원활해져 식품의 영양성이 증가한다.
다섯째, 조리를 통해 다양한 원재료의 혼합으로 인해 복합적인 맛을 낼 수 있다.

여섯째, 조리를 통해 어떤 식품의 저장성을 증진시킬 수 있다.

일곱째, 조리를 통해 풍미와 조직감이 향상된다.

이외에도 여러 이유에서 조리는 식품을 다룰 때 반드시 이루어진다. 식품과 조리는 떼려야 뗄 수 없는 관계인 것이다.

2 조리의 조작

조리를 하기 위해서는 여러 조작 과정을 거치게 된다. 조리의 과정은 크게 두 가지로 나눌 수 있다. 이 분류법은 식품가공에서 나온 개념이지만 조리에도 적용할 수 있을 듯하여 소개하고자 한다. 식품을 조작하는 과정은 단위조작Unit operation과 단위공정Unit processing으로 나눌 수 있다. 단위조작은 처리에 의해 물리적 변화를 받게 되는 혼합, 압착, 체질, 절단, 박피, 분쇄와 같은 과정을 말한다. 여기에 비해 단위공정은 여러 조작들이 일괄적으로 진행되어 화학적 변화를 거치는 굽기, 끓이기, 튀기기, 그릴 등의 과정을 말한다.

식품 조리에 사용되는 수많은 조작 처리법 중 대표적인 것들을 간단히 설명하면 다음과 같다.

1) 세정

세정Washing은 단순하게 식품을 물에 씻는 과정만을 의미하지는 않는다. 좀 더 포괄적으로 식품에 함유되어 있는 불순물을 제거하는 일련의 과정을 말한다. 방법에 따라 건식세정법과 습식세정법으로 나누어진다. 건식세정법은 건조된 상태의 식재료에 체질Seiving, 흡인, 자력선별법과 같은 방법을 이용하는 것이고, 습식세정법은 과량의 수분을 첨가한 상태에서 침지, 부력세정, 초음파세정 등의 방법을 사용하는 것이다.

2) 계량

계량Measuring은 조리의 가장 기본적인 조작 방법으로 조리에 사용되는 재료의 무게와 부피를 재거나 조리하는 온도를 재거나, 조리하는 시간을 재는 것을 말한다. 일반적으로 조리에서 통용되는 계량 개념은 아래와 같다.

> • 1c(cup) = 200cc = 200ml = 약 13큰술
> • 1큰술(table spoon) = 15cc = 15ml = 3작은술
> • 1작은술(tea spoon) = 5cc = 5ml

3) 분쇄

분쇄Crushing는 수분이 적은 건조물을 더 작은 알갱이로 부수는 조작이다. 분쇄는 조리에서 많은 장점을 제공하는데 분쇄를 할 경우 성분들의 알갱이가 작아지고, 표면적이 넓어져 조리 과정에서 건조속도, 추출속도, 가열속도가 빨라져서 결과적으로 조리시간을 줄일 수 있다. 또한 타 재료와 혼합할 경우 서로 비슷한 분쇄 정도를 가지면 균일하게 혼합된 제품을 얻을 수 있고, 예로는 라면 수프나, 카레가루와 같은 향신료 혼합체를 들 수 있다.

4) 침적

침적Sadimentation은 세정 부분에서 이미 소개한 침지와 같은 조작법이다. 이 방법에 의해 식품 재료 내부에 있는 가용성 물질이 물에 녹아 나와 재료의 떫은맛, 쓴맛과 같은 기호도에 해를 주는 성분을 제거할 수 있다. 쌀과 같은 곡류를 물에 침지시킬 경우 수분을 흡수하여 조리조작에 알맞은 수분함량을 갖게 된다.

5) 유화

유화Emulsification는 서로 섞이지 않는 물과 기름을 섞는 조작이다. 유화제를 첨가하고 물과 기름을 잘 교반하여 섞는다. 이런 조작은 마요네즈, 아이스크림 등의 조리에 사용된다.

6) 해동

해동Thawing은 말 그대로 얼어 있는 식재료를 녹이는 과정이다. 방식에 따라 실온에서 서서히 해동하는 자연해동법과 더운 오븐이나 더운 물속에서 급격히 진행시키는 급속해동법이 있다.

7) 절단

절단Cutting은 식재료를 자르는 조작으로 조리에 있어서 가장 기본적인 조작법이다.

8) 성형

성형Moulding은 식품의 일정한 형태를 만들어 주는 과정이다. 제빵 시 빵의 모양을 만들거나, 반죽 후 국수의 모양을 만들거나 하는 일련의 조작들이 이 과정에 속한다.

9) 압착

압착Pressing은 여러 가지 압착기, 여과포 등을 이용하여 액체수용액과 내용물을 분리시키는 조작 과정이다. 한약을 짜는 과정이나 삶은 콩을 갈아서 짜는 과정들이 여기에 속한다.

10) 마쇄

마쇄Milling는 분쇄와는 다르게 수분함량이 많은 식품을 갈고 조직을 파괴하여 작은 조직을 만드는 조작법이다.

11) 교반

교반Stirring은 식품 혼합물을 빠른 속도로 저어 주는 조작법이다. 이 과정 중 식품 혼합이 빠르게 진행되며, 유화가 일어나기도 한다.

12) 냉각

냉각Cooling은 가열한 식품을 식혀서 차게 하는 과정이다.

13) 동결

동결Freezing은 빙결점 이하로 식품의 온도를 떨어뜨려 수분이 얼게 하는 조작 과정이다.

14) 가열

가열Heating은 온도를 올려 주는 조작법이다. 가열을 하기 위한 다양한 기구와 방식이 개발되어 있고 어떤 가열법을 채택했느냐에 따라서 식품의 맛과 조직감 등이 크게 변화한다. 가열에서는 가열 매체의 성질이 중요한 부분을 차지한다. 가열 매체가 물인 경우, 공기인 경우, 기름인 경우와 유전 가열 방법들이 다양하게 존재한다. 가장 기본적인 조작법이지만 가장 복잡하고 조리에 큰 영향을 주는 방법이기도 하다.

3 조리 과정 중의 영양성분 변화

조리를 하는 여러 과정에서 식품의 영양성분에 다양한 변화가 일어난다. 일반적으로 영양성분 중 비타민과 무기질의 변화가 가장 크다. 수분과의 접촉이 많을 경우 영양성분의 손실이 더 증가한다. 다음은 대표적 조리 과정 중 발생하는 영양성분의 변화를 나타낸 내용이다.

① 절단할 경우 비타민과 미량 무기원소들이 재료의 표면이나 절단면에 다수 축적된다. 조리 과정에서 절단한 후 수세를 하면 수세 과정 중 많은 가용성 영양소가 제거된다.

② 알칼리염과 bicarbonate는 조리 과정 중 색을 좋게 하기 위해 사용된다. 이 경우 알칼리에 약한 비타민 B_1과 ascorbic acid가 파괴된다.

③ 소금 등을 첨가하여 조리하는 경우 미생물 생육 억제, 향미 증가, 조직 유연화, 수분결합의 증가, 단백질 추출 용이와 영양소 파괴가 일어난다.

④ 훈연을 이용할 경우 미생물수 감소, 향미 증진, 비타민의 파괴, 지방과 향기성분의 산화, 단백질의 변성, 항산화성의 증가, 수분과 지방의 손실과 발암물질 생성 등이 일어난다.

⑤ 건조에 의해 수분이 증발되어 제거된다. 건조 과정을 통해 향기성분 감소, 조직 경화 등이 일어난다. 이런 변화는 건조시간, 온도, 수분함량, 성분의 농도, 건조시키는 공기의 속도, 식품의 성질 등에 따라 다르게 나타난다.

⑥ 블랜칭Blanching은 조리를 함에 있어서 비타민의 손실에 대한 저항성을 주기 위한 예비 공정으로 이용할 수 있다. 하지만 이것 외에도 불필요한 색 형성 방지, 영양성분 손실의 최소화, 효소의 불활성, 조직 중의 기체 제거와 그로 인한 조직감 향상, 미생물의 감소, 식품의 연화 혹은 경화 등의 목적으로도 사용할 수 있다.

⑦ 채소를 블랜칭함에 있어 물, 스팀, 가스와 마이크로파를 이용할 수 있다. 블랜칭을 하는 시간이 증가할수록 수용성 비타민의 손실은 증가하지만 지용성 비타민은 영향을 크게 받지 않는다. 물을 이용해서 블랜칭하거나 조리하는 경우, 영양소 파괴에 의한 영양소 손실보다는 추출에 의한 영양소 손실이 더 크다. 따라서 물보다는 스팀을 이용해야 영양소 손실이 더 적고, 마이크로웨이브를 이용한 경우가 손실이 가장 적다.

⑧ 베이킹Baking은 제과와 제빵 과정에서 매우 중요한 조리 과정이다. 이 과정은 식품의 영양성을 증가시켜 주고, 미생물의 생육 억제와 저장성을 좋게 한다. 또 단백질을 변성시켜 소화율을 높여 주고, 환원당과 단백질이 존재할 경우 Maillard 반응에 의해 갈색물질과 더불어 새로운 풍미가 만들어진다.

⑨ 조리 과정에서 비타민 C, B, pantothenic acid와 같은 수용성 비타민은 열에 약한 편이다. 비타민 C는 야채와 채소의 영양손실지표Indicator nutrient for cooking loss로 사용되며, 비타민 B_1은 보유지표Index of retention, 비타민 A는 지용성 영양손실지표로 사용된다.

⑩ 마이크로웨이브를 이용한 조리는 다른 조리법에 비해 에너지효율이 높고 시간이 절약되어 편리하다. 하지만 조리 손실이 크고, 갈색 반응이 나타나지 않아 갈색인 식품을 만들 수 없으며 맛이 떨어진다는 단점이 있다. 소고기를 마이크로웨이브로 가열할 경우 수분, 지방, 비타민 B_1의 함량은 변화가 적으나 풍미와 색깔 형성, 유연성, 즙액성은 떨어진다.

4 가열 방법에 따른 조리 방법

앞에서 설명한 것처럼 가열은 가장 기본적이고 중요한 조작 방법으로, 어떤 가열법을 선택하느냐에 따라 조리 전체에 큰 영향을 미치게 된다. 일반적으로 열의 전달은 전도, 대류, 복사란 세 가지 방식에 의해 전달된다. 전도와 대류에 의해 열이 전달되기 위해서는 열전달물질이 꼭 필요하다. 일반적으로 열전달물질로는 물과 공기와 그 외 유지를 사용된다. 복사에 의한 열전달 시는 열전달물질이 필요 없다. 일반적으로 물을 열전달물질로 사용하는 경우를 습식가열이라고 하며, 찌기와 끓이기가 여기에 속한다. 건조한 공기 혹은 유지를 열전달물질로 사용하는 경우는 건식가열이라고 하며, 굽기와 튀기기가 여기에 속한다. 이처럼 가열 방법에 따라 조리되는 식품은 다양하게 불리고 나누어진다. 표 2-1은 가열 방법에 따른 조리 방법과 조리명을 간단히 요약한 표이다. 조리 방법의 특징은 표 2-2에 요약하여 두었다.

표 2-1
가열방법에 따른
조리 방법

가열법	처리 방법	열매체	가열온도	조리명
비가열법				회, 샐러드, 쌈
습식가열법	Boiling	끓는 물	100℃	찌개, 전골, 탕, 조림
	Steaming	수증기	85~125℃	찜
건식가열법	Roasting	더운 공기	150~190℃	구이
	Frying	유지	150~210℃	튀김, 지짐, 전, 볶음
전자파가열법	Microwave	없음		전자레인지 가열

표 2-2
조리 방법의 특징

가열법	특 징
비가열법	• 가열 처리하지 않아 식재료 본래의 맛을 즐길 수 있다. • 식재료의 신선도에 식품의 품질이 영향받는다.
Boiling	• 끓는 물에 넣고 가열하기 때문에 가용성 영양소의 손실이 크다. • 건조된 딱딱한 식재료의 경우 조리 과정 중 수분을 흡수하여 부드러워진다. • 여러 식재료를 첨가하면 맛들이 서로 어우러져 복합적인 맛을 낸다.
Steaming	• 수증기를 이용하기 때문에 가용성 영양소의 손실은 크지 않다. • 수증기에 의한 열전달이 제한적이다. • 크기가 큰 식재료의 경우 조리시간이 많이 걸린다.
Roasting	• 열매체로 수분을 사용하지 않으므로 가용성 성분의 손실이 없다. • 높은 온도에 의해 가열 시간이 짧다. • 오랜 시간 가열 시 검게 타거나, 발암물질들이 생성된다. • 수분이 줄어들어 바삭바삭한 느낌의 식품 조리가 가능하다.
Frying	• 높은 온도의 유지를 열매체로 사용하여 빠른 시간에 조리가 가능하다. • 조리시간이 짧아 영양소의 손실이 가장 적다. • 유지가 식품 내로 들어가면서 수분을 제거하여 바삭바삭한 느낌의 조리가 된다.

우리에게 유용한 영양성분과 맛을 내는 성분들은 대부분 물에 잘 녹는다. 그런 이유로 습식가열법에 의한 조리의 경우 영양소가 가용되어 용출되어 나간다. 특히 끓는 물을 이용하는 조리법의 영양소 손실은 매우 크다. 하지만 수분을 열매체로 사용할 경우, 수분이 식품 속에 들어가서 전체적으로 부드러운 식품의 물성을 나타내게 된다. 건식가열법을 이용할 경우는 수용성 성분의 손실이 적다. 하지만 조리 과정 중 식품의 건조에 의해 바삭바삭한 느낌의 식품으로 되기가 쉽다. 유지를 이용한 튀김Deep frying은 영양소 성분의 손실이 가장 적은 조리법으로 알려져 있다.

5 조리에 의한 식품의 변화

식품은 조리 과정을 통해 많은 변화를 거치게 된다. 이는 식품의 외형적 변화와 식품의 성분 변화로 구분하여 볼 수 있다.

식품을 조리하면 외관에 변형이 일어난다. 숨이 죽거나 아니면 팽창하여 부피가 변화하고, 수분 흡수 등으로 중량이 증가하는 경우도 있다. 조직적으로는 수축되어 작아지거나, 경화되어 단단해지거나, 오히려 연화되어 부드러워지기도 한다. 경우에 따라서는 원재료의 조직이 파괴되어 원형을 찾기 힘들거나 균일하게 섞이는 경우도 있다.

이와 더불어 조리 과정 중 일반성분과 특수성분의 변화도 관찰할 수 있다. 조리 과정 중 단백질은 변성되고, 유지는 산패, 당질은 호화, 캐러멜화 반응이 나타나게 된다. 비타민은 열, 산, 알칼리에 의해 파괴되고, 효소에 의해 분해되거나, 산화되기도 한다. 조리 과정을 거치면서 특수성분들에 많은 변화가 생긴다. 조리에 의해 색이 퇴색되는 경우도 많으나, 가열에 의해 발색이 되는 경우도 있다. 새우나 게는 가열을 통해 표면이 빨갛게 변한다. 갈변 반응이 일어나는 경우도 많다. 향기 성분은 기존 향기 성분이 가열에 의해 휘발되어 제거되기도 하고, 식품 중 성분이 유기적으로 반응하여 새로운 향기 성분이 만들어지기도 한다. 맛은 가용성 성분이 식품 밖으로 빠져나와 육수나 국물을 만들거나, 조리 과정 중에 새로운 맛이 생성되기도 한다. 소금이나 조미료가 가열 과정 중 식품 내부로 침투하여 맛이 배기도 한다.

이상에서 보는 바와 같이 식품은 조리 과정을 거치면서 외형과 내부 모두 큰 변화가 일어나게 된다.

01 다음 내용은 중학교 조리실에서 쇠고기 버섯전골을 실습하면서 영양교사와 학생이 나눈 대화이다. 괄호 안의 ①, ②에 들어갈 용어를 순서대로 쓰고, ③의 이유를 서술하시오. [5점] 영양기출

영양교사	오늘은 쇠고기 버섯전골을 실습하려고 해요. 우선 재료부터 알려줄게요. 재료는 쇠고기, 건표고버섯, 느타리버섯, 팽이버섯, 다시마 우린 물, 두부, 당근, 호박, 양파, 마늘, 국간장을 준비했어요.
학 생	건표고버섯을 그대로 사용하면 되나요?
영양교사	물이나 설탕물에 살짝 불려 사용하세요.
학 생	선생님! 건표고버섯에서 독특한 향이 나는데 이 향의 주된 성분이 무엇인가요?
영양교사	(①)이에요.
학 생	다시마 우린 물에 표고버섯을 넣어 끓이면 맛이 더 좋아지나요?
영양교사	그래요, (②) 때문이에요.
학 생	선생님! 두부는 어떻게 할까요?
영양교사	전골 마지막 단계에 ③ 국간장으로 심심하게 간을 하여 적당한 크기로 썬 두부를 넣어서 살짝 끓이면 맹물에서 끓이는 것보다 부드러워져요.

① : _____   ② : _____

③의 이유 _____

_____

_____

02 다음은 식품의 조리·가공 과정에서 특정 물질을 첨가할 때 발생하는 현상들이다. ㄱ~ㅂ의 현상을 유발할 수 있는 물질들의 공통된 식품학적 특성을 쓰고, 이와 연계하여 밑줄 친 ①~③의 조리 원리를 각각 설명하시오. [5점] 유사기출

> ㄱ. 대두유가 응고되었다.
>
> ㄴ. 연어의 비린내가 줄었다.
>
> ㄷ. ① 탕수육 소스가 묽어졌다.
>
> ㄹ. 젤라틴 푸딩이 부드러워졌다.
>
> ㅁ. ② 깎아 둔 사과의 갈변이 억제되었다.
>
> ㅂ. 샐러드의 ③ 자색 양배추가 붉은색으로 변했다.

ㄱ~ㅂ의 현상을 유발할 수 있는 물질들의 공통된 식품학적 특성 _____

_____

① : _____

② : _____

③ : _____

03 중국음식에서 볶음요리를 할 때, 고기나 해물은 데친 후 다른 재료들과 함께 볶는 방법을 주로 이용한다. 중국음식에서 데치기를 하여 볶았을 때 조리 시 나타나는 음식의 변화를 간단히 쓰시오(조리 시의 변화만 쓰시오). 기출문제

데치기를 하고 조리 시 나타나는 변화 _____

_____

_____

_____

해설 데치기를 할 경우 다음과 같은 몇 가지 변화가 나타난다. 우선 비타민 손실에 대한 저항성을 주고, 불필요한 색 형성 방지, 영양성분 손실의 최소화, 효소의 불활성화, 식재료 중 잉여 기체의 제거에 의한 조직감 향상과 색감의 향상, 미생물 감소로 저장성 향상, 식재료의 연화 혹은 경화가 일어난다.

04 다음 재료를 이용하여 단팥빵을 제조하고자 한다. 빵을 만드는 과정에서 발생하는 주요 갈색화 반응을 2가지만 쓰고, 각각이 어떤 이유에서 발생될 것이라 생각되는지 2줄 이내로 쓰시오. 기출문제

> 강력분, 설탕, 소금, 생효모, 마가린, 계란, 분유, 제빵 개량제, 식용유, 팥앙금, 물 등

① : _____

_____

② : _____

_____

해설 문제를 보면 단팥빵을 만들 때 발생하는 주요 갈색화 반응 2가지를 적으라고 했다. 갈변은 효소적 갈변과 비효소적 갈변 두 가지가 있는데 이 경우는 비효소적 갈변을 얘기하면 될 것 같다. 우선 밀가루에는 탄수화물이, 계란 등에는 아미노산이 포함되어 있으므로 Maillard 반응에 의한 갈변이 일어날 것이라 생각된다. 다음은 설탕을 첨가하고 오븐에서 굽기 때문에 캐러멜화 반응이 발생할 것이라 생각된다.

05 식품의 여러 재료를 알맞게 맞추어 먹을 것을 만드는 것을 식품조리라고 한다. 여러 방법에 의해 다양하게 식품조리를 하는데, 이렇게 식품을 조리하는 목적을 5가지 적으시오.

① : _____

② : _____

③ : _____

④ : _____

⑤ : _____

해설 식품 조리는 굽기, 자르기, 다지기, 조미하기 등 다양한 방법에 의해 진행된다. 이런 일련의 과정을 거쳐서 식품의 기호도 향상, 시각적인 효과 향상, 식품의 위생적 가치 향상, 소화 용이, 원재료의 혼합에 의한 복합적 맛의 발생, 저장성 향상과 조직감 향상 등의 목적을 이룰 수 있다.

06 식품 조리에 가장 기본이 되는 것은 가열 과정이다. 가장 기본인 만큼 다양한 가열 장치가 개발되어 있고, 다양한 열전달 매체에 의해 가열이 진행된다. 가열 과정 중 식품의 변화를 5가지 적으시오.

① : _____

② : _____

③ : _____

④ : _____

⑤ : _____

가열은 조리 방법 중 가장 기본적인 과정이다. 가열 과정을 거치면서 식품 중 미생물의 살균, 영양소의 파괴, 단백질의 변성, 전분의 호화, 조직의 경화나 연화, 내부 물질의 유출과 같은 일련의 변화가 나타난다.

07 식품 조리는 가열 방법에 따라 비가열법, 습식가열법, 건식가열법과 전자파가열법으로 나누어진다. 비가열법은 가열하지 않는 조리법으로 (①)와 같은 음식이 대표적이다. 습식가열법은 전통적으로 많이 사용하는 방법으로 열매체를 끓는 물로 사용하는 (②), (③)과 수증기를 이용하는 (④)가 대표적이다. 건식가열법은 수분이 아닌 공기나 기름을 열매체로 사용하는 방법으로 (⑤), (⑥), (⑦) 등의 방법이 있다. 전자파가열법은 최근에 개발된 것으로 전자레인지를 이용하여 가열하는 방법이다.

① : _____ ② : _____ ③ : _____ ④ : _____

⑤ : _____ ⑥ : _____ ⑦ : _____

가열방법은 크게 4가지로 나누어진다. 비가열법에는 회, 샐러드 등의 요리에 적용되는 것으로 가열하지 않고 먹는 방법이 있다. 습열가열법에는 끓는 물을 사용하는 삶기, 데치기, 끓이기 등이 있고 수증기를 이용하는 찜이 있다. 건식가열법은 공기나 기름을 열매체로 이용하는 굽기(roasting), 튀기기(deep frying), 지지기(pan frying)가 있다.

08 우리나라는 전통적으로 습식가열법에 의한 조리 방법이 발전되어 왔다. 습식가열법은 끓는 물이나 수증기를 가열매체로 사용하는 가열 방법이다. 습식가열법의 장단점을 3가지씩 쓰시오.

장점 ① : _____

② : _____

③ : _____

단점 ① : _____

② : _____

③ : _____

습열가열법은 국, 찌개, 편육, 보쌈, 갈비찜, 만두찜 등 다양한 조리 식품에 사용되고 있다. 습열가열법의 장점은 수분이 첨가되어 딱딱한 식재료의 조리에 적합하고, 식재료가 부드러워지며, 조미 성분이 복합적으로 섞이거나, 양념이 골고루 잘 배게 할 수 있다는 장점이 있다. 하지만, 수용성 영양성분이 쉽게 용출되고, 수증기의 경우 가열이 제한적이고, 커다란 식재료의 가열에는 조리시간이 많이 든다는 단점이 있다(추가 내용은 본문 내용 참고).

09 건식가열법은 습식가열법과 달리 수분을 열매체로 전혀 이용하지 않는다. 건식가열법의 열매체로는 공기와 기름이 사용된다. 건식가열법을 이용하면 습식가열법에서 발생하는 단점을 많이 극복할 수 있고, 습식가열에서 얻지 못하는 특성들이 나타나 다양한 조리 방법에 사용하기에 매우 유용하다. 건식가열법의 장단점을 3가지씩 쓰시오.

장점 ① : _____

② : _____

③ : _____

단점 ① : _____

② : _____

③ : _____

해설 건식가열법은 공기나 기름을 열전달매체로 사용하는 가열조리방법이다. 건식가열법은 습식가열법과 달리 수용성 성분의 용출이 적고, 높은 온도를 이용하여 빠른 시간에 가열이 가능하고, 가열 중 건조가 되어 바삭바삭한 느낌을 얻을 수 있다. 하지만 기름을 사용할 경우 습유현상에 의해 칼로리가 올라가고, 높은 온도에서 조리하므로 위험성이 증가하고, 사용한 기름을 처리하기 곤란하다는 단점이 있다(추가 내용은 본문 내용 참고).

10 식품은 가열, 절단, 침지, 분쇄, 정치, 혼합 등의 여러 방법으로 조리되고 여러 다양한 식품 조리를 통해 식품에 다양한 변화가 생긴다. 식품이 조리 과정 중 받게 되는 변화를 8가지 쓰시오.

① : _____ ② : _____

③ : _____ ④ : _____

⑤ : _____ ⑥ : _____

⑦ : _____ ⑧ : _____

해설 조리과정을 거치면서 식품은 외형적 변화와 내부적인 성분 변화가 생긴다. 이런 변화는 매우 복잡하고 복합적으로 일어나며, 식품 조리에 폭넓게 영향을 미친다. 본문의 '조리에 의한 식품의 변화 부분'을 참고하여 답을 작성하여 보자.

11 ○○○의 조리 방법이다. 이 음식의 조리 특성으로 옳은 것만을 〈보기〉에서 있는 대로 고른 것은?

기출문제

 만드는 법

1. 냄비에 쇠고기와 닭고기, 물을 넣고 중불에 장시간 끓인다.
2. 파슬리, 셀러리 등을 넣고 다시 1시간 정도 약한 불에서 더 끓인다.
3. 거즈에 받쳐 거른다.
4. 표면의 지방을 잘 제거한다.
5. 계란흰자 거품을 넣고 천천히 저어 가며 끓인 후 거즈로 거른다.
6. 노란 맑은 액즙을 얻는다.

보기
ㄱ. 쇠고기는 홍두깨살, 우둔살, 도가니살을 주로 이용한다.
ㄴ. 고기에 글리코겐(glycogen)이 많이 함유되어 있으므로 맛이 좋다.
ㄷ. 크레아틴(creatine), 카르노신(carnosine)등의 맛 성분이 용출된다.
ㄹ. 찬물보다 끓는 물에 고기에 넣어 끓이면 맛 성분이 더 많이 우러나온다.
ㅁ. 이 음식의 재료로는 늙은 동물의 고기가 어린 동물의 고기보다 적합하다.

① ㄱ, ㄴ   ② ㄷ, ㅁ   ③ ㄱ, ㄴ, ㄷ
④ ㄷ, ㄹ, ㅁ   ⑤ ㄱ, ㄴ, ㄹ, ㅁ

정답 ②

12 다음은 콘소메(consomme)의 조리 과정이다. (가) 단계에서 일어나는 현상과 동일한 조리원리를 이용한 것을 〈보기〉에서 고른 것은? 기출문제

(가) 브라운 스톡 만들기 → 쇠고기, 채소 볶기 → 끓이기 → 계란흰자 거품 넣기 → 거르기

> 보기
> ㄱ. 짠 북엇국에 계란을 풀어 간을 맞춘다.
> ㄴ. 쇠간을 우유에 담근 후 간전을 만든다.
> ㄷ. 된장찌개를 끓일 때 쌀뜨물을 이용한다.
> ㄹ. 두유(콩물)에 바닷물을 넣어 두부를 만든다.
> ㅁ. 계란 흰자를 거품 내어 스펀지케이크를 만든다.

① ㄱ, ㄴ   ② ㄱ, ㄹ   ③ ㄴ, ㅁ
④ ㄷ, ㄹ   ⑤ ㄷ, ㅁ

정답 ①

13 소스에 대한 설명으로 옳은 것을 〈보기〉에서 고른 것은? 기출문제

> 보기
> ㄱ. 그레이비 소스(gravy sauce)는 브라운 루(brown roux)에 우유를 넣어 조리한다.
> ㄴ. 벨루테 소스(veloute sauce)는 화이트 루(white roux)에 스톡을 넣어 조리한다.
> ㄷ. 베샤멜 소스(bechamel sauce)는 화이트 루(white roux)에 우유를 넣어 조리한다.
> ㄹ. 홀랜다이즈 소스(hollandaise sauce)는 계란노른자에 정제시킨 버터를 넣어 조리한다.
> ㅁ. 모르네 소스(mornay sauce)는 브라운 루(brown roux)에 피시 스톡을 넣어 조리한다.

① ㄱ, ㄴ, ㄷ   ② ㄱ, ㄴ, ㅁ   ③ ㄱ, ㄹ, ㅁ
④ ㄴ, ㄷ, ㄹ   ⑤ ㄷ, ㄹ, ㅁ

정답 ④

14 한국 음식의 상차림에 대한 설명으로 옳은 것만 〈보기〉에서 있는 대로 고른 것은? 기출문제

> 보기
>
> ㄱ. 건교자상차림은 술안주로 차리는 상이다.
> ㄴ. 교자상차림은 회식을 할 때 차리는 상이다.
> ㄷ. 큰상차림은 면류를 주식으로 차리는 상이다.
> ㄹ. 장국상차림은 장국죽을 주식으로 차리는 상이다.

① ㄱ, ㄴ   ② ㄴ, ㄹ   ③ ㄷ, ㄹ
④ ㄱ, ㄴ, ㄷ   ⑤ ㄱ, ㄷ, ㄹ

정답 ④

15 한국 전통음식인 식혜와 경단을 만들었다. 식혜는 매우 탁하고 시큼했으며, 경단은 갈라지고 금방 굳었다. 이러한 현상이 나타나게 된 각각의 원인을 〈보기 1〉과 〈보기 2〉에서 모두 고른 것은? 기출문제

> 보기 1
>
> 가. 밥을 멥쌀로 지었다.
> 나. 엿기름가루를 물에 풀고 고루 섞어서 밥에 부었다.
> 다. 엿기름물을 밥에 섞어서 3~4시간 동안 따뜻한 곳(50~60℃)에 두었다.
> 라. 떠오른 밥알을 찬물에 담가 헹구었다.
> 마. 밥알을 건져 내고 식혜물을 12시간 이상 따뜻한 곳(50~60℃)에 두었다.

> 보기 2
>
> ㄱ. 찹쌀가루는 오래되어 마른 것을 사용하였다.
> ㄴ. 찹쌀가루에 설탕물(1%)을 넣어 반죽하였다.
> ㄷ. 찹쌀가루를 찬물로 반죽하였다.
> ㄹ. 빚은 반죽을 끓는 물에 소금을 넣고 삶았다.

	식혜	경단
①	가	ㄱ, ㄴ, ㄷ
②	가, 다	ㄴ, ㄷ, ㄹ
③	나, 라	ㄱ, ㄴ
④	나, 마	ㄱ, ㄷ
⑤	다, 라, 마	ㄴ, ㄹ

정답 ④

16 식초는 음식에 첨가되어 신맛을 주고 식욕을 돋우는 역할 외에 다양한 작용을 한다. 식초의 작용으로 옳은 것은? 기출문제

① 생채나 나물무침에 첨가하면 음식에 윤기가 나고 단맛이 상승된다.
② 콩을 삶을 때 콩 무게의 0.3%를 첨가하면 섬유질이 분해되어 연화가 촉진된다.
③ 계란흰자를 거품 낼 때 첨가하여 pH를 등전점 부근으로 맞추면 기포성이 증가된다.
④ 육류를 조리할 때 첨가하여 pH를 등전점 부근으로 맞추면 육질이 부드럽게 된다.
⑤ 설탕보다 분자량이 커서 재료에 스며드는 속도가 늦기 때문에 식초를 먼저 첨가해야 간이 고르게 된다.

정답 ③

17 된장국을 끓일 때 말린 표고버섯 가루를 조금 넣었더니 맛이 더 좋아졌다. 이와 같은 현상에 대한 설명으로 옳은 것은? 기출문제

① 글리신과 IMP(inosine monophosphate)의 상승효과
② 베타인과 IMP(inosine monophosphate)의 대비효과
③ 테아닌과 GMP(guanosine monophosphate)의 대비효과
④ 메티오닌과 XMP(xanthosine monophosphate)의 상승효과
⑤ 글루탐산과 GMP(guanosine monophosphate)의 상승효과

정답 ⑤

18 서양 요리의 기본 조리 용어를 바르게 설명한 것은? 기출문제

① 블랜칭(blanching) : 채소를 기름에 살짝 볶아 내는 방법
② 포칭(poaching) : 증기를 이용하여 채소를 익히는 방법
③ 브레이징(braising) : 생선을 끓는 물에서 짧게 조리하는 방법
④ 소테잉(sauteing) : 조리의 마무리 작업으로 색을 내는 방법
⑤ 브로일링(broiling) : 석쇠 위에 고기를 얹어 직접 구워 내는 방법

정답 ⑤

19 식품을 건조하는 방법의 설명으로 옳은 것은? 기출문제

① 감압건조법은 식품을 고온에서 감압하여 건조하는 방법이다.
② 가압건조법은 식품을 가압, 가열한 후 서서히 분출시켜 건조하는 방법이다.
③ 분무건조법은 액상 식품을 안개 모양으로 분무하여 냉풍으로 건조하는 방법이다.
④ 진공동결건조법은 식품을 급속 동결시킨 후 얼음을 승화시켜 건조하는 방법이다.
⑤ 드럼(drum)건조법은 뜨겁게 가열된 드럼통을 회전시키면서 통 내부의 식품을 건조하는 방법이다.

정답 ④

CHAPTER **03**

농산물의 조리

PART 2의 CHAPTER 03부터 CHAPTER 07까지는 여러 가지 식재료의 조리적 특성들을 간단하게 고찰해 보도록 한다. 여기서는 식재료를 출처에 따라 농산물, 축산물, 해산물, 과채류와 기타류로 나누어 하나하나 살펴보았다. 심도 깊은 내용보다는 실생활에서 간단히 이해하고 사용할 수 있는 내용들을 정리하여 보았다. 다루는 식재료의 종류가 많아 혼동의 여지가 높으므로 전체적으로 정리한 후 세부로 들어가는 암기법이 주효하리라고 본다. 암기보다는 이해를 권하고, 가상의 사람에게 설명하듯 읽으면서 암기하면 더 좋은 결과를 얻을 수 있을 것이다.

1 곡류의 조리

밀가루는 글루텐 함량과 회분 함량에 따라 일반적으로 다음과 같이 나누어진다.

 밀가루의 종류

1. 글루텐 함량에 따라

구 분	건부율(%)	습부율	용 도
강력분	13% 이상	40% 이상	제빵
중력분	13~10%	35% 내외	제면
박력분	10% 이하	30% 이하	제과, 튀김

2. 회분 함량에 따라

1등분	2등분	3등분
0.5%	0.7%	1.3~1.4%

밀가루는 글루텐 함량에 따라 강력분, 중력분, 박력분으로 나누어진다. 밀가루의 제빵 특성이 나타나는 이유는 바로 이 글루텐 단백질 때문이며, 각 밀가루의 글루텐

함량은 앞에서 본 바와 같다. 글루텐 함량에 따라 밀가루의 사용 용도도 달라져서 강력분은 제빵, 중력분은 제면, 박력분은 제과나 튀김에 사용된다. 따라서 우리가 조리하려는 식품의 종류에 알맞은 밀가루를 선택하여야 한다.

회분Ash이란 회화로에서 550~600℃ 정도의 온도로 회화시킨 후 남은 재를 말한다. 회화하는 과정 중에 유기물들은 모두 타 버리고 무기물이 남게 되어 회분의 주성분은 무기질들이다.

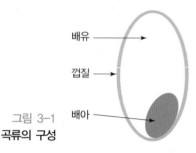

그림 3-1
곡류의 구성

배유
껍질
배아

다음은 곡류의 대표적인 부분을 아주 간단히 소개한 것이다.

곡류의 구성성분은 크게 배유, 배아, 껍질로 나눌 수 있다. 이 중 배유는 대부분이 탄수화물로 이루어져 있다. 배아는 탄수화물 외에 단백질, 지방, 무기질과 비타민 등 다양한 영양성분이 많이 들어 있다. 껍질 역시 배유에 비해 무기질 등 회분 성분이 많이 들어 있다. 곡류는 그냥 먹으면 배아에 포함되어 있는 영양성분이 많이 잔존하여 영양성이 좋다. 하지만 도정 혹은 제분·정제하여 먹게 되면 배아가 깎여 나가 영양성은 떨어지나 기호성이 좋아진다. 즉 배유 성분이 많아질수록 기호성은 좋아지고, 배아 성분이 많아질수록 영양성이 좋아지게 된다. 그런 이유로 대개 곡류는 중간 정도만 배아를 남겨 두는 정도에서 도정 혹은 제분이 이루어진다. 회분 성분은 주로 배아와 껍질에 많이 들어 있다. 밀가루의 회분 함량이 높다는 것은 배아나 껍질의 함량이 많다는 것을 의미한다. 이는 영양성은 좋으나 기호성이 떨어진다는 말로도 해석할 수 있다. 밀가루 회분에 따른 분류가 1등분에 가까울수록 밀가루의 색과 기호성이 높아지고, 영양성은 낮아진다.

일반적으로 밀가루는 강력, 중력, 박력분과 더불어 1등분, 2등분, 3등분으로 분류되어 강력 1등분, 중력 2등분 이런 식의 9단계로 나누어 사용되고 있다.

1) 글루텐 형성

밀가루에는 밀단백질인 글루텐Gluten이 함유되어 있다. 글루텐은 밀 단백질의 85%를 차지하고 있는데, 글루텐은 글리아딘Gliadin과 글루테닌Glutenin으로 구성되어 있다. 글리아딘은 구슬과 같은 모양을 하여 점성을 주고, 글루테닌은 실 혹은 면 모양을 하고 있으며 반죽에 탄성을 준다. 이 두 단백질은 각각 떨어져 있을 때는 제빵 특성을 나타내지 않으나 반죽이라는 물리적 과정을 거치면서 섞이면 더 강한 글루텐을 만들어 점탄성이 있는 반죽이 된다.

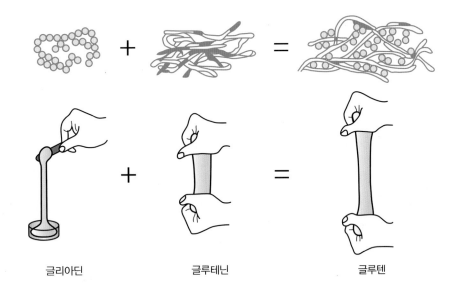

그림 3-2
글루텐의 형성   글리아딘   글루테닌   글루텐

2) 밀가루 반죽의 팽창 방법

제과나 제빵을 위해 반죽을 만들 경우 다양한 방법을 통해 반죽을 팽창시킨다. 만약 팽창시키지 않고 빵이나 과자를 만들면 납작한 모양에 질긴 조직감을 갖게 된다. 이를 극복하고 적당한 부피와 다공질 조직을 만들어 빵과 과자에 색, 조직감, 외관을 더 좋게 만들기 위해 다양한 팽창제들이 사용된다.

팽창제에는 효모(이스트)를 이용하는 생리적 또는 생물학적 팽창제Biological leavening agent와 베이킹파우다나 식소다를 이용하는 화학적 팽창제Chemical leavening agent가 존재한다. 사용하는 팽창제의 종류에 따라 발생하는 팽창기체의 종류 역시 공기, 수증기, 이산화탄소, 에탄올 기체와 암모니아 기체로 다양하다. 팽창제에 의해 여러 종류의 팽창기체가 만들어져 풍미가 증가하며, 만들어지는 팽창기체의 종류에 따라 다른 느낌의 풍미가 만들어진다.

이산화탄소는 가장 흔하게 만들어지는 팽창기체이다. 이산화탄소는 효모 발효와 베이킹파우더인 중탄산염에 의해 발생한다. 암모니아 기체는 중탄산암모늄이라 불리는 NH_4HCO_3가 분해하며 이산화탄소와 함께 만들어진다. 그 외에 공기는 휘핑이나 크리밍creaming 과정을 통해 들어가며, 수증기는 반죽 속에 존재하는 수분이 오븐에 굽는 과정 중 증기가 되어 나가면서 팽창을 돕는다.

다음은 위에서 설명한 팽창제와 팽창기체의 반응식을 간단히 나타낸 것이다.

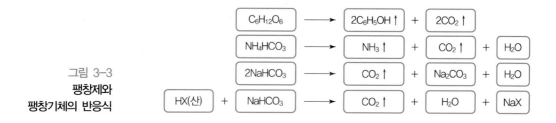

그림 3–3
팽창제와
팽창기체의 반응식

$$C_6H_{12}O_6 \longrightarrow 2C_6H_5OH \uparrow + 2CO_2 \uparrow$$

$$NH_4HCO_3 \longrightarrow NH_3 \uparrow + CO_2 \uparrow + H_2O$$

$$2NaHCO_3 \longrightarrow CO_2 \uparrow + Na_2CO_3 + H_2O$$

$$HX(산) + NaHCO_3 \longrightarrow CO_2 \uparrow + H_2O + NaX$$

3) 비스킷의 조리 과정

비스킷Biscuit은 Bis + Cuit라는 라틴어의 합성어로 '두 번 + 굽다'라는 의미이다. 빵을 한 번 더 구워서 수분함량을 낮추어 저장성을 높인 것이 바로 비스킷의 원형이다. KFC에 가서 사먹는 비스킷과 비슷한 형태 말이다. 하지만 지금은 쿠키와 크래커 같은 형태를 비스킷으로 알고 있다.

비스킷은 밀가루, 지방, 설탕 등을 반죽하여 구워 낸 제품이다. 수분함량이 4% 미만으로 미생물 생육이 어려워 6개월 이상 저장이 가능하다. 반죽 후 성형하는 방식에 따라 모양, 크기, 샌드위치 모양 등으로 만들어 낼 수 있고, 반죽 과정 중에 색과 향을 첨가하여 다양하게 만들 수 있다. 비상식량과 간식으로 식용이 가능하다.

비스킷은 반죽 배합에 따라 hard dough 비스킷과 soft dough 비스킷, batter 비스킷으로 나눌 수 있다. hard dough 비스킷은 중력분 이상의 밀가루를 사용하며, 설탕과 유지의 함량을 낮게 하고, 반죽 중 충분하게 글루텐을 형성하여 바삭하고 단백한 느낌을 주는 비스킷이다. 산도와 같은 semi-sweet biscuit와 크래커가 여기에 속한다. soft dough 비스킷은 글루텐이 적은 박력분을 사용하며, 설탕과 유지의 첨가량이 많아 글루텐이 약하게 형성된다. 시중에 판매되는 쿠키와 파이류가 여기에 속한다. Batter 비스킷은 유지 첨가량이 많아 반죽 자체가 흐를 정도의 물성을 갖는다. 케이크와 웨하스를 만들 때 사용된다. 일반적으로 반죽이 강도가 높은 것을 cut-out cookies라 하고, 반죽의 강도가 낮은 것을 bagged-out cookies라 한다. 이 분류는 반죽에 따른 성형 방법의 차이에 의한 분류법이다. 성형 방법에 따른 다른 분류법은 아래에 다시 설명하였다.

비스킷의 조리 과정은 그림 3-4와 같다.

그림 3-4
비스킷의
조리 과정

원료 계량   배합   발효   압연

성형   굽기   냉각   포장

원료를 개량하고 배합 반죽 후, 글루텐 형성과 CO_2 가스 생성을 위해 일정 시간 발효를 한다. 다음 밀대로 밀어 sheet를 만들고, 원하는 모양으로 성형한다. 다음 오븐에서 알맞은 온도로 적당 시간 구운 후, 냉각 포장하면 비스킷이 만들어진다.

성형 과정에서 hard dough 비스킷은 틀로 찍어 내는 stamping 성형 방법을 사용하지만, soft dough 비스킷은 반죽이 부드러워 틀로 찍어 내지 못하므로 반죽을 떨어 트려 모양을 만드는 deposit 방식으로 성형한다.

2 두류의 조리

두류 특히 대두는 좋은 식물성 단백질의 공급원으로 건강에 대한 기능성이 인정되어 세계적으로 소비가 증가하고 있다. 대두는 trypsin inhibitor 때문에 날로는 먹지 못하고, 삶는 조리 과정이 꼭 필요하다.

콩을 이용해서 두부를 제조하는 과정을 간단히 보면 그림 3-5와 같다.

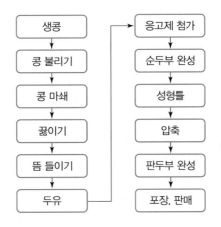

그림 3-5
두부의 제조 과정

생콩은 딱딱하여 가공하기 어렵고, 나쁜 냄새와 맛 등이 존재할 수 있으므로 물에 넣고 12시간 정도 불린다. 이 과정에 콩 중량의 0.3%로 탄산수소나트륨을 첨가하면 알칼리성에 의해 콩의 연화가 촉진된다. 불리는 과정 중 발생하는 거품은 주로 saponin 성분으로 조리에 나쁜 영향을 미치므로 조리 전에 미리 제거하는 것이 좋다. 이렇게 불린 콩을 마쇄하고 끓인다. 끓일 때는 압력솥을 이용할 경우 더 효과적이다. 끓인 다음은 뜸을 들이고, 여과 과정을 거치면 두유를 얻을 수 있다. 두유에 응고제를 첨가하면 두유는 응고된다. 응고제로는 간수와 같은 금속염들이 사용된다. 이때 만들어지는 것이 순두부이다. 순두부를 성형틀에 넣고 압축하여 수분을 빼고 다지면 우리가 일반적으로 소비하는 판두부가 만들어진다.

3 감자의 조리

감자는 세계적으로 널리 사용되고 있는 식재료이다. 전분질과 식이섬유 역시 많이 함유하고 있다. 감자 자체로 식용되기도 하지만, 식품가공에도 많이 사용되고 있다.

감자를 조리하는 데 있어 가장 중요한 것은 갈변을 방지하는 것이다. 감자의 갈변은 감자 중의 tyrosinase에 의해 일어난다. 갈변을 막기 위한 방법으로는 우선 물속에 넣어 둔다. 물속에 감자가 들어가면 공기의 산소와 접촉을 막고, tyrosinase가 수용성이라 물속으로 용출돼 나와 갈변을 막을 수 있다.

껍질을 벗긴 감자의 경우는 아황산 수용액(0.25%)에 5~10분간 담그면, 8시간 동안 갈변이 일어나지 않는다. 하지만 아황산은 천식 환자에게 치명적인 위해를 유발할 수 있기 때문에 현재는 감자 갈변 방지에 사용이 금지되어 있다.

감자의 조리 취급에서는 위생학에서 언급한 솔라닌solanine을 조심하여야 한다. 솔라닌은 감자의 싹에 많이 함유되어 있는 독성물질로 가열하여도 파괴가 잘 되지 않으므로 싹이 난 감자를 사용하지 않거나, 사용할 경우 싹 난 부분을 크게 잘라내고 사용하여야 한다. 그림 3-6은 감자전분의 현미경 및 전자현미경 사진이다.

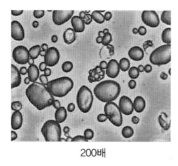 

그림 3-6
감자 전분의
현미경 사진

200배   300배

감자는 감자 자체뿐만 아니라 전분을 추출하여서도 많이 사용한다. 감자전분은 다른 곡류 전분들에 비해 매우 크고 계란형을 취하고 있다. 감자전분은 인산기를 전분 내에 함유하고 있어서 서로 엉겨 붙는 특징을 가지고 있다. 이런 이유로 감자전분은 조리 시 점도를 조절하거나, 식품에 끈끈한 느낌을 줄 때 사용된다. 일반 감자는 가열하면 감자가 투명해지는 것을 볼 수 있는데, 분질감자Waxy potato는 비중이 높고 잘 부서지는 특징을 갖는다.

일반적으로 점질감자는 단백질량이 많을수록 식용가가 높아져 육질이 약간 불투명하며 찰진 질감을 가지고, 찌거나 삶아도 잘 흩어지거나 부서지지 않으므로 볶는 요리와 튀김, 샐러드와 조림에 적합하다. 이에 비해 분질감자는 전분량이 많아질수록 식용가는 낮아져 작은 입상 조직이 보이며 불투명하고 건조한 흰색을 띠고 보실

보실 하면서도 윤이 나지 않는 파삭한 질감을 갖는다. 점질감자는 찌거나 구웠을 때 부서지기 쉬우므로 화덕이나 오븐을 이용한 구운 감자나 매시트 포테이토 요리에 적합하다.

4 밥 짓기

우리나라 사람에게 밥은 주식의 의미로 다른 음식에 비해 큰 의미를 갖는다. 밥을 잘 짓기 위해서는 쌀을 씻는 과정부터 뜸을 들이는 과정까지 물의 양, 가열하는 열원의 종류와 세기, 솥의 종류 등 여러 가지를 고려해야 한다. 밥을 짓는 과정은 워낙 흔하게 알려져 있지만 하나하나 살펴보면 아래와 같다.

① **쌀의 수세 과정** : 저장 중인 쌀에는 지푸라기, 벌레, 돌 등 식용으로는 적합하지 않은 이물질이 많이 포함되어 있다. 이런 불순물들을 제거하기 위해 물을 이용하여 수세한다. 수세는 깨끗한 물로 하고 약하게 문지르면서 한다. 너무 강하게 문지르면 쌀에 상처가 나거나 영양소가 손실된다. 씻은 물은 버리고 깨끗한 물로 바로 갈아 세 번 정도 수세하도록 한다.

② **쌀 불리기** : 쌀을 불리면 물이 쌀 입자 속으로 고르게 스며들어 간다. 호화의 과정 중 1단계가 가역적 수분 흡수 단계인데, 이 불리는 과정이 바로 그 1단계 과정이 된다. 1단계 과정이 잘 되어야 호화된 후 찰기와 탄력이 있는 밥이 된다. 그러나 불리는 과정이 지나치면 수용성 영양성분 용출에 의한 손실과 밥맛의 저하가 일어날 수 있다.

③ **물 붓기** : 쌀은 밥이 되면 이전에 비해 2.5배 정도 중량 증가를 보인다. 따라서 거기에 알맞은 물량을 부어 주어야 한다. 물의 양은 쌀의 종류, 가열 조건, 밥솥의 종류 등에 따라 다르다. 하지만 일반적으로 쌀 무게의 1.5배, 부피의 1.2배 정도 되는 물량이 적합하다.

④ **끓이기** : 쌀 불리기와 물을 붓고 나면 솥의 뚜껑을 닫고 가열한다. 물이 끓으면 쌀알 내부로 수분이 빠르게 침투하여 호화가 되고 팽윤이 되면서 가용성 성분이 외부로 녹아 나오게 된다. 이 과정은 일정 시간을 두고 계속 이루어 져야 호화가 완전히 이루어진다.

⑤ **뜸들이기** : 알맞게 물을 끓인 다음 불을 끄고 뜸을 들인다. 이 과정에서 호화가 종결되고 밥의 조직이 부드러워진다.

⑥ **밥 섞기** : 밥이 완전히 된 후 주걱을 이용하여 밥을 가볍게 아래위로 뒤집어 섞어 준다. 이렇게 하면 밥알 사이에 공간이 생겨 밥알끼리 서로 엉겨 붙고 딱딱해지는 것을 방지할 수 있다.

01 두부는 물에 불린 대두를 분쇄하여 끓인 후 여과하여 얻은 두유에 응고제를 넣어 단백질을 응고시켜 압착한 것이다. 두부를 만들 때 대두를 분쇄한 후 끓이는 목적 2가지를 쓰시오. 그리고 응고제인 글루코노델타락톤(glucono−δ−lactone)과 염화칼슘($CaCl_2$)을 사용하였을 때의 차이를 응고 기전 및 보수성(保水性)과 관련지어 서술하시오. [4점] 영양기출

_____

_____

_____

02 다음은 재래식 간장 만드는 과정을 간략히 도식화한 것이다. 밑줄 친 과정 ①, ②의 효과를 순서대로 쓰고, 그 효과가 나타나는 이유를 순서대로 1가지씩 서술하시오. [4점] 영양기출

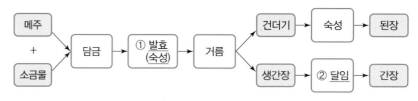

① : _____

② : _____

효과가 나타나는 이유 _____

_____

03 다음의 ㉠은 A 중학교의 식단 게시판이고, ㉡은 B 학생이 '식혜 만들기'에 대해 작성한 내용이다.
물음에 답하시오. [10점] 영양기출

㉠

식단 게시판

오늘의 점심 식단
(2014년 8월 29일 목요일)

보리밥
육개장
탕평채
메추리알장조림
김치
미숫가루/식혜

★ 함께 생각해 보아요 ★

식혜는
어떻게 만드는지
조사하고 정리해 보세요.

㉡ 식혜 만들기

- 첫째 : 엿기름가루 준비하기
- 둘째 : 엿기름물 만들기
  엿기름가루를 천 주머니에 넣어 찬물에 담갔다가 30분 정도 주물럭거리면서 우린다.
  엿기름가루의 물을 가만히 놓아 두어 가라앉힌 후, 맑은 물을 따라 모은다.
- 셋째 : 엿기름물과 밥 섞기
  보온밥통에 밥과 맑은 엿기름물을 섞는다. 2~3시간 후 밥통 안의 밥알이 동동 뜨기
  시작하면, 식혜밥을 체에 밭쳐 낸 후 바로 ① 냉수에 씻어서 냉장고에 넣어 둔다. 남
  아 있는 식혜물은 ② 펄펄 끓인 후 식혀 냉장고에 넣어 두었다가 먹을 때 식혜밥과
  설탕을 조금 넣어 먹는다.

㉠의 식단에 활용된 전분 특성 _____

_____

전분성 식품의 주식이 될 수 있는 이유 3가지 _____

_____

밥이 식혜가 되는 과정과 ㉡에 나타난 효소의 활성화 조건 _____

_____

①, ②의 공통된 목적과 이 과정이 필요한 이유 2가지(식혜의 관능 특성 측면에서)

_____

_____

04 학생들이 텃밭에서 기른 고구마를 수확하여 크기와 중량이 같은 두 고구마를 다음 2가지 방식으로 오븐에서 구웠다. 두 고구마의 단맛을 비교해 보니 ㄴ 고구마가 더 달았다. ㄴ 고구마가 더 달게 된 반응 과정과 이유를 서술하시오. (단, 수분함량의 차이를 제외함) [3점] 영양기출

> ㄱ. 120℃에서 40분 동안 구움
> ㄴ. 65℃에서 30분 동안 구운 후 120℃에서 27분 동안 더 구움

---

05 다음의 ①, ②는 감자의 물리적 특성과 이에 따른 조리적 특성에 대한 설명이다. 작성 방법에 따라 서술하시오. [4점] 유사기출

①	전분 함량이 많고, 수분이 적으며 익혔을 때 불투명하고 보슬보슬한 질감을 가지는 감자로 구이나 찜 조리에 적합하며, 대표적인 음식으로는 매시트 포테이토(mashed potato)가 있다. 매시트 포테이토를 만들 때는 <u>삶은 감자를 식기 전에 으깨어 준다.</u>
②	전분 함량이 적고, 수분이 많으며 익혔을 때 약간 투명하고 찰진 질감을 가지는 감자로 조림이나 볶음 등에 적합하며, 대표적인 음식으로는 감자조림이 있다.

작성 방법
• ①, ②에 해당하는 감자의 종류를 각각 순서대로 1가지씩 제시할 것
• ①와 ②의 비중(比重)을 비교하여 서술할 것
• 밑줄 친 조리 방법의 이유를 1가지 서술할 것

---

06 다음은 두부 제조 시 단백질의 응고에 대한 교사와 학생의 대화이다. 밑줄 친 ①, ②에 해당하는 용어를 각각 쓰고, 밑줄 친 ③에 대해 서술하시오. [4점] 유사기출

교사	두부는 ① 콩 속에 있는 주된 단백질의 응고성을 이용해 만들어요. 오늘 실험에 사용할 ② 응고제는 두부의 풍미를 좋게 하고 응고시간이 빠른 특징이 있어요.
학생	이 물질이 없던 옛날에는 응고제로 간수를 사용했나요?
교사	맞아요. 간수는 바닷물에서 소금을 만들 때 얻을 수 있어요.
	… (중략) …
학생	집에서 된장찌개를 먹었을 때 두부가 더 부드러웠던 것 같아요.
교사	두부가 따뜻해서 부드러울 수 있으나, 된장찌개에 들어 있는 소금 때문에 더 부드러워져요. 그것은 ③ 어떤 원리인지 알아볼까요?

① : _____ ② : _____

③ : _____

_____

07 다음은 교사와 학생이 제과점에서 나눈 대화이다. 밑줄 친 ①에 사용하는 각각의 밀가루 종류를 순서대로 쓰고, ②를 이용해서 발효시켰을 때 생성되는 주요 대사산물 2가지를 쓴 후 각각의 기능을 서술하시오. [4점] 유사기출

학생	선생님, 여기 있는 것들이 모두 빵이에요?
교사	아니란다. 빵도 있고 과자도 있단다.
학생	그러면 ① 빵과 과자는 어떻게 구별하나요?
교사	빵과 과자는 사용하는 밀가루와 팽창제가 다르단다.
학생	아, 그렇게 빵과 과자를 구별하는군요. 그러면 빵에 사용하는 팽창제는 무엇인가요?
교사	빵은 주로 ② 이스트로 팽창시킨단다.

① : _____

② : _____

_____

08 다음은 단팥빵을 스트레이트법(직접법)으로 제조할 때의 반죽 배합표이다. 단팥빵 제조 방법을 비상스트레이트법(비상법)으로 바꿀 때 필수적인 조치로 재료의 비율을 변경해야 한다. 이때 변경할 재료 3가지와 변경한 후의 비율을 쓰고, 비상스트레이트법으로 제조했을 때의 장점과 단점을 각각 1가지씩 서술하시오. [4점] 유사기출

재료	스트레이트법	
	비율(%)	무게(g)
강력분	100.0	1,100.0
물	47.0	517.0
생이스트	3.5	38.5
이스트푸드	0.1	1.1
소금	2.0	22.0
설탕	17.0	187.0
마가린	12.0	132.0
탈지분유	3.0	33.0
계란	15.0	165.0
계	199.6	2,195.6

변경할 재료와 변경 후 비율

비상스트레이트법의 장점과 단점

09 다음은 간장의 숙성 과정에서 호염성 효모와 비호염성 미생물의 생육에 대한 설명이다. 작성 방법에 따라 순서대로 서술하시오. [4점] 유사기출

• 미생물의 종류에 따라 식염에 대한 내성이 다르기 때문에 2% NaCl 농도 조건에서의 생육 여부를 판정하여 호염성과 비호염성 미생물로 구분한다.
• 간장에서 호염성 효모가 생육하며 숙성 과정에 관여하고, 비호염성 미생물의 생육은 저해된다.

간장의 숙성 과정에 관여하는 대표적인 호염성 효모 균주 1가지의 속명과 종명

호염성 효모가 높은 식염 농도 조건에서 생육이 유지되는 이유

10 밀의 제분 과정 중 템퍼링(tempering) 또는 컨디셔닝(conditioning)은 밀가루의 품질에 영향을 미치는 중요한 공정이다. 템퍼링은 밀을 실온에서 가수 처리하는 공정인 반면, 컨디셔닝은 가열을 수반하는 가수 처리 공정이다. 템퍼링 또는 컨디셔닝 공정의 목적, 컨디셔닝 공정에서 가열된 물을 사용하는 이유, 물의 온도를 통상 45℃가 넘지 않도록 조절하는 이유를 각각 순서대로 서술하시오. [4점] 유사기출

11 제빵 공정은 원료 밀가루와 각종 부재료를 혼합하여 반죽을 형성하는 단계로부터 시작된다. 이 단계에서는 밀가루와 부재료를 한꺼번에 반죽하는 방법(①), 또는 밀가루 일부, 물, 효모를 혼합하여 발효시킨 후 나머지 원·부재료를 넣어 반죽하는 방법(②)을 사용할 수 있다. 다음 작성 방법에 따라 순서대로 서술하시오. [4점] 유사기출

　①의 명칭

　②의 명칭

　공정 관리의 용이성과 생산 규모의 측면에서 ①과 ②의 비교

　빵의 부피를 늘려 주고 조직을 부드럽게 하는 부재료의 명칭과 이러한 효과가 나타나는 이유

12 포장된 상태로 각각 냉동고와 냉장고에 1일간 보관했던 인절미(찹쌀떡)를 상온에 2~3시간 정도 꺼내 놓았다가 아이들에게 간식으로 주었다. 그런데 냉동고에 있던 떡이 냉장고에 있던 떡보다 더 부드럽고 맛이 있었다. 그 이유를 1가지만 쓰시오. 기출문제

이유 _____

_____

해설 이 문제의 경우 동일한 떡을 저장만 달리 하였기 때문에 떡을 만든 전분의 종류 차이에 의한 차이는 아니다. 냉동온도와 냉장온도에서 전분의 노화는 냉장온도에서 더 빨리 일어나기 때문에 냉동고의 떡이 더 부드럽고 맛있었던 것이다.

13 밀가루의 품질 및 용도를 결정하는 단백질의 이름을 쓰시오. 단백질의 함량에 따라 밀가루를 크게 4가지로 구분하였을 때, 강력분과 준강력분은 주로 제빵용으로 쓰이는데 과자와 튀김용, 제면용에 적합한 밀가루의 종류를 각각 쓰시오. 기출문제

단백질의 이름 _____

과자와 튀김용 _____

제면용 _____

해설 밀가루의 종류와 사용 용도를 묻는 아주 기본적인 문제이다. 글루텐 단백질 함량에 따라 사용 용도가 다르다. 과자와 쿠키에는 박력분, 제면에는 중력분을 일반적으로 사용한다.

14 밀가루의 글루텐(gluten) 정량은 밀가루의 종류와 용도를 간접적으로 판정할 수 있게 해 준다. 일반적으로 건부율을 기준으로 하여 13% 이상이면 강력분, 10% 이상 13% 미만이면 중력분, 10% 미만이면 박력분으로 구분한다. 어떤 밀가루의 젖은 글루텐 함량이 24%라면 이 밀가루의 주요 용도를 2가지만 쓰시오. 기출문제

① : _____

② : _____

해설 밀가루는 글루텐 함량에 따라 강력, 중력, 박력분으로 나뉜다. 글루텐의 함량은 건조된 글루텐의 함량을 말하는 건부율과 수분을 먹고 있는 상태의 함량을 말하는 습부율로 알 수 있다. 일반적으로 건부율 기준은 잘 알고 있으나 습부율은 잘 모르는 경우가 있는데 습부율 30% 이하는 박력분에 해당하므로 제과제품과 튀김제품에 사용하면 된다(추가 내용은 본문 참고).

15 밀가루를 이용해 만두피를 만들 때 반죽 과정에서 글루텐이 형성된다. 글루텐 형성에 관여하는 밀 단백질 2가지와 글루텐의 형성 과정을 쓰시오. 기출문제

> 글루텐 형성에 관여하는 밀 단백질 _____

> 글루텐 형성 과정 _____

_____

해설 밀가루의 글루텐 단백질은 반죽 특성의 원인 단백질로 밀가루에서 매우 중요하다. 글루텐은 글리아딘과 글루테닌 단백 질로 구성되어 있으며, 구슬 모양의 글리아딘이 실 모양의 글루테닌에 서로 엉겨 붙는 물리적 과정을 거쳐 글루텐이 형성 된다(본문의 글루텐 형성 부분 참고).

16 밀가루를 물과 혼합한 후 물리적 힘을 가하면 점탄성을 가진 반죽이 형성된다. 밀가루 반죽은 혼합, 발효 및 굽기 과정에서 가스를 포집하는 특유한 성질을 갖는데 이러한 성질을 이용한 대표적인 제품들에는 빵, 과자 등이 있다. 반죽을 팽창시키는 방법을 5가지만 쓰시오. 기출문제

① : _____

② : _____

③ : _____

④ : _____

⑤ : _____

해설 밀가루 반죽 팽창은 매우 중요하다. 제빵과 제과와 면을 만들 때 역시 반죽 팽창은 중요한 과정 중 하나이다. 밀가루의 팽 창을 일으키는 팽창기체는 공기, 수증기, 이산화탄소, 에탄올 기체와 암모니아 기체의 5가지 정도가 알려져 있다. 이와 함께 팽창시키는 방법으로는 효모에 의한 발효법, 베이킹파우더와 같은 화학적 팽창제를 이용하는 방법, 반죽을 넓게 폈 다가 다시 접었다가를 반복하는 물리적 에어레이션 방법, 기체를 인위적으로 불어 넣어 주는 방법과, 오븐에 구워서 반죽 내의 수분을 수증기로 만들어 팽창시키는 방법 등이 있다.

17 쿠키의 종류에는 절단 형태의 쿠키(cut-out cookies)와 짜는 형태의 쿠키(bagged-out cookies) 가 있다. ① 절단 형태의 쿠키의 반죽이 잘 부스러지는 이유와 ② 짜는 형태의 쿠키의 모양이 일정 하지 않게 되는 이유를 각각 2가지만 쓰시오. 기출문제

> 이유 ① _____

_____

> 이유 ② _____

_____

본문에서 비스킷의 조리 과정 내용을 보면 반죽의 배합 특성에 따라 hard dough 비스킷과 soft dough 비스킷으로 나누어진다고 소개하고 있다. hard dough는 반죽이 단단하기 때문에 cut-out 방법에 의해 성형이 가능하고 soft는 반죽이 부드럽기 때문에 bagged-out 방법에 의해 성형을 하게 된다. Cut-out된 쿠키는 반죽에 지방 함량이 거의 없고 글루텐 양이 많기 때문에 잘 부서지는 것이고, Bagged-out 쿠키는 반죽 중의 지방 함량이 높고 글루텐 양이 적기 때문에 반죽이 흘러 형태가 일정하지 않은 것이다.

18 된장은 당화 작용, 유기산 발효, 단백질의 분해 작용 등을 거쳐 숙성되고, 소금 첨가와 더불어 맛 성분의 변화가 일어나는 발효식품이다. 아래의 빈칸에 된장의 숙성 중에 생성되는 맛의 종류들을 쓰시오. 기출문제

숙성 과정	성분 변화	맛의 종류
당화 작용	탄수화물 >> 당분	①
유기산 발효	당분 >> 유기산	②
단백질 분해	단백질 >> 아미노산	③
	소금 첨가	④

① : _____ ② : _____

③ : _____ ④ : _____

대두를 이용해서 조리하는 식품으로 두부와 된장은 우리나라에서 가장 많이 애용되는 식재료이다. 된장은 숙성 과정에서 다양한 조미성분들이 만들어진다. 당화작용을 거치면 단맛이 생기고, 유기산이 생기면 신맛, 단백질이 분해되면 감칠맛이 생긴다. 소금이 첨가되면 짠맛이 보충된다.

19 밀가루는 밀단백질인 글루텐 단백질의 함량에 따라 강력분, 중력분, 박력분으로 나누어진다. 글루텐 함량은 건부량과 습부량으로 나누어진다. 각 밀가루의 글루텐 함량을 적으시오.

강력분 _____

중력분 _____

박력분 _____

밀가루의 글루텐 함량은 건부량과 습부량의 함량에 따라 나누어진다(각 함량은 본문 내용을 참고).

20 비스킷(biscuit)은 라틴어로 '두 번 굽다'라는 의미를 갖는다. 빵을 한 번 구운 후 다시 한 번 더 구워 수분함량을 줄이고 저장성을 좋게 한 것에 버터나 잼을 발라 먹었던 것이 비스킷의 원형이다. 비스킷은 반죽의 점도가 높은것에서 묽은 것 순으로 (①), (②)과 (③)으로 나눌 수 있다. (①)은 유지와 설탕의 함유량이 적고, 글루텐을 충분히 형성시켜 바삭하고 단백한 느낌을 주는 비스킷이다. (②)는 글루텐 함량이 적은 박력분을 사용하고, 유지와 설탕의 함량이 높아 글루텐이 약하게 형성된 비스킷이다. (③)은 유지 함량을 매우 높여 흐를 정도로 묽은 반죽으로 만든 비스킷이다. (①)은 성형하는 과정에서 밀대를 이용하여 (④)를 만든 후 틀로 찍어내서 성형을 하는 (⑤) 성형 방법을 사용하나, (②)는 반죽이 묽어 틀로 찍어 내지 못하고 반죽을 떨어트려 모양을 만드는 (⑥) 방식으로 성형을 한다.

① : _____   ② : _____   ③ : _____

④ : _____   ⑤ : _____   ⑥ : _____

해설 비스킷은 밀가루 반죽의 점도에 따라 hard dough, soft dough, batter 비스킷으로 나누어진다. Hard dough 비스킷은 밀대로 sheet를 만들고 찍어내는 stamping 성형 방법을 쓰고 soft dough 비스킷은 deposit 방식으로 성형을 한다.

21 대두는 양질의 식물성 단백질을 함유하고, 기능성 물질을 많이 함유하고 있어 건강 면에서 매우 유용하다. 대두에는 (①)가 함유되어 소화를 방해하므로 조리과정 중 가열처리를 충분히 해 주어야 한다. 대두를 이용하여 조리하는 제품으로는 두부가 있다. 두부를 만드는 과정을 보면 생콩을 물에 불린 후 마쇄하여 끓여 여과하여 (②)를 만든다. 여기에 (③)를 넣어 서로 엉겨 붙게 만들면 (④)가 만들어진다. 이것을 성형틀에 넣고 압축하면 시중에서 흔하게 접하는 (⑤)가 된다. 대두 중에 함유되어 있는 (⑥)성분은 콩을 불리는 과정 중 거품을 일으키고 조리 과정에 나쁜 영향을 미치므로 꼭 제거하여야 한다.

① : _____   ② : _____   ③ : _____

④ : _____   ⑤ : _____   ⑥ : _____

해설 대두는 trypsin inhibitor를 함유하고 있어 소화를 방해한다. 대두는 다양한 방법으로 가공하여 섭취하는데 그중 하나가 바로 두부이다. 두부는 우선 대두를 이용하여 두유를 만들고, 여기에 간수를 넣어 엉기게 하면 순두부가 된다. 이것을 틀에 넣고 압착을 하면 이것이 바로 판두부가 된다. 대두에는 saponin 성분이 들어 있어서 거품을 일으킨다.

22 감자는 여러 분야에서 다양하게 사용되는 좋은 식재료이다. 감자 자체로도 많이 사용되지만 감자 중에 함유되어 있는 (①)을 수침으로 추출한 후 건조시켜서도 많이 사용한다. 감자는 (②)의 함량도 높아 다이어트에 효과가 좋다고 하여 유행을 일으키기도 했다. 감자의 조리 시 감자 중의 (③)는 갈변을 일으키므로 물속에 담가 두거나, 아황산 수용액 중에 담가 두어야 한다. 감자에는 위생적으로 중요한 자연독 중 하나인 (④)이 함유되어 있을 수 있기 때문에 싹이 난 감자의 사용은 피해야 한다. 감자 전분은 다른 전분과는 달리 (⑤)기를 함유하고 있어 서로 엉겨 붙는 특징을 갖고 있기에 전을 만들 경우 특유의 특성을 나타낸다.

① : _____   ② : _____   ③ : _____

④ : _____   ⑤ : _____

해설 감자는 전분함량이 높아 감자전분을 수침으로 추출하여 사용한다. 또한 감자에는 식이섬유의 함량이 높다. 감자 중의 tyrosinase는 갈변을 일으키는 효소로 수용성이므로 물에 담가 두면 갈변을 억제할 수 있다. 감자는 솔라닌을 함유하고 있어 위생적으로 조심해야 하며, 다른 전분과는 달리 인산기를 가지고 있어서 서로 엉겨 붙는 현상이 나타난다.

23 밀가루는 글루텐의 함량과 더불어 회분의 함량에 따라 1등분, 2등분, 3등분으로 나누어진다. 회분의 함량이 높다는 것은 밀의 (①), (②) 부분이 많이 들어가고 배유 부분이 적게 들어갔다는 것을 의미한다. 배유는 탄수화물로 대부분 구성되어 있는 데 비해 (②)은 단백질, 지방, 무기질 등의 양질의 영양소들이 많이 들어 있어 회분의 함량이 높을수록 (③)가 좋아진다. 하지만, 회분의 함량이 높을수록 밀가루의 색이나 조직감이 안 좋아져 (④)은 저하된다.

① : _____   ② : _____
③ : _____   ④ : _____

해설 밀가루는 사용 용도에 따라 강력, 중력, 박력분으로 나뉜다. 또한 회분 함량에 따라 1등분, 2등분과 3등분으로 나눌 수 있다. 회분 함량이 높다는 것은 배아와 껍질 부분이 많이 들어가 있는 것을 의미한다. 회분 함량이 많아질수록 영양성은 좋아지고 기호성은 나빠진다.

24 쌀은 벼에서 겨를 제거한 후 도정하여 만든다. 겨만을 제거하여 쌀눈이 100% 남아 있는 쌀을 (①), 쌀눈이 50% 제거된 쌀을 (②), 90% 제거된 쌀을 (③)라고 한다. 도정이 많이 될수록 쌀의 맛은 좋아지나 영양성이 떨어져서 일반적으로 (④)를 만들어 먹는다.

① : _____   ② : _____
③ : _____   ④ : _____

해설 쌀의 경우는 배아 부분이 얼마나 남아 있는지에 따라 정제도를 표시한다. 배아가 100% 남아 있는 쌀을 현미라고 하며, 50% 제거되면 5분도미, 90% 제거되면 9분도미라고 부른다. 배아의 제거율이 높아질수록 영양성은 낮아지고 기호성은 높아진다. 그런 이유로 대개 7분도미로 쌀을 만들어 먹는다.

25 밥은 우리나라의 주식이다. 현재는 빵과 면에 밀려 주식의 자리를 위협받고 있기도 하지만 영양적인 면과 건강적인 면에서 그 중요성이 다시 조명되고 있다. 밥을 하는 과정은 크게 쌀 불리기, 물 붓기, 끓이기, 뜸 들이기와 밥 섞기로 구성된다. 각 과정에 대해 설명하고 중요한 체크 사항을 자세히 서술하시오.

쌀 불리기 _____

물 붓기 _____

뜸 들이기 _____

밥 섞기 _____

해설 본문 내용을 참고한다.

---

26 두부 제조 및 조리와 관련된 설명 중 옳은 것을 〈보기〉에서 고른 것은? 기출문제

보기
ㄱ. 두부는 식초, 간수 및 $MgCl_2$ 등으로 만들 수 있다.
ㄴ. $CaCl_2$로 응고시킨 두부는 $CaSO_4$로 응고시킨 두부보다 더 부드럽다.
ㄷ. 두부는 콩의 주요 단백질인 글리시닌(glycinin)의 유화성을 이용한 식품이다.
ㄹ. 글루코노델타락톤(glucono $-\delta-$ lactone)으로 두부를 만드는 원리는 콩 단백질의 등전점과 관련이 있다.
ㅁ. 칼슘 이온으로 응고시킨 두부는 맹물에 넣어 끓인 것이 0.5 ~ 1%의 소금물에 넣어 끓인 두부보다 더 부드럽다.

① ㄱ, ㄴ   ② ㄱ, ㄹ   ③ ㄴ, ㄷ
④ ㄷ, ㅁ   ⑤ ㄹ, ㅁ

정답 ②

---

27 ○○ 식품회사는 그림과 같은 공정을 이용하여 두유를 생산하였다. 이 원심분리부터 무균포장까지의 과정은 무균시설이 완비된 자동화 공정에서 이루어졌으며 원료로는 발아시키지 않은 콩(대두)을 사용하였다. 완제품과 제조 공정에 대한 설명 중 옳은 것을 〈보기〉에서 고른 것은? 기출문제

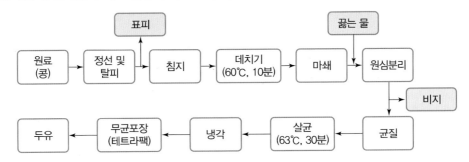

ㄱ. 균질화 공정을 거치면 고형물과 지방의 입자가 고르게 분산되어 유액의 분리가 억제된다.

ㄴ. 두유를 마시면 유당불내증이 발생할 수 있다.

ㄷ. 열처리 공정은 리폭시게나제(lipoxygenase)가 불활성화되는데 충분하여 두유에서 콩 비린내가 전혀 발생하지 않는다.

ㄹ. 두유에는 장내 가스 인자인 라피노오스(raffinose)와 스타키오스(stachyose)가 들어 있다.

ㅁ. 두유에는 콜레스테롤이 우유만큼 들어 있다.

① ㄱ, ㄴ   ② ㄱ, ㄹ   ③ ㄴ, ㄷ

④ ㄷ, ㄹ   ⑤ ㄹ, ㅁ

정답 ②

---

28 쌀을 가공하는 과정이다. 해당하는 쌀에 대한 설명으로 옳은 것만을 〈보기〉에서 있는 대로 고른 것은? 기출문제

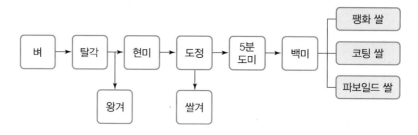

보기

ㄱ. 현미는 배아에 함유된 지방으로 인하여 산패가 일어나기 쉽다.

ㄴ. 백미는 미강층을 모두 제거한 쌀로 5분 도미보다 탄수화물 함량 비율이 더 적다.

ㄷ. 팽화 쌀은 고압으로 가열해서 급히 분출시킨 것으로 가열 중 상당량 호정화된 쌀이다.

ㄹ. 코팅 쌀은 젤라틴액에 비타민 B_1, B_2, 피로인산철을 용해하여 쌀에 피막을 형성시킨 후 건조한 쌀이다.

ㅁ. 파보일드 쌀(parboiled rice)은 벼를 온수에 침지하여 100℃에서 가열 증자시키고 건조한 후 탈각하여 도정한 쌀이다.

① ㄱ, ㄷ   ② ㄱ, ㄴ, ㄹ   ③ ㄱ, ㄷ, ㅁ

④ ㄴ, ㄹ, ㅁ   ⑤ ㄴ, ㄷ, ㄹ, ㅁ

정답 ③

29 빵·과자 제조 시 반죽의 pH가 제품에 미치는 영향에 대한 설명으로 옳은 것을 〈보기〉에서 고른 것은? 기출문제

> 보기
>
> ㄱ. 빵류의 α−아밀라아제 적정 pH는 6.2이다.
> ㄴ. 빵류의 글루텐은 pH5 근처에서 최대의 가스 보유력을 가진다.
> ㄷ. 최상의 결과를 얻기 위한 파운드 케이크의 적정 pH는 8.5~9.2이다
> ㄹ. 반죽의 pH가 7.5~8.0인 초콜릿 케이크의 완제품은 진한 갈색을 띤다.
> ㅁ. 케이크류의 반죽 pH가 산성에 가까우면 기공이 조밀하고 내상과 부피가 작다.

① ㄱ, ㄴ, ㄷ   ② ㄱ, ㄴ, ㄹ   ③ ㄱ, ㄴ, ㅁ
④ ㄴ, ㄹ, ㅁ   ⑤ ㄷ, ㄹ, ㅁ

정답 ④

30 케이크 도넛 제조 과정의 주요 문제점에 대한 설명으로 옳은 것을 〈보기〉에서 고른 것은? 기출문제

> 보기
>
> ㄱ. 반죽이 되거나 발효가 지나칠 경우 흡유율이 증가한다.
> ㄴ. 반죽 시 팽창제와 설탕의 과도한 사용은 지나친 흡유의 원인이 된다.
> ㄷ. 발한(sweating)을 제거하는 방법은 냉각을 충분히 하고 튀김 시간을 감소시키는 것이다.
> ㄹ. 황화 현상(yellowing)을 줄이기 위해 튀김 기름에 스테아린(stearin)을 3~6% 첨가한다.
> ㅁ. 글레이즈(glaze)가 부서지는 것을 방지하기 위하여 자당의 일부를 포도당이나 전화당으로 대체하거나 안정제를 사용한다.

① ㄱ, ㄴ, ㄹ   ② ㄱ, ㄷ, ㄹ   ③ ㄱ, ㄷ, ㅁ
④ ㄴ, ㄷ, ㅁ   ⑤ ㄴ, ㄹ, ㅁ

정답 ⑤

31 식빵 굽기 과정 중 열전도에 따른 물리·화학적 반응에 대한 설명으로 옳은 것을 〈보기〉에서 모두 고른 것은? [기출문제]

> 보기
>
> ㄱ. 굽기 중 반죽 내 전분 입자는 40℃에서 팽윤하기 시작하고 50~65℃에 이르면 호화가 시작된다.
> ㄴ. 반죽 중에 포함된 알코올 등 저휘발성 물질의 증발 및 가스의 열팽창, 수분 증발이 일어난다.
> ㄷ. 굽기 중 당은 분해, 중합하여 캐러멜을 형성하고 전분의 일부는 덱스트린(dextrin)으로 변화한다.
> ㄹ. 굽기가 진행되어 표피 부분이 120℃를 넘으면 아미노산과 당이 마이얄(Maillard) 반응을 일으킨다.
> ㅁ. 가스가 팽창하면서 전분 입자가 서로 연결되어 반죽 내에 글루텐 막이 더욱 두꺼워지고 단단해진다.

① ㄱ, ㄴ, ㄷ   ② ㄱ, ㄴ, ㅁ   ③ ㄱ, ㄷ, ㄹ
④ ㄴ, ㄷ, ㄹ   ⑤ ㄴ, ㄹ, ㅁ

정답 ①

---

32 다음은 콩국수 만드는 과정을 간략히 기술한 것이다. ㉠~㉤에 대한 설명으로 옳은 것은? [기출문제]

콩국수 만들기	
1. 콩국 만들기	• 콩을 물에 담가 충분히 불린 후 분쇄한다. • ㉠ 끓인 다음 여과하여 ㉡ 불용성 물질을 분리하고 ㉢ 콩국을 얻는다.
2. 국수 만들기	• 밀가루에 ㉣ 소금과 물을 넣고 반죽한 후 젖은 행주에 싸서 30분간 방치한다. • 밀대로 밀어 썰고 끓는 물에 삶은 후 ㉤ 찬물에 헹구어서 물기를 뺀다.
3. 담기	• 그릇에 국수를 담고 콩국을 붓는다.

① ㉠에서 트립신 저해물질은 불활성화되지만, 헤마글루티닌(hemagglutinin)은 불활성화 되지 않는다.
② ㉡에는 갈락토오스, 전분, 섬유질 등이 많이 함유되어 있다.
③ ㉢은 진용액 상태의 액체로 우유보다 단백질과 칼슘 함량이 높다.
④ ㉣은 글루텐을 강화시켜 반죽의 점탄성을 증가시킨다.
⑤ ㉤은 적은 양을 사용하여 서서히 식혀야 국수의 탄력이 유지되고 표면이 매끄럽게 된다.

정답 ④

33 밥맛에 영향을 미치는 요인에 대한 설명으로 옳은 것을 〈보기〉에서 고른 것은? 기출문제

> 보기
>
> ㄱ. 아밀로오스(amylose) 함량이 높은 쌀일수록 밥의 찰기가 커지며 색도 좋다.
> ㄴ. 수분함량이 높은 햅쌀로 지은 밥은 점성이 강하고 윤기가 나며 구수한 냄새와 감칠맛이 난다.
> ㄷ. 감자나 밤을 첨가하여 밥을 지을 때에는 그 자체의 수분함량이 충분하므로 물의 양을 줄여야 한다.
> ㄹ. 유리아미노산 중 구수한 맛을 지닌 글루탐산(glutamic acid), 아스파르트산(aspartic acid)은 맛있는 쌀에 많다.
> ㅁ. 쌀을 30분 정도 담근 물속에는 수용성 비타민뿐만 아니라 전분, 단백질 등이 용출되어 있으므로 밥을 지을 때 이 물을 이용하면 밥맛이 좋아진다.

① ㄱ, ㄴ, ㄹ   ② ㄱ, ㄷ, ㄹ   ③ ㄱ, ㄷ, ㅁ
④ ㄴ, ㄷ, ㅁ   ⑤ ㄴ, ㄹ, ㅁ

정답 ⑤

34 다음은 전분의 노화 억제 원리, 방법, 식품의 예를 설명한 것이다. (가)~(라)에 들어갈 식품으로 옳은 것은? 기출문제

노화 억제 원리	노화 억제 방법	식품 예
수분함량 조절	수분함량 15% 이하	(가)
	설탕의 첨가	(나)
온도 조절	−20℃ 이하	(다)
	60℃ 이상	(라)

	(가)	(나)	(다)	(라)
①	비스킷	잼	냉동 떡	찬밥
②	비스킷	누룽지	케이크	찬밥
③	라면	팥양갱	식빵	비스킷
④	건빵	팥양갱	냉동 빵	온장고 내 밥
⑤	건빵	케이크	식빵	온장고 내 밥

정답 ④

35 떡은 만드는 방법에 따라 찌는 떡, 치는 떡, 삶는 떡, 지지는 떡 등으로 나누어진다. 만드는 방법과 떡의 종류가 바르게 연결된 것은? 기출문제

	찌는 떡	치는 떡	삶는 떡	지지는 떡
①	백설기	콩설기	경단	꿀편
②	백설기	인절미	부꾸미	화전
③	콩설기	화전	경단	꿀편
④	송편	화전	부꾸미	경단
⑤	송편	인절미	경단	부꾸미

정답 ⑤

36 밀가루 단백질에 대한 설명으로 옳은 것은? 기출문제

① 글루테닌은 신장성과 관련된다.
② 글리아딘은 입체적 망상구조를 형성한다.
③ 글루텐은 밀가루의 단백질이 물과 결합되어 형성된다.
④ 글루테닌은 점성을 가지고 있으며 빵의 부피와 관련된다.
⑤ 글리아딘은 탄력성을 가지고 있으며 혼합 및 반죽 시간과 관련된다.

정답 ③

37 다음과 같이 식빵을 직접법에서 비상법으로 변경하고자 할 때 (가), (나), (다)에 알맞은 것은? 기출문제

재료명	직접법	비상법
	비율(%)	비율(%)
강력 밀가루	100	100
물	63	(가)
생이스트	2	(나)
개량제	1	1
설탕	6	5
쇼트닝	4	(다)
탈지분유	3	3
소금	2	2

① (가) 61, (나) 4, (다) 3
② (가) 62, (나) 4, (다) 4
③ (가) 63, (나) 3, (다) 4
④ (가) 64, (나) 3, (다) 5
⑤ (가) 65, (나) 2, (다) 5

정답 ②

CHAPTER **04**

축산물의 조리

1 육류의 조리

1) 육류의 사후강직과 자기소화 과정

동물이 죽으면 사후강직과 자기소화 과정을 거치게 된다. 사후강직은 근섬유 단백질인 액틴과 마이오신 근섬유 간에 불가역적이고 영구적인 상호결합이 형성되는 것으로, 그 진행은 일차적 반응 과정이 아니라 그림 4-1과 같이 다양한 반응이 동시에 일어나는 반응 과정이다.

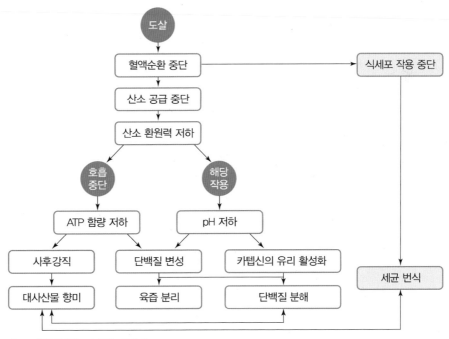

그림 4-1
**동물의 사후
일어나는 주요 변화**

자료 : 식품재료학, 조재선, 문운당

앞의 내용을 가능한 한 순차적으로 설명하면 아래와 같다.

① 도살 후 혈액순환의 정지
② 산소 공급 중단
③ 혐기적 조건으로 변화
④ 크레아틴 포스페이트$_{CP}$와 glycogen으로 부터 ATP를 합성(최초 1~2시간 동안은 높은 ATP 수준을 유지), 이때는 액틴과 마이오신의 영구적 결합이 형성되지 않아 유연성을 유지
⑤ glycogen에서 ATP 합성과정은 혐기적 해당과정으로 이 과정 중 젖산도 생성됨
⑥ 근육 중 CP와 glycogen의 고갈되면 ATP의 함량이 점차 줄어듦
⑦ ATP가 고갈되면 액틴과 마이오신의 결합체인 액토마이오신을 분리할 수 없게 됨
⑧ ATP 고갈 시 Ca이온이 축적되면서 근육의 수축과 경직이 일어남

위의 8단계에 더해 몇몇 개론서에서는 ④~⑤번의 과정을 아래와 같이 더 세분화하여 설명하는 경우도 있다.

④-1. 크레아틴 포스페이트$_{CP}$로부터 ADP에서 ATP를 생성
④-2. 이 ATP를 이용하여 액토마이오신을 분리시킴
④-3. 이때 생성된 ATP가 고갈되면 glycogen에서 ATP 생성
④-4. 이 과정 중 젖산이 생성되고 근육 중 pH가 내려간다.

젖산의 생성이 계속 진행되어 pH 5.4 정도가 되면 젖산 생성은 중지된다. 이렇게 산성 조건이 되면 산성 조건에서 활성을 나타내는 단백질분해효소(카텝신)가 근육 조직에 작용하여 근육조직을 분해하게 된다. 근육조직이 분해되면 근섬유질들이 끊어져 경직 상태가 풀어진다. 이 과정을 자기소화라고 한다.

자기소화가 알맞게 진행되면 근육 단백질 분해 과정 중 발생된 가용성 단백질과 아미노산 등의 증가로 인해 맛이 좋아지고, 알맞은 경직 해제로 인해 육질이 좋아진다.

2) 조리 중 육류 식품의 변화

육류의 조리는 크게 습열조리와 건열조리법에 의해 진행된다. 습열조리는 물로 삶는 방법을 주로 사용하고, 건열조리는 구이의 방법을 사용한다. 육류 제품을 조리하면 조리 과정 중 단백질이 변성되어 소화가 잘되게 변하고, 색이 적색에서 갈색으로 변화한다. 콜라겐$_{Collagen}$이 가열 과정 중 가수분해되고, 육류 중의 가용성 성분이 녹아 나와 육즙이 만들어진다. 조리 과정 중 육류만의 독특한 냄새가 발생하고 지방

구가 파괴되기도 한다. 열에 약한 비타민이 파괴되어 비타민의 함량이 감소하고, 그 외 여러 영양소들이 열에 의해 파괴되기도 한다.

육류의 조리 방법 중 습열조리를 이용하는 요리에는 편육, 탕, 조림과 찜이 있다. 편육은 양지, 사태, 우설 등의 부위를 끓는 물에 넣어 삶아 내는 것이다. 탕은 양지, 사태와 꼬리 부위를 찬물에 넣고 찬물에서부터 끓여 내는 방법이다. 찜은 쇠갈비, 등골, 돼지갈비 등의 부위를 일단 삶아 익힌 후, 양념과 여러 가지 향신료를 첨가하여 다시 끓여낸 것이다. 마지막으로 조림은 우둔육, 대접살, 아롱사태 부위의 고기에 물을 붓고 끓이다가 후에 간장과 설탕을 넣어 뒷마무리를 한 것이다. 습열 가열법을 이용하면 수분함량이 많아 육류가 부드럽기 때문에 일반적으로 좀 질긴 부위의 조리에 사용되는 경우가 많다. 또한 육수가 만들어지는 관계로 육수를 다른 식품의 조리에 사용할 수 있다는 장점이 있다.

건열조리로는 구이가 있다. 구이로는 안심과 등심을 사용하는데, 구이 도중 육류 내의 수분이 증발되기 때문에 식용하기 좋은 연한 부위가 사용된다. 구이는 수용성 영양성분의 손실이 적고, 과정 중에 새로운 향미성분이 생기며, 구이에 사용되는 숯의 스모크향 등이 첨가되면서 새로운 맛이 생성된다.

2 우유의 조리

1) 우유의 이화학적 특성

(1) 우유의 풍미Flavor

우유의 향은 아세톤, 아세트알데히드, butyric acid, 메틸설파이드에 의해 생성되며, 단맛은 유당, 짠맛은 염소이온에 의해 생성된다. 우유는 시간이 지나면 상한 냄새가 나게 되는데 이는 lipase에 의해 우유 속 유지방이 가수분해되면서 발생한다.

(2) 우유의 상태

우유성분 중 유당, 수용성 비타민, 무기질들은 진용액 상태로 분포되어 있고, 인산칼슘과 단백질은 교질상태로 섞여 있다. 나머지 성분들은 유화상태로 분포되어 있다. 유지방의 지방구는 평균직경 $3 \sim 6 \mu m$이고 작은 방울 형태를 취하고 있다.

(3) 우유의 거품성

우유에는 일반 액상 우유, 농축유, 과실 주스 첨가 우유, 탈지분유 등과 같은 다양한 제품군이 있다. 이들은 모두 거품성을 갖는다. 우유의 단백질과 물은 교반하면 얇은 막을 형성하는데 이 막은 작은 공기방울들을 둘러싸서 단백질과 물이 연속상이 네트워크를 형성하도록 돕고 공기방울들이 분산상이 된 거품을 형성할 수 있도록 도와준다. 액상 우유는 단백질 농도가 낮아 거품을 형성할 수 없으나 농축유는 단백질과 지방의 농도가 높아 거품을 쉽게 형성한다. 거품을 냉각하여 얼음 결정이 형성되면 거품의 형성과 안정성은 증가된다. 우유에 레몬주스 같은 산을 첨가하면 거품의 안정성이 더 증가하는데, 이는 산에 의해 단백질이 침전되면서 기벽을 더 강하게 만들기 때문이다. 탈지분유도 우유 거품 제조에 사용하는데, 주로 물과 탈지유 고형물을 동량의 비율로 섞어 원유보다 높은 단백질 농도로 물에 타서 큰 거품을 쉽게 형성한다. 우유에 젤라틴을 첨가하면 안정된 거품을 얻을 수 있다.

유지방이 30% 이상 함유된 휘핑크림은 거품을 형성할 수 있고, 36%의 지방을 함유하였을 때 최적의 거품성을 갖는다. 휘핑크림은 냉동이 아닌 냉장온도에서 쉽게 거품을 형성한다. 냉장상태로 유지하는 경우 지방이 단단해져 휘핑크림 거품의 기벽을 강하게 해 주는 반면, 과다하게 휘저은 휘핑크림은 유화상태가 반전되어 버터처럼 유중수적형의 유화상태로 변한다. 지방은 기포벽을 강하게 해 주는 주성분이므로 먹기 전까지 크림을 냉장상태로 보관하는 것이 필요하다. 냉장보관하지 않아 크림의 온도가 상승하면 지방이 부드러워지면서 단단하던 기포벽이 약해진다. 휘핑크림은 저장성을 증가시키기 위해 살균 과정을 거치는데 살균 과정에 의해 거품 형성능력이 줄어들게 된다. 또 균질화 과정을 거치면 지방구의 크기가 줄어들어 거품 형성 및 안정성을 저하시키므로 휘핑크림을 만들 때는 균질화 과정을 거치지 않는다.

(4) 우유의 균질화

우유를 방치하면 유지방들이 모여 큰 덩어리를 이루어 표면으로 떠오르게 된다. 이런 덩어리는 지방구를 서로 엉키게 하는 아글루티닌Agglutinin에 의해 만들어진다. 이렇게 지방층이 우유에서 분리되는 현상을 크리밍Creaming이라고 한다. 크리밍을 막기 위해서는 지방구를 2,000~2,500psi의 압력으로 작은 구멍을 통과시킨다. 이 과정을 통해 지방구가 2μm 이하로 줄어들게 되는데 이런 일련의 과정을 균질화 Homogenization라고 한다. 균질화한 우유는 점도가 증가하고, 더 희게 보인다. 하지만 열에 대한 안정성이 낮고 빛에 민감하며 거품의 형성능이 저하된다. 시중에 시판되는 대부분의 시유Market milk는 이 과정을 거친다.

2) 우유의 가열 조리 시 나타나는 현상

우유는 어린아이 때부터 접하게 되는 대표적인 동물성 단백질이다. 우유에는 유지방과 유단백질, 칼슘과 유당 등 다른 식품에서 접할 수 없는 특이한 성분이 많이 포함되어 있다.

우유를 가열할 때 우유에서 나타나는 현상으로는 다음과 같은 것들이 있다.

① 일반적으로 가열 처리하면 단백질은 변성을 일으키고, folding이 풀어지면서 소화효소와의 접촉면이 넓어져 소화가 촉진된다. 그러나 우유는 다른 식품과는 달리 가열 처리하면 오히려 유단백질의 소화율이 저하되는 특징이 있다. 따라서 우유는 따뜻한 온도가 아닌 실온 또는 차게 마시는 것이 더 좋다.

② 우유를 가열하면 표면에 피막이 생긴다. 65℃ 이상으로 가열하면, 우유와 공기가 접하는 접촉면에서 단백질이 불가역적인 침전을 일으켜 엷은 피막을 형성한다. 만들어진 피막의 주성분은 열응고성 알부민과 글로불린, 지방과 무기질 등이다.

③ 우유를 120℃ 이상으로 가열하면 우유 중에 존재하는 유당과 단백질에 의한 마이얄Maillard 반응에 의해 갈변이 일어난다. 우유는 단백질과 단당류를 동시에 가진 식품으로 다른 식품에 비해 갈변이 더 잘되는 특징이 있다.

④ 우유를 가열하면 가열취가 발생한다. 우유를 75℃ 이상 가열하면 특유의 가열취가 발생한다. 이 냄새는 유지방의 구성성분인 butylic acid가 휘발되어 나오거나, 일부 우유단백질의 열변성에 의한 것으로 생각된다.

⑤ 우유를 가열하면 미세한 지방구나 casein에 여러 가지 성분들이 흡착된다. 이 과정에서 우유 특유의 비린내가 흡착되어 제거되기도 한다.

3) 우유를 응고시키는 방법

우유의 단백질은 산, 응유효소, phenol 화합물과 염류 등에 의해 응고된다. 우유 응고는 치즈 등의 제조와 유단백질의 분리 정제에 응용된다.

우선 **산에 의한 방법**은 우유 중 casein의 등전점은 산성 부근에 있어 젖산균에 의해 젖산이 생성 · 축적되면 침전하게 되는데, 이 방식을 이용하여 치즈를 생산한다.

또한 rennin(레닌)이라는 **응유효소를 이용**하여 응고물을 만들 수 있다. rennin 효소는 송아지의 위에서 나오는 효소로 과거 치즈 제조에 사용되었다. 그러나 현재는 미생물을 이용하여 이 효소를 생산하고 있어서 저렴하게 사용할 수 있다.

Phenol 화합물에 의한 우유의 응고를 들 수 있다. 탄닌이 함유되어 있는 채소에 우유나 크림을 가하면 페놀 화합물에 의해 우유가 침전을 일으키는 경우가 있다.

이와 더불어 **염류의 첨가**에 의해 우유가 침전되기도 하고, 자연계에 존재하는 응유효소에 의해서도 침전이 발생하기도 한다. 자연계에 존재하는 응유효소로는 파인애플의 bromelin이나 파파야에 함유되어 있는 papain 등이 있다.

3 계란의 조리

1) 계란을 조리에 사용하는 목적

계란은 다른 단백질에 비해 단백가가 높고 저렴하여 대중적으로 쉽게 접할 수 있는 동물성 단백질원이다. 계란은 단백질 공급원의 기능 외에도 다른 이유로 조리에서 많이 사용되고 있다. 계란을 이용하는 이유는 단백질 공급원, 유화제 대용, 열에 의한 응고성, 기포형성 능력, 특유의 향기 등을 들 수 있다.

(1) 단백질 공급원

앞에서 말한 것처럼 계란의 단백가는 100이다. 계란은 인간에게 필요한 필수 아미노산을 이상적으로 가지고 있고, 단백가의 설정 기준이기도 하다.

(2) 유화 기능

계란의 난황에는 레시틴과 lipoprotein 이라는 유화제 성분이 들어 있다. 이 성분에 의해 물과 기름을 서로 혼합된다. 이렇게 만든 대표적인 식품이 바로 마요네즈이다. 난황은 난황 자체가 이미 유화 상태로 있는 emulsion이며, 유화 중에서도 수중유적형을 취하고 있다.

(3) 열에 의한 응고성

계란 용액에 열을 가하면 계란단백질이 변성되어 응고성을 나타내게 된다. 계란단백질 중 난황과 난백은 서로 변성·응고 온도가 다르게 나타난다. 난백은 55℃에서 응고되기 시작하여, 60℃에서 젤리 형태가 되고, 65℃에서 완전히 응고된다. 만약 80℃ 이상으로 가열하면 딱딱하게 경화된다. 난황은 난백보다 높은 60℃에서 응고를 시작하여 70℃에서 완전 응고된다. 이런 단백질의 응고성은 계란찜이라는 식품 조리에 응용된다. 만약 식염을 첨가했을 경우 응고가 촉진되고 반대로 설탕을 첨가하였을 경우는 응고가 지연된다.

(4) 기포형성능력

계란액을 거품기로 잘 저어 주면 공기가 계란 중에 포집되어 기포가 형성된다. 이런 기포 형성은 카스텔라, 스펀지케이크, 엔젤 케이크와 같은 제빵 시 매우 중요하다. 계란의 기포형성능력은 식품의 팽창과 질감에 변화를 주어 음식을 부드럽게 만들어 준다. 기포 형성에 영향을 주는 단백질은 globulin으로 알려져 있다.

계란의 기포 형성능력은 난백의 점도가 농후할 경우, 계란의 신선도가 1~2주 지난 경우, 교반기의 칼날이 넓고 가는 경우, pH가 4.8 부근인 경우, 온도가 응고되지 않는 범위에서 높을 경우, 우유·지방·식염·산성·설탕 등을 첨가할 경우이다.

(5) 특유의 향기

계란은 함황아미노산의 함량이 높아 가열 변성시키면 특유의 냄새가 난다. 이는 생각보다 강하여 몇몇은 특유의 계란 냄새 때문에 계란을 섭취하지 못한다.

2) 계란의 품질과 신선도 측정

우리나라는 과거 계란을 품질보다는 무게에 따라 왕란(68g 이상)부터 특란, 대란, 중란, 소란과 경란(28g 미만)으로 분류하였으나 2001년부터 품질등급을 표시하기 시작하였다. 품질등급은 계란의 외관검사, 투광검사, 할난검사를 통해 1^+, 1, 2, 3,등급으로 나누어 판정한다. 품질 등급 외에도 규격표시는 다르게 진행되었다. 규격표시는 왕란(68g 이상), 특란(68~60g), 대란(60~52g), 중란(52~44g)과 소란 (44g 미만)으로 이루어져 있다. 시중 계란에는 판매를 위해 품질등급과 규격등급 외에도 집하장명, 생산자번호, 등급판정일자를 계란 표면에 식용색소로 인쇄한다.

계란의 신선도를 측정하는 방법은 외부적 선도검사법과 내부적 선도검사법이 있다. 외부적 선도검사법에서는 난형Egg shape, 난각질, 난각의 두께, 건전도, 청결도, 난각색, 비중, 진음법과 설감법을 확인한다. 각각에 대해 간단히 소개하면 품질이 양호한 난각질은 난각의 침착이 균일하고, 1cm²당 129개 정도의 기공이 존재한다. 난간의 두께는 0.31~0.34mm 정도가 좋고, 신선한 계란의 경우 항력시험에서 계란이 파괴되는 건전도는 3.61~5.20kg 정도 나온다. 신선한 란의 비중은 1.0784~1.0914 사이며, 저장시간이 지날수록 비중은 감소한다. 진음법은 계란을 흔들어서 소리가 나는지 확인하는 것으로 신선란의 경우에는 소리가 나지 않는다. 설감법은 혀로 계란의 온기를 측정해 보는 것으로, 신선란은 따뜻한 느낌이 나고 오래된 것은 차가운 느낌이 난다.

내부적 선도검사법에서는 난백계수, 난황계수와 난황편심도를 살펴본다. 난백계수Albumin index는 농후난백을 바닥에 흘렸을 때의 높이와 직경을 측정하여, 농후난백의 높이(h) / 농후난백의 직경(d)로 표시한다. 신선란의 난백계수는 0.06 정도로 신선도가 떨어질수록 난백계수가 작아진다. 난황계수는 난황의 높이 / 난황의 직경으로 표시하는데, 신선란의 난황계수는 0.442에서 0.361 사이이며 신선도가 떨어질수록 난황계수의 값이 작아진다.

01 다음은 카스텔라에 대한 내용이다. 괄호 안의 ①, ②에 해당하는 주된 단백질의 명칭을 순서대로 쓰시오. [2점] 영양기출

> 카스텔라는 난황에 설탕, 물엿, 물을 넣어 충분히 젓고, 여기에 거품을 낸 난백과 밀가루를 함께 넣어 가볍게 저은 후 오븐에서 구운 것이다. 카스텔라가 폭신폭신하고 부드러운 이유는 거품 형성 능력이 큰 (①)와/과 거품을 안정화시키는 (②), 그리고 유화성이 있는 레시틴이 기여하기 때문이다.

①: _____ ②: _____

02 다음 표와 같은 배합으로 ①~④의 계란액을 각각 만들어 90℃ 정도의 온도에서 배합하고 이외에는 모두 동일한 조건으로 계란찜을 만들었다. 다음에 제시한 조건을 고려하여 완성된 계란찜의 단단한 정도에 따라 ①~④를 부드러운 것부터 나열하고, 그 이유를 설명하시오. [4점] 영양기출

종류	전란 푼 것(g)	물(g)	우유(g)	소금(g)	설탕(g)
①	30	70	–	–	–
②	30	–	70	1	–
③	30	70	–	1	–
④	30	70	–	–	2

조건
- 첨가한 소금과 설탕이 계란액의 희석 정도에 미치는 영향은 무시할 것
- 물과 우유의 비중 차이는 무시할 것
- 우유의 단백질이 계란액의 단백질 농도에 미치는 영향은 무시할 것

_____

_____

03 치즈는 우유 단백질인 카제인(casein)의 등전점(isoelectricpoint)을 이용하여 제조한 식품이다. 카제인의 등전점(pH 4.6)보다 pH가 높을 때와 낮을 때 우유에 있는 카제인의 순전하(net charge)가 어떻게 변화되는지 설명하고, 치즈의 제조 원리를 카제인의 순전하와 정전기적 반발력(electrostatic repulsion)을 이용하여 설명하시오. [4점] 영양기출

---

04 다음은 영양교사와 학생의 대화 내용이다. (   ) 안에 들어갈 용어를 쓰시오. [2점] 영양기출

학 생	선생님, 어제 엄마가 맛있는 스테이크를 해 주신다고 쇠고기를 사 오셨어요. 그런데 쇠고기의 색깔이 매우 검붉었고 구워 먹으니 조금 질겼어요. 왜 그런 걸까요?
선생님	가장 중요한 원인은 소가 죽기 직전 근조직의 ( ) 함량이 낮아서 고기 숙성이 덜 되었기 때문이란다.

---

05 다음은 훈제 소시지의 일반적인 제조 공정을 도식화한 표이다. 괄호 안에 해당하는 공정을 쓰고, 이 공정의 목적을 1가지 쓰시오. [2점] 유사기출

공정의 명칭

목적

06 다음은 '식품과 영양' 수업 시간에 교사와 학생이 나눈 대화이다. 괄호 안의 ①에 해당하는 육류 가공의 원리를 쓰고, 밑줄 친 질문 ②에 해당하는 답을 2가지 서술하시오. [4점] 유사기출

교사	육류로 만든 가공품에는 어떤 것이 있을까요?
학생	햄, 소시지, 베이컨이 있습니다.
교사	맞아요. 햄, 소시지, 베이컨을 만들기 위한 육류 가공의 원리에 대하여 알아보겠습니다. (①)은/는 원료육을 소금, 아질산염 및 질산염, 설탕 등을 혼합한 용액에 담그는 것입니다.
학생	소금을 사용하면 맛이 좋아질 것 같아요.
교사	맞아요. 소금은 염용성 단백질을 용출시켜 결착성을 증가시키는 기능도 해요.
학생	아질산염과 질산염은 발암성 물질을 생성할 수 있다고 들었어요.
교사	맞아요. 그럼에도 ② <u>아질산염과 질산염을 사용하는 이유는 무엇일까요?</u>

① : _____

② : _____

_____

07 다음은 타락죽을 만드는 실습에서 우유의 열변성에 대하여 교사와 학생이 나눈 대화의 일부이다. 괄호 안의 ①에 공통으로 들어갈 용어를 쓰고, 밑줄 친 질문 ②에 대한 답을 서술하시오. [4점] 유사기출

교사	우유를 가열 조리 시 피막이 형성될 수 있어요. 우유의 단백질 중 카제인은 약 65℃ 전후에서 응고가 일어나지 않으나 (①)인 락트알부민, 락토글로블린 등은 응고가 일어나요. 왜 이러한 현상이 일어날까요?
학생	우유에 들어있는 카제인은 열에 안정하나, (①)은/는 열에 불안정하기 때문이에요.
교사	맞아요. 그래서 우유를 가열하면 (①)이/가 열변성되어 피막이 형성되고, 또한 수분 증발로 인해 용액 내의 지방, 당질, 무기질 등의 농도가 증가하여 냄비의 바닥이나 옆면에 눌어붙게 되지요.
학생	그러면 ② <u>타락죽을 만들 때 피막이 생기거나 눌어붙는 것을 방지하려면 어떻게 해야 하나요?</u>

① : _____

② : _____

_____

08 다음은 우유 가공에 대하여 교사와 학생이 나눈 대화이다. 괄호 안의 ①에 해당하는 우유 가공 공정과 ③에 해당하는 살균법을 쓰고, 밑줄 친 ②의 주된 목적을 서술하시오. [4점] 유사기출

> 교사　목장에서 착유된 우유를 원유 또는 생유라고 합니다.
>
> 학생　우리가 가게에서 사서 마시는 우유가 원유인가요?
>
> 교사　아니에요. 원유는 일반적으로 (　①　)와/과 살균 등의 공정을 거치게 됩니다.
>
> 학생　(　①　)은/는 어떤 과정인가요?
>
> 교사　② 우유 지방구의 크기를 작게 하는 과정이에요.
>
> 　　　　　　　　　… (중략) …
>
> 학생　선생님, 우유를 살균하는 방법으로는 어떤 것이 있나요?
>
> 교사　살균 방법은 가열 온도와 시간에 따라 분류할 수 있는데, 72~75℃에서 15초간 가열하는 살균법을 (　③　)(이)라고 합니다.

①: _____　②: _____

③: _____

_____

09 다음은 계란의 특성에 대한 조리과학 실습을 진행한 후에 교사와 학생이 나눈 대화이다. 밑줄 친 ①에 관여하는 대표적인 난백 단백질 2가지를 쓰고, 질문 ②에 대한 답을 서술하시오. [4점] 유사기출

> 교사　오늘은 난백의 조리 특성을 알아보고자 몇 가지 실습을 해 봤습니다. 머랭은 난백의 어떤 조리 특성과 원리를 이용해서 만들었나요?
>
> 학생 1　① 난백의 기포성을 이용한 것입니다.
>
> 학생 2　난백을 빠르게 저을 때 들어간 공기를 난백의 단백질이 둘러싸 막을 형성하는 성질을 이용했습니다.
>
> 교사　그러면 ② 난백의 신선도는 기포의 형성과 안정성에 각각 어떤 영향을 줍니까?

①: _____

②: _____

10 다음은 요구르트(yoghurt)의 산업적 제조를 위한 일반적인 공정도이다. 괄호 안의 ①, ②에 해당하는 용어를 순서대로 쓰시오. [2점] 유사기출

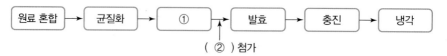

```
원료 혼합 → 균질화 → ① → 발효 → 충진 → 냉각
                          ↑
                     ( ② ) 첨가
```

- 발효공정에 앞서 잡균에 의한 풍미 저하를 막기 위해 (①) 공정을 거친다.
- 첨가하는 (②)의 종류에 따라 제품의 품질과 풍미가 달라질 수 있다.
- 일반적으로 *Lactobacillus bulgaricus*와 *Streptococcus thermophilus* 등의 젖산균이 (②)(으)로 이용된다.

① : _____ ② : _____

11 다음은 시유(market milk) 제조 공장을 방문한 학생들이 생산 관계자와 나눈 대화 내용이다. 작성 방법에 따라 서술하시오. [4점] 유사기출

생산 관계자   다음과 같은 공정으로 시유가 생산됩니다.

```
원유 → 검사 → 청정화 → ① → ②
→ 살균 → 냉각 → 포장 → 시유
```

학생 A   원유의 성분이 항상 일정할 것 같지 않은데 어떻게 일정한 품질의 시유가 제조되나요?

생산 관계자   그래서 (①)이/가 반드시 필요합니다.

학생 B   원유는 균일한 액체로 보이는데 (②) 공정이 왜 필요한가요?

생산 관계자   (②)을/를 하지 않으면 저장 중에 크림층이 형성됩니다.

① : _____ ② : _____

① 공정에서 원유의 지방 함량이 높은 경우 처리하는 방법

_____

② 공정에 의해 크림층 형성이 방지되는 원리

_____

12 다음은 두부와 치즈의 응고 현상에 관해 선생님과 학생들이 나눈 대화 내용이다. 작성 방법에 따라 순서대로 서술하시오. [4점] 유사기출

> 학 생　두부를 만들 때 응고제를 넣는 이유가 무엇인가요?
> 선생님　① 응고제에 포함된 염을 이용하여 단백질을 응고시키기 위해서입니다.
> 학 생　치즈 제조 시 우유가 응고되는 현상도 두부 제조와 같은 원리인가요?
> 선생님　아니요, 우유의 응고 원리는 ② 효소에 의한 단백질의 응고 현상으로 설명할 수 있어요.

　①에서 응고되는 주요 대두 단백질의 명칭　＿＿＿＿＿＿＿＿＿＿＿＿＿＿＿＿＿

　②에서 우유 단백질의 응고 현상에 작용하는 효소와 우유 단백질의 명칭　＿＿＿＿＿

＿＿

　②에서 우유 단백질의 응고 현상에 작용하는 효소에 의한 응고 기작　＿＿＿＿＿＿

＿＿

13 축육류의 도살 직후 일어나는 변화를 2단계로 나누어 보면, 사후강직이 일어나는 단계와 사후강직이 해소되어 숙성이 진행되는 단계로 나눌 수 있다. 이 중 혐기적 상태에서 사후강직이 일어나게 하는 주된 pH 변화의 원인물질을 쓰고, 사후강직 과정에 관여하는 단백질 변화를 서술하시오. [4점] 유사기출

　주된 pH 변화의 원인물질　＿＿＿＿＿＿＿＿＿＿＿＿＿＿＿＿＿＿＿＿＿＿＿＿＿＿

　사후강직 과정에 관여하는 단백질 변화　＿＿＿＿＿＿＿＿＿＿＿＿＿＿＿＿＿＿＿＿

＿＿

＿＿

14 다음은 냉동실에서 꺼낸 쇠고기가 해동되면서 붉은색의 육즙이 고이는 현상에 대해 소비자와 식육 전문가가 나눈 대화이다. 작성 방법에 따라 순서대로 서술하시오. [4점] 유사기출

> 소 비 자　① 쇠고기를 해동시킬 때 빠져나오는 육즙은 고기의 품질에 나쁜 영향을 미치는 것 같아요.
> 식육 전문가　맞아요, 그래서 저희 회사는 항상 ② 육즙 발생을 최소화하기 위해 급속동결 방법을 선택하고 있어요.
> 소 비 자　그렇군요. 그러면 냉동된 식육의 해동은 어떤 방법이 품질 유지에 좋을까요?
> 식육 전문가　해동은 (　③　) 방법이 좋습니다.

작성 방법

• ①의 명칭을 쓰고, 이 현상이 고기의 품질에 나쁜 영향을 미치는 이유를 서술할 것
• ②에서 급속동결 방법이 육즙 발생을 최소화할 수 있는 이유를 서술할 것
• ③에 해당하는 적절한 해동 방법을 서술할 것

①의 명칭과 이 현상이 고기 품질에 나쁜 영향을 주는 이유 _____

_____

② : _____

③ : _____

_____

15 다음 ①은 계란의 신선도를 판정하는 그림이고, ②는 수란과 커스터드(custard)를 만드는 방법에 대한 그림이다. 작성 방법에 따라 서술하시오. [4점] 유사기출

①   ②

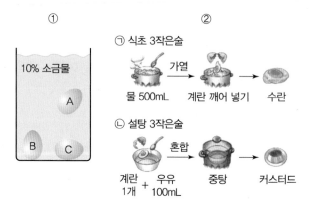

작성 방법

• ①의 계란 A~C 중 난백의 기포 안정성이 가장 큰 것과 완숙란 난황 표면의 암녹색이 가장 짙은 것을 각각 쓰고, 그 이유를 각각 설명할 것
• ②의 밑줄 친 ㉠이 수란의 응고를 돕는 원리를 쓸 것
• ②의 밑줄 친 ㉡이 커스터드의 겔(gel) 형성에 미치는 영향을 쓸 것

① : _____

②의 밑줄 친 ㉠이 수란의 응고를 돕는 원리 _____

_____

②의 밑줄 친 ⓒ이 커스터드의 겔(gel) 형성에 미치는 영향

16 다음 (가)는 인체 내에서의 영양소 대사에 관한 설명이고, (나)는 동물 근육의 사후 변화를 나타낸 그림이다. 작성 방법에 따라 서술하시오. [5점] 유사기출

> (가) (①)은/는 간과 근육에 존재한다. 간에 저장된 것은 주로 혈당 유지에 이용되고, 근육에 저장된 것은 근육 활동을 위한 에너지원으로 사용된다. 운동선수, 특히 마라톤과 같이 장시간 경주를 해야 하는 선수들은 ② 경기력 향상을 위해 (①)을/를 확보하기 위한 식사요법을 한다.
>
> (나)

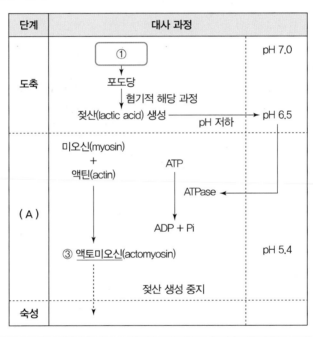

단계	대사 과정	
도축	① ↓ 포도당 ↓ 혐기적 해당 과정 젖산(lactic acid) 생성 —— pH 저하	pH 7.0 → pH 6.5
(A)	미오신(myosin) + 액틴(actin) ↓ ③ 액토미오신(actomyosin) ATP ↓ ATPase ← ADP + Pi	 pH 5.4
숙성	젖산 생성 중지	

(가)와 (나)의 ①에 공통으로 해당하는 물질

혈당이 감소되었을 때 인체 내에서 일어나는 ①의 대사

②에 해당하는 식사요법 1가지

(A) 단계의 밑줄 친 ③이 숙성 단계에서 나타나는 변화와 이 현상이 육질(texture)에 미치는 영향 2가지

_____

_____

17 다음 빈칸에 알맞은 말을 쓰시오. 기출문제

> 질긴 고기는 단백질 가수분해효소를 이용하여 연화시킬 수 있다. (①)은(는) 파파야 나무의 성숙하지 않은 과실의 유액으로부터 얻어지는 효소이다. 이것이 육류 연화제로 많이 사용되는 이유는 안정성이 높고 가격이 저렴하기 때문이다. 파인애플의 과실과 줄기로부터 얻어지는 (②)은(는) 콜라겐(collagen)에 대한 분해성이 매우 높다. 무화과의 수지에 존재하는 (③)은(는) 콜라겐뿐만 아니라 근원섬유단백질에게도 강한 활성을 보인다.

① : _____ ② : _____ ③ : _____

해설 자연계에서 얻는 식물성 식재료 중 단백질 분해 효소를 포함하고 있는 재료와 포함되어 있는 단백질 분해 효소에 대한 내용을 묻는 문제이다. 파파야에는 papain, 파인애플에는 bromelin, 무화과에는 ficin이 각각 포함되어 있다.

18 다음 빈칸에 알맞은 말을 쓰시오. 기출문제

> 도살된 가축의 근육은 시간이 경과하면 사후 강직(rigormortis)을 일으키게 된다. 이러한 현상은 근육 중의 (①)이(가) 분해되어 젖산이 생성되고, 육류의 pH가 낮아짐에 따라 (②)이(가) 분리된 미오신(myosin)이 (③)와(과) 결합하여 (④)을(를) 생성함으로써 일어나게 된다.

① : _____ ② : _____

③ : _____ ④ : _____

해설 식육 제품에 관한 내용 중 사후강직과 자기소화 부분은 가장 중요한 부분이다. 일반적으로 사후강직의 진행 과정에 대한 것을 묻는 문제들의 출제가 많았다.
① 도살에 의해 산소 공급이 중단되면 근육중의 글리코겐이 분해되어 젖산이 생성된다.
② 젖산에 의해 pH의 저하가 일어난다. 이 과정 중 ATP의 결핍이나 부족이 진행된다.
③ ATP의 결핍은 미오신과 액틴의 결합을 분해시키지 못하여 액틴 – 미오신을 생성하게 되고 근육의 유연성을 잃게 된다.

19 다음은 식육의 사후 생리 기작에 관한 설명이다. 아래의 내용을 읽고 빈칸을 채우시오. [기출문제]

가축을 도살한 후 근육의 식육화 과정 중에 일어나는 가장 극적인 변화 중의 하나는 (①)인데, 이것은 사후 근육이 유연하고 신장성이 있는 상태에서 신장성이 없는 상태로 전환되는현상이다. 이 현상은 근육 내 (②)과(와) (③)사이에 비가역적인 상호결합이 형성되기 때문에 일어난다. 이는 살아 있을 때의 근육 수축 중 액토마이신을 형성하는 것과 동일한 화학적 반응이다. 살아 있을 때와 도살 후의 차이점은 후자의 경우 이완이 불가능하다는 것이다. 근육의 이완이 불가능한 것은 액토마이오신 결합을 해리시킬 에너지가 없기 때문이다. 신장성을 잃은 근육이 시간이 지남에 따라 점차 장력이 떨어지고 유연해지는 현상을 숙성이라고한다. 보통 $0 \sim 5$℃의 범위에서 숙성시키지만 고온($15 \sim 40$℃) 에서도 실시한다. 가축과 근육의 종류에 따라 사후 근육 온도를 너무 급하게 저하시키거나 또는 너무 높은 온도를 유지하면 육질에 좋지 않은 영향을 미치게 된다. 특히 0℃의 낮은 온도에서는 심한 단축을 보이는데 이와 같이 근육을 급속히 냉각시킬 때 일어나는 근섬유 단축현상을 (④)이라고 한다. 그리고 16℃ 이상의 높은 온도에서도 역시 근섬유의 단축도가 증가한다. 이러한 (⑤) 현상이 일어나는 것은 고온으로 인하여 근육 내 ATPase 및 대사작용에 관계하는 효소들의 활성이 증가됨에 따라 ATP, CP(creatine phosphate), glycogen 등이 빠른 속도로 분해되어 강직이 촉진되고 단축도가 증가하기 때문이다.

① : _____ ② : _____ ③ : _____

④ : _____ ⑤ : _____

[해설] 정답은 ① 사후강직, ② 액틴, ③ 미오신, ④ 저온단축, ⑤ 고온단축이다.

20 동물 근육은 죽은 지 몇 시간 후 근육이 단단해지는 사후강직(rigormortis) 현상이 일어나며, 이때의고기는 가열조리하여도 질기고 소화율이 낮다. 따라서 육류를 조리할 때에는 강직 상태가 풀리고숙성된 육류를 이용하여야 하며, 맛의 보존을 위해 육즙을 잃지 않고 보수성을 향상시킬 수 있도록가열하여야 한다. 다음 물음에 답하시오. [기출문제]

20-1 다음 〈보기〉는 사후강직 과정 중에 일어나는 현상이다. 강직 과정의 순서를 나열하시오.

보기
① 근육의 pH가 6.5 이하로 떨어진다.
② 혐기적 효소의 작용으로 glycogen이 해당되어 lactic acid를 생성한다.
③ 단백질의 수화를 방해하는 Ca의 작용이 억제되지 못한다.
④ 근육의 보수성이 떨어지고 단단한 육질의 근육이 된다.
⑤ ATP가 분해되기 시작한다.

강직 과정의 순서

20-2 육류의 보수성을 향상시킬 수 있도록 가열하는 방법을 2가지만 쓰시오.

① : _____

② : _____

해설 육류의 사후강직에 대한 문제는 계속적으로 나오고 있으니 하나하나 정확하게 자료를 찾아서 기억해 두어야 한다. 일반
적으로 가열온도가 높고 가열시간이 길수록 근육섬유는 더 많이 수축하므로 이런 가열 방법을 피해야 하며, 가열 온도에
따라 40~50℃에서는 보습성이 감소, 50~55℃에서는 일정, 55℃ 이상이면 감소, 70℃ 이상이면 일정, 80℃ 이상이면
열 변성이 된다고 알려져 있다.

21 육류의 연화법에는 기계적인 방법과 단백질분해효소 이용법이 있다. 조리 시 이용되는 기계적인 방
법의 예 1가지와, 단백질분해효소가 많이 들어 있는 과일, 그 속에 함유된 효소를 각각 2가지만 쓰
시오. 기출문제

기계적 방법의 예 _____

_____

과일	효소

해설 고기를 연화시키는 기계적 방법에는 다지거나 두들겨서 부드럽게 하는 방법이 있다. 과일 중에 들어 있는 단백질분해효
소로는 파파야에는 papain, 파인애플에는 bromelin, 무화과에는 ficin이 각각 포함되어 있다.

22 계란은 좋은 단백질 식품으로 아침 식탁에 잘 오르는 품목이다. 시판되고 있는 계란의 신선한 상태
를 감별하는 방법으로는 깨뜨려서 보는 방법과 비중법이 있다. 깨뜨려서 보는 방법 중 난백계수의
계산법을 쓰고, 깨뜨려서 보는 방법과 비중법의 감별 기준을 각각 쓰시오. 기출문제

난백계수 _____

_____

깨뜨려서 보는 방법의 감별기준 _____

_____

해설 본문 중 계란의 품질과 신선도 측정 부분을 참고한다.

23 모든 동물은 죽으면 사후강직(사후경직)과 자기소화 과정을 거치게 된다. 사후강직의 진행 과정과 자기소화의 진행 과정의 순서를 번호 순서대로 배치하여 보시오.

	사후강직	자기소화
①	pH의 저하가 일어난다.	pH가 5.4까지 떨어진다.
②	근육의 보수성이 감소하게 된다.	젖산의 생성이 중지된다.
③	근육조직 중 산소공급의 중단되어 혐기적 조건으로 변한다.	젖산의 생성이 계속된다.
④	최종적으로 육질이 질겨진다	근육조직을 분해한다.
⑤	ATP의 감소가 일어난다.	산성 단백질분해효소가 활성화된다.
⑥	글리코겐이 분해되어 젖산이 생성된다.	경직상태가 풀리게 된다.
⑦	동물이 죽는다.	근섬유질인 분해된다.

사후강직 순서 _____

자기소화 순서 _____

해설 사후강직과 더불어 자기소화의 순서도 하나하나 정리하여 두어야 한다. 본문의 내용과 더불어 다양한 자료를 통해 꼭 정리해 두도록 하자.

24 사후강직기간의 육류와 자기소화 과정의 육류는 서로 많은 차이점을 가지고 있다. 각각의 특성에 대해 3가지씩 적으시오.

사후강직기간 ① : _____

② : _____

③ : _____

자기소화 ① : _____

② : _____

③ : _____

본 문제는 사후강직기간과 자기소화 시 일어나는 현상을 순서대로 적는 문제가 아니라, 그 경우 육류의 특징을 적는 문제이다. 사후강직기간에는 고기가 질겨지고, 양념이 잘 먹지 않아 식육으로 잘 사용하지 않는다. 자기소화 시에는 경직이 풀려 양념이 잘 먹고, 아미노산이 생겨서 풍미가 좋아지는 특징을 나타낸다.

25 습식가열과 건식가열에 의해 육류제품을 조리할 경우 많은 변화가 발생하게 된다. 이때 발생하는 변화를 5가지 적으시오.

① : _____

② : _____

③ : _____

④ : _____

⑤ : _____

육류를 가열하게 되면 열변성과 더불어 소화가 잘되고, 육즙의 용출이 발생되며, 맛과 향이 좋아지는 등 다양한 변화가 나타난다.

26 아래의 빈칸에 알맞은 낱말을 쓰고, 습열조리법의 장점을 적으시오.

> 습열조리법 중 양지, 사태, 우설 등의 부위를 반드시 끓는 물에 삶아 내는 방법을 (①),
> 양지와 사태 등을 찬물에 넣고 찬물로부터 끓여 내는 방법을 (②), 소갈비, 등골 등의 부위
> 를 일단 삶아 익힌 후 양념과 향신료를 첨가하여 다시 끓여 내는 (③) 등이 있다. 또한 우둔
> 육, 대접살 부위를 물을 붓고 끓이다가 간장과 설탕을 넣어 뒷마무리하는 (④)방법도 있다.

① : _____   ② : _____

③ : _____   ④ : _____

습열조리의 장점 _____

육류 제품을 조리하는 방법은 매우 다양하다. 각 방법에 대해 자세히 묻는 문제이다. 정답은 ① 편육, ② 탕, ③ 찜, ④ 조림이다. 습열가열은 수분을 이용하기 때문에 질긴 조직도 식용이 가능하도록 부드럽게 해 준다는 장점이 있다.

27 건열조리법에 의해 육류를 조리하는 방법으로는 구이 방법이 있다. 구이 방법이 습열조리법에 비해 갖는 장점을 3가지 적으시오.

> 구이 방법의 장점   ① : _____
>
> ② : _____
>
> ③ : _____

해설 구이법에 의해 육류를 가열하면 열수에 의한 영양소 손실이 적고, 다양한 풍미가 발생하고, 조리 중 건조에 의해 바삭바삭한 조직을 얻을 수 있고, 자신의 취향에 따라 익힘을 조절할 수 있다.

28 우유는 유지방, 유칼슘, 유단백질, 유당 등을 함유하고 있는 완전식품 중 하나이다. 우유의 가열 과정 중 우유는 다양한 변화를 받게 된다. 다음 온도에서 가열할 경우 일어나는 현상과 원인물질이나 원인이 되는 반응을 쓰시오.

온도	현상	주요 성분과 반응
65℃ 이상	①	②
120℃ 이상	③	④
75℃ 이상	⑤	⑥
가열 과정	지방구나 casein에 여러 성분이 흡착되어 비린내가 제거되기도 한다.	

① : _____

② : _____

③ : _____

④ : _____

⑤ : _____

⑥ : _____

해설 우유는 가열하는 온도에 따라 다양한 현상을 나타낸다. 우유는 65℃에서는 피막 형성, 120℃ 이상에서는 갈변, 75℃에서는 가열취가 발생한다. 피막 형성은 단백질의 불가역적 침전현상이고 갈변은 Maillard 반응, 가열취는 butylic acid의 휘발에서 오는 현상들이다.

29 우유를 응고시키는 방법 3가지를 쓰고, 2줄 이내로 설명하시오.

① : _____

_____

② : _____

_____

③ : _____

_____

해설 우유를 응고하는 방법은 응유효소를 이용하는 방법, 산을 첨가하여 등전점으로 pH를 낮추는 방법, 염을 첨가하여 침전 시키는 방법과 탄닌과 같은 phenol 화합물을 이용하는 방법 등이 있다.

30 계란은 쉽게 접할 수 있는 고단백 식품이다. 계란을 조리할 경우 계란은 단백질 공급원으로의 기능, 유화제 대용 기능, 열에 의한 응고성, 기포형성능력과 특유의 향기를 잘 이용해야 한다. 계란은 단백질의 품질을 측정하는 (①)가 매우 높다. 또한 계란에는 (②)와 (③)이 들어 있어 마요네즈와 같은 유화 처리된 식품 조리에 꼭 필요한 재료이다. 계란은 자연 중에는 액상이지만 가열하게 되면 변성되어 응고성을 나타낸다. 일반적으로 식염을 첨가하면 응고가 (④)되고, 설탕을 첨가하면 (⑤)된다. 계란의 기포형성능력은 카스텔라와 스펀지케이크 등을 만들 때 유용하게 사용된다. 계란의 특유의 냄새는 계란 중 함량이 높은 (⑥)에 의해 가열변성 중 발생한다.

① : _____ ② : _____ ③ : _____

④ : _____ ⑤ : _____ ⑥ : _____

해설 계란의 특성을 묻는 문제이다. 계란은 단백가가 높은 식품이고, 난황에는 레시틴과 lipoprotein이 함유되어 마요네즈 등을 만드는 데 유화제로 작용한다. 식염의 첨가는 계란의 응고를 촉진하나 설탕의 첨가는 지연시킨다. 계란 특유의 향기는 함황아미노산에 의해 발생한다.

31 다음은 냉동 고기풀과 연제품의 가공 공정과 원리를 개략적으로 설명한 것이다. ㉠~㉢에 해당하는 물질로 가장 적절한 것을 나열한 것은? 기출문제

> 연제품의 원료가 되는 냉동 고기풀은 주로 명태육을 이용하여 제조한다. 탄력이 좋은 냉동 고기풀은 명태육을 충분히 물로 씻어 어육 중에 존재하는 단백질 변성 인자, 협잡물 및 연제품의 ㉠ 탄력 형성을 저해하는 단백질을 제거하고, ㉡ 어육단백질이 냉동 변성을 억제하는 부원료를 첨가하여 가볍게 갈아 동결한 것이다. 이 냉동 고기풀을 해동·절단하여 식염을 가하고 고기갈이하면 ㉢ 탄력 형성을 주도하는 단백질이 용출되는데, 이것을 가열하면 망상구조가 형성됨으로써 탄력이 좋은 연제품이 제조된다.

	㉠	㉡	㉢
①	근형질 단백질 (sarcoplasmic proteins)	솔비톨 (sorbitol)	근원섬유 단백질 (myofibrillar proteins)
②	근원섬유 단백질 (myofibrillar proteins)	전분	콜라겐 (collagen)
③	콜라겐 (collagen)	솔비톨 (sorbitol)	근형질 단백질 (sarcoplasmic proteins)
④	근형질 단백질 (sarcoplasmic proteins)	지방	콜라겐 (collagen)
⑤	근형질 단백질 (sarcoplasmic proteins)	전분	근원섬유 단백질 (myofibrillar proteins)

정답 ①

32 그림과 같은 제조 과정을 통해 가당연유를 생산하고자 할 때, (가) 공정에 대한 설명으로 옳은 것을 〈보기〉에서 있는 대로 고른 것은? 기출문제

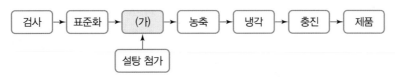

검사 → 표준화 → (가) → 농축 → 냉각 → 충진 → 제품

설탕 첨가

보기
ㄱ. 첨가되는 설탕의 용해가 촉진된다.
ㄴ. 우유 단백질이 가열 변성되고 제품의 점도가 높아진다.
ㄷ. 농축 공정에서의 수분 증발을 느리게 하여 제품의 백색도를 높인다.
ㄹ. 생유에 있는 미생물과 효소 등을 파괴하여 제품의 안전성과 저장성을 높인다.

① ㄱ, ㄴ
② ㄱ, ㄴ, ㄹ
③ ㄱ, ㄷ, ㄹ
④ ㄴ, ㄷ, ㄹ
⑤ ㄱ, ㄴ, ㄷ, ㄹ

정답 ②

33 그림은 ○○고등학교 학생들의 버터에 관한 대화 내용이다. 옳은 내용을 말하고 있는 사람을 고른 것은? 기출문제

길 동	교통(churning)이란 크림에 지방구들이 뭉쳐서 작은 입자를 형성하게 하고, 그것이 버터밀크와 분리되도록 일정한 속도로 크림을 휘저어서 기계적으로 지방구에 충격을 주는 작업이야.
영 순	길동아! 네가 말한 작업은 균질기(homogenizer)를 이용하는 거야.
철 수	발효시키지 않는 버터를 감성버터(sweet butter)라고 해.
순 이	버터는 유중수적(W/O)형 유화 식품에 속해.
영 이	버터는 우유의 단백질을 주원료로 해서 만드는 거야.

① 길동, 순이, 철수 ② 길동, 영이, 영순 ③ 영이, 순이, 영순
④ 순이, 철수, 영순 ⑤ 길동, 영이, 철수

정답 ①

34 다음은 돈육을 이용한 햄(ham) 제조 공정 중 염지 과정에서 발색제를 사용할 때 육색이 고정되는 과정을 설명한 것이다. (가)~(라)에 들어갈 내용으로 옳은 것을 나열한 것은? 기출문제

> 보기
>
> 발색제로 사용된 ☐(가)☐ 이 미생물의 작용에 의해 ☐(나)☐ 으로 환원된 다음, 육류의 해당 작용(glycoysis)으로 생성된 젖산과 ☐(나)☐ 이 반응하여 아질산(HNO_2)을 형성한 후 ☐(다)☐ 를 생성한다. 아질산에서 생성된 ☐(다)☐ 는 적자색의 미오글로빈(myoglobin)과 결합하여 니트로소미오글로빈(nitrosomyoglobin)을 형성하게 되는데, 이를 가열했을 때 니트로소헤모크롬(nitrosohemochrome)이 되어 ☐(라)☐ 을 나타낸다.

	(가)	(나)	(다)	(라)
①	아질산염	질산염	NO	선홍색
②	질산염	아질산염	NO_2	암갈색
③	질산염	아질산염	NO_2	선홍색
④	아질산염	질산염	NO_2	암갈색
⑤	질산염	아질산염	NO	선홍색

정답 ⑤

35 소의 (가)~(라) 부위에 가장 적절한 조리법으로 알맞게 짝지은 것은? 기출문제

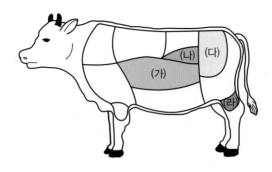

	(가)	(나)	(다)	(라)
①	탕	전골	육회	조림
②	찜	수육	탕	구이
③	편육	구이	육포	전골
④	탕	수육	찜	구이
⑤	육회	조림	수육	탕

정답 ①

36 일본 음식 중 계란찜의 레시피이다. 이에 대한 설명으로 옳은 것을 〈보기〉에서 고른 것은? 기출문제

재 료	분 량	재 료	분 량
계 란	1개	죽 순	10g
새 우	1마리	쑥 갓	1줄기
닭고기	20g	레 몬	약 간
표고버섯	20g	다시마	약 간
어 묵	20g	소금, 간장	약 간

보기

가 : 레몬은 고명으로 사용한다.

나 : 니모노(煮物) 조리법에 속한다.

다 : 쑥갓은 연한 잎을 골라서 찬물에 담근다.

라 : 가열할 때 사용하는 조리 도구는 아게나베(揚鍋)이다.

마 : 강한 불로 장시간 조리하면 황화제일철(FeS)이 형성된다.

① 가, 나, 다   ② 가, 나, 라   ③ 가, 다, 마

④ 나, 다, 라   ⑤ 다, 라, 마

정답 ③

37 돼지고기 완자를 만들 때 약간의 소금을 넣고 저으면 고기풀이 되어 점성이 생기는 이유에 대한 설명으로 옳은 것은? 기출문제

① 소금에 의해 근장이 용출되었기 때문이다.
② 소금에 의해 육기질이 염용되었기 때문이다.
③ 소금에 의해 점질 단백질이 염용되었기 때문이다.
④ 소금에 의해 근섬유 단백질이 염용되었기 때문이다.
⑤ 소금에 의해 근장이 점성이 있는 반유동성 액체로 변했기 때문이다.

정답 ④

38 약선음식을 만들고자 한다. 맛을 고려한다면 계란찜에 적합한 한방 약재는? 기출문제

① 숙지황, 당귀   ② 두충, 하수오   ③ 당귀, 맥문동
④ 산사, 어성초   ⑤ 하수오, 구기자

정답 ⑤

39 A, B를 만드는 과정에서 사용된 계란의 조리 특성을 이용한 음식의 예를 순서대로 나열한 것은? 기출문제

A

• 다진 고기에 볶은 양파, 빵가루, 계란, 소금, 후추를 섞어 충분히 치댄 후 모양을 만든다.
• 달구어진 팬에 모양을 유지하며 굽는다.

B

• 물과 설탕을 끓여서 설탕 시럽을 만든다.
• 차게 식힌 설탕시럽, 레몬주스, 와인, 계란흰자를 섞어 제빙기에서 5분 정도 돌려 주면서 원하는 형태로 만든다.

---

① 화양적, 캔디(candy)
② 콘소메(consomme), 지단
③ 해물파전, 마요네즈(mayonnaise)
④ 커스터드(custard), 머랭(meringue)
⑤ 엔젤케이크(angel cake), 수플레(souffle)

정답 ①

40 쇠고기는 근육의 결이 굵고 길수록 질기고, 짧고 가늘수록 연하다. 여러 가지 연화법을 잘 활용하여 조리하면 맛있고 연한 질감의 요리를 할 수 있다. 육류의 연화법에 대한 설명으로 옳은 것은? 기출문제

① 쇠고기를 재울 때 파인애플 통조림을 사용하면 생 파인애플을 사용하는 것보다 고기가 더 연해진다.

② 설탕, 꿀 등을 넣으면 쇠고기가 연해지는 효과를 나타내는데 많이 첨가할수록 연화 능력이 증대된다.

③ 우리나라에서는 예로부터 배즙을 이용하여 쇠고기를 연화시켜 왔으나 배즙은 단백질 분해 효소의 연화 능력이 키위에 비해 낮다.

④ 와인, 맥주, 토마토 페이스트, 과일즙 등을 적절히 사용하면 쇠고기의 pH를 높여 육류 단백질의 수화 능력이 커져서 고기가 연해진다.

⑤ 쇠고기에 적당량의 소금이나 간장을 첨가하면 연해지는데 장조림의 경우에는 염 농도가 5% 이상이 되어야 최적의 연화력을 나타낸다.

정답 ③

41 다음은 족편과 치즈의 제조 과정을 나타낸 것이다. (가)와 (나)에 대한 설명으로 옳은 것을 〈보기〉에서 고른 것은? 기출문제

우족 → (가) → 냉각 → 굳히기 → 썰기 → 족편

원료유 → (나) → 커드 절단 → 유청 분리 → 압착·성형 → 숙성 → 치즈

(치즈 종류에 따라 숙성 과정은 생략 가능함)

보기
ㄱ. (가) 단계에서 섬유상 가작이 풀리면서 수용성 물질로 변화하여 졸(sol)을 형성한다.
ㄴ. (가) 단계는 고기를 연화시키는 방법의 하나로 결합조직이 적은 부위의 조리법으로 적당하다.
ㄷ. (나)의 경우 효소를 첨가하는 것이 산을 첨가하는 것보다 치즈의 칼슘 함량이 높다.
ㄹ. (나) 단계에서 젖산균을 첨가하면 pH가 저하되어 카제인(casein)이 등전점(isoelectric point, pI)에서 응고된다.
ㅁ. (가)와 (나) 단계에서는 단백질의 펩티드 결합(peptide bond)이 분해된다.

① ㄱ, ㄴ, ㄷ   ② ㄱ, ㄴ, ㅁ   ③ ㄱ, ㄷ, ㄹ
④ ㄴ, ㄷ, ㅁ   ⑤ ㄷ, ㄹ, ㅁ

정답 ③

42 햄이나 베이컨 제조 공정의 하나로 제품의 질을 좌우하는 중요한 요소인 염지에 대한 설명으로 옳지 <u>않은</u> 것은? 기출문제

① 아질산염은 육색소를 고정할 뿐만 아니라 식중독을 유발하는 Clostridium botulinum의 생육을 억제한다.

② 보수성의 향상 효과는 질산염 또는 아질산염보다는 주로 소금에 의해 이루어진다.

③ 염지액에 첨가되는 당류로서 주로 설탕과 물엿이 이용되며 고기의 조직을 경화시키는 것이 목적이다.

④ 염지법에는 분말상태의 염지 성분을 원료육에 뿌리는 건염(dry curing)법과 염지액에 원료육을 담가 두는 액염(wet curing)법이 있다.

⑤ 염지촉진법은 일반적인 염지법의 기간을 단축하기 위한 방법으로 주로 원료육의 중량이 무거운 경우에 이용한다.

정답 ③

43 식육의 사후강직 현상으로 옳은 것을 〈보기〉에서 모두 고른 것은? 기출문제

> 보기
> ㄱ. 단백질분해효소 작용이 증가한다.
> ㄴ. ATP의 분해로 보수성이 감소한다.
> ㄷ. 해당작용으로 젖산 생성이 증가한다.
> ㄹ. 유리 아미노산과 핵산분해산물 함량이 증가한다.
> ㅁ. 미오신은 액틴과 결합하여 액토미오신이 증가한다.

① ㄱ, ㄴ   ② ㄱ, ㄹ   ③ ㄴ, ㄷ, ㅁ
④ ㄷ, ㄹ, ㅁ   ⑤ ㄱ, ㄴ, ㄷ, ㄹ

정답 ③

CHAPTER **05**

해산물의 조리

1 어패류의 조리

어패류는 식재료 중에서 많은 부분을 차지하고 있다. 육류와는 다른 조직감과 건강적인 면이 강조되고 있으며, 고급 식재료의 이미지를 가지고 있는 재료이다. 어패류는 어류와 조개류를 총괄하는 말이다. 어패류는 수분(75%), 단백질(20%), 지방, 무기질(1.5%)과 추출물질(2%)로 구성되어 있다.

1) 어패류의 사후강직과 육류의 사후강직의 비교

일반적으로 어떤 생물이든 죽게 되면 사후강직이 일어나게 된다. 이는 소나 돼지뿐만 아니라 어류 역시 마찬가지이다. 앞에서 설명한 것처럼 육류의 경우 사후강직 시기에는 식용으로 가치가 낮으나 자기소화 시기를 거치면서 풍미와 조직감이 좋아진다. 육류의 자기 소화는 종류에 따라 다르나 일반적으로 2~3일 정도가 걸리는 것으로 알려져 있다.

어패류는 도살한 후 바로 먹는다. 어패류도 사후강직 시기가 오지만 육류에 비해 근육조직이 적은 관계로 사후강직의 강도가 크지 않다. 그런 이유에서 사후강직 기간 중에 어패류를 섭취를 하여야 약간의 조직감을 느낄 수 있다.

육류는 자기소화기를 거치면서 풍미가 증가되고 조직감이 좋아지지만, 대부분의 생선은 자기소화의 속도가 빠르기 때문에 맛과 풍미가 크게 저하된다. 이런 이유에서 육류는 도살 후 일정 시간이 지난 후에 식용으로 사용하고, 어패류는 바로 식용으로 사용한다.

2) 어패류의 부패 정도를 관능적으로 측정하는 방법

위생학 부분에서 설명한 것처럼 식품의 초기 부패를 측정하는 데 관능검사는 매우 효과적이다. 어류의 경우 부패 정도를 측정하는 기준을 그림 5−1과 5−2에 나타내었다.

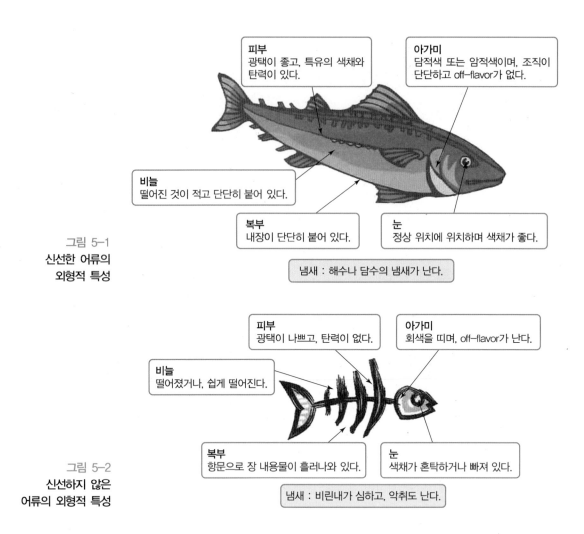

피부
광택이 좋고, 특유의 색채와 탄력이 있다.

아가미
담적색 또는 암적색이며, 조직이 단단하고 off-flavor가 없다.

비늘
떨어진 것이 적고 단단히 붙어 있다.

복부
내장이 단단히 붙어 있다.

눈
정상 위치에 위치하며 색채가 좋다.

냄새 : 해수나 담수의 냄새가 난다.

그림 5-1
신선한 어류의
외형적 특성

피부
광택이 나쁘고, 탄력이 없다.

아가미
회색을 띠며, off-flavor가 난다.

비늘
떨어졌거나, 쉽게 떨어진다.

복부
항문으로 장 내용물이 흘러나와 있다.

눈
색채가 혼탁하거나 빠져 있다.

냄새 : 비린내가 심하고, 악취도 난다.

그림 5-2
신선하지 않은
어류의 외형적 특성

위의 그림에서 보는 바와 같이 피부, 비늘, 눈, 아가미색, 냄새, 복부 등을 관찰하면 어류의 신선도를 가늠할 수 있다. 어류는 부패 속도와 아취off-flavor 생성이 빠르기 때문에 신선도 검사가 매우 중요하다.

3) 어취를 제거하는 방법

어류는 기본적으로 비린내를 가지고 있다. 이 비린내를 제대로 제거하지 못하면 조리 후 식품의 품질에 나쁜 영향을 미치게 된다. 그런 이유로 어취를 제거하는 방법이 많이 제시되어 있다. 이 중 대표적인 방법은 다음과 같다.

① 흐르는 물에 충분히 세척한다. 어취의 주성분인 TMATrimethylamine는 수용성 물질이므로 물로 여러 번 세척하면 상당량 제거할 수 있다.

② 술을 첨가한다. 술에 들어 있는 알코올은 어취를 제거하는 역할을 한다. 그런 이유로 매운탕과 같은 것을 조리할 때 소량의 술을 첨가시킨다.

③ 식초와 같은 산성 물질을 첨가한다. 산성 물질이 TMA와 결합하면 냄새가 없는 화합물을 만들기 때문에 어취가 감소된다. 이런 이유로 생선을 조리할 때 식초, 레몬즙 및 유자즙과 같은 산성즙을 사용한다.

④ 생강, 마늘, 파와 같은 향신료를 첨가한다. 생강의 gingerone과 shogaol은 미각을 마비시켜서 어취에 대해 둔하게 만든다. 또한 마늘과 파의 황화합물 역시 어취를 masking해 준다.

⑤ 그 외에도 간장과 된장을 첨가하여 어취를 masking해 준다.

⑥ 향이 강한 통후추와 피망, 셀러리 등의 첨가 역시 어취를 masking하는 데 도움을 준다.

⑦ 고추와 후추를 첨가하면 capsaicin과 chavicin의 작용으로 미각이 둔해져 어취에도 둔해진다.

이상의 방법들이 어취 제거에 사용되며, 그 외에도 다양한 방법들이 제시되고 있다.

4) 생선조리에 영향을 미치는 외부 인자

생선조리에는 많은 인자들이 영향을 미친다. 이런 인자들은 조리에서 중요한 역할을 하며, 이들을 어떻게 조절하느냐에 따라 조리 후의 식품에도 많은 영향을 미친다.

생선조리에 있어서 가장 중요한 것은 식염의 첨가일 것이다. 식염은 모든 식품에 첨가되어 간을 맞추는 가장 기본적인 조미료이다. 식염이 2~6% 정도 첨가되면 어육의 투명도가 증가하고 점성과 보수성이 증가한다. 이런 특징을 이용하여 어묵 등의 제조에 응용할 수 있다.

생선을 식초와 같은 산성용액에 담글 경우 어육 단백질이 등전점으로 이동하여 응고되므로 특이한 질감을 나타낸다. 사후 경직이 일어날 경우 pH가 감소하는데 이럴 경우 actomyosin의 용해도가 낮아져 살이 단단해지며, 생선의 조직감과 맛이 좋아진다.

생선을 가열할 경우, 어육단백질은 열변성을 받게 된다. 열변성을 받게 되면 생선살은 불투명해지고 수축되며, 수분을 분리하고 단단해져 부서지기 쉬워진다. 열변성시키기 전과는 다른 조직감이 생기게 된다. 가열에 의해 생선 중의 콜라겐collagen은 젤라틴gelatin이 된다. 또 가열 과정 중 껍질이 수축하여 지방질이 흘러나오게 된다.

2 해조류의 조리

1) 해조류의 영양적 가치

해조류는 sea weed라고도 하며 서양인들은 바다의 잡초라 불렀다. 하지만 우리나라의 경우 미역과 김을 중심으로 바다에서 생산되는 해조류를 과거부터 조리하고 소비하여 왔다. 우리나라 해안에서 발견되는 해조류는 400여 종이고, 이 중 50여 종이 식용으로 이용되고 있다.

해조류는 야채와 같이 난소화성 물질로 구성되어 있어 소화율이 낮고, 흡습성과 보습성이 높아 포만감을 주며, 식이섬유와 똑같은 기능성을 갖는다. 또한 해조류는 육지 식품에서는 접하기 힘든 영양소를 함유한 경우도 많아 영양적으로 중요한 역할을 한다. 알긴산과 같은 식이섬유 유사물질과 미역의 요오드가 바로 해조류를 통해 쉽게 접할 수 있는 물질들이다.

우리나라의 경우 미역을 어려서부터 소비하여 요오드 결핍증인 갑상선 부종 발병이 거의 0%에 가까운 것은, 해조류의 영양적 가치를 다시 한 번 확인시켜 준다.

2) 해조류의 종류

해조류는 해조류의 색깔에 따라 분류된다. 해조류별로 색깔이 다른 이유는 해조류가 생육하는 수심에 따라 햇빛 투과율에 변화가 있어, 그곳까지 들어오는 가시파장을 잘 받기 때문이다. 해조류는 갈조류, 홍조류, 녹조류로 나누어지는데 갈조류에는 미역·다시마·톳이 있으며, 홍조류에는 김·우뭇가사리, 녹조류에는 파래·청각이 있다.

문제풀이

01 다음은 영양교사와 학생의 대화 내용이다. 작성 방법에 따라 서술하시오. [4점] [영양기출]

> | 학 생 | 선생님! 신선한 바다 생선은 비린내가 왜 안 나나요? |
> | 영양교사 | 신선한 바다 생선은 약간의 단맛과 무취의 (①)(이)라는 물질이 표피점액에 있는데 그 물질은 비린내가 없기 때문이에요. 하지만, 생선을 잘못 보관하거나 시간이 지날수록 (①)이/가 변해 ② 강한 비린내를 내게 되지요. |
> | 학 생 | 그렇군요. 생선을 조리할 때 비린내를 제거하는 방법이 있나요? |
> | 영양교사 | 물론이죠. 비린내를 제거하는 방법이 몇 가지 있지만, 오늘 급식으로 제공되는 고등어조림에는 ③ 청주와 ④ 된장을 첨가했어요. |
> | 학 생 | 청주와 된장을요? 청주와 된장의 냄새 때문에 비린내가 안 나게 되는 건가요? |
> | 영양교사 | 음, 청주와 된장이 갖는 특유의 냄새가 비린내 제거에 영향을 미칠 수도 있지만 비린내를 제거하는 원리는 각각 따로 있어요. |

①에 해당하는 물질 _____

②의 냄새 성분 _____

③, ④에 의해 생선 비린내가 제거되는 원리 각 1가지 _____

_____

02 다음은 오징어의 껍질 및 근육 조직과 오징어 썰기에 대한 설명이다. 작성 방법에 따라 서술하시오.
[4점] [유사기출]

> • 오징어 껍질의 진피층은 결합 조직의 대표적 단백질인 (①)(으)로 구성되어 있다.
> • (①)와/과 근육 섬유는 직각으로 교차하여 오징어 근육을 고정시키고 있다.
> • 오징어는 볶음과 같은 요리에서 모양을 내기 위하여 주로 ② 솔방울 썰기를 한다.
> • 솔방울 썰기를 잘못한 오징어는 ③ 가열 시 아래 그림에서 보이는 것과 같이 돌돌 말리기도 한다.
>
>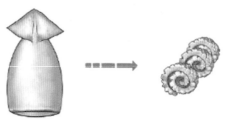

　①에 공통으로 들어갈 용어 1가지　_____

　②에서 칼집을 넣는 방법　_____

　_____

　③과 같은 현상이 일어나는 이유(오징어 가열 시 수축 방향과 썰기 방향을 포함하여 설명)

　_____

　_____

03 다음은 고기풀(surimi)과 연제품 제조공정이다. 연제품은 탄력이 있고 씹힘성이 우수해야 하므로 원료생선은 겔(gel) 형성력이 좋은 조기, 광어, 명태 등이 적합하다. 연제품의 일종인 판붙이어묵(kamaboko)은 고기풀에 겔형성 촉진물질을 첨가시켜 아래 공정에 따라 만들어진다.

공정 1 : 고기풀 제조

원료 생선살 → 정육 → 세척 → 탈수 → 혼합 → 고기풀 → 저장

공정 2 : 연제품 제조

고기풀 → 조미 → 성형 → 가열 → 연제품

고기풀 제조공정 중 냉동저장을 위해 혼합공정에서 첨가되는 물질 1가지와 그 첨가 이유를 서술하고, 어육 연제품인 판붙이어묵 제조 과정 중 조미 공정에서 첨가되는 겔형성 촉진물질 2가지를 쓰고 그 작용원리에 대해 서술하시오. [5점] [유사기출]

혼합공정에서 첨가되는 물질 1가지와 그 첨가 이유 _____

_____

어육 연제품인 판붙이어묵 제조과정 중 조미공정에서 첨가되는 겔형성 촉진물질 2가지와 작용원리

_____

_____

04 굴비를 제조하기 위하여 조기를 염장하는 방법으로 건염법(마른간법, dry salting), 염수법(물간법, brine salting) 및 개량 염수법(개량 물간법)을 주로 사용한다. 건염법과 염수법의 결점을 상호 보완한 개량 염수법의 장점을 3개만 서술하시오. [3점] 유사기출

① : _____

② : _____

③ : _____

05 어패류도 육류와 마찬가지로 사후강직과 자기소화가 일어난다. 육류의 경우는 사후강직 기간 중 풍미가 나쁘기 때문에 자기소화 과정을 거친 후 식육으로 사용하는데 2~3일 정도 걸린다. 이에 비해 어패류는 도살한 후 바로 섭취한다. 그 이유가 무엇인지 육류와 비교하여 2가지 직으시오.

① : _____

② : _____

해설 어패류는 육제품에 비해 사후강직과 자기소화가 빠르고, 자기소화에 의해 이취가 발생하고 부패의 위험성이 있으므로 육제품과는 달리 도살 후 바로 섭취한다.

06 어류는 영양적인 면에서 매우 훌륭한 식재료이다. 하지만 특유의 비린내 때문에 사용하는 데 주의를 요한다. 어류에 있는 어취를 제거하는 방법을 5가지 적으시오.

① : _____

② : _____

③ : _____

④ : _____

⑤ : _____

어패류의 비린내의 제거 방법은 매우 중요한 부분이다. 단순히 비린내의 제거 방법뿐만 아니라 제거 이유까지도 알고 있어야 한다(자세한 내용은 본문의 어취를 제거하는 방법을 참고).

07 신선한 어류의 외형적 특징을 쓰시오.

비늘 _____

아가미 _____

눈 _____

냄새 _____

피부 _____

어류는 쉽게 부패하고 이취의 발생이 빠르기 때문에 신선한 제품을 고르는 것이 매우 중요하다. 본문에서 신선한 어류의 외형적 특성 부분을 보고 답을 적어 보기를 바란다.

08 어류의 조리에 있어서 식염 첨가, 식초 첨가, 가열에 의한 조리는 어류의 조직에 많은 영향을 미친다. 각 조리 방법이 어류에 미치는 영향을 간단하게 쓰시오.

식염 첨가 _____

식초 첨가 _____

가열에 의한 조리 _____

생선조리에 영향을 미치는 외부 인자로는 식염, 식초와 가열이 있다. 식염이 2~6% 정도 첨가될 경우 어육의 투명도가 증가하고 점성과 보수성이 증가한다. 이런 성질은 어묵의 제조에 응용된다. 식초를 첨가하면 pH가 산성으로 이동하여 어류단백질이 등전점에 다달아 특유한 조직감을 나타낸다. 가열을 하면 생선살이 불투명해지고 수축되며 수분이 분리되어 부서지기 쉽게 된다.

09 해조류는 서양인에게는 익숙하지 않은 식재료이지만, 우리나라 사람들에게는 매우 익숙한 식재료이다. 해조류는 생리적 혹은 영양학적으로 많은 이점을 가지고 있다. 이 해조류의 이점을 3가지 적으시오.

① : _____

② : _____

③ : _____

해조류는 바닷속에 사는 식물체로 다양한 특징을 가지고 있다. 해조류는 채소와 마찬가지로 소화가 안 되며, 육지에서는 접하기 힘든 영양성분을 많이 함유하고 있는 경우가 많다. 예를 들면 미역의 요오드나 다시마의 알긴산과 수심에 따라 달라지는 다양한 색소 성분들이 바로 그것이다.

10 우리나라에서 수산 건제품은 여러 가지 건조법에 의해 생산되는데, 다음은 그중 한 건조법에 대한 설명이다. 이 건조법으로 생산되는 제품으로 가장 적절한 것은? 기출문제

- 주로 겨울철에 자연 조건의 저온을 이용한다.
- 영하의 기온에서 동결된 후 10℃ 정도의 기온에서 해동되므로 수분이 증발 혹은 유출된다.
- 위의 동결과 해동이 장기간 반복된다.
- 이 건조법으로 생산된 제품은 스펀지(sponge)화하기 쉽다.
- 얼음이 녹아 유출(drip)될 때, 수용성 물질이 함께 용출된다.

① 마른 멸치 ② 마른 갈치 ③ 마른 오징어
④ 황태 ⑤ 굴비

정답 ④

11 다음은 어패류 조리와 관련된 내용이다. 이에 대한 설명으로 옳지 <u>않은</u> 것은? 기출문제

보기
ㄱ. 생선구이를 하는데 석쇠에 들러붙었다.
ㄴ. 물오징어를 끓는 물에 데쳤더니 둥글게 말렸다.
ㄷ. 게찌개를 끓이는데 마지막에 된장을 풀어 넣었다.
ㄹ. 어묵을 만들기 위해 명태살에 소금을 넣고 치대니 끈기가 생겼다.
ㅁ. 냉장고에 넣어 둔 생선조림의 국물이 굳어 있었다.

① ㄱ : 미오글로빈(myoglobin)의 열 응착성에 의한 것이다.
② ㄴ : 오징어 껍질에 있는 콜라겐이 수축한 것이다.
③ ㄷ : 된장은 콜로이드(colloid)상으로 흡착력이 강하여 비린내 감소효과가 있다.
④ ㄹ : 액토미오신(actomyosin)에 의해 점도가 높아진다.
⑤ ㅁ : 젤라틴(gelatin)이 겔(gel)화된 것으로 가열하면 다시 녹는다.

정답 ①

.12 어패류 조리 시 고유의 냄새 성분이 파, 마늘, 생강 등의 향신료 사용으로 감소되는 현상에 대한 설명으로 옳은 것은? 기출문제

① 어패류의 휘발성 성분과 향신료 성분이 상쇄되었기 때문이다.
② 어패류의 휘발성 성분과 향신료 성분의 화학적 반응 결과이다.
③ 어패류의 휘발성 성분이 향신료 성분을 약화시키기 때문이다.
④ 어패류의 휘발성 성분의 역치가 향신료 성분 역치보다 높기 때문이다.
⑤ 어패류의 휘발성 성분의 역치가 향신료 성분에 대해 후각기관이 둔화되었기 때문이다.

정답 ④

CHAPTER 06

과채류의 조리

1 과일과 야채류의 조리

과일과 야채는 다른 식재료에 비해 수분함량이 90~95% 정도로 높다. 그런 이유로 고형분 함량이 낮다. Na, Ca, K, Mg와 같은 무기질 성분과 비타민을 많이 함유하고 있어서 영양 밸런스를 유지하기 위해 꼭 섭취하여야 되는 식재료이다.

과일과 야채는 체내에서 알칼리 생성 식품으로 작용하며, 특성상 조리를 하지 않고 생으로 간단한 드레싱과 소스를 첨가하여 먹는 경우가 흔하다. 야채는 기생충알에 오염된 경우가 많기 때문에 흐르는 물에 충분히 세척한 후 먹는 것이 중요하다. 야채의 조리 시 열을 많이 받으면 탈색, 변색, 비타민의 파괴, 맛의 변화 등의 현상들이 나타나기 때문에 열의 접촉을 최소한으로 하는 것이 중요하다.

1) 과채류의 갈변을 억제하는 방법

갈변은 거의 모든 식품에서 반갑지 않은 현상이다. 과채류에는 내부에 존재하는 갈변 효소들에 의해 효소적 갈변이 진행된다. 갈변의 진행은 식품의 제품 가치를 떨어뜨리고 맛의 변화, 기호도의 감소, 향미의 감소 등을 일으킨다. 효소적 갈변을 막기 위해서는 결국 효소반응이 진행되지 않게 해야 한다. 효소 반응을 억제하는 여러 가지 방법은 그림 6-1에 간단히 정리하였다.

효소는 단백질이기 때문에 반응에 몇 가지 특징이 있다. 우선 최적 반응 온도를 가지고 있다. 이 경우 냉장을 하면 효소가 반응을 못하게 되어 갈변을 억제할 수 있다. 효소는 또한 최적 pH를 가지고 있다. pH를 효소의 최적 pH에서 벗어나게 하면 효소반응을 억제할 수 있다. Ascorbic acid와 같은 항산화제를 첨가하여도 갈변을 억제할 수 있다. 가열을 하게 되면 효소가 열변성을 일으켜 더 이상 효소의 활성을 가지지 못하므로 갈변을 억제시킬 수 있다.

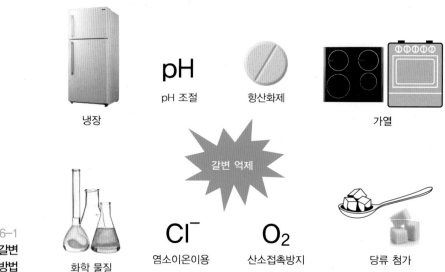

그림 6-1
**과채류의 갈변
억제 방법**

설탕과 같은 당류를 첨가하면 자유수의 감소로 인해 Aw가 저하되고 결과적으로 효소의 활성이 떨어지게 된다. 대부분의 갈변효소는 산화효소이다. 그러므로 산소와의 접촉을 막으면 갈변을 억제할 수 있다. 이것은 병조림이나 통조림의 경우에서 볼 수 있다. 0.2%의 소금용액을 이용하면 염소이온 때문에 효소적 갈변이 억제된다. 그 외 여러 종류의 화학물질의 첨가에 의해서도 효소적 갈변은 억제된다. 하지만 이렇게 여러 방법은 실제로 사용하려면 제한이 많이 따르기 때문에 갈변을 막기가 생각보다 어려운 경우가 많다.

2) 젤리화와 젤리화의 3요소

딸기, 포도와 같은 과일은 잼jam을 만들어 먹는다. 잼을 만들기 위해서는 세 가지 요건이 갖추어져야 한다. 딸기잼이나 포도잼을 조리할 때, 딸기와 포도에는 펙틴이 충분히 있기 때문에 설탕을 62~65% 정도 되도록 첨가하고, pH를 3.2~3.5 정도로 맞추고 가열하며 저어 주면 잼이 만들어진다. 이때 과실 중 펙틴의 함량은 0.5~1.0% 정도를 함유하여야 한다. pH를 3.2~3.5를 맞추기 위해서는 황산으로 환산했을 경우 산함량이 0.3% 정도 되어야 한다. 잼이 형성되는 설탕, pH와 펙틴의 함량이 젤리화의 3요소이다.

그 외 과채류를 이용하여 조리할 경우, 채소를 이용하여 소스나 수프를 만들 경우 표면에 생기는 피막은 가볍게 젓거나 완성 후 버터를 넣어 주면 없앨 수 있다. 중요한 내용은 아니지만 잠시 쉬어가는 의미에서…… (^^)

2 김치

김치는 우리나라의 고유 식품이며 2007년에 세계 5대 건강식품에 포함된 세계적인 식품이다. 우리나라의 김치 제조 시기는 기원전 2000년대로 예상되며 삼국시대에 이르러서 야채를 발효시키는 방법과 장에 절이는 방법이 생긴 것으로 알려져 있다. 그 후 고려시대와 조선시대를 거치면서 현재의 모습과 같은 다양한 김치가 완성되었다. 김치에 대한 정의는 정확하게 통일된 것은 없으나 식품공전에는 "김치는 배추나 무, 기타 채소의 주재료에 소금, 고춧가루, 젓갈, 마늘, 생강 등의 부재료를 첨가해서 발효시킨 것으로 톡특한 향미가 있다"로 나와 있다.

김치의 주재료는 배추이며 부재료로 무, 파, 마늘, 생강, 고춧가루, 소금, 미나리 등이 들어간다. 배추는 보통 결구배추가 많이 사용된다. 김치의 대략적인 배합비는 아래 표와 같다.

표 6-1
김치의 배합비

재료명	배합비(%)
절임배추	85.6
무 채	2.8
마 늘	1.4
고춧가루	2.9
파	1.5
젓 갈	1.8
생 강	0.7
소 금	2.5
설 탕	0.8
합 계	100

김치는 원료의 신선한 향과 맛이 손실되지 않게 하여 각종 성분을 배추 내부로 침투시킨 후 조화된 풍미가 나도록 숙성시키는 것이 조리의 주요 목적이다. 김치를 만드는 데는 침투작용, 효소작용과 발효작용이 복합적으로 작용한다. 침투작용이란 배추의 숨을 죽이는 과정으로 배추에 소금을 가하여 소금의 탈수작용에 의해 세포 내의 수분이 외부로 나오고 원형질분리에 의해 원형질막이 반투성을 잃어 외부의 소금 및 조미성분이 세포 내부로 쉽게 들어가도록 하는 것이다. 효소작용은 침투작용에 의해 배추의 세포가 죽으면 전분 및 단백질이 효소에 의해 가수분해되어 당류와 아미노산과 같은 맛성분이 생성되어 맛을 좋게 하는 과정이다. 마지막으로 발효작용이란 김치를 만드는 과정 중 유산균과 같은 여러 미생물이 번식하여 각종 성분을 분해하고 유기산 또는 조미성분을 만들어 배추 세포 속으로 들어가 특수한 향기

와 맛을 갖게 하는 것이다.

김치를 만드는 과정은 그림 6-2에 간단하게 나타내었다.

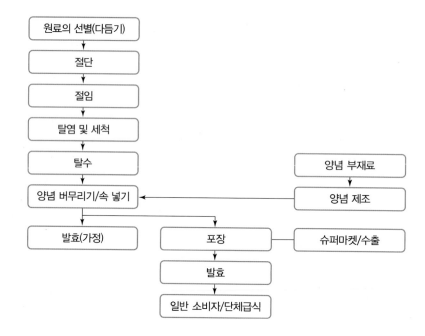

그림 6-2
김치 제조 과정

01 다음은 펙틴에 대해 설명한 내용이다. 작성 방법에 따라 순서대로 서술하시오. [5점] 영양기출

> 덜 익은 과일이나 채소에 들어 있는 (①)은/는 숙성됨에 따라 펙틴(pectin)으로 전환된
> 다. 펙틴은 (②)이/가 $\alpha-1,4$ 결합으로 연결된 직쇄상 다당류로 (③)에 따라 고메톡
> 실 펙틴(high methoxyl pectin)과 저메톡실 펙틴(low methoxyl pectin)으로 분류된다. 고메
> 톡실 펙틴의 겔(gel) 형성에는 유기산과 설탕이 필요하며, ④ 저메톡실 펙틴의 겔 형성을
> 위해서는 2가 양이온이 필요하다.

① 의 명칭 _____

② 의 명칭 _____

③ 의 명칭 _____

④ 의 저메톡실 펙틴의 겔 형성기전 _____

_____

02 다음은 오이지와 오이피클의 질감에 대한 설명이다. 괄호 안의 ①, ②에 해당하는 물질의 명칭을 순
서대로 쓰시오. [2점] 영양기출

> 오이지를 담글 때 천일염을 사용하거나, 오이피클을 만들 때 염화칼슘을 사용하면 질감이
> 더 아삭해진다. 이들 염에 들어 있는 (①) 이온이 오이의 세포간질의 구성 성분 중 하나
> 인 (②)와/과 결합하여 세포벽이 단단하게 강화되기 때문이다. (②)은/는 수용액에서
> 겔(gel)을 형성하기도 한다.

① : _____ ② : _____

03 다음은 과일 저장에 관한 내용이다. 괄호 안의 ①, ②에 해당하는 용어를 순서대로 쓰시오. [2점]
[영양기출]

> • 은미는 시장에서 여러 가지 과일을 사 왔다. 집에 와서 보니 멜론이 덜 익어 딱딱하고 향기도 나지 않았다. 그래서 은미는 멜론을 빨리 익히기 위해서 (①)을/를 방출하는 사과와 함께 통에 넣어 보관하였다.
> • 과일을 유통하는 업체에서는 익은 상태의 과일을 오랫동안 보관해야 할 경우 저장고 내의 공기 중 (②) 비율을 높이는 방법을 사용한다.

① : _____   ② : _____

04 감은 크게 떫은 감과 단감으로 구분할 수 있다. 이 중 떫은 감을 떫지 않게 하는 과정을 탈삽이라 한다. 탈삽의 원리를 서술하고, 주요 탈삽 방법 3가지의 명칭과 방법을 각각 서술하시오. [5점]
[유사기출]

탈삽의 원리 _____

주요 탈삽 방법 3가지의 명칭과 방법 _____

_____

_____

05 다음 그림은 투명한 사과주스를 만들기 위한 개략적인 공정도이다. 착즙 후에 과즙을 투명하게 만들기 위하여 청징 공정을 거친다. 사과 과즙을 불투명하게 만드는 원인 물질과 이 물질을 제거하기 위하여 청징 공정에서 사용하는 효소 이름을 순서대로 쓰시오. [2점] [유사기출]

원료 사과 → 세척 → 착즙 → 청징 → 여과 → 사과 주스

원인 물질 _____

효소 _____

06 잘 익은 복숭아로 잼을 제조하려 할 때 젤화(gel formation)가 잘 일어나도록 하기 위하여 고메톡실 펙틴(high methoxyl pectin), 당 및 유기산을 첨가한다. 이 잼의 젤화에 관여하는 고메톡실 펙틴 분자의 구조를 설명하고, 젤 형성 기작에 있어서 세 성분들의 작용(역할)을 논술하시오. [10점]
[유사기출]

고메톡실 펙틴 분자의 구조 _____

_____

세 성분들의 작용 _____

_____

_____

07 A 교사는 사과 젤리를 만들기 위해서 사과의 상태를 검사하고 필요한 재료를 준비하였다. A 교사가 사과 젤리를 최상의 상태로 만들기 위해 필요한 젤리화 요건 3가지와 그 요건에서의 상태 (함량) 범위를 쓰시오. [기출문제]

젤리화 요건   상태(함량) 범위

① : _____   ① : _____

② : _____   ② : _____

③ : _____   ③ : _____

[해설] 사과에는 펙틴이 많이 들어 있고, 젤리 조건을 맞추어 주면 쉽게 잼을 만들 수 있다. 젤리를 만들기 위해서는 펙틴의 함량이 $0.5\sim1\%$ 정도여야 하며, 당의 농도는 $60\sim65\%$, 산도는 pH $2.8\sim3.4$ 정도로 맞추는 것이 중요하다. 가열을 해 주는 것도 중요하다.

08 김치는 우리의 대표적인 저장·발효 식품으로 국제 식품규격으로 승인받아 세계적으로 그 우수성을 인정받고 있다. 김치가 발효되면서 맛을 내는 성분 2가지를 쓰고, 김치의 영양적 장점을 1가지만 쓰시오. [기출문제]

맛을 내는 성분   ① : _____   ② : _____

영양적 장점 _____

_____

[해설] 김치는 세계 5대 건강식품에 포함된 식품이다. 김치는 발효되면서 젖산균에 의해 젖산이 만들어져 신맛이 나고, 첨가한 젓갈류들이 더 분해되고 아미노산 함량이 증가하여 감칠맛이 증가한다. 김치는 식물성 식품과 동물성 식품이 잘 혼합되어 있는 식품이자 발효식품이라는 장점을 가지고 있다.

09 야채 조리 시 주의할 점을 3가지 적으시오.

① : _____

_____

② : _____

_____

③ : _____

_____

해설 야채를 조리할 때는 야채의 특성상 수세를 철저히 하여 위생적 위협을 줄이는 것이 중요하다. 너무 오랜 시간 가열하면 비타민의 파괴와 변색 등의 좋지 않은 현상들이 나타나므로 이것 역시 조심하여야 한다.

10 식품 조리 시 효소적 갈변을 억제하는 방법 3가지를 적으시오.

① : _____

_____

② : _____

_____

③ : _____

_____

해설 식품의 효소적 갈변을 억제하기 위해서는 효소 파괴, 기질 제거, 산소 공급 억제와 같은 방법을 사용할 수 있다. 본문의 과 채류의 갈변 억제 부분을 다시 한 번 복습하면 쉽게 풀 수 있다.

11 포도를 사용하여 잼을 만드는 과정이다. 각 과정에 대한 이유로 옳지 <u>않은</u> 것은?

> 보기
>
> ㄱ. 포도를 으깨어 과즙을 만들고 과즙 일정량에 에탄올을 넣은 후 가만히 두었다.
> ㄴ. 포도즙을 냉장고에 넣고 하룻밤 보관해 두었다.
> ㄷ. 과즙에 설탕을 넣고 끓였더니 잼이 만들어졌다.
> ㄹ. 만든 잼을 캔 대신 유리병에 보관하였다.
> ㅁ. 잼을 냉장고에 보관하였으나 설탕 결정이 생기지 않았다.

① ㄱ : 포도로 잼을 만들기에 적합한지 테스트하기 위해서이다.
② ㄴ : 포도에 함유되어 있는 글루코오스(glucose)를 β-형으로 바꾸어 더 달게 만들기 위해서이다.
③ ㄷ : 포도 세포벽에 존재하는 갈락투론산 중합체(polygalacturonic acid)들이 망상구조를 형성하기 때문이다.
④ ㄹ : 포도에 함유되어 있는 안토시아닌(anthocyanin) 색소와의 금속 킬레이트(chelate) 형성을 방지하기 위해서이다.
⑤ ㅁ : 잼 제조 시 포도에 함유된 산에 의해 설탕이 분해되었기 때문이다.

정답 ②

12 지수는 다음과 같이 어머니가 알려 주시는 대로 김치 담그는 과정을 공책에 정리해 보았다. ⊙~⑩에 대한 조리과학적 설명으로 옳지 않은 것은? 기출문제

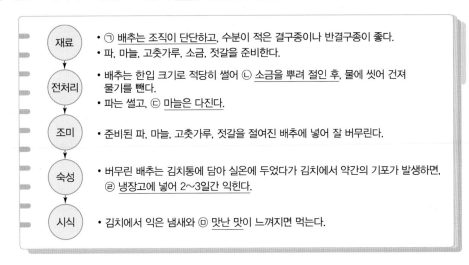

① ⊙ : 김치가 익을 때 공기와 접촉되면 산막효모들에 의해 펙틴질이 분해되어 조직이 물러지는 현상이 나타난다.
② ⓒ : 배추는 소금에 절이는 동안, 소금이 반투과성인 세포막 안으로 들어가 절여지면서 물이 빠지고 간이 밴다.
③ ⓒ : 마늘은 다진 후 시간이 경과되면 디알릴 디설피드(diallyl disulfide)가 생성되어 불쾌한 냄새와 맛이 난다.
④ ⓔ : 숙성 중에는 락토바실러스 플란타룸(*Lactobacillus plantarum*), 락토바실러스 브레비스(*Lactobacillus brevis*) 등의 혐기성균들이 증식한다.
⑤ ⑩ : 김치가 익었을 때 느껴지는 맛난 맛은 숙성 중 생성된 유기산, 이산화탄소, 알코올류, 젓갈에 의한 유리아미노산 등에 의한 것이다.

정답 ②

13 ○○ 농원은 자사에서 수확한 포도(campbell 종)를 이용하여 포도주스를 그림의 제조 공정에 따라 생산하였다. 단, 착즙 이후 무균포장까지의 공정은 무균화 자동시설에서 이루어졌으며 최종 제품의 pH는 4.0이었다. 생산한 포도주스를 저장하는 동안 발생할 수 있는 품질 변화로 옳은 것만을 〈보기〉에서 있는 대로 고른 것은? 기출문제

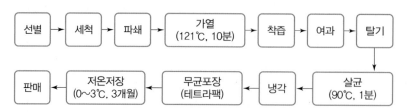

보기

ㄱ. 생산한 포도주스에 들어 있는 비타민 C의 함량은 원료에 함유되어 있는 비타민 C의 함량보다 적다.
ㄴ. 미생물 증식에 의해 가스가 만들어져 포장용기가 팽창된다.
ㄷ. 주석산(tartaric acid)염이 석출되어 침전물이 생긴다.
ㄹ. 색소가 침착되고 산도(acidity)가 저하되는 현상이 발생할 수 있다.
ㅁ. 떫은 맛이 감소하다가 지속적으로 증가한다.

① ㄱ, ㄷ   ② ㄱ, ㄷ, ㄹ   ③ ㄴ, ㄷ, ㅁ
④ ㄱ, ㄴ, ㄹ, ㅁ   ⑤ ㄴ, ㄷ, ㄹ, ㅁ

정답 ②

14 곶감(건시)을 제조하는 공정을 다음과 같이 나타내었을 때, 각 공정에 대한 설명 중 옳지 <u>않은</u> 내용으로 가장 적합한 것은? 기출문제

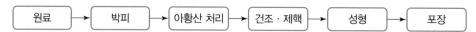

① 곶감용 감은 완숙하기 전에 수확한 떫은 감으로서 껍질이 얇고 육질이 치밀하며 당분이 많은 것이 좋다.
② 스테인리스 스틸(stainless steel) 칼로 박피하는 이유는 무쇠 칼을 사용하면 감의 탄닌(tannin) 성분이 제이철 이온(ferric ion)과 반응하여 흑갈색으로 변하기 때문이다.
③ 아황산 처리의 주된 이유는 아황산이 곶감 내부로부터의 수분 확산을 억제하여 과육 조직을 연화시키기 때문이다.
④ 상온 저장 시, 곶감의 저장 기간이 생감보다 긴 주된 이유는 건조로 인하여 당 성분이 농축되므로 수분활성이 낮아지기 때문이다.
⑤ 곶감의 건조 중에 감의 탄닌 성분이 가용성에서 불용성으로 바뀌므로 떫은 맛은 감소한다.

정답 ③

15 다음은 딸기잼(jam)의 젤화(gelation)에 관여하는 성분들의 종류와 역할에 대한 설명이다. (가)~ (마)에 들어갈 내용을 바르게 나열한 것은? 기출문제

일반적으로 딸기 중에 전제하는 펙틴(pectin)이 물에 용해되면 점도가 큰 음전하의 교질 (colloid) 용액을 형성한다. 여기에 (가) 을/를 첨가하면 물에 용해되면서 펙틴 콜로이드 를 탈수시켜 펙틴과 물의 평형이 깨지고, 펙틴은 수화된 상태로 펙틴 분자들 사이에 망상 구조가 형성된다. 이때 딸기에 존재하는 (나) 은 펙틴의 음전하를 감소시켜 펙틴 분자 간의 수소결합을 촉진하므로 펙틴의 침전을 촉진하여 젤화를 돕는다.

펙틴 분자 내의 (다) 기(group)의 함량이 (라) % 이상인 펙틴은 pH 3.0~3.5에서 (가) 을/를 가하면 젤화가 일어나지만, (라) % 이하인 펙틴은 pH가 이보다 더 낮고 (가) 을/를 가해도 일어나지 않고 (마) 을 함께 첨가하여야 젤을 형성한다.

	(가)	(나)	(다)	(라)	(마)
①	펙틴분해효소	펙틴	메톡실(methoxyl)	7.0	황산음이온
②	설탕	유기산	수산(hydroxyl)	7.0	나트륨이온
③	펙틴분해효소	설탕	수산(hydroxyl)	16.3	칼슘이온
④	설탕	유기산	메톡실(methoxyl)	7.0	칼슘이온
⑤	설탕	펙틴	메톡실(methoxyl)	2.5	칼륨이온

정답 ④

CHAPTER **07**

그 외 다른 조리

1 유지의 조리

유지는 일반적으로 비만의 주범으로 알려져 있다. 물론 영양학적으로 탄수화물과 단백질에 비해 2배나 높은 단위 그램당 열량을 가지고 있기도 하다. 유지는 고열량의 열량원 외에도 조리에서 많은 역할을 하고 있다.

1) 유지의 역할

① 유지는 식품에 첨가되어 조직을 부드럽게 해 주고 입에서 씹을 때의 느낌을 좋게 해 준다. 얼음과 아이스크림의 경우를 보면 후자에 유지방이 첨가됨으로써 냉동 후에도 크림과 같은 부드러움을 갖고, 입에서 씹거나 목 넘김이 부드러워진다. 그냥 부수어 놓은 팥빙수 얼음의 느낌과 아이스크림을 비교하면 유지가 하는 역할을 알 수 있을 것이다.

② 유지가 식품에 첨가되면 식품의 맛을 좋게 한다. 유지에는 미량의 휘발성 성분이 존재하고 조리 과정 중 다양한 향미 성분으로 변화되기 때문에 식품의 맛을 좋게 한다.

③ 유지는 deep frying이나 pan frying에서 열 전달매체로 사용된다. 열 전달매체로 사용할 경우, 유지는 비열이 낮아 쉽게 가열된다는 장점이 있다. 유지를 열매체로 사용하여 가열할 경우 고온으로 가열하여 조리할 수 있다. 그 결과 빠른 시간 내에 조리가 끝나고, 영양성분의 파괴가 적고, 수분함량이 급격하게 줄어 바삭바삭한 느낌을 가지게 된다. 대량생산을 하는 현대의 식품가공학에서 유지의 특성은 매우 유용하게 사용되어 시중에는 유탕처리하는 제품들이 많다.

④ 유지는 조리 중 이형제의 역할을 한다. 이형제란 틀이나 가열판에 미리 발라 두어 식품을 올려 가열하여도 틀과 식품이 쉽게 떨어지도록 해 주는 것을 말한다. 유지는 이형제로도 매우 훌륭한 역할을 한다.

⑤ 유지는 제과제빵에서 꼭 필요한 재료이다. 유지는 쇼트닝shortening성을 가져 밀가루 제품의 반죽과 반죽 후에 부드럽게 만드는 작용을 한다. 이런 작용을 하기 위해 넣는 유지를 쇼트닝이라고 부른다.

⑥ 유지는 또한 교반 과정을 거쳐 공기를 포집하여 크림을 만드는 크리밍creaming 성을 갖는다. 이는 우리가 사용하는 휘핑크림, 아이스크림의 제조에서 매우 중요한 역할을 한다. 유지는 본래도 부드럽지만 공기를 포집하면 더욱 부드러워진다.

유지의 이런 특성은 조리에서 매우 중요하다. 사람들은 실제로 무의식 중에 지방의 맛에 빠져든다. 우리가 좋아하는 삼겹살, 차돌박이, 참치 뱃살, 이 모두가 지방 함량이 높은 부위이다. 살이 찐다고 유지를 구박하지만 우리 입맛은 반대로 지방의 맛을 좇고 있다.

2) 조리에 여러 번 사용한 지방에서 나타나는 현상

지방을 여러 번 사용할 경우 가열에 의한 산패, 식품 조리 중 들어가는 음식 부스러기 등에 의해 처음 상태의 지방과는 다른 특성을 나타내게 된다. 여러 번 사용한 지방의 경우 중합반응에 의해 점성이 증가하고, 이로 인해 기포 형성이 많아진다. 점성이 높아지면 내부에서 올라오는 수증기나 기체들이 빠져나가는 데 시간이 걸리고 지방의 막에 막히기 때문에 기포가 많이 생기게 된다. 또한 가열에 의해 처음의 깨끗한 기름색이 변색되어 어둡고 탁한 색을 띠게 된다. 또 지방의 산가, 과산화물가 등이 높아지고 발연점이 낮아진다.

발연점이란 지방이 가열되어 표면에 연기가 나기 시작하는 온도로 지방의 산패가 진행될수록 발연점이 낮아진다. 발연점은 유리지방산이 증가하거나, 지방이 공기와 접하는 표면적이 넓거나, 지방 속에 이물질이 존재하거나, 지방의 사용횟수가 많아질수록 낮아지는 특성을 나타낸다. 결국 발연점의 저하는 신선하지 않은 지방의 특징 중 하나라고 할 수 있다.

3) 튀김법의 조리 메커니즘과 장단점

유지를 이용하는 조리법 중 가장 대표적인 것으로는 튀김법Deep frying이 있다. 튀김이 되는 조리 메커니즘은 그림 7-1과 같이 진행된다.

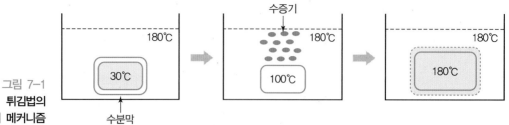

그림 7-1
**튀김법의
조리 메커니즘**

수증기

180℃

180℃

180℃

30℃

100℃

180℃

수분막

유지의 온도가 180℃인 상태에서 튀길 식재료를 넣으면 비중 차이에 의해 밑으로 가라앉는다. 이때 식재료는 상온의 온도를 가지고 있고, 식재료 속의 수분막에 의해 주위 유지의 침입을 막는다. 하지만 식재료의 온도가 열전도에 의해 100℃로 올라 가면 표면부터 수분이 수증기로 변하면서 수분 손실이 일어나게 된다. 이때 수분막 의 손상도 진행된다. 수증기는 거품의 형태로 대기 중으로 나간다. 수분막이 손상되 면 유지가 더 빠른 속도로 식재료 속으로 침투하게 된다. 이 과정에서 수분이 존재 하던 곳이 지방으로 전환된다. 그리고 수증기가 빠져나가면서 식재료의 부피가 종 전보다 커지게 된다. 수분이 완전히 빠져나가면 더 이상 수증기가 발생하지 않으므 로 거품이 발생하지 않는다.

튀김법은 다른 조리법과 비교해서 조리시간이 짧고, 영양소 파괴가 적으며, 가식 부율이 매우 높은 조리 방법으로 조리원 간의 실력 차가 크게 나타나지 않는 장점을 가지고 있다. 하지만 조리 후 식재료의 지방 함량 증가에 의한 열량 상승 및 폐유가 환경을 오염시킨다는 단점 또한 가지고 있다.

2 당류의 조리

설탕과 포도당 같은 단당류들은 조리 시 첨가되어 많은 역할을 한다. 당은 감미를 가지고 있기 때문에 감미를 증가시키는 역할을 한다. 또한 pectin과 산의 존재 시 당류가 첨가되어 잼이나 젤리를 형성하고, 당의 첨가로 인한 자유수의 감소로 인하 여 Aw가 떨어져서 저장성이 증가한다. 호화전분에 첨가할 경우에는 노화를 방지하 고, 제빵 반죽에 첨가하면 발효 효모의 탄소원이 된다.

또한 제빵과 제과 과정 시 오븐에서 굽는 과정에서 캐러멜화를 일으켜 제품의 색 과 향과 맛에 영향을 준다. 당류의 첨가로 인해 점도가 증가하여 식품의 점성 조절 을 위해 사용하며, 단백질에 첨가될 경우에는 기포 안정성을 준다. 설탕의 경우는 사탕 제조 시 중요 재료로 사탕의 결정을 만드는 주성분으로 작용한다.

3 한천과 젤라틴의 조리

한천Agar과 젤라틴Gelatin은 모두 젤리를 만드는 데 사용되는 식품 재료들로 다음과 같은 차이점을 가지고 있다.

표 7-1
한천과
젤라틴의 비교

한천(Agar)		젤라틴(Gelatin)	
식물성 재료 (우뭇가사리)			동물성 재료 (Collagen)
	소화되지 않음	소화됨	
응고제로 jelly 조리에 사용.			응고제로 jelly 조리에 사용

한천과 젤라틴은 둘 다 응고제로 사용되어 젤리를 만들 때 사용된다는 공통점이 있다. 하지만 한천은 해초류인 우뭇가사리에서 얻는 식물성 재료이며, 식이섬유처럼 체내에서 소화되지 않는다. 이에 비해 젤라틴은 동물의 결체조직인 콜라겐을 가열처리하여 얻으며, 체내에서 단백질분해효소에 의해 소화가 된다.

한천과 젤라틴을 이용하여 젤리를 만들 경우 젤리의 강도는 사용되는 한천과 젤라틴의 종류에 영향을 받는다. 또한 응고제의 첨가량과 가열온도, 가열시간, 첨가되는 첨가물과 보존법 등에 따라 영향을 받는다. 우리나라의 경우 글루코만난이라는 응고제를 젤리 조리에 사용한 적이 있으나, 이 응고제를 첨가한 젤리의 강도가 너무 강해 어린아이가 젤리를 먹다가 기도에 걸려 질식사를 한 이후로는 사용을 금지시켰다. 이와 같이 응고제의 종류는 젤리의 강도에 큰 영향을 미친다.

한천과 젤라틴을 이용해서 만드는 젤리를 최근에는 젤Gel상 식품이라고 부르고 있다. 한천과 젤라틴을 이용한 경우 외에도 녹말과 펙틴을 이용한 경우도 있다. 각각에 대한 내용은 표 7-2에 요약하였다.

표 7-2
다양한
젤Gel 상 식품

구 분	한천 겔	젤라틴 겔	녹말 겔	펙틴 겔
형성에 필요한 재료	우뭇가사리	콜라겐	전분 (아밀로오스)	펙틴, 산, 당
첨가물의 영향	설탕, 염에 의해 겔이 안정되고 산, 팥앙금 등에 의해 구조가 약화된다.	설탕에 의해 겔의 강도가 감소되고 산, 효소 등에 의해 형성이 방해되며 염에 의해 강도가 상승된다.	설탕에 의해 겔의 강도가 상승되고, 산에 의해 감소된다.	펙틴 1.0~1.5%, pH 3.45, 당 60~65%를 함유하여야 한다.
해당식품	팥양갱, 우무	족편	묵	딸기잼, 마멀레이드

4 조미료와 향신료

식품을 조리할 때 맛과 관련 있는 조미료와 향과 관련 있는 향신료의 사용은 매우 기본적인 일이다. 식품화학에서도 맛과 향에 대한 내용이 까다로웠던 것처럼 조리 원리에서 역시 이들에 관한 내용은 까다롭다. 조미료와 향신료는 좋은 맛과 향을 더해 주는 용도로 사용되기도 하지만 나쁜 맛과 향을 masking해 주는 용도로도 사용된다. 세계적으로 100여 종의 향신료가 여러 음식에 이용되고 있다.

1) 조미료

조미료는 음식의 맛과 연관되어 있다. 조미료는 맛 외에도 식품의 색깔, 향미, 텍스처 등에 영향을 준다. 조미료로 사용되는 것으로는 정제 상태의 조미료(예 : 소금, 설탕, MSG 등)와 소스 형태의 조미료(예 : 된장, 고추장, 간장, 케첩 등)가 있다. 조미료는 국가와 인종에 따라 사용하고 좋아하는 형태가 매우 다르다. 대표적인 조미료로는 짠맛 조미료, 단맛 조미료, 신맛 조미료, 만난맛(구수한맛) 조미료가 있으며 그 외에도 매운맛, 떫은맛 등의 특이적인 조미료들도 존재한다.

(1) 짠맛을 내는 조미료

짠맛을 내는 조미료에는 소금과 간장, 된장이 사용된다.

① 소금 : 일반적으로 천일염과 정제염으로 구분된다. 천일염은 염화나트륨NaCl 성분 외에도 바다에 많이 존재하는 염화마그네슘, 염화칼슘, 염화칼륨, 황산마그네슘 등이 같이 존재하기 때문에 짠맛은 약하고 대신 다양한 맛이 같이 나타난다. 정제염은 화학적 방법에 의해 NaCl을 만든 것으로 짠맛 이외에는 다른 맛이 나타나지 않는다. 천일염과 정제염 외에도 죽염과 같은 가공염이 존

재한다. 죽염은 천일염을 높은 온도에 가열하여 유기물을 다 태워 버리고 무기물만 남아 있는 상태의 소금이다.

소금은 그 크기에 따라 굵은소금, 고운소금, 정제염으로 나눌 수도 있다. 굵은 소금은 색이 검고 불순물이 많이 포함되어 있는 천일염으로 간장, 된장과 김치와 젓갈을 만들 때 사용한다. 고운 소금은 굵은 소금을 물에 녹였다가 다시 물을 증발시켜 소금을 재결정시킨 것으로 색깔이 희고 결정이 고운 특징이 있다.

소금은 짠맛을 내지만 다른 맛을 내는 조미료와 함께 복합적으로 작용하여 단맛을 부드럽고 강하게 만들고 초무침에서 소금은 식초의 신맛을 부드럽게 한다.

소금과 더불어 간장과 된장 역시 짠맛을 내는 조미료로 사용되고 있다. 이 두 소스류는 짠맛과 더불어 구수한 맛 등 아미노산과 단백질, 지방 등에서 오는 복합적인 맛을 내는 고급 소스이다.

② **간장** : 국간장과 진간장이 있는데 국간장은 말 그대로 국을 끓일 때 사용하는 간장이다. 진간장에 비해 색이 흐리고 짠맛이 강하며 구수한 맛이 약한 특징이 있다. 진간장은 국간장에 비해 짠맛은 덜하지만 색과 향이 강하다. 진간장은 생선 비린내를 억제하는 작용을 해서 생선조림 등의 조리 시 사용되고, 음식의 색을 낼 때도 사용된다. 제조 방법에 따라 양조간장, 산분해간장, 혼합간장도 존재한다. 양조간장은 메주를 만들어 간장을 담그는 것이고, 산분해간장은 염산을 가지고 대두단백질을 아미노산으로 분해하여 간장을 만드는 것이다. 산분해할 경우 간장의 생산효율은 극대화되지만 맛이 별로 좋지 않아 품질이 나쁜 간장이 만들어진다. 시중에는 양조간장과 산분해간장을 혼합한 혼합간장이 많이 판매되고 있다.

③ **된장** : 우리나라를 대표하는 장이다. 일본의 미소나 중국에도 비슷한 장이 존재하지만 일본의 미소는 콩에 곰팡이(*Aspergillus oryzae*)를 이용하는 데 비해 우리나라 메주는 세균(*Bacillus subtilus*)을 이용한다는 점이 다르다. 된장은 생선, 돼지 비린내, 노린내와 같은 이취와 성분을 흡착하여 제거한다. 된장과 간장을 오래 가열하면 향미성분이 열분해되어 오히려 쓴맛이 강해지는 경우도 있으므로 조심하여야 한다.

(2) 단맛을 내는 조미료

단맛은 인간이 가장 좋아하는 맛 중 한 가지로 설탕, 물엿, 올리고당, 단당류와 인공감미료 등이 조미료로 사용된다. 이 중 설탕은 세계적으로 널리 사용되는 단맛을 내는 조미료로, 사탕수수나 사탕무에서 즙액을 얻어 추출·정제해 낸다. 처음에 설탕을 추출하면 색이 짙고 불순물이 많다. 이때의 상태가 바로 흑설탕이다. 이 설탕을 정제하면 황설탕을 거쳐서 백설탕이 된다.

설탕에는 정제도에 따라 백설탕, 황설탕, 흑설탕이 있고 굵은 설탕과 아주 곱게 간 분당이 있다. 분당은 캔디 제품에 뿌려 제품이 서로 엉겨 붙지 않도록 하는 데 사용된다. 단맛은 맛의 억제현상에 의해 신맛, 쓴맛과 짠맛 등을 약하게 한다. 설탕은 높은 농도에서도 시원한 맛을 느끼게 하기 때문에 음료와 아이스크림 등을 만들 때 많은 양의 설탕의 사용이 더 유리하다. 설탕은 단맛뿐만 아니라 캐러멜화에 의한 색과 향기성분의 생성, 반죽 발효 시 미생물의 탄소원 등으로 많이 사용된다.

단맛을 내는 조미료의 감미의 정도를 나타내는 방법으로는 상대적 감미도Relative sweetness가 있다. 이 방법은 이성질체를 가지지 않는 설탕의 감미를 100으로 설정하여 다른 감미료의 감미를 평가하는 방법이다. 아래는 일반적으로 사용되는 감미료의 상대적 감미도를 표로 나타낸 것이다.

표 7-3
당의 종류와
상대적 감미도

당의 종류	상대적 감미도	당의 종류	상대적 감미도
설 탕	100	솔비톨	50
포도당	70~80	자일리톨	100
과 당	140	사카린(인공감미료)	20,000~30,000
맥아당	30~50	아스파탐(인공감미료)	10,000~20,000
유 당	20	스테비오사이드(인공감미료)	30,000
전화당	60~100		

(3) 신맛을 내는 조미료

신맛을 내는 조미료로 가장 흔하게 알려져 있는 것은 식초이다. 식초는 3~5%의 초산 수용액으로 발효에 의한 양조초와 합성에 의한 합성초가 있다. 양조초로는 사과초, 포도초, 고구마초, 쌀초 등이 있는데 발효 중 식초 외에도 유기산, 당, 에스테르, 알코올 등이 생겨서 신맛 외에도 다양한 맛과 향을 갖는다. 합성초는 자극이 강하고, 양조초의 풍부한 향미가 없고 가열에 의해 쉽게 휘발되어 제거된다. 이런 이유로 대부분의 경우 양조초를 사용하고 있다.

신맛은 피로해진 미각에 활력을 찾게 해 준다. 따라서 음식을 먹기 전이나 후에 먹어 주면 매우 좋다. 식초를 생선에 뿌려 주면 비린내를 내는 TMA와 결합하여 냄새가 없는 화합물을 만들기 때문에 생선 비린내를 줄일 수 있고, 생선뼈가 부드러워진다. 데친 연근의 색을 희게 하거나 적색 양배추의 색을 진홍색으로 만드는 데도 도움을 준다. 식초는 산성 물질이기 때문에 pH를 저하시켜 단백질 응고를 도와주고, 식초를 첨가한 물에 계란을 삶으면 계란에 금이 가지 않게 삶을 수 있다.

(4) 구수한 맛을 내는 조미료

국물이 많은 식품을 선호하던 우리나라는 오래전부터 구수한 맛에 많은 정성을 쏟았다. 국물의 맛은 '구수한맛' 혹은 '맛난맛'이라 불리는 맛으로 다시마, 조개, 버섯, 다시멸치 등을 끓인 물을 통해 얻었다. 일본 학자들의 연구를 통해 발견한 구수한맛을 내는 성분으로는 MSG, IMP, GMP 등이 있다. 이런 성분들은 구수한맛뿐만 아니라 다른 맛을 부드럽고 쾌적하게 해 주는 증진제의 역할도 한다.

MSG는 다시마에서 처음 분리된 구수한맛 성분으로 현재는 포도당과 당밀을 원료로 발효시켜 만들고 있다. 맛을 내는 최저 한계 농도는 0.03%이고, 나트륨이온이 해리되고 남은 글루탐산이 구수한 맛을 낸다. 맛이 가장 강한 pH는 6.5~7이다. 산성 조건에서 MSG를 가열하면 구수한 맛이 약해지므로 식초, 레몬 등이 포함되어 있는 경우 오래 가열하지 않도록 주의해야 한다.

(5) 조미료의 혼합효과

앞서 식품학의 '식품의 맛' 부분에서 고찰한 것처럼 두 가지 이상의 맛이 혼합될 때는 서로 다양한 영향을 받는다. 맛의 상승효과란 다시마 끓인 물에 화학조미료를 첨가하면 구수한 맛이 더욱 증가하는 현상과 같은 것을 말한다. 맛의 대비효과는 단팥죽에 설탕을 넣어 조리할 경우 소금을 조금 넣어 주면 단맛이 더욱 강해지는 경우를 말한다. 맛의 억제효과는 김치가 익어 가면서 만들어지는 유기산의 신맛은 김치의 짠맛을 억제하여 김치의 짠맛이 점점 줄어드는 것으로 느껴지게 한다. 또 신 과일을 설탕과 같이 먹으면 덜 신 것으로 느껴지는 것이 바로 억제효과의 예이다.

(6) 조미료의 첨가 순서

조미료는 한 가지만 사용되기보다 혼합적으로 사용되는 경우가 많다. 이 경우 조미료를 첨가하는 순서가 존재한다. 일반적으로 사용하는 조미료들을 첨가할 때는 분자량이 큰 성분부터 첨가한다. 또한 맛성분을 먼저 첨가하고 향성분을 나중에 첨가하여야 한다. 일반적으로 설탕, 소금, 식초와 간장 순으로 첨가하는 것이 좋다. 설탕은 소금보다 분자량이 커서 침투속도가 느리기 때문에 먼저 넣어야 한다. 소금을 먼저 넣으면 삼투압에 의해 식품 조직 내의 수분이 빠져나와 식품 내부의 수분함량이 줄어들기 때문에 설탕이 내부로 녹아 들어가지 못한다. 식초와 간장은 가열하면 향이 휘발됨으로 조리가 거의 끝날 때 첨가하는 것이 유리하다. 참기름의 경우는 향이 제거되는 것과 더불어 먼저 넣으면 식품 표면에 유막이 만들어져서 수용성 성분인 설탕, 소금, 식초와 간장 등이 식품 내부로 들어가는 것을 막기 때문에 가장 나중에 첨가하는 것이 옳다.

2) 향신료

향신료는 향을 위해 첨가하는 것으로 스파이스와 허브 같은 것들이 있다. 스파이스는 식물의 꽃봉오리, 열매, 줄기와 뿌리 등을 건조시킨 것이고 허브는 잎을 이용하는 것이다. 대표적인 스파이스와 허브는 표 7−4에 소개하였다.

표 7−4
대표적인 스파이스와 허브

스파이스(Spices)	허브(Herbs)
겨자와 고추냉이, 계피, 고추, 넷멕과 메이스, 마늘, 바닐라, 샤프란, 산초, 생강, 애니스, 올스파이스, 캐러웨이, 코리앤더와 실란트로, 클로브, 터메릭, 파프리카, 후추	레몬그라스, 레몬밤, 로즈메리, 마조람, 바질, 민트, 세이지, 오레가노, 월계수잎, 차이브, 타라곤, 타임, 파슬리

문제풀이

01 다음은 캔디 제조 과정을 간략히 도식화한 것이다. 괄호 안의 ①, ②에 해당하는 캔디를 순서대로 쓰시오. [2점] 영양기출

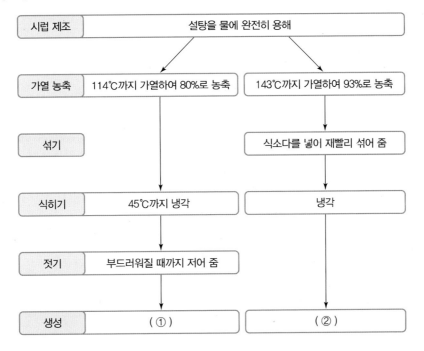

① : _____   ② : _____

02 다음은 정현이와 영양교사의 대화 내용이다. 괄호 안의 ①에 공통으로 해당하는 물질의 명칭과 ② 에 해당하는 용어를 순서대로 쓰시오. [2점] 영양기출

정　　현	선생님, 어제 제가 엄마하고 과일 젤리를 만들었는데, 처음 만든 것 치고는 잘 만든 것 같아요. 맛있었어요.
영양교사	그랬구나. 젤리를 만들 때 무엇을 넣고 굳혔니?
정　　현	(①)을/를 넣고 굳혔는데, 젤리가 좀 단단하던데요.
영양교사	그래, (①)을/를 넣고 굳히면 젤리가 불투명하고 단단해.
정　　현	저는 냉장고에 넣어야 굳는 줄 알았는데, 실온에서도 잘 굳었어요.
영양교사	그렇단다. 그리고 굳힌 젤리를 냄비에 넣고 끓이면 80~85℃ 이하에서는 녹지 않지만, 온도를 더 높이면 녹으니까 모양을 다시 만들 수도 있어.
정　　현	그렇군요. 그런데 단점은 없나요?
영양교사	(②)이/가 일어나기 쉬워. 하지만 (①)의 농도를 1% 이상으로 높이고 설탕을 60% 이상 첨가하면 덜 일어날 수 있단다.

① : _____　② : _____

03 다음은 초콜릿에 대한 설명이다. 작성 방법에 따라 서술하시오. [4점] 유사기출

- 초콜릿은 카카오나무의 열매를 원료로 하여 만드는데, 일차적으로 카카오매스(cacao mass)가 만들어지고 이를 압착하면 (①)와/과 (②)이/가 얻어진다.
- 초콜릿 제품을 제조할 때는 초콜릿을 ③ 안정된 결정 구조 상태로 만들어 단단하게 굳히고 광택을 주기 위한 작업을 해야 한다.
- 가끔 초콜릿 제품에서 표면이 하얀색으로 얼룩지는 ④ 슈거 블룸(sugar bloom) 현상을 볼 수 있는데 이는 초콜릿의 설탕에 기인한 것으로, 초콜릿은 제조뿐만 아니라 보관 시에도 유의를 해야 한다.

①의 용어　_____

②의 용어　_____

③의 작업 명칭　_____

④가 발생하는 경우　_____

04 다음의 (가), (나)는 식품의 물성을 설명하는 그림이다. 밑줄 친 ①, ②에 해당하는 물성의 명칭을 순서대로 쓰시오. [2점] 유사기출

> (가) 딸   어! 꿀이 병에 반이나 남았는데 왜 안 나오지?
>   엄마   ① 조금 흔들어서 기울여 두면 흘러나올 거야.
> (나) 생크림을 거품 낸 후 짤주머니에 옮겨 담아 ② 케이크 위에 짜서 모양을 낸다.

① : _____   ② : _____

05 다음은 가공 유지에 대한 설명이다. 이에 해당되는 가공 유지의 명칭을 쓰시오. [2점] 유사기출

> • 라드(lard)의 대용품으로 미국에서 발명되었다.
> • 다른 가공 유지에 비해 수분함량이 적다.
> • 유화 작업이 없고 혼합 과정으로 제조된다.
> • 가소성, 크림성, 점조성 등의 특성이 있다.

_____

06 다음은 '식품 가공' 수업 시간에 잼이 만들어지는 과정에 대하여 교사와 학생이 나눈 대화이다. 작성 방법에 따라 서술하시오. [4점] 유사기출

> 교사   잼 제조 시 젤리 응고에 필요한 3요소는 펙틴, (①   )(이)예요.
> 학생   그래서 배나 파인애플보다는 딸기나 사과로 많이 만드는군요!
> 교사   맞아요. 그리고 잼이 완성되었는지 확인하는 방법 중 컵테스트법을 알고 있나요?
> 학생   네, (②   ).
> 교사   잘 알고 있군요! 그럼, ③ 컵테스트법 외에 어떤 방법들이 있을까요?

①에 들어갈 나머지 요소 2가지 _____

②에 들어갈 방법 _____

_____

③에 해당하는 1가지 방법과 그 완성점 확인 방법 _____

_____

_____

07 다음은 혐기적 조건에서 효모의 에탄올(ethanol) 생성에 대한 설명이다. 효모에 의한 에탄올 생성 주요 기작 중 괄호 안의 ①, ②에 해당하는 내용을 순서대로 쓰시오. [2점] 유사기출

> • 해당 과정의 출발 물질인 단당류 (①)(으)로부터 피루빅산(pyruvate)이 생성된다.
> • 피루빅산은 피루빅산 탈탄산효소(pyruvate decarboxylase)에 의해 (②)(으)로 전환되고, 이 전환 물질은 알코올 탈수소효소(alcohol dehydrogenase)에 의해 환원되어 에탄올이 된다.

①: _____   ②: _____

08 그림은 원유 속에 함유되어 있는 물질과 정제공정 중에 생성된 물질 등을 제거하여 식품에 적합한 유지로 생산하는 공정이다.

원유 → 불용성물질 제거 → 탈검 →
→ ① → 탈색 → 탈취 → 정제유 → 포장

이 중 리파아제(lipase)에 의해 생성된 물질을 제거하기 위한 ①에 해당하는 명칭을 쓰고, 이를 화학 반응식으로 설명하시오(단, 지방산은 R–COOH로 표기할 것). [4점] 유사기출

①: _____

①의 화학반응식 _____

09 다음은 발효식품의 기능성 및 그와 관련된 미생물에 대한 설명이다. 괄호 안의 ①, ②에 해당하는 명칭을 순서대로 쓰시오. [2점] 유사기출

> 김치나 요구르트와 같은 발효식품에 많이 들어 있는 젖산균과 같이 장내 미생물의 불균형을 개선하여 숙주의 건강에 도움을 주는 살아 있는 미생물 제제를 (①)(이)라 하고, 특히 이눌린(inulin)이나 프럭토올리고당(fructooligosaccharide)처럼 (①)의 생장을 촉진하는 유익한 성분들을 (②)(이)라고 한다.

①: _____   ②: _____

10 양조식초를 제조할 때에 원료 중의 당질은 관여 미생물과 산소 요구 형태가 다른 두 종류의 발효를 거쳐 초산(아세트산)으로 전환된다. 다음은 그 두 종류의 발효 과정에 대한 개략도이다. 발효과정 A와 B에 관여하는 발효 미생물 속명을 각각 쓰고, 괄호 안의 ①, ②에 해당하는 대표적인 중간 발효 산물의 이름을 순서대로 쓰시오. 그리고 발효과정 A, B의 산소 요구 형태를 비교하시오. [5점] 유사기출

```
           발효과정 A        발효과정 B
          ┌─────┐          ┌─────┐
포도당 ──→ ( ① ) ──→ ( ② ) ──→ 초산
```

A와 B에 관여하는 발효 미생물 속명 _____

① : _____   ② : _____

발효과정 A, B의 산소 요구 형태 비교 _____

_____

_____

11 다음에 제시된 두 문장에는 미생물 대사물질이 각각 하나씩 잘못 포함되어 있다. 이를 올바르게 고치기 위해 각 문장에 공통으로 들어갈 수 있는 하나의 대사물질의 명칭을 쓰시오. [2점] 유사기출

> 요구르트나 김치 중의 이상젖산발효(hetero lactic acid fermentation) 유산균들은 포도당으로부터 젖산(lactic acid), 구연산(citric acid), 에탄올(ethanol) 등을 생성한다.
> Acetobacter aceti는 에탄올을 원료로 하여 글루콘산(gluconic acid)을 생산하는 데 사용되는 세균이다.

대사물질의 명칭 _____

_____

12 다음은 식용유지의 정제 공정도이다. 그림을 보고 보기의 지시에 따라 서술하시오. [10점] 유사기출

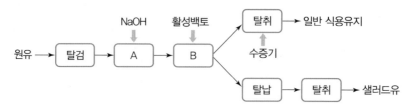

보기
- A와 B 공정의 명칭과 이 2가지 공정에서 제거되는 대표 물질의 이름을 각각 쓸 것
- 일반 식용유지 제조 과정의 탈취공정에서 수증기의 역할을 쓸 것
- 탈납공정(winterization)의 목적을 쓸 것

A : _____   B : _____

공정에서 제거되는 대표 물질 _____

수증기의 역할 _____

탈납공정의 목적 _____

13 다음은 음료 제조 방법을 간략히 나타낸 것이다. 작성 방법에 따라 서술하시오. [4점] 유사기출

- 찻잎 → 위조(withering) → ① 발효 → 건조, 가열 → 추출 → 우롱차
- 커피 생두 → 건조 → ② 배전(roasting) → 분쇄 → 추출 → 커피
- 대두 → 수침 → ③ 마쇄 → 가열 → 여과 → 두유
- 원유 → 여과, 청징 → ④ → 살균 → 냉각 → 우유

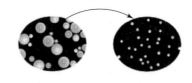

①, ② 과정을 통해 맛, 향, 색이 증진되는 기전(mechanism)의 공통점과 차이점 각 1가지 _____

_____

③ 과정에서 비린내가 나는 이유 1가지 _____

④ 과정을 거친 후 발생하는 단점 1가지 _____

14 다음은 한천과 설탕을 이용하여 겔과 캔디를 조리·가공하는 과정이다. 작성 방법에 따라 서술하시오. [4점] 유사기출

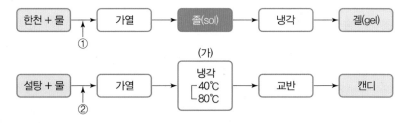

①에 레몬주스를 첨가할 때 일어나는 겔의 물성 변화와 그 이유 _____

_____

(가)의 냉각 온도에 따른 캔디 결정 구조의 차이 _____

_____

②에 다량의 한천을 첨가할 경우, 캔디의 결정 구조에 미치는 영향 _____

_____

15 다음은 식품의 가공 및 저장에 대한 설명이다. 괄호 안의 ①과 ②에 해당하는 용어를 순서대로 쓰시오. [2점] 유사기출

식품의 부패를 막고 저장기간을 연장하기 위해 주로 이용하는 방법에는 염장법, 당장법, 건조법이 있다. 이 3가지 방법은 모두 식품에 존재하는 용질의 농도를 높여 (　①　)을/를 감소시킴으로써 미생물의 성장과 생육을 억제한다. 대부분의 미생물은 (　①　)이/가 0.6 이하에서 생육이 어렵다.

한편, 우리 조상들은 식품의 가공 및 저장에 미생물을 적극적으로 활용하여 다양한 발효식품을 개발하고 섭취해 왔다. 그중 (　②　)은/는 소금으로 절인 생선에 곡류·맥아·누룩 등을 첨가하여 젓산발효를 유도하고, 고춧가루·마늘·생강 등의 향신료로 맛을 낸 전통발효식품이다. 이와 같이 염장과 젓산 발효를 병행하면 풍미와 저장성을 모두 갖춘 발효식품을 제조할 수 있다.

① : _____　　　② : _____

16 다음 (가)는 겔(gel) 형성 과정을 나타낸 것이고, (나)는 영양소의 기능과 흡수에 대한 설명이다. (가)와 (나)를 읽고 작성 방법에 따라 서술하시오. [5점] 유사기출

(가) 특정 다당류를 물에 잘 분산시켜 만든 졸(sol) 상태의 용액에 (①)을/를 첨가하면 겔(gel)을 형성하는데, 이런 방식으로 저열량 잼과 젤리를 만들 수 있다.

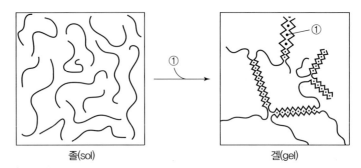

졸(sol)　　　　　　　　　　겔(gel)

(나) (①)은/는 근육의 수축과 이완, 신경 전달, 혈액 응고 등에 관여하는 영양소이며, 함께 섭취하는 식이성분에 따라 흡수율이 달라진다. 이 영양소의 흡수를 도와주는 식이 성분에는 유당, 단백질, 비타민 C, 비타민 D 등이 있다. 그리고 부갑상선 호르몬도 이 영양소의 흡수에 관여한다.

①의 명칭　_____

①에 의한 겔(gel) 형성 원리(다당류의 구조적 특성과 연결하여)　_____

_____

_____

비타민 C가 ①의 흡수를 촉진하는 원리　_____

_____

_____

17 다음은 두유와 머랭쿠키의 조리 과정이다. ①, ② 과정에서 거품이 발생하는 원인을 순서대로 쓰고, 각 단계에서 첨가한 기름과 설탕의 역할에 대해 설명하시오. [4점] 유사기출

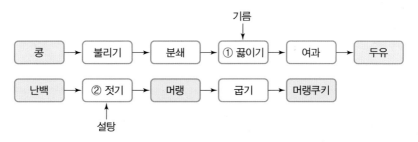

거품이 발생하는 원인 _____

기름과 설탕의 역할 _____

18 불고기를 재울 때 간장과 설탕, 참기름 중 양념의 효과를 충분히 얻기 위해서 설탕을 제일 먼저 넣는 이유 2가지와 참기름을 마지막에 넣는 이유 2가지를 각각 1줄 이내로 쓰시오. 기출문제

설탕을 제일 먼저 넣는 이유

① : _____

② : _____

참기름을 마지막에 넣는 이유

① : _____

② : _____

해설 조미 성분을 첨가할 때는 분자량의 크기가 큰 것부터 먼저 첨가하여야 한다. 설탕의 경우 분자량의 첨가뿐만 아니라 삼투압에도 영향을 주어 세포액의 용출을 촉진할 수 있기 때문에 먼저 첨가하는 것이 유리하다. 참기름은 향신료의 개념으로 향의 손실을 줄이기 위해 마지막에 사용한다. 만약 먼저 사용할 경우 유막이 생겨 조미성분이 원활하게 침투되지 않기 때문에 마지막에 사용한다.

19 다음은 젤라틴과 한천의 특성을 비교한 표이다. ㉠과 ㉡에 들어갈 알맞은 내용을 쓰고, 젤라틴과 한천을 이용한 식품의 예를 각각 2가지씩 쓰시오. [기출문제]

구 분	젤라틴	한 천
급 원	동물의 결체조직	홍조류의 우뭇가사리
성 분	경단백질	갈락토오스의 중합체인 다당류
융해온도	40~60℃	(㉠)
응고온도	(㉡)	30~35℃ 전후
사용농도	3~4%	0.8~1.5%

㉠ : _____ ㉡ : _____

젤라틴을 이용한 식품의 예 2가지 _____

한천을 이용한 식품의 예 2가지 _____

해설 젤라틴겔과 한천겔은 젤리를 만드는데 가장 많이 사용되는 재료이다. 젤라틴은 콜라겐을 열수변성시켜서 만드는 것으로 단백질이 주요 성분이다. 융해온도는 40~60℃, 응고온도는 3~15℃로 알려져 있고, 일반적으로 3~4% 정도의 농도로 사용한다. 식품 중에 과일젤리나 아이스크림, 마시멜로에도 첨가된다. 한천은 우뭇가시리에서 얻은 갈라토오스의 중합체인 다당류이다. 융해온도는 45℃ 이상, 응고온도는 30~35℃ 전후이고 사용량은 0.8~1.5% 정도다. 과일젤리, 양갱, 푸딩 제품에 사용된다.

20 신선한 파인애플을 이용해 젤리를 만들고자 적정 분량의 젤라틴을 첨가했으나 젤(gel) 상태가 이루어지지 않았다. 그 이유와 해결 방안을 제시하시오. [기출문제]

이유 _____

_____

해결 방안 _____

_____

해설 젤라틴을 첨가하여 젤을 만들 경우 설탕에 의해 겔의 강도가 감소되고 산, 효소 등에 의해 형성이 방해되며 염에 의해 강도가 상승되는 특징이 있다. 이는 파인애플의 당도가 부족하거나, 파인애플의 산도가 너무 높아 젤을 만들지 못하는 경우일 수 있다. 또한 파인애플에 들어 있는 bromelin이 젤라틴을 가수분해시켰을 가능성도 있다. 이와 같은 젤라틴 겔을 만드는 데 영향을 미치는 인자들을 조절하면 적당한 젤라틴 젤을 만들 수 있을 것이다.

21 다음은 여러 가지 겔(gel)상 식품에 대한 표이다. ㉠, ㉡, ㉢, ㉣에 들어갈 알맞은 내용을 쓰시오.
[기출문제]

	(㉠)	젤라틴겔	녹말겔	펙틴겔
형성에 필요한 재료	우뭇가사리	(㉡)	전분 (아밀로스)	펙틴, 산, 당
첨가물의 영향	설탕, 염에 의해 겔이 안정되고 산, 팥앙금 등에 의해 구조가 약화된다.	설탕에 의해 겔의 강도가 감소되고 산, 효소 등에 의해 형성이 방해되며 염에 의해 강도가 상승된다.	설탕에 의해 겔의 강도가 상승되고 산에 의해 감소된다.	(㉢)
해당식품	팥양갱, 우무	족편	(㉣)	딸기잼, 마멀레이드

㉠ : _____   ㉡ : _____

㉢ : _____   ㉣ : _____

[해설] 한천겔의 한천은 우뭇가사리에서 얻으며, 젤라틴은 콜라겐에서 얻는다. 녹말겔을 이용한 제품으로는 묵이 있고, 펙틴겔은 펙틴과 산과 당이 적정한 범위 내에 들어야 만들어진다. 펙틴겔의 경우 pH가 높아질수록 겔이 젤 모양을 이루는 데 걸리는 시간이 길어진다.

22 페이스트리(pastry)를 만들 때 가장 중요한 것은 단단하지 않고 부드러우며 켜가 생기게 하는 것이다. 이처럼 페이스트리가 부드러우며 켜가 생기도록 하기 위하여 지방 중에서 특히 라드나 쇼트닝을 사용하는 이유를 쓰시오. [기출문제]

이유 _____

_____

[해설] 라드나 쇼트닝은 가소성이 좋아 제빵과 제과에 적합하고, 쇼트닝성이 좋아 제품을 부드럽게 한다. 바삭바삭하게 하는 성질도 있다.

23 최근 다이어트를 하는 사람들에게 유지는 칼로리를 높인다고 하여 관심의 대상이 되고 있다. 하지만 유지는 식품의 조리에 매우 다양하게 사용되고 있으며, 매우 중요하다. 식품 조리 시 유지가 갖는 역할을 5가지 적으시오.

① : _____

② : _____

③ : _____

④ : _____

⑤ : _____

해설 유지는 단위 질량당 발생 칼로리가 가장 높아 비만의 원인 성분으로 알려져 있지만 조리 과정에서 제품을 부드럽게 하고, 풍미를 증강시키며, 이형제와 열전달매체의 역할을 한다.

24 식품의 조리 시 사용되는 당분의 역할 4가지 적으시오.

① : _____

② : _____

③ : _____

④ : _____

해설 설탕으로 대표되는 당분은 조리 과정에서 단맛을 주고, 캐러멜화를 일으키며, 반죽 발효 시 효모의 탄소원으로 사용된다. 점도 조절제의 역할과 더불어 미생물 생육 억제의 역할도 한다.

25 아래와 같은 재료를 사용하여 주어진 온도에 캔디를 만들었다. 이때 만들어진 (가)~(라)를 나열한 것으로 옳은 것은? 기출문제

	캔디의 종류	가열온도(℃)	재 료
결정형 캔디	(가)	112~120	설탕, 콘시럽, 버터
	(나)	112~117	설탕, 콘시럽, 타타르크림(cream of tartar)
비결정형 캔디	(다)	114~128	설탕, 콘시럽, 우유, 크림, 버터
	(라)	142~153	설탕, 콘시럽, 황설탕, 버터, 중조

	(가)	(나)	(다)	(라)
①	디비니티 (divinity)	퐁당 (fondant)	브리틀 (brittle)	타피 (taffy)
②	디비니티 (divinity)	퍼지 (fudge)	타피 (taffy)	캐러멜 (caramel)
③	퍼지 (fudge)	퐁당 (fondant)	브리틀 (brittle)	타피 (taffy)
④	퍼지 (fudge)	퐁당 (fondant)	캐러멜 (caramel)	브리틀 (brittle)
⑤	퐁당 (fondant)	퍼지 (fudge)	캐러멜 (caramel)	브리틀 (brittle)

정답 ④

26 다음은 서로 다른 식품의 겔 형성 과정이다. (가)~(마)에 해당하는 설명으로 옳은 것은? 기출문제

① (가) – 멥전분보다 찰전분을 이용했을 때 겔이 잘 형성된다.

② (나) – 소금은 겔의 점도를 감소시킨다.

③ (다) – 흰 살 생선보다 붉은 살 생선을 이용했을 때 탄력성이 강한 어묵이 된다.

④ (라) – 어육 중량의 0.5~1.0%의 소금을 첨가하였을 때 겔이 잘 형성된다.

⑤ (마) – 어육의 pH를 6.5~7.0으로 조절하면 탄력성이 높은 겔이 형성된다.

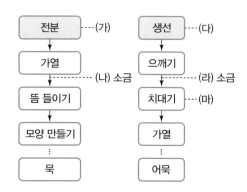

정답 ⑤

27 식품의 조리, 가공 시 여러 무기질이 사용된다. 식품에서 사용된 무기질의 역할로 옳지 <u>않은</u> 것은? 기출문제

① 치즈를 만들 때 첨가한 Ca^{2+}은 겔(gel)을 잘 형성하게 해 주어 조직에 탄성을 준다.

② 두부를 만들 때 첨가한 Mg^{2+}은 콩의 가용성 단백질인 글리시닌(glycinin)을 응고시킨다.

③ 젤리(jelly)를 만들 때 저메톡실 펙틴(low methoxyl pectin)은 겔(gel) 형성이 어려우므로 Ca^{2+}을 첨가하면 겔 형성에 도움이 된다.

④ 어묵을 만들 때 첨가한 Na^+은 미오신(myosin)/악토미오신(actomyosin)을 튼튼한 망상 구조로 만들어 탄력 있는 겔(gel)을 형성한다.

⑤ 건조 과일을 저장할 때 Mg^{2+}을 사용하면 산화 방지 작용을 하여 효소적 갈변을 억제하고, 방부 역할을 하여 미생물의 번식을 막는다.

정답 ⑤

28 여러 가지 종류의 겔(gel) 특성에 대한 설명으로 옳지 <u>않은</u> 것은? 기출문제

① 계란찜, 과일잼, 커스터드는 비가역성 겔 식품에 속한다.

② 과일잼이나 젤리는 펙틴의 겔 형성 능력을 이용하여 만든 것이다.

③ 한천 겔은 우뭇가사리를 삶아 얻은 콜로이드 용액을 냉각하여 겔화시킨 것이다.

④ 도토리묵이나 메밀묵은 호화된 도토리나 메밀 전분이 겔화되는 성질을 이용하여 만든 것이다.

⑤ 젤라틴은 동물의 뼈, 가죽, 힘줄, 연골 등에 들어 있는 콜라겐을 산 또는 알칼리로 분해시킨 후 정제하여 만든 것이다.

정답 ①

29 튀김은 다량의 기름으로 단시간 내에 음식을 익히는 조리 방법으로 조리시간을 단축시킬 수 있을 뿐만 아니라 음식에 독특한 향미를 준다. 튀김 방법에 대한 설명으로 옳은 것은? 기출문제

① 튀김 기름은 정제도가 낮고 유리지방산의 함량이 많을수록 발연점이 높아진다.

② 튀김을 할 때는 넓고 얇은 두꺼운 용기에 넉넉한 양의 기름을 넣고 가열하는 것이 좋다.

③ 튀김옷을 만들 때 유화제인 레시틴이 풍부한 계란노른자를 반죽에 많이 사용하면 흡유량이 많아진다.

④ 튀김 재료의 수분을 유지해야 할 때는 튀김옷을 씌우지 않거나 전분을 약간 묻혀서 튀기는 것이 좋다.

⑤ 튀김은 150~180℃의 고온에서 조리하므로 튀김 재료의 수분이 급격히 증발하고 기름이 흡수되어 다른 가열 조리법에 비해 영양소나 맛의 손실이 크다.

정답 ③

30 다음은 식품의 콜로이드(colloid) 상태를 도식화한 것이다. (가)와 (나)에 해당하는 설명으로 옳은 것을 〈보기〉에서 고른 것은? 기출문제

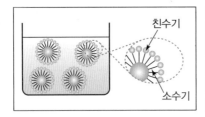
친수기
소수기

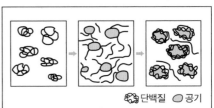
단백질 ○공기

보기

ㄱ. (가)는 기름 중에 물이 분산된 상태이며, 마요네즈를 예로 들 수 있다.

ㄴ. (가)에서 한 분자 내 친수기와 소수기를 함께 가진 물질의 예는 인지질이다.

ㄷ. (나)에서 난백으로 거품을 낼 때 레몬즙을 첨가하면 기포의 안정성이 증가된다.

ㄹ. (나)의 초기단계에서 설탕을 첨가하면 첨가하지 않았을 때보다 기포 형성 시간이 길어진다.

ㅁ. (나)는 열에 의해 졸(sol)이 젤(gel)로 변화되는 과정이며, 계란찜을 예로 들 수 있다.

① ㄱ, ㄴ, ㄷ　　　　　② ㄱ, ㄴ ㅁ　　　　　③ ㄱ, ㄹ, ㅁ

④ ㄴ, ㄷ, ㄹ　　　　　⑤ ㄷ, ㄹ, ㅁ

정답 ④

31 (가) 와 (나)의 식품 표시 내용에 대한 설명으로 옳지 <u>않은</u> 것은? 기출문제

- • 식품유형 : 발효유
- • 내용량 : 150mL
- • 원재료명
  원유, 포도농축과즙(포도과즙 20%)
  ......
  폴리텍스트로스, 결정과당, 펙틴,
  프락토올리고당, **유산균**, 식이섬유

  영양성분[1회 제공량(150mL)]
  열량 130kcal, 탄수화물 23g(7%)-
  식이섬유 2.6g(10%), 당류 20g,
  단백질 3g(5%), 지방 3.5g(7%)

- • 식품유형 : 과자
- • 내용량 : 155g(5봉입)
- • 원재료명
  소백문, 쇼트닝, 땅콩분말,
  ......
  덱스트린, 가공유장분(우유), 전란액(계란),
  유청분말, 물엿, **레시틴**

영양성분	1회 제공량(31g)
1회 제공량 당 함량	*%영양소기준치
열량	160kcal

① (가)의 폴리텍스트로스는 식이섬유와 유사한 작용을 한다.

② (가)의 유산균은 장 건강을 위한 프리바이오틱스(prebiotics)로 작용한다.

③ (나)의 쇼트닝은 글루텐 표면을 둘러싸서 과자에 바삭바삭한 질감을 준다.

④ (나)의 레시틴은 분자 중 친수성기와 소수성기를 함께 가지고 있다.

⑤ (나) 제품을 3봉지 먹으면 480kcal의 열량을 섭취하게 된다.

정답 ②

32 다음은 설탕을 주재료로 하는 캔디의 조리 과정이다. (가)~(마) 단계에서의 조건 변화에 따른 생성물에 대한 설명으로 옳은 것은?(단, 제시된 변경 단계 이외의 모든 조건은 고정함) 기출문제

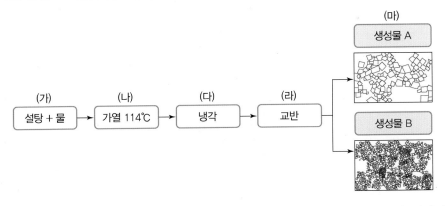

① (가) 단계에서 소량의 버터를 첨가하면 첨가하지 않았을 때보다 생성물 A에 가까워진다.

② (나) 단계에서 105℃로 가열하면 114℃로 가열할 때보다 생성물 B에 가까워진다.

③ (다) 단계에서 40℃로 냉각하면 80℃로 냉각할 때보다 생성물 B에 가까워진다.

④ (라) 단계에서 빠른 속도로 저을수록 생성물 A에 가까워진다.

⑤ (마) 단계에서의 생성물 B는 생성물 A보다 입안에서 느껴지는 감촉이 거칠다.

정답 ③

33 우유나 마요네즈(mayonnaise) 등은 유화액(emulsion) 형태를 이루고 있는 대표적인 유화식품이다. (가) 혹은 (나)의 형태로 대분류되는 단일층 유화식품에 대한 설명으로 옳지 <u>않은</u> 것은? 기출문제

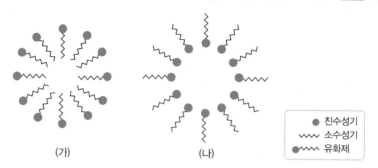

(가)   (나)

● 친수성기
〰 소수성기
●〰 유화제

① (가)는 수중유적(oil in water, O/W)형, (나)는 유중수적(water in oil, W/O)형을 의미한다.
② 버터(butter)는 마요네즈나 아이스크림과 동일한 (나)형의 유화식품이다.
③ (가)형의 우유는 저장하는 주변의 온도에 따라 유화안정성이 달라질 수 있다.
④ 마요네즈는 수분층과 기름층의 혼합비율에 따라 유화안전성이 달라질 수 있다.
⑤ (나)형의 마가린(margarine)은 첨가되는 전해질 유무에 따라 유화안정성이 달라질 수 있다.

정답 ②

34 조리 실습 시간에 새우튀김을 만들었다. 이때 사용한 기름을 실온에 장기간 방치할 경우 일어나는 변화를 〈보기〉에서 모두 고른 것은? 기출문제

보기
ㄱ. 발연점이 높아진다.　　　　　　　ㄴ. 영양성분이 손실된다.
ㄷ. 불쾌한 냄새가 발생한다.　　　　　ㄹ. 기름의 색이 진하게 변한다.
ㅁ. 유리지방산의 양이 많아진다.

① ㄱ, ㄴ, ㅁ　　　　　② ㄱ, ㄷ, ㄹ　　　　　③ ㄱ, ㄷ, ㄹ, ㅁ
④ ㄴ, ㄷ, ㄹ　　　　　⑤ ㄴ, ㄷ, ㄹ, ㅁ

정답 ⑤

PART 3

식품위생학

식품위생 개론

식품과 미생물

식품의 변질과 위생

식중독

식품과 전염병

식품첨가물

새로운 식품위생관리 방법과 HACCP

개 요

식품은 인간에게 어떤 것일까? 병원에 가서 예방 접종을 하는 어린 아이들을 보면 그 조그마한 주사 바늘을 보고 소스라치게 놀라 울고 만다. 왜 울까? 우는 것이 당연한 것일까? 여러분도 이 질문에 답을 한 번 해 보자. 왜 우는 걸까? '병원의 분위기가 이상해서'라고 하는 사람도 있을 것이고, '의사선생님의 모습이 무서워서'라고 하는 사람도 있을 것이고 여러 가지 답이 나올 수 있다. 저자의 견해로는 인간은 자신의 몸속에 무엇인가가 들어오는 것에 대해 반감을 가지고 있고, 바늘은 그 반감을 유발하는 물건이기 때문이 아닌가 한다.

인간의 몸속에 무언가가 들어온다는 것, 바늘이 몸에 들어온다거나, 칼에 손가락을 벤다거나, 아파서 수술을 받는 것 등은 매우 싫은 일이다. 그런 인간이 유일하게 외부의 물질을 몸속으로 넣는 루트가 바로 입이다. 그 넣는 행위를 식사라 하고, 넣는 물질을 식품이라고 한다. 그래서 인간은 식품에 대한 안전성을 가장 우선시한다. 아무리 맛있고, 영양가가 좋고, 진귀한 식품이라도 그 식품을 먹고 죽는다면 먹을 사람이 없을 것이다. 이런 식품의 안전성(Safety)을 확보하는 학문이 바로 식품위생학이다. 이런 이유로 그 어떤 과목보다도 가장 중요한 과목이 아닌가 생각이 든다.

1990년 전후로 우리나라 사람들도 식품 위생에 대한 관심이 매우 커졌다. 그리고 그 관심은 현재도 계속 증가되고 있다. 가끔 뉴스에서 보면 수학여행에서의 집단 식중독, 학교 급식에 의한 집단 식중독, 독버섯을 잘못 먹은 노인들의 집단 식중독, 사용 금지 약품을 이용한 부정식품, 시중 제품 속에서의 대장균 과다 검출, 시중 제품 속의 발암물질 검출 등 연일 식품위생에 대한 뉴스들이 쏟아지고 있다. 영양교사의 관점에서 학교 급식의 위생은 매우 중요한 부분이 될 수밖에 없다.

식품위생학은 과목적 중요성과 더불어 사회적 관심의 집중으로 소홀하게 할 수 없는 과목이다. 주관식으로 위생학 문제를 접한다면 이전 객관식과는 그 초점이 매우 다르다. 전체적인 개념 정의와 다른 세부 개념들과의 정리를 혼동하지 않도록 조심해서 공부해 나가야 할 것이다. 마지막으로 위생학은 응용학문으로 미생물, 식품화학, 공중보건학 등의 과목과 연관이 깊은 관계로 이들 과목에 대한 연계성도 소홀히 할 수 없다.

CHAPTER **01**

식품위생 개론

식품위생 개론은 식품위생학을 이해하는 데 가장 기초가 되는 부분이다. 기초가 되는 만큼 하나하나 머릿속에서 기초를 쌓아야 한다. 문제 출제 가능성이 낮지 않다.

1 식품위생의 기원

식품위생의 개념은 과거부터 존재하였다. 우리나라의 경우 음식이 상하는 것을 보고 음식 속에 귀신이 들어간다고 생각했고, 그런 음식을 먹으면 귀신이 음식을 통해 몸속에 들어가 몸을 아프게 한다고 생각했다. 그래서 우리 조상들은 귀신에 의한 식품의 오염을 막기 위해 귀신이 싫어하는 붉은색을 식품에 많이 사용하였다.

현대적 식품위생의 개념은 서양의 산업혁명을 거치면서 성립되었다. 산업혁명을 거치면서 성립하게 된 이유를 표 1−1에 간단히 정리하였다.

표 1−1 산업혁명 전후의 식품위생 개념 비교	산업혁명 이전 = 농촌사회	산업혁명 이후 = 도시사회
	1. 대부분의 사람들이 농촌에서 거주함 2. 자급자족의 형태로 식품의 생산과 소비 3. 자신이 먹을 것을 자신이 생산하여 위생적 개념의 필요성이 적음 4. 식품의 저장−운반이 필요 없음 5. 생산자 = 소비자 6. 식품의 대량 소비가 아직 일어나지 않아 대량 식중독 발병이 적음	1. 많은 사람들이 농촌에서 도시로 이동하여 거대 도시들이 생성됨 2. 그 결과 도시에서는 자신이 먹을 것을 자신이 생산하지 못하게 됨 3. 따라서 농촌에서 도시로 식품을 이동시켜야 됨 4. 식품의 저장−운반의 개념이 필요 5. 생산자 ≠ 소비자 6. 도시 지역에서 식품의 대량 소비가 일어나, 오염된 식품에 의해 대량 식중독이 발병하게 됨 7. 따라서 현대적 위생학 개념의 정립이 필요하게 됨

산업혁명 이전 사회는 농촌사회로 자급자족의 경제 형태를 갖고 있었다. 즉 자신이 먹을 식품을 자신이 생산하고 소비하는 형태로 식품의 생산자와 소비자가 같았다. 따라서 식품의 저장과 운반의 필요성이 적었기 때문에 많은 양의 식품이 외지로

운반되거나 장기간 저장되지 않았다. 가족 단위 혹은 잘해야 마을 단위의 식품 소비가 주를 이루어 잘못된 식품 섭취로 인한 대단위의 식중독 발생 위험이 적었다.

하지만 산업혁명이 일어나면서 농촌의 많은 사람들이 산업화된 도시로 이동하면서 큰 변화가 일어났다. 도시에서 철강 산업과 같은 2차 산업에 종사하게 된 사람들은 더 이상 식품을 생산해낼 수 없게 되자 식품의 생산자와 소비자가 나누어졌다. 많은 양의 식품들이 농촌에서 도시로 운반되었고, 운반 과정에서 식품의 변질을 막기 위한 저장법들이 개발되었다.

식품의 생산, 운반과 저장 과정 중 변질된 식품이 도시에서 섭취될 경우 도시 사람들은 식중독에 걸릴 수밖에 없었다. 또한 도시에서는 대량 급식과 대량 식품 소비의 패턴이 발생된 관계로 잘못된 식품에 의한 대량 식중독이 나타나게 되었다. 이는 산업도시의 생산력 저하로 이어지므로 정부에서는 이를 우려하여 식중독을 막기 위한 식품의 관리를 필요로 하게 되었다. 이렇게 생겨난 것이 바로 현대적 개념의 식품위생학이다.

 현대사회에서 식품위생학의 중요성 ●

식품위생학의 기원에서 설명한 것처럼 현재 자신이 먹는 식품을 자신이 생산하는 사람은 없다. 산업화가 더 진행된 현대사회에서는 식품의 생산자와 소비자의 불일치가 더욱더 증가할 수밖에 없다. 이런 사회적 구조에서는 식품의 생산자부터 식품의 소비자까지 오게 되는 식품의 생산, 운반, 소비 경로에 대한 철저한 위생관리가 더욱 필요하다. 최근에는 식품의 조리마저도 조리 가공된 가공식품이나, 전문 가공업체에 의뢰하는 경우가 많아 조리 과정에 대한 위생적 관리의 중요성도 대두가 되고 있다. 산업화가 진행되고 고도화되면 될수록 식품위생의 중요성은 어느 때보다 증가하게 될 것이다.

2 식품위생의 정의 및 개념

식품위생의 정의를 한마디로 표현하기는 매우 어렵다. 우리나라 식품위생법에서는 "식품, 첨가물, 기구 및 용기와 포장을 대상으로 하는 음식물에 관한 위생을 말한다"라고 정의되어 있고, 세계보건기구WHO에서는 "Food hygiene means all measures necessary for ensuring the safety wholesomeness and soundness of food at all stages from its growth, production or manufacture until its final consumption"이라 정의하고 있다. 이 말을 해석하면 "식품위생이란 식품의 재배, 생산, 가공부터 최종 소비까지 모든 과정에서 식품의 안전성과 최적성을 지키기 위해 필요한 모든 노력의 수행을 의미한다"라고 할 수 있다.

다시 말하면 식품 섭취의 목적에 어긋나는 원인을 제거하여 안전한 식품을 섭취할 수 있는 방법을 다각적으로 찾는 것을 식품위생이라 할 수 있다. 즉, 식품의 안전성을 확보하는 모든 행위를 식품위생이라 할 수 있다.

위의 정의에 대해 우리가 쉽게 접하는 프라이드 치킨Fried chicken을 예로 설명해 보도록 하겠다. 다음은 우리가 쉽게 접하는 프라이드 치킨의 생육, 제조, 생산, 소비 과정이다.

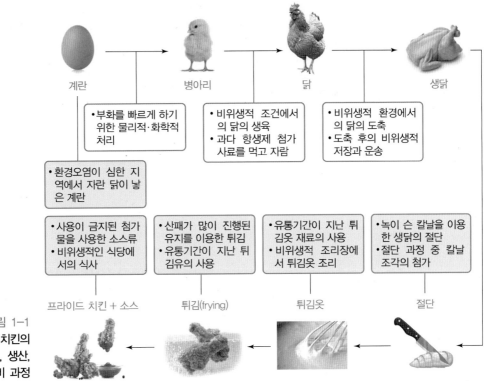

그림 1-1
프라이드 치킨의 생육, 제조, 생산, 소비 과정

어미 닭이 계란을 낳으면 부화를 시켜 병아리를 만들고, 키워서 닭을 만든다. 그 닭을 도살하여 생닭으로 만든다. 생닭은 프라이드 치킨을 만들기 위해 절단하고, 튀김옷을 입힌 후 튀긴다. 이렇게 만들어진 프라이드 치킨을 소스류에 찍어 먹는다.

우리가 맛있게 먹는 프라이드 치킨의 생산 과정을 아주 간단히 적어 보았다. 그럼 프라이드 치킨의 안전성을 위협하는 요소를 몇 가지 찾아보자.

만약 어미 닭에 방사선, 중금속 등에 오염되어 있는 지역에서 자랐다면 우리가 먹는 프라이드 치킨은 안전할까? 병아리에서 닭으로 키우는 동안 비위생적인 조건에서 항생제를 허용치 이상으로 사용한 사료를 먹였다면 어떠할까? 이 경우 닭의 내부에는 잔류 항생제의 양이 매우 높게 나타날 것이다. 이런 닭을 계속 먹는다면 흡사 항생제를 이유 없이 계속 복용하는 것과 다를 바 없다. 만약 닭을 도살한 조건이 비위생적이고 그렇게 도살된 닭을 비위생적으로 저장했다면 그 치킨이 안전할까? 그 외에도 그림에 나타난 유통기간이 지난 재료들의 사용이나, 사용이 금지된 식품첨가물들의 사용, 비위생적인 상태에서의 조리 및 식사 등 프라이드 치킨의 안전성을 위협할 일들은 무궁무진하다.

우리가 먹는 프라이드 치킨의 안전성과 최적성을 지키기 위해 어미 닭의 생육 조건, 부화 조건, 닭의 생육 조건, 도살 조건, 절단 조건, 튀김옷과 튀김유와 튀김 조건과 장소, 마지막으로 식사하는 곳의 위생과 곁들이는 소스의 안전성까지 이 모든 것을 관리하고 조절하는 것이 바로 식품위생이다.

앞의 설명을 통해 보았을 때 식품위생의 범위는 매우 넓다. 식품위생의 범위를 알기 위해 식품위생과 관련된 과목을 들어 보면 그 광범위함과 다양성에 대해 납득할 수 있을 것이다. 개인적으로 식품위생은 크게 3단계로 나눌 수 있다고 생각한다. 이것은 어디까지나 필자 개인의 생각일 뿐이니 이것과 관련된 문제는 나오지 않을 것이다. 하지만 식품위생의 범위를 알고, 영양교사가 해야 되는 업무 및 현재 식품위생의 흐름과 미래 식품위생의 흐름을 아는 데 많은 도움을 줄 것이라 생각되어 여기에 간단히 소개하고자 한다.

1) 1단계

1단계는 전통적인 식품위생학이다. 여러분들이 식품위생학에서 배웠던 내용들이 해당하는 범위이다. 식중독, 유독성분, 독버섯, 복어독, 중금속중독 등의 내용을 배우게 된다. 시험 문제를 푸는 데 가장 중요하고 기본이 되는 부분이다. 대부분 30~40년 이전에 알려지고 체계화된 내용으로, 현장에 나가서 기본으로 사용되는 내용이다. 개인적으로 생각하기에 현장에서의 가치는 점차 줄어드는 것 같지만 아직도 그 영향은 절대적인 분야이다.

2) 2단계

1990년 이후 세계적으로 소개되고 체계화되어 많은 사람들이 그 존재를 알고 있는 분야이다. HACCP, GMP, GLP, PL과 ISO 같은 국제적인 규격들이 그 분야이다. 학계뿐만 아니라 생산현장에서 더 중요하며 위생적으로 문제가 될 요소들을 체계적으로 미리 대책을 세우고 관리하는 분야이다. 이 분야의 중요성이 계속 커지는 관계로 현재 많은 학교에서 별외 과목으로 다루고 있으나 식품위생의 학문적 범주로는 완전히 들어오지 않은 듯하다. 현재 이 분야에 대한 문제 출제 가능성이 50 : 50이라고 할 수 있으나, 조만간 그 가능성이 출제 쪽으로 역전될 것이라 생각된다.

3) 3단계

새롭게 떠오른 위생의 분야이다. 이 분야는 2000년 이후에 미국과 프랑스, 독일과 같은 서양 선진국에서 나타났다. 우리나라에서도 현재 급속도로 그 위해성이 도출되고 있으나 아직 위해하다는 문제의식이 제대로 갖추어지지 않았고, 제도적으로도 막을 방법이 없는 분야이다. 그것은 바로 이전에는 안전하다고 생각되던 음식들의 남용에서 오는 식품의 위해이다. 미국은 2000년에 태어난 사람 중 33%는 비만이 될 것이라고 보고하였고, 그로 인해 2003년 태어난 사람 중 25%는 당뇨를 앓게 될 것이라고 경고했다. 원인은 과도한 음식 섭취, 가공식품과 운동부족으로 언급되었다. 어느 것 하나 위법 사항은 아니지만 이전 1~2단계가 가지고 있는 위해성보다 광범위하게 위해를 줄 수 있는 분야이다.

필자가 보기에 영양교사는 이 3단계의 위생 분야가 주는 위해성을 막기 위해 꼭 필요한 직군이다. 영어 단어 하나, 수학 공식 한 가지보다 중요한, 인생을 살아가는 데 가장 중요한 건강을 지키는 방법을 가르쳐 주는 사람들이 바로 영양교사이다.

3 건강장애 원인물질과 식중독 위험

1) 건강장애 원인물질의 분류

건강장애 원인물질이란 인간이 식품을 통해 섭취하였을 때 건강상의 장애를 일으키는 물질을 통틀어 말한다. 그 종류는 미생물, 곤충, 화학물질 등 매우 많으나 그 건강장애 원인물질이 어떻게 식품 중에 존재하게 되었느냐에 따라 내인성, 외인성, 유기성으로 분류할 수 있다.

① **내인성 원인물질** : 식품 내에 이미 존재하고 있던 물질들을 말한다. 독버섯 중의 독성물질, 복어 내장과 난소 중의 독성물질, 대두 중의 트립신 억제 물질과 같은 것은 식품 내부에 원래부터 존재하던 건강장애 원인물질이다.

② **외인성 원인물질** : 식품 자체에는 원래 건강장애 요인이 없지만 가공, 저장, 운반 과정을 거치면서 외부로부터 오염될 수 있는 물질을 말한다. 식중독균과 전염병균과 같은 미생물, 잔류농약과 중금속 같은 물질이 여기에 속한다.

③ **유기성 원인물질** : 식품의 저장, 운반, 가공, 조리 중 식품 내부의 성분 변화에 의해 자연스럽게 생기는 건강장애 원인물질을 말한다. 고기를 숯불에 구우면 까맣게 타지 않아도 일정량의 발암물질이 생성되며, 산 분해 간장은 제조 과정 중에 발암성의 nitrosamine이 생성된다. 쿠키를 갈변시킬 경우 갈변 물질 중에 발암물질이 생성된다는 연구 보고도 있다.

이 3가지 중에서 유기성이 관리하기 가장 복잡하고 어려운 물질이다. 내인성인 경우는 식재료를 사용하지 않으면 되고, 외인성인 경우는 조심해서 관리하면 되지만, 유기성의 경우에는 마땅한 대안이 없다. 내인성, 외인성, 유기성에 대한 내용은 표 1-2에 간단히 정리하였다.

표 1-2
건강장애
원인물질 분류

분류		대표 예
내인성	자연독성분	1. 복어독, 바지락독, 마비성패독 2. 버섯독 3. 시안배당체, 식물성 알칼로이드
	생리작용 위해성분	1. 항비타민성 물질, 항효소성물질, 항갑상선물질 2. 식이성 알레르기 유발물질
외인성	생물학적	1. 미생물 　• 경구전염병　　　• 세균성 식중독(감염형 독소형) 　• 곰팡이독 2. 기생충
	인위적	1. 의도적 물질-사용금지 식품첨가물 2. 무의도적 물질 　• 잔류농약　　　• 공장배출 중금속 　• 방사선성 강하물　• 식품 포장재료 용출물 3. 가공 중 과오 　• PCB　　　　• 비소화물
유기성		1. 물리적 조건에서 생긴 독성물질(가열 중 생긴 육류 중 발암물질) 2. 화학적 조건에서 생긴 독성물질(산분해간장 중 Nitrosamine)

식중독은 식중독 위험Foodborne hazard에 의해서도 3가지로 나누어진다. 즉 식중독 위험이란 음식을 섭취하였을 때 질병이나 상해를 유발하는 생물학적, 화학적 또는 물리적 위험을 말한다.

① 생물적 위험Biological hazard : 세균, 바이러스, 기생충, 균류들을 말한다. 이러한 미생물들은 크기가 매우 작고 현미경을 통해서만 관찰할 수 있다. 생물적 위험은 보통 인간과 급식시설로 들어오는 생식품과 관련되어 있다. 생물적 위험은 식음료업장에서 무엇보다 가장 중요한 식중독 위험요소이다. 대부분의 식중독의 원인이자 식품안전의 첫 번째 목표이다.

② 화학적 위험Chemical hazard : 자연적으로 생기거나 또는 음식을 조리하는 과정에서 첨가된 독소물질을 말한다. 화학적 오염물질의 예로는 농업화학물질(살충제·비료·항생제), 세제, 중금속(납과 수은), 식품첨가물, 식품성 알레르겐이 있다. 다량의 유해 화학물질은 심각한 중독과 알레르기 반응을 일으킨다. 화학물질과 기타 비식품재료는 식품 곁에 두어서는 안 된다.

③ **물리적 위험**Physical hazard : 질병이나 상해를 일으킬 수 있는 단단하거나 부드
러운 이물질로 유리조각, 금속, 주름이 없는 이쑤시개, 보석, 끈끈한 붕대, 사
람의 머리카락이 있다.

식품은 공급원으로부터 소비자에게 전달되는 동안 많은 곳에서 우연적인 오염 및
잘못된 식품 취급 때문에 1·2차 오염이 발생한다.

2) 아질산염과 식품위생적 위해

아질산염은 햄과 소시지를 만들 때 발색제로 첨가되는 식품첨가물이다. 아질산염이
첨가되면 육류 중의 myoglobin이나 hemoglobin과 반응하여 nitrosomyoglobin이나
nitrosohemoglobin을 형성하며, 핑크색을 나타낸다. 현재 아질산염의 사용량은 제한
되어 있다. 햄과 소시지 제조 과정 중 아질산염 첨가와 가열 과정을 거치면
nitrosamine을 만들 뿐만 아니라, 반응하지 않은 아질산염 자체가 식품 섭취에 의해
체내에 들어와 hemoglobin과 반응하여 methemoglobin을 형성하기 때문이다.
Nitrosamine은 발암물질로 알려져 있고, hemoglobin이 methemoglobin이 되면
hemoglobin의 운반능력이 저하되어 심장에 무리를 주거나 산소 공급이 원활하지
않아 문제가 될 수 있다. 현재 아질산염을 대신할 수 있는 첨가물에 대한 연구가
진행되고 있지만 획기적인 대안 물질이 알려지지 않고 있다.

01 패스트푸드 섭취가 늘어나면서 프렌치프라이와 같이 쇼트닝을 이용한 튀김류, 쇼트닝이나 마가린을 이용한 케이크, 페이스트리, 과자, 칩 등의 이용이 늘어나고 있다. 마가린, 쇼트닝을 만드는 원리를 설명하고, 이들 식품에 함유된 트랜스 지방산(trans fatty acid)이 건강에 미치는 영향을 쓰시오.
기출문제

원리 _____

_____

영향 _____

_____

해설 마가린과 쇼트닝은 불포화지방산의 함량이 높은 식물성 유지에 니켈촉매하에서 수소가스를 첨가하여 불포화지방산을 포화지방산으로 변화시켜 상온에서 고체인 fat의 특성을 갖도록 한 것이다. 이 제조 과정을 이용하여 만든 것이 마가린, 쇼트닝과 경화 대두유 같은 것들이다. 이 제조 과정 중 이중결합을 구성하는 π – 결합의 전자이동으로 cis – form이었던 이중결합이 trans – form으로 변한 trans 지방산이 만들어진다. 이 trans 지방산은 대사를 돕는 우리 몸의 효소가 제대로 작용하지 못하게 하여 체외 배출이 어렵고, 이들이 필수지방산의 자리를 빼앗아 버리며, 뇌를 비롯한 몸 전체의 세포막과 호르몬, 각종 효소 등 생체기능 조절물질의 구조를 왜곡한다. 이런 여러 작용으로 인해 혈관순환계에 많은 손상과 부담을 줄 수 있다.

02 햄 제조 시에는 염지 공정(curing process)을 통하여 육제품의 저장성을 높이고 또한 풍미, 색, 보수성을 증가시켜 품질을 향상시킨다. 염지액에는 식염, 질산염, 아질산염, 향신료 등이 사용된다. 이때 사용되는 질산염(아질산염)의 기능을 2가지 쓰고, 또 이들 물질로 인해 생기는 독성물질을 쓰시오.
기출문제

기능 _____

_____

독성물질 _____

_____

질산염과 아질산염은 햄과 소세지에 첨가되어 제조 과정 중 핑크색을 만들어 내는 대표적인 발색제이다. 이들은 발색제의 역할 뿐만 아니라 특유의 육류 향기를 유지시켜 주고, 식중독균인 Clostridium botulinum의 생장을 억제하며, warmed off-flavor를 제거하는 기능이 있다. 하지만 질산염은 가열 과정을 거치면서 nitrosamine을 만들 뿐만 아니라, 반응하지 않은 아질산염 자체가 식품 섭취에 의해 체내에 들어와 hemoglobin과 반응하여 methemoglobin을 형성한다. Nitrosamine은 발암물질로 알려져 있으며, methemoglobin은 hemoglobin에 비해 산소운반능력이 낮아 심장에 무리를 주거나 산소 공급이 원활하지 않아 문제가 될 수 있다.

03 식육가공품 제조 시에 많이 사용되는 발색제의 이름과, 이것이 체내에서 생성하는 유해물질의 명칭 및 이로 인해 발생할 수 있는 주요 질환을 각각 1가지씩 쓰시오. 기출문제

발색제명 _____

유해물질의 이름 _____

질환명 _____

해설 위의 주관식 2번 문제의 해설 부분을 참고한다.

04 염지(curing)란 소금, 아질산염, 질산염, 설탕, 화학조미료, 인산염 등의 여러 가지 염지제로 원료육을 처리하는 것을 말하며, 햄이나 베이컨을 제조할 때 실시하는 기본 조작이다. 염지를 할 때 아질산염과 질산염을 첨가하는 주된 목적 3가지와 이들 물질의 사용량을 법적으로 제한하는 이유를 1가지만 쓰시오. 기출문제

목적 ① : _____

② : _____

③ : _____

사용 제한 이유 _____

_____

해설 아질산염에 대한 첨가 목적과 법적사용량을 두는 이유에 대한 내용은 식품화학과 식품위생학의 범주에서 중요하고 출제 빈도도 높다. 이전에 많이 설명했던 부분이므로 식품화학과 조리원리 부분에서 해당 내용을 찾아 풀어 보도록 하자.

05 우리 사회는 산업혁명을 거치며 자급자족 사회에서 산업사회로 변하였다. 이 과정에서 식품의 생산과 소비가 농촌과 도시로 분리되어 식품의 소비자는 자신이 소비하는 식품 생산에 관여하지 않게 되었다. 이 과정에서 현대적 식품위생의 개념이 성립되었다. 세계보건기구(WHO)에서 말하는 식품위생의 정의와 산업사회가 진행될수록 식품위생이 더욱 중요해지는 이유에 대해 설명하시오.

WHO의 정의 _____

_____

식품위생이 중요해지는 이유 _____

_____

> 해설 **WHO**에서는 식품위생이란 "식품의 재배, 생산, 가공부터 최종 소비까지 모든 과정에서 식품의 안전성과 최적성을 지키기 위해 필요한 모든 노력의 수행을 의미한다"라고 정의하고 있다. 이는 식품 제조의 전 과정에서 식품의 위해를 줄 수 있는 모든 것에 대한 관리가 필요하다는 의미이기도 하다. 고도로 분업화된 산업사회가 될수록 우리가 먹는 식품에 대한 참여가 제한받고 있는 실정에서, 우리가 먹는 식품에 대한 위생적 관리와 모니터링이 더욱 중요하게 인식되고 있다.

06 현대에는 식품위생을 위해 여러 사업장에서 HACCP이 시행되고 있다. 아래 그림은 튀김 닭을 생산하는 일련의 과정을 나타낸 것이다.

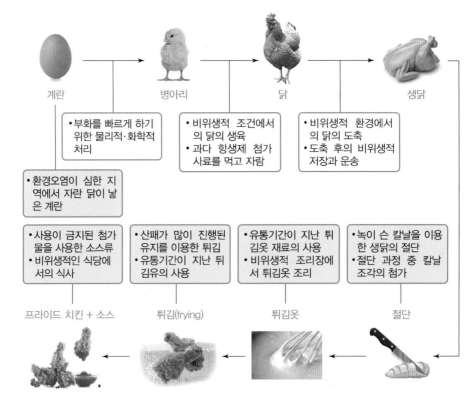

위에서 분석한 위해요소 외에 분석될 수 있는 위해요소와 위해 허용한도를 설정할 수 있는 중점관리 대상을 3가지 쓰시오. 또 허용한도 이탈 시 진행해야 하는 시정 조치를 3가지 쓰시오.

① : _____

② : _____

③ : _____

허용 한도 중점관리 대상

① : _____

② : _____

③ : _____

시정 조치

① : _____

_____

② : _____

_____

③ : _____

_____

해설 HACCP과 식품의 위생을 접목시킨 매우 어려운 문제이다. 일단 문제에서 제시하는 대로 위해요소 중 3가지를 선택하고 허용한도를 설정하도록 한다. 허용한도는 일반적으로 온도, 시간과 교차오염에 대한 내용이 설정된다. 이 허용한도가 이 탈되었을 때의 시정 조치를 적으면 되는데 일반적으로 교체나 폐기 혹은 방법 수정이 대부분이다. 예를 들어 위에서 "녹 슨 칼날을 이용한 생닭의 절단"이라는 부분을 선택하였다면 칼날의 사용시간이 허용한도가 될 수 있다. 만약 허용한도를 1개월이라고 하였다면, 1개월이 지나면 칼날을 교체하는 것이 시정 조치가 된다.

07 식품위생을 위협하는 원인물질은 매우 다양하다. 이 원인물질들은 그 기인에 따라 내인성, 외인성, 유기성으로 나눌 수 있다. 아래의 예들은 어디에 속하는지 쓰시오.

① 야채에서 잔류 농약이 검출되었다. (   )
② 복어 중에 복어독인 tetrodotoxin이 검출되었다. (   )
③ 두부를 만드는 과정 중 가열이 불충분하여 trypsin inhibitor가 잔존하여 설사를 일으켰다. (   )
④ 산분해간장을 만드는 염산의 산분해 과정 중 nitrosamine이 만들어졌다. (   )
⑤ 가스불에서 고기를 익힐 때와 숯불에서 익힐 때 발생하는 발암물질의 양에 차이가 나타났다. (   )

⑥ KFC에서 사용하는 소스에서 수단 1호 색소가 발견되었다. 이는 소스 중에 첨가되는 우스타 소스에서 유래되었다. (   )

⑦ 화농균에 오염된 조리사가 조리한 음식을 먹은 사람들에게서 식중독 증상이 나타났다. (   )

⑧ 곰팡이가 자란 곡류 식품을 먹고 사람들이 집단으로 이상증상을 보였다. (   )

⑨ 여름철에 충분히 익힌 조개를 먹고 사람들이 이상증상을 일으켰다. (   )

⑩ 여름철에 죽은 지 6~9시간이 지난 날조개를 먹고 사람들이 설사증상을 일으켰다. (   )

> 해설 식품의 위해 원인물질은 내인성, 외인성, 유기성으로 나누어진다. 발견된 위해 원인물질이 무엇으로 분류되는지 맞추는 문제이다. 이 문제를 통해 학생들은 식품위생의 위해 물질의 종류와 기인하게 되는 메커니즘을 정확하게 이해할 수 있을 것이다. 학생들 스스로 답을 맞추어 보도록 권하고 싶다. 그래도 답이 필요하다면 5번까지는 외, 내, 내, 유, 유이고 나머지는 외, 외, 외, 내, 외이다.

08 식품위생을 위협하는 원인물질은 매우 다양하다. 이 원인물질들은 그 기인에 따라 내인성, 외인성, 유기성으로 나눌 수 있다. 각각에 대한 예비책과 해결책을 2줄 이내로 쓰시오.

내인성 _____

_____

외인성 _____

_____

유기성 _____

_____

> 해설 각각의 물질에 대한 해결책을 살펴보면 내인성 물질은 원래 식재료 내에 존재하던 것으로 사용을 금하는 것이 해결책이다. 외인성은 외부로부터 오염되는 것이니 오염되지 않도록 조심하는 것이 예비책이고, 유기성은 조리 과정 중 발생하는 것이기 때문에 새로운 조리 방법을 적용하거나 가장 적게 발생하는 조건으로 조리하는 것이 해결책이다.

09 식품의 위해요소에 대한 설명으로 옳지 않은 것은? 기출문제

① 아플라톡신(aflatoxin)은 곰팡이가 생성하는 독소로 땅콩, 옥수수, 쌀 등에서 주로 발견된다.

② 다이옥신(dioxin)은 동물이나 사람의 몸에 들어가 내분비계의 기능을 방해하거나 교란시키는 환경호르몬으로 작용하는 물질이다.

③ 테트로도톡신(tetrodotoxin)은 복어에서 발견되는 독소로 독성의 강도는 복어의 종류와 부위에 따라 차이가 있으나 계절별로는 차이가 없다.

④ 솔라닌(solanine)은 신선한 감자에 미량 존재하지만 발아 시 함량이 크게 증가하고, 감자내 솔라닌 양이 일정량을 초과하면 식중독을 유발할 수 있다.

⑤ 나이트로사민(nitrosamine)은 아질산염으로부터 생성되는 유해물질이며, 햄 등을 제조할 때 나이트로사민의 양을 줄이기 위해 아질산이온의 사용량을 규제한다.

정답 ③

10 다음은 세균이 생산하는 독소에 대한 글이다. 〈보기〉에서 (가)와 (나)에 들어갈 적절한 단어로 묶인 것은? 기출문제

> 보기
>
> 세균이 생성하는 독소는 숙주에 유독한 영향을 주어 질병을 일으킬 수 있으며, 크게 내독소와 외독소로 나눌 수 있다. 그램 음성균은 세포벽의 외막을 형성하는 (가) 층이 특정 숙주에 독성을 갖는 경우가 있는데, 이 층의 구성 성분 중 독성을 갖는 것은 지질 A(lipid A)라는 성분으로 이러한 독소는 (나) 에 포함된다.

	(가)	(나)
①	지질다당체(lipopolysaccharide)	내독소
②	펩티도글리칸(peptidoglycan)	내독소
③	지질다당체(lipopolysaccharide)	외독소
④	펩티도글리칸(peptidoglycan)	외독소
⑤	주변세포질(periplasm)	외독소

정답 ①

식품과 미생물

미생물은 유기화학과 생화학만큼이나 식품에 있어서는 기본 중의 기본인 과목이다. 식품의 부패 역시 미생물 때문에 생기고, 식중독이나 전염병 역시 미생물에 의해 발생한다. 식품위생에서는 미생물의 일반적인 내용 외에도 몇몇 특징적인 균과 개념들이 존재한다. 이런 내용들을 여기서 정리하여 보도록 하자.

1 미생물의 일반적인 내용

미생물의 일반적인 내용은 이곳에서는 다루지 않는다. 하지만 식품위생학을 이해하는 데 꼭 필요한 것이니 기억이 나지 않는다면 아래 내용이라도 체크해 두자.

① 구균이란 세균 중 구형으로 생긴 세균을 말한다.

② 간균이란 세균 중 막대형으로 생긴 세균을 말한다.

③ 그램 양성과 그램 음성 세균을 구성하는 세포벽의 두께가 두꺼운 것이 그램 양성, 얇은 것이 그램 음성이다.

④ 포자생성균이란 생육 조건이 안 좋아지면 휴면상태인 포자로 변하는 세균을 말한다. *Bacillus*균과 *Clostridium*균이 여기에 속한다.

⑤ 호기성균과 혐기성균이란 산소를 필요로 하는 균을 호기성균, 산소가 존재하면 오히려 해가 되는 균을 혐기성균이라 한다.

⑥ 편모균이란 편모라는 운동기관을 가지고 있는 균을 말한다. 편모가 있음은 운동성이 있음을 의미한다.

⑦ 미생물총Microflora이란 자연계의 물, 토양 혹은 식품에서도 여러 가지 물리적 조건(온도, 수분, 영양물질)이 다르므로 그 환경에 대응하여 살 수 있는 한두 가지 미생물들이 그곳에 집단을 이루고 있는 것을 말한다. 예를 들어 해수에서 얻은 식품의 경우 바닷물에 있는 염류 때문에 일반균이 아닌 호염균들이 미생물총을 이루고 있고, 더운 곳에서 얻은 식품의 경우는 호열균이, 추운 곳에서

는 호냉균들이 미생물총을 이루고 있다. 산성이 강한 조건에서는 유산균이나 초산균 같은 호산균들이 자라며, 염장이나 당장 처리한 식품에서는 내삼투압균이 주로 자라 미생물총을 이루게 된다.

2. 1차 오염과 2차 오염

식품은 여러 이유에 의해 위해 요소에 오염된다. 식품의 오염은 크게 1차 오염과 2차 오염으로 나눌 수 있다. 1차 오염은 식품이 원래부터 위해 요소에게 오염되어 있는 상태를 말한다. 거기에 비해 2차 오염이란 위해 요소에 오염되지 않은 식품이 제조, 가공, 운반 등의 과정을 거치면서 1차 오염된 식품에 의해 오염되는 것을 말한다. 이것에 대한 내용을 아래에 예를 들어 쉽게 설명하였다.

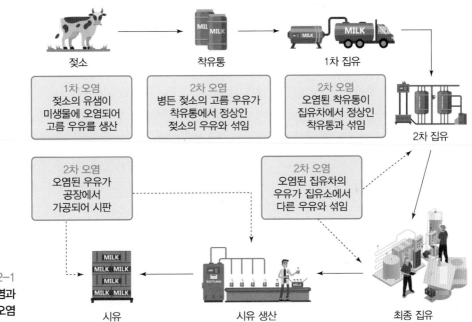

그림 2-1
1차 오염과
2차 오염

그림은 우리가 흔하게 마시는 시유(공장에서 가공 처리된 우유)의 제조 과정이다. 우선 목장에서 우유를 아침마다 착유통에 모아 집유차에 모은다. 집유차는 이 우유를 저장탱크에 모아 집유하고, 경우에 따라서는 저장탱크를 몇 번 옮겨 최종 집유탱크로 옮긴다. 그리고 나서 살균·포장하여 시유가 출고된다.

젖소의 유샘에 균이 감염되면 여기에 염증이 생기고, 그 염증의 고름이 우유 중에 섞이게 된다. 병든 젖소에게서 만들어진 우유는 오염된 고름 우유로 이를 1차 오염이라고 한다. 여기서 이 병든 젖소의 우유를 폐기 처리하면 더 이상의 문제는 없다.

문제는 2차 오염에서 더 크다. 병든 소의 우유를 모르고 정상인 젖소의 우유와 함께 섞어 착유통에 모으면 이 과정에서 정상적인 우유도 모두 고름 우유로 변하게 된다. 이런 과정을 2차 오염이라고 한다. 이 경우 착유통에 있는 우유를 폐기해야 한다. 그런데 여기서 문제가 끝나지 않고 집유차에 섞인 후, 다시 집유탱크에 섞이면 정상이던 우유 모두 2차 오염을 받게 된다. 이때는 집유차 혹은 집유탱크의 모든 우유를 폐기해야 한다. 여기서 문제가 끝나면 그나마 다행이다. 만약 2차 오염된 우유가 가공을 거쳐 시판된다면 문제는 걷잡을 수 없게 커진다.

시판된 후 2차 오염 여부를 알게 된다면 시판된 시유는 모두 수거하여 폐기 처리해야 하고, 만약 소비자가 마시고 탈이 났다면 손해 배상까지 모두 해야 한다. 1차 오염을 사전에 막는 것도 중요하지만 2차 오염을 막는 것은 더욱 중요하다.

3 오염지표균

오염지표균이란 위생지표균, 위생척도균이라는 말로도 부를 수 있다. 식품위생에서는 매우 중요한 개념이다. 자연계에 존재하는 균 중에 인간에게 해를 줄 수 있는 식중독균, 전염병균은 매우 많다. 이 모든 균을 일일이 다 검사해 보는 것은 매우 어렵고 힘든 일이다. 여기서 오염지표균의 개념이 만들어졌다. 오염지표균이란 위생상 위해를 줄 수 있는 균 중 대표성을 갖는 균을 말한다.

만약 우리가 조사한 어떤 균이 식품 중에 있다면 일반적으로 식중독균이나 전염병균이 존재하고, 그 균이 없다면 위해균 역시 없는 경우 그 균은 오염지표균이 될 수 있다. 이 경우 우리는 위해균 전체를 검사할 필요 없이 오염지표균의 유무와 양을 통해 쉽게 위해균의 오염 여부를 알 수 있다. 일반적으로 대장균군이 오염지표균으로 잘 알려져 있다.

1) 오염지표균의 자격요건

오염지표균이 되기 위해서는 다음 세 가지 요건을 갖추고 있어야 한다.

첫째, 장관 유래 세균이어야 한다. 자연계 중에 가장 높은 농도로 균이 존재하는 곳은 동물의 분변으로 특히 전염병균과 식중독균은 분변에 높은 농도로 존재한다. 장관에서 사는 균이 체외로 나올 수 있는 유일한 경로는 분변이다. 장관 유래 세균이 많다는 것은 그 식품이 분변과 오랫동안 접촉했음을 의미하고, 이것은 전염병균과 식중독균 오염 역시 의심된다는 것을 의미한다.

둘째, 외계에서는 증식하지 않고, 장시간 생존이 가능하여야 한다. 일반적으로 위생 관련 뉴스를 보면 "대장균이 3,000마리가 발견되었습니다"라는 내용이 등장한다. 만약 대장균이 장내가 아닌 장외에서도 쉽게 증식하여 숫자를 늘릴 수 있다면 3,000마리가 처음부터 3,000마리였는지, 처음은 하나였는데 증식해서 3,000마리가 되었는지 알 수 없을 것이다. 또 분변과의 접촉이 강했는지 약했는지 역시 알 수 없을 것이다. 그러므로 오염지표균은 외부에서는 증식하는 것을 선택해서는 안 된다. 또한 외부에서 오랜 시간 생존할 수 있어야 저장 시간이 오래된 식품에도 쉽게 측정하여 결과를 알 수 있게 된다.

셋째, 소수라도 비교적 용이하게 검사가 가능하여야 한다. 소수라도 검출할 수 있어야 하는 것은 실험 자체의 감도가 좋음을 의미한다. 만약 어떤 균이 500마리만 존재해도 인간에게 위해를 주는데, 실험으로 검출할 수 있는 최소 단위가 2,000마리라면 그 균의 위해성을 측정하기에는 문제가 있을 것이다. 따라서 오염지표균은 소수라도 쉽게 검사할 수 있어야 한다.

2) 오염지표균의 종류

앞에서 언급한 오염지표균이 갖추어야 되는 3가지 사항을 고루 갖춘 균종으로는 대장균군과 장구균이 있다. 전통적으로 대장균군이 오래전부터 사용되어 많이 알려져 있는데, 몇몇 부분에서 문제점을 보이고 있다. 최근에는 장구균이 그 문제점을 보완하여 주고 있다. 이 두 오염지표균의 장단점은 아래 표에 정리하였다.

표 2-1 대장균군과 장구균의 비교

특 성	대장균군	장구균
형 태	간균	구균
Gram 염색성	음성	양성
장관 내 균수 수준	분변 1g 중 $10^7 \sim 10^9$	분변 1g 중 $10^5 \sim 10^8$
각종 동물의 분변에서의 검출 상황	동물에 따라 불검출	대부분 동물에서 검출
장관 외에서의 검출 상황	일반적으로 낮음	일반적으로 높음
분리-확인의 난이도	비교적 쉬움	비교적 어려움
외계에서의 저항성	약함	강함
동결에 대한 저항성	약함	강함
냉동식품에서의 생존성	약함	강함
건조식품에서의 생존성	약함	강함
생선-채소에서의 검출률	낮음	높음
생육에서의 검출률	낮음	높음
절인 고기에서의 검출률	낮거나 없음	높음
식품매개 장관계 병원균과의 관계	일반적으로 큼	적음
비장관계 식품매계 병원균과의 관계	적음	적음

대장균군은 분리 난이도가 낮고, 병원균과의 상관관계가 크다는 장점이 있지만, 냉동과 건조 시 생존성이 떨어져 냉동식품과 건조식품 검사에는 적합하지 않음이 나타났다. 하지만 장구균은 냉동과 건조 시에도 생존성이 높게 나타나 냉동식품과 건조식품의 검사에는 적합하였으나, 분리 난이도가 높고 병원균과의 상관관계가 낮게 나타났다.

결론적으로 양자 중 어느 것이 오염지표균으로 더 적합한지는 알 수 없다. 각각 일장일단이 있는 관계로 둘을 모두 사용하는 것이 가장 바람직하겠다.

최근에는 대장균군과 장구균과 더불어 분변계 대장균을 위생지표균으로 이용하는 경우도 있다. 분변계 대장균 역시 일장일단이 있으며, 대장균군과 장구균의 장단점을 동시에 가진다. 이에 대한 비교 내용은 표 2-2와 같다.

표 2-2
오염지표균의
비교

구 분	대장균군	분변계 대장균	장구균
주요 대상 세균	*E. coli* *Klebsiella* *Citrobacter* *Enterobacter* *Erwinia* *Aeromonas*	*E.coli* *Klebsiella* *Citrobacter*	*Streptococcus* 속 *S. faecalis* *S. faecium* *S. durans*
분리 - 난이도	비교적 쉬움	비교적 어려움	비교적 어려움
외계와 동결의 저항성	약함	약함	강함
분변오염과의 연관성	상대적으로 낮음	비교적 높음	비교적 높음
식품매개 장관계 병원균과의 관계	일반적으로 큼	일반적으로 큼	적음

4 소독, 멸균과 살균

소독 및 멸균과 살균을 정의해 보면 살균을 정의하기는 생각보다 어렵고 소독과 멸균을 정의하기는 쉽다.

소독이란 여러 균들 중에서 병원균만을 죽이는 것을 말한다. 병원균은 체온 근처인 36℃에서 잘 자라고 60℃ 정도 되면 모두 사멸한다. 그러므로 간단하게 끓는 물에 살짝 데치는 것만으로도 충분한 소독 효과를 볼 수 있다.

멸균이란 존재하는 모든 균을 다 죽이는 것을 말한다. 여기서 모든 균이란 포자생성균의 포자까지 포함하는 것으로 125℃ 이상에서 20~30분 정도 살균하여야만 멸균 처리를 할 수 있다. 멸균 조건은 식품의 종류에 상관없이 거의 비슷하다.

그럼 살균이란 무엇일까? 시중의 책 중에는 멸균과 살균을 혼동하여 정의한 경우도 많다. 실제 식품회사에서는 멸균의 조건과 살균의 조건이 동일한 경우도 많다. 하지만 정의는 다르다. 살균에는 살균지표균이 나온다. 통조림의 살균지표균은 *Clostridium botulinum*으로 되어 있다. 통조림을 살균할 때는 이 균만은 100% 사멸하는 조건으로 한다는 것이다. 통조림 내부에 다른 균이 존재할지도 모르지만 이 균은 꼭 100% 사멸시켜야 되고, 그 조건으로 처리하는 것이 바로 살균이다. 식품마다 살균지표균이 다르고 살균 조건이 다른 것이 바로 이러한 이유 때문이다.

5 소독과 살균법

미생물을 소독하거나 살균하는 방법에는 여러 가지가 있다. 이들은 크게 물리적 방법과 화학적 방법으로 나눌 수 있다. 여러 가지 소독, 살균법을 두 가지로 나누고 각각에 대해 설명하면 다음과 같다.

1) 물리적 소독법

물리적 소독법은 크게 3가지로 나눌 수 있다. 첫째, 열을 이용하여 소독을 하는 방법이다. 온도를 올려서 균을 죽이는 것이다. 둘째, 강한 광선을 이용하는 방법으로 자외선, 방사선 혹은 강한 햇빛 같은 광선을 균에 직접 조사함으로 균을 죽이는 것이다. 마지막으로, membrane filter를 이용하여 균을 직접 거르는 여과법이 있다.

(1) 열을 이용하는 방법

① **가열살균법** : 화염살균법, 소각법과 건열법이 있다. 화염살균법은 불꽃에 직접 닿게 하는 방법이고, 소각은 불을 이용하여 태워 버리는 방법이다. 건열법은 드라이 오븐 내에서 150~160℃로 1시간 동안 가열하는 방법이다.

② **습열멸균법** : 끓는 물이나 뜨거운 수증기를 이용하여 살균하는 방법으로 자비소독법, 증기소독법, 고압증기멸균법과 간헐멸균법이 있다.

　자비소독법은 끓는 물에 집어넣어 살균하는 방법이고, 증기소독법은 Koch 씨 살균솥을 이용하여 100℃ 상승한 후부터 30분간 살균하는 방법이다.

　고압증기멸균법은 autoclave라는 압력솥을 이용하여 2기압의 압력하에서 120℃에서 15~20분간 처리하여 포자까지 멸균시키는 방법이다.

　간헐멸균법은 1일 1회씩 연속 3일간 100℃에서 15~30분간 가열하는 방법으로 포자까지 멸균시키는 방법이다.

③ 저온살균법Pasteurization과 순간고온살균법UHT : 저온살균법은 저온에서 살균하여 병원균만을 죽이는 방법이다. 우유의 경우 63℃에서 30분 정도 살균하며 주요 살균 대상균은 결핵균이다.

순간고온살균법은 130~135℃에서 2초 정도 살균 후 급냉하는 방법으로, 시판되는 대부분의 우유 살균에 이 방법이 사용되고 있다.

(2) 강한 광선을 이용하는 방법

① 일광법 : 흔히 쓰는 가장 원시적인 방법으로 강한 햇빛을 받게 하는 것이다. 단시간만 조사하여도 결핵균, 티프스균과 페스트균을 죽일 수 있다. 햇빛 중의 적외선에는 건조효과와 가온효과가 있다.

② 자외선 조사법 : 일광법에서 살균이 자외선에 의해 이루어지는 것을 알게 되어, 자외선만을 내놓는 자외선 등이 개발되었다. 이후 자외선 등을 이용하여 매우 편하게 살균을 할 수 있게 되었다. 자외선 조사법에 대한 내용은 다음 문제에서 따로 정리하도록 하겠다. 잊지 말고 꼭 확인하길 바란다.

③ 방사선 조사법 : X선과 γ-선을 이용하여 살균하는 방법이다. 이 두 광선은 투과성이 좋기 때문에 다른 살균법과 달리 가열하지 않고도 식품을 살균할 수 있다. 감자나 양파 등에 조사하면 발아와 발근이 억제되고, 곡물에는 해충 방제 효과가 탁월하다. 돈육과 같은 육류 중의 기생충 살충 효과 역시 뛰어나다. 우리나라에서도 일부 품목에 사용이 허가되어 있으나, 아직 대중적으로 사용되고 있지는 않은 듯하다.

(3) 여과법

여과법은 membrane filter를 이용하여 미생물을 제거하는 방법이다. 가열 시 물질이 파괴될 우려가 있는 의약품이나 세균배양기에 사용된다. 가열 처리 시 변성되는 혈청 백신류에서 균을 제거할 때도 사용된다.

2) 화학적 살균법

화학적 살균법은 소독제와 같은 화학물질을 이용하여 살균하는 방법으로 물리적 방법을 이용하기 어려운 경우에 사용된다.

이때 사용되는 소독제는 세 가지 구비조건을 갖추어야 한다. 첫째, 살균력이 있어야 한다. 둘째, 부식성과 표백성이 없고, 용해성이 높으며 안전성이 있어야 한다. 만약 그렇지 않다면 소독제에 의해 식품 조리에 사용되는 조리도구가 부식되고 표백되는 등의 부작용이 생기게 될 것이다. 마지막으로 셋째, 경제적이고 사용 방법이 간편해야 한다.

화학적 살균에 사용되는 화학물질은 크게 다음 메커니즘에 의해 살균효과를 보인다. 첫째는 단백질을 응고시킨다(예 : 승홍, 포르말린). 둘째는 산화작용에 의해 살균작용을 한다(H_2O_2, $KMnO_4$). 셋째는 단백질과 화합물질을 만든다(예 : 염소와 요오드). 넷째로 강산과 강알칼리에 의한 단백질의 변성이다. 아래에 화학적 살균에 사용되는 소독제들의 예를 정리하였다.

① 수은화합물 : 승홍과 mercurochrome
② 할로겐유도체 : 염소, 표백분, 요오드
③ 산화제 : 과산화수소, 과망간산칼륨, 오존, 붕산
④ 방향족 화합물 : 페놀, 크레졸 역성비누(세척력은 약하나 살균력은 높은 비누. 양성비누라고도 하며, 냄새가 없고, 자극성과 부식성이 없으며 손과 식기 등의 소독에 이용됨)
⑤ 지방족화합물 : 알코올과 포르말린(알코올은 100%가 아닌 70% 수용액일 경우 가장 살균력이 강함)

3) 자외선 조사 살균법의 장단점

자외선 조사는 식품위생에서 폭넓게 사용되고 있다. 다른 살균 방법에 비해 자세한 고찰이 필요하다. 다음은 자외선에 의한 살균법의 여러 장점과 단점을 설명한 것이다.

(1) 장 점

① 모든 균종에 효과를 보인다.
② 균의 내성이 생기지 않는다.
③ 사용 방법이 간단하다.
④ 조사 살균 시 살균되는 피조물에 거의 변화가 생기지 않는다.

(2) 단 점

① 침투성이 없어서 먼지 등에 숨어 있는 미생물에는 효과가 없다.
② 침투성이 없어서 표면만 살균이 가능하다.
③ 조사시간만 효과가 있다. 즉 잔존성이 없거나 잔류성이 없다.
④ 장시간 사용 시 지방질은 산패를 일으킨다.
⑤ 유기물 혹은 단백질과 공존 시 흡수되어 효과가 급감한다.
⑥ 사람의 피부나 눈 등에 장애를 가져올 수 있어 사용에 주의를 요한다.

4) 우유의 살균 방법

여러 살균 방법 중 우유에 대한 살균법은 식품가공, 식품위생 분야에서 중요하다. 우유의 살균법은 다음과 같은 3가지로 나눌 수 있다.

(1) 저온살균법

저온살균법Low temperature long time ; LTLT은 63℃에서 30분간 살균하는 방법으로 고안자의 이름을 따서 pasteurization이라고 부른다. 결핵균, 유산균, 살모넬라균과 같이 포자를 형성하지 않는 세균의 살균을 위해 사용한다. 우유의 경우는 결핵균을 살균지표균으로 삼는다. 저온살균법은 다른 식품의 경우 다른 조건으로 적용된다. 아이스크림 원료의 경우 80℃에서 30분, 건조 과실은 72℃에서 30분, 포도주는 55℃에서 10분간 가열 살균한다. 저온살균법은 가열시간이 길기 때문에 원유의 풍미 변화가 크다. 하지만 가열 온도가 낮은 관계로 높은 온도에서 쉽게 파괴되는 영양성분이 보존되는 특징이 있다.

(2) 고온단시간살균법

고온단시간살균법High temperature short time ; HTST은 70~75℃에서 15~16초간 가열한 후 10℃ 이하에서 급냉시키는 방법이다. 저온살균법과 초고온살균법의 중간적인 특징을 나타낸다. 통조림의 경우 HTST의 조건은 95~120℃에서 30~60분간 가열한다.

(3) 초고온살균법

초고온살균법Ultra high temperature은 130~135℃에서 2초간 가열 살균하는 방법으로 우리가 흔히 마시는 대부분의 시유City milk가 이 방법에 의해 살균된다. 빠른 시간에 살균이 끝나 원유의 풍미를 그대로 유지하지만 열에 예민한 영양성분이 파괴된다는 단점이 있다.

앞에서 설명한 것처럼 표 2-3의 살균 조건은 우유에 대한 것일 뿐, 다른 식품을 가열 살균할 경우 같은 저온살균법이라도 살균 조건은 바뀌게 된다.

	명 칭	가열온도	가열시간	특 징
표 2-3 우유살균법의 종류와 살균조건	저온살균법(LTLT법)	63℃	30분	맛의 변화가 큼 열에 약한 영양성분 보존
	고온단시간살균법(HTST법)	70~75℃	15~16초	중간적 성격
	초고온살균법(UHT법)	130~135℃	2초	맛의 변화가 적음 열에 약한 영양성분 파괴

6 잠재적 위험 식품

미생물 중 전염성이 있으며 독소를 생성하는 미생물의 생장을 도와주는 능력을 가지고 있는 식품을 잠재적 위험 식품Potentially hazardous foods ; PHF이라고 한다. 잠재적 위험 식품은 미생물 생육과 연관되어 단백질이나 탄수화물 함량이 높고, pH가 4.6 이상이며, 수분 활성도가 0.85 이상이다.

FDA에서는 잠재적 위험 식품을 다음과 같이 분류한다.

① 생식품이거나 열처리된 동물성 식품 : 적색육, 가금류, 알류, 생선, 갑각류, 우유제품
② 열처리 되었거나 생새싹으로 이뤄진 식물성 식품 : 익힌 쌀이나 감자, 다시 튀긴 콩
③ 미생물의 생장을 막기 위한 방법으로 변형시키지 않은 마늘과 기름 혼합물
④ 자른 멜론

만약 위에서 설명한 식품이 5℃와 57℃ 사이의 위험 온도에 4시간 이상 노출되면, 유해미생물이 위험한 수준까지 자랄 수 있다. 그러므로 잠재적 위험 식품은 항상 특별히 취급해야 한다. 일반적으로 잠재적 위험 식품은 흔한 식중독 발생식품이므로 식중독 세균의 생장을 막기 위해서는 잠재적 위험 식품의 취급과 저장을 조절하는 것이 중요하다.

01 다음은 단체급식소에서 사용하는 소독법 중 하나를 설명한 내용이다. 작성 방법에 따라 서술하시오. [4점] 영양기출

> • 260~280nm 파장에서 살균력이 강하다.
> • 일광소독과 더불어 균에 대한 (①)이/가 생기지 않으며 잔류효과가 없다.
> • 칼, 도마, 컵 등의 집기류 소독에 사용되며 <u>소독 시 집기류를 포개어 두어서는 안 된다.</u>

위 내용을 모두 만족시키는 소독법의 명칭 _____

①에 들어갈 용어와 위에서 언급되지 않은 장점 1가지 _____

_____

밑줄 친 부분에 대한 이유(이 소독법의 특징과 관련하여) _____

_____

02 다음은 분변 오염지표균의 특성을 비교한 표이다. 괄호 안의 ①, ②에 해당하는 균의 명칭을 순서대로 쓰시오. [2점] 영양기출

특 성 \ 오염지표균	(①)	(②)
그램 염색성	양 성	음 성
각종 동물 분변에서의 검출 상황	대부분의 동물에서 검출	동물에 따라서는 불검출
냉동식품에서의 생존성	일반적으로 높음	일반적으로 낮음
건조식품에서의 생존성	높 음	낮 음
생선, 채소에서의 검출	일반적으로 높음	낮 음

① : _____ ② : _____

03 다음은 우유 살균법에 대한 설명이다. 괄호 안의 ①, ②에 해당하는 용어를 순서대로 쓰시오. [2점]
영양기출

우유는 영양소와 수분이 풍부하여 각종 미생물이 번식하기 쉬우므로 반드시 살균하여야 한다. 영양 성분이나 맛은 유지하면서, 살균 효과를 낼 수 있는 살균법(72~75℃, 15~20초)은 (　①　)이다. 이때 살균이 제대로 되었는지 확인하기 위한 지표로서 활성을 측정하는 효소는 (　②　)이다.

① : _____　　　② : _____

04 다음은 세균의 전형적인 성장곡선을 나타낸 그래프이다.

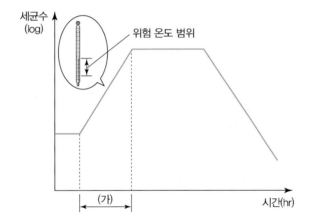

(가) 구간의 온도를 측정해 보니 위험 온도 범위(temperaturedanger zone) 내에 있는 것을 확인할 수 있었다. (가) 구간의 명칭을 쓰고 급식에서 열장보관과 냉장보관이 어떻게 이루어져야 하는지 위험 온도 범위의 온도를 제시하며 설명하시오. [4점] 영양기출

명칭 _____

급식에서의 열장보관과 냉장보관 방법 _____

_____

_____

05 배양시간에 따른 대장균의 생균수 변화를 측정한 결과 다음과 같은 그래프를 얻었다. 작성 방법에 따라 서술하시오. [4점] 〔유사기출〕

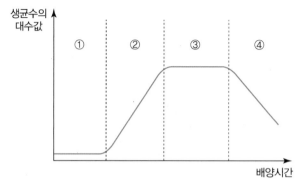

②의 명칭　_____

④의 명칭　_____

①, ③ 구간에서 생균수의 변화가 거의 없는 이유　_____

_____

_____

06 단체 급식소에서 식중독의 원인이 되는 교차 오염을 설명하고, 조리 종사자가 알아야 할 오염 작업 구역과 비오염 작업 구역을 각각 3가지씩 쓰시오. 〔기출문제〕

교차 오염　_____

_____

오염 작업 구역　_____ , _____ ,

_____ , _____ ,

비오염 작업 구역　_____

_____

〔해설〕 교차오염(2차 오염)이란 오염된 식재료와의 접촉에 의해 정상적인 식재료가 오염되는 것을 말한다. 학교급식소와 같은 단체급식소에서 교차오염이 이루어지는 곳은 세척공간, 절단공간과 저장공간이며, 교차오염이 이루어지지 않는 곳은 배식공간, 조리공간과 이동통로 등이다.

07 다음은 어떤 학생이 급식 단체를 방문하고 쓴 현장 견학 보고서이다. ③의 밑줄 친 액체 비누 종류와 그 특성을 쓰고, 이러한 현장 견학을 위해 교사가 사전에 해야 할 일을 2가지만 서술하시오. 기출문제

> 1. 단원 : 위생 관리
> 2. 과제 : 조리 종사자의 위생에 대해
> ··· (중략) ···
> 4. 관찰 : 조리 종사자의 올바른 손 씻기 방법은 이중 수세를 원칙으로 하고 다음의 순서로
> 진행되었다.
> ① 손을 따뜻한 물(40℃)로 잘 적신다.
> ② 액체 세제를 묻혀 손을 잘 문지르고, 손톱 주변을 손을 잘 닦아 물로 헹군다.
> ③ 다시 액체비누를 묻혀 20~30초간 잘 문지른다.
> ④ 깨끗한 물로 헹군다.
> ⑤ 손을 건조시킨다.
> ··· (후략) ···

액체 비누의 종류 _____

교사가 사전에 할 일 _____

_____

해설 위의 액체비누는 역성비누(양성비누)를 말한다. ②에서 이미 세척을 위해서 액체비누로 손을 씻은 상태이므로 ③은 세척을 위한 행동이 아니다. 역성비누는 세척은 약하지만 살균력이 강하여 손의 살균을 위해 사용된다. 교사는 아이들과 견학을 하기 전 손 씻기의 중요성과 손을 안 씻을 경우 생길 수 있는 위해성, 손 씻는 방법 등을 미리 교육시켜야 한다.

08 고등학교 교육에서 조리실습시간의 효율적 운영을 위해 학생들에게 안전과 위생 등에 대한 교육이 필요하다. 특히 조리실습실에서 사용하는 도마에 대한 위생 교육 내용을 2가지만 쓰시오. 기출문제

① : _____

_____

② : _____

_____

해설 도마는 조리실이나 단체급식소에서 2차 오염이 가장 빈번하게 일어나는 장소이다. 도마에 대한 위생 교육에는 생선류와 야채류와 육류 도마를 구분하여야 하는 이유, 도마의 소독법 및 사용 후의 처리법과 저장법 등의 내용이 꼭 들어가야 된다.

09 시유(commercial milk)의 살균 방법에는 저온 살균, 고온 단시간 살균, 초고온 순간 살균 등이 있다. 각 살균 방법의 살균 온도와 살균 시간을 쓰시오.

살균 방법	살균 온도	살균 시간
저온 살균	℃	
고온 단시간 살균	℃	
초고온 순간 살균	℃	

해설 본문의 우유의 살균 방법 부분 내용을 참고한다.

10 자연계에는 매우 다양한 미생물들이 생존하고 있다. 대부분의 식품은 한두 종류의 미생물이 군락을 이루고 사는데 이를 (①)라고 한다. 주로 그 식품이 수확되거나 얻어진 환경에 영향을 많이 받게 된다. 해수와 같은 염분을 많이 함유한 곳에서 수확한 식품에는 (②)균, 냉동고와 같은 기온이 낮은 곳에서는 (③)균, 온장고와 같은 더운 곳에서는 (④)균, 산성이 강한 곳에서는 초산균이나 유산균과 같은 (⑤)균이 자라고, 염장이나 당장 처리한 식품에는 (⑥)균이 (①)을 이룬다.

① : _____ ② : _____ ③ : _____

④ : _____ ⑤ : _____ ⑥ : _____

해설 식품의 부패는 주로 미생물의 생육에 의해 진행된다. 위의 문제는 미생물에 대한 일반적인 내용을 묻고 있다. 식품이 한 두 종의 미생물에 의해 군락이 이루는 것은 미생물총(microflora)이라고 한다. 해수에서 수확한 식품은 주로 호염균, 냉장고에 저장한 식품에는 호냉균, 온장고에서는 호열균, 산성 조건에서는 호산균, 염장이나 당장의 조건에서는 내삼투압성 세균들이 미생물총을 이룬다.

11 식품은 여러 이유에 의해 위해 요소의 오염을 받게 된다. 식품의 오염은 1차 오염과 2차 오염(교차 오염)으로 나눌 수 있다. 1차 오염과 2차 오염이 무엇인지 2줄 이내로 간단히 설명하고, 학교 조리장에서 2차 오염이 일어날 수 있는 장소를 3곳 적으시오.

> 1차 오염 _____
>
> _____
>
> 2차 오염 _____
>
> _____
>
> 오염장소
>
> ① : _____ ② : _____ ③ : _____

12 식품의 2차 오염은 식품의 생산, 처리와 조리 과정에서 언제나 일어난다. 영양교사가 근무하는 학교 조리장에서 2차 오염이 일어날 수 있는 장소를 3곳 찾고 오염을 방지하기 위한 대책에 관해 쓰시오.

장소 ① : _____ ② : _____ ③ : _____

대책 ① : _____

_____

② : _____

_____

③ : _____

_____

13 다음은 무엇에 대한 설명인지 쓰고, 갖추어야 하는 구성요인 3가지를 적으시오.

> 자연계에 존재하는 균 중 인간에게 해를 줄 수 있는 식중독균, 전염병균을 일일이 다 검사하는 것은 매우 힘들고 어려운 일이다. 이런 균들 중 대표성을 갖는 균을 찾아 선정하여 검사함으로 위생적인 위해 가능성을 쉽게 검사할 수 있다.

설명의 내용 _____

_____

갖추어야 하는 구성요인

① : _____ ② : _____ ③ : _____

14 오염지표균은 (①)혹은 (②)라고도 불릴 수 있다. 일반적으로 오염지표균으로 많이 사용되는 균으로는 (③)이 있다. 그러나 (③)은 분리 난이도가 낮고, 병원균과의 상관관계가 크다는 장점이 있지만, 냉동과 건조 시 생존성이 떨어져 냉동식품과 건조식품의 검사에는 적합하지 않은 단점을 가지고 있다. 이 단점을 극복하기 위해서 (④)도 오염지표균으로 사용되기도 한다. 하지만 (④)는 분리 난이도가 높고, 병원균과의 상관관계가 낮다. 결론적으로 올바른 판정을 하기 위해서는 이 두 균을 모두 이용하는 것이 필요하다.

① : _____ ② : _____

③ : _____ ④ : _____

해설 오염지표균은 위생지표균, 위생척도균으로도 불린다. 대장균군은 분리 난이도가 낮고, 병원균과의 상관관계가 크다는 장점이 있지만, 냉동과 건조 시 생존성이 떨어져 냉동식품과 건조식품의 검사에는 적합하지 않은 단점을 가지고 있다. 이 단점을 극복하기 위해서 장구균이 오염지표균으로 사용되기도 한다.

15 오염 지표균으로 사용되는 균으로는 대장균군과 장구균이 있다. 각 세균을 오염지표균으로 사용할 때의 장점과 단점을 각각 3가지 쓰시오.

대장균의 장점

① : _____

② : _____

③ : _____

대장균의 단점

① : _____

② : _____

③ : _____

장구균의 장점

① : _____

② : _____

③ : _____

장구균의 단점

① : _____

② : _____

③ : _____

세상에 완벽한 것은 없다. 위생지표균 역시 모든 것을 만족시키는 완벽한 것은 없다. 일반적으로 대장균군과 장구균이 서로 보완적으로 사용되고 있다(각각의 장단점은 본문의 대장균군과 장구균의 비교 부분을 참고한다).

16 살균법에는 물리적 살균법과 화학적 살균법이 있다. 화학적 살균법은 화학물질을 이용하여 살균하는 방법으로 물리적 방법이 이용되기 어려운 경우에 사용된다. 화학적 소독제가 구비해야 하는 조건을 4가지 쓰시오.

① : _____

② : _____

③ : _____

④ : _____

화학적 살균법은 물리적 살균법이 적용하기 어려운 곳에 사용된다. 화학적 소독제는 살균력이 있어야 하며, 부식성과 표백성이 없고, 용해성이 높으며 안전성이 있어야 한다. 마지막으로 경제적이고 사용 방법이 간편해야 한다.

17 살균법 중 물리적 살균법은 크게 열을 이용하는 방법, 강한 광선을 이용하는 방법과 여과법에 의해 미생물을 제거할 수 있다. 이들 중 아래 살균법들에 대해 2줄 이내로 간단히 설명하시오.

고압증기멸균법 _____

_____

화염살균법 _____

_____

자외선 조사법 _____

_____

간헐멸균법 _____

_____

여과법 _____

_____

본문의 물리적 살균법 부분의 내용을 참고한다.

18 조리장에서 살균이나 소독을 위해 자외선 살균이 많이 사용되고 있다. 자외선 살균은 매우 편하고 유용한 살균법으로 여러 장단점을 가지고 있다. 자외선 조사의 장단점을 각각 3가지씩 쓰시오.

> **자외선 살균의 장점**

① : _____

② : _____

③ : _____

> **자외선 살균의 단점**

① : _____

② : _____

③ : _____

> 해설 자외선 살균의 장단점의 단편적인 지식을 묻는 매우 중요한 문제이다. 자외선의 사용이 많아지고 있는 시점에서 장단점의 인지는 꼭 필요하다(본문의 자외선 조사 장단점 부분의 내용을 참고한다).

19 학생들에게 자외선 조사를 통해 살균을 하는 방법을 교육하고자 한다. 자외선 조사는 자외선 등을 이용해서 진행된다. 이 경우 사용법 교육에 앞서 학생들에게 꼭 교육시켜야 하는 주의 사항을 3가지 적으시오.

① : _____

_____

② : _____

_____

③ : _____

_____

> 해설 자외선 조사를 통한 살균을 교육시키기 전에 자외선 조사의 위해성을 교육시켜야 한다. 자외선 등을 오래 쳐다 보거나 피부가 오래 노출될 경우 문제가 발생한다는 것을 알리고, 자외선 살균의 장점과 살균 방법 등에 대해 사전에 교육시켜야 한다.

20 다음 식품 변패 현상에 관여하는 미생물 속(genus)을 찾아 그 특징 중 옳은 것을〈보기〉에서 고른 것은?

> • 반점 모양으로 번식하면서 소시지를 부패시켰다.
> • 외관의 모양이 변하지 않은 고기 통조림을 먹었을 때 신맛이 났다.
> • 보온밥통에 넣어 둔 밥에 미끈미끈한 점질물이 생기면서 쉰내가 났다.

> 보기
> ㄱ. 그램 양성균이다.
> ㄴ. 편성 혐기성균이다.
> ㄷ. 내열성 포자 생성균이다.
> ㄹ. 낮은 수분활성도에서도 잘 증식한다.
> ㅁ. 구균이며 낮은 pH에서도 증식한다.

① ㄱ, ㄷ   ② ㄱ, ㄹ   ③ ㄴ, ㄹ
④ ㄴ, ㅁ   ⑤ ㄷ, ㅁ

정답 ①

CHAPTER **03**

식품의 변질과 위생

이 장은 많은 어려움 없이 넘어갈 수 있는 내용이다. 기본적인 내용을 소개하는 장으로 전체적으로 내용을 이해하면 된다. 객관식일 때는 하나하나에 대한 문제 제출이 가능한 부분이지만 주관식 문제로 제출되기에는 어려울 듯하다. 기본이 되는 내용이니 다음 내용 몇 가지만 점검하고 넘어가도록 하자.

일반세균과 병원성균의 차이

'상한 음식을 먹으면 꼭 배탈이 날까?' 이 명제에 대한 답을 해 보도록 하자. 답은 당연히 '아니오'이다. 우리는 일반적으로 상한 음식을 먹으면 배탈이 나는 것으로 알고 있고, 상한 음식을 먹지 않는다. 하지만 상한 음식을 먹어서 배탈이 나는 것이 아니라 식품 중에 배탈을 일으키는 균(이후 배탈균이라 부름)이 있기 때문에 배탈이 나는 것이다. 이 말을 풀어 쓰면 식품이 상하여도 배탈균이 내부에 없다면 그 식품을 먹어도 배탈이 나지는 않는다. 반대로 식품 자체는 많이 상하지 않더라도 그중에 배탈균이 대량 존재한다면 배탈이 난다는 것이다.

식품이 상했다는 것은 미생물이 식품 중에 생육하였다는 것인데 이 미생물에는 일반 미생물과 위해 미생물이 있다. 일반 미생물은 우리 인간에게 아무런 해를 주지 않는 미생물로, 이 균이 있어도 배탈과 같은 일이 생기지 않는다. 우리가 먹는 홍어회, 김치, 청국장 등은 어찌 보면 미생물의 생육이 많이 된 상한 음식이나, 그 음식을 먹는다고 해가 되지는 않는다. 이는 식품위생에서 기본적이고 중요한 개념으로 확실히 정립해 둘 필요성이 있다.

2 산패, 부패, 변패의 차이

식품이 "상했다, 변했다"라는 표현이 일반적으로 사용되는데 식품위생에서는 이런 말 대신 산패, 부패, 변패와 변질이라는 말을 쓴다. 산패는 유지가 산소와 결합하여 산화하여 산패취와 고분자물질을 생산하는 현상을 말한다. 부패는 단백질 식품의 변화에 적용되는 말로 미생물의 생육에 의해 분해되어 악취와 유래물질을 만드는 과정이다. 변패는 단백질 이외의 성분의 변질을 의미하는데, 주로 탄수화물의 변화를 의미한다. 변질은 산패, 부패, 변패를 모두 지칭하는 일반적인 말로 식품이 변화하는 것을 일반적으로 지칭할 때 쓴다. 추가적으로 부패와 발효는 미생물의 증식에 의해 일어나는 식품의 변화라는 점에서는 같으나 부패는 우리가 의도하지 않은 방향으로 진행되는 것이고, 발효는 우리가 의도한 대로 진행되는 것을 말한다.

3 식품의 초기 부패와 판별

1) 초기 부패 판별법

식품의 초기 부패 판별은 위생학에서 매우 중요하다. 부패가 많이 진행된 경우 모든 사람들이 식품의 부패를 쉽게 인지하여 섭취를 포기하고 폐기하지만, 초기 부패 상태일 경우 사람들이 모르고 섭취하는 경우가 많기 때문이다. 초기 부패를 판별하는 것은 매우 어렵고 까다롭다.

생균수 측정을 통해 보았을 때, 생균의 수가 10^8CFU/g이 되면 초기 부패에 들어갔다고 할 수 있다. 하지만 이것은 절대적인 수치가 아니다. 발효식품의 경우 생균수가 많아도 부패라고 볼 수 없기 때문이다. 생균수 측정 외에 일반적으로 냄새나 색 등을 관능적으로 검사하여 평가하는 방법을 사용한다. 하지만 이 방법 역시 개인차가 크고, 주관적인 내용이 들어간다는 문제점을 가지고 있다.

이 밖에도 화학적 방법을 이용하여 식품의 pH 변화, 휘발성 염기질소의 생성, trimethylamine과 histamine과 같은 부패 생성물의 함량 변화를 측정하여 초기 부패를 확인할 수 있다. 물리적 방법에 의해서도 초기 부패를 측정할 수 있다. 부패가 진행될수록 변화하는 식품의 경도, 점성, 탄성력 등을 측정하여 초기 부패를 판정할 수 있다.

하지만 일반적으로 화학적 방법과 물리적 방법으로만 초기 부패를 판정하기는 어려우므로 생균수 측정과 관능검사 등과 같이 하여 초기 부패 결정하게 된다.

2) 관능검사에 의한 초기 부패 판별의 장단점

일반적으로 초기 부패 판별에 관능검사법이 많이 사용되고 있다. 관능에 의한 방법의 장단점을 살펴보면 다음과 같다.

(1) 장 점

① **검사가 빠르다** : 식품의 냄새나 맛을 보고 바로 판단 가능하다.

② **검사가 쉽다** : 식품의 형상을 보고 바로 알 수 있기 때문에 실험 자체가 쉽다.

③ **검사비가 싸다** : 고가의 장비 사용이 필요 없고 사람의 감각을 이용하기 때문에 검사비가 적게 들어간다.

④ **비교적 정확하다** : 관능에 의해 초기 부패 판별 시 다른 검사 방법에 비해 정확히 판단할 수 있다.

(2) 단 점

① **개인차가 존재한다** : 산패취를 느끼는 사람과 못 느끼는 사람이 존재할 수 있다. 즉 감각의 감도 차이가 사람마다 존재한다.

② **주관이 개입한다** : 동일한 식품을 동일한 감각인식능력을 가진 사람에게 보여주어도 어느 사람은 부패로, 어느 사람은 정상으로 판단할 수 있다. 즉 결정에 관능검사자의 주관이 다분히 개입된다.

③ **객관적이지 못하다** : 주관이 개입되는 관계로 객관적이지 못하다. 그러므로 시간이 지난 후의 결과 비교, 다른 사람과의 결과 비교 등을 할 수가 없다.

④ **수량화·수치화가 어렵다** : 객관적인 수량화와 수치화가 어렵다.

3) 단백질의 초기 부패와 부패 반응

단백질, 탄수화물, 지방은 부패를 거치면서 작은 분자량의 물질로 변한다. 단백질은 지방과 탄수화물에 비해 초기 부패에 미치는 영향이 크므로 여기서는 단백질의 초기 부패와 부패에 대한 것을 알아본다. 단백질은 부패 과정 중 아미노산의 분해 작용, 아민의 분해, mercaptane의 생성 TMA의 생성과 같은 반응을 진행한다.

(1) 아미노산의 분해 작용

단백질의 분해는 일단 단백질이 아미노산으로 분해된 후, 아미노산이 탈아미노작용, 탈탄산작용과 이 두 작용이 병행하는 추가적인 분해 과정을 거친다.

아미노산의 탈아미노 작용에 의한 분해에서는 다음과 같이 산화적 반응, 환원적 반응, 불포화적 반응과 가수분해적 반응이 진행된다. 탈아미노 작용은 아미노산으로부터 아미노기를 암모니아로 변화시켜 유리시키는 동시에 케톤산, 카르복실산, 알데히드, 암모니아와 이산화탄소 등을 생성하여 식품의 풍미를 변화시킨다. 아래 식에서 보는 것과 같이 탈아미노 과정에 의해 NH_3가 발생한다.

① 탈아미노 과정

산화적	$R \cdot CHNH_2COOH + O_2 \rightarrow R \cdot CO \cdot COOH + NH_3$
	(amino acid) — (keto acid)
환원적	$R \cdot CHNH_2 \cdot COOH + 2H \rightarrow R \cdot CH_2 \cdot COOH + NH_3$
	(amino acid) — (saturaled fatty acid)
불포화적	$R \cdot CH_2CHNH_2 \cdot COOH \rightarrow R \cdot CH = CH \cdot COOH + NH_3$
	(amino acid) — (unsaturated fatty acid)
가수분해적	$R \cdot CHNH_2 \cdot COOH + H_2O \rightarrow R \cdot CHOH \cdot COOH + NH_3$
	(amino acid) — (hydroxy acid)

아미노산의 탈탄산 작용은 탈탄산효소가 아미노산에 작용하여 $-COOH$기를 잃게 만들고, 동시에 CO_2 기체나 포름산$_{HCOOH}$을 형성하는 반응이다. 이 반응은 식품이 산성이고 세균이 증식될 경우 진행되며, 중성과 알칼리성에서는 발생하지 않는다. 대표적인 탈탄산 반응식은 아래에 소개하였다. 아래 식에서 보는 바와 같이 탈탄산 과정 중 대부분 CO_2 기체가 발생하였다.

② 탈탄산 과정

$R \cdot CHNH_2COOH \rightarrow R \cdot CH_2NH_2 + CO_2$
　(amino acid)　　　　(amines)

$R \cdot CHNH_2COOH_2 + H_2 \rightarrow R \cdot CH_2NH_2 \cdot HCOOH$
　(amino acid)　　　　　　(amines)

$CH_2NH_2COOH \rightarrow CH_3NH_2 + CO_2$
　(glycine)　　　(methylamine)

$CH_3CHNH_2COOH \rightarrow CH_3CH_2NH_2 + CO_2$
　(alanine)　　　　(ethylamine)

$HO -\langle\!\bigcirc\!\rangle- CH_2 \cdot CH \cdot COOH \rightarrow HO -\langle\!\bigcirc\!\rangle- CH_2 \cdot CH_2 \cdot NH_2 \rightarrow CO_2$
　　(tyrosine)　　　　　　　　　　(tyramine)

$HC = C - CH_2 - CH \cdot COOH \rightarrow HC = C - CH_2 - CH_2$
　|　　|　　　　　　　　　　　|　　|　　　　|
　HN　N　　　　　　　　　　HN　N　　　$NH_2 + CO_2$

$\begin{matrix} CH_3 \\ CH_3 \end{matrix}\!\!> CHCHNH_2COOH \rightarrow \begin{matrix} CH_3 \\ CH_3 \end{matrix}\!\!> CHCH_2NH_2 + CO_2$
　　　　(valine)　　　　　　　　　　(isobutylamine)

탈아미노와 탈탄산 반응의 병행 작용도 경우에 따라 나타나는데 이 경우 아미노산이 분해되면서 암모니아와 이산화탄소를 동시에 만들어 낸다.

(2) 아민의 분해

부패 도중에는 다양한 아민류가 발생되는데 이 아민류는 세균의 아민산화효소Amine oxidase에 의해 분해되어 최종적으로는 암모니아와 이산화탄소, 물을 만들어 낸다. 여기서 발생하는 암모니아는 부패취의 원인이 된다.

$$R \cdot CH_2NH_2 + O_2 + H_2O \rightarrow R \cdot CHO + H_2O_2 + NH_3$$
$$\text{(amine)}$$

(3) mercaptane의 생성

Mercaptane은 함황화합물의 분해에 의해 발생된다. 단백질의 구성 아미노산 중 methionine은 효소에 의해 분해되어 methylmercaptane을 형성한다. 이 성분은 구취의 주요 성분으로 식품 중 부패취와 이취의 주요 성분이 된다.

(4) trimethylamine ; TMA의 생성

해수 어패류에 정상적으로 존재하는 trimethyl amine oxide ; TMAO는 이취가 나지 않는 성분이다. 이 성분이 부패 과정 중 세균이 만들어 내는 환원효소에 의해 환원되어 이취를 내는 TMA로 변화된다. TMA는 해수 어패류의 대표적인 비린내 성분으로 초기 부패를 예측하는 데 매우 중요한 성분이다.

01 식품의 방사선 조사 기술은 타 가공 방법에 비해 에너지 소요량이 적고 처리 식품의 온도 상승이 거의 없어 영양성분의 파괴나 관능적 품질 변화 등을 최소화할 수 있다. 식품의 방사선 조사에 관하여 작성 방법에 따라 순서대로 서술하시오. [5점] 유사기출

감자와 건조식육에 방사선을 조사하는 목적

_____

국내에서 식품의 방사선 조사에 허용된 방사성 동위원소 1가지의 명칭과 감마선에 의한 살균작용의 원리

_____

곤충, 바이러스, 세균의 방사선 조사에 대한 감수성 비교

_____

_____

02 다음의 내용은 철수가 저수지에서 잡은 물고기를 보관하는 과정에서 생긴 비린내 생성 기작이다. ( ) 안에 들어갈 화합물의 명칭을 쓰시오. [2점] 유사기출

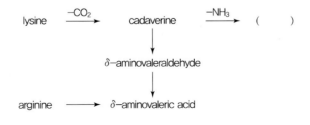

_____

03 다음은 감자의 침지 시간과 저장 조건에 따른 아크릴아마이드(acrylamide)의 생성량에 대한 그래프이다. (가), (나)를 활용하여 감자 조리 시 아크릴아마이드 생성을 줄이기 위한 방법 2가지를 순서대로 쓰고, 그와 같은 방법에서 아크릴아마이드 생성량이 변화하는 이유를 각각 설명하시오. [4점]
유사기출

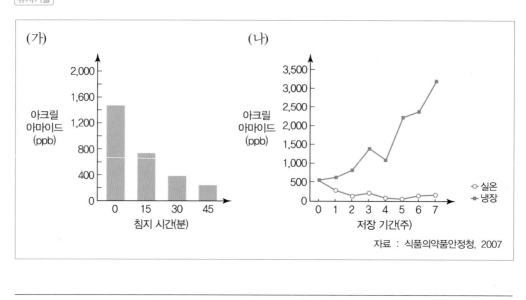

자료 : 식품의약품안정청, 2007

---

04 어육의 단백질에서 유래한 유리 아미노산은 세균의 효소 작용으로 더욱 분해되는데, 이때 일어나는 분해 반응 중 탈탄산반응과 환원적 탈아미노 반응의 일반식을 반응물과 생성물로 나타내시오.
기출문제

탈탄산 반응 _____ → _____

환원적 탈아미노 반응 _____ → _____

해설 부패 과정 중 단백질은 아미노산으로 가수분해되고 아미노산은 다시 탈탄산 반응과 탈아미노 반응에 의해 분해된다. 탈탄산 반응에 의해 이산화탄소가 발생하고, 탈아미노 반응에 의해 암모니아가 발생한다. 각 식에 대한 일반식은 본문에서 찾아보도록 하자.

05 식품 보존이란 식품을 일정 수준의 품질로 일정 기간 저장하는 것을 말한다. 식품의 변질은 미생물에 의한 경우가 가장 많으므로 이를 막는 것이 무엇보다 중요하다. 식품을 변질시키는 미생물의 생육에 영향을 미치는 요인으로는 수분, 온도, pH, 삼투압, 영양 성분, 산소 등이 있다. 이들 요인들을 조절하는 냉장·냉동법, 가열살균법, 건조법, 염장 및 당장법, 산저장법, 훈연법 등이 식품 저장에 널리 이용되고 있다. 그중에서 염장법, 건조법, 냉동법이 식품의 저장에 이용되는 이유를 식품 중의 수분 변화 측면에서 설명하시오(단, 미생물이 이용 가능한 물의 지표를 포함하여 각각 2줄 이내로 쓰시오). 기출문제

> 염장법 _____

_____

> 건조법 _____

_____

> 냉동법 _____

_____

해설 염장법과 건조법과 냉동법은 식품의 저장법으로 흔하게 사용된다. 이 문제를 풀기 위해 가장 먼저 알아야 될 것은 '식품 중의 수분 변화 측면'과 '미생물이 이용 가능한 물의 지표를 포함'의 의미를 파악하는 것이다. 두 가지 말을 통해 보았을 때 수분활성도 혹은 자유수라는 말이 들어가도록 서술하여야 한다. 염장법, 건조법과 냉동법 모두 Aw를 떨어트리는 방법으로 염장법은 소금의 첨가에 의해 수분함량 변화 없이 자유수를 줄이는 방법, 건조법은 수분함량을 줄이며 동시에 자유수를 증발시켜 함량을 줄이는 방법, 동결법은 수분함량은 변함없이 자유수를 얼음으로 상태 변화시켜 가용 자유수의 함량을 줄이는 방법이다.

06 시유는 일반 소비자가 바로 먹을 수 있게 처리된 식품으로 모두 식품위생법상의 제품 규격에 맞아야 한다. 우유 제조 공정 중 살균은 우유 속의 영양성분의 손실을 최소화시키면서 일반세균과 인체에 해로운 세균을 사멸, 제거시키는 작업이다. 우유 살균 방법의 종류를 3가지만 쓰시오. 기출문제

> 우유 살균 방법 ① : _____

② : _____

③ : _____

해설 우유의 살균법은 식품위생학, 식품가공학에서 중요하게 다루는 부분으로 살균에 의해 부패균과 병원성균을 살균 시킬 수 있다. 살균에 의해 부패균의 초기 균수가 줄어들었기 때문에 우유를 오랜 시간 저장할 수 있는 것이다. 우유의 살균 조건은 2장의 우유의 살균 방법 부분을 참고하면 된다.

07 우유의 신선도를 검사하기 위하여 간편하게 활용할 수 있는 검사 방법 3가지와 각 방법의 신선도 판정 기준을 쓰시오(단, 관능 검사 방법은 제외). 기출문제

> 검사 방법

① : _____

② : _____

③ : _____

판정 기준

① : _____

② : _____

③ : _____

> **해설** 우유의 신선도를 측정하는 방법으로 가장 흔하게 사용하는 것은 관능검사법이다. 관능 검사는 우유뿐만 아니라 식품 전반의 초기 부패 판정에서 매우 유용하며 정확한 판정 방법이다. 하지만 문제에서 관능검사법을 제외하였으므로 다른 방법을 제시하여야 한다. 우유의 신선도 판정을 위해 자비시험, 알코올시험, 산도시험이 사용되고 원유의 등급 판정에는 메틸렌블루환원시험, Resazurin 환원시험이 사용된다.
> - 자비시험은 우유를 끓인 다음 동량의 물로 희석하여 침전물의 생성 여부로 판정된다. 침전물이 발생하면 부패유이다.
> - 알코올시험은 우유 1~2ml에 70% 동량의 에탄올은 넣은 후 침전물의 생성 여부로 판정한다. 신선한 우유는 침전물이 발생하지 않는다.
> - 산도시험은 우유가 부패되면 젓산균에 의해 산이 생성되고 산도가 올라감을 이용한 검사 방법이다. 산도가 0.14~0.16%이면 신선유, 0.19~0.20%이면 초기 부패, 0.25% 이상이면 부패유로 판정한다.
> - 메틸렌블루환원시험은 원유에 일정량의 메틸렌 블루 색소용액을 가하여 37℃에서 배양하고 청색이 퇴색될 때까지의 소요시간을 측정하는 방법이다. 청색 퇴색까지 8시간 이상이면 1등급의 원유이고 2시간 이하면 4등급의 원유이다.
> - Resazurin 환원시험은 메틸렌블루를 이용하는 시험이 시간이 오래 걸리는 단점을 극복한 방법이다. 시약 첨가 후 37℃에서 1시간 배양 후 청색을 유지하면 상급원유, 담홍색이나 무색으로 변하면 불량유로 판정한다.

08 생선의 식용 가치는 신선도와 영양성에 달려 있다. 이와 관련하여 다음 질문에 답하시오. [기출문제]

08-1 갓 잡은 생선에서는 비린내가 나지 않지만 시간이 경과할수록 생선에서 비린내가 나는 이유를 쓰고, 조리 시 비린내 제거를 위해 식초나 레몬즙을 넣는 원리를 쓰시오.

이유 _____

_____

원리 _____

_____

08-2 수조육류와 달리 생선은 경직 상태가 풀리기 전에 섭취해야 하는 이유를 쓰고, 생선 기름의 영양적 장점을 2줄 이내로 쓰시오.

이유 _____

_____

영양적 장점 _____

_____

08-3 생선으로 제조된 수산가공식품을 구입하려고 한다. 품질 좋고 안전한 가공식품을 구매하기 위해서는 식품영양 표시를 반드시 확인해야 하는데, 이러한 식품영양 표시 제도의 기능을 2가지만 쓰시오.

① : _____

② : _____

해설 생선의 신선도와 영양성에 대한 전반적인 내용을 묻는 문제이다. 생선의 비린내는 TMAO가 환원되어 TMA가 되면서 생긴다. 산을 첨가하면 비린내가 제거되는데 그 이유는 산성 물질이 TMA와 결합하여 냄새 없는 화합물을 만들기 때문이다. 생선은 사후강직 시간이 짧고 자기소화 과정 중 풍미의 저하가 나타나고 바로 부패로 들어가기 때문에 사후강직이 풀리기 전에 섭취한다. 생선유는 다른 식재료와는 달리 DHA, EPA와 같은 고도의 불포화지방산의 함량이 높아, 상온에서 액상으로 존재하며 심혈관계열 질환의 예방과 치료에 도움을 주는 것으로 알려져 있다. 최근 유아용 식품에는 식품영양표시를 의무화하였다. 식품영양표시는 소비자들에게 식품의 영양성분에 대한 정보를 주고, 내용물과 표시물의 차이가 있는지 확인할 수 있게 해 준다. 또한 소비자의 특성상 피해야 되는 식품인지에 대한 정보 등을 줄 수 있다.

09 식품의 변질을 설명하는 있어서 (①)은 유지가 산소와 결합하여 산화하여 산패취와 고분자물질을 생산하는 현상을 말한다. (②)는 단백질 식품의 변화에 적용되는 말로 미생물의 생육에 의해 분해작용을 받아 악취와 유래물질을 만드는 과정이다. (③)은 단백질 이외의 성분의 변질을 의미하는데, 주로 탄수화물의 변화를 의미한다. (④)는 (②)와 같이 미생물의 증식에 의해 일어나는 식품의 변화라는 점에서는 같으나 (②)는 우리가 의도하지 않는 방향으로 변화가 진행되는 것이고, (④)는 우리가 의도한대로 진행되는 것을 말한다.

① : _____ ② : _____

③ : _____ ④ : _____

해설 식품의 변질에 대한 기본적인 것을 묻고 있다. 답을 고찰해 보면 ① 산패, ② 부패, ③ 변패, ④ 발효로 생각된다.

10 식품위생적으로 초기 부패의 판정은 여러 면에서 매우 중요하다. 식품의 초기 부패를 측정하는 방법으로 생균수의 수가 (①) 이상이 되면 초기 부패에 들어갔다고 생각한다. (②)에 의해 식품의 냄새와 색, 맛 등의 변화를 측정하여도 알 수 있다. 화학적 방법으로는 식품의 pH 변화와 더불어 어패류의 초기 부패는 (③)를 측정해서 알 수 있고, 어류의 비린내를 유발시키는 (④)의 함량과 알레르기를 일으키는 (⑤)의 함량 측정을 통해서도 알 수 있다. 그 외 물리적 측정으로 식품의 경도, 점성, 탄성력 등의 변화를 통해서도 초기 부패를 판정할 수 있다.

① : _____ ② : _____ ③ : _____

④ : _____ ⑤ : _____

해설 식품의 초기 부패 판정에 대해 묻고 있다. 세균 수가 $10^8/g$ 이상이 되면 일단 초기 부패에 들어갔다고 생각하고 관능검사에 의해서도 초기 부패 측정이 가능하다. 어패류는 다른 식재료에 비해 초기 부패가 확실하다. 어패류의 초기 부패는 Conway법을 이용하여 휘발성염기질소를 측정하여 알 수 있고, 비린내를 내는 TMA와 알레르기를 일으키는 히스타민의 함량을 통해서도 알 수 있다.

11 식품의 초기 부패는 다양한 방법으로 측정이 가능하다. 하지만 가장 광범위하고 쉽게 사용되는 방법은 관능검사에 의한 초기 부패 판별이다. 식품의 초기 부패에 사용되는 관능검사법의 장점과 단점을 3가지씩 적으시오.

관능검사법의 장점 　① : _____

② : _____

③ : _____

관능검사법의 단점 　① : _____

② : _____

③ : _____

해설 관능검사에 의한 초기 부패 판정은 검사가 빠르고, 쉬우며, 검사비가 싸고, 결과가 비교적 정확하다는 장점이 있다. 하지만 검사 결과가 주관적이고, 객관적 수치화가 어렵고, 검사자의 개인차가 존재한다는 커다란 단점을 가지고 있다.

12 주방에서 영은이와 엄마가 나누는 대화 중 밑줄 친 ㉠~㉫에 대해 설명한 것으로 옳은 것은? 기출문제

> 영은　엄마, 뭘 꺼내라고요?
>
> 엄마　냉동고 둘째 칸에 쇠고기 조금 있지? 그것하고 냉장고 안의 소시지 반 개 남은 것도 꺼내라. 참, 그리고 계란도 두 개 꺼내라.
>
> 영은　네. 근데 엄마, 고기가 좀 이상해요. ㉠ 색이 까맣고 말랐어요. 소시지도 이상하네. 이것은 ㉡ 미끈거려요.
>
> 엄마　그래? 어디 보자, 정말 그러네. 왜 그렇지? ㉢ 냉장고에 넣어 두었는데……
>
> 영은　엄마! 제가 계란을 깨 놓았어요. 한번 확인해 보세요.
>
> 엄마　그래. 잠깐만. 어디 보자. 어, 계란도 이상하네. ㉣ 냄새가 나고, ㉤ 계란이 다 퍼졌네. 어쩌지?
>
> 영은　어떡해요. 엄마. 그럼 김밥을 못 만들겠네요.

① ㉠ : 쇠고기를 냉동 상태로 장기간 보관하면 수분이 증발되어 건조해져서 색소가 침착되고, 미생물이 모두 사멸된다.

② ㉡ : 소시지 표면에 나타나는 점질 물질은 미크로코쿠스(Micrococcus)속 세균과 데바리오마이시즈(Debaryomyces)속 효모에 의한 현상이다.

③ ㉢ : 0~4℃에 식품을 보관하는 냉장법에서는 미생물 생육이 안 된다.

④ ㉣ : 계란은 냉장 보관 중 저온성의 바실루스 코아굴란스(Bacillus coagulans)균에 의해 특이한 냄새가 발생한다.

⑤ ㉤ : 계란은 냉장 저장 기간이 길어지면 이산화탄소가 증발되어 난백의 pH가 7 이하로 떨어지면서 농후 난백은 수양화되고, 난황막은 약해져 쉽게 터진다.

정답 ②

13 밑의 저장성을 높이기 위해 방사선 조사를 하였다. 아래의 방사선 조사에서는 가로, 세로, 높이가 각각 1m인 목재 상자에 담아 벌크(bulk) 형태로 실시하였고 조사선량은 5kGy였다. 이 조건에서 방사선 조사에 대한 설명 중 옳은 것만을 〈보기〉에서 있는 대로 고른 것은? 기출문제

보기
ㄱ. 방사선 범주에는 감마(γ)선, 전자선 X-선, 중성자선, 알파(α)선이 포함된다.
ㄴ. 감마선은 전자선에 비해 투과력이 약하기 때문에 밑의 저장성을 높이기 위해서는 감마선보다 전자선이 더 효과적이다.
ㄷ. 조사선량 5kGy는 밑 내부의 온도 상승에 거의 영향을 미치지 않는다.
ㄹ. 밑에서의 방사선 조사 목적은 밑 표면의 중금속 제거, 해충 구제, 발아 억제 등이다.
ㅁ. 방사선 조사 후 이온화 물질이 지속적으로 생겨 밑의 변패를 막는 장점이 있다.

① ㄱ, ㄷ   ② ㄴ, ㄹ   ③ ㄱ, ㄴ, ㄹ
④ ㄴ, ㄷ, ㄹ   ⑤ ㄱ, ㄴ, ㄷ, ㄹ

정답 ①

14 식품의 부패 판정법에 대한 내용이다. ㉠~㉢에 알맞은 것은? 기출문제

식품이 부패되면 냄새가 나고 외관이 변하여 쉽게 알 수 있으나, 초기 부패 단계에서는 판별이 어려워 잘못 먹을 경우 인체에 위해를 가져올 수 있다. 식품 부패 판정법 중 하나인 세균검사법에서는, 모든 식품에 적용할 수는 없지만, 초기 부패 단계로 판정하는 일반 세균수를 식품 1g당 또는 1mL당 (㉠)으로 여긴다.
어·육류 식품의 부패정도를 판정하는 화학적 검사법에서는 (㉡)의 양이 4~10mg%, pH의 값이 (㉢) 일때 초기 부패로 판정한다.

	㉠	㉡	㉢
①	$10^5 - 10^6$	휘발성염기질소	5.2~5.5
②	$10^5 - 10^6$	트리메틸아민옥시드 (trimethylamine oxide)	5.2~5.5
③	$10^7 - 10^8$	트리메틸아민옥시드 (trimethylamine oxide)	6.0~6.5
④	$10^7 - 10^8$	트리메틸아민 (trimethylamine)	6.0~6.5
⑤	$10^7 - 10^8$	휘발성염기질소	5.2~5.5

정답 ④

15 식품에 존재하는 미생물을 가열 살균할 때 식품의 종류와 대상 미생물에 따라 살균 온도와 시간이 다르다. (가)~(다)에 적합한 것은? 기출문제

살균법	살균 온도	살균 시간	대상 미생물	식품
HTST (high temperature short time)	(가)	15초	비내열성 무포자세균, 포자형성균의 영양세포, 병원균	우유, 아이스크림, 과즙
UHT (ultra high temperature)	130~150℃	(나)	비내열성 무포자세균, 포자형성균의 영양세포, 병원균	우유, 과즙
가압증기살균	120℃	30분	비내열성 무포자세균, 포자형성균의 영양세포, 혐기성 포자형성균과 포자, 병원균	(다)

	(가)	(나)	(다)
①	92℃	1~2초	우유, 과즙
②	60℃	1~2초	수산물 및 육류 통조림
③	72℃	8~10초	우유, 과즙
④	60℃	8~10초	포도주, 딸기잼
⑤	72℃	1~2초	수산물 및 육류 통조림

정답 ⑤

CHAPTER 04

식중독

식중독은 식품위생학에서 가장 중요하다. 식중독에는 세균성·화학성·자연독에 의한 식중독, 알레르기에 의한 식중독 등 종류도 많다. 따라서 각각의 정의와 서로 간의 개념 정리가 꼭 필요하다. 식중독 중에서는 세균성 식중독이 가장 중요하다. 최근 세균성 식중독 발생 사건이 있었다면 더욱 집중해서 공부해야 되는 부분이다. 중요성도 높고, 양도 많고, 출제 비중도 높은 분야이므로 꾸준히 계속 공부해야 된다.

1 식중독의 정의와 분류

식중독에 대해 의학적으로 정의되어 있지는 않다. 하지만 일반적으로 식중독을 정의한다면 "식품의 섭취를 통해 일어나는 급성 위장염 증상을 주요 증상으로 하는 건강 장애"라고 할 수 있다. 과거에는 식품의 섭취에 의한 것을 이야기했으나, 최근에는 가공식품의 발달로 인해 사용되는 식품첨가물, 포장재, 기구와 용기 등에서 용출되어 나오는 물질에 의한 증상까지도 식중독의 범위에 넣고 있다.

하지만 영양섭취불량에 의한 질병이나 급성전염병과 기생충 등과 외과적 질환은 식중독의 범위에 포함시키지 않고 있다. 식중독의 분류를 표 4-1에 정리하였다.

표 4-1
식중독의 분류 1

건강장애의 분류				주요 질병, 원인 미생물과 물질
식중독 (광의)	식중독 (협의)	세균성	감염형	Salmonella균, Vibrio균, 병원성 대장균 등
			독소형	황생포도상구균, 보투리누스균 등
			중간형	Welchii균, Cereus균
		자연독	식물성	독버섯, 소철, 고사리, 독보리, 감자의 싹 등
			동물성	복어독, 조개독 등
		화학물질		비소, 중금속, 메탄올, 주석, 납 등
	기 타			곰팡이독, 알레르기성 식중독, 잔류농약, 항생물질, 항균물질 등

앞의 분류 외에도 다양한 관점에서 식중독을 분류할 수 있다. 아래 표는 위와는 다른 분류 방법으로 이전 임용에 출제되었던 분류법이다.

표 4-2
식중독의 분류 2

대분류		세분류
세균성 식중독		독소형 식중독
		감염형 식중독
독성물질에 의한 식중독	자연독 식중독	식물성 자연독에 의한 식중독
		동물성 자연독에 의한 식중독
	곰팡이독 식중독	곰팡이독에 의한 식중독
	화학물질에 의한 식중독	고의 또는 오용으로 첨가되는 유해물질에 의한 식중독
		식품 제조 과정 중에 비의도적으로 혼입되는 유해물질에 의한 식중독
		식품조리, 가공, 저장 중에 생성되는 유해물질에 의한 식중독

식중독은 앞에 표 4-1에서 보는 바와 같이 광의의 식중독과 협의의 식중독으로 나눌 수 있다. 협의의 식중독에는 세균성 식중독이 있는데 세균성 식중독은 식중독이 일어나는 방식에 따라 감염형, 독소형과 중간형으로 나눌 수 있다. 자연독에 의한 식중독은 자연독을 가지고 있는 식품의 출처에 따라 식물성과 동물성으로 나눌 수 있다. 화학물질에 의한 식중독은 산업사회가 고도화되고, 환경오염이 심해지면서 점차 그 수가 증가하고 있다. 매년 새로운 식중독 유발 화학물질이 새로 나오고 있고, 독성 역시 더 강해지는 추세다.

이런 협의의 식중독 외에도 식중독을 일으키는 모든 가능성을 기타 항목에 둘 수 있다. 미생물인 곰팡이가 생산하는 곰팡이 독과 histamine과 같은 알레르기 식중독 유발 물질, 식품 중에 잔류하는 항생물질과 항균물질 등이 대표적인 예이다.

2 세균성 식중독

세균성 식중독은 세균에 의해 발생한다. 앞 장에서 언급한 것처럼 모든 세균이 식중독을 일으키지는 않는다. 특히 일반 세균은 균수가 아무리 많아도 식중독을 일으키지 않는다. 세균 중 몇몇 균만이 식중독을 일으키는데 이런 균에 의해 발생한 식중독을 세균성 식중독이라고 부른다. 세균성 식중독에는 과량의 균을 섭취하면 균 자체가 신체 내에서 중독 증상을 일으키는 감염형과, 균은 무해하나 균이 식품 중에 생육하면서 미리 만들어 둔 독성물질에 의해 중독 증상을 일으키는 독소형, 그리고 이 두 방식을 모두 가지고 있는 중간형 식중독이 있다.

식중독 사건 중 80% 이상은 세균성 식중독에 의해 일어난 것일 정도로, 세균성 식중독은 식중독의 원인에서 차지하는 비중이 매우 높다. 역학조사에 의해 원인이 확실히 규명되지 않는 식중독도 대부분 세균성 식중독에 의한 것으로 생각된다. 하지만 치사율은 높지 않아 세균성 식중독에 의한 사망률은 낮다.

1) 세균성 식중독의 예방법

세균성 식중독의 예방법은 크게 4가지로 나누어 볼 수 있다.

① 세균에 의한 오염 방지 : 처음부터 식품 내에 세균에 의한 오염이 생기지 않도록 식품을 주의하여 다룬다. 식품을 취급하는 저장고나 처리장, 조리장의 위생관리를 철저히 하고 오염된 식품으로부터의 2차 오염을 막는다.

② 세균의 증식 발육 억제 : 일반적으로 세균성 식중독균은 독성이 약하여 어느 정도 다량의 균수가 되기 전에는 발병하지 않는다. 따라서 식품이 오염되었더라도 균수가 늘어나지 않으면 식중독은 발병하지 않는다. 그러므로 냉장보관 등의 방법에 의해 균의 생육을 억제시킨다.

③ 가열 살균 : 균이 오염되고 생육에 의해 발병균수까지 늘었다고 하여도 식품 섭취 전에 가열 처리하면 식중독을 예방할 수 있다. 이 방법은 독소형 식중독의 경우에는 적용되지 않을 수도 있다.

④ 보건교육의 보급 : 식품을 취급하는 모든 사람들에게 보건교육을 하여 위생적 처리와 보관 등의 방법으로 식중독 발생을 줄일 수 있다.

2) 감염형 식중독과 독소형 식중독균의 비교

세균성 식중독 중 감염형과 독소형의 발병 메커니즘은 매우 큰 차이를 보인다. 발병 증상도 메커니즘의 차이로 인해 다르게 나타난다. 이 둘의 차이점을 표 4-3에 간단히 정리하였다.

표 4-3
세균성 식중독의 비교

구 분	감염형	독소형
발병 경로	과량의 생균이 체내로 유입되고 균이 가지고 있는 독성에 의해 식중독이 일어난다.	균이 식품 속에 생육하면서 만들어 놓은 독성물질이 체내에 유입되어 식중독을 일으킨다.
잠복기	생균이 체내에서 적응하고 생육하여야 하므로 잠복기가 길게 나타난다.	독성물질이 소화기관을 통해 흡수되면 증상이 바로 나타나 잠복기가 짧다.
가열살균효과	가열 살균 시 생균의 수가 줄어들기 때문에 대부분의 경우 식중독 예방이 가능하다.	독성물질의 열안정성이 클 경우 가열 살균을 하여도 식중독을 예방할 수 없다.

(계속)

구 분	감염형	독소형
주요 증상	대부분의 소화기관 장애와 더불어 발열이 꼭 일어난다.	감염형과 같은 증상을 보이나 발열은 거의 없다.
대표 균주	Salmonella균, 장염 vibrio균	포도상구균, Botulinus균

감염형과 독소형은 발병경로에서 감염형은 균의 독성에 의한 중독 증상을, 독소형은 미리 만들어 놓은 독성물질에 의한 중독 증상을 보인다. 그 결과 감염형의 잠복기는 길고, 가열 처리하면 대부분 식중독 발생을 억제할 수 있다. 하지만 독소형은 잠복기가 짧고, 독성물질의 열안전성이 클 경우 가열 처리하여도 독성물질이 파괴되지 않아 식중독 발생을 막을 수 없다. 주요 증상에서도 감염형은 균의 증식에 의한 발열 증상이 나타나지만 독소형에서는 발열 증상이 없다.

표 4-4는 가장 대표적인 식중독균의 주요 특성을 정리한 것이다.

표 4-4
대표적 식중독균의 주요 특성

발병형태	세균명	증상 및 특징	세균의 성상
감염형	Salmonella균	• 티푸스형 질환 혹은 급성위장염을 일으킴 • 혈변을 동반하지 않는 설사, 복통, 열, 구역질과 구토 등이 6~48시간 후에 발생 • 가금류, 계란이 중요한 매개수단임 • 증상이 1~2일 정도 지속됨	• Gram 음성, 비아포성, 통성혐기성 간균 • 대부분 운동성임 • Lactose를 분해하지 못함
	장염비브리오균	• 복통, 설사, 구토가 주증상인 급성 위장염을 일으킴 • 잠복기는 8~20시간 • 7~9월에 해산물로부터 주로 매개됨	• 호염성 세균, 해수세균 • 그램 음성, 무아포의 간균 • 운동성 있음
독소형	포도상구균	• 구토, 설사, 심한 복통이 주증상인 급성위장염을 일으킴 • 잠복기 2~6시간 • 치사율이 낮음 '24~48시간 내 회복됨	• 포도송이 모양의 배열 • 그램 양성균, 무아포균 • 비운동성 호기성 혹은 통성혐기성균 • Enterotoxin을 생산
	Botulinus균	• 메스꺼움, 구토, 복통, 설사 등의 소화기 증상 • 시력장애, 복시, 두통, 근력감퇴, 변비, 신경장애 • 호흡부전에 의해 사망, 치사율이 높음 • 잠복기가 12~36시간이지만 2~4시간 이내에 신경 증상이 나타나기도 함	• 그램 양성의 편성혐기성 간균 • 내열성 아포를 형성 • 활발한 운동성을 나타냄

세균성 식중독은 식품위생에서 매우 중요한 내용이다. 세균성 식중독에 대해 배우기에 앞서 세균성 식중독을 일으키는 균명을 정리하여 보았다.

1. Salmonella균에 의한 식중독
   Salmonella typhimurium, Salmonella anatum, Salmonella derby, Salmonella heidelberg, Salmonella thompson, Salmonella tennessee, Salmonella infantis, Salmonella enteritidis

2. 장염 비브리오균에 의한 식중독
   Vibrio parahaemolyticus

3. Welchii균에 의한 식중독
   Clostridium perfringens, Clostridium welchii

4. 장구균에 의한 식중독
   Streptococcus faecalis

5. Proteus에 의한 식중독
   Proteus morganii

6. Campylobacter균에 의한 식중독
   Campylobacter jejuni, Campylobacter coli

7. Listeria 식중독
   Listeria monocytogenes

8. 포도상구균에 위한 식중독
   Staphylococcus aureus

9. Botulinus균에 의한 식중독
   Clostridium botulinum

10. Bacillus cereus균에 의한 식중독
    Bacillus cereus

(1) 감염형 식중독균

감염형 식중독균 중에 대표적인 것은 *Salmonella*균과 장염 *vibrio*균이다. 이외에도 병원성대장균, *Arizona*균, 장구균, *Proteus*균, *Yersinia*균, *Campylobacter*균, *Listeria*균이 감염형 식중독을 일으킨다.

① *Salmonella*균에 의한 식중독

　㉠ 감염형 식중독 중 가장 대표적이고 일반적이다.

　㉡ 미국, 일본의 식중독 발생 1위를 차지한다.

　㉢ 식육과 계란 제품에 의해 감염된다.

　㉣ 주요 증상으로는 두통, 구기, 구토, 복통, 설사, 발열 등이 있다.

　㉤ 증상은 2~3일이면 끝나고 1주일이면 회복된다.

　㉥ 그램 음성 간균, 편모를 가지고 있고, 협막과 포자 생성은 하지 않는다.

ⓐ *S. enteritidis, S. typhimurium, S.heidelberg, S.thompson, S. anatum, S. derby* 등이 있다.

ⓞ 섭취 후 12~24시간 후 발병한다.

ⓩ 예방을 위해 먹기 직전 가열 후 섭취한다.

표 4-5
살모넬라균의
생육 조건

조 건	최저(Minimum)	최적(Optimum)	최대(Maximum)
온도(℃)	5.2★	35~43	46.2
pH	3.8	7~7.5	9.5
Aw	0.94	0.99	>0.99

★ 대부분의 혈청형균은 <7℃에서 증식할 수 없다.
자료 : ICMSF, Microorganisms in Foods 5, Microbiological Specifications of Food Pathogens, 1996

② 장염 *Vibrio*균에 위한 식중독

㉠ 1955년 일본에서 발생한 식중독 사건 이후 식중독균으로 인정하고 있다.

㉡ 호염성 균이며 해수 세균이다.

㉢ 3~4% 식염농도에서 잘 자란다.

㉣ 통성혐기성, 그램 음성 무포자 간균, 편모를 가진다.

㉤ 생육 속도가 빨라 27~37℃의 온도에서는 2~3시간 만에 식중독 발생 균량이 된다.

㉥ 해수에서 잡은 어패류 식품에 의해 발생한다.

㉦ 잠복기는 8~20시간이다.

㉧ 복통, 설사, 구토, 권태감, 오한, 두통과 발열 등의 증상이 있다.

㉨ 주로 7~9월 여름철에 주로 발생한다.

㉩ 어패류 냉동·냉장 시 깨끗이 씻은 후 보관하고, 가열 후 섭취한다.

표 4-6
비브리오균의
생육 조건

조 건	최적(Optimum)	범위(Range)
온도(℃)	37	5~43
pH	7.8~8.6	4.8~11
Aw	0.981	0.940~0.996
Atmosphere	호기	호기~혐기
Salt(%)	3	0.5~10

자료 : ICMSF, Microorganisms in Foods 5, Microbiological Specifications of Food Pathogens, 1996

③ 병원성 대장균 O_{157}

㉠ 일반적으로 대장균은 독성을 나타내지 않고 오염지표균으로 사용한다.

ⓛ 하지만 몇몇 대장균은 식중독을 일으키기도 하는데 이런 대장균을 병원성 대장균이라고 한다.

ⓒ 병원성 대장균 중에서도 최근에 발견된 것이 O₁₅₇이다.

ⓔ 1996년 일본에서 발견되었으며 장관출혈이라는 증상을 보였다.

ⓜ 혈변과 격심한 복통 증상, 어린이와 노약자에게 급속도로 감염되었다.

ⓑ 원인식품은 아직 뚜렷히 알려지지 않았으나 쇠고기로 만든 햄버거, 우유 등이 의심되고 있다.

ⓢ 균의 독성이 매우 강하여 100마리/ml 정도로도 발병된다.

ⓞ 열에 약하므로 가열 처리하면 예방이 가능하다.

ⓩ 물은 끓여 먹고, 조리 시 도구와 원재료를 충분히 세척하여 준다.

표 4-7 병원성 대장균의 생육조건

조 건	최소(Minimum)	최적(Optimum)	최대(Maximum)
온도(℃)	약 7~8	35~40	약 44~46
pH	4.4	6~7	9.0
Aw	0.95	0.995	−

단, 병원성 E.coli의 생육조건임

자료 : ICMSF, Microorganisms in Foods 5, Microbiological Specifications of Food Pathogens, 1996

④ *Campylobacter* 식중독(*Campylobacter* 장염)

㉠ *Campylobacter jejuni*와 *coli*에 의해 발생하는 설사증과 집단 식중독을 말한다.

㉡ 최근 사람에 대한 병원성이 알려져 주목받고 있다.

㉢ 그램 음성 간균, 균체의 양쪽 끝에 편모를 가진다.

㉣ 육류와 살균하지 않은 우유에 의해 발병된다.

표 4-8 캄필로박터의 생육조건

조 건	최소(Minimum)	최적(Optimum)	최대(Maximum)
온도(℃)	32	42~43	45
pH	4.9	6.5~7.5	약 9
NaCl(%)	−	0.5	1.5
Aw	0.987	0.997	−
Atmosphere★	−	5% O_2 + 10% CO_2	−

★ 성장에 산소를 필요로 함

자료 : ICMSF, Microorganisms in Foods 5, Microbiological Specifications of Food Pathogens, 1996

⑤ *Listeria monocytogenes* 식중독

㉠ 인축 공통 병원균으로 알려져 왔다.

㉡ 야생동물, 가금류, 오물, 폐수에서 많이 분리된다.

ⓒ 그램 양성, 통성협기성, 다발성 편모를 가진다.

ⓔ 저온에서도 생육이 가능하여 cold chain이 발달된 북미에서 발생하는 식중독의 80%를 차지한다.

ⓜ 수막염을 일으키며, 설사 복통을 일으킨다.

ⓗ 식품 중에서 균이 분리되는 경우는 있으나 식중독 환자가 보고되지 않는 경우도 많다.

ⓢ 자연계에서 쉽게 생육하기 때문에 예방은 어려우므로 충분한 가열 후 섭취하고 냉장고의 청결 유지 등이 중요하다.

표 4-9
리스테리아의
생육 조건

조 건	최소(Minimum)	최적(Optimum)	최대(Maximum)	생존 가능(성장 불가)
온도(℃)	−1.5 ~ +3	30 ~ 37	45	−18
pH[a]	4.2 ~ 4.3	7.0	9.4 ~ 9.5	3.3 ~ 4.2
Aw[b]	0.90 ~ 0.93	0.97	>0.99	<0.90
Salt(%)	<0.5	N/A	12 ~ 16	≥20

[a] Hydrochloric acid as acidulant(inhibition is dependent on type of acid present)
[b] Sodium chloride as the humectant
자료 : Food Safety Authority of Ireland, http://www.fasi.ie/publications/reports/listeria_report.pdf.2005

⑥ 그 외 균들

ⓐ *Arizona*균에 의한 식중독

ⓑ 장구균에 위한 식중독

ⓒ Proteus균에 의한 식중독

ⓓ Yersinia균에 의한 식중독

(2) 독소형 식중독균

식품 중에 식중독균이 미리 만들어 놓은 독소를 섭취하여 발생하는 식중독으로, 포도상구균과 *Clostridium botulinus*균에 의해 발생한다.

① 포도상구균

ⓐ 독소형의 대표적인 식중독균이다.

ⓑ 화농균, 포도상구균, 황색포도상구균, *Staphylococcus* 등으로 불린다.

ⓒ 사람과 동물의 화농성 질환의 원인 균으로 계절에 상관없이 발생한다.

ⓓ 원인균은 *Staphylococcus aureus*이다.

ⓔ 포도상구균이 만드는 장관독소Enterotoxin에 의해 식중독이 발생한다.

ⓗ 장관독소는 열에 안정하여 식품 섭취 전 가열하여도 파괴되지 않는다.

ⓢ 120℃에서 20분간 가열해도 파괴되지 않는다.

◎ 잠복기는 매우 짧은 1~6시간, 평균 3시간 정도이다.

ⓩ 급성위장염, 타액 분비 증가, 구기, 구토, 복통, 설사가 나타난다.

ⓒ 발열은 없다.

ⓚ 우유, 크림 등의 유제품과 떡, 콩가루 등의 곡류 및 가공품이 원인식품이다.

ⓣ 주요 오염원은 조리사의 손에 있는 화농소, 비인강에 존재하는 포도상구균과 소의 유방염이다.

ⓟ 독소가 열에 안정하기 때문에 취급 주의가 최고의 예방책이다.

조 건	생 육		독소 생성	
	최적 (Optimum)	범위 (Range)	최적 (Optimum)	범위 (Range)
온도(℃)	37	7~48	40~45	10~48
pH	6~7	4~10	7~8	4.5~9.6(호기) 5.0~9.6(혐기)
Aw	0.98	0.83~>0.99(호기) 0.90~>0.99(혐기)	0.98	0.87~>0.99(호기) 0.92~>0.99(혐기)
Eh	+200mv	<-200mv~> +200mv	-	-
Atmosphere	호기	혐기-호기	호기 (O_2 용해도 5~20%)	혐기-호기

자료 : ICMSF, Microorganisms in Foods 5, Microbiological Specifications of Food Pathogens, 1996

② Botulinus균에 의한 식중독

㉠ 세균성 식중독 중 치사율이 가장 높다.

㉡ 그램 양성 간균 편모가 있고, 혐기성에 포자형성균이다.

㉢ 포자형성균이므로 균의 내열성이 매우 높다.

㉣ 신경독소Neurotoxin를 생성하며 독성이 매우 높다.

㉤ 잠복기는 12~36시간이다.

㉥ 위장염 증상, 시력저하, 복시, 동공확대, 대광반사 지연, 혀가 굳고 목소리가 변화, 횡경막 마비에 의한 호흡 곤란으로 사망한다.

㉦ 발열은 없다.

㉧ 치사율은 30~80% 정도이다.

㉨ 혈액 소시지가 원인식이었으나 지금은 통조림과 retort pouch제품이 더 많다.

㉩ 다행히 균이 열에 강한 데 비해 독소는 열에 약하여 80℃에서 20분간 가열로 파괴된다.

㉪ 섭취 전 충분히 가열하면 식중독 예방이 가능하다.

표 4-11
보툴리누스의
생육 조건

조 건	Group I Proteolytic _C.botulinum_	Group II Nonproteolytic _C.botulinum_
최저 온도(℃)	10~12	3.0
최저 pH	4.6	5.0
최저 Aw	—	—
NaCl(습윤제)	0.96	0.97
glycerol(습윤제)	0.93	0.94
NaCl 농도	10%	5%
포자의 열저항성 (0.1M 인산염완충액, pH7)	121℃ maximum 0.21min	82.2℃ in general up to 2.4 min
포자 방사선조사 저항성 (조건 : −50~−10℃)	D=2.0~4.5kGy	D=1.0~2.0kGy
생성 독소	A, B, F	B, E, F

자료 : The Microviological Safety & Quality of Food, Vol 2. Ch. 41. Aspen Pub. Inc. Maryland. 2000

(3) 중간형 식중독균

중간형 식중독균에는 _Welchii_ 균과 _Bacillus cereus_ 균이 있다. 책에 따라서는 중간형으로 분류하지 않고 _Welchii_ 균은 감염형으로, _Cereus_ 균은 독소형으로 분류하기도 한다. 이들이 중간형이라 불리는 까닭은 감염형이 가지고 있는 생균의 독성에 의한 발병경로와 독소형이 가지고 있는 독성물질에 의한 발병경로를 모두 가지기 때문이다.

① _Welchii_ 균에 의한 식중독
  ㉠ 웰치균이 장관에서 생육 시, 포자 생성을 할 경우 독소를 생산하는데 이 독소 물질에 의해 식중독이 발생한다.
  ㉡ 1941년 영국에서 최초 보고되었다.
  ㉢ _Clostridium perfringens_(_Cl. welchii_)가 원인균이다.
  ㉣ 그램 양성 편성혐기성균, 편모가 없고 포자를 형성한다.
  ㉤ 원인식으로 서양은 육류 및 가공품, 동양은 어패류이다.
  ㉥ A형은 잠복기가 8~20시간, 설사와 복통이 나타난다.
  ㉦ 구토와 발열은 거의 없다.
  ㉧ F형은 잠복기가 2~3시간 정도 된다.

② _Cereus_ 균에 의한 식중독
  ㉠ 경구적으로 섭취된 대량의 균이 소장에서 포자의 형성에서 생성하는 장관독에 의해 식중독이 발생한다.

ⓛ *Bacillus cereus*가 원인균이다.

ⓒ 호기성 그램 양성 간균이며 포자생성균이다.

ⓡ 원인식은 동・식물성 단백질, 전분식품이다.

ⓜ 설사형은 잠복기가 8~12시간, 주증상은 복통, 설사, 구역질이며, 구토는 없다.

ⓗ 구토형은 1~6시간의 잠복기 후 메스꺼움과 구토 증상이 나타나며, 설사는 없다.

ⓢ 가열에 의한 균 제거가 어려운 만큼, 사전 오염 방지와 저온 저장 보관이 중요하다.

표 4-12
바실러스 세레우스의 생육 조건

조 건	최소(Minimum)	최적(Optimum)	최대(Maximum)
온도(℃)	4	30~40	55
pH	5.0	6.0~7.0	8.8
Aw	0.93	—	—

자료 : ICMSF, Microorganisms in Foods 5, Microbiological Specifications of Food Pathogens, 1996

세균성 식중독균에 대한 내용은 매우 중요하다. 아래 표는 여러 병원성 세균의 생육 특성을 정리한 표이다.

표 4-13
주요 병원성 세균의 생육 특성

균 종	오염원	증상 발현 균량	허용 균수	pH 최소치	pH 최대치	수분활성(Aw) 최소치	독소 생성	열저항성 (D값 : 균수가 1/10로 감소하는 데 걸리는 시간)
장염비브리오	해수, 어패류	10^6~10^9	<10^2/g	4.8	11.0	0.94		살모넬라보다 다소 약함 47℃ : 0.8~6.5분
황색 포도상구균	사람, 가금육	10^5~ 10^6/g	<10^2/g	4.0	9.8	0.86	0.87	60℃ : 2.1~42.35분 65.5℃ : 0.25~2.45분
살모넬라균	사람, 동물의 분변, 식육・감금육, 계란	1~10^9	<1/25g	4.5	8.0	0.94		60℃ : 3~19분 65.5℃ : 0.3~3.5분
캄필로박터균	사람, 동물의 분변, 우유, 식육・가금육	>5×10^2	<1/25g	5.5	8.0	0.98		50℃ : 1.95~3.5분 60℃ : 1.33분(우유)
병원성대장균	사람, 동물의 분변, 우유, 식육・가금육	10^6~10^{10}	<10/g	4.4	9.0	0.45~ 0.95		60℃ : 1.67분 65.5℃ : 0.14분
병원성대장균 (O₁₅₇ : H₇)	사람, 동물의 분변, 우유, 식육・가금육	10~100	<1/25g	4.4	9.0	0.45~ 0.95		60℃ : 1.67분 65.5℃ : 0.14분
웰치균	사람, 동물의 분변, 우유, 식육・가금육	10^6~10^{11}	<10^2/g	5.0	9.0	0.93~ 0.95		100℃ : 2~100분 이상(포자) 일반적으로는 98.8℃ : 26~31분(포자)
보툴리누스균	토양, 어패류, 용기포장식품	3×10^2	<1/g	4.6	8.5	0.93	0.94	단백분해균 : 121℃ : 0.23~0.3분 단백비분해균 : 82.2℃ : 0.8~6.6분

(계속)

균 종	오염원	증상 발현 균량	허용 균수	pH		수분활성(Aw)		열저항성 (D값 : 균수가 1/10로 감소하는 데 걸리는 시간)
				최소치	최대치	최소치	독소 생성	
바실러스 세레우스균	곡물류, 향신료, 조미료, 토양	$10^5 \sim 10^{11}$	$<10^2$/g	4.9	9.3	$0.93 \sim 0.95$		구토형85℃ : 50.1~106분 설사형85℃ : 32.1~75분
여시니아균	우유, 식육·가금육 굴, 생야채	$3.9 \times 10^7 \sim 10^9$	$<10^2$/g	4.6	9.0	0.94		62.8℃ : 0.24~0.96(우유)
리스테리아균	우유, 식육·가금육 어패류, 곤충류	$>10^3 \sim 10^5$	<10/g	4.5	9.5	0.90		60℃ : 2.64~8.3분 70℃ : 0.1~0.2분

참고 : 식품위생과 HACCP 실무, 주난영 외 5인, 파워북

3 바이러스에 의한 식중독

과거에는 세균성 식중독이 주요 관심 대상이었으나, 최근에는 바이러스에 의한 식중독에 대한 연구가 진행되고 있다. 바이러스는 세균보다 크기가 훨씬 작은데, 그들이 자라고 번식할 수 있는 숙주(인간, 동물, 식물, 미생물)를 필요로 하며 식품에서 증식하지 않는다. 저항성이 약한 사람은 몇 개의 바이러스 입자 감염만으로도 식중독에 걸리게 된다. 바이러스는 보통 식품에서 다른 식품으로, 작업자에서 식품으로, 오염된 물에서 식품으로 전파된다. 특히 화장실 사용 후 적절히 손을 씻는 것이 식중독 바이러스의 전파를 조절하는 열쇠이다. 앞에서 이미 설명한 잠재적 위험 식품은 바이러스의 생존과는 큰 연관이 없다.

바이러스성 식중독은 그 원인 물질에 따라 생물학적 식중독으로 분류되고 감염형에 속한다. 바이러스성 식중독과 세균성 식중독의 가장 큰 차이점이라면, 바이러스성 식중독은 미량의 균으로도 발병이 가능하고 2차 감염으로 인해 대형 식중독을 유발할 가능성이 높다는 것이다. 우리나라에서는 2006년에 노로바이러스Norovirus에 의한 식중독이 발생하여 큰 사회적 반향을 일으킨 적이 있다. 노로바이러스 외에도 A형 간염바이러스Hapatitis A virus, 노르웍바이러스Norwalk virus, 로타바이러스Rotavirus가 발생할 수 있다. 이 중 노르웍바이러스는 노로바이러스의 다른 이름이다.

1) 노로바이러스

노로바이러스Norovirus는 우리나라에서 가장 흔하게 알려져 있는 바이러스성 식중독이다. 이에 대한 일반적 내용은 다음과 같다.

노로바이러스 ●

- 1968년 미국 오하이오주 노워크Norwalk에서 처음 발견됨
- 그동안 사용되었던 명칭들 : Norwalk-like virus, calicivirus, small round structured virus
- 2002년 8월 국제 바이러스 명명위원회에서 노로바이러스로 공식 명명
- 형태 : 매우 작은 원형, 바이러스 표면은 capsid라는 단백질에 둘러 싸여 있으며 한 가닥의 RNA 게놈을 가짐
- 총 5개의 그룹으로 구성됨
  - 그룹 Ⅰ, Ⅱ, Ⅳ : Human
  - 그룹 Ⅲ : Bovine
  - 그룹 Ⅴ : Mouse
  사람은 Ⅰ, Ⅱ가 주를 이루며, Ⅰ은 14종, Ⅱ는 17종 등 총 31개의 genotype으로 구성
- 주요 원인식품 : 굴 등의 패류, 오염된 지하수, 식품용수 등의 물, 가열하지 않은 생채소류, 과일 등
- 주요 감염경로 : 식품 매개 39%, 감염자와의 접촉 12%, 수인성 3%, 특별 전파경로가 없는 경우 18%
- 발생현황 : 06년 51건(3,338명), 07년 97건(2,345명)

가장 많이 알려진 노로바이러스에 의한 식중독은 Norwalk-like virus, calicivirus, small round structured virus 등으로 구성된 norovirus 그룹에 의해 발병된다. 바이러스는 크기가 매우 작고 항생제로 치료되지 않으며, 사람의 체외에서는 생장할 수 없다.

(1) 감염원 및 감염경로

노로바이러스는 감염자의 분변이나 구토에서 발견되며, 노로바이러스에 감염된 식품이나 음용수를 섭취했을 때, 노로바이러스에 오염된 물건을 만진 손으로 입을 만졌을 때, 질병이 있는 사람을 간호할 때 또는 환자와 식품, 기구 등을 공유했을 경우와 같은 다양한 경로를 통해 감염될 수 있다.

(2) 잠복기와 감염증상

노로바이러스 질환의 주요 증상은 바이러스 섭취 24~48시간 후 나타나는 것이 일반적이지만 12시간 경과 후 증상을 보이는 경우도 있다. 증상은 메스꺼움, 구토, 설사, 위경련 등이며 때때로 미열, 오한, 두통, 근육통과 피로감을 동반한다. 일반적으로 1~2일 이내에 병세가 호전되며 심각한 건강상의 위해는 없다. 때때로 면역력이 약한 사람(어린이와 노인)은 탈수증상을 보이기도 한다.

(3) 예방법

현재 노로바이러스에 대한 치료법이나 감염 예방 백신은 없으므로 예방이 가장 중요하다. 주요 예방법은 다음과 같다.

① 개인 위생을 철저히 준수한다.

② 위생적인 식습관을 생활화한다.

③ 정수처리시설 관리를 위생적으로 한다.

④ 감염 후 관리를 철저히 하여 2차 감염을 예방한다.

2) A형 간염바이러스

표 4-14
A형 간염
바이러스의 특징

원인물질	질병의 형태	초기 증상	존재식품	예 방
A형 간염바이러스	바이러스성 감염형	고열, 메스꺼움, 구토, 복부 통증, 피로, 간 팽대, 황달(10~50일)	사람의 접촉으로 준비된 식품(오염된 물)	손을 씻고 개인 위생을 잘 관리한다. 생 수산물을 피한다.

A형 간염바이러스Hapatitis A virus는 식중독 바이러스이며, 감염성 간염이라고 부르기도 하는 간질환을 일으킨다. 간염바이러스는 작업자가 6개월 동안 어떤 증상도 나타내지 않기 때문에 식음료업장에서는 식품위생상 특히 위험하다. 증상이 나타나기 1주 전과 병의 증상이 사라진 2주 후까지 전염성이 있다. 그 기간 동안 감염된 작업자는 씻지 않은 손과 손톱을 통해 식품과 다른 작업자를 오염시킬 수 있다. A형 간염바이러스는 적당한 환경에서 몇 시간 동안 생존할 수 있다.

(1) 증상과 잠복기

주요 초기 증세는 고열, 메스꺼움, 구토, 복부통증, 피로이다. 다음 단계에서 간의 팽대와 황달(피부의 황색화)이 나타난다. 잠복기는 오염된 음식을 먹은 후 15~50일이다. 약한 경우 보통 몇 주, 심한 경우 몇 달 동안 증상이 계속된다.

(2) 존재식품

A형 간염바이러스는 오염된 물에서 수확한 생식품이나 약간 조리된 굴과 대합에서 발견된다. 오염된 물로 재배하거나 세척한 날채소도 오염될 수 있다. 대부분의 잠재적 위험 식품은 A형 간염바이러스에 감염된 작업자가 잘못 취급하여 바이러스가 전파된다. 대표적인 예로 준비된 샐러드, 얇게 썬 인스턴트 가공육, 샐러드바의 식품, 샌드위치, 빵류 등이 있다. 잠복기가 길기 때문에 A형 간염에 감염된 식품을 확인하는 것은 힘들다.

(3) 전파경로와 예방

바이러스는 A형 간염바이러스를 가진 식품과 물을 섭취하면 전파된다. 주요 예방법은 다음과 같다.

① 식품을 적절히 다루고 권장 온도로 조리한다.

② 수산물을 생으로 섭취하지 않는다.

③ 작업자는 개인 위생을 철저히 하고 식품을 다루기 전과 화장실을 다녀온 후 손과 손톱을 깨끗이 씻는다.

3) 노르웍바이러스

표 4-15
**노르웍바이러스의
특징**

원인물질	질병의 형태	초기 증상	존재식품	예 방
노르웍바이러스	바이러스성 감염형	구토, 설사, 복부 통증, 두통, 낮은 등급의 열(24~48시간)	하수도물, 오염된 물, 오염된 샐러드 재료, 생대합, 굴과 감염된 작업자	음용수를 사용하고 모든 갑각류를 익혀야 한다. 식품을 잘 취급하고 PHF를 위한 시간과 온도 기준을 만족시켜야 한다.

노르웍바이러스Norwalk virus는 노로바이러스 식중독 감염과 관계 있는 식중독 바이러스이다.

(1) 증상과 잠복기

노르웍바이러스에 의한 식중독의 공통 증상은 메스꺼움, 구토, 설사와 복부 통증이며, 두통과 약한 열이 생길 수도 있다. 바이러스에 오염된 물과 식품을 소비한 후 24~48시간 사이에 약하고 간단한 증세가 나타나고, 1~3일 정도 지속된다. 증세가 심한 경우는 매우 드물다.

(2) 존재식품

하수도물에 오염된 물이 노르웍 발병의 가장 일반적인 급원이며, 갑각류와 샐러드 재료는 가장 흔한 원인 식품이다. 생것이나 불충분하게 가열된 굴과 가재를 섭취하면 쉽게 감염되어 위험하다. 갑각류가 아닌 다른 식품의 경우에는 바이러스 보균자에 의해 오염된다.

(3) 전파 경로와 예방

이 바이러스는 노르웍바이러스를 가진 변에 오염된 식품과 물을 섭취함으로써 주로 전파된다. 예방법은 아래와 같다.

① 갑각류의 전처리 시 음용수를 사용한다.

② 식품을 적절히 다루고 바른 온도로 조리한다.

③ 생수산물의 소비를 피한다. 작업자는 개인 위생을 철저히 관리한다.

④ 식품을 만지기 전과 화장실을 다녀온 후 손과 손톱을 깨끗이 씻는다.

4) 로타바이러스

표 4-16
로타바이러스의
특징

원인물질	질병의 형태	초기 증상	존재식품	예 방
로타 바이러스	바이러스성 감염형	설사(특히 유아와 어린이 에서), 구토, 낮은 열(1~ 3일 잠복, 4~8일 지속)	하수도물, 오염된 물, 오염된 샐러드 재료, 생수산물	철저한 개인위생과 손 씻기, 적절한 식 품 취급

그룹 A 로타바이러스Rotavirus는 로타바이러스 위장염이라고 알려진 몇 가지 질병을 유발한다. 그룹 A 로타바이러스는 유아와 어린이에게서 심한 설사의 주된 원인이 되며, 미국에서 매년 300만 명 이상에게 로타바이러스 위장염이 발병한다.

(1) 증상과 잠복기

로타바이러스에 감염된 사람은 약한 증세에서 심한 증상까지 경험하게 된다. 로타바이러스 위장염의 일반적인 증상은 구토, 물 같은 설사, 낮은 열 등이다. 잠복기는 1~3일로 증상은 구토로 시작하여 4~8일간 설사가 따른다.

(2) 존재식품

감염된 작업자가 만지는 식품, 그리고 샐러드와 과일처럼 더 이상 익히지 않는 식품을 오염시킬 수 있다.

(3) 전파경로와 예방

오염된 손에 의한 사람과 사람 사이의 전파가 로타바이러스의 가장 흔한 전파 수단이며, 오염된 손은 가열하지 않고 섭취하는 음식에 바이러스를 2차로 오염시킨다. 주요 예방법은 다음과 같다.

① 식품을 적절한 온도까지 가열하고 적절히 취급한다.
② 작업자는 개인위생을 철저히 한다.
③ 식품을 다루기 전과 화장실 다녀온 후 손과 손톱을 깨끗이 씻는다.

4 화학성 식중독

화학성 식중독Chemical food poisoning이란 화학물질이 식중독의 원인으로, 식품 중에 함유된 화학 유독물질에 의하여 일어나는 식중독을 말한다.

유독물질은 식품에 첨가물 중 불량·부정 제품을 사용하는 경우, 오용 또는 고의로 유해물질을 첨가하는 경우, 포장재·조리기구·식기 등에서 용출되는 경우와 저장 중 화학 변화로 인해 생성되는 경우로 인해 식품에 함유된다.

1) 화학물질에 의한 식중독

유독물질이 식품에 혼입되어 중독을 일으키는 경우이다. 부패나 변질 방지를 위해 화학물질이 고의 혹은 실수로 첨가된다. 대표적인 예로 농약류, 독성물질, 메탄올 등의 혼입이 있다. 일본의 경우 DDT 농약을 베이킹파우더로 알고 빵을 만들어 먹은 후 중독 증상을 보인 예도 있다.

유해성 금속 화합물의 중금속염들은 체내에 잔류하여 중독증상을 일으킨다. 비소, 납, 구리, 주석, 수은, 아연, 카드뮴 등이 유해성 금속 화합물로 알려져 있다.

(1) 비 소

① 1965년 일본 오카야마현에서 조제분유에 의한 유아의 비소 중독 사건이 발생하였다.
② 분유의 단백질 안정제로 사용된 제2인산 나트륨에 불순물인 비소가 함유되어 있었다.
③ 1966년 2월 보고에 따르면 중독 12,159명에 사망자수 131명으로 보고되었다.
④ 밀가루 등으로 오인하거나 농작물의 잔류독에 의해 중독되었다.
⑤ 중독량은 아비산으로 5~50mg, 치사량은 100~300mg이다.
⑥ 증상 : 위장형 중독, 구토, 위통, 설사, 출혈, 경련, 실신과 심장마비로 사망하게 된다.
⑦ 비소허용량 : 고체식품=1.5ppm 이하, 액체식품=0.3ppm 이하, 조미식품= 1.5ppm 이하

(2) 납

① 납은 독성이 매우 강하며 자연계에 광범위하게 존재한다.
② 급성 중독과 만성 중독이 있으나 대부분 만성 중독으로 나타난다.
③ 오염경로 : 도료와 농약 등에 사용되는 납화합물이 식품으로 이행되는 경우와 음료수 수송관에 납관 사용 시 수산화납이 생성되어 납 중독이 발생하는 경우가 있다.
④ 급성 중독증상에는 구토, 구역질, 복통, 인사불성과 사지마비가 있다.
⑤ 만성 중독증상에는 피로, 소화기장애, 지각 손실, 체중 감소와 시력장애가 있다.
⑥ 납의 최대 허용량은 0.5ppm이다.

(3) 구 리

① 구리는 인체에 필요한 무기질 중 하나이다.
② 1mg/day가 필요량이고 이 이상 섭취 시 중독증상을 일으킨다.
③ 1회 섭취량이 500mg이면 중독되고, 치사량은 15~20g 정도이다.

④ 오염경로는 구리 소재 조리기구 및 용기의 녹청, 야채의 착색료로 사용되는 황산구리, 과실에 살포되는 $CuSO_4$액의 표피 잔존이다.

⑤ 급성 중독증상으로는 메스꺼움, 구토, 발한, 다량의 수액 분비, 복통, 현기증과 호흡곤란 등이 있다.

(4) 주 석

① 통조림 제작에 사용되는 위생관을 만들 때 사용된다.

② 산성도가 높은 과실 주스 통조림의 경우, 주석 용출에 의한 중독 증상이 많이 나타난다.

③ 알킬화 주석 화합물은 수용성이므로 인체에 흡수되기 쉽다.

④ 우리나라 통조림 주스의 주석 최대 허용량은 250ppm이다.

⑤ 중독증상으로는 구역질, 구토, 복통, 설사와 권태감 등이 있다.

(5) 수 은

① 유독한 금속 물질로 일본의 미나마타병을 통해 널리 알려졌다.

② 수은 제제인 승홍과 감홍을 방부제로 사용할 경우 급·만성 중독을 일으킨다.

③ 치사량은 승홍 0.5g, 감홍 0.1~0.2g이다.

④ 중독증상은 갈증, 구토, 복통, 설사, 위장장애와 전신경련 등이다.

(6) 아 연

① 독성이 강하지는 않으나 기구와 용기에서 아연이 용출되어 중독을 일으킨다.

② 산성식품에 의해 아연이 침식되어 아연염이 식품에 혼입되거나, 아연 용기에 물을 담아 끓였을 때 산화아연이 되고 위에서 염화아연이 되어 중독된다.

③ 급성 중독량은 400~500mg/kg이다.

④ 치사량은 3~5g이다.

⑤ 급성 중독의 경우 30분~1시간 내에 복통, 구토, 설사, 구역질과 경련이 발생한다.

(7) 안티몬

① 법랑, 도자기 등의 착색제로 안티몬 안료가 사용되어 식품 중에 오염된다.

② 식품 중의 유기산과 반응하고 가용성의 주석산칼륨안티몬을 형성하여 중독된다.

③ 0.06g을 경구투여 시 구토한다.

④ 치사량은 0.12~1g이다.

⑤ 중독증상은 구역질, 구토, 경련, 설사, 심장마비로 인한 사망 등이다.

(8) 카드뮴

① 도구와 용기 도금 시 카드뮴을 사용하면 식품 중으로 이행되어 중독된다.

② 이타이이타이병을 일으킨다.

③ 급성 중독보다는 만성 중독이 많이 발생한다.

④ 중독증상은 구토, 설사, 복통, 허탈, 의식불명이다.

⑤ 만성 중독증상은 신장장애, 골연화병 등이다.

2) 메탄올

메탄올은methanol 술의 위화에 사용되었으나 현재는 사용되지 않는다. 그러나 개발도상국의 경우 여전히 사용되는 경우가 있으므로 여행 시 술을 먹을 경우 주의해야 된다. 펙틴질이 들어 있는 과실주의 경우, 정상 상태에서도 메탄올이 발효되기 때문에 포도주·사과주 같은 과실주에서 문제가 되기도 한다. 메탄올 허용 함유량은 0.5mg/ml 이하이며, 중독량은 5~10ml, 치사량은 30~100ml로 알려져 있다.

섭취 후 수 시간 내에 두통, 현기증, 구토, 복통, 설사가 일어나며 다른 물질과는 다르게 시신경 이상으로 인한 실명, 중증인 경우 심장쇠약, 호흡장애로 사망한다. 체내에서 산화되어 포름산Formic acid을 생성하기 때문에 중독증상을 일으키는 것이다.

3) 농약류

농약은 대부분 식재료로 잘못 알고 사용하거나 분무 시 잔류 혼입되어 중독을 일으킨다. 대부분의 농약은 유기물이기 때문에 인체에 흡수·축적되기 쉬우나, 분해와 배설 속도는 느리기 때문에 독성 제거가 어렵다. 농약은 독성이 약하다 하더라도 체내에서 분해되지 않으면 먹이사슬 등에 의해 고등 동물 내부에 축적되므로 농약 사용 시 독성과 분해성을 둘 다 확인하여야 한다. 농약은 일반적으로 유기인제제와 유기염소제로 나누어진다.

유기인제제는 parathion, methylparathion, malathion과 diazion과 같은 것들을 말하는데, 독성이 강하고 살충제로 널리 사용되며 중독 사고를 많이 일으킨다. 유기인제제는 체내에서 cholinesterase에 결합되어 이 작용을 억제한다. 이 경우 체내에 유독한 acetylcholine이 축적되어 중독증상을 일으킨다.

유기염소제는 유기인제에 비해 독성은 약하여 중독증상은 적은 편이다. 하지만 DDT의 경우에서 보듯 화학적으로 매우 안정하여 분해되지 않아 체내에 잔류되어 문제를 일으킨다. DDT의 경우 살포한 사료를 먹은 가축의 고기에서도 농약 잔사가 문제가 되고 있다. 중독증상으로는 구토, 복통, 설사, 두통, 시력 감퇴, 전신권태 등의 증세가 있으며 심하면 혼수상태 후 사망하게 된다.

4) 기구, 용기 및 포장에 의한 식중독

식품을 조리하거나 저장·운반하는 과정에서는 기구, 용기와 포장이 사용된다. 이들에게서 유출되어 식품에 혼입된 유독물질 역시 중독증상을 일으킬 수 있다.

(1) 금속류

① Cu : 기구나 용기에서 생기는 염기성 탄산동에 의한 중독이다.
② Zn : 용기에 산성음료를 넣으면 아연이 용출된다.
③ Pb : 기구, 용기의 제조에 사용 시 식품으로 이행된다. 땜납을 사용한 용기로 인한 중독증상이 자주 일어난다.

(2) 초자용기

① 유리로 만든 기구를 말한다.
② 유리 제조 시 나트륨, 칼슘, 규산이 주성분이나 불량제품의 경우 바륨, 납, 붕산 등이 함유되어 중독을 일으킨다.
③ 유리제 기구·용기의 규격은 납 7ppm 이하, 비소 0.05ppm 이하, 알칼리 4ppm 이하이다.

(3) 도자기제 및 법랑피복제품

① 안료 사용 후 소성온도가 부족할 경우 유약과 같이 안료가 용출되어 위생상 문제가 된다.
② 소성온도가 낮으면 유약이 초자화되지 않아 산성식품과 접촉 시 납 등이 간단히 용출된다.

(4) 합성수지

합성수지와 관련해서는 다음 용어에 대해 알고 있어야 내용을 이해할 수 있다. 다음 단어를 미리 숙지하도록 하자.

- 열경화성 수지 : 한 번 굳은 후 다시 녹이면 분해되어 버리는 플라스틱류이다.
- 열가소성 수지 : 굳은 후에도 일정량의 열을 받으면 다시 녹아 유동성을 갖고 식히면 다시 굳는 플라스틱류이다.
- 폴리머Polymer : 단량체들이 모여 있는 고분자를 말한다. 전분 및 단백질과 같이 포도당과 아미노산이 모여 있는 것을 생체고분자 혹은 생체폴리머라 부른다.
- 단량체Monomer : 폴리머를 구성하고 있는 기본 구성물질을 말한다. 폴리에틸렌 수지의 경우는 에틸렌, 폴리스틸렌의 경우는 스틸렌이 단량체이다.

(계속)

> • 가소제 : 플라스틱에 첨가되어 유연성을 주는 물질을 말한다. 가소제가 첨가되지 않으면 플라스틱도 쉽게 깨진다. 가소제의 경우 호르몬과 비슷한 구조가 많아 환경호르몬의 역할을 하여 위해의 소지도 있다.

앞의 기본 내용을 토대로 합성수지에 대한 설명을 하면 다음과 같다. 합성수지 제품은 포장재 중에서 가장 중요하다. 그 이유는 최근 들어 사용량이 부쩍 늘었고, 그 사용량이 계속 늘어나고 있기 때문이다. 합성수지 제품은 가볍고, 깨지지 않는다. 또 외관을 예쁘고 다양한 모양으로 가공 가능하고, 저렴하다는 장점이 있으나 합성수지 내에 첨가되는 가소제의 용출이 식품위생상 문제로 대두되고 있다. 그중 몇 가지에 대해 살펴보면 다음과 같다.

① 페놀Phenol수지 : 열경화성 수지 중 내열성과 내수성이 가장 우수하다. 합성재료인 페놀이나 포르말린이 용출되어 식품에 혼입되면 문제가 된다.

② 요소Urea수지 : 가정용품, 유아용품 및 식기에 많이 사용되며 온도가 올라가면 광택을 잃고 장시간 사용 시 표면이 거칠어진다. 포르말린이 용출될 수도 있다.

③ Melamine 수지 : 요소수지와 같은 목적으로 사용되나 포르말린 용출이 문제가 된다.

④ 염화비닐수지 : 염화비닐 자체는 무해하나 제조 시 첨가되는 가소제와 안정제가 문제이다.

⑤ Polyethylene : 에틸렌을 중합 처리하여 만든 수지로 저밀도와 고밀도 폴리에틸렌이 있다. 폴리에틸렌 자체는 무해하나 중합 시 생성되는 저분자량의 성분이 유해하고, 지용성이어서 유지에 녹아 유해하다. 안정제가 식품 중에 이행된다.

⑥ Polypropylene : 가장 가벼우며, 내열성이 우수하다. 그 자체로는 위생적으로 무해하나 제조 시 안정제가 많이 사용되어 식품으로 용출 시 안전상 문제가 된다.

⑦ Polystyrene : 스티롤styrol수지라고도 하며, 중합체는 독성이 없다. 내약품성이 좋으나 오렌지, 레몬과 같이 테르펜terpene 함유식품의 포장에는 적합하지 않다.

5) 그 외 성분에 의한 식중독

(1) 다환 방향족 탄화수소

① 강한 발암성 물질이다.
② 숯불에 구운 고기, 훈연제품, 가열한 유지 등에서 나타난다.
③ 공장 지대나 도시 주변에서 생산된 야채에서도 발견된다.

④ 매연, 자동차 배기가스로 오염된 공기에서도 발견된다.

(2) PCB에 의한 중독

① 1968년 일본에서 PCB에 의한 식중독이 발생하였다.

② 열교환기에 생긴 구멍으로 열매체인 PCB가 미강유에 혼입된다.

③ PCB는 인체의 지방에 축적되어 배설속도가 느리므로 치료에 장시간이 필요하다.

④ 일본의 경우 PCB 노출 후 8년 후에도 중독증상이 관찰되었다.

(3) 프탈산 에스테르

① 플라스틱 제품의 가소제로 사용된다.

② 식품에 이행 시 폐 쇼크와 간 장애를 일으킨다.

③ DOP, DBP 등의 허용량은 0~1mg/kg/day이다.

5 자연독에 의한 식중독

자연독이란 천연의 동식물에 함유된 유기화합물로 사람에게 급성 및 아급성 식중독을 유발하는 물질을 말한다. 출처에 따라 식물성 자연독과 동물성 자연독으로 나누어진다. 식물성으로는 독버섯, 감자의 싹, 청매 등에 포함되어 있는 독성물질이 있고, 동물성으로는 복어와 조개 등에 포함되어 있는 독성물질이 있다.

자연독에 의한 식중독은 세균성 식중독에 비해 발생 건수 및 환자 수는 적으나, 사망자 수는 훨씬 높아 식중독 사망의 주된 원인이 되므로 중점 관리할 필요성이 있다.

1) 동물성 자연독과 함유식품

① **복어** : tetrodotoxin, 복어의 알과 난소와 간에 많이 존재한다. 중독증상은 입술과 혀의 마비, 두통과 복통, 구토, 운동마비, 지각마비, 호흡곤란이 있다.

② **섭조개, 대합조개, 홍합** : saxitoxin, 주증상은 마비증상이며, 조개 자체가 만드는 것이 아니라 플랑크톤 내의 독성 물질이 체내에 축적되는 것이다. 수용성이고 열에 안정하여 가열해도 파괴되지 않는다.

③ **모시조개, 바지락, 굴** : venerupin, 일본에서 여러 차례 발병하였고, 중독증상은 구토와 두통, 황달현상이 나타난다.

④ **검은조개, 가리비, 백합** : okadaic acid

2) 식물성 자연독과 함유식품

① **독버섯** : muscarine, muscaridine, choline, neurine, phaline, amanitatoxin, agaricic acid, pilztoxin

② **감자** : solanine, 부패된 감자와 저장 중의 푸른 싹, 발아 부위에 함량이 높다. 조리 과정에도 잘 파괴되지 않으므로 썩은 부분을 제거하거나 사용하지 않는 것이 안전하다. 그 외 부패한 감자에는 sepsine이라는 독성물질도 생성된다.

③ **면실유** : gossypol, 목화씨 중 0.6% 정도 존재하며, 면실유의 정제 과정 중 대부분 제거된다. 박 중에는 존재하여 동물 사료에서는 문제가 된다.

④ **청매** : amygdalin, 미숙한 살구, 복숭아 등의 씨에 존재하며, cyan 배당체이다. 호흡효소에 대한 억제 작용을 한다.

⑤ **수수** : dhurrin, zierin, 수수 중에 존재하는 cyan 배당체

⑥ **강낭콩** : linamarin, lotaustralin, 강낭콩에 들어 있는 cyan 배당체

⑦ **꽃무릇나무** : lycorin, 꽃무릇의 구근 속에 있는 알칼로이드 화합물

⑧ **독미나리** : cicutoxin, 식용 미나리와 비슷한 독미나리에 포함되어 있다. 위통, 구토, 의식상실, 경련이 일어나며 심하면 사망한다.

⑨ **미치광이풀** : hyoscyamine

⑩ **붓순나무** : shikimin, hananomin, 목련과의 상록수로 열매는 향신료로 사용하나 오용으로 중독 증상을 나타낸다.

⑪ **독보리** : temuline, 맥류와 비슷한 독맥에 존재하고 밀가루 중에 혼입되어 식중독을 발병시킨다.

⑫ **고사리** : ptaquiloside

⑬ **소철** : cycasin

⑭ **피마자** : ricin, ricinin, 피마자 씨에 들어 있는 단백질의 일종이다.

6 곰팡이독

곰팡이독Mycotoxin이란 일명 진균독이라고도 불린다. 곰팡이가 생산하는 2차 대사산물로, 사람과 가축에 급성 혹은 만성의 생리적 또는 병리적 가해를 유발하는 유독물질군이다. 일반적으로 곰팡이독은 비병원성 곰팡이가 생산하는 비단백질성 저분자화합물로 항생물질과는 구별되며, 항원성을 갖지 않는다.

곰팡이독의 특징으로는, ① 비교적 열에 안정하고, ② 가공 과정에서 분해되지 않고 잔류하며, ③ 유독 곰팡이들이 수확 전후에 침입하여 증식·오염되며, ④ 만성중독과 발암성을 나타내는 종이 많이 있다.

우리나라는 여름철에 고온 다습하고, 곰팡이가 생육하기 쉬운 탄수화물의 섭취가 많으며, 발효식품을 즐겨 먹는다는 점에서 곰팡이 독에 의한 위생적 위협을 무시할 수 없다. 아래에는 대표적인 곰팡이독들을 소개하였다.

1) Aflatoxin에 의한 중독

곰팡이독도 많은 종류가 있다. 그중 가장 중요한 것은 Aflatoxin이다. Aflatoxin은 곰팡이독 중 가장 먼저 발견되었다. 1960년 영국에서 10만 마리의 칠면조가 떼죽음 당한 이유를 조사한 결과, 사료로 사용된 브라질산 땅콩 박에 핀 *Aspergillus flavus*가 생산한 독성물질에 의한 것임이 밝혀졌다. 그래서 이름을 aflatoxin이라 짓게 되었다. Aflatoxin은 강력한 발암물질로 간, 위, 신장에 부담을 주고, 특히 간암을 일으키는 중요 요인이 될 수 있다.

2) 맥각중독

보리, 밀에 잘 자라는 곰팡이인 Claviceps purpurea(맥각균)에 의해 오염된 곡류는 흑청색으로 변하고 부스러진다. 맥각균의 균핵인 맥각이 체내에 들어오면 인체의 근육을 수축시키는데, 특히 자궁 수축작용을 일으킨다. 분만 촉진과 분만 시 지혈을 위해 의약품으로 사용되었으나, 그 양이 많아지면 유독물질이 된다. 중독증상으로는 구토, 설사, 복통과 같은 소화기계 장애가 많다.

3) 황변미중독

쌀에 기생하는 곰팡이에 의해 쌀이 노란색으로 변하는 것을 황변미라고 한다. 황변미는 *Penicillum*균에 의해 생성되는데, 독성이 매우 강하여 쌀을 주식으로 하는 아시아인들에게 위험할 수 있다. 황변미 중 독성이 있는 Citreoviridin을 흰쥐에 대해 피하 또는 복강 투입 시 LD_{50} 값은 35mg/kg으로 나타난다.

4) Rubratoxin에 의한 중독

옥수수에 Penicillium rubrum이 오염되어 만들어지는 곰팡이독, 쥐에 대한 급성 독성 실험 시 LD_{50} 값은 400mg/kg(경구)로 나타난다.

5) Ochratoxin에 위한 중독

옥수수에 Aspergillus ochraceus가 오염되면 만들어지는 곰팡이독이다. 오리 새끼에 대한 급성 독성은 $LD_{50} = 0.5$mg/kg(경구)로 알려져 있다.

문제풀이

01 다음은 세균성 식중독 원인균의 특성에 관한 내용이다. 괄호 안의 ①, ②에 해당하는 용어를 순서대로 쓰시오. [2점] 영양기출

> 세균성 식중독은 발병 메커니즘에 따라 감염형, 독소형, 중간형으로 나눌 수 있다. 황색포도상구균(*Staphylococcus aureus*)과 클로스트리디움 보툴리눔균(*Clostridium botulinum*)은 대표적인 독소형 식중독을 일으키는 그램 양성균이다. 그러나 산소요구성은 서로 달라 황색포도상구균은 (①)(이)고, 클로스트리디움 보툴리눔균은 (②)(이)다.

① : _____   ② : _____

02 다음은 파툴린 독소에 관한 내용이다. 작성 방법에 따라 서술하시오. [4점] 영양기출

> 우리나라를 비롯한 여러 나라에서 수출입 시 규제되고 있는 파툴린(patulin)은 <u>과일주스와 과일주스 농축액, 과일 통조림이나 병조림 등의 가공품에서 검출되고 있다. 그러나 알코올 음료에서는 알코올 발효에 의해 파괴되므로 파툴린이 검출되지 않는다.</u> 국내에서는 사과주스의 파툴린 허용기준치를 $50\mu g/kg$으로 설정하여 규제하고 있다.

파툴린 독소명이 유래된 대표적인 원인균의 명칭과 중독 증상 1가지 _____

밑줄 친 내용의 이유 2가지 _____

_____

03 다음은 세균성 식중독에 대한 설명이다. 괄호 안의 ①, ②에 해당하는 식중독의 명칭과 예방법을 순서대로 쓰시오. [2점] 영양기출

> 최근 학교급식에서 제공된 계란이 함유된 제품에서 발생하여 사회적으로 큰 관심을 받은 감염형 식중독 중 하나인 (①)은/는 계란뿐만 아니라 어패류, 생선류, 우유 및 유제품 등과 그 가공품이 원인식품이며, 5~10월에 많이 발생한다. 가장 효과적인 예방법은 섭취 전에 (②)처리 하는 것이며, 처리 후에는 재오염이 되지 않도록 주의해야 한다.

① : _____　② : _____

04 다음은 조개독에 대한 설명이다. 괄호 안의 ①, ②에 해당하는 물질의 명칭을 순서대로 쓰시오. [2점] 영양기출

> 일부 조개류의 독성은 채취시기에 따라 달라진다. 적조가 지속되는 기간의 섭조개, 홍합, 가리비에 존재하는 마비독인 (①)은/는 섭취 후 30분 뒤부터 입술과 혀에 마비를 유발한다. 1~4월에 채취하는 모시조개, 굴, 바지락에 있는 강한 독성 물질인 (②)은/는 섭취 후 24~48시간 뒤부터 식욕부진, 복통, 구토를 유발하고, 피하 및 출혈반점을 동반하며 심하면 의식장애를 일으킬 수 있다. 이들 조개류의 독성물질은 가열에 의해서도 잘 파괴되지 않으므로 섭취에 주의해야 한다.

① : _____　② : _____

05 다음은 식중독에 관련된 내용이다. 괄호 안의 ①, ②에 해당하는 식중독균의 명칭을 쓰고, 세균성 식중독 예방의 3원칙과 식중독 지수 100의 의미를 서술하시오. [4점] 영양기출

> 최근 식중독은 계절에 상관없이 발생하는 경향이 있으므로 학교급식에서는 식중독 지수에 항상 관심을 기울이고, 식중독 예방 원칙을 철저히 준수하여야 한다. 세균성 식중독 중 화농성 세균으로 알려진 (①)에 의한 식중독은 주로 봄~가을철에 발생한다. 한편 돼지장염균으로 알려진 (②)은/는 저온에서도 증식 가능하므로, 이 균에 의한 식중독은 늦가을 및 겨울철에 특히 주의해야 할 필요가 있다.

① : _____　② : _____

세균성 식중독 예방의 3원칙 _____

_____

06 다음 괄호 안의 ①, ②에 해당하는 명칭을 순서대로 쓰시오. [2점] 영양기출

> 많은 사람들이 가공식품에 거부감을 표시하는 데 반해 자연식품에 대해서는 선호 경향을 보이지만, 자연식품을 섭취할 때에도 각별한 주의가 필요하다. 예를 들면, 피마자 씨에는 독성 물질로 리신(ricin)과 (①)이/가 있어 섭취를 자제해야 한다.
> 또한 야생 느타리와 비슷한 모양인 (②)은/는 독버섯으로 갓 표면이 처음에는 옅은 황갈색이지만 점차 자갈색으로 바뀌고 밤에 청백광을 내는 특징이 있다. 이 버섯을 섭취하면 심한 위장장애를 일으킬 수 있다

① : _____ ② : _____

07 다음은 세균성 식중독에 대한 설명이다. 괄호 안 ①에 해당하는 식중독 유형 1가지와 ②에 해당하는 원인균 1가지를 쓰시오. [2점] 유사기출

> • 살아 있는 식중독 세균이 식품과 함께 섭취되어 장관 내 점막에 침입하여 발생하는 것으로 잠복기가 비교적 긴 식중독을 (①)(이)라 한다.
> • (①)에 해당하는 (②)은/는 그램 양성, 통성혐기성의 무포자 간균이며, 원인 식품으로는 살균하지 않은 우유, 아이스크림, 소시지, 생채소, 수산물 등이 있다. 사람과 동물 모두 감염될 수 있는데 임산부나 신생아가 감염이 되면 수막염이나 패혈증을 유발할 수 있다. 또한 6% 이상의 소금 농도에서도 생존이 가능하고 냉장 온도에서도 성장하며, 65℃에서 30분간 가열하면 사멸되는 것으로 알려져 있다.

① : _____ ② : _____

08 다음은 조리기구, 포장용기 등에서 식품으로 용출되는 유해물질에 관련된 설명이다. 괄호 안에 공통으로 들어갈 유해물질의 명칭을 쓰시오. [2점] 유사기출

> - ( )은/는 유아용 우유병, 급식용 식판, 생수용기, 휴대용 물병 등에서 검출되어 현재 안전성 문제로 논란이 되고 있다.
> - ( )은/는 고온·고압하에서 용기나 기구 제조 시 불완전한 반응으로 폴리카보네이트(polycarbonate) 플라스틱 용기에 잔존할 수 있어 식품으로 용출될 수 있다.
> - ( )에 과도한 노출 시 암이 유발되거나 피부와 눈의 염증, 발열, 태아 발육 이상 등의 증상이 발생할 수 있다.

09 다음은 환경오염으로 생성되는 식품 안전성 저해 물질에 관련된 설명이다. 이에 해당하는 유해물질의 명칭을 쓰시오. [2점] 유사기출

> - 유기물질을 태울 때 나는 연기에 많이 함유되어 있는 것으로 알려져 있으며, 산업장이나 노천 소각장에서 생성되는 것으로 알려져 있고, 산불에 의해서도 만들어진다.
> - 베트남 전쟁에서 사용된 고엽제의 성분으로 암 유발, 기형아 출산 유발, 면역력 감소, 정자 수 감소 등의 부작용을 일으키는 대표적 내분비 장애물질로 알려져 있다.
> - 이 물질로 오염된 지역에서 생산된 식품을 섭취함으로써 인체에 유입되는데, 특히 육류 식품의 경우 지방 부위에 농축되어 사람에게 전해진다.
> - 체내에 저장되므로 적은 양을 먹더라도 축적되어 독성이 나타날 수 있으므로 주의가 필요하다.

10 다음은 식품에 잔류될 수 있는 농약과 관련된 설명이다. ①, ②에 해당하는 농약의 화학적 분류에 따른 명칭을 쓰고, ①이 인체 내에서 독성을 일으키는 기작과 ②가 인체에 축적되는 이유를 서술하시오. [4점] 유사기출

①	• 파라티온(parathion)과 말라티온(malathion) 등이 포함된다. • 환경에서 햇빛과 미생물 등에 의해 비교적 빨리 분해된다. • 주로 급성중독이 일어나고 만성중독은 드물다
②	• DDT(dichloro-diphenyl trichloroethane)가 포함된다. • 환경 잔류성이 크다. • 급성중독 사고는 적은 편이다.

① : _____   ② : _____

① 이 인체 내에서 독성을 일으키는 기작   _____

_____

② 가 인체에 축적되는 이유   _____

_____

11 식중독 세균인 *Clostridium botulinum* 과 *Staphylococcus aureus* 에 대하여 다음 작성 방법에 따라 서술하시오. [5점] 유사기출

작성 방법

• *Clostridium botulinum* 이 증식할 수 있는 저산성 식품(low acid food)의 pH 기준을 쓸 것
• 미량의 *Staphylococcus aureus* 가 식품에 오염된 직후 가열 없이 섭취하여도 식중독 발생 가능성이 낮은 이유를 설명할 것
• 위 2가지 세균이 생성하는 식중독 독소들의 작용 특성에 따른 명칭을 각각 쓰고, 내열성을 비교할 것

_____

_____

_____

_____

_____

12 다음은 감귤과 감귤 가공품의 변패 원인 미생물에 대한 설명이다. 괄호 안의 ①, ②에 해당하는 미생물 명칭을 순서대로 쓰시오(단, 속명으로 제시할 것). [2점] 유사기출

• 감귤 연부현상의 대표적인 원인 미생물은 (①)(으)로 자낭균류(Ascomycetes)에 속하며, 식품산업에서 해로운 것으로 인식되지만, 치즈 숙성과 항생물질 제조에 이용되는 종류도 있다.
• 감귤 통조림의 무가스 산생성(flat sour) 변패의 원인 미생물은 (②)(으)로 호기성의 포자형성 세균이다.

① : _____   ② : _____

13 다음 설명에 해당하는 독소를 생성하는 곰팡이의 속명과 그 독소의 명칭을 순서대로 쓰시오. [2점]
유사기출

> • 곰팡이의 2차 대사산물로서 F-2 toxin 또는 FES라고도 부른다.
> • 에스트로겐(estrogen)과 유사한 활성을 띠는 독소로, 이에 오염된 사료를 섭취한 가축에는 생식 장애를 유발한다.
> • 습한 환경에 노출되었던 옥수수, 밀, 귀리, 보리, 목초 등에서 검출된다.

곰팡이 속명 _____

독소 명칭 _____

14 다음 설명에 해당하는 식중독 세균 A, B에 대하여 속명과 종명을 포함한 균주명을 각각 순서대로 쓰고, 이 세균들의 식품 가열 처리 시 내열성과 저온에서의 생장 능력을 각각 비교하여 서술하시오. [4점] 유사기출

균주 A	• 그램 음성의 통성 혐기성균으로 여시니아증(yersiniosis)의 원인균이다. • 구토, 복통, 설사 및 발열이 주증상이다. • 돼지가 주오염원이므로 돼지고기가 주요 원인 식품이 된다.
균주 B	• 그램 양성의 편성 혐기성균으로 웰치균이라고도 한다. • 주증상은 복통과 설사이며 구토와 발열은 드물다. • 생성하는 장독소(enterotoxin)는 A~F의 6형으로 분류된다.

균주 A _____

균주 B _____

이 세균들의 식품 가열처리 시 내열성과 저온에서의 생장 능력 _____

_____

_____

15 다음에 해당하는 중금속의 명칭과 어패류에서 검출되는 이 중금속의 유기 형태 중 인체 독성이 가장 큰 화합물의 명칭을 각각 쓰고, 이 중금속의 유기 형태가 무기 형태보다 체내흡수율이 높은 이유와 대형 다랑어류에서 함유 농도가 높은 이유를 각각 서술하시오. [4점] [유사기출]

> • 중증 신경장애질환인 미나마타병의 원인 물질이다.
> • 식품 중 어패류에서의 오염도가 가장 크다.
> • 살균제 농약의 원료로도 사용된다.

인체 독성이 가장 큰 화합물 _____

유기형태가 무기형태보다 체내흡수율이 높은 이유 _____

_____

대형 다랑어류에서 함유 농도가 높은 이유 _____

_____

16 다음은 포도상구균(*Staphylococcus aureus*)과 살모넬라균(*Salmonella typhimurium*)의 그램 염색(Gram staining) 실험에 대한 설명이다. 포도상구균과 살모넬라균 각각의 그램 염색 판정 결과를 쓰고, 염색 결과가 다르게 나오는 이유를 세포벽 구조의 차이로 서술하시오. [4점] [유사기출]

> 염색 과정은 ① 크리스틸 바이올렛(crystal violet) 염색, ② 요오드(iodine) 처리, ③ 알코올 처리, ④ 사프라닌(safranin) 염색이라는 4단계 과정으로 이루어진다. 그램 양성(Gram positive)균은 단계 ①에서 보라색으로 염색된 후 단계 ③에서 탈색되지 않고 단계 ④에서도 보라색으로 유지된다. 그러나 그램 음성(Gram negative)균은 단계 ③에서 탈색되어 단계 ④에서 적색으로 재염색된다.
> 포도상구균과 살모넬라균의 그램 염색 결과가 다르게 나오는 이유는 세포벽 구조의 차이와 관련성이 있다. 특히 단계 ③에서 알코올을 처리하였을 때 크리스틸 바이올렛-요오드 결합체(crystal violet-iodine complex)가 세포 밖으로 빠져나올 수 있는지에 따라 탈색 여부가 결정된다.

포도상구균과 살모넬라균 각각의 그램 염색 판정 결과 _____

_____

염색 결과가 다르게 나오는 이유 _____

_____

17 다음은 보건교사가 작성한 교수·학습 지도안이다. 작성 방법에 따라 순서대로 서술하시오. [5점]

유사기출

교수·학습 지도안			
단원	환경과 건강	지도교사	보건교사 ○○○
주제	수질 오염과 건강	대상	△△고등학교 1학년 3반
차시	1/3	장소	스마트교실
학습 목표	수질 오염이 건강에 미치는 영향을 설명할 수 있다		

단계	교수·학습 내용	시간
도입	• 동기 유발 : 수질 오염의 심각성과 관련된 동영상 시청 • 본시 학습 목표 확인	5분
전개	··· (상략) ··· • 수질 오염의 대표적인 사례 ① 미나마타병 　• 1950년대 일본 구마모토현 미나마타시에서 발생 　• 임상 증상 : 사지마비, 청력장애, 시야협착, 언어장애, 선천성 신경장애 등 ② 이타이이타이병 　• 1940년대 일본 도야마현에서 발생 　• 임상 증상 : 보행장애, 심한 요통과 대퇴관절통, 신기능장애 등 • 수질 오염 지표 　• 용존산소(Dissolved Oxygen, DO) 　• ③ 생물화학적 산소요구량(Biochemical Oxygen Demand, BOD) ··· (중략) ··· • 수질 오염 예방 대책 <모둠 활동> 수질 오염이 건강에 미치는 영향을 ④ 수인성 감염병, 화학물질에 의한 중독 측면에서 태블릿 PC를 이용하여 검색하고, 일상생활에서 실천할 수 있는 수질 오염 예방 대책에 대해 토론하기	35분
정리	모둠 활동에서 정리한 것 발표하기	10분

작성 방법
• 밑줄 친 ①, ②의 발생 원인 물질의 명칭을 순서대로 제시할 것
• 밑줄 친 ③을 정의하고, ③과 용존산소(DO)와의 관계를 서술할 것
• 밑줄 친 ④와 관련한 Mills-Reincke 현상에 대해 서술할 것

18 다음은 보건교사가 중학생들을 대상으로 '복어독 식중독 예방'을 주제로 하여 만든 수업의 모둠 활동지이다. 괄호 안의 ①, ②에 해당하는 용어를 순서대로 쓰시오. [2점] 유사기출

활동 1 **복어독 식중독 예방 및 관리**

1. 다음 상황을 읽고 '복어에 의한 식중독'에 대해 토론해봅시다.

> 아빠 : 수산 시장에 가서 싱싱한 복어를 사 왔어. 공부하느라 지친 아들을 위해 매운탕 끓여 주려고.
> 아들 : 와! 신난다. 감사히 먹겠습니다.
> 아빠 : 내 요리 솜씨 어떠니?
> 아들 : 약간 매웠지만 맛있었어요.
> ··· 잠시 후 ···
> 아들 : 으으, 느낌이 이상해. 입술과 혀끝이 마비되는 것 같고 토할 것 같아. 왜 이러지?

2. 다음은 복어독의 명칭과 속성을 묻는 질문입니다. 답이 무엇인지 찾아봅시다.
   - 복어독은 계절, 복어의 종류 및 부위에 따라 독력이 다르게 나타난다. 복어에 들어 있는 독소의 명칭은 무엇일까?
     (①   )
   - 위 상황에서 식중독이 발생한 이유는 요리에 들어간 복어독의 어떤 속성 때문일까?
     (②   )

---

① : _____   ② : _____

19 다음은 고등학교 보건교사가 수학여행을 앞두고 있는 학생들의 식중독 예방 교육을 위하여 작성한 교수·학습 지도안이다. 괄호 안의 ①, ②에 해당하는 내용을 순서대로 쓰시오. [2점] 유사기출

<table>
<tr><td colspan="4" align="center">교수·학습 지도안</td></tr>
<tr><td>단원</td><td>식품과 건강</td><td>지도교사</td><td>김○○</td></tr>
<tr><td>주제</td><td>식중독 예방 및 관리</td><td>대상</td><td>남학생 35명</td></tr>
<tr><td>차시</td><td>2/3차시</td><td>장소</td><td>2-1 교실</td></tr>
<tr><td>학습 목표</td><td colspan="3">식중독 유형에 따른 원인과 예방법을 설명할 수 있다</td></tr>
<tr><td>단계</td><td colspan="2" align="center">교수·학습 내용</td><td>시간</td></tr>
<tr><td>도입</td><td colspan="2">• 전시 학습 확인 : 우리나라 식중독 발생 현황
• 동기 유발 : 학생 집단 식중독 사례에 대한 동영상 시청
• 본시 학습 목표 확인</td><td>5분</td></tr>
<tr><td>전개</td><td colspan="2">I. 식중독 유형에 따른 원인과 특성
1. 포도상구균 식중독
• 황색 포도상구균(*Staphylococcus aureus*)이 생성하는 (①)이/가 원인이 되어 발병함
• 오심, 설사, 구토, 복통 등의 급성 위장염 증상을 나타냄
• 주로 우유와 유제품, 김밥, 도시락, 어패류 등의 식품이 원인이 됨
• 식품 취급자가 (②) 질환이나 편도선염 등에 걸렸을 때는 조리 업무 종사를 금함
2. 장염 비브리오 식중독
 … (후략) … </td><td>40분</td></tr>
<tr><td>정리</td><td colspan="2">식중독의 원인균과 원인 식품에 대한 O, X 퀴즈</td><td>5분</td></tr>
</table>

① : _____ ② : _____

20 다음의 특성을 갖는 식중독 세균은 무엇인지 쓰고, 식품의 조리 단계에서 이 세균에 의해 발생하는 식중독의 예방법 2가지를 각각 1줄 이내로 쓰시오. 그리고 이와 같은 식중독이 발생했을 때 단체급식소의 관리자가 역학조사를 위해서 가장 먼저 해야 할 일 1가지를 쓰시오. 기출문제

• 그램 음성 간균이다.	• 통성 혐기성 세균이다.
• 감염형 식중독 세균이다.	• 성장 온도 범위는 5~45℃이다.
• 식중독 발생 빈도가 높은 세균이다.	• 일반적으로 잠복기는 6~72시간이다.

식중독 세균 _____

예방법

① : _____ ② : _____

해설 식중독균의 종류를 결정하는 문제이다. 보기에 나와 있는 내용을 통해 보았을 때 식중독균 중 살모넬라균에 대한 설명으로 보인다. 살모넬라균에 의한 식중독의 예방을 위해 조리시설에 방충과 방서시설을 하고, 저온보존을 실행하며, 배식하기 직전 가열하여 배식하도록 한다. 역학조사를 위해서 급식소 관리자는 급식되었던 식품을 보존하고 조리와 급식이 이루어졌던 장소의 보존을 우선적으로 하여야 한다.

21 다음에서 ①, ②, ③에 알맞은 곰팡이나 효모의 속명(屬名)을 쓰시오. 기출문제

> 인체에 해를 미치는 미생물 중 곰팡이의 일종인 (①)의 일부 종에서는 대사산물로 사람에게 암을 유발하는 아플라톡신(aflatoxin)을 생성하며, 주로 옥수수와 같은 곡류가 주요 오염원이다. 호밀, 밀, 귀리, 보리 등에 (②)이(가) 감염되면 에르고타민(ergotamine), 에르고톡신(ergotoxin), 에르고메트린(ergometrine)과 같은 혈관수축성물질인 알칼로이드를 생성하기도 한다.
> 그러나 산업적으로 유용한 미생물에는 여러 종류가 있는데, 그중 맥주를 제조할 때 발효에 사용되는 효모인 (③)은(는) 맥주 제조 시 상면효모와 하면효모로 나누어서 구분한다.

① : _____

② : _____

③ : _____

해설 식중독과 식품에 사용되는 미생물에 대한 것을 묻고 있다. 균의 속명 만을 문제에서 요구하고 있으므로 종명은 생략하고 써야 한다. 아플라톡신은 Aspergillus속에 의해 만들어진다. 에르고타민과 에르고톡신은 맥각균이 만들어 내는 곰팡이독으로 맥각균은 Claviceps속의 purpurea종이다. 맥주 발효에 사용되는 효모는 Saccharomyces속이 사용된다.

22 식품미생물에 의한 식중독은 그 발병 형태에 따라 감염형과 독소형으로 분류한다. 아래 표를 보고 빈칸에 알맞은 세균명을 쓰시오. 기출문제

발병 형태	세균명	증상 및 특징	세균의 성상
감염형	①	• 티푸스형 질환 혹은 급성위장염을 일으킴 • 혈변을 동반하지 않는 설사, 복통, 열, 구역질과 구토 등이 6~48시간 후에 발생 • 가금류, 계란이 중요한 매개수단임 • 증상이 1~2일 정도 지속됨	• Gram 음성, 비아포성, 통성혐기성 간균 • 대부분 운동성임 • Lactose를 분해하지 못함
	②	• 복통, 설사, 구토가 주증상인 급성 위장염을 일으킴 • 잠복기는 8~20시간 • 7~9월에 해산물로부터 주로 매개됨	• 호염성 세균, 해수세균 • Gram 음성, 무아포의 간균 • 운동성 있음

(계속)

발병 형태	세균명	증상 및 특징	세균의 성상
독소형	③	• 구토, 설사, 심한 복통이 주증상인 급성위장염을 일으킴 • 잠복기 2~6시간 • 치사율이 낮음 • 24~48시간 내 회복됨	• 포도송이 모양의 배열 • Gram 양성균, 무아포균 • 비운동성 호기성 혹은 통성혐기성균 • Enterotoxin을 생산
	④	• 메스꺼움, 구토, 복통, 설사 등의 소화기 증상 • 시력장애, 복시, 두통, 근력감퇴, 변비, 신경장애 • 호흡부전에 의해 사망, 치사율이 높음 • 잠복기가 12~36시간이지만 2~4시간 이내에 신경 증상이 나타나기도 함	• Gram 양성의 편성혐기성 간균 • 내열성 아포를 형성 • 활발한 운동성을 나타냄

① : _____ ② : _____

③ : _____ ④ : _____

해설 감염형과 독소형 식중독균 중 가장 중요한 살모넬라, 장염비브리오, 포도상구균과 보툴리누스균에 대한 내용이다. 문제에서 세균명을 요구하고 있으니 종명과 속명 모두 정확하게 써야 된다(균명은 본문 내용 참고).

23 조리기구 및 용기의 재질에는 금속류, 도자기 및 법랑류, 초자(유리)류, 합성수지(플라스틱)류, 종이류 등이 있다. 급식소에서 합성수지류의 조리기구 및 용기를 사용하는 경우, 합성수지 자체는 음식으로 용출되지 않지만 미반응 원료나 다양한 첨가물이 용출되는 것으로 알려져 있다. 열경화성 합성수지 용기에서 용출되는 미반응 원료 중에서 유해 물질 2가지를 쓰고, 열가소성 합성수지 용기에서 이러한 첨가물의 용출을 줄이는 방법을 쓰시오. 기출문제

유해 물질 _____

방법 _____

_____

해설 열경화성 수지에는 요소수지, 페놀수지와 멜라닌수지가 있다. 페놀수지의 경우 미반응한 페놀과 제조 과정에서 사용되는 포르말린의 유출이 문제가 된다. 열가소성 용기에서 이런 용출을 줄이기 위해서는 더운 식품을 넣어 사용하지 말고, 지방질이 많은 식품은 사용을 멀리한다. 식품을 넣은 후 전자레인지 등에 넣고 사용하지 않도록 한다.

24 다음과 같은 특징을 갖는 식중독의 원인균을 쓰고, 조리 과정에서 식중독 예방을 위하여 조리 종사자가 취해야 할 행동 중 식품을 다루는 측면 2가지와 화농성 질환을 가진 조리 종사자가 취해야 할 행동을 쓰시오. 기출문제

> • 사람이나 동물의 화농성 질환의 대표적 원인균이다.
> • 불규칙적인 포도송이 모양을 형성한다.
> • 그램 양성으로 아포를 형성하지 않으며, 통성혐기성 세균이다.
> • 독소형으로 엔테로톡신(enterotoxin)이 생성된다.

원인균 _____

식품을 다루는 측면에서 조리 종사자가 취해야 할 행동

① : _____

② : _____

화농성 질환을 가진 조리 종사자가 취해야 할 행동

_____

_____

해설 포도상구균에 대한 설명으로 포도상구균의 세균명은 Staphylococcus aureus이다. 식품을 다루는 사람은 예방을 위해 식품 기구 및 식기를 멸균 처리하고 1차 오염을 막기 위해 조리실의 위생에 신경을 써야 하며, 식품의 저온 보관을 생활화하고, 배식 전에 가열 처리하는 버릇을 키운다. 포도상구균에 오염되기 쉬운 우유, 크림, 유과자, 떡, 콩가루, 쌀밥 등의 처리 시 더욱 조심하여야 한다. 화농성 질환을 가진 조리사는 조리를 하면 안 되고 다른 일을 하도록 업무를 조정해야 한다.

25 일부 동·식물체가 자연적으로 생산하는 자연독은 잘못 섭취할 경우 중독을 일으킨다. 아래 표는 식품으로 이용되고 있는 생물 가운데 독성을 함유하고 있는 생물의 자연독 식중독에 대한 설명이다. 열거한 내용을 보고, ①~③에 알맞은 답을 쓰시오. 기출문제

독소명	독소 함유 생물	중독 증상	독소의 성질
①	복어	입술, 혀끝의 저림, 운동 마비 및 호흡 곤란	물에 녹지 않음. 100℃에서 30분 동안 가열해도 파괴되지 않음
베네루핀 (venerupin)	②	불쾌감, 권태감, 식욕 부진, 복통, 오심, 구토, 변비, 간장 비대, 황달, 토혈, 의식 장애	열에 안정됨. (실험용) 흰쥐에 대한 치사량은 5mg/kg임
③	땀버섯, 광대버섯, 붉은광대버섯, 마귀광대버섯, 외대버섯	부교감신경을 흥분시켜 군침과 땀이 남, 호흡 곤란, 위장의 경련성 수축, 자궁수축	알칼로이드의 일종임

① : _____ ② : _____ ③ : _____

해설 자연독에서 중요한 복어독, 조개독과 독버섯독에 대한 내용을 묻고 있다(자세한 내용은 본문 참고).

26 내분비 장애물질이란 외부로부터 몸 안에 들어와 몸 안에서 필요에 따라 만들어지는 정상 호르몬과 유사한 작용을 하거나, 정상 호르몬의 작용을 방해하여 교란시키는 물질이다. 현재 알려진 내분비 장애물질 중 아래 표에서 설명하고 있는 물질의 이름을 쓰시오. [기출문제]

내분비 장애물질의 이름	내분비 장애물질의 특성
①	화학적으로 비페닐(biphenyl)에 염소가 치환되어 있는 물질을 총칭하는 것으로 열에 안정적이고 난연성이며, 산과 알칼리에 저항성이 강하고 불활성이며, 물에는 녹지 않는다. 물리적으로는 증기압이 낮고 절연성이 강하므로 축전기, 변압기, 콘덴서, 플라스틱 가소제, 접착제, 윤활유 등에 쓰인다. 이 물질에 의한 급성 중독 현상은 간장과 신장에 대한 손상이며 내분비계까지 광범위하게 영향을 미친다.
②	월남전에서 미군에 의해 고엽제로 사용되어 참전 군인들의 건강과 베트남의 토양 오염 등이 큰 문제가 되었다. 이것은 제초제의 부산물로 생성되거나 석유 화학 제품인 폴리 염화비닐, 폴리염화 비닐리덴 등을 소각할 때 생성된다. 이 물질은 비교적 안정적이면서 자연 환경 조건에서 분해되기 어렵고 물에 녹지 않아 어류, 지방 함유율이 높은 육류 및 유제품에 잔류할 가능성이 높으며, 인체에는 암이나 기형아 출산을 유발하는 작용이 매우 큰 것으로 알려져 있다.
③	플라스틱류의 가소제를 비롯하여 접착제, 염료 등의 공업용으로 사용되고 있으며, 이 물질이 고농도로 함유된 환경에 노출되면 유산되기 쉬우며 기타 임신 합병증을 유발하는 것으로 알려져 있다. 또한 유방암 세포에 에스트로겐 활성 작용을 나타내기도 한다. 주로 음식 포장이나 생산 과정에서 흡수된 음식, 지하수, 강, 음용수 등이 노출 경로이며 유아나 어린이들은 장난감을 입에 넣을 때 이 물질에 노출되기 쉽다.

① : _____   ② : _____   ③ : _____

해설 내분비장애 물질은 다른 말로 환경호르몬이라 부를 수 있다. 위의 설명을 보면 문제가 매우 어려울 것이라 생각되지만, 자세히 읽으면 쉽게 답을 찾을 수 있을 것이다. ①은 설명에서 알 수 있듯이 비페닐(biphenyl)에 염소가 치환된 biphenyl chloride에 대한 설명이다. ②는 발암성이 높은 다이옥신, ③은 가소제로 사용되는 프탈산에스테르에 대한 설명이다.

27 장염 비브리오를 유발하는 세균의 학명을 원어로 속명과 종명을 쓰고, 이 균이 다른 식중독균과 구별되는 주요 생리적 특성 및 주요 원인 식품을 쓰시오. [기출문제]

세균의 학명 _____

주요 생리적 특성 _____

_____

주요 원인 식품 _____

해설 장염비브리오에 대한 설명으로 세균명과 생리적 특성, 원인식에 대한 내용은 본문을 참고하기 바란다.

28 주류나 장류 등의 발효식품 제조에 이용되는 곰팡이와 같은 속에 포함되나 간장 장해와 간암을 일으킬 수 있는 독소를 생산하는 곰팡이의 종류 2가지의 속명과 종명을 원어로 쓰고, 이들로부터 생산되는 독소명을 쓰시오. 기출문제

곰팡이명 _____

독소명 _____

해설 주류의 누룩과 일본식 장류 발효에 사용되는 곰팡이는 *Aspergillus oryzae*이다. 여기서는 이 속에 포함된 곰팡이 중 곰팡이 독을 만들어 내는 종을 묻고 있다. 즉, aflatoxin을 만드는 *Aspergillus flavus*와 ochratoxin을 만드는 *Aspergillus ochraceus*에 대한 내용을 쓰면 될 듯하다.

29 식품을 제조할 때, 식품의 미화를 목적으로 사용되는 합성착색료는 값이 싸고 아름다우며 편리하기 때문에 많이 사용되고 있다. 그러나 안전성에 대한 검토가 불충분한 것이 많아 위생상의 문제로 취소된 것이 많다. 다음은 사용이 취소된 유해 합성착색료의 특성을 나타낸 것이다. 각 합성착색료의 명칭을 쓰시오. 기출문제

---

① 염기성, 황색 색소로 값이 싸고 색이 아름다우며 사용하기 편리하므로 과자, 각종 면류, 단무지, 카레가루 등에 광범위하게 사용되었다. 독성이 강해서 다량 섭취한 후, 20~30분이 지나면 피부에 흑자색 반점이 생기고, 두통, 맥박 감소, 의식불명의 증상이 나타난다.

② 과자나 어묵 등의 착색에 사용되었던 분홍색 색소이다. 섭취하면 전신이 착색되고 착색된 소변을 보게 되며, 치사량은 생쥐가 0.1~0.2mg/g, 사람은 0.1g/kg이다.

③ 황색의 지용성 합성 착색료이며, 거의 무미·무취이다. 물에 녹지 않으며, 방향족 화합물에 공통인 혈액독과 신경독이 있다. 증상으로는 섭취 후 10~30분 지나면 두통, 혼수, 맥박 감퇴, 동공 확대, 황색뇨 배출 등이 나타난다.

---

① : _____   ② : _____   ③ : _____

해설 사용이 금지된 합성착색제에 대한 내용이다. 1번은 auramin, 2번은 rhodamine B, 3번은 파라-nitroaniline에 대한 설명이다. 자세한 내용은 다른 식품위생학의 유해첨가물에 의한 식중독 부분을 참고하길 바란다.

30 다음 글을 읽고, 빈칸 ①~③에 들어갈 말을 쓰시오. 기출문제

> 식품 위생 관련 중요 곰팡이들로는 강력한 간암 발생 물질인 아플라톡신(aflatoxin) 등을 생산하는 (①)속, 황변미(yellow rice)의 원인 및 과일의 연부병(軟腐病)의 원인인 푸른 곰팡이(Penicillium)속, 전분질 식품과 채소나 과일의 변패에 관여하는 털곰팡이(Mucor)속, 빵에 잘 번식하여 빵 곰팡이(bread mold)라고도 부르는 (②)속, 과일·채소등의 변패에 관여하며, 저온에서 식중독성 무백혈구증(alimentary toxic aleukia ; ATA)을 일으키는 유독물질을 생산하는 (③)속이 있다.

① : _____   ② : _____   ③ : _____

해설 식품과 연관이 있는 곰팡이를 묻고 있다. 아플라톡신을 만드는 Aspergillus속, 황변미와 과일의 연부병을 일으키는 Penicillium속, 빵곰팡이라고 불리는 Rhizopus속, 식중독성 무백혈구증을 일으키는 Fusarium속을 기입하면 된다.

31 다음은 식중독을 원인 물질에 따라 분류한 〈식중독 분류표〉와 〈식중독의 예〉이다. 〈식중독의 예〉 중에서 (가)~(바)에 해당하는 것을 〈식중독 분류표〉 ①~⑧에서 찾아 1가지씩만 쓰시오. 기출문제

〈식중독 분류표〉

대분류		세분류
세균성 식중독		① 독소형 식중독
		② 감염형 식중독
독성물질에 의한 식중독	자연독 식중독	③ 식물성 자연독에 의한 식중독
		④ 동물성 자연독에 의한 식중독, 곰팡이독 식중독
	곰팡이독 식중독	⑤ 곰팡이독에 의한 식중독, 화학물질에 의한 식중독
	화학물질에 의한 식중독	⑥ 고의 또는 오용으로 첨가되는 유해물질에 의한 식중독
		⑦ 식품 제조 과정 중에 비의도적으로 혼입되는 유해물질에 의한 식중독
		⑧ 식품 조리, 가공, 저장 중에 생성되는 유해물질에 의한 식중독

〈식중독의 예〉

(가)	페니실륨 이슬란디쿰(*Penicillium islandicum*)에 오염된 쌀을 섭취하여 중독이 일어났다.
(나)	지질 산화 생성물이 든 식품을 섭취하여 식욕감퇴, 구토, 설사, 동맥 경화, 간 비대 등을 일으켰다.
(다)	PCB(polychlorinated biphenyl)가 들어간 미강유를 섭취하여 색소 침착, 피부 발진, 발한, 관절 종창 등의 증상을 보이는 피부병이 발생하였다.
(라)	색시톡신(saxitoxin), 제니아톡신(geniatoxin), 프로토고나톡신(protogonatoxin) 등이 들어 있는 조개를 섭취하여 마비가 일어났다.
(마)	일본에서 1936년에 살모넬라 엔테리티디스(*Salmonella enteritidis*)에 오염된 떡 때문에 2,000여명 이상의 환자가 발생 하여 44명이 사망하였다.
(바)	감미도를 높이기 위해 시클라메이트(cyclamate)를 넣은 식품을 섭취하여 중독이 일어났다.

(가) : _____

(나) : _____

(다) : _____

(라) : _____

(마) : _____

(바) : _____

해설 식중독의 종류와 실제 예를 연결하는 문제이다. (가)는 곰팡이독, (나)는 식품 조리, 가공, 저장 중에 생성되는 유해물질에 의한 식중독, (다)는 식품 제조 과정 중에 비의도적으로 혼입되는 유해물질에 의한 식중독, (라)는 동물성 자연독, (마)는 감염형 식중독, (바)는 고의 또는 오용으로 첨가되는 유해 물질에 의한 식중독에 대한 것이다.

32 세균성 식중독은 식품과 함께 섭취한 병원성 세균에 의하여 발생하는 식중독으로서, 감염형 식중독과 독소형 식중독으로 구분된다. 감염형 식중독은 식품에 감염된 세균이 사람의 몸속에 들어가서, 증식하여 일정 수 이상에 도달하였을 때 중독증상이 나타나며, 독소형 식중독은 식품에 감염된 세균이 식품에서 증식하면서 생성한 독소물질을 사람이 식품과 함께 섭취하였을 때 중독증상이 나타난다. 감염형 식중독균으로 살몬(Salmon D.E.)과 스미스(Smith T.)가 돼지콜레라 병원균을 발견한 것을 기념하여 균의 속명을 붙였으며, 장내 세균과에 속하고, 가금육이나 난류 등을 통하여 감염되기 쉬운 감염형 식중독 세균 1종과 그 증상 3가지만 쓰시오. 또 통조림 식품에서 발생하기 쉬운 독소형 식중독 세균 1종과 그 독소물질 1가지만 쓰시오. 그리고 이 독소형 식중독 세균의 살균을 위한 통조림의 살균온도를 쓰시오. 기출문제

	균의 이름	
감염형 식중독	증 상	
	균의 이름	
독소형 식중독	독소물질명	
	통조림 살균온도	℃

해설 감염형 식중독은 살모넬라균에 의한 식중독을 말하고, 독소형은 보툴리누스균에 의한 식중독을 말하고 있다. 살모넬라균의 균명은 본문을 참고하여 적도록 하자. 감염에 의한 증상은 구기, 구토, 설사, 복통, 발열과 두통, 전신권태, 오한 등의 증상이 나타난다. 위의 독소형의 식중독은 *Clostridium botulinum*에 의해 일어나고, 신경독소(neurotoxin)를 만든다. 이 독소는 80℃에서 20분 이상 가열하면 파괴되므로 통조림의 살균은 이보다 높은 121~125℃ 사이에서 진행한다.

33 어느 학교에서 장출혈성대장균 감염증(O₁₅₇) 환자가 발생하였다. 영양교사가 학교에서 취해야 할 조치를 2가지만 쓰시오. 기출응용문제

① : _____

② : _____

> 해설 장출혈성 대장균 감염증은 매우 무서운 식중독이다. 이 식중독이 학교에서 발견되었다면 역학조사를 위해 학생의 신변을 양호교사나 관리교사에게 보고하고, 만약 학교급식을 통한 감염이면 급식한 식사와 조리장 및 급식 현장을 보존하여야 한다.

34 알레르기성 천식 아동에게 급식함에 있어 영양교사가 유의해야 하는 사항에 대해 3가지 쓰시오. 기출응용문제

① : _____

② : _____

③ : _____

> 해설 알레르기성 천식은 자칫 잘못하면 생명까지도 위협할 수 있는 무서운 질환이다. 이런 학생에게 급식하려면 우선 학생이 어떤 식품에 알레르기를 나타내는지와 알레르기가 어느 정도인지 미리 알아 두어야 한다. 그다음 이런 식재료를 빼고 식단을 짜고 조리를 해야 되고를 정한다. 그게 불가능할 경우 학생 스스로 집에서 식사를 준비해 오도록 최대한 협조를 구한다.

35 식중독의 정의를 2줄 이내로 쓰시오.

_____

_____

> 해설 식중독을 정의한다면 "식품의 섭취를 통해 일어나는 급성 위장염 증상을 주요 증상으로 하는 건강 장애"라고 할 수 있다. 과거에는 식품의 섭취에 의한 것을 얘기했으나, 최근에는 가공 식품의 발달로 인해 사용되는 식품첨가물, 포장재, 기구와 용기 등에서 용출되어 나오는 물질에 의한 증상까지도 식중독의 범위에 넣고 있다.

36 식중독은 다양한 방법에 의해 분류할 수 있다. 식중독 중 세균에 의해 발생하는 (①)식중독은 균의 발병 메커니즘에 따라 (②), (③)와 이 둘 사이의 중간적 특성을 나타내는 중간형으로 나눌 수 있다. 복어나 독버섯을 먹어서 발생하는 (④) 식중독은 원인물질의 출처에 따라 (⑤)와 (⑥)으로 나눌 수 있다. 과거에는 이 두 원인에 의한 식중독만을 식중독으로 보았으나, 최근에는 다양한 첨가물의 사용과 식품 포장재나 기구·용기에서 용출되어 나오는 물질에 의한 증상까지 식중독으로 넣고 있다.

① : _____ ② : _____

③ : _____ ④ : _____

⑤ : _____ ⑥ : _____

해설 세균성 식중독은 감염형과 독소형으로 나누어진다. 복어와 독버섯 등에 의해 발생하는 자연독 식중독은 동물성과 식물성으로 나누어진다.

37 세균성 식중독은 다른 원인 식중독에 비해 식품위생학에서 차지하는 비중이 매우 높다. 세균성 식중독의 특징을 아래 제시된 단어가 들어가도록 쓰시오.

> 발생건수, 치사율, 감염형, 독소형, 중간형, 대표균주

_____

_____

_____

해설 세균성 식중독은 식중독 발생 건에서 가장 많은 비중을 차지하고 있다. 하지만 치사율은 그렇게 높지 않아 일반적으로 일주일 정도 지나면 완쾌된다. 세균성 식중독은 발병 메커니즘에 따라 감염형과 독소형으로 나눌 수 있고, 이 둘을 합한 것과 같은 중간형이 있다. 각각의 대표균은 본문에서 찾아 적어 보자.

38 식중독의 예방법은 3가지로 구성된다. 우선 식품에 식중독 균의 오염을 근본적으로 예방하는 방법과 오염된 세균의 증식 발육을 막는 조건에 식품을 저장하는 방법, 그리고 가열살균 처리하는 방법이 있다. 식중독 예방법을 학생들에게 교육할 때 방법별로 교육할 수 있는 내용을 2가지씩 쓰시오.

세균에 의한 오염 방지

① : _____

② : _____

세균의 증식 발육 억제

① : _____

② : _____

가열 살균

① : _____

② : _____

세균의 오염 방지는 조리 중 2차 오염의 방지, 조리 전에는 손을 깨끗이 씻고, 조리장의 위생관리를 철저하게 하는 내용들이 포괄적으로 교육 내용에 포함될 수 있다. 세균의 증식 발육 억제는 냉장보관을 하거나 조리 후 바로 먹는 습관을 갖게 하는 내용을 교육하여야 한다. 가열 살균은 다양한 가열 장치를 이용하는 것이 가능하며 각 가열 도구의 원리와 사용법이 교육 대상이 될 수 있다. 문제를 보면 예방법이 아니라, 예방법을 교육할 경우 교육 내용에 대한 것을 묻고 있으므로, 교육 내용에 대한 것을 적어야 한다.

39 세균성 식중독은 그 발병 메커니즘에 의해 감염형과 독소형으로 나눌 수 있다. 감염형에 의한 세균성 식중독의 특징은 다음과 같다. 감염형은 균의 독성에 의해 발생하는 식중독으로 과량의 생균이 체내로 유입되어야 비로소 발병한다. 또한 체내에 들어온 생균이 장내에 적응하는 시간이 필요하므로 잠복기가 길게 나타난다. 균에 의한 독성이기 때문에 가열 살균하여 생균수를 줄이면 식중독 발병을 막을 수 있다. 위장염 증상을 보이며, 발열 증상이 나타난다. 위의 감염형 식중독균의 특징을 토대로 하여 독소형 식중독균의 특징을 4가지 쓰시오.

독소형 식중독균의 특징

① : _____

② : _____

③ : _____

④ : _____

본문에 있는 독소형 식중독균에 대한 특징을 참고하여 적어보자.

40 다음과 같은 특징을 갖는 식중독의 원인균을 쓰고, 조리과정에서 식중독 예방을 위하여 조리 종사자가 취해야 할 행동 중 식품을 다루는 측면 2가지를 쓰시오.

- 감염형 식중독의 대표적 원인균이다.
- 미국, 일본의 식중독 발생 1위를 차지하고 있다.
- 식육과 계란 제품에 의해 감염된다.
- 원인균은 그램 음성 간균이며, 편모를 가지고 있고, 협막과 포자 생성은 하지 않는다.

원인균 _____

조리 종사자가 취해야 할 행동

① : _____

② : _____

감염형 식중독균으로 분류되는 원인균

① : _____ ② : _____ ③ : _____

④ : _____ ⑤ : _____

> **해설** 감염형 식중독균을 대표하는 살모넬라균에 대한 질문이다. 1은 살모넬라균의 원인균을 적는 것이고, 2는 조리자의 행동, 3은 살모넬라균 외의 감염형 식중독균을 적는 문제이다(자세한 내용은 본문 내용을 참고).

41 독소형 식중독균에는 (①)과 (②)가 대표적이다. (①)은 장관 독소인 (③)을 생성하는데 이 독소는 열에 (④)하여 높은 온도로 가열할 경우(에도) (⑤)다. 잠복기는 매우 짧아 1~6시간 정도 되며, 감염형 식중독과 비교하여 (⑥) 증상은 나타나지 않는다. (②)는 포자 생성균 중 하나로 신경독소인 (⑦)을 생성한다. 이 독소는 치사율이 매우 높다. (②)균은 혐기적 조건에서 생육하는 균으로 가공식품 중 (⑧)과 (⑨)등에서 식중독을 일으킨다.

① : _____ ② : _____ ③ : _____

④ : _____ ⑤ : _____ ⑥ : _____

⑦ : _____ ⑧ : _____ ⑨ : _____

> **해설** 독소형 식중독균에 대한 질문을 하고 있다. 독소형 식중독균 중 포도상구균은 enterotoxin을 만들고, 이 독소는 내열성이 높아 가열해도 파괴되지 않는다. 잠복기가 짧고, 독성물질에 의한 식중독으로 발열 증상이 나타나지 않기 때문이다. botulinum균에 의한 식중독은 신경독소인 neurotoxin을 생성하고 치사율이 높다. Botulinum균은 혐기적 조건에서 잘 생육하여 통조림, 병조림과 소시지 등에서 발견된다.

42 다음과 같은 특징을 갖는 식중독의 원인균을 쓰고, 조리 과정에서 식중독 예방을 위하여 조리 종사자가 취해야 할 행동 중 식품을 다루는 측면 2가지를 쓰시오.

- 감염형 식중독의 대표적 원인균이다.
- 주로 여름철에 발병이 집중적으로 많다.
- 2~3%의 식염농도를 좋아하는 호염균이다.
- 통성 혐기성이며, 그램 음성 무포자 간균에 편모를 가지고 있다.

원인균 _____

조리 종사자가 취해야 할 행동

① : _____

② : _____

> **해설** 위의 문제 해설을 참고하여 본문에서 적합한 내용을 찾아 적어 보자.

43 아래의 예에 나타난 주요 화학성 식중독 원인 물질이 무엇인지 쓰시오.

주요 특징	원인 물질
• 일본의 조제분유에 의한 유아의 중독 사건을 통해 알려졌다. • 고체식품과 조미식품의 경우 1.5ppm 이하로 허용치가 설정되어 있다.	
• 이타이이타이병을 일으키는 물질로 만성중독이 많이 발생한다.	
• 통조림 가공에 사용되는 위생관에 사용되며, 산성도가 높은 제품의 통조림의 경우 위생관이 부식되어 나와 식중독을 일으킬 수 있다.	
• 미나마타병을 일으키는 중요 원인 물질이다. 화학적 살균제인 승홍과 감홍이 잔존하여 섭취할 경우 급·만성 중독이 생긴다.	
• 법랑이나 도자기의 착색제에 사용될 경우 식품중으로 오염되어 문제를 일으킨다. 0.06g을 경구투여할 경우 구토를 일으킨다.	
• 독성이 매우 강력하고 자연계에 널리 분포되어 있는 물질이다. 대부분의 경우 만성 중독을 일으키고, 전화선 공사하는 기사들의 경우 중독증상이 나타나 직업병으로 인정을 받았다.	

해설 본문 내용을 참고 하여 중독을 일으켰던 물질들을 적어 보도록 하자.

44 농약은 채소류, 과일류와 곡류의 재배에 있어 그 사용이 절대적으로 필요하다. 하지만 농약은 잔류하여 사람이 섭취하게 될 경우 여러 면에서 위생적 문제점을 보인다. 농약은 일반적으로 유기인제제와 유기염소제로 나눌 수 있다. 각각의 특징을 아래 낱말이 들어가도록 2줄 이내로 쓰시오.

> 독성, 안정성, 잔류성

유기인제제 _____

_____

유기염소제 _____

_____

해설 유기인제는 사람에게 독성이 높지만 안정성이 낮아 식품에서의 잔류성은 떨어진다. DDT와 같은 유기염소제는 사람에게서 독성은 낮지만 안정성이 높아 식품 중 잔류성이 높다. 유기염소제의 경우 사용이 금지된 후 30년이 지났지만 토양에서 검출될 정도로 안정성이 높다.

45 화학공학이 발전되면서 식품의 포장재에서 고분자 합성수지 제품 사용이 점차 늘어나고 있다. 고분자 합성수지는 열경화성수지와 열가소성수지로 나눌 수 있다. 열경화성수지 중 페놀수지는 페놀을 단량체로 하여 수많은 페놀을 반응시켜 폴리머를 만든 제품이다. 열가소성수지는 유연성을 주기 위해 가소제가 첨가된다. 이상의 내용을 토대로 열경화성수지와 열가소성수지의 차이점이 무엇인지 쓰고, 대표적인 수지를 2가지씩 쓰시오. 또한 가소제가 주는 식품위생적 문제점에 대해 2줄 이내로 간단히 쓰시오.

열경화성수지와 열가소성수지의 차이점 _____

_____

대표적인 수지 _____

열경화성수지

① : _____

② : _____

열가소성수지

① : _____

② : _____

가소제가 주는 위생적 문제점 _____

_____

해설 열가소성수지는 가열에 의해 유동성을 가졌다가 굳으면 다시 딱딱해지는 합성수지이다. 열경화성수지는 한 번 굳은 후 다시 가열하면 녹아 버린다. 각각을 대표하는 합성수지는 본문의 내용을 참고하도록 한다. 합성수지 제조에 사용되는 가소제는 인체의 호르몬과 비슷한 구조를 갖고 있어 생체에 들어와 호르몬 계통에 교란을 일으키는 생체교란물질로 작용한다.

46 자연독이란 천연의 동식물에 함유된 유기화합물로 사람에게 급성 및 아급성 식중독을 유발하는 물질을 말한다. 이 물질들을 사람이 섭취할 경우 여러 중독증상을 일으키는데 이를 자연독에 의한 식중독이라 한다. 자연독에 의한 식중독의 중요성을 세균성 식중독과 발생건수와 치사율 비교를 통해 설명하시오.

_____

_____

해설 자연독 식중독은 세균성 식중독에 비해 발생건수는 적지만 치사율이 높아 식중독에 의한 사망자의 대부분을 차지한다.

47 다음 설명은 어떤 위해 물질에 대한 설명인지 답하시오.

---

① 강한 발암성 물질로 숯불로 구운 고기, 훈연제품, 가열 유지 등에서 나타나며, 매연이나 자동차 배기가스로 오염된 공기 중에서도 발견된다. 이런 공기로 오염된 곳에서 자란 야채에서도 검출되어 문제가 되기도 한다.

② 일본에서 이 물질이 혼합된 미강유를 먹고 1968년 식중독이 발생하였다. 이 물질이 인체에 흡수될 경우 인체 지방 조직에 축적되어 배설속도가 느려 치료에 오랜 시간이 필요하다. 일본에서 조사한 바로는 처음 중독이 발견되 이후 8년 후에도 중독 증상이 나타났다고 보고되었다.

③ 플라스틱의 가소제로 많이 사용되는 물질이다. 열가소성수지에 많이 사용되고 있으며, 식품의 포장재를 비롯한 플라스틱관, 이음재, 개스킷 등에 많이 사용된다. 이 물질이 우유와 접촉하여 우유 속으로 이행되어 그 우유로 만든 분유 속에서 검출되어 많은 논란을 일으키기도 하였다. 또한 생수통에서 생수로 이행되어 논란을 일으켰다.

---

① : _____   ② : _____   ③ : _____

해설 ①번은 다환 방향족 탄화수소, ②번은 PCB, ③번은 프탈산에스테르에 대한 내용이다.

48 진균독(곰팡이독, mycotoxin)은 곰팡이가 생산하는 2차 대사 산물로 사람과 가축에 급성 혹은 만성의 생리적 또는 병리적 가해를 유발하는 유독물질군을 말한다. 곰팡이독은 비병원성 곰팡이가 생산하는 비단백성질성 저분자 화합물로 항생물질과는 구별되며, 항원성을 갖지 않는다. 곰팡이독이 갖는 특징 4가지를 쓰시오.

① : _____   ② : _____

③ : _____   ④ : _____

해설 곰팡이독은 비교적 열에 안정하고, 가공 과정에서 분해되지 않고 잔류하며, 유독 곰팡이들이 수확 전후에 침입하여 증식 오염된다는 점과 만성중독과 발암성을 나타내는 경우가 많다는 특징이 있다.

49 다음 표는 곰팡이독을 만드는 곰팡이와 곰팡이독의 명칭을 적은 표이다. 빈칸을 알맞게 채우시오.

곰팡이명	곰팡이독	원인식품
Aspergillus flavus	Aflatoxin	
	Citreoviridin	
Penicillium rubrum		
	맥각중독	
Aspergillus ochraceus		

해설 곰팡이독을 만드는 곰팡이와 생성 독성물질과 원인식품을 묻는 문제이다. 본문 내용을 참고하여 하나하나 적어 보자.

50 다음은 식품에서 발견되는 자연독을 정리한 표이다. 빈칸을 채우시오.

식품명	독성물질	주요 증상 및 특징
복어	tetrodotoxin	복어의 알과 난소에 많다. 중독 시 혀의 마비, 두통과 복통, 운동마비와 지각마비 후 호흡곤란으로 사망한다.
섭조개, 대합조개, 홍합	Saxitoxin	마비증상이 나타나며, 여름철에 독성물질을 만드는 플랑크톤을 섭취하여 체내에 축적되어 문제가 된다.
모시조개, 바지락, 굴		일본에서 여러 차례 발병, 중독증상은 구토와 두통, 황달현상이 나타난다.
검은조개, 가리비, 백합		−
독버섯류	muscarine, muscaridine, choline, neurine	−
감자		부패된 감자와 저장 중의 푸른싹과 발아 부위에 함량이 높다. 조리하여도 파괴되지 않으므로 오염부위를 제거하여야 한다.
면실유		목화씨의 0.6% 정도 존재하고 면실유 정제과정 중 대부분 제거된다. 항산화제로 알려져 있기도 하다.
청매	amygdalin	미숙한 살구, 복숭아 등의 씨에 존재한다. cyan 배당체로 호흡효소에 대한 억제 작용을 한다.
수수	dhurrin, zierin	수수중에 존재하는 cyan 배당체이다.
독미나리		식용미나리와 비슷한 독미나리에 포함되어 위통과 구토등을 일으키며 심하면 사망한다.
독보리	temuline	맥류와 비슷한 독맥에 존재하고 밀가루 중에 혼입되어 식중독을 발생시킨다.
피마자	ricin, ricinin	피마자 씨에 들어 있는 단백질의 일종이다.
꽃무릇나무		−
강낭콩		−
미치광이풀		−
소철		−

해설 자연독과 해당 식품을 적는 문제이다(본문 내용 참고).

51 〈자료〉의 화학적 유해물질이 식품에 오염된 사례와 이로 인해 인체에 나타난 중독 현상을 옳게 연결한 것은? 기출문제

> **자료**
>
> • 유해물질
>
>   A. 수은   B. 카드뮴   C. 멜라민
>
> • 유해 물질이 식품에 오염된 사례
>
>   ㄱ. 분유, 유가공품에 혼입되어 유통된 사례
>
>   ㄴ. 참치와 같은 심해성 어류에 오염된 사례
>
>   ㄷ. 폐광 주변 지역에서 자란 농작물에 오염된 사례
>
> • 중독 현상
>
>   a. 신장 독성으로 방광 요중 결석을 형성하고 콩팥 기능을 방해하여 요관 폐색증, 배뇨 기능 장애를 유발함
>
>   b. 뇌에 축적되어 소뇌의 기능을 마비시키고 운동 및 언어 장애, 사지 마비 등의 만성 신경계 질환을 유발함
>
>   c. 단백뇨가 나타나고 칼슘 흡수 저하, 비타민 D의 활성 감소가 일어나며 골연화증, 이타 이이타이병을 유발함

① A－ㄴ－c   ② A－ㄷ－c   ③ B－ㄱ－b
④ B－ㄴ－b   ⑤ C－ㄱ－a

정답 ⑤

---

52 여름철에 쌀을 잘못 보관하였더니 외관이 누렇게 변하였다. 이 쌀로 떡을 만들어 먹었을 때 일어날 수 있는 현상에 대한 설명으로 옳은 것만을 〈보기〉에서 있는 대로 고른 것은? 기출문제

> **보기**
>
> ㄱ. 쌀에서 생육한 세균의 독소가 남아 있을 수 있다.
>
> ㄴ. 내열성 독 성분이므로 가열하여도 위험할 수 있다.
>
> ㄷ. 알카로이드(alkaloid)에 속하는 독성물질이 함유되어 있어 근육의 수축을 초래할 수 있다.
>
> ㄹ. 아스퍼질러스 플라부스(*Aspergillus flavus*)가 생성한 아플라톡신(aflatoxin)으로 인해 간 독성의 우려가 있다.
>
> ㅁ. 페니실리움 시트리눔(*Penicillium citrinum*)의 독 성분인 시트리닌(citrinin)에 의해 신장 비대가 일어날 수 있다.

① ㄱ, ㄴ   ② ㄴ, ㅁ   ③ ㄱ, ㄹ, ㅁ
④ ㄴ, ㄷ, ㄹ   ⑤ ㄷ, ㄹ, ㅁ

정답 ②

53 다음은 감염형 세균성 식중독균인 *Campylobacter jejuni*에 대한 설명이다. (가)~(라)에 들어갈 내용을 바르게 나열한 것은? 기출문제

> C. jejun는 감영형 식중독균 중의 하나로, (가) , 무포자 간균으로, 긴 편모가 있어 운동성을 갖는다. 영양세포는 적당한 가열(60℃에서 30분간)에 의해 쉽게 파괴되며, (나) 세균으로 3~6%의 산소에서만 자랄 수 있다. 식중독 증상은 세균성 이질 같은 장염을 일으키는 것과 유사하여 복부통증과 심한 혈액성 설사를 유발한다. 잠복기는 2~5일이고, 보통 2~7일간 지속된다. 최적 생육온도는 약 (다) 이므로, 이 온도에 가까운 동물의 장 속이나 배설물, 환자의 배설물 속에서 많이 검출된다. 이 균에 의한 식중독 원인 식품은 보통 원유, (라) , 생쇠고기이다.

	(가)	(나)	(다)	(라)
①	Gram 음성	미호기성	42℃	가금류
②	Gram 양성	호기성	32℃	어패류
③	Gram 음성	혐기성	42℃	유제품
④	Gram 양성	미호기성	32℃	가금류
⑤	Gram 음성	혐기성	42℃	어패류

정답 ①

54 다음은 수수 등에 함유되어 있는 시안화 배당체(cyanogenic glycoside)들의 화학구조식이다. (가)~(다)의 이름을 바르게 나열한 것은? 기출문제

(가)   (나)   (다)

	(가)	(나)	(다)
①	테트로도톡신(tetrodotoxin)	아미그달린(amygdalin)	사이로시빈(psilocybin)
②	무스카린(muscarine)	듀린(dhurrin)	시큐톡신(cicutoxin)
③	아미그달린(amygdalin)	리나마린(linamarin)	듀린(dhurrin)
④	테트로도톡신(tetrodotoxin)	베네루핀(venerupin)	리나마린(linamarin)
⑤	듀린(dhurrin)	아미그달린(amygdalin)	무스카린(muscarine)

정답 ③

55 다음 아래 표는 인체에 유입되어 급성·만성의 건강장애를 일으키는 곰팡이독(mycotoxin) 성분과 생성균이다. 사람에게 간장독(hepatotoxin)을 유발하는 곰팡이의 독 성분과 생성균을 바르게 연결한 것을 고른 것은? 기출문제

독성분	생성균
ㄱ. 루테오스키린(luteoskyrin)	*Penicillium islandicum*
ㄴ. 스테리그마토시스틴(sterigmatocystin)	*Aspergillus versicolor*
ㄷ. 시트리닌(citrinin)	*Penicillium citrinum*
ㄹ. 시트레오비리딘(cirteoviridin)	*Penicillum citreoviried*
ㅁ. 루브라톡신(rubratoxin)	*Aspergillus oryzae var. microporum*

① ㄱ, ㄴ   ② ㄷ, ㄹ   ③ ㄱ, ㄷ, ㅁ
④ ㄴ, ㄷ, ㄹ   ⑤ ㄱ, ㄴ, ㄹ, ㅁ

정답 ①

56 식중독 원인균에 대한 설명으로 옳은 것만을 〈보기〉에서 있는 대로 고른 것은? 기출문제

> 보기
> ㄱ. 리스테리아(*Listeria monocytogenes*)는 편성호기성균으로 독소형 식중독이다.
> ㄴ. 바실러스 세레우스(*Bacillus cereus*)는 통성혐기성균으로 식중독은 구토형과 설사형 두 가지 유형이 있다.
> ㄷ. 클로스트리듐 퍼프리젠스(*Clostridium perfringens*)는 그램 음성균으로 사람 분변에 오염된 물이 원인이다.
> ㄹ. 캠필로박터 제주니(*Campylobacter jejuni*)는 호열성 세균으로 비위생적으로 처리한 닭 등의 가금류가 원인 식품이다.

① ㄱ, ㄷ   ② ㄴ, ㄷ   ③ ㄴ, ㄹ
④ ㄱ, ㄴ, ㄹ   ⑤ ㄱ, ㄷ, ㄹ

정답 ③

57 다음의 내용에서 설명하고 있는 식중독균은? 기출문제

> • 특성
>   −통성혐기성, 염도(6%)가 높은 환경에서도 장시간 생존
>   −냉장온도(4℃)에서도 느린 생육이 가능
>   −적은 양의 균수(수개~1,000개)로도 발생
> • 증상
>   −감기와 유사한 초기증상, 발열, 오한, 구토
>   −임신부 유산 초래
>   −노인, 면역 결핍자에게 수막염이나 패혈증 유발
> • 예방책
>   −철저한 열처리와 교차오염 방지
>   −생고기, 살균하지 않은 우유 및 치즈의 섭취 금지

① 리스테리아균(*Listeria monocytogenes*)
② 병원성대장균(*Pathogenic E. coli*)
③ 장염비브리오균(*Vibrio parahaemolyticus*)
④ 황색포도상구균(*Staphylococcus aureus*)
⑤ 클로스트리듐 퍼프린겐스균(*Clostridium perfringens*)

정답 ①

58 체내에서 흡수된 중금속은 체외로 잘 배출되지 않고 인체 내에 축적되어 독성을 나타낸다. 다음 〈보기〉에서 연체류의 중금속 잔류허용기준(생물을 기준으로 할 경우)으로 옳은 것만을 모두 고른 것은? 기출문제

> 보기
> ㄱ. 총수은 : 0.5ppm 이하   ㄴ. 메틸수은 : 1.0ppm 이하
> ㄷ. 카드뮴 : 2.0ppm 이하   ㄹ. 비소 : 1.0ppm 이하
> ㅁ. 납 : 2.0ppm 이하

① ㄱ, ㄷ   ② ㄱ, ㄴ, ㄷ   ③ ㄱ, ㄷ, ㅁ
④ ㄴ, ㄷ, ㄹ   ⑤ ㄷ, ㄹ, ㅁ

정답 ③

59 최근 우리나라에서 원두커피 및 인스턴트커피 등에서 검출되어 새롭게 기준이 설정된 곰팡이 독소로 주로 신장 장애를 나타내며, 국제암연구소에서 인체발암가능물질(Group 2B)로 분류하고 있는 것은? 기출문제

① 파튤린(Patulin)   ② 시트리닌(Citrinin)

③ 푸모니신(Fumonisin)   ④ 오크라톡신 A(Ochratoxin A)

⑤ 아플라톡신 M_1(Aflatoxin M_1)

정답 ④

60 다음 〈보기〉에서 설명하고 있는 식중독균으로 옳은 것은? 기출문제

> 보기
> - 균의 성상 및 특성
>   - 소금 농도가 높은 곳에서도 증식
>   - 건조에 대한 저항성이 강함
>   - 장독소(enterotoxin) 생산
>   - 토양, 하수 등의 자연계에 널리 분포하며, 건강인의 약 30%가 보균하고 있음
> - 원인식품
>   - 육류 및 그 가공품, 유제품, 복합조리식품, 크림, 소스, 어육연제품 등
> - 임상증상
>   - 잠복기가 짧아 섭취 후 평균 3시간 후 증상이 나타남
>   - 어지러움, 위경련, 구토, 발열(38℃ 이하), 설사 등의 증상이 나타남
> - 예방법
>   - 식품 제조와 기구 및 기기의 청결 유지
>   - 식품의 저온보관
>   - 식품취급자의 위생관리

① 장염비브리오(*Vibrio parahaemolyticus*)

② 황색포도상구균(*Staphylococcus aureus*)

③ 바실러스 세레우스(*Bacillus cereus*)

④ 캠필로박터 제주니(*Campylobacter jejuni*)

⑤ 리스테리아 모노사이토제네스(*Listeria monocytogenes*)

정답 ②

61 다음 〈보기〉에서 설명하고 있는 물질로 옳은 것은? 기출문제

> 보기
> - 신경독소
> - 마이얄 반응(Maillard reaction)을 통해 생성됨
> - 아스파라긴산(Asparagine)이 주 원인 물질로 알려짐
> - 전분질이 많은 식품을 높은 온도로 가열할 경우 생성됨
> - 최근 남성 생식능력 저하 및 발암성을 의심받고 있는 물질

① 다이옥신(dioxin)　　　　　　　② 벤조피렌(benzopyrene)
③ 니트로사민(nitrosamine)　　　　④ 아크릴아미드(acrylamide)
⑤ 에틸카바메이트(ethyl carbamate)

정답 ④

62 다음 〈보기〉에서 설명하고 있는 식중독을 일으키는 바이러스로 옳은 것은? 기출문제

> 보기
> - 잠복기는 24시간~48시간
> - 주로 분변-구강 경로를 통하여 감염
> - 연중 발생 가능하며 2차 발병률이 높음
> - 외가닥의 RNA를 가진 껍질이 없는 바이러스
> - 우리나라 식중독 환자 수의 9.5%를 차지함(2009년도)
> - 겨울철 생굴이 원인이 되는 경우가 많고 패류의 중장선에 바이러스가 축적됨
> - 증상으로는 복부경련과 오심을 호소하고 구토나 설사가 주로 나타남

① 로타바이러스(Rotavirus)　　　　② A형 간염바이러스(Hepatitis A virus)
③ 아스트로바이러스(Astrovirus)　　④ E형 간염바이러스(Hepatitis E virus)
⑤ 노로바이러스(Norovirus)

정답 ⑤

63 다음은 초등학생 A에게 발생한 식중독 관련 기록이다. (가)균의 특성을 〈보기〉에서 모두 고른 것은?

기출문제

- 10월 13일(화) 오후 1시경 : 학교에서 오전 수업이 끝나고 집에 오는 길에 노점상에서 소시지핫도그와 닭꼬치구이를 사 먹었다.
- 10월 13일(화) 오후 5시경 : 구토와 설사 증상이 나타났으며 고열은 없었다.
- 10월 13일(화) 오후 7시경 : 진찰 결과, 식중독으로 판정되었다.
- 10월 16일(금) : 다행히 원인이 된 (가)균은 치명률이 낮은 세균으로 3일간의 통원치료 후 완치되었다.
- ※ 식품의약품안전청(KFDA)의 연도별 식중독 발생건수에 대한 보고 자료에 제시된 (가)균이 A의 식중독의 원인균이다.

연도별 식중독 발생 건수

원인균	2003년	2004년	2005년	2006년
(가)	13	11	16	32
(나)	17	23	22	22
(다)	22	15	17	25
(라)	3	2	1	5
(마)	6	21	15	38

보기

ㄱ. 통성 혐기성이다.
ㄴ. 아포를 형성하는 간균이다.
ㄷ. 편모가 있어 운동성을 가진다.
ㄹ. 이 균의 독소는 100℃에서 30분간 가열 시 사멸된다.
ㅁ. 그램 염색법(Gram staining)으로 실험한 결과, 자주색으로 염색된다.

① ㄱ, ㄷ 　　　　② ㄱ, ㅁ 　　　　③ ㄴ, ㅁ
④ ㄱ, ㄷ, ㄹ 　　　⑤ ㄱ, ㄴ, ㄷ, ㄹ, ㅁ

정답 ②

64 곰팡이는 식품에 생육하여 독소를 분비함으로써 위생상 문제를 일으킨다. 아래 표에서 곰팡이 이름, 곰팡이가 생성하는 독소, 오염원으로 알려진 식품 및 중독 증상으로 옳은 것은? 기출문제

	곰팡이 이름	독소	주 오염원 식품	중독 증상
①	*Aspergillus parasiticus*	제아랄레논 (zearalenone)	옥수수	혈관 수축으로 인한 혈압 상승
②	*Fusarium graminearum*	맥각독 (ergotamine)	보리, 귀리	유방 및 자궁 비대, 불임 유발
③	*Claviceps purpurea*	아플라톡신 (aflatoxin)	쌀	발한, 구토
④	*Fusarium graminearum*	맥각독 (ergotamine)	버섯	신장 장애
⑤	*Aspergillus flavus*	아플라톡신 (aflatoxin)	쌀, 땅콩, 옥수수	간 독성, 간암 유발

정답 ⑤

65 세균성 식중독은 발병기전에 따라 감염형, 독소형 및 중간형으로 분류할 수 있다. 세균성 식중독에 관한 설명 중 옳은 것을 〈보기〉에서 모두 고른 것은? 기출문제

> 보기
>
> ㄱ. 황색포도상구균(*Staphylococcus aureus*)에 의한 식중독은 독소형이며, 주된 오염원은 비강, 감염된 상처, 피부 손상 부위이다.
>
> ㄴ. 살모넬라균(*Salmonella enteritidis*)에 의한 식중독은 감염형이며, 주된 오염 식품은 달걀, 육류, 가금류, 닭고기 샐러드 및 유제품이다.
>
> ㄷ. 클로스트리듐 보툴리누스균(*Clostridium botulinus*)에 의한 식중독은 독소형이며, 주된 오염 식품은 통조림, 햄 및 소시지 같은 육제품이다.
>
> ㄹ. 비브리오균(*Vibrio parahaemolyticus*)에 의한 식중독은 독소형이며, 이 균은 통성혐기성 세균으로 일반적으로 분변에서 발견된다.
>
> ㅁ. 바실루스균(*Bacillus cereus*)에 의한 식중독은 감염형이고, 주된 오염원은 어패류와 해수이며, 이 균은 호염성 세균에 속한다.

① ㄱ　　　　　　　　　② ㄱ, ㄴ　　　　　　　　　③ ㄱ, ㄴ, ㄷ

④ ㄱ, ㄴ, ㄷ, ㄹ　　　　⑤ ㄱ, ㄴ, ㄷ, ㄹ, ㅁ

정답 ③

66 식중독은 세균, 식물성 및 동물성 자연독, 독성 화학물질 등에 의하여 오염된 식품을 섭취함으로써 집단적으로 발생한다. 〈보기 1〉에서 제시된 식중독의 원인균(독)과 특성을 각각 〈보기 2〉와 〈보기 3〉에서 골라 바르게 연결한 것은? 기출문제

보기 1

가 : 맥각 중독 나 : 살모넬라 식중독

다 : 호염균 식중독 라 : 복어 중독

마 : 포도상구균 식중독

보기 2

ㄱ. 아미그달린(amygdalin) ㄴ. 마이틸로톡식(mytilotoxin)

ㄷ. 베니루핀(venerupin) ㄹ. 대변연쇄상구균(*streptococcus faecalis*)

ㅁ. 에르고톡식(ergotoxine) ㅂ. 장염비브리오균(*vibrio parahaemolyticus*)

ㅅ. 테트로도톡신(tetrodotoxin) ㅇ. 황색포도상구균(*staphylococcus aureus*)

ㅈ. 장염균(*salmonella enteritidis*)

보기 3

A. 식후 평균 3시간 정도에 발병하고 급성 위장염 증상을 보이며, 치사율이 가장 높은 식중독이다.

B. 열에 약하고 담수에 사멸되는 특징이 있으므로, 먹기 전에 가열하거나 깨끗한 수돗물로 씻는다.

C. 산란기에 독성이 강해지며, 주 증상은 구순 및 혀의 지각마비, 호흡 장애, 위장 장애, 뇌 장애 등으로 중추신경 및 말초신경에 대한 신경 독을 일으킨다.

D. 열에 의하여 섭씨 60도에서 20분간 가열하면 균이 사멸되므로 먹기 전에 끓여 먹는다.

E. 덜 익은 매실 속에 들어 있으며, 중독 시에는 구토, 두통, 출혈성 반점이, 심한 경우에는 의식 혼탁과 토혈 등의 증상이 나타난다.

---

① 가-ㄱ-E ② 나-ㅈ-A ③ 다-ㅂ-B

④ 라-ㄴ-C ⑤ 마-ㅇ-D

정답 ③

67 세균성 식중독의 특성을 비교한 표이다. (가)~(라)에 들어갈 내용이 알맞은 것은? 기출문제

구분	감염형	독소형
식중독균	(가)	(나)
발생원인	식품에 다량으로 증식된 세균이 소화관에 작용하여 발생한다.	세균이 증식할 때 생성된 독소가 소화관에 작용하여 발생한다.
가열효과	세균은 열에 매우 약하기 때문에 가열 효과가 크다.	독소는 열에 대한 저항성이 매우 크기 때문에 가열 효과가 없다.
감염원	(다)	(라)

	(가)	(나)	(다)	(라)
①	살모넬라균	보톨리누스균	화농성 질환	오염된 해산물
②	병원성대장균	장염비브리오균	오염된 식육	오염된 통조림
③	황색포도상구균	살모넬라균	개인 위생	오염된 식육
④	보툴리누스균	병원성대장균	오염된 통조림	개인 위생
⑤	장염비브리오균	황색포도상구균	오염된 해산물	화농성 질환

정답 ⑤

68 다음은 어느 쓰레기 소각장에서 있었던 다이옥신에 대한 대화 내용이다. 옳게 말한 사람을 〈보기〉에서 모두 고른 것은? 기출문제

보기

강철 다이옥신은 내분비계 장애물질의 하나입니다.

동수 염소를 함유한 폐기물 쓰레기를 제대로 태우지 않으면 다이옥신이 발생하지요.

연희 소각 중에 불완전연소가 일어나면 염화나트륨이 잘 만들어져 다이옥신이 많이 발생하지요.

정민 850℃ 이상의 고온에서 소각해야 안전하고, 연소온도 300~600℃에서는 다이옥신이 많이 발생할 수 있습니다.

① 강철   ② 강철, 연희   ③ 강철, 동수, 정민
④ 동수, 연희, 정민   ⑤ 강철, 동수, 연희, 정민

정답 ③

69 다음은 사람이나 동물에 유해한 작용을 하는 곰팡이독(mycotoxin)에 대한 설명이다. 옳은 것을 〈보기〉에서 모두 고른 것은? 기출문제

> 1960년 영국에서 10만여 마리의 칠면조가 폐사하는 사건이 발생하였고, 폐사한 동물을 부검한 결과 간 조직에 광범위한 괴저가 있었다. 이는 외국에서 수입한 사료용 땅콩 박에 오염된 곰팡이가 생성한 독성물질 때문인 것으로 밝혀졌다.

보기

ㄱ. 독소 생성균은 *Aspergillus flavus*이다.
ㄴ. 독소를 aflatoxin으로 명명하였다.
ㄷ. 이 독소는 100℃ 열처리에 의하여 쉽게 독성을 잃는다.

---

① ㄷ   ② ㄱ, ㄴ   ③ ㄱ, ㄷ
④ ㄴ, ㄷ   ⑤ ㄱ, ㄴ, ㄷ

정답 ②

70 세균성 식중독 또는 그 원인균에 대한 설명으로 옳지 않은 것은? 기출문제

① 감염형 세균성 식중독은 식품에 함유되어 있는 원인균이 경구 섭취된 후, 장내에서 증식하여 식중독을 일으킨다.
② 식품 내 독소형 세균성 식중독은 원인균이 식품에 증식하여 생성, 축적된 독소에 의해 식중독을 일으킨다.
③ 포도상구균 식중독은 황색 포도상구균이 생산하는 장독소(enterotoxin)에 의해 일어나는 독소형 식중독이다.
④ 리스테리아(Listeria)증은 *Listeria monocytogenes*에 의해 유발되며, 4℃의 저온에서도 증식이 가능하므로 냉장상태로 보관하는 식품도 오염에 조심하여야 한다.
⑤ *Clostridium botulinum*에 의해 생성된 독소로 구토, 설사, 복통 등을 동반하는 급성위장염을 유발하는 독소형 식중독을 보툴리즘(botulism)이라 한다.

정답 ⑤

CHAPTER **05**

식품과 전염병

이 장은 식품과 전염병에 관한 것으로 이전 장의 식중독과의 차이는 발생하는 병의 전염성에 있다. 여기에서는 경구전염병과 기생충증에 대한 내용을 다루게 될 것이다. 이전 장에 비해서 이번 장의 중요성은 좀 떨어진다. 전염병의 경우는 보건학적인 내용이 더 많이 지배하고 있고, 기생충의 경우는 더 이상 우리 국민들의 건강에 위협이 되지 않고 있기 때문이다. 따라서 10년 전과 비교할 때 이 부분은 조금 여유롭게 넘어 갈 수 있을 것 같다. 하지만 몇몇 개념들에 대해서는 머릿속에 정확하게 정리해 둘 필요성이 있다.

1 경구 전염병

1) 경구 전염병과 세균성 식중독의 비교

경구 전염병은 병원체에 오염된 식품, 손, 물, 곤충 등으로부터 입을 통해서(경구) 감염되는 소화기계 전염병이다. 경구 전염병은 세균성 식중독과 마찬가지로 매개체가 식품이라는 점과 초기 증상이 비슷하다는 공통점이 있다. 하지만 여러 면에서 차이점을 나타내고 있는데 이를 표 5-1에 간략하게 요약하였다.

표 5-1
경구 전염병과
세균성 식중독의 차이

구 분	경구 전염병	세균성 식중독
공통점	식품을 매개체로 사용한다. 초기 증상이 비슷하다.	
감염관계	감염환이 성립하여 다름 사람에게 전파 된다.	종말감염으로 더 이상 감염이 진행되지 않는다.
감염 시 균의 양	미량의 균으로도 감염이 가능하다.	일정량 이상인 과량의 균이 필요하다.
2차 감염	2차 감염이 빈번하게 일어난다.	2차 감염이 거의 일어나지 않는다.
잠복기간	잠복기간이 길다.	상대적으로 잠복기간이 짧다.
예방조치	불가능하다.	균 증식을 억제하면 가능하다.
수인성감염	빈번히 일어난다.	수인성에 의한 감염은 거의 없다.

경구 전염병과 세균성 식중독의 차이를 보면 세균성 식중독은 더 이상 다른 사람에게 전염이 되지 않는 종말감염인 데 비해 경구 전염병은 다른 사람에게 전염된다. 경구 전염병균의 균독성이 강한 이유로 적은 양의 균량으로도 감염되고, 대신 잠복기는 길다. 음료수에 의한 수인성 감염은 경구 전염병의 경우 빈번히 일어나지만 세균성 식중독의 경우는 균이 희석되기 때문에 수인성에 의한 감염은 거의 없다.

2) 전염병의 발병 3요소와 예방법

전염병이 발병하기 위해서는 세 가지 발병 요소가 갖추어져야 한다.

① 전염원 즉 병원체가 있어야 한다. 이때 전염원은 양적으로나 질적으로 발병을 일으키기에 충분하여야 한다.
② 전염경로 혹은 전파경로가 있어야 한다. 병원체가 병을 일으킬 수 있는 사람이나 동물에게 전파되어야만 발병되므로 균이 전파될 수 있는 경로가 필요하다.
③ 숙주의 감수성 혹은 면역이다. 사람에 따라 어떤 사람은 감기에 걸리고 어떤 사람은 감기에 걸리지 않는다. 어떤 사람은 백신 주사에 의해 면역성을 가지고 있고, 가지지 못한 경우도 있다. 병원균이 전파를 통해 숙주에 왔다고 하더라도 숙주의 감수성에 의해 발병은 일어날 수도, 혹은 일어나지 않을 수도 있다.

이상과 같이 발병의 3요소 중 하나라도 불충분하거나 없다면 전염병은 발병하지 않는다.

위에서 말한 것처럼 전염병의 발병은 3요소 모두가 만족되었을 때 발생한다. 반대로 이들 중 하나라도 제거한다면 전염병을 예방할 수 있다.

전염원의 제거는 살균 처리를 하거나 주위를 청결히 하는 것을 통해 이루어질 수 있다. 전염병에 걸린 사람의 물건 등을 소각하는 방법과 음식물을 먹기 전에 가열 살균 처리를 하면 된다. 환자나 보균자는 조기 발견하고 격리시킨다.

전염경로의 제거는 전염병을 옮기는 매개체를 없애는 방법이 있다. 파리, 바퀴 등을 살충하거나, 호흡기에 의한 전염을 막기 위해 마스크를 사용하거나, 혹은 식사 전에 손 등을 깨끗이 씻을 수 있다. 상수도와 우물물의 위생적 관리를 철저히 하고, 화장실을 위생적인 화장실로 개량한다.

감수성을 조절하는 방법으로는 백신을 맞아서 면역성을 키워 두는 방법이 있다. 잘 먹고 푹 쉬어서 몸을 건강하게 유지하는 것도 하나의 방법이라 하겠다.

> **경구 전염병의 균명**
>
> 1. 장티푸스 : *Salmonella typhi, Salmonella typhosa, Eberthera typhi*
> 2. 파라티푸스 : *Salmonella paratyphi* A, *Salmonella paratyphi* B, *Salmonella paratyphi* C
> 3. 세균성 이질 : *Shigella dysenteriae*(만니톨 분해 못하는 균)
>   *Shigella flexneri, Shigella baydii, Shigella sonne*(만니톨 분해하는 균)
> 4. 콜레라 : *Vibrio cholerae*
> 5. 성홍열 : *Haemolytic streptococci*
> 6. 디프테리아 : *Cornebacterium diphtheiae*

3) 경구 전염병의 종류

경구 전염병에는 많은 종류가 있다. 일반적으로 경구 전염병은 세균에 의한 경우가 많으나 바이러스와 원형생물에 의한 경우도 있다.

(1) 장티푸스(세균)

① 일종의 열병이다.

② *Salmonella typhi, Salmonella typhosa, Eberthella typhi*균에 의해 발병된다.

③ 포자와 협막이 없는 그램 음성 간균이며 편모를 가지고 있다.

④ 잠복기는 1~3주이다.

(2) 파라티푸스(세균)

① *Salmonella paratyphi* A, *Samonella paratyphi* B, *Salmonella paratyphi* C 균에 의해 발병된다.

② 임상적으로 장티푸스와 비슷하나 경과가 짧고, 증상이 약간 가볍다.

(3) 이 질

이질균에 의해 발생하는 세균성 이질과 아메바에 의하여 발생하는 아메바성 이질이 있다.

① 세균성 이질(세균)

    ㉠ 무포자, 그램 음성, 단간균, 편모가 없다.

    ㉡ Shigella균에 의해 발병된다.

    ㉢ 열에 약하여 60~63℃, 30분 저온살균으로 사멸된다.

    ㉣ 70% 알코올에서 몇 분 이내 사멸한다.

② 아메바성 이질(원형생물)

    ㉠ 병원체가 세균이 아닌 원충류이다.

     © 잠복기는 수일 내지 수주일이다.

     © 설사는 세균성 이질보다 심하지 않다.

(4) 콜레라

① 동남아시아나 인도에서 상주하는 전염병이다.

② 전염률과 사망률이 높다.

③ *Vibrio cholerae*균에 의해 발병된다.

④ 모양이 콤마상으로 되어 있다.

⑤ 그램 음성 간균으로 협막과 포자가 없고, 편모를 가지고 있다.

(5) 급성회백수염(Virus)

① 1~2세 어린이에게 많이 발생하고 마비 증상이 있어 소아마비라고 불린다.

② 바이러스에 의해 발생하는 병이다.

(6) 전염성설사(Virus)

① 일본에서 1947~1948년에 발생하였다.

② 바이러스에 의해 발병된다.

③ 환자의 분변 중에 배출된 바이러스에 오염된 식품을 통해 감염된다.

(7) 유행성 간염(Virus)

① 병원체는 유행성 간염바이러스이다.

② 산발적으로 발생하며, 병원, 기숙사 등에서는 집단 발생도 있다.

(8) 천열(Virus)

① 일본에서 유행한 것으로 천이라는 사람이 보고하여 천열이라 이름을 지었다.

② 바이러스에 의한 것이다.

(9) 성홍열(세균)

① 접촉에 의해 감염되지만 식품에 의해서도 감염이 가능하다.

② 용혈성 연쇄구균에 의해 발생한다.

(10) 디프테리아(세균)

① *Corynebacterium diphtheriae*균에 의해 발병한다.

② 접촉감염에 의해 전파되지만 2차 오염된 물로부터 경구적으로 감염이 되기도 한다.

2 인축 공통 전염병

인축 공통 전염병은 최근 들어 새로운 것들이 많이 나오고 있다. 사스, 조류독감, 돼지콜레라, 광우병 등 인축 공통 전염병으로 의심되는 새로운 병들이 계속 추가되고 있어 주의 깊게 봐 둘 필요성이 있다.

인축 공통 전염병은 사람에게서 동물로, 동물에게서 사람으로 감염될 수 있는 전염병이다. 하지만 대부분은 동물에게서 사람에게 오는 질병을 지칭한다. 식용동물에게 인축 공통 전염병이 발병하고, 이를 식용하면 사람에게 전염된다.

1) 인축 공통 전염병의 예방법

① 가축의 건강관리를 철저히 하고 감염된 동물을 조기 발견하고 도살·격리시켜 가축 사이의 전파를 방지한다.
② 감염된 동물을 식품으로 판매 또는 수입되는 것을 방지한다.
③ 도살장이나 우유 처리장에서 검사를 철저히 한다.

2) 인축 공통 전염병

① **탄저** : 가축의 급성 전염병으로 탄저균인 *Bacillus anthracis*균에 의해 발병된다.
② **결핵** : 결핵균인 *Mycobacterium tuberculosis*균에 의해 발병한다. 사람에게 감염되는 인형균, 소에 감염되는 유형, 조류에 감염되는 조류형이 있다.
③ **야토병** : 야토병균인 *Francisella tularensis*균에 의해 발병한다. 토끼에 의해 전파된다.
④ **파상열** : 병원균은 *Brucella*균이다.
⑤ **돈단독** : 돈단독균인 *Erysipelothrix rhusiopathiae*균에 의해 발병된다.
⑥ **Q 열** : *Coxiella burnetii*균에 의해 발병된다.
⑦ **리스테리아증** : *Listeria monocytogenes*균에 의해 발병된다.

3 식품과 기생충

과거 국민학교 시절에는 채변 봉투라는 것이 있었다. 변을 받아다가 학교에 내면 기생충이 있는지를 확인하는 것이었다. 1년에 한두 번씩 내는 채변 봉투는 과히 달갑지 않은 기억이다. 그러나 신문에서 가끔씩 기생충 때문에 사람들이 죽는다는 기사들이 실리던 그 시절, 채변 봉투는 국민의 건강을 지키려는 최소한의 노력이었다.

채변 봉투를 받아 기생충을 검사하는 기관은 기생충협회로 기억된다. 그 기생충협회는 1990년대에 해체되었다. 더 이상 한국에서는 기생충이 문제가 되지 않는다라는 판단이었다고 들었다. 그 후 채변 봉투는 사라졌다.

기생충이 식품위생에서 중요할까? 개인적인 답은 "아니다"이다. 기생충에 대한 내용은 이제 그 중요성을 많이 잃은 것 같다. 영양사 시험에서도 출제 비중이 많이 내려간 듯하다. 영양교사 시험 역시 마찬가지일 것이란 생각은 들지만 기본적인 내용 정도는 정리해 보도록 하겠다.

1) 기생충이 숙주에 영향을 주는 방식과 예방법

기생충이 인체에 미치는 영향은 기생충의 종류, 크기와 운동성, 기생 부위에 따라 차이가 있다. 기생충이 있을 경우 나타나는 주요한 증상은 다음과 같다.

첫째, 기생충이 체내에 기생하고 있는 것뿐만 아니라 숙주의 체내를 이동함으로써 일어나는 증상으로 물리적으로 아픔을 느끼게 된다. 둘째, 기생충이 체내에 분비한 독성물질에 의해 발열이나 신경증상이 일어나게 된다. 셋째, 인체 내에 많은 수의 기생충이 기생하여 영양소의 손실로 인해 빈혈이나 영양장해가 일어나게 된다.

기생충의 예방에는 기생충을 섭취하기 전에 미리 제거하는 방법과 체내에 들어온 기생충을 없애는 방법이 있다.

① 충난이 존재하는 분변의 처리를 깨끗이 하여, 기생충난이 퍼지는 것을 방지한다.
② 일정 기간마다 구충제를 복용한다.
③ 손을 항상 깨끗이 씻는다.
④ 육류와 어패류 등은 충분히 익혀 먹는다.
⑤ 채소는 충분히 흐르는 물에 깨끗이 씻어 먹는다.
⑥ 식품의 조리 시 오염된 식재료가 조리기구 등으로 옮겨 다른 식재료를 오염시키는 2차 오염을 미리 예방한다.
⑦ 어렸을 때부터 이런 내용을 충분히 숙지시킨다.

2) 기생충의 분류

기생충은 그 출처 식품에 따라 채소, 육류와 어패류에서 기인하는 기생충으로 나눌 수 있다. 이들을 간단히 정리하여 표 5-2에 나타내었다.

표 5-2
출처 식품에 따른
기생충의 분류

구 분	기생충의 종류	중요 출처 식품	중간 숙주(1차>2차)
채소류	회충, 요충, 구충(십이지장충), 편충, 동양모양선충, 아메리카구충 • 경피 감염 가능 기생충 : 구충(십이지장충), 동양모양선충, 아메리카구충 • 채독증 원인균 : 구충(십이지장충)		
육 류	무구조충(민촌충)	쇠고기	소
	유구조충(갈고리촌충)	돼지고기	돼지
	선모충	돼지고기	돼지
어패류	간흡충	잉어, 붕어	왜우렁이>담수어류
	폐흡충	민물게, 가재	다슬기>갑각류
	광절열두조충	연어, 송어, 농어	물벼룩>반담수어
	유극악구충	가물치, 뱀장어, 미꾸라지	물벼룩>담수어>개, 고양이
	아니사키스	크릴새우, 대구, 청아, 명태, 오징어, 고래	해산갑각류>해산어류>고래

위 표에서 보는 바와 같이 채소류에는 중간 숙주가 없다. 그러나 육류(1개)와 어패류(2개)는 중간 숙주를 가지고 있다. 쇠고기에는 무구조충이, 돼지고기에는 유구조충이 존재한다. 어패류 기생충의 경우 기생충이 1차 숙주에 붙어 있던 상태에서 2차 숙주가 1차 숙주를 잡아먹어 감염이 된다. 다음 2차 숙주를 사람이 식품으로 섭취하는 과정에서 기생충에 감염된다.

따라서 식품위생적으로, 사람의 섭취가 많은 채소류와 육류 중에 존재하는 기생충, 생식을 하는 생선과 조개류에 의한 기생충의 감염을 조심하여야 하겠다.

4 위생동물

위생동물이란 얼핏 보면 위생적인 동물, 깨끗한 동물이라고 오인할 수도 있으나, 실제로는 위생에 해를 끼치는 동물, 즉 식품위생상 유해한 동물들을 말한다. 위생동물에는 작은 곤충류부터 쥐와 같은 포유류까지 다양한 종류가 있다. 위생동물은 식품 속에서 번식하거나 외부로부터 침입하여 식품에 손실을 준다.

위생동물에는 가루진드기, 먼지진드기와 같은 진드기류와, 집쥐(시궁쥐)와 곰쥐, 생쥐 같은 쥐류가 있다. 이와는 별개로 파리, 바퀴와 같은 곤충류도 있다. 위생동물들은 살충제와 같은 화학물질을 이용하여 구제하거나, 주위에 서식할 수 있는 환경을 없애거나, 천적을 키움으로써 없앨 수 있다.

문제풀이

01 다음은 탄저에 관한 내용이다. 괄호 안의 ①에 해당하는 명칭과 그 정의를 쓰시오. 또한 괄호 안의 ②, ③에 해당하는 명칭을 순서대로 쓰시오. 탄저균의 아포는 매우 저항력이 강하여 일반적인 살균법으로는 사멸되지 않는다. 이러한 아포 형성 균을 사멸하는 가장 효과적인 멸균법의 명칭을 쓰고, 그 방법을 서술하시오. [5점] 영양기출

> • 탄저는 결핵, 큐(Q)열과 함께 대표적인 (①   )(으)로 감염 경로에 따라 (②   ), 피부 탄저 그리고 장 탄저로 구분한다.
> • 장 탄저는 오염된 초식동물이나 이를 먹은 육식동물의 고기 등을 섭취할 때 감염되며, 구토, 복통, 설사, 토혈, 혈변 등의 위장 증상이 나타난 후 (③   )(으)로 진행되어 사망에 이르기도 한다.

①의 명칭과 정의 _____

②의 명칭 _____

③의 명칭 _____

아포 형성 균을 사멸하는 가장 효과적인 멸균법의 명칭과 방법 _____

_____

02 다음은 식중독과 관련된 병원성 미생물에 대한 설명이다. 이에 해당하는 병원체의 명칭을 쓰시오.
[2점] 유사기출

- 작고 둥근 구조를 가졌다는 의미로 SRSV(small round structured virus)라고도 하며, 식품이나 음료수를 쉽게 오염시키고 적은 수로도 사람에게 질병을 일으킬 수 있다.
- 1968년 미국 오하이오 주의 한 초등학교에서 발생한 집단 위장염 환자 분변에서 검출되어 널리 알려진 식중독 병원체이며, 2차 감염이 가능하다.
- 사람에게 경구 감염되면 구역질, 구토, 설사, 복통 등의 증상을 일으키는 병원체로서, 이에 대한 식중독은 연중 발생하며 온도가 낮은 겨울철에 발생 건수가 증가하는 경향이 있다.

병원체의 명칭 _____

03 다음은 감염병 예방에 대한 선생님과 학생의 대화이다. 괄호 안의 ①에 해당하는 내용을 쓰고, ②에 해당하는 내용을 서술하시오. [4점] 유사기출

선생님	오늘은 감염병 예방에 대해 알아봅시다. 먼저 감염병 발생요인 3가지는 무엇인가요?
학생 A	(　　　　　　①　　　　　　)입니다.
선생님	그럼 감염병 발생요인 3가지는 각각 어떠한 조건을 충족시켜야만 감염병이 발생하나요?
학생 B	(　　　　　　②　　　　　　)라고 생각합니다.
선생님	네, 맞습니다! B가 설명한 것과 같이 감염병 발생요인 3가지 중 하나라도 확실히 차단한다면 감염병을 효과적으로 예방할 수 있습니다.

① : _____

② : _____

_____

04 다음 설명에 해당하는 기생충의 명칭과 그 기생충의 제1 중간숙주의 명칭을 순서대로 쓰시오. [2점]
유사기출

> 이 기생충은 수산식품 매개 흡충류 중 크기가 가장 작으며, 대표적인 제2 중간숙주는 은어,
> 잉어 등이다. 이 기생충에 감염되었을 경우, 발생하는 주 증상은 장염, 설사, 복통 등이다.

기생충의 명칭 _____

제1 중간숙주의 명칭 _____

05 세균성 식중독과 바이러스성 식중독에 대하여 발병 원인(발생기전)을 각각 쓰고, 식품에서의 증식
여부, 발병 균량 및 증상을 비교하여 서술하시오. [5점] 유사기출

_____

_____

_____

_____

06 세균에 오염된 식품을 섭취하여 발생할 수 있는 질환에는 식중독과 감염병(전염병)이 있다. 세균성
식중독(감염형)과 감염병의 차이점을 설명하고, 살모넬라식중독과 장티푸스의 증상 및 그 예방 대
책을 비교하여 각각 논술하시오. [10점] 유사기출

_____

_____

_____

_____

07 다음은 세균성 식중독의 특징을 경구 전염병과 비교하여 정리한 표이다. ㉠과 ㉡에 들어갈 알맞은 내용을 쓰고, 세균성 식중독을 예방하기 위한 3가지 원칙을 쓰시오. 기출문제

항 목	경구전염병	세균성 식중독
섭취균량	(㉠)	(㉡)
잠복기	일반적으로 길다.	비교적 짧다.
경과	대체로 길다.	대체로 짧다.
전염성	심하다.	거의 없다.
2차감염	감염이 빈번하다.	거의 드물다.
예방조치	거의 불가능	균의 증식 억제 가능

㉠ : _____   ㉡ : _____

예방 원칙 3가지   ① : _____

② : _____

③ : _____

해설 경구 전염병과 세균성 식중독의 차이는 매우 중요한 부분이다. 꼭 정확하게 기억해 두도록 하자. 자세한 내용은 본문의 경구전염병과 세균성 식중독의 차이 내용을 참고한다. 세균성 식중독의 예방 3원칙은 식중독균의 오염을 방지하고, 오염이 되었다면 생장을 못하는 조건으로 보관하고, 이미 생장이 끝났다면 살균 처리하는 것이다.

08 우리나라 강 유역 주민들에게서 높은 감염율을 보이는 기생충으로 복수, 황달 등의 증세를 유발하는 기생충의 이름과 원인 식품 및 감염 예방을 위한 조리법을 각각 1가지씩 설명하시오. 기출문제

기생충명 _____

원인 식품 _____

예방을 위한 조리법 _____

_____

해설 강 유역에서 감염률이 높으므로 담수 어패류에 의한 기생충이라 판단된다. 복수와 황달의 증상을 유발하는 것으로는 간흡충(간디스토마)가 있다. 이는 민물고기에서 감염되므로 민물고기를 날로 먹지 않고 충분히 수세 후 익혀 먹도록 한다.

09 전염병은 그 질병의 종류와 관계없이 공통적인 과정을 거쳐 인간에게 옮겨 간다. 전염병이 발생하여 유행하기 위한 3가지 조건을 쓰시오. 기출문제

① : _____

② : _____

③ : _____

해설 전염병의 3요소는 전염원, 감염경로, 숙주의 감수성이다.

10 경구전염병이란 식품, 손, 물, 곤충 등으로부터 입을 통해서 감염이 되는 소화기계 전염병이다. 경구전염병은 세균성 식중독과 마찬가지로 매개체가 식품이라는 점과 초기 증상이 비슷하다는 공통점이 있다. 하지만 여러 면에서 둘은 차이점을 나타낸다. 경구전염병의 특징을 아래 낱말이 들어가도록 세균성 식중독과 비교하여 설명하시오.

> 감염을 위한 필요균량, 2차 감염(종말감염), 잠복기간, 예방조치, 수인성 감염

_____

_____

해설 위의 주관식 1번 문제와 근본적으로 같은 문제이다. 본문 내용을 참고하여 풀어 보도록 하자.

11 전염병 발병의 3요소를 적고 각각에 대한 전염병 예방책을 설명하시오.

① : _____

_____

② : _____

_____

③ : _____

_____

해설 전염병 발병의 3요소와 더불어 그것에 대한 대책까지 적는 문제이다. 전염원은 감염자의 격리 수용, 사용 물품의 살균, 조리장과 급식소의 위생청결등이 예방책이고, 감염경로는 쥐, 바퀴, 파리 등의 위생동물을 없애는 것이다. 숙주의 감수성 부분은 예방 접종을 통해 항체를 미리 만들어 놓는 것이 대책이 된다.

12 기생충은 사람의 체내에서 기생하면서 많은 해를 준다. 일반적으로 기생충이 체내에 해를 미치는 방식은 3가지가 있다. 이 3가지를 적으시오.

① : _____

② : _____

③ : _____

해설 기생충은 우리 몸속에서 ① 영양물질의 유실(조충류 등에 의한 비타민 B_{12}의 탈취로), ② 조직의 파괴, ③ 기계적 장애(사상충의 임파관 폐쇄), ④ 자극과 염증, ⑤ 미생물 침입의 조장(회충, 아메바성 이질 등), ⑥ 유독물질의 산출(말라리아 sleeping sickness 등의 경우 유독물질 산출) 등의 방식으로 위해을 일으킨다.

13 식품에 대한 위생교육은 어릴 때 할수록 그 교육효과가 평생 크게 나타난다. 초등학교 학생들에게 해야 하는 위생교육 중 기생충과 관련된 위생교육에 포함되어야 하는 교육 내용을 3가지 정도 적으시오.

① : _____

② : _____

③ : _____

해설 기생충과 관련된 위생교육에는 기생충의 종류와 서식하는 음식 종류, 날로 먹지 말고 익혀 먹는 행동의 생활화, 봄과 가을마다 기생충의 복용 등의 내용이 첨가되어야 한다.

14 식품위생에서 위생동물이란 무엇이며 어떤 것들이 있는지 2줄 이내로 간단히 설명하시오.

위생동물의 정의 _____

_____

위생동물의 종류 _____

_____

해설 위생동물은 식품위생에 해를 주는 생물체를 말하고, 쥐 – 바퀴 – 파리 – 모기 – 벼룩과 진드기 등이 있다.

15 밑줄 친 부분에 해당하는 기생충의 종류와 그 특성으로 옳은 것은? 기출문제

> 기생충은 감염 경로가 다양하며 식품 위생과 밀접한 관련이 있다. 국내에서 유통되는 배추 김치에서 기생충알이 검출되었는데, 이 기생충알은 김치 냉장고에서도 생존하기 때문에 김치 제조업체는 원재료에 대한 위생 관리를 철저히 해야 한다.

① 십이지장충 : 경구 감염되면 소장 상부에서 부화하여 대장점막, 맹장 부위에 정착하고 복통, 오심, 맹장염 등을 일으킨다.
② 요충 : 인체 내 기생하는 선충류 중 가장 작으며 증상으로는 소화 불량, 발열, 근육통 등이 있다.
③ 요충 : 작은 기생충으로 어린이 감염률이 높으며 증상으로는 항문 주위에 가려움증, 습진 등이 있다.
④ 회충 : 경피 감염이 되기도 하며 다수의 충체가 기생하면 빈혈, 식욕부진, 설사 등을 일으킨다.
⑤ 회충 : 인체 내 기생하는 선충류 중 가장 크며 많은 충체가 밀집하는 경우 장폐색을 일으킨다.

정답 ⑤

16 전염병을 유발하는 병원체의 유형은 세균, 바이러스 및 아메바 등이다. ㉠의 병원체와 동일한 유형에 의해 발생하는 전염병은? 기출문제

> 다음은 건강 관련 뉴스를 전해 드리겠습니다.
> 최근 젊은층에서 ㉠ 환자가 증가하고 있습니다.
> 잠복기는 15~50일로 발열, 식욕감퇴, 복통, 설사 등의 증상을 보이는데 소아는 증상이 거의 없는 반면, 연령이 높을수록 증상이 심해집니다.
> 주로 보균자의 대변 또는 이들에 의해 오염된 물, 음식물 등을 통해 경구 감염되고 그 외에 주사기나 혈액을 통해서도 감염된다고 합니다.
> 위생상태가 나쁜 지역에서 잘 감염되므로 주위 환경의 위생상태를 개선하고 개인위생에 각별히 신경을 써야 하겠습니다.

① 이질   ② 결핵   ③ 콜레라
④ 디프테리아   ⑤ 급성회백수염

정답 ⑤

17 전염병과 관련된 〈보기 1〉과 〈보기 2〉의 (가)~(다)에 해당하는 내용을 바르게 짝지은 것은?
기출문제

보기 1

A는 우리나라의 제 [(가)]군 법정전염병이다. 이 질환을 일으키는 균 중 [(나)]균은 소에 침입하는 균인데, 우유나 유제품, 고기를 통해 사람이 경구적으로 이 균에 감염되기도 한다. 출생 후 1개월 내에 BCG 접종을 하도록 법적으로 규정되어 있으며, 투베르쿨린(tuberculin) 반응검사를 실시하여 조기에 감염 여부를 알아낼 수 있다.

보기 2

B는 화장실, 퇴비, 쓰레기, 하수구 등 불결한 곳에서 주로 생활하며, 번식력이 강하다. 종류나 온도에 따라 차이가 있으나 대개 5~10월에 산란하여 성충이 되기까지 2~3주 걸리며 [(다)]와/과 같은 전염병을 일으킬 수 있다. 에어스크린(air screen)이나 이중문으로 침입을 방지하거나 디아지논(diazinon), 말라티온(malathion) 등을 분무하여 구제한다.

	(가)	(나)	(다)
①	2	*Mycobacterium bovis*	콜레라
②	3	*Mycobacterium bovis*	장티푸스
③	3	*Mycobacterium bovis*	Q열(Q-fever)
④	2	*Mycobacterium tuberculosis*	파라티푸스
⑤	3	*Mycobacterium tuberculosis*	세균성 이질

정답 ②

18 A 중학교 (전교생 500명)와 B 중학교 (전교생 500명)의 전염병 발생 현황 보고서이다. 전염병 발생 후에 각 학교에서 취한 조치로 옳은 것만을 〈보기〉에서 모두 고른 것은? 기출문제

전염병 발생 현황

기관명 : A중학교

1. 병명 : 세균성 이질
2. 최초 발생일 : 2010년 7월 6일
3. 이환 및 치료 상황

(단위 : 명)

일자	학교명	신규 환자 수	현재 치료 중인 환자 수				완치자 수		환자 연인원 수
			입원	자가	통원	계 (a)	금일	누계 (b)	(a+b)
7월 6일	A중학교	10	1	5	4	10	0	0	10
7월 7일	A중학교	15	6	10	9	25	0	0	25
7월 8일	A중학교	20	11	15	19	45	0	0	45

(계속)

전염병 발생 현황

기관명 : B중학교

1. 병명 : 신종 인플루엔자 A(H1N1)
2. 최초 발생일 : 2010년 10월 4일
3. 이환 및 치료 상황

(단위 : 명)

| 일자 | 학교명 | 신규 환자 수 | 현재 치료 중인 환자 수 | | | | 완치자 수 | | 환자 연인원 수 |
			입원	자가	통원	계 (a)	금일	누계 (b)	(a+b)
10월 4일	B중학교	50	5	10	35	50	0	0	50
10월 5일	B중학교	100	5	20	125	150	0	0	150
10월 6일	B중학교	150	10	70	220	300	0	0	300

보기

ㄱ. A 중학교 교장은 제1군 전염병인 세균성 이질 환자가 발생한 후 임시 휴교조치를 하였다.

ㄴ. B 중학교 교장은 환자 발생 수가 증가하고 있어 임시 휴교조치를 하였다.

ㄷ. A 중학교 교장은 의사가 세균성 이질에 감염되었다고 진단한 학생에 대하여 등교 중지를 명하였고, 그 사유와 기간을 구체적으로 밝혔다.

ㄹ. B 중학교 교장은 의사가 신종 인플루엔자 A에 감염되었다고 진단한 학생에 대하여 등교 중지를 명하였고, 신종인플루엔자 A가 제3군 전염병이므로 그 사유와 기간은 밝히지 않았다.

① ㄱ, ㄹ   ② ㄷ, ㄹ   ③ ㄱ, ㄴ, ㄷ
④ ㄴ, ㄷ, ㄹ   ⑤ ㄱ, ㄴ, ㄷ, ㄹ

정답 ③

19 우리나라 해안지역을 중심으로 간혹 발생하고 있는 콜레라는 세균 감염에 의한 질환이다. 이 전염병에 대한 설명으로 옳은 것을 〈보기〉에서 모두 고른 것은? 기출문제

보기

ㄱ. 원인균은 *Vibrio parahaemolyticus*로 그램 음성세균이다.

ㄴ. 전염병 예방법에서 규정하고 있는 제2군 법정전염병이다.

ㄷ. 병원체가 입을 통하여 소화기로 침입하는 경구전염병이다.

ㄹ. 전형적인 증상은 심한 설사로 탈수 현상이 현저하게 나타난다.

① ㄱ, ㄴ   ② ㄷ, ㄹ   ③ ㄱ, ㄴ, ㄷ
④ ㄴ, ㄷ, ㄹ   ⑤ ㄱ, ㄴ, ㄷ, ㄹ

정답 ②

CHAPTER **06**

식품첨가물

식품첨가물은 일반적으로 일선 학교에서 식품첨가물이라는 과목을 따로 가르치지 않는다면 식품위생학에서 가르친다. 식품첨가물은 어떤 목적을 위해 식품에 첨가되는 자연적 혹은 인위적인 화학물질이다. 과거 식품첨가물은 식품재료에 있어 마술과도 같은 존재였다. 하지만 최근 들어 식품첨가물에 대한 안전성에 대한 문제점이 계속 제시되고, 소비자 역시 첨가물의 사용 제품을 피하려 하고 있다. 이런 현실 속에서 식품첨가물의 사용은 제한적이거나, 천연물로 대체되는 경우가 많다.

식품첨가물에 관한 내용은 매우 광범위하고 넓다. 하지만 위에서 말한 이유로 간단히 정리하고 넘어갈까 한다.

1 식품첨가물

1) 식품첨가물의 정의

식품첨가물에 대한 정의는 식품과 관련된 조직에 따라 약간씩 다르다. 식품위생법에서는 "식품을 제조·가공 또는 보존함에 있어 식품에 첨가, 혼합, 침윤 기타의 방법에 의하여 사용되는 물질"이라고 되어 있다.

FAO와 WHO의 식품첨가물 합동전문위원회에서는 "식품의 외관, 향미, 조직 또는 저장성을 향상시키기 위하여 식품에 소량 첨가하는 비영양성 물질"이라고 정의하고 미국의 국립과학기술원 및 국립연구협의회 산하의 식품보호위원회에서는 "식품첨가물이란 생산, 가공, 저장 또는 포장의 어떤 경우에서 식품 중에 첨가되는 기본적인 식량 이외의 물질 또는 이들 물질의 혼합물로서 여기서는 우발적인 오염물은 이에 포함되지 않는다"라고 정의하고 있다.

일반적으로 사용하는 관점에서는 식품첨가물이란 식품 본래의 특성을 변화시키지 않는 범위 내에서 인위적으로 기호 향상, 식욕 증진, 향미 강화, 상품성 향상, 영양 강화, 보존성 증강 등의 목적으로 첨가되는 천연 혹은 합성 화학물질을 말한다.

2) 식품첨가물의 구비 조건

식품첨가물이 되기 위해서는 다음의 몇 가지 구비 조건이 필요하다.

① 가장 중요한 안전성이 확보되어야 한다. 안전하지 않고 독성을 낸다면 식품첨가물로 절대 사용할 수 없다.
② 값이 저렴해야 된다. 값이 비싸다면 아무리 좋은 첨가물이라도 사용할 수 없을 것이다.
③ 섭취 후 체내에 축적되지 않고 배설되어야 한다. 그렇지 않으면 체내 축적에 의해 독성을 나타내게 될 것이다.
④ 소량만 가지고도 충분한 효과를 낼 수 있어야 한다. 사용량이 과량이 되면 경제적 문제나 안전성에 대한 문제가 발생할 수 있다.
⑤ 식품의 외관, 향미에 나쁜 영향을 주지 않거나 좋은 영향을 주어야 한다.
⑥ 저장시간, 첨가 후 시간이 지나도 화학적 구조를 잘 유지할 수 있어야 된다.
⑦ 화학분석을 통해 첨가물 첨가 여부와 첨가량을 쉽게 측정할 수 있어야 한다. 그렇지 않다면 첨가물을 위생학적으로 관리하기가 매우 어려울 것이다.

3) 식품첨가물의 종류

첨가물은 사용 용도에 따라 다양하게 나눌 수 있다. 명칭을 보고 기능을 알 수 있는 경우도 있지만, 명칭만으로는 기능을 상상하기 쉽지 않은 경우도 있다.

① **보존료** : 식품의 부패와 변질을 막아 식품의 신선도를 유지시켜 주는 물질이다. 일명 방부제라고도 부른다. 방부제는 미생물의 생육을 억제하는 기능과 살균하는 기능을 가지고 있다.
② **살균제** : 소독제라고도 불린다. 식품 중의 미생물을 사멸시키는 작용을 하는 것으로 독성이 너무 강하여서는 안 된다. 식품의 향미와 색과 맛에 영향을 주어서도 안 되며, 적은 양으로도 살균력을 나타내는 것이 좋다.
③ **산화방지제** : 식품의 변질 중 유지에 의한 산패를 억제하여 주는 첨가물이다. 산패의 진행 과정 중 유도기간을 늘려서 산패의 진행을 억제시킨다. 토코페롤, 세사몰, 고시폴 등이 산화방지제에 속한다.
④ **착색료** : 식품의 색을 넣어 주는 첨가물이다. 일반적으로 색소라고 불린다. 사람들은 식품의 색을 통해 식욕을 자극받거나, 신선도를 판단하거나, 식품의 진위여부를 판단하기도 한다. 그런 이유로 색의 선택은 매우 중요하다. 착색료는 이런 이유에서 가공식품 등에 많이 사용되고 있다. 몇몇 경우 안전에 문제를 나타내는 경우도 있다.

⑤ **발색제** : 식품에 첨가하여 가공하는 과정 중 색이 나타나게 하는 첨가물이다. 발색제 자체는 색을 갖지 않으나 가공을 거치면서 색을 나타낸다. 햄 가공 시 사용되는 질산염이나 아질산염, 야채와 과일 가공 시 사용되는 황산철이 대표적인 발색제이다.

⑥ **표백제** : 이 색깔이 퇴색되거나 변색된 제품을 하얗게 만들어 주는 첨가물이다. 밀가루와 같이 흰색을 필요로 하는 제품에 사용된다.

⑦ **조미료** : 식품을 조리·가공함에 있어 맛을 더욱 좋게 하고, 개인의 미각과 취향에 알맞게 음식의 맛을 조정하기 위해 사용하는 첨가물이다. 첨가하고자 하는 맛의 종류에 따라 감미료, 염미료, 산미료, 신미료 등으로 분류할 수 있다. 일반적으로 조미료는 맛난맛을 첨가하는 경우를 얘기한다.

⑧ **산미료** : 신맛을 부여하는 첨가물을 말한다. 신맛은 청량감을 주고, 식욕증진과 피로해진 입맛을 회복시키는 데 주요한 역할을 한다.

⑨ **감미료** : 단맛을 첨가하여 주는 첨가물이다. 인공적으로 합성한 합성감미료가 있다. 합성감미료는 설탕에 비해 감미도가 몇 배에서 몇 십배 이상 높기 때문에 적은 양으로도 쉽게 설탕의 감미를 대체할 수 있다. 그런 이유로 칼로리가 제로인 제품들도 나올 수 있다.

⑩ **착향료** : 일반적으로 '향료'라고 불린다. 식품에 향을 첨가할 목적으로 사용되며, 식품에 광범위하게 사용되고 있다. 향료는 형태에 따라 수용성 향료, 유성 향료, 유화 향료와 분말 향료로 나눌 수 있다.

⑪ **팽창제** : 제과·제빵에 사용되는 첨가물이다. 제품을 잘 부풀어오르게 할 목적으로 사용되며, 생효모나 중조와 암모 같은 베이킹파우더가 여기에 속한다.

⑫ **강화제** : 식품 중 부족한 영양성분을 보충할 목적으로 사용되는 첨가물이다. 비타민, 아미노산, 무기질 등이 여기에 속한다.

⑬ **유화제** : 물과 기름같이 섞이지 않는 물질을 섞이게 해 주는 첨가물이다. 마요네즈 생산에 사용되며, 계면활성제라고도 한다.

⑭ **호료** : 식품의 결착력 혹은 접착력을 증가시키는 첨가물이다. 식품의 향미를 증진시키는 역할을 한다.

⑮ **품질개량제** : 기호에 알맞게 식품의 풍미를 증가시키기 위한 첨가물이다.

⑯ **피막제** : 식품 표면에 막을 형성시키기 위한 첨가물이다.

⑰ **껌기초제** : 껌 제조에 있어서 기초가 되는 물질이다. 단물이 다 빠진 껌이라고나 할까?

⑱ **방충제** : 곡류 저장 시 각종 해충의 피해를 방지하기 위해 사용하는 첨가물이다.

⑲ 소포제 : 식품 가공 중 발생하는 거품을 제거하기 위해 첨가하는 첨가물이다. 실리콘수지가 첨가물로 허가되어 있다.

⑳ 용제 : 식품첨가물을 식품에 그냥 첨가하면 균일하게 섞이지 않을 수 있다. 그럴 경우 용제에 녹여 섞으면 균일하게 섞이게 된다. 이런 목적으로 사용하는 첨가물이다.

㉑ 추출제 : 원재료에서 원하는 성분을 추출해 내기 위해 사용하는 물질이다. 유지 추출을 위해 사용되는 n−hexane가 여기에 속한다.

㉒ 이형제 : 제과·제빵 시 반죽과 굽는 과정에서 오븐 판에 달라붙지 않고 원형을 유지하도록 사용하는 첨가물이다.

2 독성 실험 – 급성과 만성독성실험

LD_{50}값은 반수치사량 또는 중위치사량 혹은 50% lethal dose라고 한다. 일반적으로 실험 동물에 검사하고자 하는 검체를 한 번 투여하여 실험동물이 절반 죽을 때의 투입량을 의미한다. LD_{50}값은 일반적으로 mg/kg/day(투입 방법)으로 표시하는데, 이는 실험동물의 무게 1kg당 몇 mg을 매일(투입 방법)에 따라 투입하였을 때 50%의 실험동물들이 죽었다는 의미이다.

급성 독성시험은 위의 LD_{50}값을 구하기 위해 많은 양의 실험 물질을 동물에 투여하여 측정하는 시험법이다. 투입 방법을 경구 투여로 했을 경우 경구치사량이라고 부르는데, 30mg/kg은 독약, 30~300mg/kg은 극약, 300mg/kg은 보통약이라 구분한다.

만성 독성시험은 급성에 비해 시험하기 어렵다. 단시간에 결과를 볼 수 있는 급성에 비해 만성은 장시간 실험동물에 투여하여 나타나는 독성 영향을 알아보는 것으로 식품첨가물의 사용한도를 정하기 위해 꼭 필요한 실험이다. 만성 독성시험을 하기 위해서는 먼저 최대내량MTD, Maximum tolerated dose을 설정하여야 한다. 이는 실험 대조군과 비교하여 10% 이상의 체중 감소, 동물의 수명 단축, 독성의 증후와 그 외 병리적 병변 등이 나타나지 않는 최대용량을 말한다. 이는 아만성 시험을 통해 알 수 있고, 만성 시험에서는 0.25MTD와 1.25MTD로 시험을 진행시킨다.

만성 독성시험을 진행하기 위해서는 3단계의 과정이 필요하다.

1) 최대내량 혹은 최대무작용량의 결정

최대무작용량Maximum no effect level ; MNEL은 동물에게 아무런 영향을 주지 않는 투여의 최대량이다. 가급적 큰 동물에 대한 장시간 만성독성시험에도 완전히 무독성이 인정되어야 한다.

2) 안전계수의 결정

안전계수는 사람과 실험동물 간의 검체에 대한 감수성을 1 : 10, 그리고 사람에 있어서는 성별, 연령 및 환자나 임산부 등의 개인차를 1 : 10으로 하여 사람에 대한 안전계수는 1 : 100으로 결정하여 1일 섭취 허용량을 구할 때 사용한다.

3) 1일 섭취 허용량의 결정

1일 섭취 허용량Acceptable daily intake ; ADI은 최대무작용량에 안전계수를 곱한 후 실험동물의 평균체중을 곱하여 정한 값으로 실험 시 투입량을 결정하는 중요 기준점이 된다.

문제풀이

01 다음은 식품첨가물인 표백제에 대한 설명이다. 괄호 안의 ①, ②에 해당하는 명칭을 순서대로 쓰고, ②의 사용 기준과 밑줄 친 부분에 대한 이유를 서술하시오. [4점] 영양기출

> 식품의 색소와 발색물질을 파괴하여 무색으로 변화시키기 위해 사용되는 표백제는 산화표백제와 환원표백제로 분류된다. 현재 식품에 사용이 허가된 산화표백제인 (①)은/는 살균제로도 사용되며 최종식품의 완성 전에 분해 또는 제거되어야 한다. 한편 환원표백제인 (②)은/는 산화표백제와 달리 색이 복원된다는 단점이 있다.

① : _____

②의 사용 기준과 밑줄 친 부분에 대한 이유 _____

_____

02 다음은 영양교사와 학생의 대화이다. 괄호 안의 ①, ②에 들어갈 정의와 ③에 들어갈 물질의 명칭을 쓰고, 밑줄 친 단어의 한글 명칭과 의미를 서술하시오. [5점] 영양기출

> 학   생   선생님, 어제 책에서 식품의 제조·가공 시 착색제나 발색제가 식품첨가물로 사용된다는 내용을 읽었습니다. 착색제와 발색제가 무엇인가요?
>
> 영양교사   착색제는 (①)이고, 발색제는 (②)입니다.
>
> 학   생   우리가 즐겨 먹는 햄이나 소시지에도 착색제나 발색제가 사용되나요?
>
> 영양교사   햄이나 소시지 제조 시 아질산나트륨이라는 발색제를 사용할 수 있어요. 아질산나트륨은 육류 가공 시 식품의 발색제로 사용 허가된 식품첨가물이지만 아민과 반응하여 발암물질인 (③)이/가 생성될 수 있습니다.
>
> 학   생   그럼 식품첨가물은 위험한 물질인가요?
>
> 영양교사   그렇지는 않아요. 안전한 사용을 위해 첨가물 사용 기준이 <u>ADI</u>와 식품 섭취량 등을 고려하여 설정되었습니다.

① : _____ ② : _____

③ : _____

밑줄 친 단어의 한글 명칭과 의미 _____

_____

03 다음은 A 식품가공업체에서 찾은 감미료에 대한 설명이다. 설명에 해당하는 화합물의 명칭과 체내에서 장애가 유발되는 기관을 쓰시오. [2점] 유사기출

> A 식품가공업체는 뻥튀기를 생산한다. 이 업체의 제품개발팀장은 생산단가를 낮추기 위해서 설탕을 대신할 수 있는 대체감미료를 찾았다. 이 화합물은 맛의 자극성이 매우 강하고 설탕의 약 2,000배 감미도를 가진 백색 결정의 물질로, 구조에 옥심(oxime)기를 갖고 있어 불안정하므로 타액이나 열에 의해 알데히드(aldehyde)로 쉽게 분해된다. 그러나 이 화합물은 현재 우리나라에서 식품에 사용이 금지되어 있다. 체내에 흡수되면 장애를 유발하기 때문이다.

화합물의 명칭 _____

장애가 유발되는 기관 _____

04 다음은 빵의 변질 원인과 빵의 저장성 향상을 위한 방법에 대하여 선생님과 학생들이 나눈 대화 내용이다. ①, ②에 해당하는 답변을 순서대로 서술하시오. [4점] 유사기출

> 선생님　반죽을 오븐에 구운 후 포장된 빵에서 곰팡이가 증식하였습니다. 빵을 굽는 과정에서 반죽에 오염되었던 미생물은 모두 사멸되었다고 가정했을 때, 포장된 빵에서 곰팡이의 오염 가능성이 큰 공정 2가지는 무엇일까요?
>
> 학생 A　(　　　　　　　　　　　　①　　　　　　　　　　　　)
>
> 선생님　최근에는 식품첨가물을 사용하지 않고, 포장에 의한 식품의 저장성을 향상시키는 방법이 많이 대두되고 있습니다. 예를 들면, 빵의 포장 시 철분계 봉입제를 사용하기도 합니다. 이때 삽입한 봉입제의 오염 미생물 억제 원리는 무엇일까요?
>
> 학생 B　(　　　　　　　　　　　　②　　　　　　　　　　　　)

① : _____

② : _____

05 식품회사에서 글루탐산(glutamic acid) 발효의 생산성을 높이기 위한 회의를 하고 있다. 이 식품회사에서 기존에 사용하던 배양방법과 새로 도입하려는 배양방법의 명칭을 순서대로 쓰시오. [2점] 유사기출

> 연구원 A 이번에 개발하여 사용할 *Corynebacterium glutamicum* 균주는 오랜 시간 배양을 해도 변이가 발생할 확률이 아주 낮습니다.
>
> 연구원 B 새로 도입할 방법은 동일한 유속으로 배지를 공급하고 배양액을 배출시키므로 생산성은 높아집니다. 하지만 글루탐산 농도는 이전보다 낮게 나와 분리정제 비용이 커지게 될 것입니다.
>
> 연구원 C 새로운 설비 투자도 필요합니다. 지금까지는 배양 중에 배지를 공급하거나 배양액을 빼내지 않았기 때문에 기존 설비로는 배양이 어렵습니다.

_____

_____

06 다음은 식품의 조리·가공 과정을 통해 만들어지는 기능성 물질과 유해 성분에 대한 설명이다. 괄호 안의 ①, ②에 해당하는 용어를 순서대로 쓰시오. [2점] 유사기출

> 식품산업이 발달하면서 새로운 기능성을 갖춘 다양한 제품이 등장하고 있다. (①   )은/는 2개의 아미노산으로 구성된 인공감미료이며 설탕보다 약 200배의 단맛을 내고 물에 잘 녹는다. 여러 나라에서 식품첨가물로 승인되어 식품 산업에서 광범위하게 사용되고 있으나 열안정성이 낮아 고온에서 처리하는 제품에는 적합하지 않다. 특히 페닐알라닌(phenylalanine) 대사에 이상이 있는 사람은 주의를 요한다.
> 한편, 식품의 조리가공 중에 독성을 가진 여러 가지 유해 성분들이 생성되기도 한다. 그중 (②   )은/는 유지를 고언에서 장시간 가열할 때 지방이 분해되면서 유리된 글리세롤에서 2분자의 물이 빠져나와 형성되는 자극성이 강한 물질이다.

① : _____   ② : _____

07 안전성 평가란 독성시험을 통해 독성작용이 일어나지 않는 범위를 측정하는 과정이다. 이러한 독성시험을 통하여 얻은 자료를 이용하여 특정 화합물의 규제치를 설정한다. 다음에서 ①, ②, ③에 알맞은 용어를 각각 쓰시오. 기출문제

> 독성작용은 독성물질의 농도에 비례하며 일정농도(역치) 이하에서는 독성작용이 관찰되지 않는다. 따라서 안전하게 사용할 수 있는 양을 실험에 의해 측정할 수 있다. 이 중 (①)은 (는) 어느 개체에게도 독성 증상이 나타나지 않는 가장 농도가 높은 투여량을 의미하는 용어이다.
>
> 그리고 동물실험의 결과를 인체에 적용시키기 위하여 사용하는 값으로, 동물과 사람은 특정 화합물에 대한 민감도가 차이가 나며 개체별 차이도 있으므로 통상적으로 동물보다 사람이 10배 민감하다고 생각하고, 개인의 민감도 차이도 10배 정도라고 판단하여 100이라는 값을 적용한다. 그러나 이 수치는 유동적이며 독성기전에 대한 정보가 불충분할 때는 100이라는 값을 사용하나 동물과 개인의 민감도가 같다고 밝혀지면 10으로 줄이거나 심각한 독성증상을 보이는 경우 1000까지 늘려 사용할 수 있다. 이 값을 나타내는 용어는 (②)(이)라고 한다.
>
> 또한 (③)은(는) 어떤 경로나 식품을 통하든 관계없이 사람에게 하루에 노출되어도 안전하다고 생각되는 양을 의미하는 용어이다.

① : _____ ② : _____ ③ : _____

해설 최근 식품위생에서는 급성중독에 대한 내용보다 만성중독에 대한 내용들이 조금씩 관심의 대상이 되고 있다. 위의 문제는 만성중독을 연구하는 과정에서 꼭 알아야 되는 3가지 개념에 대한 것을 묻고 있다.
우선 만성중독을 연구하기 위해서는 대상 물질의 최대내량(maximum tolerated dose ; MTD) 혹은 최대무작용량 (maximum no effect level ; MNEL)을 먼저 결정하여야 한다. 이것은 동물에게 아무런 영향을 주지 않는 투여의 최대량을 말한다.
이것을 결정한 후 안전계수를 결정하여야 한다. 안전계수는 만성중독에 대한 실험을 진행함에 있어서 투여량을 결정하게 하는 계수로 일반적으로 100을 사용한다.
마지막으로 1일 섭취허용량(acceptable daily intake ; ADI)를 결정하여야 한다. ADI는 MNEL을 안전계수로 나눈 값에 대상 동물의 평균 체중을 곱하여 산출한다.

08 우리나라에서는 총 587품목의 식품첨가물을 지정하고 있다. 우리나라에서 지정한 식품첨가물의 사용 목적을 3가지만 쓰시오. 기출문제

① : _____

② : _____

③ : _____

해설 식품첨가물은 식품 본래의 특성을 변화시키지는 않는 범위에서 식품의 인위적 기호 향상, 식욕 증진, 향미 강화, 상품성 향상, 영양 강화, 보존성 증강 등의 목적을 위해 사용한다.

09 식품첨가물이란 "식품을 제조 가공 또는 보존함에 있어 식품에 첨가, 혼합, 침윤 기타의 방법에 의하여 사용되는 물질"이다. 식품첨가물을 사용하면 식품의 기호 향상, 식욕 증진, 향미 강화, 상품성 향상, 영양 강화, 보존성 증강 등의 목적을 이룰 수 있다. 식품첨가물은 천연첨가물과 합성첨가물로 나눌 수 있다. 최근에는 이들 첨가물에 대한 안전성에 문제점이 여럿 발견되고 있다. 식품첨가물로 사용되기 위한 물질이 갖추어야 하는 조건을 5가지 적으시오.

① : _____

② : _____

③ : _____

④ : _____

⑤ : _____

해설 식품첨가물로 사용할 수 있는 화학물질도 있고 사용하지 못하는 물질도 있다. 사용이 허가되었다가 지금은 중지된 물질도 있다. 식품첨가물이 되기 위해서는 몇 가지 구비 조건이 있다. 우선 안전성이 확보되어야 하며, 값이 저렴하여야 한다. 섭취 후 체내에 축적되지 말아야 하며, 소량만으로도 충분한 효과를 볼 수 있어야 한다. 식품 본래의 맛과 향에는 나쁜 영향을 주지 않고 좋은 영향을 주어야 한다. 식품의 저장 중 식품첨가물의 화학구조 등에 변화가 없어야 하고 화학분석을 통해 첨가량 등을 쉽게 분석할 수 있어야 한다.

10 식품첨가물은 사용 용도에 따라 여러 항목으로 나누어 관리 및 사용되고 있다. 아래는 그중 몇가지 예이다. 각 항목에 해당하는 첨가물이 식품 중에서 하는 역할에 대해 2줄 이내로 간단히 설명하시오.

보존료 _____

_____

살균제 _____

_____

산화방지제 _____

_____

착색료 _____

_____

발색제 _____

_____

표백제

조미료

산미료

감미료

착향료

팽창제

강화제

유화제

호료

품질개량제

피막제

껌기초제

방충제	

소포제	

용제	

추출제	

이형제	

해설 본문 내용을 참고하여 식품첨가물의 용도에 대해 정확하게 기억하도록 하자. 각각을 대표하는 첨가물의 이름까지 익힌다면 금상첨화일 것이다.

11 위해물질의 급성 중독에 의한 독성을 표현하는 값으로 반수치사량 혹은 중위치사량 혹은 50% lethal death 혹은 LD_{50}값이 있다. 반수치사량이란 어떤 것인지 정의를 쓰고, $LD_{50} = 50mg/kg/day(mouse)$라는 값이 의미하는 바가 무엇인지 쓰시오.

반수치사량의 정의	

$LD50 = 50mg/kg/day(mouse)$라는 값의 의미	

해설 급성 중독을 연구함에 있어 가장 흔하게 사용되는 개념이 바로 반수치사량이다. 반수치사량은 실험동물의 50%가 죽을 때의 투여량을 말한다. 반수치사량은 실험동물의 무게에 비례하여 일 단위로 투여를 하며 실험동물의 종류에 따라 반수치사량이 다르므로 실험동물을 정확하게 명시해 주어야 한다.

12 위해 물질의 만성 중독 혹은 아급성 중독을 검사하는 것은 급성 중독 검사법에 비해 매우 어렵고, 시간과 노력이 많이 든다. 만성 중독을 검사함에 있어서 최대내량(Maximum tolerated dose)의 결정이 가장 선행되어야 한다. 최대내량이란 무엇이며, 대조군과 실험 시 나타나지 말아야 하는 증상 3가지를 적으시오.

최대내량이란 _____

_____

대조군 실험 시 나타나지 말아야 하는 증상

① : _____

② : _____

③ : _____

해설 주관식 1번 문제에서 이미 한 번 고찰한 부분이다. 최대내량(maximum tolerated dose ; MTD) 혹은 최대무작용량 (maximum no effect level ; MNEL)을 결정함에 있어서 투여군과 비교군의 사이에 나타나선 안 되는 증상으로는 10% 이상의 체중 감소, 동물의 수명 단축, 독성의 증후와 그 외 병리적 병변 등이 있다.

13 〈보기〉는 식품첨가물을 용도에 따라 설명한 것이다. 옳은 내용을 고른 것은? 기출문제

보기

ㄱ. 탄산나트륨(Na_2CO_3), 규소수지(silicone resin) 등의 기포제는 거품이 생성되는 것을 방지하거나 감소시키는 것이다.

ㄴ. 아스파탐(aspartame), 솔비톨(sorbitol) 등의 가공보조제는 식품의 영양 강화를 목적으로 사용하는 것이다.

ㄷ. 식용색소황색 제4회 등의 착색료는 식품에 색깔을 부여하거나 원래의 색깔을 재현하는 것이다.

ㄹ. 이산화탄소(CO_2), 질소(N_2) 등의 충전제는 식품 용기에 주입하는 공기 이외의 가스를 말한다.

ㅁ. 구연산(crtric acid) 등의 산미료는 식품에 신맛을 부가하거나 산도를 증가시키는 것이다.

① ㄱ, ㄴ, ㄷ   ② ㄱ, ㄴ, ㄹ   ③ ㄴ, ㄷ, ㅁ

④ ㄴ, ㄹ, ㅁ   ⑤ ㄷ, ㄹ, ㅁ

정답 ⑤

14 아이스크림 제조기를 사용하지 않고 아이스크림을 만들려고 할 때 첨가제로 가장 적합한 것은? 기출문제

① 전분 　　　　　　② 인산염 　　　　　　③ 밀가루
④ 올레오레진(Oleoresin) 　　⑤ 메틸셀룰로스(Methyl cellulose)

정답 ①

15 현재 허용된 식품첨가물에 대한 설명으로 옳은 것은? 기출문제

① 살리실산(salicylic acid)을 된장에 첨가하면 된장의 유색 물질과 반응하여 색을 내거나 고정시키는 기능을 한다.
② 차아황산나트륨(sodium hyposulfite)을 초코케이크에 첨가하면 물과 기름의 계면에 작용하여 계면장력을 낮춤으로써 분산상의 응집을 막는다.
③ 글리세린 지방산 에스테르(glycerin esters of fatty acids)를 사과에 첨가하면 표면에 피막을 만들어 호흡을 조절하고 수분증발을 막아 신선도를 유지한다.
④ 몰식자산 프로필(propyl gallate)을 설탕에 첨가하면 공기 중의 산소, 빛, 금속 등에 의해 산화, 변질되는 것을 방지하여 맛과 향의 변화, 변색 및 퇴색을 막아 준다.
⑤ 소르빈산 칼륨(potassium sorbate)을 치즈에 첨가하면 보관 중에 일어나는 미생물 증식에 의한 변패나 변질을 방지하고 식품의 신선도와 품질을 보존하는 기능을 한다.

정답 ⑤

16 현대인의 식생활이 다양하게 변화함에 따라 가공식품의 소비량이 증가하고 이에 따라 식품첨가물의 사용이 늘고 있다. 다음 중에서 식품첨가물에 대한 설명으로 옳은 것은? 기출문제

① FAO/WHO의 합동식품첨가물위원회에서는 식품첨가물의 정의를 식품의 외관, 향미, 조직 또는 저장성을 향상시킬 목적으로 식품에 미량 첨가하는 영양물질로 규정하고 있다.
② 화학적 첨가물 중에서 규제의 대상이 되고 있는 화학적 합성품은 화학적 수단에 의하여 원소 또는 화합물의 모든 화학반응에서 얻어지는 물질을 말한다.
③ 많이 사용되고 있는 합성감미료로 아스파르탐(aspartame)이 있으며, 글리신(glycine)과 페닐알라닌(phenylalanine)으로 구성되어 있다.
④ 빵 등을 부풀게 하는 데 사용하는 천연 팽창제로는 효모가 있고 화학적 팽창제로는 탄산수소나트륨(sodium bicarbonate) 등이 있다.
⑤ 착색료로 허용되고 있는 타르(tar) 색소에는 식용적색 4호, 식용황색 2호 등이 있으며, 독성이 낮아 사용이 늘어나고 있는 추세이다.

정답 ④

새로운 식품위생관리 방법과 HACCP

지금까지 고전적인 식품위생학에 대한 내용을 정리하였다. 첫 부분에서 말했던 것처럼 현재의 식품위생은 2단계로 들어갔다. 그 결과 학교에서는 과목을 따로 두거나, 혹은 다른 과목에서 2단계에 대해 교육하고 있다. 본 장에서는 이들 새로운 식품위생관리 방법에 대해 간단하게 설명하려고 한다.

1 새로운 식품위생관리 방법

식품위생에 대한 조직적이고 체계적인 관리를 위해 새로운 방법들이 20세기 후반부터 급속도로 나타났다. 이 중 중요한 것들을 간단히 설명하면 다음과 같다.

1) HACCP

HACCP이란 "Hazard Analysis Critical Control Points"의 약자이다. 우리나라 말로는 "식품위해요소중점관리기준"이라고 불린다. HACCP는 위해의 소지가 있는 요소들을 미리 찾아 분석하고 평가하여 위해 요소를 미리 방지하고 제거하는 것이다. 이를 통해 우리는 식품의 안전성을 확보할 수 있다.

과거 식품위생은 최종 제품의 검사를 통해서 확보될 수 있다고 생각되었으나, 현재는 원재료의 준비부터 생산 과정, 유통 과정 모두를 통괄하여 관리할 때만 안전성을 확보할 수 있다고 생각된다. 이런 통합 관리를 위해 만들어진 개념이 바로 HACCP이다. HACCP 적용을 위해서는 다음의 7가지 원칙이 적용된다.

① 위해요소 분석 실시 및 예방책 식별
② 중요관리점의 식별
③ 위해허용한도의 설정
④ 중요관리점의 모니터링
⑤ 위해허용한도의 이탈 시 시정조치의 설정

CHAPTER 07 새로운 식품위생관리 방법과 HACCP   443

⑥ 검증 절차의 수립

⑦ 기록의 유지

이 7가지를 지켜야만 HACCP 인증을 받고 유지할 수 있다. 우리가 알고 있는 HACCP는 한 번 받는다고 영구적으로 유지되는 것이 아니라 꾸준히 유지하고 재검사를 받아야 유지되는 것이다. HACCP 관련 내용은 뒤에서 다시 설명하도록 하겠다.

2) GMP와 GLP

GMP란 "Good Manufacturing Practice"의 약자로 우리나라 말로 해석하면 의약품 제조 및 품질 관리 기준이라고 할 수 있다. 이것은 의약품에만 적용되는 것이 아니라 식품에도 적용이 가능하기 때문에 "좋은 제품을 위한 제조 및 품질기준"이라 함이 올바른 해석일 것 같다.

GMP의 개념을 올바르게 설명하려면 수의계약 개념을 이해하면 된다. 과거에는 돼지를 키운 후 도살하고, 그다음 생산된 돈육의 많은 항목을 검사하여 품질 검사를 한 후 식용으로 사용하였다. 그러나 사람들은 돈육의 여러 항목을 검사하여도 품질을 정확히 알 수 없다는 것을 알게 되었다. 그래서 소비자들은 원재료를 생산하는 사람들에게 '돼지를 이렇게 이렇게 키워 주세요' 하는 조항을 만들어 제시하고 그렇게 키운 돼지를 구입하여 소비하는 제도를 만들게 되었다. 이 개념이 바로 GMP이다.

일본의 바이어들은 돼지고기를 사기 위해서 도드람과 같은 육류회사를 가는 것이 아니라 돼지를 키우는 목장을 찾아간다. 잘 키우지 않은 돼지는 아무리 노력해도 안전하고 품질이 좋을 수 없기 때문이다. GMP에는 돼지 축사의 기준, 예방 접종의 시기 및 접종약품의 이름과 양, 돼지에 공급되는 사료, 도살 시기, 도살 방법, 해체 방법, 포장 방법, 숙성 방법 등이 모두 나와 있다. 이렇게 새끼 돼지부터 최종 판매 단위까지 올바른 생산 방법을 제시하고 있는 것이 GMP이다.

GLP란 "Good Laboratory Practice"의 약자로 우리나라말로는 마땅한 해석이 없다. 굳이 번역한다면 "훌륭한 실험실을 만들기 위한 조항"이라고 해야 될까? 개념은 이렇다. 식품을 생산하는 과정 중에 실험실에서 여러 분석 실험들이 진행된다. 그런데 생각해 보면 30년 된 기계로 분석한 결과와 1년 된 최신형 기계로 분석한 결과가 똑같을까? 대답은 아마도 "아니다"일 것이다. 또 모든 사람들이 인정한 방법으로 또는 공인된 방법으로 결과를 낸 것과 그런 인정과 공인을 받지 못한 방법으로 낸 것 중 어느 것이 더 공신력이 있을까? 당연히 전자일 것이다. '이런 조건에 따라 이런 이런 기계를 이용하여 실험하여 나오는 결과는 공인해 주겠다'는 것이 바로 GLP이다. 실험기기 중에는 GLP 인증을 받은 것과 못 받은 것이 있는데, 이 경우 GLP 인증을 받은 기기에서 얻은 결과는 대외적으로도 인정을 받을 수 있다는 것이다.

3) PL법과 ISO

PL법이란 "Product Liability"의 약자로 우리나라 말로는 "제조물책임법"이라 한다. 이 법은 소비자가 제품의 결함에 의해 피해(생명, 신체, 재산상의 손해)를 입은 경우 소비자의 고의, 과실 유무를 묻지 않고 제조자가 손해배상의 책임을 진다는 것을 나타내는 법률로, 자사 제품의 결함에 대해서 그 책임이 추궁되기 때문에 제품 개발, 사용 매뉴얼 작성, 판매에 있어서 이러한 문제에 직면하지 않도록 함과 동시에 만일의 사고 발생에 대비한 위기 관리 시스템의 구축도 요구되고 있다.

ISO란 "International Organization for standardization"의 약자로 국제표준이라 할 수 있다. ISO는 흡사 우리나라의 KS나 JIS와 같은 개념으로 봐도 되지만, 단순한 제품의 표준뿐만 아니라 시스템이나 품질과 같은 것들에 대해서도 규격을 정해 주는 것으로 그 적용 범위가 훨씬 넓다.

4) GRAS

GRAS란 "Generally Recognized as Safe"의 약자이다. 미국 FDA에서 발급하여 FDA 안전 합격증이라 불린다고도 하나 그렇게 해석하는 것은 좀 무리가 있는 듯하다. GRAS는 식품의 안전성을 평가함에 있어서 경험과 전통을 인정하는 개념의 말이다. 즉 미국 사람들이 처음 보는 식품이라도 그 식품을 다른 나라에서 몇 백년 동안 꾸준히 먹어 왔고, 특별한 문제점이 발표되지 않는다면 안전성이 있는 것으로 인정해 주는 것이다.

우리나라의 김치나 된장 같은 경우 미생물이 자란 발효식품이기 때문에 균에 대한 안전성을 검사하여야 된다. 이 경우 최종 결정이 나오기까지 많은 시간이 걸리게 된다. 하지만 김치를 한국에서 오랜 세월 광범위하게 먹어 왔고, 특이한 위생상의 문제가 보이지 않는 관계로 미국 FDA에서는 GRAS로 인정하였다.

2 중요 위생 사건

식품위생학에서는 최근에 문제가 되었던 내용에 대한 고찰이 필요하다. 최근 몇 년 사이 우리나라에서 문제가 되었던 위생사건을 살펴보면 조류독감, 광우병, 돼지콜레라, 멜라민 파동 등이 있다. 여기서는 이들에 대한 기사와 학술적 내용 등을 정리하여 각각 설명하였다.

1) 조류독감

조류독감은 말 그대로 조류에게 감기 증상을 일으키는 바이러스에 의한 현상이다. 1997년 홍콩에서 세 살짜리 소년이 죽음으로써 인간에게 전염될 수 있다는 사실이 알려졌다. 우리나라의 경우 96년, 99년, 03년과 08년 등에 발생하여 수많은 닭, 오리 등이 폐사하였다. 최근에는 인간에게 전염성이 높은 변종 인플루엔자가 발견되고 있어 큰 문제로 알려져 있다. WHO에서 조류독감에 대한 위험성을 현재 매우 높게 인식하고 있는 상황이다. 아래는 조류독감과 관련된 내용을 정리한 것이다.

표 7-1
조류독감의
위생 사건

구 분	주요 내용
사건 개요	• 97년 홍콩에서 정체불명의 독감이 유행 • 97년 5월, 홍콩에서 세살짜리 소년이 조류독감으로 사망 • 96년 3월, 8월, 우리나라에서 약병원성 조류독감이 경기, 전북, 경북 등 3개 지역 5개 종계장에서 발생 • 감염 종계 97,963수 및 종란 1,066,000개를 각각 살처분하여 매몰 조치 • 99년 초 경기도 북부 포천 지역의 2개 산란계 농장에서 약병원성 조류독감 발생 • 03년 12월 충북 음성에서 조류독감에 걸린 닭들이 대규모로 폐사
언론 보도	• 홍콩에서 '조류인플루엔자' 첫 인간 감염(한국일보, 97.08.21) 등 • 지속다발성 보도
사건의 본질 및 경제적 영향	• 비위생적인 환경에서는 얼마나 무서운 질병이 발생할 수 있는지를 보여 준 대표적인 사례 • 밀집사육 특성으로 인해 한번 발생하면 닭, 오리, 가축들을 수없이 생채로 살처분 • 농가들이 빚더미에 올라앉거나 파산했을 뿐 아니라 외국 수출길도 막힘
기타 내용	WHO 사무총장은 전 세계 193개국 대표가 참가한 총회에서 인류와 지구의 건강을 위협하는 세 가지 요소는 식량위기, 기후변화, 조류독감이라고 밝힘(5.19). 특히 조류 독감의 경우 빠른 속도로 감염될 수 있으므로 경계 태세를 강화해야 한다고 경고하고 회원국들에게 건강에 치명적인 H5N1 바이러스 문제를 해결하기 위한 연합전선을 구축할 것을 요청 ※ H5N1 바이러스 : 인플루엔자바이러스 A형의 아형으로, 고병원성 조류독감을 일으키며 사람에게도 전염될 수 있음

2) 광우병

2008년 한국의 봄을 가장 뜨겁게 달구었던 것은 아마도 '광우병 사태'일 것이다. 미국산 쇠고기 수입과 모 방송국의 방송을 통해 표출되기 시작한 광우병에 대한 극단적인 두 가지 시선은 촛불집회라는 대중적 표현과 집회 반대라는 형태로 나타났다. 광우병에 대해서는 현재에도 대립적이고 극단적인 관점의 차이가 존재하고 아직 과학적인 증명이 100% 이루어진 것이 아닌 관계로 뭐라 설명하기 어려운 면이 있다. 여기에서는 농림수산식품부 · 보건복지가족부에서 발표한 "광우병 괴담 10문 10답"과 모 신문사의 신문 기사 내용을 제시하도록 한다.

광우병 괴담 10문 10답

광우병에 관한 근거 없는 오해와 불안감이 증폭되고 있어
다음과 같이 정확한 사실을 알립니다.

농림수산식품부 · 보건복지가족부

괴담 1 소를 이용해 만드는 화장품, 생리대, 기저귀 등 600가지 제품을 사용해도 광우병에 전염된다.

[사실]
• 감염사례가 없고, 과학적 근거도 전혀 없습니다. 정말 괴담입니다.
• 의약품과 화장품에 사용되는 젤라틴이나 콜라겐은 소가죽 등을 이용해서 생산되는데 여기에는 광우병 원인물질인 변형 프리온이 없습니다.
• 동물의 질병과 위생에 관한 권위 있는 국제기구인 국제수역사무국OIE에서도 이들 제품은 광우병을 옮길 우려가 없는 것으로 인정하여 자유롭게 교역될 수 있도록 규정하고 있습니다.

괴담 2 광우병 쇠고기를 다룬 칼과 도마에 의해 수돗물까지도 오염된다.

[사실]
• 수입되는 미국산 쇠고기는 특정위험물질이 제거된 안전한 것으로 칼과 도마는 물론, 수돗물을 통해서 광우병이 전파될 수 없습니다.

괴담 3 미국사람들은 대부분 호주나 뉴질랜드 쇠고기를 먹는다.

[사실]
• 미국에서 생산되는 쇠고기의 95% 정도는 미국 내에서 자체 소비되고 약 5% 정도가 수출됩니다.
• 미국은 호주나 뉴질랜드 등으로부터 쇠고기를 수입하고 있습니다만, 이들 대부분 중저가 품질로 햄버거 등 가공 식품에 사용됩니다.

괴담 4 한국인 95%가 광우병에 취약한 유전자를 가지고 있다.

[사실]
• 한국인이 유전적으로 광우병에 취약한 유전자를 가지고 있다고 단정할 수 없으며, 특정한 유전자 하나가 인간이 광우병에 걸릴 가능성을 결정하지 않는다는 것이 과학적인 판단입니다.
• 우리나라 사람의 M/M동일형 비율이 94.3%, 일본 93%와 비슷한 수준이지만, 이 결과를 가지고 반드시 M/M동일형이 인간 광우병 위험성이 높다고는 말할 수 없습니다. – 즉, 단일 유전자 하나가 전체 질환의 발병을 좌우하지 않습니다.
※ 한국사람, 일본사람 등 동양인은 감수성이 비슷하다는 뜻이지만 외부관련요인(SRM 등 prion이 많은 부분)이 통제되면 발병하지 않는다는 뜻임

(계속)

괴담 5 미국에서 30개월 이상 된 쇠고기는 강아지, 고양이 사료로도 사용하지 않는다.

[사실]

- 최근 인터넷에서 유포되고 있는 '30개월 이상 된 쇠고기는 강아지 등 반려동물의 사료로도 사용하지 않는다'는 것은 사실이 아닙니다.
- 미국인들도 30개월령 이상 된 쇠고기를 광우병 위험물질 제거 후 먹고 있습니다.
- 국제수역사무국에서도 미국과 같이 '통제된 위험국가'에서 생산된 30개월령 이상 쇠고기는 특정위험물질을 제거하는 경우 안전에 문제가 없다고 밝히고 있습니다.

괴담 6 미국인이 먹는 쇠고기와 우리나라에 수출하는 쇠고기는 다르다.

[사실]

- 미국인이 먹는 쇠고기와 우리가 수입하는 쇠고기는 같은 품질의 쇠고기입니다. – 재미교포 250만명, 미국인 3억명이 먹는 것과 똑같은 미국산 쇠고기를 수입합니다.
- 또한 미국인들에게 공급되는 쇠고기와 한국에 수입되는 쇠고기 모두 미국 내 도축이나 가공과정에서 엄격한 안전성 검사를 받게 됩니다. – 한국으로 수입되는 쇠고기는 국내에 들어올 때 통관과정에서 철저한 검역과정을 추가로 거치게 됩니다.

괴담 7 미국 내 치매환자가 약 500만 명인데 이중 25~65만명이 인간 광우병으로 추정된다.

[사실]

- 전혀 과학적 근거 없이 유포되는 낭설이며, 치매와 광우병은 증상이 달라서 병원의 진단 과정에서 분명히 구분됩니다.

- 미국 버지니아주에서 보고된 인간광우병 의심사례의 경우, 5월 5일 미국 정부 당국자의 확인에 의하면, 예비조사 결과 인간 광우병이 아닌 것으로 판명되었습니다. → 1997년 이후 소에 대한 동물성 사료 급여 금지 조치 시행, BSE가 발생한 2003년 이후 SRM 제거 등 광우병 위험을 적절히 통제하고 있는 점 등을 고려할 때 현재 미국에서 생산되고 있는 쇠고기는 안전합니다.

괴담 8 살코기만 먹어도 광우병에 걸린다.

[사실]

- 살코기로는 광우병을 유발하는 변형프리온이 전파되지 않습니다.
- 인간 광우병은 광우병에 걸린 소의 뇌·척수 등 특정위험물질을 먹었을 때 걸리는 것으로 임상증상이 발현되지 않는 건강한 소의 살코기는 안전합니다.

괴담 9 프리온은 600도 이상의 고열에서도 파괴되지 않는 불사의 병원균이다.

[사실]

- 광우병의 원인으로 알려진 변형 프리온은 바이러스나 세균과 같은 병원균이 아니고 단백질이 변형된 것입니다.
- 광우병에 걸린 소라 하더라도 변형 프리온은 특정위험물질 부위에만 존재하므로 해당부위를 제거하면 안전에 이상이 없습니다.

괴담10 키스만 해도 광우병이 전염된다.

[사실]

- 전혀 근거가 없습니다. 타액으로 전염이 되지
- 않습니다. 광우병 원인체인 변형 프리온은 침으로 배출되지 않습니다.

(계속)

광우병
'그 어마어마한 공포'

양은 냄비에 라면 끓듯 들끓던 광우병 사태가 독도 문제라는 새로운 이슈를 만나 시들해지는 느낌이다. 지난 10년 동안 독일에서 그 어마어마한 공포를 경험한 탓에 더욱 착잡한 마음으로 촛불시위를 지켜봤다.

그런데 이번엔 〈문화방송〉 '피디수첩'에서 광우병에 대한 과잉 정보를 보도했다고 사과하라 난리다. 무언가 초점에서 한참 벗어난 느낌이다. 사람들의 관심을 돌리기 위한 보이지 않는 힘의 냄새가 다분히 풍긴다.

독일에서 광우병 공포가 만연하던 때는 지금부터 10년 전이었다. 공식적으로 발견된 것은 2000년 11월의 일이었지만, 이웃나라 영국의 심각한 사태를 지켜보며 이미 그 공포는 나라 안에 온통 확산되어 있었다.

당시 독일 티브이나 신문에서는 연일 광우병에 대해 자세히 보도했고 집채만한 소가 휘청거리다 주저앉는 모습과 인간 광우병이란 변종 크로이츠펠트야코프병 환자의 휘청거리는 모습을 하루에도 열두 번은 더 볼 수 있었다. 방송은 계속해서 '1984년 영국에서 최초로 광우병으로 의심되는 소가 발견된 뒤 17만9천마리의 소가 감염돼 죽었고, 2004년까지 157명이 동일한 신경계통의 증상을 보이는 변종 크로이츠펠트야코프병에 걸려 사망했다'고 공포 분위기를 조성하는 데 일조했다.

그때는 보수도 진보도 없었던 것 같다. 모두 다 광우병의 두려움을 세상에 알렸고 그 결과 쇠고기 소비량은 70% 가량이나 떨어지게 되었다. 사태가 약간 진정된 때도 마찬가지였다. 정부의 정책을 지나치다 싶을 정도로 신뢰하는 독일인들도 그때는 아무리 독일 소는 안전하다고 선전해 보았자 믿는 기색이 전혀 없었다. 이들은 정부의 정책에 저항하거나 방송의 진실 여부를 따지지 않았다. 그저 식탁에 다시는 쇠고기를 올리지 않는 것으로 자신들의 주장을 대변했다.

날마다 찬거리를 걱정해야 하는 내게도 단연 가장 피부에 와닿는 문제였다. 가족의 건강이 내 손에 달려 있으니 아무리 검역을 철저히 거친 것이라 하더라도 어찌 손을 댈 수 있겠는가. 그때부터 최근까지 우리집 식단에는 쇠고기 들어간 요리가 사라졌고, 소시지와 같은 육류 인스턴트 식품을 살 때도 내용물을 자세히 읽어 보는 습관이 생겼다. 두 아이를 키우는 내게 그것은 10년 동안이나 장볼 때마다 큰 스트레스였다.

최근에서야 겨우 스테이크나 국을 몇 번 끓여먹기 시작했는데 한국 사태를 지켜보면서 쇠고기 맛이 다시 떨어지고 말았다. 처음엔 광우병에 대한 티브이 프로그램을 너무 보아서인지 슈퍼마켓 쇠고기 코너만 지나가도 메슥거리곤 했다. 우리뿐 아니라 많은 독일 사람들, 특히 아이를 키우는 젊은 가족들도 마찬가지였다.

(계속)

독일 사람들은 세계 어떤 나라보다 정보에 민감하다. 광우병 사태가 나자마자 지나칠 정도로 상세한 정보와 아직 밝혀지지는 않았지만 가능할지도 모르는 위험성까지 추측해 자세히 알려주었다. 물론 그 때문에 판매량이 극도로 떨어지기도 했지만, 그 때문에 역시 노인들이 안심하고 계속 쇠고기를 먹게 되었고, 최소한의 소비량이라도 유지할 수 있었을지도 모른다.

피디수첩의 진실 여부를 문제 삼는 것은 국민들의 건강보다는 다른 데 목적이 있음이 바다 건너 먼 이곳에서도 한순간에 느껴졌다. 이에 보조를 맞춰 기사를 써대는 보수 언론 기자들도 국민의 건강보다는 우매한 군중심리를 이용해 엉뚱한 정치적 명분에 기대어 보려는 아류로밖에는 보이지 않는다. 국민 건강을 담보로 보수니 진보니 나누는 것 자체가 참 어이없는 일이다.

한창 광우병에 대한 공포에서 벗어나지 못하고 있던 2002년 독일은 30개월 이상 된 소를 모두 도살하기로 결정했다. 그리고 그 처리 방안의 하나로 모색한 길이 북한에 보내자는 것이었다. 물론 북한에 보내는 쇠고기는 검역을 철저히 거친 안전한 고기였다. 하지만 독일에 있었다면 결국 폐기처분해야 할 것들이었다.

그런데 이제 내가 살던 나라에서 그 '쓰레기'를 돈을 주고 사들인다고 한다. 북한을 바라볼 때는 그럴듯한 명분이라도 있었다. 또한 독일인들의 도덕성으로 봐선 아무렇게나 퍼주지는 않았을 것이다. 철저히 검역을 거치고 안전을 확인한 다음에 제공한 것이기 때문에 한편에서는 믿는 마음도 있었다. 그래도 이러쿵저러쿵 말들이 많았는데 상도덕을 무시하기 일쑤인 미국을 믿고 '쓰레기'를 그것도 돈을 주고 치워주다니, 참 이건 가슴 아픈 일도, 슬픈 일도 아닌 천인공노할 일이다.

생후 30개월 이상 된 소냐 아니냐가 문제는 아니다. 한번 그 공포에 휩싸이면 단지 쇠고기를 먹지 않는 것으로 끝나지 않기 때문이다. 라면이며 각종 쇠고기가 들어간 인스턴트식품까지 우리가 모르는 사이에 무심코 먹게 될 수도 있다. 특히 외식 문화가 발달된 우리나라에서는 얼마든지 자신의 의지와 상관없이 먹을 수 있다는 데 문제의 심각성이 놓여 있다. 원천적으로 봉쇄하지 않으면 불매운동 정도로는 확실하게 안전을 지켜낼 수 없는 것이다.

국민 건강을 최우선으로 생각하는 정치인들이 건재한 이 독일에서도 그 공포에서 벗어나는 데 10년이 걸렸는데, 졸속 정책과 성숙되지 못한 상거래가 만연한 한국에서는 과연 어떨까. 광우병 공포 속에서 저녁 찬거리를 걱정해야 하는 주부들의 고충이 남의 일 같지 않게 아픔으로 다가온다.

(계속)

3) 돼지 콜레라(아프리카 돼지열병)

돼지 콜레라는 돼지에게 나타나는 바이러스성 가축전염병으로 종종 치명적인 피해를 준다. 이 병에 걸리면 고열이 나고 무기력해지며 다양한 매개체를 통해 다른 돼지에게 전염된다. 전염 매개체는 돼지를 실어나르는 운반수단, 여러 농장을 돌아다니는 상인, 농장에서 일하는 사람 등이다. 바이러스는 돼지 먹이로 사용되는 음식찌꺼기에도 존재할 수 있는데 이는 조리하여 없앨 수 있다.

감염된 후 4일에서 3주 정도가 지나면 열이 나기 시작하고 식욕감퇴·우울증·구토·변비·설사·기침·호흡장애가 나타나며 다른 돼지를 피하고 눈에서 고름이 흐르는 등 다양한 증상이 계속된다. 대부분의 경우 피부에 발진이 생기며 입이나 목의 점막에 염증과 궤양이 생긴다. 병에 걸린 돼지는 아무렇게나 눕고 움직이기를 싫어한다. 마지못해 걸을 때도 비틀거리고 등이 굽기도 한다. 이런 상태가 더 진행되면 일어나지 못하고 혼수상태에 빠진다. 항돼지 콜레라 혈청을 발병 초기에 투약하면 완전한 회복은 힘들지만 효과를 볼 수도 있다. 병에 걸린 지 며칠 이내에 죽기도 하지만 그렇지 않을 때는 만성이 되어 다른 돼지를 감염시키는 원인이 된다. 돼지 콜레라는 유럽·북아메리카·아프리카에서 주로 발생한다. 돼지가 이 병에 걸리면 반드시 보고해야 하며 감염된 돼지는 반드시 도살하고 병에 걸릴 위험이 있는 돼지는 격리시킨다. 가장 중요한 예방법은 예방접종이다.

위의 내용을 통해 보면, 돼지 콜레라는 인축공통전염병이 아니라 돼지만 걸리는 가축전염병으로 인간에 대한 문제점은 아직 발표되지 않았다. 하지만 돼지 사이에서 급속도록 전파되는 전염병이므로 발병 시 발병 돼지를 빨리 폐사시켜 다른 돼지에게 확산되는 것을 막아야 한다.

4) 멜라민 파동

2008년 가을, 갑자기 중국에서부터 시작된 '멜라민 파동'은 매우 강한 위력으로 전 세계를 강타하였다. 우리나라 역시 지리적 위치상 멜라민 파동에 큰 영향을 받아, 식품의약품안전청은 이례적으로 멜라민 함유 식품에 대한 리스트 작성과 같은 강경한 조치로 멜라민 파동에 의한 혼란과 피해를 줄여 나갔다. 다음 박스는 멜라민과 관련된 주요 내용을 질의 응답 형식으로 표시한 자료이다. 이 자료는 식품의약품안전청 홈페이지의 내용을 참고하였다.

Q 멜라민은 무엇인가?
- 멜라민은 유기화학물질로 열에 강한 플라스틱 원료의 생산에 사용됩니다.
  - 바닥 타일, 주방기구 등 플라스틱제품 등에 광범위하게 사용
- 멜라민은 1958년에 비단백질 질소원으로 소의 사료로 사용되었으나 1978년에 다른 비단백질 질소원(예 : 요소, 면실)보다 분해 능력이 저조하다는 이유로 사용 금지되었습니다.

Q 멜라민은 식품 중에 사용할 수 있는가?
- 멜라민은 식품제조·가공에 사용할 수 없는 물질이며 여러 국가 및 국제규격식품위원회CODEX 등도 국제적으로 식품에 사용을 허용하고 있지 않습니다.
  - 참고로, 미국 FDA에서는 멜라민 및 관련 화합물에 대한 식품 및 사료의 내용일일섭취량TDI*를 일일 체중1kg 당 0.63mg으로, 유럽 식품 안전청은 TDI를 일일 체중 1kg당 0.5mg로 적용할 것을 권고하고 있습니다.
  - 실험동물에서 24시간 내 소변 등으로 90% 이상 배설됩니다.[1] * 내용일일섭취량TDI은 환경오염 물질 등의 비의도적으로 혼입하는 물질에 대해 평생 동안 섭취해도 건강상 유해한 영향이 나타나지 않는다고 판단되는 양
  [1] 사람에서의 체내 배설에 대한 연구는 보고된 바 없고, 최근 중국에서 생산된 분유를 먹은 유아에서 신장결석 발생 및 사망에 대한 보고가 있었으므로 주의가 필요함

Q 중국 분유에서 멜라민이 검출된 이유는?
- 중국에서 분유에 멜라민이 검출된 이유는 젖소를 키우는 농민들이 우유를 물로 희석 후 희석된 우유의 단백질 함량이 높게 측정되도록 질소성분이 많은 멜라민을 사용한 것으로 추정하고 있습니다.
- 우유 중 단백질 함량 검사는 단백질중의 질소N를 측정하는 방법으로 질소가 많은 멜라민은 단백질 함량 검사시 희석된 우유의 단백질 함량을 높게 보이도록 하는 물질입니다.

Q 멜라민 오염 식품을 사람이 먹었을 경우 위험한가?
- 멜라민은 국제암연구소IARC에서 인체 발암성으로 분류할 수 없는 물질로 구분하고 있습니다.[2]
- 중국에서 멜라민으로 인한 유아 사망 등 직접적 인체 유해성은 분유를 주식으로 하는 유아가 고농도의 멜라민(최고 2,563mg/kg)에 노출되었기 때문입니다.
- 금번 국내 시판 중국산 과자류 등에서 검출된 멜라민 농도는 TDI(내용일일섭취량)를 고려할 때, 건강상 위험이 발생할 정도의 수준은 아니나, 멜라민은 식품에 사용할 수 없는 화학물질이므로 의도적 혼입 방지 및 미량이라도 검출된 식품의 압류, 폐기 처분 등 안전관리에 만전을 기할 것입니다.
  [2] 멜라민에 의해 방광결석을 일으킨 흰쥐 수컷의 일부에서만 방광암을 유발하였고, 인체 발암성 여부에 대한 증거는 보고된 바 없어 IARC에서 Group 3으로 구분하고 있음. 상기 내용은 현재까지 보고된 과학적 사실에 근거한 것으로서 중국산 분유의 멜라민 오염사건 이후 보다 많은 과학적 자료가 수집되면 개정될 수 있음

(계속)

Q 시중에서 판매되고 있는 제품에서 안전한 제품은 어떻게 구분하나?

- 식약청은 멜라민 함유가 의심되는 제품을 수거·검사하고 있으며(9월 26일 현재 428품목), 수거 대상품목은 안전성이 확인될 때까지 판매를 일시 중지시켰습니다.
- 식약청 홈페이지(www.kfda.go.kr)에 안전성이 확인된 품목과 판매금지 품목의 목록을 게재하고 있으니, 국민여러분께서는 유통판매금지 식품을 구입하지 마시고 이러한 식품을 발견한 경우에는 '1399'로 신고하여 주시기 바랍니다.

Q 멜라민수지로 만든 식기는 안전한가?

- 국내의 멜라민수지 사용 식품용기에 대한 멜라민의 용출규격은 30mg/l 이하이며, EU도 용출규격은 30mg/kg입니다. 일본과 미국에서는 멜라민에 대한 용출규격을 별도로 규정하고 있지 않습니다.
- 2007년도 우리청에서 수행된 멜라민수지 중 멜라민에 대한 용출시험 결과 모두 적합하였습니다.

재질 분류	검사항목	검사건수	용출량(ppm) (기준 30 이하)
멜라민수지	멜라민	101	0.02~0.71

※ 용출시험 : 식기에서 우러나오는 멜라민을 측정하는 검사법
※ 참고로 전자레인지에서 최대 7분까지 조리 시에도 멜라민의 용출량은 기준치 이하였음

3 HACCP의 정의

HACCP란 'Hazard Analysis Critical Control Points'의 머리글자로, 식품의약품안전청에서는 이를 '식품위해요소중점관리기준'으로 번역하고 있다. 일반적으로 HACCP의 구조와 체계는 그림 7-1과 같다고 알려져 있다.

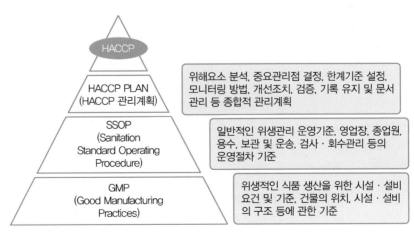

그림 7-1
HACCP의
구조와 체계

자료 : HACCP 적용 가이드라인, 식품의약품안전청, 2005

HACCP는 위해분석HA과 중요관리점CCP의 합성어이며, 여기서 위해분석HA은 위해 가능성이 있는 요소를 찾아 분석·평가하는 것이다. 중요관리점CCP은 해당 위해 요소를 방지·제거하고 안전성을 확보하기 위하여 중점적으로 다루어야 할 관리점을 말한다.

종합적으로, HACCP란 식품의 원재료 생산에서부터 제조, 가공, 보존, 유통 단계를 거쳐 최종 소비자가 섭취하기 전까지의 각 단계에서 발생할 우려가 있는 위해요소를 규명하고, 이를 중점적으로 관리하기 위한 중요관리점을 결정하여 자주적이며 체계적이고 효율적인 관리로 식품의 안전성을 확보하기 위한 과학적인 위생관리체계라 할 수 있다.

4 HACCP의 12절차

HACCP를 실제에 적용시키기 위해서는 준비 5단계와 적용 7원칙의 일련의 과정을 거쳐야 한다. 이를 국제식품규격위원회CODEX에서 정한 HACCP의 12절차라고 한다. 이 12절차를 그림 7-2에 보기 쉽게 나타내었다.

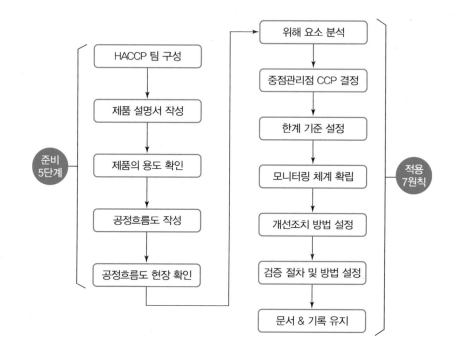

그림 7-2
HACCP 시스템 적용을
위한 7원칙과 12절차

12절차의 각 절차에서는 각각 그 절차에 맞는 HACCP와 관련된 업무를 수행하여야 한다. 각 절차에서 수행하여야 하는 업무를 대략적으로 정리하면 다음과 같다.

① HACCP팀 구성 : 제품에 대한 특별한 지식이나 전문적 기술을 가지고 있는 사람으로 구성

② 최종제품의 기술 및 유통방법 : 제품에 대한 특성, 성분 조성 또는 유통 조건 등의 내용을 기재

③ 용도확인(제품의 소비자) : 제품이 어디에서, 누가, 어떠한 용도로 허용될 것인가를 가정하여 위해 분석 실시

④ 공정흐름도 작성 : 공정의 흐름도를 그림으로 작성

⑤ 공정흐름도의 현장 검증 : 공정 흐름도가 실제 작업과 일치하는가를 현장 확인

⑥ 위해분석 : 원료, 제조공정 등에 대하여 생물학적 · 화학적 · 물리적 위해요소 분석

⑦ CCP결정 : HACCP를 적용하여 식품의 위해를 방지 · 제거하거나 안전성을 확보할 수 있는 단계 또는 공정 결정

⑧ CCP에 대한 목표기준, 한계기준 설정 : 모든 위해요소의 관리가 기준치 설정대로 충분히 이루어지고 있는지 여부를 판단할 수 있는 관리 한계 설정

⑨ 각 CCP에 대한 모니터링 방법 설정 : CCP 관리가 정해진 관리 기준에 따라 이루어지고 있는지 여부를 판단하기 위해 정기적으로 측정 또는 관찰

⑩ 개선조치 방법 설정 : 모니터링 결과 CCP에 대한 관리 기준에서 벗어날 경우에 대비한 개선 · 조치 방법 강구

⑪ HACCP 시스템의 검증 방법 설정 : HACCP 시스템이 적정하게 실행되고 있음을 검증하기 위한 절차 설정

⑫ 서류기록 유지 및 문서화 : 모든 단계에서의 절차에 관한 문서를 빠짐없이 정리하여 이를 매뉴얼로 규정하여 보관하고, CCP모니터링 결과, 관리 기준 이탈 및 그에 따른 개선조치 등에 관한 기록을 유지

아래는 12절차 각각을 자세히 소개한 내용이다. 각 절차의 내용은 한국보건산업진흥원의 HACCP 지원팀의 공식 홈페이지 내용을 참고하여 서술하였다.

1) 1절차 : HACCP팀 구성

HACCP Plan 개발의 첫 번째 준비 단계는 업소 내에서 HACCP Plan 개발을 주도적으로 담당할 HACCP팀을 구성하는 것이다. 업소의 HACCP 도입과 성공적인 운영은 최고경영자의 실행 의지가 결정적인 영향을 미치므로 HACCP팀을 구성할 때는 어떤 형태로든 최고경영자의 직접적인 참여를 포함시키는 것이 바람직하며, 업소 내 핵심요원들을 팀원에 포함시켜야 한다.

HACCP 시스템 도입의 성공을 위해서는 해당 제품에 대한 충분한 지식과 기술을 갖고 조직 전체를 선도할 수 있는 전문가팀으로 팀을 구성하는 것이 중요하다. 즉 참여구성원으로는 경영권을 쥐고 있는 사람, 현장의 상황을 잘 알고 있는 사람, 사용되는 기계의 용도와 관리 방법을 잘 알고 있는 사람, 각종 시설을 잘 알고 있는 전문적인 지식의 소유자가 포함되어야 한다.

HACCP팀의 규모는 업소 규모 및 여건에 따라 다르기 때문에 일정하지 않다. 일반적으로 HACCP 팀장은 업소의 최고책임자(영업자 또는 공장장)가 되는 것을 권장하며 팀원은 제조·작업 책임자, 시설·설비의 공무관계 책임자, 보관 등 물류관리업무 책임자, 식품위생관련 품질관리업무 책임자 및 종사자 보건관리 책임자 등으로 구성한다. 또한 모니터링 담당자는 해당 공정의 현장종사자로 하여금 관리하도록 하여야 한다. 이들은 관련 규정에 준하여 HACCP 교육을 받고 일정 수준의 전문성을 갖추어야 한다.

HACCP 계획을 개발하는 팀원은 작업공정에서 사용되는 시설·설비 및 기술, 실제 작업상황, 위생, 품질보증 그리고 작업공정에 대해 상세한 지식이 있어야 한다. 따라서 팀원들은 식품위생학, 식품미생물학, 공중보건학, 식품공학 분야의 기술 및 지식을 갖고 있다면 더욱 좋으며, 이런 지식이 부족한 경우 외부 전문가, 정부(식품의약품안전청)의 지침서 또는 기술적 문헌 등으로 보완하여야 한다.

HACCP팀의 조직 및 인력 현황, HACCP 팀원의 책임과 권한, 교대 근무 시 팀원, 팀별 구체적인 인수·인계 방법 등이 문서화되어야 한다.

 HACCP팀 구성 요건

- 전체 인력으로 구성된 팀 구성
- 모니터링 담당자 참여 필수
- 모니터링 담당자는 해당 공정 현장 종사자로 구성
- HACCP 팀장은 대표자 또는 공장장으로 구성
- 팀 구성원별 책임과 권한 부여
- 팀별, 팀원별 구체적인 교대근무 시 인수·인계 방법 수립

2) 2절차 : 제품설명서 작성

두 번째 준비 단계는 제품설명서를 작성하는 것이다. 제품설명서에는 제품명, 제품유형 및 성상, 품목제조보고연월일, 작성자 및 작성연월일, 성분(또는 식자재)배합비율 및 제조(또는 조리)방법, 제조(포장)단위, 완제품의 규격, 보관·유통(또는 배식)상의 주의사항, 제품용도 및 유통(또는 배식)기간, 포장 방법 및 재질, 표시사항, 기타 필요한 사항이 포함되어야 한다. 일반적으로 제품설명서는 식품별로 작성함을

원칙으로 한다. 그러나 각 식품의 공정 등 특성이 같거나 비슷하여 식품유형별로 작성하여도 무방하다고 판단되는 경우 식품을 묶거나 식품유형별로 작성할 수 있다.

제품설명서의 각 사항의 작성 시 다음 사항을 참고하여야 한다.

(1) 제품명

제품명은 식품제조·가공업소의 경우 해당관청에 보고한 해당 품목의 '품목 제조(변경)보고서'에 명시된 제품명과 일치하여야 한다.

(2) 제품 유형

제품 유형은 '식품공전'의 분류체계에 따른 식품의 유형을 기재한다.

(3) 성 상

성상은 해당식품의 기본 특성(예 : 액상, 고상 등)뿐만 아니라 전체적인 특성(예 : 가열 후 섭취식품, 비가열 섭취식품, 냉장식품, 냉동식품, 살균제품, 멸균제품 등)을 기재한다.

(4) 품목제조 보고연월일

품목제조 보고연월일은 식품제조·가공업소의 경우에 해당하며, 해당식품의 '품목 제조(변경)보고서'에 명시된 보고 날짜를 기재한다.

(5) 작성자 및 작성연월일

제품설명서를 작성한 사람의 성명과 작성 날짜를 기재한다.

(6) 성분(또는 식자재)배합비율 및 제조(또는 조리) 방법

① 성분(또는 식자재)배합비율은 식품제조·가공업소의 경우 해당식품의 '품목제조(변경)보고서'에 기재된 원료인 식품 및 식품첨가물의 명칭과 각각의 함량을 기재한다. 대상식품이 많은 업소의 경우 원료목록표를 작성하면 원료에 대한 위해요소를 총괄적으로 분석하는 데 도움이 된다.

② 제조(또는 조리) 방법은 일반적인 방법을 기재하거나 '공정흐름도'로 갈음한다.

(7) 제조(포장) 단위

제조(포장) 단위는 판매되는 완제품의 최소 단위를 중량, 용량, 개수 등으로 기재한다.

(8) 완제품의 규격

완제품의 규격은 식품위생법과 대상고객, 사내규격 등을 참고하여 안전성과 관련된 항목에 대해 성상, 생물학적·화학적·물리적 항목과 각각의 규격을 기재한다.

(9) 제품용도 및 유통(또는 배식)기간

① 제품용도는 소비계층을 고려하여 일반건강인, 영유아, 어린이, 환자, 노약자, 허약자 등으로 구분하여 기재한다.

② 유통(또는 배식)기간은 식품제조·가공업소의 경우 '품목제조(변경)보고서'에 명시된 유통기한을 보관조건과 함께 기재하며, 식품접객업소의 경우 조리완료 후 배식까지의 시간을 기재한다.

③ 아울러 소비자 구매 시 섭취 방법(그대로 섭취, 가열조리 후 섭취)을 함께 기재한다.

(10) 포장 방법 및 재질

특이한 포장 방법이 있는 경우 그 방법을 구체적으로 기재하며, 포장재질은 내포장재와 외포장재 등으로 구분하여 기재한다.

(11) 표시사항

표시사항에는 '식품 등의 표시기준'의 법적 사항에 기초하여 소비자에게 제공해야 할 해당식품에 관한 정보를 기재한다.

(12) 보관 및 유통(또는 배식)상의 주의사항

해당식품의 유통·판매 또는 배식 중 특별히 관리가 요구되는 사항을 기재한다. 기본적으로 위생적인 요소Safety factors를 우선 고려하여 기재하고, 품질적인 사항 Quality factors을 포함시켜야 하는 경우에는 위생적인 요소와 구분하여 기재한다.

표 7-2 제품설명서 작성 예

제품설명서	
1. 제품명 제품 유형 성상	제품명 : 식품안전
	유형 : 빙과류
	성상 : 파인애플, 황도, 체리, 팥 등이 곁들여진 팥빙수
2. 품목제조보고 연월일 및 보고자	2008. 6. 1. 보고자 ○○○
3. 작성자 및 작성연월일	작성자 ○○○, 2008.6.1.
4. 성분배합비율(%)	물엿, 정백당, 고과당, 가당연유, 유화제, 로커스트빈검, 잔탄검, 정제염, 파인애플, 황도, 팥, 체리, 분쇄얼음, 정제수
5. 포장 단위	100ml

(계속)

제품설명서		
	법적 규격	자사 규격
6. 완제품 규격	• 성상 : 고유의 향미를 가지고 이미·이취가 없어야 한다. • 대장균군 : 10cfu/ml • 일반세균 : 3,000cfu/ml 이하	• 성상 : 고유의 향미를 가지고 이미·이취가 없어야 한다. • 대장균군 : 10cfu/ml • 일반세균 : 3,000cfu/ml • 리스테리아 : 음성 • 황색포두상구균 : 음성 • 이물 : 불검출(단, 금속이물 1.5mm 이상 불검출)
7. 보관·유통 및 주의사항	• 보관 : 제품생산 후 −20℃ 이하 냉동창고 보관 • 운송 : 차량운송 중 −18℃ 이하 냉동차로 운송 • 유통 : 유통과정 중 −18℃ 이하 유지상태로 유통	
8. 제품용도 및 유통기한	• 제품용도 : 일반건강인, 어린이, 환자, 노약자, 허약자 등의 기호식품(간식용) • 섭취방법 : 제품 그대로 섭취 • 유통기한(또는 제조일자) : ○○년 ○○월 까지(또는 제조일로부터 ○년(월)까지)	
9. 포장 방법 및 재질	• 포장방법 : 개별 용기 포장후, 박스포장 • 재질 : 내포장−용기류(폴리프로필렌, PP), 외포장−골판지	
10. 표시사항	• 내포장지 : 판매원, 제조원, 제품명, 보관 방법, 식품첨가물, 용량, 유형, 주원료명, 특정성분, 용기재질, 반품 및 교환장소, 가격, 고객상담팀 전화번호, 환경계도문, 소비자피해보상규정, 분리배출표시, 바코드 • 외포장지 : 제품명, 수량, 가격, 기타 주의사항 등	
11. 기타 필요한 사항	이미 냉동된 바 있으니 해동 후 재냉동시키지 마시길 바랍니다.	

3) 3절차 : 제품 용도 확인

세 번째 준비 단계는 해당 식품의 의도된 사용방법 및 대상 소비자를 파악하는 것이다. 그대로 섭취할 것인가, 가열조리 후 섭취할 것인가, 조리 가공 방법은 무엇인가, 다른 식품의 원료로 사용 되는가 등 예측 가능한 사용 방법과 범위, 그리고 제품에 포함될 잠재성을 가진 위해물질에 민감한 대상 소비자(예 : 어린이, 노인, 면역 관련 환자 등)를 파악하는 것이다. 이런 자료는 위해평가와 위해요소의 한계기준 결정에 중요한 자료가 된다.

4) 4절차 : 공정흐름도(제조공정도 등)

네 번째 준비단계로 HACCP팀은 업소에서 직접 관리하는 원료의 입고에서부터 완제품의 출하까지 모든 공정 단계들을 파악하여 공정흐름도Flow diagram를 작성하고 각 공정별 주요 가공조건의 개요를 기재한다. 이때, 구체적인 제조공정별 가공 방법에 대하여는 일목요연하게 표로 정리하는 것이 바람직하다. 또한, 작업 특성별 구획, 기계·기구 등의 배치, 제품의 흐름과정, 작업자 이동경로, 세척·소독조 위치, 출입문 및 창문, 공조시설 계통도, 용수 및 배수처리 계통도 등을 표시한 작업장 평면도 Plant schematic를 작성한다.

이러한 공정흐름도와 평면도는 원료의 입고에서부터 완제품의 출하에 이르는 해당식품의 공급에 필요한 모든 공정별로 위해요소의 교차오염 또는 2차 오염, 증식 등의 가능성을 파악하는 데 도움을 준다.

제조공정도에는 일련번호, 공정명, CCP 번호, 주요 조건 등을 기재하여야 하며, 공정별 가공 방법에는 공정명, 가공 방법 및 조건 등을 상세하게 기재하여야 한다.

5) 5절차 : 공정흐름도 현장 확인

다섯 번째 준비 단계는 작성된 공정흐름도 및 평면도가 현장과 일치하는지를 검증하는 것이다. 공정흐름도 및 평면도가 실제 작업 공정과 동일한지 여부를 확인하기 위하여 HACCP팀은 작업현장에서 공정별 각 단계를 직접 확인하면서 검증하여야 한다. 공정흐름도와 평면도의 작성 목적은 각 공정 및 작업장내에서 위해요소가 발생할 수 있는 모든 조건 및 지점을 찾아내기 위한 것이므로 정확성을 유지하는 것이 매우 중요하다. 따라서 현장검증 결과 변경이 필요한 경우에는 해당 공정흐름도나 평면도를 수정하여야 한다. 정확한 공정흐름도 및 평면도가 완성되면 본격적인 HACCP 계획을 개발할 수 있다. 그 후 작성된 각종 평면도와 계통도가 실제 현장과 일치하는지 확인과 변경 시마다 재 작성 후 현장 확인을 실시한다.

6) 6절차 : 위해요소분석

HACCP 관리계획의 개발을 위한 첫 번째 원칙은 위해요소 분석을 수행하는 것이다. 위해요소Hazard 분석은 HACCP팀이 수행하며, 이는 제품설명서에서 파악된 원·부재료별로, 그리고 공정흐름도에서 파악된 공정·단계별로 구분하여 실시한다. 이 과정을 통해 원·부재료별 또는 공정·단계별로 발생 가능한 모든 위해요소를 파악하여 목록을 작성하고, 각 위해요소의 유입경로와 이들을 제어할 수 있는 수단(예방수단)을 파악하여 기술하며, 이러한 유입경로와 제어수단을 고려하여 위해요소의 발생 가능성과 발생 시 그 결과의 심각성을 감안하여 위해Risk를 평가한다.

(1) 첫 번째 단계

원료별·공정별로 생물학적·화학적·물리적 위해요소와 발생 원인을 모두 파악하여 목록화하는 것이 도움이 된다.

표 7-3
생물학적·화학적·
물리적 위해요소의
정의와 실 예

구 분	정의 및 실제 예
생물학적 위해요소	제품에 내재되어 인체의 건강을 해할 우려가 있는 병원성 미생물, 부패미생물, 일반세균수, 대장균, 대장구균, 효모, 곰팡이, 기생충, 바이러스
화학적 위해요소	제품에 내재하면서 인체의 건강을 해할 우려가 있는 중금속, 농약, 항생물질, 항균물질, 사용 기준초과 또는 사용 금지된 식품첨가물 등 화학적 원인물질
물리적 위해요소	원료와 제품에 내재되어 인체의 건강을 해할 우려가 있는 인자 중에서 돌조각, 유리조각, 쇳조각, 플라스틱조각 등

(2) 두 번째 단계

파악된 잠재적 위해요소Hazard에 대한 위해Risk를 평가하는 것이다. 파악된 잠재적 위해요소에 대한 위해 평가는 위해 평가 기준을 이용하여 수행할 수 있다.

(3) 세 번째 단계

파악된 잠재적 위해요소의 발생원인과 각 위해요소를 안전한 수준으로 예방하거나 완전히 제거, 또는 허용 가능한 수준까지 감소시킬 수 있는 예방조치 방법이 있는지를 확인하여 기재하는 것이다.

이러한 예방조치에는 한 가지 이상의 방법이 필요할 수 있으며, 어떤 한 가지 예방조치 방법으로 여러 가지 위해요소가 통제될 수도 있다. 여기서는 현재 작업장에서 시행되고 있는 것만을 기재한다.

표 7-4
생물학적·화학적·
물리적 위해요소의
예방조치방법

구 분	예방조치 방법
생물학적 위해요소	• 시설 개·보수 • 원료 협력업체로부터 시험성적서 수령 • 입고되는 원료의 검사 • 보관, 가열, 포장 등의 가공조건(온도, 시간 등) 준수 • 시설·설비, 종업원 등에 대한 적절한 세척·소독 실시 • 공기 중에 식품 노출 최소화 • 종업원에 대한 위생교육

(계속)

구 분	예방조치 방법
화학적 위해요소	• 원료 협력업체로부터 시험성적서 수령 • 입고되는 원료의 검사 • 승인된 화학물질만 사용 • 화학물질의 적절한 식별 표시, 보관 • 화학물질의 사용기준 준수 • 화학물질을 취급하는 종업원의 적절한 훈련
물리적 위해요소	• 시설 개·보수 • 원료 협력업체로부터 시험성적서 수령 • 입고되는 원료의 검사 • 육안 선별, 금속검출기 등 이용 • 종업원 훈련

위해요소 분석 시 활용할 수 있는 기본 자료는 해당 식품 관련 역학조사자료, 업소자체 오염실태조사자료, 작업환경조건, 종업원 현장조사, 보존시험, 미생물시험, 관련 규정이나 연구자료 등이 있으며, 기존의 작업공정에 대한 정보도 이용될 수 있다. 이러한 정보는 위해요소와 관련된 목록 작성뿐만 아니라 HACCP 계획의 특별검증(재평가), 한계기준 이탈 시 개선조치방법 설정, 예측하지 못한 위해요소가 발생한 경우의 대처방법 모색 등에도 활용될 수 있다. 이와 같이 위해요소 분석은 해당식품 및 업소와 관련된 다양한 기술적·과학적 전문자료를 필요로 하며, 정확한 위해분석을 실시하지 못하면 효과적인 HACCP 계획을 수립할 수 없기 때문에 철저히 수행되어야 하는 중요한 과정이다.

아래는 위해요소 분석의 절차와 위해요소 분석표의 예를 나타낸 것이다.

그림 7–3
위해요소 분석 절차

잠재적 위해요소 도출 및 원인규명 → 위해평가 (심각성, 발생가능성) → 예방조치 및 관리방법 결정 → 위해요소 분석표 작성

표 7–5
위해요소 분석표

일련 번호	원부자재명/ 공정명	구분	위해요소		위험도 평가			예방조치 및 관리 방법
			명칭	발생원인	심각성	발생 가능성	종합 평가	
1		B						
		C						
		P						

7) 7절차 : 중요관리점 결정

위해요소 분석이 끝나면 해당 제품의 원료나 공정에 존재하는 잠재적인 위해요소를 관리하기 위한 중요관리점CCP을 결정해야 한다. 중요관리점이란 원칙 1에서 파악된 위해요소를 예방, 제거 또는 허용 가능한 수준까지 감소시킬 수 있는 최종 단계 또는 공정을 말한다.

CCP를 결정하는 하나의 좋은 방법은 중요관리점 결정도를 이용하는 것으로 이 결정도는 원칙1의 위해 평가 결과 중요위해(확인 대상)로 선정된 위해요소에 대하여 적용한다.

식품의 제조·가공조리공정에서 중요 관리점의 예

- 미생물 성장을 최소화할 수 있는 냉각공정
- 병원성 미생물을 사멸시키기 위하여 특정 시간 및 온도에서 가열 처리
- pH 및 수분활성도의 조절 또는 배지 첨가 같은 제품성분 배합
- 캔의 충전 및 밀봉 같은 가공 처리
- 금속검출기에 의한 금속이물 검출공정 등

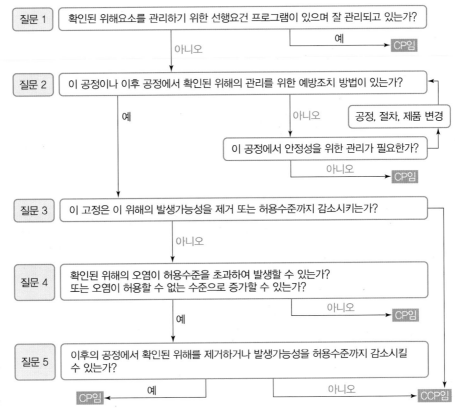

그림 7-4
중요관리점
결정도

CCP의 결정은 결정도와 결정표를 통해 이루어진다. 그림 7-4는 결정도의 한 예이다. 순차적으로 답을 해 나가는 과정 중 CP와 CCP를 결정할 수 있다. 이런 결정은 결정도의 질문을 설계하는 과정에 미리 위해요소 분석 결과, 위험도가 높은 항목 Hazard만 중요관리점 결정도에 적용하고 그 결과를 중요관리점 결정표에 작성하여 둔다. CCP 결정표의 답변은 '예', '아니오'로 답하도록 한다.

표 7-6 중요관리점 결정표

공정 단계	위해 요소	질문1 예 → CP 아니오 → 질문2	질문2 예 → 질문3 아니오 → 질문2	질문3 예 → CCP 아니오 → 질문4	질문4 예 → 질문5 아니오 → CP	질문5 예 → CP 아니오 → CCP	중요 관리점 결정

CCP 번호 부여 방법은 여러 개의 위해요소가 나오더라도 같은 공정이면 같은 번호를 부여하고, 위해요소의 종류를 생물학적이면 B, 화학적이면 C, 물리적이면 P로 표시한다. 예를 들어 첫 번째 CCP이고 생물학적 위해요소만 있으면 CCP-1B, 두 번째 CCP이고 생물학적 및 물리적 위해요소가 있으면 CCP-2BP로 표시한다.

8) 8절차 : CCP 한계기준 설정

세 번째 원칙은 HACCP팀이 각 CCP에서 취해야 할 예방조치에 대한 한계기준을 설정하는 것이다. 한계기준은 CCP에서 관리되어야 할 생물학적·화학적 또는 물리적 위해요소를 예방·제거 또는 허용 가능한 안전한 수준까지 감소시킬 수 있는 최대치 또는 최소치를 말하며, 안전성을 보장할 수 있는 과학적 근거에 기초하여 설정되어야 한다. 한계기준은 현장에서 쉽게 확인 가능하도록 가능한 한 육안관찰이나 간단한 측정으로 확인할 수 있는 수치 또는 특정지표로 나타내어야 한다.

CCP의 대표적인 한계 기준들

• 온도 및 시간
• pH
• 습도(수분)
• 금속검출기 감도

• 수분활성도Aw 같은 제품 특성
• 관련 서류 확인 등
• 염소, 염분농도 같은 화학적 특성

한계기준을 결정할 때는 법적 요구조건과 연구 논문이나 식품 관련 전문서적, 전문가의 조언, 생산 공정의 기본자료 등 여러 가지 조건을 고려해야 한다. 예를 들면 제품 가열 시 중심부의 최저 온도, 특정 온도까지 냉각시키는 데 소요되는 최소시간,

제품에서 발견될 수 있는 금속조각(이물질)의 크기 등이 한계기준으로 설정될 수 있으며, 이들 한계기준은 식품의 안전성을 보장할 수 있어야 한다.

한계기준은 초과되어서는 아니되는 양 또는 수준인 상한기준과 안전한 식품을 취급하는 데 필요한 최소량인 하한기준을 단독으로 설정할 수 있다. 상한기준의 예로는 금속 파편 크기 1.0mm 이하, 하한기준의 예로는 주정의 양을 일정량 이상으로 설정하는 것과 같은 것들이 있다.

아래 표는 한계기준 설정 예를 나타낸 것이다.

표 7-7
한계기준 설정 예

공정명	CCP	위해요소	위해요인	한계기준
가 열	CCP-1B	리스테리아모노사이토제니스, $E\ Coli$ $O_{157}:H_7$	가열온도 및 가열시간 미준수로 병원성 미생물 잔존	65℃ 이상, 1분 이상
세 출	CCP-2B	리스테리아모노사이토제니스, $E\ Coli$ $O_{157}:H_7$	세척방법 미준수로 병원성 미생물 잔존	6단 세척, 가수량 3배, 세척시간 5분 이상
소 독	CCP-3B	리스테리아모노사이토제니스, $E\ Coli$ $O_{157}:H_7$	소독농도 및 소독 시간 미준수로 병원성 미생물 잔존	소독농도 : 50~100ppm 소독시간 : 1분~1분 30초
금속검출	CCP-4B	금속이물	금속검출기 감도 불량으로 이물 잔존	철 2mm 이상 불검출 쇳가루 불검출

9) 9절차 : 각 중요관리점 CCP에 대한 모니터링 체계 확립

네 번째 원칙은 중요관리점을 효율적으로 관리하기 위한 모니터링 체계를 수립하는 것이다. 모니터링이란 CCP에 해당되는 공정이 한계기준을 벗어나지 않고 안정적으로 운영되도록 관리하기 위하여 종업원 또는 기계적인 방법으로 수행하는 일련의 관찰 또는 측정 수단이다.

모니터링 체계를 수립하여 시행하면

① 작업과정에서 발생되는 위해요소의 추적이 용이하며
② 작업공정 중 CCP에서 발생한 기준 이탈Deviation 시점을 확인할 수 있으며
③ 문서화된 기록을 제공하여 검증 및 식품사고 발생 시 증빙자료로 활용할 수 있다.

HACCP팀은 모니터링 활동을 수행함에 있어서 연속적인 모니터링을 실시해야 한다. 연속적인 모니터링이 불가능한 경우 비연속적인 모니터링의 절차와 주기(빈도수)는 CCP가 한계기준 범위 내에서 관리될 수 있도록 정확하게 설정되어야 한다.

모니터링 체계를 확립하는 순서 ●

1. 각 원료와 공정별로 가장 적합한 모니터링 절차를 파악한다.
2. 모니터링 항목을 결정한다.
3. 모니터링 위치/지점, 방법을 결정한다.
4. 모니터링 주기(빈도)를 결정한다.
5. 모니터링 결과를 기록할 서식을 결정한다.
6. 모니터링 담당자를 지정하고 훈련시킨다.

모니터링 주기 설정 시 작업공정 관리에 대한 통계학적 지식이 적용되면 더욱 효과적인 결과를 얻을 수 있다.

모니터링 결과는 개선조치를 취할 수 있는 지식과 경험 그리고 권한을 가진 지정된 자에 의해서 평가되어야 한다. 한계기준을 이탈한 경우에는 신속하고 정확한 판단에 의하여 개선조치가 취해져야 하는데, 일반적으로 물리적·화학적 모니터링이 미생물학적 모니터링 방법보다 신속한 결과를 얻을 수 있으므로 우선적으로 적용된다.

CCP를 모니터링 하는 종업원은 해당 CCP에서의 모니터링 항목과 모니터링 방법을 효과적으로 올바르게 수행할 수 있도록 기술적으로 충분히 교육·훈련되어 있어야 한다. 또한 모니터링 결과에 대한 기록은 예/아니오 또는 적합/부적합 등이 아닌 실제로 모니터링한 결과를 정확한 수치로 기록해야 한다.

 설정된 모니터링 방법이 올바른지 확인하는 질문 ●

- 모든 CCP가 포함되어 있는가?
- 모니터링의 신뢰성이 평가되었는가?
- 모니터링 장비의 상태는 양호한가?
- 작업 현장에서 실시하는가?
- 기록 서식은 사용하는 데 편리한가?
- 기록은 정확히 이루어지는가?
- 기록은 실시간으로 이루어지는가?
- 기록이 지속적으로 이루어지는가?
- 모니터링 주기가 적절한가?
- 시료 채취 계획은 통계적으로 적절한가?
- 기록 결과는 정기적으로 통계 처리하여 분석하는가?
- 현장 기록과 모니터링 계획이 일치하는가?

표 7-8
모니터링 방법의
예시

공정명	CCP	한계기준	모니터링 방법			
			대 상	방 법	주 기	담당자
가열	CCP-1B	65℃ 이상, 1분 이상	가열시간 온도	1. 가열기의 정상작동 유무를 확인한다. 2. 가열기에서 가열 온도와 시간을 모니터링 일지에 기록한다. 3. 모니터링 일지를 HACCP 팀장에게 승인받는다.	매 작업 시	공정 담당
세출	CCP-2B	6단 세척, 가수량 3배, 세척시간 5분 이상	세척 방법	1. 세척기의 정상작동 유무를 확인한다. 2. 세척 방법에 따라 세척시간, 횟수, 가수량을 모니터링 일지에 기록한다. 3. 모니터링 일지를 HACCP 팀장에게 승인받는다.	매 작업 시	공정 담당
소독	CCP-3B	소독농도 50~100ppm, 소독시간 1분~1분 30초	소독농도 시간	1. 소독기의 정상작동 유무를 확인한다. 2. 소독농도, 시간을 모니터링 일지에 기록한다. 3. 모니터링 일지를 HACCP 팀장에게 승인받는다.	매 작업 시	공정 담당
금속 검출	CCP-4B	철 2mm 이상 불검출, 쇳가루 불검출	금속 검출기 감도	1. 금속검출기의 정상작동 유무를 확인한다. 2. 테스트 피스를 이용하여 금속검출기의 감도를 기기, 제품에 측정한 후 모니터링 일지에 기록한다. 3. 모니터링 일지를 HACCP 팀장에게 승인받는다.	매 작업 시	공정 담당

10) 10절차 : 개선조치 확립

HACCP 계획은 식품으로 인한 위해요소가 발생하기 이전에 문제점을 미리 파악하고 시정하는 예방 체계이므로, 모니터링 결과 한계기준을 벗어날 경우 취해야 할 개선조치 방법을 사전에 설정하여 신속한 대응조치가 이루어지도록 하여야 한다. 일반적으로 취해야 할 개선조치 사항에는 공정 상태의 원상복귀, 한계기준 이탈에 의해 영향을 받은 관련 식품에 대한 조치사항, 이탈에 대한 원인 규명 및 재발 방지 조치, HACCP 계획의 변경 등이 포함된다.

개선조치 방법 설정 시 체크 사항 ●

1. 이탈된 제품을 관리하는 책임자는 누구이며, 기준 이탈 시 모니터링 담당자는 누구에게 보고하여야 하는가?
2. 이탈의 원인이 무엇인지 어떻게 결정할 것인가?
3. 이탈의 원인이 확인되면 어떤 방법을 통하여 원래의 관리상태로 복원시킬 것인가?
4. 한계기준이 이탈된 식품(반제품 또는 완제품)은 어떻게 조치할 것인가?
5. 한계기준 이탈 시 조치해야 할 모든 작업에 대한 기록·유지 책임자는 누구인가?
6. 개선조치 계획에 책임 있는 사람이 없을 경우 누가 대신할 것인가?
7. 개선조치는 언제든지 실행 가능한가?

개선조치 확립 순서 ●

1. 각 CCP별로 가장 적합한 개선조치 절차를 파악한다.
2. CCP별로 위해요소의 심각성에 따라 차등화하여 개선조치 방법을 결정한다.
3. 개선조치 결과의 기록 서식을 결정한다.
4. 개선조치 담당자를 지정하고 교육·훈련시킨다.

개선조치가 완료되면 확인해야 할 기본적인 사항 ●

1. 한계기준 이탈의 원인이 확인되고 제거되었는가?
2. 개선조치 후 CCP는 잘 관리되고 있는가?
3. 한계기준 이탈의 재발을 방지할 수 있는 조치가 마련되어 있는가?
4. 한계기준 이탈로 인해 오염되었거나 건강에 위해를 주는 식품이 유통되지 않도록 개선조치 절차를 시행하고 있는가?

표 7-9
개선조치 방법의 예

공정명	CCP	개선조치 방법
가열	CCP-1B	1. 가열 온도, 시간 이탈 시 • 공정 담당자는 즉시 작업을 중지한다. • 해당 제품은 즉시 재가열하고 CCP 모니터링 일지에 이탈 사항과 개선조치사항을 기록하고 생산관리팀장, HACCP팀장에게 보고한다. • 해당로트 제품을 품질관리 팀장에게 공정품 검사를 의뢰한다. 2. 기기 고장인 경우 • 공정 담당자는 즉시 작업을 중지하고 공정품을 보류한 뒤 CCP 모니터링 일지에 이탈 사항을 기록하고 공무팀에 수리를 의뢰한다. • 수리완료 후 공정품은 재가열한다. • CCP 모니터링 일지에 개선조치 사항을 기록하고 생산관리팀장, HACCP팀장에게 보고한다. • 해당로트 제품을 품질관리 팀장에게 공정품 검사를 의뢰한다.

(계속)

공정명	CCP	개선조치 방법
세출	CCP-2B	1. 세척횟수, 시간, 가수량 이탈 시 • 공정 담당자는 즉시 작업을 중지한다. • 해당 제품은 즉시 재세척하고 CCP 모니터링 일지에 이탈사항과 개선조치사항을 기록하고 생산관리팀장, HACCP팀장에게 보고한다. • 해당로트 제품을 품질관리 팀장에게 공정품 검사를 의뢰한다. 2. 기기 고장인 경우 • 공정 담당자는 즉시 작업을 중지하고 공정품을 보류한 뒤, CCP 모니터링 일지에 이탈사항을 기록하고 공무팀에 수리를 의뢰한다. • 수리완료 후 공정품은 재세척한다. • CCP 모니터링 일지에 개선조치 사항을 기록하고 생산관리팀장, HACC 팀장에게 보고한다. • 해당로트 제품을 품질관리 팀장에게 공정품 검사를 의뢰한다.
소독	CCP-3B	1. 소독농도, 시간 이탈 시 • 공정 담당자는 즉시 작업을 중지한다. • 소독농도를 보정하고 해당 제품은 재소독하고 CCP 모니터링 일지에 이탈사항과 개선조치사항을 기록하고 생산관리팀장, HACCP팀장에게 보고한다. • 해당로트 제품을 품질관리 팀장에게 공정품 검사를 의뢰한다. 2. 기기 고장인 경우 • 공정 담당자는 즉시 작업을 중지하고 공정품을 보류한 뒤, CCP 모니터링 일지에 이탈사항을 기록하고 공무팀에 수리를 의뢰한다. • 수리완료 후 공정품은 재소독한다. • CCP 모니터링 일지에 개선조치 사항을 기록하고 생산관리팀장, HACCP 팀장에게 보고한다. • 해당로트 제품을 품질관리 팀장에게 공정품 검사를 의뢰한다.
금속 검출	CCP-4B	1. 제품에 혼입될 경우 • 공정 담당자는 즉시 작업을 중지한다. • 해당 제품을 재통과하여 확인하고 혼입이 확인될 경우 CCP 모니터링 일지에 이탈 사항과 개선조치사항을 기록하고 생산관리팀장, HACCP 팀장에게 보고한다. • 해당로트 제품을 품질관리 팀장에게 공정품 검사를 의뢰한다. 2. 기기 고장인 경우 • 공정 담당자는 즉시 작업을 중지하고 공정품을 보류한 뒤, CCP 모니터링 일지에 이탈 사항을 기록하고 공무팀에 수리를 의뢰한다. • 수리완료 후 CCP 모니터링 이지에 개선조치사항을 기록하고 생산관리팀장, HACCP팀장에게 보고한다. • 해당로트 제품은 재통과시킨다. 3. 감도 저하 시 • 공정 담당자는 즉시 작업을 중지하고 공정품을 보류한 뒤, CCP 모니터링 일지에 이탈사항을 기록하고 기기 감도를 측정하여야 한다. • 감도 확인 후 CCP 모니터링 일지에 개선조치사항을 기록하고 생산관리팀장, HACCP팀장에게 보고한다. • 해당로트 제품을 품질관리 팀장에게 공정품 검사를 의뢰한다.

11) 11절차 : 검증절차 확립

여섯 번째 원칙은 HACCP 시스템이 적절하게 운영되고 있는지를 확인하기 위한 검증 절차를 설정하는 것이다. HACCP 팀은 HACCP 시스템이 설정한 안전성 목표를 달성하는데 효과적인지, HACCP 관리계획에 따라 제대로 실행되는지, HACCP 관리계획의 변경 필요성이 있는지를 확인하기 위한 검증 절차를 설정하여야 한다.

HACCP팀은 이러한 검증활동을 HACCP 계획을 수립하여 최초로 현장에 적용할 때, 해당 식품과 관련된 새로운 정보가 발생되거나 원료·제조공정 등의 변동에 의해 HACCP 계획이 변경될 때 실시하여야 한다. 또한, 이 경우 외에도 전반적인 재평가를 위한 검증을 연 1회 이상 실시하여야 한다.

검증 내용은 HACCP 계획에 대한 유효성 평가Validation와 HACCP 계획의 실행성 검증으로 나누어진다. HACCP 계획의 유효성 평가는 HACCP 계획이 올바르게 수립되어 있는지 확인하는 것으로 발생 가능한 모든 위해요소를 확인·분석하고 있는지, CCP가 적절하게 설정되었는지, 한계기준이 안전성을 확보하는 데 충분한지, 모니터링 방법이 올바르게 설정되어 있는지 등을 과학적·기술적 자료의 수집과 평가를 통해 확인하는 검증 요소이다. HACCP 계획의 실행성 검증은 HACCP 계획이 설계된 대로 이행되고 있는지를 확인하는 것으로 작업자가 정해진 주기로 모니터링을 올바르게 수행하고 있는지, 기준 이탈시 개선조치를 적절하게 하고 있는지, 검사·모니터링 장비를 정해진 주기에 따라 검·교정하고 있는지 등을 확인하는 것이다.

12) 12절차 : 문서화 및 기록 유지

일곱 번째 원칙은 HACCP 체계를 문서화하는 효율적인 기록 유지 방법을 설정하는 것이다. 기록 유지는 HACCP 체계의 필수적인 요소이며, 기록 유지가 없는 HACCP 체계의 운영은 비효율적이며 운영 근거를 확보할 수 없기 때문에 HACCP 계획의 운영에 대한 기록의 개발 및 유지가 요구된다.

HACCP 체계에 대한 기록 유지 방법 개발에 접근하는 방법 중의 하나는 이전에 유지 관리하고 있는 기록을 검토하는 것이다. 가장 좋은 기록 유지 체계는 필요한 기록내용을 알기 쉽게 단순하게 통합한 것이다. 즉, 기록 유지 방법을 개발할 때에는 최적의 기록 담당자 및 검토자, 기록 시점 및 주기, 기록의 보관 기간 및 장소 등을 고려하여 가장 이해하기 쉬운 단순한 기록 서식을 개발하여야 한다.

7원칙 12절차에 따라 HACCP 관리계획이 수립되면 해당 계획을 HACCP 계획 일람표 양식에 따라 일목요연하게 도표화하여 기록·관리한다. 이렇게 HACCP 관리계획이 작성되면 HACCP 팀원 및 현장 종업원들에 대한 교육을 통하여 해당 내용을 주지시킨 후 현장에 시범 적용토록 하여 실제 현장에 적용하였을 경우 효과가 있는지, 종사자들이 실행함에 있어 문제점은 없는지 등을 확인하여야 한다. 이러한 과정을 '최초 검증'이라 하는데, HACCP 관리계획이 수립되면 반드시 이 과정을 거쳐야 한다. 최초 검증 결과 미흡사항 또는 문제점 등에 대하여는 반드시 해결책을 찾아 HACCP 관리계획에 반영·개선한 후 HACCP 시스템을 본격적으로 운영하여야 한다.

표 7-10
HACCP 체계의 운영과 관련된 기록 목록의 예

대상 항목	실제 예
원 료	• 규격에 적합함을 증빙하는 원료공급업체의 시험증명서 • 공급업체의 시험성적서를 검증한 업소의 지도·감독 기록 • 온도에 민감하거나 유통기한이 설정된 원료에 대한 보관온도 및 기간 기록
공정관리	• CCP와 관련된 모든 모니터링 기록 － 식품 취급과정이 적절하게 지속적으로 운영하는지를 검증한 기록
완제품	• 식품의 안전한 생산을 보장할 수 있는 자료 및 기록 － 제품의 안전한 유통기한을 입증할 수 있는 자료 및 기록 － HACCP 계획의 적합성을 인정한 문서
보관 및 유통	• 보관 및 유통온도 기록 － 유통기간이 경과된 제품이 출고되지 않음을 보여 주는 기록
한계기준 일탈 및 개선조치	• CCP의 한계기준 이탈 시 취해진 공정이나 제품에 대한 모든 개선조치 기록
검 증	• HACCP 계획의 설정, 변경 및 재평가 기록
종업원 교육	• 식품위생 및 HACCP 수행에 관한 교육훈련 기록

5 HACCP 적용 추진 절차

앞에서 설명한 HACCP의 12절차와는 별도로 식품 제조·가공 업체 및 집단급식소에서 HACCP 적용을 추진할 때의 절차는 그림 7-5와 같다.

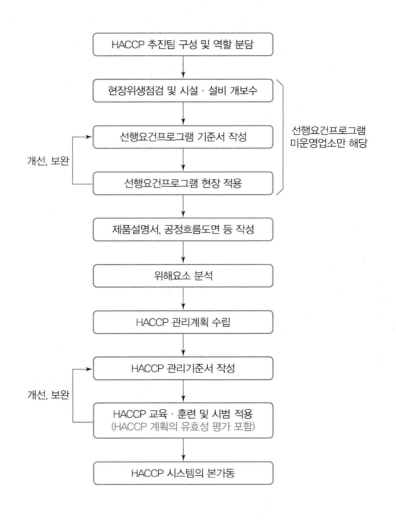

그림 7-5
HACCP 적용
추진 절차

절차	주요 할 일
HACCP 추진팀 구성 및 역할분담	• HACCP시스템의 확립과 운용을 주도적으로 담당할 HACCP팀 구성 • 품질관리, 생산, 공무, 연구 개발 등 다양한 분야의 직원으로 구성 • 팀장 및 팀원별로 각각 구체적이고 실질적인 역할을 분담
현장위생점검 및 시설·설비 개보수	• 식품을 위생적으로 생산·조리하기 위한 기본적인 위생시설·설비 및 위생관리 현황을 점검 • 기본적인 GMP, SSOP 구축·운영에 필요한 문제점을 개선·보완
선행요건프로그램 기준서 작성 및 현장 적용	• 영업장, 위생, 제조시설·설비, 냉장·냉동설비, 용수, 보관·운송, 검사, 회수프로그램 관리를 포함하는 선행요건 프로그램 기준서를 작성 • 현장 적용 후 실행상의 문제점·개선점을 파악, 기준서를 개정
제품설명서, 공정흐름도면 등 작성	• 제품성분, 규격, 유통기한, 사용용도 등을 포함하는 제품설명서를 작성 • 제조·가공·조리공정도, 작업장 평면도, 공조시설 계통도, 용수 및 배수 처리 계통도 등을 작성 • 상기 자료는 위해분석의 기초자료로 활용

표 7-11
HACCP 적용
추진 절차와
주요 할 일

(계속)

절 차	주요 할 일
위해요소 분석, HACCP 관리계획 수립	• 원료별 제조공정별 발생가능한 위해요소들에 대한 위해평가를 실시 • 중요관리점, 한계기준, 모니터링 방법, 기준 이탈 시 개선조치 방법 등을 포함하는 HACCP 관리계획 수립
HACCP 관리기준서 작성	• HACCP팀 구성, 제품설명서, 공정흐름도, 위해요소분석, 중요관리점 결정, 한계기준 설정, 모니터링 방법의 설정, 개선조치, 검증, 교육훈련, 기록유지 및 문서화 등을 포함하는 HACCP 관리기준서를 작성
HACCP 교육·훈련 및 시범적용	• 현장 종업원, 관리자, HACCP 팀원 등을 대상으로 수립된 HACCP 관리계획에 대한 교육·훈련 후 현장에 시범 적용 • 실제 수립된 계획이 현장에 적용하였을 경우 효과적으로 적용·운영되는지 반드시 확인(유효성 평가 실시)
HACCP 시스템의 본가동	• 유효성 평가 결과를 HACCP 관리계획에 반영하여 문제점을 개선하여 HACCP 시스템을 본격적으로 운영 • 1개월간의 운영 실적을 첨부하여 식품의약품안전청에 HACCP 적용업소 지정 신청

01 다음은 식품위생법(시행 2018.6.20., 법률 제15277호, 2017.12.19., 일부개정) 제64조, 제65조, 제67조, 제68조에 규정된 두 식품위생단체의 수행 사업 중 일부이다. 단체 ①, ②의 명칭을 순서대로 쓰시오. [2점] 유사기출

단체 ①	• 식품산업에 관한 조사·연구 • 식품 및 식품첨가물과 그 원재료에 대한 시험·검사 업무 • 식품위생과 관련한 교육 • 영업자 중 식품이나 식품첨가물을 제조·가공·운반·판매 및 보존하는 자의 영업시설 개선에 관한 지도
단체 ②	• 국내외 식품안전정보의 수집·분석·정보 제공 등 • 식품이력추적관리의 등록·관리 등 • 식품사고가 발생한 때 사고의 신속한 원인규명과 해당 식품의 회수·폐기 등을 위한 정보 제공 • 식품위해정보의 공동활용 및 대응을 위한 기관·단체·소비자단체 등과의 협력 네트워크 구축·운영

① : _____ ② : _____

02 위해요소분석(HA)을 통하여 생물학적·화학적·물리적 위해요소를 정하고 이를 관리하기 위한 중요관리점(CCP)을 결정하는 것은 HACCP(Hazard Analysis and Critical Control Point) 7원칙 중 핵심 사항이다. 다음은 우유류 제조 공정에서 중요관리점으로 고려되는 항목들이다. 괄호 안의 ①, ②에 해당하는 단어를 순서대로 쓰시오. [2점] 유사기출

> • 미생물 성장을 최소화할 수 있는 (①   ) 공정
> • 병원성 미생물을 사멸시키기 위한 특정 시간 및 온도에서의 (②   ) 처리 공정

① : _____ ② : _____

03 다음은 세계보건기구(WHO)의 국제건강증진회의 관련 방송 내용이다. 괄호 안 ①에 해당하는 용어와 밑줄 친 ②에 해당하는 건강 증진 활동 영역(Health Promotion Action Means)의 4가지 핵심 내용을 서술하시오. [5점] 유사기출

기 자	저는 지금 WHO의 제8차 국제건강증진회의(8th Global Conference on Health Promotion)가 열리고 있는 현장에 나와 있습니다. 한국에서 오신 보건복지부 A 과장님을 모시겠습니다. 안녕하십니까? 이번이 벌써 세 번째 회의인데, 첫 번째 회의는 언제 열렸지요?
A 과장	네, 1986년에 개최되었습니다.
기 자	당시에는 건강 증진에 대한 사회적 관심이 아무래도 적었을 텐데요.
A 과장	그렇죠. WHO 1차 회의에서 건강 증진에 대한 정의가 제시되었고, 건강 증진을 위한 5가지 주요 활동 영역도 그 당시 채택된 (①) 헌장에 제시된 바 있습니다.
기 자	그렇군요. 첫 번째 건강 증진 활동 영역은 무엇입니까?
A 과장	네, 첫 번째 활동 영역은 '건강한 공공정책 수립'입니다. 이 영역은 정책 결정자들에게 건강에 대한 책임감 자각을 강조하고 입법, 재무, 조세, 조직 변화 등 다양한 측면을 포함한 건강 증진 정책 수립과 이를 촉진하기 위한 활동을 포함합니다.
기 자	네, 나머지 ② <u>4가지 건강 증진 활동 영역</u>의 핵심 내용은 무엇인가요?
	… (중략) …
기 자	이상 핀란드 헬싱키에서 ○○○ 기자였습니다.

① : _____ ② : _____

_____

_____

04 다음은 단체급식에서 운영하고 있는 HACCP(식품위해요소 중점관리기준)의 7원칙을 단계별로 제시한 것이다. ㉠, ㉡에 해당하는 명칭을 쓰고, 밑줄 친 과정에서 한계기준이 될 수 있는 요소 2가지를 쓰시오. 기출문제

위해요소 분석 → 중점관리점(CCP) 결정 → 각 CCP에 대한 한계기준 설정 → 각 CCP에 대한 모니터링 방법 설정 → (㉠) → 검증 방법의 설정 → (㉡)

㉠ : _____ ㉡ : _____

한계기준 설정 요소 ① : _____ ② : _____

해설 HACCP의 7가지 원칙은 매우 중요하므로 순서대로 모두 기억하여야 한다. 7가지 원칙은 위해분석, 중요 관리점의 설정, 허용한도의 설정, 모니터링 방법의 설정, 시정조치의 설정, 검증절차의 설정, 기록 유지 방법의 설정이다. 한계기준 설정 요소에서 우리가 주의할 것은 온도, 시간과 2차 오염에 대한 내용이다.

05 HACCP(위해요소중점관리)의 7원칙에 입각해서 각 급식소마다 시스템을 개발하고자 한다. 이 시스템의 설계 단계에서는 식품 위해요소의 분석, 중요관리점의 설정, 관리기준의 설정의 3개 원칙이 필요하다. 시스템 실행 단계와 유지 단계에 필요한 HACCP 원칙을 각각 2개씩 순서대로 쓰시오. 기출문제

시스템 실행 단계 _____

시스템 유지 단계 _____

해설 근본적으로는 HACCP의 7개 원칙에 대한 내용을 묻고 있다. 앞에 3가지는 이미 설명되어 있으니 중요관리점의 모니터링, 위해허용한도의 이탈 시 시정조치의 설정, 검증 절차의 수립과 기록의 유지에 대한 내용을 문제에 맞도록 배치하면 된다.

06 어떤 학교에서 식재료의 위생관리와 안전성을 위하여 HACCP(식품위해요소 중점관리기준) 시스템을 도입하고 있다. 메뉴 중 불고기에 HACCP 적용 매뉴얼을 작성하려고 한다. 조리 과정 중에 중요하게 다뤄야 할 중점관리요소(CCP)를 3가지만 쓰시오. 기출문제

① : _____ ② : _____ ③ : _____

해설 중점관리요소는 온도, 시간과 2차 오염에 대한 내용이 들어가면 된다. 소고기의 저장시간, 저장온도와 검수된 날짜가 서로 다른 쇠고기의 보관 방법과 같은 것들이 중점관리요소가 될 수 있다.

07 식품의 위생적 관리와 안전성을 확보하기 위하여 종합적인 자율규제 방법으로 HACCP(식품위해요소 중점관리기준) 시스템 제도가 개발되었다. 이 시스템의 정의를 쓰고, HACCP에서 HA와 CCP의 의미를 각각 쓰시오. 기출문제

정의 _____

HA의 의미 _____

CCP의 의미 _____

해설 HACCP는 HA(hazard analysis)와 CCP(critical control point)가 합쳐진 단어이다. 위해요소를 분석하고 분석한 것을 토대로 식품위생상 중요한 부분을 조절하는 것이 바로 HACCP이다.

08 식품위해요소 중점관리시스템(HACCP System : Hazard Analysis Critical Control Point System)은 식품의 원료, 제조, 가공 및 유통의 모든 단계에서 위해(危害) 물질이 해당 식품에 혼입되거나 오염되는 것을 사전에 방지하기 위하여 각 과정을 중점적으로 관리하는 제도를 말한다. 우리나라를 비롯한 선진 각국에서 식품의 위생적 관리와 안전성 확보를 위해 활용하고 있는 새롭고 종합적인 자율 규제 방법이다. 이 제도를 적용하기 위해서는 7대 원칙이 충족되어야 한다. 아래 빈칸에 7대 원칙을 순서대로 쓰시오. 기출문제

	7대 원칙
①	
②	중요관리점(CCP : Critical Control Point)의 설정
③	관리한계기준(CL : Critical Limit)의 설정
④	
⑤	개선조치의 설정
⑥	
⑦	

해설 HACCP의 7원칙을 묻는 문제이다.

09 식품위해요소 중점관리제도(HACCP)란 식품의 원재료 생산에서부터 최종 제품의 제조, 가공, 유통 단계를 거쳐 최종 소비자가 섭취하기 전까지의 각 단계에서 발생할 우려가 있는 위해를 사전에 예방하는 위생관리체계를 의미한다. HACCP의 시행은 7단계로 이루어지는데 이를 순서대로 적으시오. 기출문제

순서	단계
1	
2	
3	
4	
5	
6	
7	

해설 HACCP의 7원칙을 묻는 문제이다.

10 수입 식품의 증가와 '기생충 김치' 파동 등을 통하여 식품의 안전성이 국민적 관심사로 대두되고 있다. 식품위생법에 도입하여 시행하고 있는 HACCP의 특징을 3줄 이내로 쓰고, 이를 성공적으로 수행하기 위한 7대 원칙 중 4개만 쓰시오. 기출문제

HACCP의 특징 _____

_____

_____

7대 원칙 _____

_____

해설 HACCP의 정의와 7원칙을 묻는 문제이다.

11 최근 들어 식품위해요소 중점관리기준을 적용하는 사업장들이 늘어나고 있다. 식품위해요소 중점관리기준은 위해 소지가 있는 요소들을 미리 찾아 분석하고 평가하여 위해의 발생을 미리 방지하고 제거하는 것이다. 최근 미국에서는 건강적 이유로 두부의 소비가 증가하고 있다. 두부를 제조함에 있어서 중점적으로 주의하여야 할 위해요소분석(HA)을 3가지만 쓰시오.

① : _____

② : _____

③ : _____

해설 두부를 만드는 과정을 머릿속에, 그리고 그 과정에서 위해요소가 발견될 수 있는 부분을 찾아보도록 하자. 두부의 제조공정을 정확히 알면 어려운 내용이 아닐 것이라 생각된다. 두부를 만드는 과정과 사용하는 재료들은 수분함량이 높아 미생물 생육에 의한 위해가 많이 존재할 수 있다. 간수의 종류와 첨가량도 신경을 써야 하며, 사용하는 대두의 원산지와 GMO 여부와 농약과 보존제의 첨가와 같은 것들이 중요한 위험요소가 될 수 있다.

12 최근 들어 의약품을 중심으로 GMP 혹은 KGMP라는 말이 자주 나오고 있다. GMP란 무엇인지 간단히 설명하시오.

_____

_____

해설 본문의 내용을 참고한다.

13 미국 FDA에서는 GRAS라는 개념을 채택하고 있다. GRAS라는 개념은 식품의 안전성과 연관이 있는 개념으로 최근 우리나라의 김치가 GRAS로 인증을 받았다. GRAS란 어떤 것인지 간단히 쓰고, GRAS로 인증될 수 있는 식품을 3가지 쓰시오(이미 인증받은 것도 상관없음).

> GRAS란 _____

_____

> GRAS를 인증받거나 인증될 수 있는 식품

① : _____ ② : _____ ③ : _____

해설 GRAS는 오래전부터 사람이 섭취한 식품으로 특별한 실험 없이도 안전하다고 생각되는 식품의 안전성 평가를 위한 제도이다. 우리나라의 김치, 청국장, 된장, 간장과 같은 발효식품들이 인증을 받거나 받을 수 있는 식품들이다.

14 최근 "A 기업은 ISO 9001을 취득했습니다"라는 광고 문구를 쉽게 접할 수 있다. ISO란 무엇인지 2줄 이내로 간단히 설명하시오.

_____

_____

해설 ISO는 international organization for standardization의 약자로 우리나라의 KS와 같은 국제 규격을 말한다.

15 가공식품에는 상품명과 제조원, 판매원을 표시하여야 한다. 이를 식품표시기준이라고 한다. 식품표시기준은 강제적·의무적 표시 내용으로 이를 통해 우리는 가공식품에 대한 여러 정보를 알 수 있다. 가공식품의 표지에는 영양성분표가 붙어 있는 경우도 있다. 영양성분표는 식품의 영양함량을 표시하는 것으로 몇몇 식품을 제외하고는 권고 사항이다. 영양교사로서 가공식품을 선택하려는 학생들에게 식품표시기준과 영양성분표의 확인을 계몽하는 교육을 할 때 꼭 들어가야 할 교육 내용을 3가지씩 적으시오.

> 식품표시기준

① : _____

② : _____

③ : _____

영양성분표

① : _____

② : _____

③ : _____

해설 식품표시기준은 식품의 포장과 외부에 의무적으로 표시해야 하는 것으로, 식품명과 첨가된 원재료 혹은 유통기간이나 제조회사 등을 적어 두는 것이다. 식품표시기준을 읽는 법을 통해 믿을만한 회사 제품인지, 국산인지의 여부를 알 수 있다. 또한 인공첨가물의 첨가 정도, 제조한 시간으로부터 지난 시간 등을 알 수 있다. 이런 것을 미리 알게 되면 가공식품을 결정하는 데 많은 도움을 받을 것이다. 영양성분표의 내용을 통해서는 식품의 칼로리, 영양성분의 함량을 알아 어느 정도를 먹어야 되는지, 혹시 피해야 되는 영양성분은 있는지 등을 알 수 있다. 유아와 어린이들의 경우 영양 성분표를 읽고 섭취 식품을 결정하는 것은 매우 중요하다.

16 급식소의 숙주나물 무침 작업 공정 중 일부이다. 식품위해요소 중점관리기준(HACCP)의 중요관리점에 해당되는 것으로 옳은 것만을 있는 대로 고른 것은? 기출문제

┌─────────────────────────┐
│ ㉠ 숙주나물 씻기   │
└─────────────────────────┘
             ↓
┌─────────────────────────┐
│ ㉡ 숙주나물 데치기   │
└─────────────────────────┘
             ↓
┌─────────────────────────┐
│ ㉢ 용기 안에서 숙주나물 양념 무치기 │
└─────────────────────────┘
             ↓
┌─────────────────────────┐
│ ㉣ 숙주나물 무침 보관하기 │
└─────────────────────────┘
             ↓
┌─────────────────────────┐
│ ㉤ 숙주나물 무침 배식하기 │
└─────────────────────────┘

① ㄱ, ㄴ, ㄹ   ② ㄴ, ㄷ, ㄹ   ③ ㄴ, ㄹ, ㅁ
④ ㄱ, ㄴ, ㄷ, ㅁ   ⑤ ㄴ, ㄷ, ㄹ, ㅁ

정답 ⑤

17 HACCP(Hazard Analysis and Critical Control Point)은 식품의 '위해요소 중점관리기준'이다. GMP(Good Manufacturing Practice)방식과 HACCP을 비교한 내용으로 옳은 것만을 〈보기〉에서 있는 대로 고른 것은? 기출문제

> 보기
>
> ㄱ. 조치 단계에서 GMP 방식은 문제 발생 전에 신속한 관리가 가능하지만, HACCP는 문제 발생 후에 조치가 가능하다.
> ㄴ. 신속성에 있어서 GMP 방식은 시험분석에 장시간이 소요되나, HACCP는 이화학적 관리로서 필요 시 즉각적인 조치가 가능하다.
> ㄷ. 소요비용에 있어서 GMP 방식은 제품 분석에 많은 비용이 들지만, HACCP는 저렴하다.
> ㄹ. 위해요소 관리범위에 있어서 GMP 방식은 많은 위해요소를 관리할 수 있지만, HACCP는 제한된 위해요소만을 관리할 수 있다.
> ㅁ. GMP 방식은 실험실 등에서 전문 검사원이 작업현장과 완제품을 검사·관리하는 데 비하여, HACCP는 현장에서 작업에 임하는 종업원이 위해요소를 직접 관리하면서 작업을 하게 된다.

① ㄱ, ㄴ ② ㄴ, ㄹ ③ ㄱ, ㄹ, ㅁ ④ ㄴ, ㄷ, ㅁ ⑤ ㄷ, ㄹ, ㅁ

정답 ④

---

18 다음은 급식소에 HACCP를 도입할 때 필요한 12절차의 일부이다. 절차에 대한 내용 중에서 옳게 설명한 것만을 〈보기〉에서 모두 고른 것은? 기출문제

> 보기
>
> ㄱ. 제품의 특징 기술 : 생산 메뉴의 종류, 식재료, 조리공정, 메뉴의 특성, 보존조건, 포장조건, 제품의 용도, 급식 대상 등을 작성
> ㄴ. 생산 공정흐름도 작성 : 조리공정은 비가열 / 가열 / 가열조리 후 처리 공정으로 나누고 생산 공정흐름도가 실제 작업공정과 동일한지 여부 확인
> ㄷ. 위해요소 분석 : 메뉴와 조리법, 시설설비환경, 온도와 소요시간 등 모든 생산 단계에서 잠재 위해 발생 가능성을 분석, 해석하여 예방 방법 확립
> ㄹ. 한계기준 설정 : 중요관리점이 적정하게 관리되고 있는지 확인하기 위하여 수분활성도, 온도와 소요시간, 개인위생 등에 대한 제어방식 및 관리기준을 설정
> ㅁ. 개선조치방법수립 : 소독제 농도 확인, 온도와 소요시간 측정, 납품된 식품의 반품과 납품업체에 대해 경고조치 등의 개선 방법 확립

① ㄱ, ㄴ ② ㄷ, ㄹ ③ ㄱ, ㄷ, ㅁ ④ ㄴ, ㄹ, ㅁ ⑤ ㄱ, ㄷ, ㄹ, ㅁ

정답 ②

19 급식소에서 실시하는 HACCP(Hazard Analysis Critical Control Point) 프로그램의 7원칙에 기준하여 〈보기〉의 예를 순서대로 나열한 것은? [기출문제]

> **보기**
>
> ㄱ. 냉장고 온도의 유지 기준을 5℃ 이하로 하였다.
>
> ㄴ. 냉장고 관리 일지를 주기적으로 확인하도록 하였다.
>
> ㄷ. 냉장고 온도는 1일 2회 조리장이 확인하고 기록하도록 하였다.
>
> ㄹ. 냉장 식품의 부적절한 보관으로 미생물이 증식할 수 있음을 파악하였다.
>
> ㅁ. 냉장고별 온도기록표, 관리일지, 관리에 대한 교육 자료는 1년간 보관하도록 하였다.
>
> ㅂ. 냉장고 온도가 6℃ 이상일 때는 냉각 장치를 확인하고 고장난 경우 수리를 요청하도록 하였다.
>
> ㅅ. 냉장 식품을 적정 온도로 저장하는 것을 식품의 안전성 확보를 위한 중요한 사항으로 결정하였다.

① ㄹ－ㅅ－ㄱ－ㄷ－ㅂ－ㄴ－ㅁ   ② ㄹ－ㅅ－ㄱ－ㄴ－ㅂ－ㄷ－ㅁ

③ ㄹ－ㅅ－ㄷ－ㄱ－ㅂ－ㅁ－ㄴ   ④ ㅅ－ㄹ－ㄱ－ㄷ－ㅂ－ㄴ－ㅁ

⑤ ㅅ－ㄹ－ㄷ－ㄱ－ㅂ－ㅁ－ㄴ

[정답] ①

20 HACCP(식품위해요소 중점관리기준) 적용을 위한 7원칙 중 하나에 대한 설명이다. 해당되는 원칙은? [기출문제]

> • HACCP 계획 및 운영이 적절한지 여부를 정기적으로 평가하는 조치이다.
>
> • HACCP 계획을 재검토하고, 중요관리점(CCP)과 한계기준(CL)이 적절하게 관리되어 감시되고 있는가를 확인하기 위하여 설계되어야 한다.
>
> • 제품 위반에 대한 조치와 기록의 기입이 정확하게 행해지고 있는지의 여부를 확인하기 위하여 설계되어야 한다.
>
> • HACCP 계획의 확인 및 감사, 무작위 시료 채취 및 분석을 포함하는 방법 및 검사를 통하여 HACCP이 올바르게 작동할 수 있는지를 판단할 수 있도록 확립되어야 한다.

① 검증 절차 확립   ② 개선 조치 절차 확립

③ 중요 관리점(CCP) 결정   ④ 감시(monitoring) 절차 확립

⑤ 기록 유지 및 문서화 절차 확립

[정답] ①

21 단체 급식 시설에 HACCP(식품위해요소 중점관리) 시스템의 7대 원칙을 적용하고자 한다. 다음에 해당되는 원칙은? [기출문제]

> • 식품의 위해요소를 예방, 제거하거나 허용 수준 이하로 감소시켜 식품의 안전성을 확보할 수 있는 중요한 과정이다.
> • 파악한 위해요소를 식품 조리 과정 중에 제거하거나 위해의 발생을 방지하기 위하여 원재료의 취급 및 조리에 해당하는 모든 장소, 공정, 작업 과정을 결정하여야 한다.

① 개선 조치의 설정 ② 중점 관리점의 규명
③ 관리 한계 기준 설정 ④ 모니터링 방법의 설정
⑤ 식품 위해요소의 분석

정답 ②

PART 4

단체급식

단체급식의 이해
급식영양관리
급식구매관리
급식생산관리
급식원가관리
급식경영관리
급식인적자원관리
급식시설관리

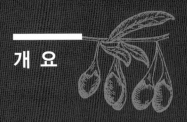

개 요

급식산업은 21세기로 접어들면서 단체급식과 외식산업의 시장 규모가 급성장하면서 국내 서비스 산업의 주요 부문을 차지하게 되었다. 1990년대 이후 본격적으로 성장한 급식산업은 조직 내 급식경영시스템의 정비와 함께 산업적 기반이 구축되기 시작하였고, 2000년 이후 급식시장이 성숙기로 진입하면서 체계적이고 혁신적인 단체급식 시스템의 이해와 급식경영의 필요성이 더욱 커지고 있다.

단체급식은 영양학, 식품학, 조리과학, 식품위생학 등의 학문을 기초로 고품질의 음식과 서비스를 생산·제공하기 위하여 필요한 단체급식의 정의와 개념을 비롯한 메뉴관리, 영양관리, 식재료의 선택 및 저장관리, 급식생산관리, 위생·식품안전관리, 급식생산관리, 시설·설비관리, 원가 및 재무관리 등을 익히고 응용하는 학문이다. 또한 환경 변화에 따라 급식경영의 기본 방향도 대량생산, 대량소비의 효율을 강조하던 것에서 벗어나 다양한 고객층에 맞춘 개별화, 전문화, 고급화에 부응할 수 있는 전략적 사고로 전환되고 있다. 이미 성숙기에 진입하여 더욱 치열해지고 있는 경쟁에서 살아남기 위해 차별화된 경영전략 구축이 모든 급식 조직의 필수 과제로 떠오르고 있는 것이다.

이 장에서는 단체급식 및 학교급식, 학생들에게 영양 공급과 교육을 통하여 올바른 성장과 건강 증진을 책임지고 있는 영양교사가 알아야 할 여러 가지 관리 분야의 기본지식과 필수 이론을 영양교사 임용고시의 출제기준에 맞춰 학습하고 현장에서 영양교사 직무를 수행하는 데 도움을 주고자 하였다.

CHAPTER 01

단체급식의 이해

1 단체급식의 정의

급식산업의 환경이 급속하게 변하면서 단체급식Food service in institution에 대한 시각이 많이 달라지고 있다. 예전에는 단체급식을 학교, 병원, 사업체 등의 기관에서 비영리로 제공되는 식사 혹은 이를 제공하는 장소로 여겨왔다면, 오늘날에는 단체급식의 시장 규모가 날로 성장하면서 환대산업Hospitality industry에서도 중요한 영역으로 부상하고 있다.

 식품위생법의 단체급식, 위탁급식 정의

식품위생법[시행 2017. 12. 19.] [법률 제15277호, 2017. 12. 19., 일부개정]
제2조(정의) 12. "집단급식소"란 영리를 목적으로 하지 아니하면서 특정 다수인에게 계속하여 음식물을 공급하는 다음 각 목의 어느 하나에 해당하는 곳의 급식시설로서 대통령령으로 정하는 시설을 말한다.
　가. 기숙사
　나. 학교
　다. 병원
　라. 「사회복지사업법」 제2조제4호의 사회복지시설
　마. 산업체
　바. 국가, 지방자치단체 및 「공공기관의 운영에 관한 법률」 제4조제1항에 따른 공공기관
　사. 그 밖의 후생기관 등
식품위생법 시행령[시행 2017. 12. 12.] [대통령령 제28472호, 2017. 12. 12., 일부개정]
제2조(집단급식소의 범위) 「식품위생법」 제2조제12호에 따른 집단급식소는 1회 50명 이상에게 식사를 제공하는 급식소를 말한다.
제21조(영업의 종류) 8. 식품접객업 마. 위탁급식영업: 집단급식소를 설치·운영하는 자와의 계약에 따라 그 집단급식소에서 음식류를 조리하여 제공하는 영업

자료 : 법제처 국가법령정보센터(http://www.law.go.kr)

급식산업이란 가정 밖의 장소에서 음식을 조리·가공된 형태로 상품화하여 음식과 이에 따르는 서비스를 판매·제공함으로써 편익과 가치를 제공하는 **서비스 산업**을 말하는 것으로 국내에서는 급식산업을 **단체급식 부분**(비상업성 급식Noncommercial foodservice)과 **외식업 부문**(상업성 급식Commercial foodservice)으로 분류하는 것이 가장 보편적이다.

단체급식이란 교육기관, 사업체의 사무실과 공장, 의료기관, 정부기관 또는 그 밖의 공공단체에서 운영하는 급식소로 영리보다는 기관이나 단체의 구성원, 이용자 및 근로자들의 복리후생 차원에서 식사를 제공하는 것이다.

외식산업은 일반 소비자를 대상으로 영리를 목적으로 하여 운영되며 일반적으로 단체급식을 제외한 영리목적의 외식업을 의미한다.

그림 1-1
급식산업의 분류

2 단체급식의 의의 및 역할

① 단체급식의 의의 : 단체급식은 국민 영양 개선 및 건강증진에 기여하고 자원의 효율적·경제적 활용을 도모하며, 저소득 계층의 복지에 기여한다는 점에 의의가 있다.

② 단체급식의 역할 : 단체급식의 역할은 급식 대상자의 영양 개선 및 건강 증진을 통하여 모(母)조직이 추구하는 본연의 목적 달성을 지원하는 고유의 역할을 수행한다. 또한 급식 고유의 역할에 바람직한 식습관 형성, 비용 절감, 편리성 제공, 소속감 및 공동체 의식의 형성, 도덕성 및 사회성 함양, 휴식처와 사교장을 제공하는 부가적인 역할도 한다.

표 1-1
급식의 역할

대분류	소분류	급식의 본원적 (=조직별 고유) 역할	급식의 부가적 (=공통) 역할
보육기관 급식	영유아보육시설급식	보육활동 지원	• 식생활 교육을 통한 바람직한 식습관 형성 • 비용 절감 • 편리성 제공 • 소속감 및 공동체 의식 형성 • 도덕성 및 사회성 함양으로 인간관계 육성 • 휴식처와 사교의 장 제공
교육기관 급식	• 유치원 급식 • 초·중·고등학교 급식 • 대학급식	영양 개선, 건강 증진을 통한 교육활동 효과 증진	
의료기관 급식	• 병원급식 • 요양시설급식	• 질병 치료 및 회복 증진 • 건강 회복, 유지, 증진	
복지 급식	• 사회복지시설급식 • 결식아동급식	• 복지사업 활동 지원 • 교육복지 활동 지원	
산업체 급식	• 공장급식 • 오피스(사무실)급식	생산성 향상 및 복지 후생	
특정 시설 급식	• 교도소급식 • 군대급식	• 교정 활동 지원 • 군력 증진	

3 단체급식의 장단점

단체급식의 장점은 전문 영양교육을 받은 영양사의 지도 아래 전문 조리사들이 영양적으로 알맞고 미각적으로도 훌륭한 식사를 제공할 수 있다는 것이다. 또한 대규모 식재료 구매로 인해 식사 원가를 낮출 수 있으며, 식수를 미리 예측하여 식품의 폐기율을 조절할 수 있다.

하지만 위의 여러 장점 외에 몇 가지 **단체급식의 단점**도 존재한다.

① **영양적인 문제** : 피급식자들이 영양 섭취 부족에 빠짐
② **위생적인 문제** : 대규모 위생적 문제 발생
③ **경제적인 문제** : 예산 절약에 대해 피급식자들의 욕구를 충족시키지 못함
④ **심리적인 문제** : 급식 자체를 부정할 수 있음

4 단체급식 생산시스템 Production system

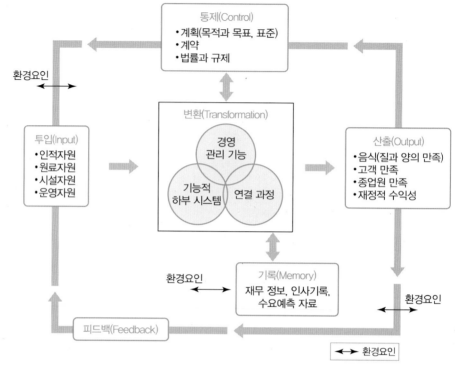

통제(Control)
- 계획(목적과 목표, 표준)
- 계약
- 법률과 규제

환경요인

투입(Input)
- 인적자원
- 원료자원
- 시설자원
- 운영자원

변환(Transformation)
- 경영 관리 기능
- 기능적 하부 시스템
- 연결 과정

산출(Output)
- 음식(질과 양의 만족)
- 고객 만족
- 종업원 만족
- 재정적 수익성

환경요인

기록(Memory)
재무 정보, 인사기록, 수요예측 자료

환경요인

피드백(Feedback)

↔ 환경요인

그림 1–2
단체급식 생산시스템 모형

자료 : sprars & Gregoire(2003)

5 단체급식의 분류

1) 급식체계(급식제도)별

급식체계는 생산과정의 흐름에 따라 전통적 급식제도, 중앙공급식 급식제도, 조리저 장식 급식제도, 조합식 급식제도로 나눌 수 있다. 각 급식제도는 구입하는 식재료의 상태, 생산 방식, 음식의 운송 방법, 저장 여부 등에서 서로 다른 특징을 보인다.

(1) 전통적 급식체계

전통적 급식체계Conventional food service system는 식품을 구입하고 조리하여 배식할 때까지의 모든 음식 준비가 큰 주방에서 이루어지고 같은 장소에서 음식을 섭취하 는 제도이다. 준비와 배식 사이의 시간이 다른 급식제도보다 짧고, 음식을 만들자마 자 따뜻하게 또는 차게 하여 먹을 수 있다. 전통적 급식체계의 과정은 그림 1–3과 같다.

그림 1-3
**전통적
급식체계의 과정**

식단 작성 → 식품 구매 → 식품 검수 → 식품 저장 → 식품 전처리 → 식품 조리 → 모아 담기 → 식사 배식

① 장점 : 급식 대상자가 영양적·외관적으로 만족할 수 있는 음식을 바로 조리할 수 있으며, 가격변동이 큰 음식은 피하고 계절식품을 적극 이용할 수 있다. 식재료의 가격변화에 따라 메뉴를 수정할 수 있는 융통성이 있으며 식단 작성 시 탄력성이 있다. 같은 장소에서 생산과 배식이 이루어지므로 배달 비용이 절감될 뿐만 아니라 냉장·냉동의 저장공간도 덜 차지해 에너지 비용 면에서도 좋은 제도이다.

② 단점 : 1회 수요량이 한정적이어서 식사 인원이 예상보다 많을 때 효율적인 관리가 어렵다. 급식 수요가 많은 시간에 작업이 집중되기 때문에 작업에 대한 스트레스가 크다. 작업의 분화가 일정치 못하여 생산성이 낮고 노동비용이 높아 비효율적이다. 음식 생산에 숙련된 조리원이 필요하므로 인건비가 상승한다.

(2) 중앙공급식 급식체계

중앙공급식 급식체계 Commissary food service system는 여러 급식 단위를 가지고 있는 급식조직들이 음식의 생산과 기타 활동을 중앙집중화하여 노동력과 경비를 절감하기 위해 만들어졌다. 인접한 몇 개의 급식소를 묶어서 공동조리장을 두고 그곳에서 대량으로 음식을 생산한 후 인근의 급식소로 운송하여 음식의 배선과 배식이 이루어지는 방식이다. 음식의 생산과 소비가 다른 장소에서 이루어진다. 공동조리장을 선정할 때에는 인근 급식소까지의 운송거리나 시간, 급식 요구가 추가로 늘어날 가능성 등을 고려한다.

① 장점 : 중앙집중적으로 이루어져 대량 구입으로 인해 식재료비가 절감되며, 단위급식소에 공급되는 음식의 질과 양을 표준화할 수 있다. 최소한의 공간만 있어도 급식이 가능하며, 급식시설 및 조리시설에 투자하는 비용과 노동력 및 경비 절감의 효과를 얻을 수 있다.

② **단점** : 중앙의 공동조리장 설립에 많은 비용이 투자되고, 음식의 품질이 변질되지 않고 안전하게 배식되도록 보온기구와 특수 운반차가 필요하다. 조리시설에서 배식시설까지의 과정 중 식품 안전성에 문제가 생길 가능성도 크므로, 적온 배식을 위해 재가열 장치를 꼭 두어야 된다. 운반 도중 발생하는 사고에 의해 배식시간에 지장을 생길 가능성이 있으며, 운반거리가 먼 경우 운반비 상승으로 음식 단가가 상승할 수 있다.

(3) 조리저장식 급식체계

조리저장식 급식체계Ready-prepared food service system는 음식을 조리한 후 냉동·냉장 처리하여 일정 시간 저장 후, 급식이 필요할 때 적온으로 가열하여 공급하는 급식제도이다. 음식의 생산과 소비가 시간적으로 분리된다는 것이 특징이다. 저장하는 방법으로는 조리-냉장Cook-chil 방식, 조리-냉동Cook-freeze 방식, 수비Sou-vide 방식이 있다. 조리저장식 급식제도에서 급냉기술과 식품의 포장기술이 중요하다. 국내에서는 기내식 급식에 이 방식을 사용하고 있다.

① **장점** : 음식의 생산과 소비가 분리되므로 생산할 품목을 계획적으로 조절할 수 있다. 바쁘지 않을 때 음식을 대량으로 만들어 놓을 수 있으므로 조리 스케줄 조정을 통해 노동력이 집중되는 현상을 막을 수 있다. 우수한 조리인력은 조리 작업에만 투입하고 재가열이나 배식 작업에는 미숙련공을 채용함으로써 인건비 및 노동력을 절감할 수 있다. 식재료의 대량 구입과 계획 생산으로 식재료비가 절감되며, 장시간 고온에 음식을 보유하는 것보다 음식의 품질이 잘 보존된다.

② **단점** : 음식의 맛, 질, 안전성을 위해 냉동·냉장설비 및 적온가열을 위한 가열장치와 적절한 공간이 필요하다. 냉각·냉장·냉동 등의 시설과 기기를 마련해야 하므로 초기 투자비용이 많이 요구된다. 조리한 음식의 장기보존과 품질 유지를 위한 통제 프로그램 및 미생물적으로 안정된 특별한 레시피가 필수적이며, 이에 따른 조리종사원들의 교육 및 훈련도 필수이다.

(4) 조합식 급식체계

조합식 급식체계Assembly food service system는 일명 **편이식 급식체계**라고도 한다. 식품가공업체로부터 상품화된 완전조리식품을 구입한 후 소분하여 공급하거나, 재가열하여 공급하는 방식이다. 전처리 과정이 거의 필요하지 않은 가공 및 편이식품을 식재료로 대량 구입하여 조리를 최소화하기 때문에 소규모 급식시설에서 많이 사용된다.

① **장점** : 조리 작업이 거의 없으므로 숙련된 노동력이 필요하지 않아 인건비를 절감할 수 있으며 생산성이 증가된다. 음식의 품질이 동일하게 유지되며, 최소한의 조리로 급식서비스가 빠르다. 작업에 필요한 가스, 전기, 물 등의 사용량 절감으로 시설비·관리비가 적게 들고, 1인분의 양이 정해져 있어 분량 통제가 철저하며 낭비가 거의 없다.

② **단점** : 인건비는 낮으나 식품 구매비용이 비싸므로 노동 절감에 따른 경제성이 낮다. 구입할 수 있는 메뉴 품목의 수가 적거나 다양한 메뉴를 제공하는 데 한계가 있어 급식 대상자의 기호와 영양 요구성을 충족시키기 어렵다. 가공·편의식품을 구매하므로, 가공 시 식품첨가물 및 보존제의 사용 여부 등 품질을 확인할 수 없다.

2) 급식 대상별

① 병원급식
② 산업체급식
③ 사회복지시설 급식
④ 군대급식

표 1-2
**학교급식의
발전 과정**

구 분	연 혁
구호급식기 (1953~1972)	• 국제연합아동기금(UNICEF)에서 공급한 분유 분배 시작(1953) • 세계민간구호협회(CARE)에서 학교급식 사업이관(1957), 밀가루 제빵급식 시작(1963, 매년 110만 명 아동 대상) • 미국국제개발처(USAID)로부터 급식양곡 공급으로 제빵 급식, 수제비 급식(1966) • 외국 원조의 종료(1972)
자립급식 실험기 (1973~1980)	• 정부 예산 및 학부모 자부담에 의한 시범급식, 자활급식 시작(1973) • 급식 빵으로 인한 식중독 사고(1명 사망)로 빵 급식 폐지(1977), 무상급식, 보호급식 중단(1977) • 도서벽지형, 농촌형, 도시형 시범급식 실시 및 학교급식 영양사 배치, 학교자체조리 시작(1978) • 급식위생관리지침 시달(1979)
학교급식 제도화기 (1981~1990)	• 학교급식법 및 시행령 제정, 자체 급식시설에서 우리 식문화에 맞는 급식 시작(1981) • 학교급식 업무가 체육부로 이관(1982) • 학교급식법 시행규칙 제정(1983) • 학교급식 업무가 문교부로 이관(1990), 학교급식용 정부양곡 공급 시작(1990)

(계속)

구 분	연 혁
학교급식 확대기 (1991~2002)	• 전국 초·중·고등·특수학교 대상 학교급식 확대사업의 정책적 추진(특수 : 1991, 초 : 1992~1997, 고 : 1998~1999, 중 : 2000~2002) 및 완료(2002) • 공동조리 급식제도 도입(1991), 공동조리방식에 의한 급식 개시(1992) • 학교급식 후원회 도입(법 1993년, 시행령 1994년) • 급식학교 영양사 직렬(보건직 → 식품위생직) 변경(1995) • 농어촌 지역 중·고등학교급식 시작(1996) • 학교급식 중식 지원 법제화(1996) • 지자체 학교급식 시설설비 지원(1996), 학교급식에서 위탁급식제도 도입(1996) • 학교운영위원회 제도 및 급식소위원회 설치(1997) • HACCP 개념의 학교급식 위생관리시스템 도입(2000) • HACCP 시스템 확대 적용 및 학교급식위생관리지침서 보급(2001)
학교급식 선진화기 (2003~현재)	• 2003년 3월 서울시내 위탁급식학교 대규모 식중독 발생, 2003년 10월 국무조정실 합동 학교급식개선 종합대책 마련 및 위탁급식의 직영 전환 추진(2003) • 학교급식에서 우수농산물 사용을 위한 지방자치단체 지원근거 마련(2003) • 학교급식법, 초·중등교육법상의 영양교사 배치근거 마련(2003) • 급식시설 현대화 사업을 통한 노후 급식시설 및 환경 개선 추진(2003) • 중식지원사업의 지방자치단체 이양(2005), 지역별로 농산어촌 및 도시지역 학교에서 무상급식 추진 및 확대 시작 • 수도권 위탁급식학교 대규모 식중독 사고 재발생, 학교급식법 전면 개정 추진(2006) • 학교급식법 전부 개정(2006)으로 직영급식 원칙 명시, 학교급식후원회 제도 폐지, 정부 및 지자체 급식비 지원 확대 근거 마련, 학교급식 식재료품질관리 기준, 학교급식 운영평가 제도화, 학교급식지원센터 도입 등 학교급식 제도 대폭 개선, 동법 시행령 및 시행규칙 정비(2007년 1월 시행) • 초·중등교육법에 근거한 영양교사 배치 시작(2007) • 농어촌 지역 초등학교 무상급식 실시 및 도시지역 초등학교 무상급식 확대 (2010) • 전국 저소득 학생 무상급식 실시 및 초·중·고등학교 무상급식 확대(2011) • 학교급식법령 개정으로 알레르기 유발식품 표시제 도입, 알레르기 유발식품 고지 의무화(2013) • 학교급식 위생·안전 점검 체계 마련 및 점검 실시(2014) • 학교급식위생관리지침서 개정 제4차(2016) • 초·중·고 무상급식 전국적 확대(지원 인원 비율 2011. 46.8% → 2016. 70.5%)

자료: 교육부(2017) 2017 학생건강증진 기본방향, 한국교육개발원(2017) 학교급식 발전과정 조사보고서

3) 운영 형태별

단체급식의 운영 형태는 **직영, 임대, 위탁** 세 가지로 구분된다.

6 단체급식 관리자

1) 영양사

식품위생법 시행규칙 제52조에 의하면 **영양사의 직무는**

① 식단 작성, 검식 및 배식관리
② 구매식품의 검수 및 관리
③ 급식시설의 위생적 관리
④ 집단급식소 운영일지 작성
⑤ 종업원에 대한 영양지도 및 위생교육이다.

영양사는 단체급식소에서 행해지는 급식 작업에 대한 총괄 책임을 지며, 급식 파트의 장으로서 다른 부서나 상급 관리자와의 원활한 협력 및 종업원들의 중간 관리자라는 의무도 가지고 있다.

단체급식 목적을 통한 영양사 역할을 확대 해석하면,

① 합리적인 급식관리와 급식 대상자들의 올바른 영양지도
② 영양적으로 균형 잡힌 급식 제공에 의한 급식 대상자의 건강 유지 및 증진
③ 다양한 식재료 사용으로 인한 올바른 식습관 형성 유도
④ 급식 대상자의 합리적이고 올바른 식품 소비 방법 제시
⑤ 경우에 따라서는 영양지도를 지역사회까지 확대하는 것 등이 영양사의 역할이라고 할 수 있다.

2) 영양교사

(1) 영양교사제도의 도입

영양교사는 2003년 학교급식법과 초·중등 교육법이 개정되면서 학생의 건강관리와 올바른 식습관을 위한 체계적인 영양교육을 실시하기 위해 도입되었다. 2006년 개정된 학교급식법의 초·중등교육법 시행령 제40조 3항에 의거하여 모든 학교는 1명의 영양교사를 두어야 한다.

(2) 영양교사의 자격

영양교사는 대학 또는 산업대학에서 식품학 또는 영양학 관련학과 졸업자로, 재학 중 소정의 교직학점을 취득하고 영양사 면허증을 가진 자 또는 영양사 면허증을 가지고 교육대학원 또는 교육과학기술부장관이 지정하는 대학원의 교육과에서 영양교육 과정을 이수하고 석사학위를 받은 자로 정의된다.

(3) 영양교사의 업무

학교급식을 담당하는 영양사 혹은 영양교사의 주요 업무는 일반 업무와 특수 업무로 분류된다. 일반 업무와 특수 업무의 내용은 아래와 같다.

영양교사의 일반 업무	영양교사의 특수 업무
1. 영양관리 업무　　7. 식품의 저장 2. 위생지도　　　　8. 급식위생관리 3. 급식재무관리　　9. 급식시설관리 4. 급식노무관리　　10. 급식조사연구 5. 급식사무관리　　11. 급식효과 판정 6. 식품의 구매와 검수	1. 학년별 영양권장량 설정 2. 학생들의 올바른 식습관 형성을 위한 영양교육 3. 식생활 개선을 위한 학생과 학부모의 상담 4. 교직원의 영양적 교육 5. 학교 보건 계획에 참여

① 일반 업무 : 학교급식을 담당하거나 영양교사가 아니라도 단체급식을 담당하는 모든 영양사들이 해야 하는 업무로 식단을 작성하고 영양의 출납을 관리하는 영양관리, 조사의 위생을 관리하는 위생관리, 급식소의 예산 계획과 집행 등을 관리하는 급식재무관리, 조리원과 배식원을 관리하는 급식노무관리, 급식 인원의 사무적 내용과 구매를 관리하는 급식사무관리가 있다. 이와 함께 급식에 사용할 식재료의 구매를 결정하고 검수 후 저장하는 업무도 하여야 한다. 급식소의 위생관리와 설비관리 역시 영양사의 일반 업무이다. 더불어 급식 대상자의 기호도 조사나 설문 조사와 같은 급식조사 연구와 급식을 통해 급식 대상자들이 어떤 영향을 받고 있는지에 대한 급식효과 판정 역시 영양교사의 업무라고 할 수 있다.

② 특수 업무 : 학생들, 특히 초등학생의 경우 학년에 따라 영양권장량과 신체 발달 부위가 다를 수 있기 때문에 학년별 영양권장량을 각각 설정하고 거기에 맞는 식단을 작성하여야 한다. 그와 함께 학생들이 편식·폭식 등을 하지 않게 하고, 과도한 음료수 섭취, 설탕 섭취 등을 막기 위한 영양교육도 진행해야 한다. 학생들의 식생활은 학교와 함께 가정의 영향이 크기 때문에 식생활 개선을 위한 학부모 상담 역시 꼭 필요하다. 학교에서 같이 근무하는 교직원들의 영양과 식생활에 대한 교육 및 학교 보건 계획에 참여하는 것 역시 영양교사나 학교급식을 담당하는 영양사의 필수 업무이다.

영양교사의 직무 내용 ●

1. 학교 급식운영 계획, 영양교육 및 식생활 지도 계획 수립
   ① 급식운영 계획수립 : 연간 급식운영 계획 수립, 영양제공량 계획, 급식운영 예산계획, 급식평가도구 개발
   ② 영양교육 및 식생활 지도 계획 수립 : 연간 영양교육 및 식생활 지도 계획수립, 영양교육 및 식생활 지도 주제 선정, 영양교육 및 식생활 지도안 작성, 영양교육 및 식생활 지도 평가도구 개발
2. 학교급식 운영 및 제반 관리업무 수행
   식재료 구매, 검수 및 보관관리, 조리관리, 검식, 배식관리, 위생HACCP관리 및 교육, 급식시설 및 기기관리, 급식인력관리, 급식경영관리
3. 영양교육 및 식생활 지도 수행
   ① 영양상태 평가 : 식품 및 영양소 섭취상태 조사, 식습관 조사, 신체계측, 임상조사
   ② 영양교육 및 식생활지도 실시
     • 대상 : 학생, 학부모, 교직원, 지역주민
     • 방법 : 면대면 교육, 가정통신문, 학교 홈페이지를 통한 교육
     • 내용 : 급식과 연계한 바른 식생활, 생활질서, 식사예절, 질환 예방을 위한 식사 방법, 전통식문화, 식량 생산 및 소비, 식품의 올바른 선택 방법 등
   ③ 영양교육 및 시생활 지도 평가 : 교육 내용 및 방법평가, 지식평가, 태도 및 가치관 평가, 신체계측을 통한 평가, 식품 섭취 형태를 통한 평가
   ④ 영양교육 매체 및 프로그램 개발 : 학생, 학부모, 교직원, 지역주민 대상 영양 프로그램, 영양교육 교재 및 매체 개발
   ⑤ 영양상담 : 학생 대상 영양상담, 학부모 대상 영양상담, 교직원 대상 영양상담(아침결식, 비만, 간식, 소아성인병, 알레르기, 식중독, 다이어트 등)
4. 기타 학교급식 운영 및 영양교육을 위한 업무
   ① 관련 부서와의 업무 협조 : 급식 및 영양교육을 위한 교사, 직원, 학부모, 교육청 및 유관 기관과의 업무 협조
   ② 학교운영위원회 및 급식소위원회 업무 : 학교급식 운영과 관련된 각종 위원회 활동 관련 사항, 학부모 급식모니터링 활동 관련 사항

01 학생 수가 100명인 A 초등학교는 공동 조리장을 가지고 있으며 음식을 대량 생산하여 인근의 3개 학교(학생 수: 50명, 50명, 100명)로 운송해 주는 급식시스템을 운영하고 있다. A 초등학교는 <u>한 번에 많은 분량을 조리하면 품질이 저하될 수 있는 메뉴의 경우 100인분씩 3번 조리한다.</u> A 초등학교가 운영하고 있는 급식시스템과 앞에서 밑줄 친 조리방식은 무엇인지 각각 쓰시오. [2점] 영양기출

A 초등학교가 운영하고 있는 급식시스템 _____

밑줄 친 조리방식 _____

02 전통적 급식시스템으로 운영되는 A 산업체 급식소(600끼니 점심급식, 조리 종사원 10명 8시간씩 근무)의 B 영양사는 11월 5일 무생채, 숙채비빔밥, 된장국으로 점심 급식을 시행하였다. 점심 식사를 마치고 4시간 후 급식을 시식한 사람들에게서 구토, 복통, 설사 증상이 나타났다. 역학조사를 해 보니 평소 조리 종사원 수가 부족하여 손에 화농성 상처가 있는 조리 종사원이 작업에 그대로 투입 되었음을 알게 되었고 원인 식품은 무생채로 규명되었다. 식중독을 유발한 미생물과 급식소 운영 현황에 관하여 다음 조건에 따라 기술하시오. [10점] 영양기출

조건
- 식중독을 유발한 미생물의 이름을 쓰고, 이 미생물이 생성한 식중독 유발물질의 이름과 특징을 4가지만 쓸 것
- 급식생산성[1식당 작업시간(분)]을 분석할 것. 이때 '1식당 작업시간'은 11월 5일 점심 한 끼니로 계산하고 모든 노동력은 점심 한 끼니를 생산하는 데 사용된다고 가정할 것
- 위생관리 개념을 적용하여, 3가지 메뉴(무생채, 숙채비빔밥, 된장국)의 조리 공정 차이를 비교하여 설명할 것

_____

_____

_____

03 다음은 ○○ 급식소에서 급식관리자와 조리원이 나눈 대화이다. 밑줄 친 부분에 대한 내용에 관해 서술하시오. [4점] 유사기출

급식관리자	오늘 준비할 점심 메뉴는 찰보리밥, 미역국, 쇠고기장조림, 새우튀김, 감자조림, 배추김치입니다. 이 중에서 새우튀김은 <u>한 번에 다 조리하지 말고, 배식 시간에 맞추어 3회로 나누어 조리해 주세요.</u>
조리원	네, 알겠습니다.

밑줄 친 부분의 대량 급식 생산 방법 _____

밑줄 친 부분의 적용 시 장점 2가지 _____

_____

밑줄 친 부분의 시행 시 유의점 1가지 _____

_____

04 식품위생법(법률 제13277호, 2015.3.27., 일부개정) 제1장제2조에 따르면, 이 시설은 영리를 목적으로 하지 아니하면서 특정 다수인에게 계속하여 음식물을 공급하는 다음 각 목의 어느 하나에 해당하는 곳의 급식시설로서 대통령령으로 정하는 시설을 말한다. 이 시설을 정의하는 용어와 다음 항목 중 괄호 안에 들어갈 명칭을 순서대로 쓰시오. [2점] 유사기출

가. 기숙사
나. (   )
다. 병원
라. 사회복지사업법 제2조제4호의 사회복지시설
마. 산업체
바. 국가, 지방단체 및 공공기관의 운영에 관한 법률 제4조제1항에 따른 공공기관
사. 그 밖의 후생기관 등

_____

_____

05 급식생산(조리) 방식에는 전통식 급식체계, 중앙공급식 급식체계, 조리저장식 급식체계, 조합식 급식체계가 있다. 이 중 조합식 급식체계의 장단점을 각각 1가지씩 쓰시오. 기출문제

장점　＿＿＿＿＿＿＿＿＿＿＿＿＿＿＿＿＿＿＿＿＿＿＿＿＿＿＿＿＿＿＿＿＿＿＿＿＿

　　　＿＿＿＿＿＿＿＿＿＿＿＿＿＿＿＿＿＿＿＿＿＿＿＿＿＿＿＿＿＿＿＿＿＿＿＿＿

단점　＿＿＿＿＿＿＿＿＿＿＿＿＿＿＿＿＿＿＿＿＿＿＿＿＿＿＿＿＿＿＿＿＿＿＿＿＿

　　　＿＿＿＿＿＿＿＿＿＿＿＿＿＿＿＿＿＿＿＿＿＿＿＿＿＿＿＿＿＿＿＿＿＿＿＿＿

해설　조합식 급식제도는 편이식 급식제도라고도 불린다. 식품가공업체에서 상품화된 완전 조리식품을 구입한 후 소분하여 공급하거나, 재가열하여 공급하는 방식을 취한다. 급식소에서의 조리 작업이 거의 필요 없으므로, 소규모 급식 시설에서 많이 사용된다.

　　　이 방식은 조리작업이 거의 없는 관계로 숙련된 조리원이 필요 없어, 조리 과정에 노동력이 투입되지 않기 때문에 급식 과정에 필요한 노동력과 시간을 최소한으로 할 수 있다. 또한 시설비·관리비 등이 적게 들고, 음식의 적량 배식이 쉽다. 하지만 가공 공장에서 상품화된 제품을 구매하여, 구매 비용이 높아 노동력의 절약 부분이 식품의 구매 비용으로 다 소비되어 경제성이 떨어진다. 또한 상품화된 제품이 제한적이기 때문에 식단 작성 또한 제한적이어서 피급식자의 기호도와 영양 요구성을 충족시키기 어렵다. 또한 최근에는 가공 공장에서 생산된 제품에 식품첨가물과 저가 식재료의 사용에 따른 안전성 문제가 대두되고 있어 소비자들의 거부감이 더욱 증가되고 있는 실정이다.

06 사회 변화 추세로 볼 때, 앞으로는 단체급식 관련 분야의 직업이 발전할 것으로 예상된다. 단체급식과 관련된 분야에는 조리사와 영양사 이외에 어떤 직종이 있는지 3가지만 쓰고, 하는 일이 무엇인지 각각 서술하시오. 기출문제

직종　① : ＿＿＿＿＿＿＿＿＿＿　② : ＿＿＿＿＿＿＿＿＿＿　③ : ＿＿＿＿＿＿＿＿＿＿

하는 일

① : ＿＿＿＿＿＿＿＿＿＿＿＿＿＿＿＿＿＿＿＿＿＿＿＿＿＿＿＿＿＿＿＿＿＿＿＿＿

② : ＿＿＿＿＿＿＿＿＿＿＿＿＿＿＿＿＿＿＿＿＿＿＿＿＿＿＿＿＿＿＿＿＿＿＿＿＿

③ : ＿＿＿＿＿＿＿＿＿＿＿＿＿＿＿＿＿＿＿＿＿＿＿＿＿＿＿＿＿＿＿＿＿＿＿＿＿

해설　단체급식과 관련된 분야에서 조리사와 영양사 외에 존재하는 직종들을 쓰는 문제이다. 아직은 미약하지만 단체급식소의 식품위생적 문제만을 다루는 위생사, 조리사, 영양사의 위생적 건강을 책임지는 건강관리사, 피급식자에게 영양적 상담을 담당하는 영양상담자와 같은 다양하고 새로운 직업들이 계속 생겨날 것이다.

07 단체급식 방식에는 전통식 급식제도, 중앙공급식 급식제도, 조리저장식 급식제도, 조합식 급식제도가 있다. 이 중 전통식 급식제도의 장단점을 각각 1가지씩 쓰시오. 기출응용문제

장점　＿＿＿＿＿＿＿＿＿＿＿＿＿＿＿＿＿＿＿＿＿＿＿＿＿＿＿＿＿＿＿＿＿＿＿＿＿

　　　＿＿＿＿＿＿＿＿＿＿＿＿＿＿＿＿＿＿＿＿＿＿＿＿＿＿＿＿＿＿＿＿＿＿＿＿＿

해설 전통적 급식제도에서는 피급식자가 만족할 수 있는 음식을 바로 조리할 수 있고, 가격 변동이 큰 음식은 피하고 계절별 제철 음식을 적극 이용할 수 있으며, 식단 작성에 유동적으로 대응할 수 있다. 동일 공간에서 전처리, 조리 후 소비하기 때문에 배달 비용이 별로 발생되지 않는다. 하지만 음식 수요가 증가하게 되면 어느 정도 이상은 급식을 할 수 없고, 작업의 분화가 전혀 이루어지지 않아 식품의 처리 속도가 늦다. 음식 생산에 숙련된 조리사가 계속 필요하다는 단점과 한꺼번에 모든 식품을 준비하므로 적온 배식이 어렵다는 단점 역시 가지고 있다.

08 단체급식 방식에는 전통식 급식제도, 중앙공급식 급식제도, 조리저장식 급식제도, 조합식 급식제도가 있다. 이 중 중앙공급식 급식제도의 장단점을 각각 1가지씩 쓰시오. 기출응용문제

장점 _____

_____

단점 _____

_____

해설 중앙공급식 급식제도는 중앙의 공동조리장에서 음식을 대량으로 준비하여 각 단위 급식소로 운반후 배식하는 방식이다. 식품의 조리와 식품의 배식·소비 공간이 별개인 급식제도이다. 우리가 아는 출장 뷔페와 같은 방식이라 생각하면 된다. 대규모 중앙 공동조리장의 설치로 식재료를 대량으로 구매할 수 있어 식재료비를 절감할 수 있고, 여러 곳의 배식장에 공급되는 식품을 표준화시킬 수 있다. 최소한의 급식 공간만 있어도 급식이 가능하고, 급식시설 및 조리시설의 절감과 노동력의 절감 효과 역시 생각할 수 있다. 하지만 이 방식은 중앙의 공동조리장 건립에 많은 투자가 필요하고, 식품의 품질과 식품의 적온을 유지하기 위해 조리장에서 배식장까지 안전하게 운반할 수 있는 운반장치가 꼭 필요하다. 조리시설에서 배식시설까지 가는 과정 중 식품의 안전성에 문제가 생길 가능성도 크고, 배식시설에는 적온 배식을 위해 재가열 장치를 꼭 두어야 하는 단점도 갖고 있다. 또한 운반 도중 발생하는 사고에 의해 배식시간에 지장이 생길 수도 있다.

09 단체급식방식에는 전통식 급식제도, 중앙 공급식 급식제도, 조리 저장식 급식제도, 조합식 급식제도가 있다. 이 중 조리 저장식 급식제도의 장단점을 각각 1가지씩 쓰시오. 기출응용문제

장점 _____

_____

단점 _____

_____

조리저장식 급식제도는 식품을 조리한 후 냉동, 냉장 처리하여 일정 시간 저장 후 급식이 필요할 때 적온으로 가열하여 공급하는 급식제도이다. 예비저장식 급식제도에서는 숙련된 조리원이 계속 있을 필요가 없다. 음식을 조리할 때만 숙련원이 필요하고 그다음은 가열만 하기 때문이다. 이런 이유로 노동력의 절약과 노동 비용의 절감이 가능하다. 이 방식 역시 대단위의 식재료 구매를 통한 식재료 값의 절약이 가능하다. 전체적으로 조리 스케줄 조정을 통해 노동력을 분산시킬 수 있어 노동력이 집중되는 현상을 막을 수 있다. 하지만 식품의 저장을 위한 냉동·냉장 설비와 적온가열을 위한 가열 장치가 급식설비에 꼭 필요하고, 조리 후 저장기간이 있으므로 품질관리에 더욱 신경을 써야 하는 단점을 가지고 있다.

10 단체급식에 관한 설명으로. 옳은 것을 〈보기〉에서 고른 것은?

보기

ㄱ. 단체급식에서는 급식 대상자의 기호도를 반영하지 않는다.
ㄴ. 단체급식의 운영 형태로는 직영 방식, 위탁 방식 등이 있다.
ㄷ. 단체급식시설의 예로는 기숙사, 학교, 일반 음식점, 군대 등이 있다.
ㄹ. 단체급식시설에서는 배식하기 전 검식을 하고, 보존식을 준비해야 한다.
ㅁ. 단시간에 다량의 식사를 공급하기 위해 모든 작업이 체계적으로 진행된다.

① ㄱ, ㄴ, ㄷ   ② ㄱ, ㄷ, ㅁ   ③ ㄴ, ㄷ, ㄹ
④ ㄴ, ㄹ, ㅁ   ⑤ ㄷ, ㄹ, ㅁ

정답 ④

급식영양관리

1 영양관리

단체급식에서의 영양관리는 급식 대상자에게 균형 잡힌 식사를 제공함으로써 올바른 식습관을 형성하고 영양상태를 향상시킴으로써 대상자의 건강 유지 및 증진을 돕는다는 데 그 의의가 있다. 따라서 단체급식소에서의 영양관리는 급식 대상자들의 심신의 건강을 위하여 제공되는 식사를 계획하는 과정으로 급식 대상자의 영양, 기호, 비용, 인력과 시설 등이 합리적으로 관리·운영될 수 있도록 계획되어야 한다.

1) 영양관리의 목표

영양관리의 목표는 급식 대상자가 요구하는 영양의 양과 질, 식품군의 균형을 유지하는 식사를 제공하여 급식 대상자의 건강상태를 향상시키는 데 있다. 또한 성공적 수행을 위해 영양, 기호, 능률, 경제 그리고 위생 등을 만족시킴으로써 육체적·정신적으로 조화된 건강한 인격의 완성을 추구한다.

2) 영양관리 대상자의 분류

영양계획을 할 때는 먼저 급식 대상 집단의 실태 파악과 평균 영양기준량을 산출한다. 더불어 연령, 성별, 생활 강도, 건강상태, 인원수 등을 파악하고 요인에 따라 대상 집단을 분류한다.

① 연령에 따른 생애주기별 분류
② 활동 강도에 따른 분류
③ 건강상태에 따른 분류

2 메뉴(식단)관리

1) 메뉴의 정의

메뉴Menu는 프랑스어로 '자세한 목록'이라는 뜻이며, 라틴어로는 'minutus(축소하다)'에서 유래되었다. 급식소에서는 제공하는 음식의 목차라는 의미로 '차림표'라고도 부른다. 일반적으로는 식단이라는 말도 사용된다. 과거 메뉴는 단순한 차림표의 개념으로만 사용되었으나, 최근에는 점차 마케팅 관리와 업장 관리 등으로 그 용도가 확대되고 있다. 즉, 메뉴는 급식 운영에 있어 핵심 역할을 담당하는 **마케팅 도구이자 관리 통제 도구**라고 할 수 있다. 메뉴관리는 단체급식소 운영의 기초이자 핵심이다.

2) 메뉴의 역할

메뉴의 기본적인 역할은 고객과 급식 운영자 사이를 연결해 주는 최초의 **대화 및 홍보 도구**이다. 고객은 급식소에서 제공되는 음식에 대한 정보를 메뉴를 통해 제공받고 선택한다. 다시 말해, 고객은 메뉴판의 내용을 통해 어떠한 음식이 제공되는지 알고, 이 중에서 어떤 음식을 선택하고 얼마를 지출할 것인지를 결정하게 된다. 급식 운영자의 경우, 무슨 음식을 제공할 것이며 이것을 어떻게 조리할 것인지, 얼마를 요구할 것인지에 대한 결정을 하는 데 도움이 된다.

3) 메뉴의 유형

(1) 메뉴 품목 변화에 따른 분류

메뉴는 다양한 방법으로 변화를 줄 수 있다. 변화를 주는 기간에 따라 **고정메뉴, 순환메뉴, 변동메뉴**로 분류된다. 급식소의 상황에 따라 각 메뉴의 장단점을 고려하여 메뉴의 유형을 선택하여 사용하게 된다.

   ① **고정메뉴**Fixed menu, Static menu : 메뉴에 변화를 주지 않고 지속적으로 동일한 메뉴를 제공하는 형태이다. 단체급식소보다는 외식업소에서 주로 사용되는 방식이다. 고정메뉴를 사용할 경우, 오랜 시간 일정하게 생산 통제나 조절 및 재고 관리를 할 수 있어 운영 관리가 용이하다. 또 노동력 감소와 교육훈련이 수월해진다는 장점이 있다. 고정메뉴에 사용할 메뉴 품질을 표준화하고, 이를 지속적으로 사용함으로써 메뉴의 품질을 올릴 수 있으며, 이를 통해 메뉴와 업소의 인지도를 높일 수도 있다. 이는 고객 확보를 위한 전략으로 이용되기도 한다. 단체급식소에서 사용되기 어려운 메뉴 유형이다.

   ② **순환메뉴**Cycle menu : 일명 '주기메뉴'라고 부른다. 일정한 기간을 두고 변화를 주는 것으로, 주기에 따라 월별 또는 계절별 등 일정하게 반복되는 메뉴 형태

이다. 병원급식처럼 주기마다 급식 대상자가 순환되어 바뀌는 곳에 사용하기에 적합하며, 3개월이나 되는 계절 주기보다는 10일 주기의 순환메뉴가 많이 사용되고 있다.

순환메뉴를 사용하면, 고정메뉴처럼 효율적 관리와 조리 작업 관리 및 표준화가 용이하고, 메뉴 변화를 통해 계절식품을 적절히 사용할 수 있어 고객만족도를 향상시킬 수 있다. 그러나 오랜 시간 이러한 메뉴를 이용할 경우, 식단의 주기가 너무 짧으면 단조로운 변화가 나타나 고객의 불만이 커지게 된다. 특히 1주일 주기 식단은 같은 요일마다 동일한 메뉴가 반복되므로 바람직한 형태가 아니라고 본다.

③ **변동메뉴**Changing menu : 매우 짧은 주기 혹은 매일매일 급식소의 여건과 식자재 수급 및 가격에 맞게 새로운 메뉴를 계획하는 것이다. 학교급식소나 가정에서 많이 사용되는 메뉴 형태이다. 메뉴가 계속 바뀌므로 단조로움을 줄일 수 있고 식자재 수급 상황에 대처하기가 용이하다는 장점이 있으나, 변동 폭이 상대적으로 큰 메뉴이기 때문에 식자재 재고 관리나 작업 통제가 어렵다.

(2) 품목 및 가격 구성에 따른 분류

① **알라 카르테 메뉴**A La Carte Menu : 레스토랑에서 많이 사용되는 방식이다. 제공되는 품목마다 개별 가격이 책정된다. 주 메뉴Entrée뿐만 아니라 샐러드, 수프, 에피타이저 등을 고객이 원하는 대로 주문할 수 있어 선택의 폭이 넓은 메뉴 형태이다.

② **따블 도우떼 메뉴**Table D'hôte Menu : 호텔이나 대규모 레스토랑에서 많이 사용하는 메뉴 형태이다. 코스 메뉴라 불리며, 주 메뉴에 몇 가지 단일 품목을 조합하여 정해진 가격으로 제공하는 방식이다. 연회용 메뉴, 출장 뷔페와 같은 것을 계획할 때 바로 이 따블 도우떼 메뉴 형태를 사용한다.

③ **뒤 주앙 메뉴**Du join menu : 오늘의 메뉴 형식으로, 매일매일 레스토랑에서 특별히 계획하고 판매한다. '당일 특별메뉴' 또는 '조리실장 특선메뉴'라고 불리기도 한다. 그날 품질이 가장 좋은 재료를 상황에 따라 서비스할 수 있다는 장점이 있다.

(3) 음식 선택성에 따른 분류

① **단일 메뉴**Nonselective menu : 한 가지 메뉴만을 제공하는 형태로 선택권이 없다. 식단에 변화가 없어서 매번 똑같은 메뉴로 인한 고객 불만의 소지가 있다. 국내의 경우 군대급식과 학교급식처럼 대규모 급식이 진행되는 곳에 바로 이 단일메뉴가 사용되는 경우가 많다.

② **부분선택식 메뉴**Partially selective menu : 메뉴를 구성하는 일부 품목, 즉 주메뉴나 부반찬의 일부를 선택할 수 있게 하는 메뉴 형태이다. 우리나라의 경우 밥 및 국과 같은 주메뉴는 정해 놓고, 김치나 멸치조림 등 부식은 본인이 스스로 선택해서 먹을 수 있게 조합하기도 한다. 미국 학교급식의 경우에는 1976년 단일 메뉴 방식에서 일부 메뉴 품목은 선택할 수 있는 하는 방식Offer vs. serve으로 바뀌었다. 5가지 품목 중 2가지는 일괄적으로 제공하고 나머지 3가지는 원하는 것으로 선택할 수 있게 하는 방식이 바로 이 부분선택식 메뉴이다.

③ **선택식 메뉴**Selective menu : 가장 이상적인 메뉴라 할 수 있다. 선택식 메뉴를 도입하는 곳이 점점 늘어나는 추세이다. 급식소의 경우에는 복수메뉴 또는 카페테리아식메뉴로 제공되는 메뉴가 바로 이 선택식 메뉴이다. 레스토랑의 알라 카르테 메뉴도 여기에 속한다. 의료기관의 급식을 평가하는 영양 서비스 평가 항목에 선택식 메뉴 도입 여부가 포함되어 있어, 병원급식에서도 선택식 메뉴를 적극 도입하고 있다.

4) 메뉴 계획 시 고려 사항

(1) 고객 측면

고객의 상태가 매우 중요하다. 고객의 생애주기적·영양적 요구, 일반적인 식습관 및 기호도, 제공되는 음식의 관능적 특성 등을 복합적으로 고려해야 한다.

(2) 급식경영 측면

급식경영 측면에서는 급식을 제공하는 조직의 목표와 목적, 급식 예산, 원재료 시장 조건, 급식소 시설·설비 및 기기, 현재 조리원의 숙련도, 운영되는 급식체계와 같은 다양한 요인을 고려하여야 한다. 이 중에서 가장 우선적으로 고려해야 하는 것은 급식을 제공하는 조직의 목표와 목적이며, 이를 달성하기 위해 최선의 메뉴를 구성하여야 한다. 또 급식 예산 범위에 맞는 식단이 계획되도록 예산을 수립하고, 식재료비의 비율을 책정하며, 표준 레시피에 대한 예정 원가 계산 등도 면밀히 살필 필요가 있다.

5) 메뉴 작성

메뉴 작성 시에는 급식 대상자의 영양필요량을 우선적으로 확인하고, 대상자의 식습관과 기호도 및 급식소의 식품의 배합과 조리기술, 조리 시 소요경비에 대한 경제성, 현재 급식소 조리종사원의 숙련도, 급식소의 시설 및 설비 조건 등을 고려한다.

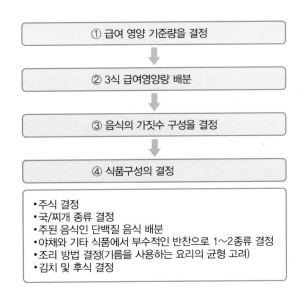

그림 2-1
메뉴 작성 순서

(1) 급여영양량 결정

한국인 영양섭취기준KDRIs에서 권장하는 에너지 적정비율은 성인의 경우 탄수화물 55~65%, 지질 15~30%, 단백질 7~20%이다. 그러나 이것은 어디까지나 참고자료일 뿐이며 강도 높은 노동을 하는 경우, 사무일을 주로 하는 경우, 운동부 학생, 회복기의 환자 등과 같은 특수한 경우에는 영양사가 다양한 자료를 통해 급여영양량을 직접 결정하여야 한다.

3대 영양소의 경우 총 열량에 각 영양소가 차지하는 비율을 탄수화물 65%, 단백질 15%, 지방 20%로 정하면, 탄수화물의 섭취가 가장 많아야 하며 이 수치를 통해 주식의 비율을 결정하여야 한다. 단백질은 양이 많고 적음도 중요하지만 단백가의 확인도 영양적인 면에서 중요하다. 일반적으로 단백가가 높은 동물성 단백질을 총 단백질의 1/3 이상이 되도록 권장하고 있다. 지방의 경우는 구성 지방산이 포화지방산인 경우와 불포화지방산인 경우가 있다. 포화지방산은 동물성 지방에 많이 포함되어 있으며 동맥경화 등을 일으키는 원인식품으로 알려져 있다. 불포화지방산은 반대로 동맥경화 등을 억제시켜 주는 것으로 지방 섭취는 포화지방산/불포화지방산의 비율(S/P 비율)을 1:2로 조절하도록 권장하고 있다.

(2) 3식의 급여영양분 배분

급여영양량은 급식횟수를 고려하여 적절하게 배분하여야 하며, 세끼 식사의 급여 영양 배분은 1:1:1을 기본으로 하고, 1:1:1.2나 육체적으로 노동강도가 심할 경우 1:1.5:1.5로 배분한다. 간식을 제공할 경우 하루 에너지 제공 목표량의 10~15% 이내로 한다.

(3) 음식 가짓수의 계획

음식 가짓수는 식단가와 메뉴 유형에 따라 정해지며 일반적으로 주식, 국 또는 찌개류, 주반찬, 부반찬, 김치류의 5가지로 구성된다. 밥, 국, 김치를 기본으로 부찬을 1식 3찬 또는 1식 4찬으로 구성하며, 식단가가 높으면 반찬의 수가 4~5개로 증가하며 후식이 첨가되기도 한다. 주반찬은 육류, 가금류, 어류 및 난류 등 동물성 식품을 재료로 한 구이, 조림, 볶음, 튀김류로 하고, 부반찬은 채소를 재료로 한 나물, 무침, 샐러드류로 한다.

(4) 식품구성의 결정

① 영양섭취기준에 근거한 식단구성

표 2-1
학교급식 대상파악 구성표 예

학 년		기준 열량 (Kcal)	급식 인원수	산정 내역 (기준열량×인원수)	영양기준량(1끼) (사정 내역 총량/급식 인원수)
1~3학년	남	534	250	133,500	에너지기준량 (1끼) 최저기준량(−10%) 최고기준량(+10%)
	여	500	250	125,000	
4~6학년	남	634	300	190,200	
	여	567	200	113,400	
중학생	남	800	400	320,000	
	여	667	300	200,100	
고등학생	남	900	450	405,000	
	여	667	400	266,800	
합 계		5,269	2,550	1,714,000	

표 2-2
개인과 집단의 식사계획을 위한 영양섭취기준

구 분	개 인	집 단
평균필요량	개인의 영양섭취목표로 사용하지 않음	평소 섭취량이 평균필요량 이하인 사람의 비율을 최소화하는 것을 목표로 함
권장섭취량	평소 섭취량이 평균필요량 이하인 사람은 권장섭취량을 목표로 함	집단의 식사계획 목표로 사용하지 않음
충분섭취량	평소 섭취량을 충분섭취량에 가깝게 하는 것을 목표로 함	집단에서 섭취량의 중앙값이 충분섭취량이 되도록 하는 것을 목표로 함
상한섭취량	평소 섭취량을 상한섭취량 이하로 함	평소 섭취량이 상한섭취량 이상인 사람의 비율을 최소화하도록 함

② 식사구성안을 이용한 식품구성의 예

표 2-3
식사구성안의
영양목표

식 품	구성성분	목 표
적절한 섭취	에너지	100% 평균필요량EER
	단백질	100% 권장섭취량RI, 총 에너지의 15% 정도 공급
	비타민	100% 권장섭취량RI, 또는 충분섭취량AI, 상한섭취량UL 미만
	무기질	100% 권장섭취량RI, 또는 충분섭취량AI, 상한섭취량UL 미만
	식이섬유	100% 충분섭취량AI
섭취의 절제	지 방	총 에너지의 20~25% 정도 공급
	소 금	5g 이하
	설 탕	되도록 적게

자료 : 한국인 영양섭취기준(2005)

표 2-4
권장식사패턴
(식품군별 1일
권장섭취 횟수)

구 분	A타입					B타입			
	1,400A	1,600A	1,800A	2,000A	2,600A	1,600B	1,900B	2,000B	2,400B
	3~5 유아	6~11 여	6~11 남	12~18 여	12~18 남	65~ 여	19~64 여	65~ 남	19~64 남
곡류	2	2.5	3	3	4	3	3	3.5	4
고기·생선·계란·콩류	3	3	3	4	6	2.5	4	4	5
채소류	5	5	5	7	7	5	7	7	7
과일류	1	1	1	2	2	1	2	1	3
우유·유제품류	2	2	2	2	2	1	1	1	1
유지·당류	2	3	3	4	6	3	4	4	5

자료 : 한국영양학회(2010)

표 2-5
한국인
영양섭취기준
식품군별 1인
1회 분량

식품군	1인 1회 분량
곡류(300kal)	쌀밥 210g, 국수 말린 것 90g, 식빵 35g*, 라면사리 120g, 밤 60g*, 시리얼 30g*
고기, 생선, 계란, 콩류 (100kcal)	육류(생) 60g, 닭고기 60g, 고등어 60g, 대두 20g, 두부 80g, 계란 60g
채소류(15kal)	콩나물 70g, 시금치 70g, 토마토 70g, 마늘 10g, 표고버섯 30g, 미역 30g
과일류(50kcal)	사과 100g, 귤 100g, 참외 150g, 포도 100g, 과일주스 100ml
우유·유제품류 (125kcal)	우유 200ml, 치즈 20g*, 호상요구르트 100g, 액상요구르트 150ml, 아이스크림 100g
유지·당류(45kcal)	콩기름 5g, 버터 5g, 마요네즈 5g, 깨 5g, 설탕 10g

*표시는 0.3회
※ 자세한 내용은 이 책의 부록을 참조한다.

③ 식품교환표를 이용한 식품구성

표 2-6
식품군별 1교환
단위당 영양성분

식품교환군		교환 단위	당질(g)	단백질(g)	지방(g)	열량(Kcal)
곡류군		1	23	2	–	100
어육류군	저지방	1	–	8	2	50
	중지방	1	–	8	5	75
	고지방	1	–	8	8	100
채소군		1	3	2	–	20
지방군		1	–	–	5	45
우유군		1	11	6	6	125
과일군		1	12	–	–	50

영양계획에 따라 요구를 충족시키면서 맛이나 색의 대비, 다양한 질감, 외관 변화 등 관능적 특성이 조화를 이루도록 하고 조리법과 주재료의 중복이 없도록 구성한다. 또한 식재료는 생산 공급량 변동이 심하므로 가격 변동을 파악하여 메뉴 구성에 반영하여야 한다. 단체급식 특성상 적정한 영양 공급이 무엇보다 중요하므로 영양량 분석은 필수적이다. 따라서 영양가 분석을 통해 메뉴 계획 시 결정한 영양제공량을 충족하는지 비교하고, 과부족한 영양량이 수정되도록 메뉴 품목이나 조리법을 조정해야 한다.

(5) 메뉴표 작성

메뉴표는 두 가지로 작성한다. 하나는 급식 대상자를 위한 메뉴표로 일주일 또는 한 달간 음식명이 기재되는 것이 보통이다. 다른 하나는 급식 관리를 위한 메뉴표로 끼니별 음식명, 식재료의 종류와 양, 예정 식수에 따른 전체 식품의 분량 등을 기재한다.

6) 메뉴 평가

메뉴 평가는 고객만족과 합리적인 급식관리를 위해 반드시 실시되어야 한다. 고객 측면의 메뉴 평가 방법에는 음식에 대한 **기호도 조사, 고객만족도 조사, 잔반량 조사** 등이 있으며, 마케팅적 접근에 의한 방법으로는 고객 측면과 급식경영 측면을 종합적으로 평가하는 기법인 메뉴 엔지니어링이 있다.

메뉴 엔지니어링Menu engineering은 마케팅적 접근에 의해 메뉴의 인기도와 수익성을 평가하는 기법으로, 단체급식이나 레스토랑에서 메뉴 평가 기법으로 많이 활용되고 있다. 메뉴 엔지니어링에서는 다음 두 가지 자료를 근거로 메뉴를 판정하여 의사결정을 내린다.

- 각 메뉴 품목Item이 판매된 비율(Menu Mix비율 : MM%)
- 각 메뉴 품목이 수익에 공헌하는 마진, 즉 공헌마진Contribution Margin ; CM

메뉴 엔지니어링 결과, 각 메뉴 품목의 판매비율과 공헌마진에 따라 크게 4가지 범주인 Star, Plowhorses, Puzzles, Dogs로 분류한다. 두 가지 이상의 메뉴를 판매하는 급식소에서는 메뉴 엔지니어링에 의한 메뉴 평가가 가능하다. 메뉴믹스 자료는 1일, 1주 또는 한 달에 걸쳐 판매되는 양을 집계하여 사용할 수 있다.

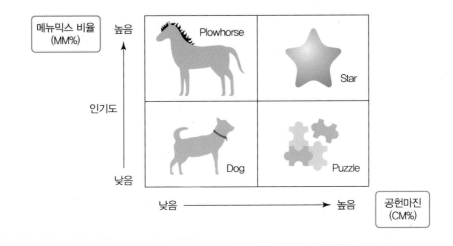

그림 2-2
메뉴 엔지니어링
매트릭스

메뉴 엔지니어링의 활용은 관리자의 경험, 단체급식소의 여건, 운영의 성격 등의 여러 정보를 종합하여 한다.

Stars로 판정된 아이템은 인기도 높고 이윤도 많이 남는 아이템으로 급식소의 대표메뉴이며, 계속적으로 관리하여 고수익 아이템으로 유지시킬 필요가 있다.

Plowhorse 아이템은 다소 인기는 있지만 공헌마진이 낮은 메뉴로 가격탄력성이 크다면 최소한의 비용만을 인상시키거나 급식 대상자에게 반감을 주지 않는 범위에서 재료비를 줄이도록 한다. Plowhorse 아이템은 눈에 잘 안 띄는 곳으로 옮기고 마진이 높은 아이템을 눈에 잘 띄는 곳에 두어 급식 대상자들이 마진이 더 높은 아이템을 선택하도록 유도하거나, 단가가 저렴한 다른 몇 개의 아이템과 묶어 패키지 상품으로 판매하면 마진을 증가시킬 수 있다.

Puzzle 아이템의 경우 공헌마진은 높지만 인기가 낮은 아이템으로 메뉴를 좀 더 눈에 잘 띄도록 급식 대상자의 수요를 늘리거나 가격을 낮추어 수요를 증가시킨다. 또한 메뉴의 이름을 좀 더 친숙한 이름이나 문구로 바꾸어 보거나 판촉 전략을 사용, 특선 요리에 포함시키거나 급식 대상자에게 권하도록 한다.

Dogs 아이템은 품질이나 조리, 재고 누적 등의 문제를 일으킬 수 있으므로 전체 메뉴에서 이에 해당하는 아이템의 수를 제한하도록 한다.

표 2-7
메뉴 엔지니어링 분석 결과에 따른 조치

분 류	필요한 조치
Star	Retain(유지)
Plowhorse	Reprice(가격 재조정)
Puzzle	Repositionning(위치 재조정)
Dog	Replace(다른 메뉴로 교체)

문제풀이

01 다음은 식품교환표에 관한 설명이다. 괄호 안의 ①, ②에 해당하는 용어를 순서대로 쓰시오. [2점]
영양기출

- 식품교환표란 일상에서 섭취하고 있는 식품들을 영양소의 구성이 비슷한 것끼리 모아서 6가지 식품군별로 나누어 묶은 표이다.
- 동일 식품군에 속해 있는 식품들은 품목이 달라도 1교환 단위당 평균적으로 같은 에너지 및 에너지 영양소를 함유하고 있다.
- 식품교환표에서 3대 에너지 영양소 모두를 제공하는 식품군은 (①   )(이)며, 곡류군과 채소군에서는 에너지 및 탄수화물과 (②   ) 함량을 제시하고 있다.

① : _____   ② : _____

02 다음 식단으로 제공되는 단백질과 지방의 양을 식품교환표를 이용하여 계산하고 순서대로 쓰시오
(식사계획을 위한 식품교환표 2010 적용). [2점] 영양기출

식단	재료 및 분량
보리밥	백미 80g, 보리 10g
미역국	미역(생것) 70g, 참기름 2.5g
제육볶음	삼겹살 40g, 양파 15g, 양배추 20g
호박나물	애호박 35g, 들기름 2.5g
배추김치	배추김치 50g

_____

_____

03 다음은 식품의 영양소 함량표의 일부이다. 괄호 안의 ①, ②에 해당하는 지용성 영양소를 순서대로 쓰고, 이와 같이 판단한 이유를 각각 서술하시오. [4점] [유사기출]

(가식부 100g당 함량)

영양소 식품	단백질(g)	(①)(mg)	나트륨	(②)(RE)
쌀	5.9	0.0	7.0	1
고구마	1.4	0.0	15.0	19
풋고추	2.4	0.0	10.0	1,350
복숭아	0.9	0.0	2.0	20
버터	0.5	261.0	725.0	423
베이컨	17.9	71.0	866.0	6
고등어	20.2	82.0	75.0	23
꽃게	13.7	105.0	304.0	1

자료 : 2009 식품 영양소 함량 자료집(사단법인 한국영양학회)

① : _____ ② : _____

이와 같이 판단한 이유 _____

04 다음은 조선 시대 식생활 문화에 대한 설명이다. 밑줄 친 ①과 ②의 차이를 서술하고, ③에 해당하는 전통 명칭을 쓰시오. [2점] [유사기출]

유교적 격식과 법도를 중시한 조선 시대에는 상차림에도 엄격한 질서를 부여하였다. 이 시대에 정립된 반상차림은 음식의 재료와 조리법의 중복을 피하고 조화를 중시하였으며, 밥과 반찬의 내용과 형식에 따라 3첩, 5첩, 7첩, ① 9첩, ② 12첩으로 구분하였다.

조선시대 궁중음식문화는 《경국대전》에 상세하게 기록되어 있다. 수라상은 군주의 권위가 음식으로 표현되어 화려하고 다채롭게 구성되었다. 궁중에서 먹던 음식 중 ③ 물에 불린 쌀을 곱게 갈아 되직하게 쑤다가 우유를 부어 끓인 죽은 임금이 보양식으로 먹던 음식이다. 《지봉유설》, 《규합총서》에 기록되어 있는 이 음식은 왕이 가까운 신하들에게 보양식으로 하사하기도 하였다

①과 ②의 차이 _____

_____

③의 명칭 _____

05 다음은 급식 대상자의 영양관리를 위한 식단 작성 순서이다. ①, ②에 해당하는 내용을 각각 쓰고, ① 단계에서 급식 대상자와 관련하여 고려해야 할 사항 2가지를 쓰시오. 기출문제

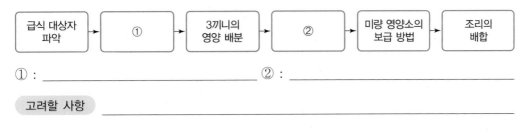

① : _____ ② : _____

고려할 사항 _____

_____

해설 식단 작성 순서를 묻는 문제이다. 6단계로 작성 순서를 나누어 문제를 제시하고 있다. 아래 그림에서 보이는 내용을 토대로 1번과 2번에 들어갈 내용을 결정하도록 한다. 1에는 급여 영양량의 결정, 2번에는 식품구성 혹은 식사구성이라는 용어가 들어가면 될 듯하다. 급여영양량 결정을 위해서는 급식 대상자의 나이와 성별과 활동량의 정도, 기호도와 식습관 등을 고려하여야 한다.

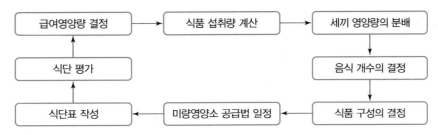

06 학교급식 식단 계획 시 고려해야 할 요인에 대한 내용이다. 옳은 것만을 있는 대로 고른 것은?
기출문제

구 분	고려 요인	내 용
ㄱ	기호도	학생들의 나이, 성별뿐 아니라 활동 강도가 다르기 때문에 이에 대한 조사를 한 후 식단 계획에 반영한다.
ㄴ	관능 특성	음식의 씨, 맛, 모양, 온도, 질감 등의 조화 및 완성된 음식 담는 모양도 고려한다.
ㄷ	조리원 숙련 정도	조리원 숙련도가 낮을 때에는 복잡한 조리 방법을 줄이고 식단에 관리성을 주도록 한다.
ㄹ	위험 식재료	잠재적 위험 식품은 사용해서는 안 되므로 식단에 반영하지 않는다.
ㅁ	조리기기	조리기기의 보유 수량 및 용량을 고려하여 같은 조리 방법을 동시에 사용하지 않는다.

① ㄱ, ㄹ ② ㄱ, ㄴ, ㄷ ③ ㄴ, ㄷ, ㅁ

④ ㄷ, ㄹ, ㅁ ⑤ ㄱ, ㄴ, ㄹ, ㅁ

정답 ③

07 메뉴 엔지니어링(menu engineering) 매트릭스(matrix)의 예이다. 정확한 의사 결정으로 옳은 것을 〈보기〉에서 고른 것은? 기출문제

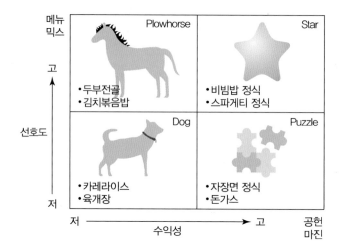

> 보기
>
> ㄱ. dogs 메뉴는 다른 메뉴로 변경하거나 단골 주문 시만 받는다.
> ㄴ. puzzles 메뉴는 메뉴표에서 위치를 바꾸거나 아이템 수를 늘린다.
> ㄷ. stars 메뉴는 대표적인 음식인 만큼 더 철저한 품질 관리가 요구된다.
> ㄹ. plowhorses 메뉴는 세트 메뉴 구성으로 가격을 인하하거나, 배식량을 약간 늘린다.
> ㅁ. plowhorses 메뉴는 가격을 인상하고, puzzles 메뉴는 조리법을 개선하거나 가격을 낮추어 수요를 증가시킨다.

① ㄱ, ㄴ, ㄷ   ② ㄱ, ㄴ, ㅁ   ③ ㄱ, ㄷ, ㅁ
④ ㄱ, ㄷ, ㄹ   ⑤ ㄷ, ㄹ, ㅁ

정답 ③

08 순환식단(주기, cycle)을 적용할 때 얻을 수 있는 장점만을 모두 고른 것은? 기출문제

> 보기
>
> ㄱ. 식단 작성의 시간적 여유가 생김
> ㄴ. 조리원들의 작업이 숙달됨
> ㄷ. 조리원들의 작업 분담이 잘됨
> ㄹ. 짧은 주기 동안 다양한 식단 제공으로 만족도 상승

① ㄷ   ② ㄱ, ㄷ   ③ ㄴ, ㄹ
④ ㄱ, ㄴ, ㄷ   ⑤ ㄱ, ㄴ, ㄷ, ㄹ

정답 ④

09 다음 권장식사패턴의 예에서 (가)~(라)에 대한 설명으로 옳은 것을 〈보기〉에서 모두 고른 것은?

기출문제

권장식사패턴(식품군별 1일 (가) 권장섭취횟수)의 예

(나) 식사 패턴(kcal)	1,000	1,200	~	2,400	2,600	2,800
곡류 및 전분류 Ⅰ	1.5	2		4	4.5	5
(다) 곡류 및 전분류 Ⅱ	0	0		1	0	0
고기, 생선, 계란, 콩류	2	2		5	6	6
채소류	4	5		7	7	8
과일류	1	1		3	3	3
우유 및 유제품	1	1		1	1	1
(라) 유지, 견과 및 당류	2	3		5	6	6

보기

ㄱ. (가)는 식품군별 1교환 단위의 양을 기준으로 제시되었다.

ㄴ. (가)는 개인의 기호도를 고려하여 식품군의 배분 횟수를 조정할 수 있다.

ㄷ. (나)의 각 열량에는 70~90kcal 정도의 양념 사용량이 포함되어 있다.

ㄹ. (다)의 주요 식품으로는 식빵, 국수, 떡, 감자, 고구마가 있다.

ㅁ. 조리 시 사용되는 유지 및 당류의 경우에는 (라)의 배분 횟수 범위 내에서 사용하도록 한다.

① ㄱ, ㄴ　　　　　　　② ㄷ, ㄹ　　　　　　　③ ㄹ, ㅁ

④ ㄱ, ㄷ, ㄹ　　　　　⑤ ㄴ, ㄷ, ㅁ

정답 ⑤

10 다음은 1일 2,400kcal의 권장식사패턴과 이를 이용하여 작성한 식단이다. (가)~(바)에 대한 설명으로 옳은 것을 〈보기〉에서 모두 고른 것은? 기출문제

(가) 권장식사패턴 : 2,400kcal

식품군	섭취 횟수
곡류 및 전분류 Ⅰ	4
(나) 곡류 및 전분류 Ⅱ	
고기, 생선, 계란, 콩류	5
채소류	6
과일류	2
우유 및 유제품	2
유지, 견과 및 당류	5

1인 1회 분량

쌀밥 1공기(210g)	감자(중) 1개(130g)
아욱 70g	시금치 70g
콩나물 70g	호박 70g
배추김치 40g	열무김치 40g
깍두기 40g	무 70g
풋고추 70g	귤 100g
오렌지주스 100g	육류 60g
생선 1토막(50g)	두부 80g
계란 1개(50g)	우유 200g
호상요구르트 110g	유지류 5g

끼니	음식명	주재료명	분량(g)	끼니	음식명	주재료명	분량(g)
아침	쌀밥		210	점심	쌀밥		210
	쇠고기뭇국	(라) 쇠고기	30		동태찌개	동태	50
		무	35			무	35
	두부조림	두부	80		시금치나물	시금치	35
	콩나물무침	콩나물	35			참기름	5
		참기름	5		계란찜	계란	50
	열무김치		20		풋고추감자조림	풋고추	35
	우유		200			(마) 감자	65
(바)저녁	쌀밥		210			식용류	5
	아욱국	아욱	35		배추김치		40
	삼치구이	삼치	50		오렌지주스		100
		식용류	5	간식	귤		100
	호박전	호박	35		호상요구르트		110
		계란	25				
		식용류	5				
	깍두기		40				

보기

ㄱ. (가)는 우유 2컵을 기본으로 식품군 횟수를 배분하고, 청소년의 식사 양상을 반영한 것이다.

ㄴ. (나)는 부식 또는 간식으로 이용될 수 있다.

ㄷ. (다)는 제시된 식품군 섭취횟수에 맞게 작성되었고, 에너지와 에너지적정비율이 영양섭취 기준을 만족한다.

ㄹ. (라)는 선명한 붉은색을 띠고 지방이 가늘게 섞여 있는 우둔 부위를 구입한다.

ㅁ. (마)는 전분이 많이 함유된 분질감자를 사용한다.

ㅂ. (바)에 도라지생채, 탕평채, 풋고추멸치볶음이 추가되면 5첩 반상이 된다.

① ㄱ, ㄴ　　　　　② ㄴ, ㅂ　　　　　③ ㄱ, ㄷ, ㅁ
④ ㄱ, ㄹ, ㅂ　　　　⑤ ㄴ, ㄷ, ㅁ

정답 ①

CHAPTER 03

급식구매관리

영양관리와 메뉴 작성이 끝나면 식재료 구매에 들어간다. 식재료는 일반적으로 신선한 제품을 구입하여 바로 소비하는 것이 가장 좋으며 제품 구매시기와 구매방법 등이 매우 중요하다. 일반적으로 영양교사는 학교급식에 많은 연관성을 두고 있으며, 식재료의 발주와 검수는 영양교사에 의해 이루어진다.

구매관리는 크게 2가지 면에서 중요하다. 첫째, 좋은 식재료를 구매하면 조리된 후 식품의 맛과 질이 향상될 뿐 아니라 식품위생학적 문제 발생 가능성을 줄일 수 있다. 둘째, 좋은 식재료를 싸게 구매하여 양질의 식사를 싸게 공급할 수 있다. 구매관리는 현장에서 예산 집행과 예산 결산의 중심축으로 작용한다.

1 구 매

1) 구매의 개념

구매Purchasing란 적정한 품질 및 수량의 물품을, 적정한 시기에, 적정한 가격으로, 적정한 공급원으로부터 구입하여 필요로 하는 장소에 공급하는 것이다.

구매관리란 음식을 생산하는 데 필요한 물품을 확보하는 기능으로서, **구매**Purchasing, **검수**Receiving, **저장**Storing, **재고관리**Inventory control가 포함되며, 조달Procurement의 개념으로 사용되기도 한다.

 구매관리의 효과

- 물품의 원활한 공급 가능
- 식품의 원가를 최소화시킬 수 있음
- 공급하는 음식의 품질을 유지할 수 있음

2) 구매의 유형

(1) 분산구매(독립구매)

분산구매Decentralized purchasing는 현장구매 또는 독립구매라고도 하며, 조직의 한 부서에서 필요한 물품을 독립적으로 단독 구매하는 방식이다. 구매 절차가 간단하고 능률적이며, 원하는 곳에서 직접 구매하므로 조직에 필요한 물품 구매가 쉽고 구매만족도가 높다.

(2) 집중구매(중앙구매)

집중구매Centerlized purchasing는 본사구매 또는 중앙구매라고도 한다. 조직 전체에서 필요한 물품을 한 개의 업소나 특정 조직 부문에 집중시켜 구매하는 방법으로 조직 규모가 큰 경우에 이용한다. 구매부서가 독립적으로 존재하며 고가 품목이나 조직 전체에서 공통적으로 사용하는 물품, 구매절차가 복잡한 물품의 구입에 주로 이용한다.

(3) 공동구매

공동구매Group purchasing는 협력구매라고도 하며, 경영자나 소유주가 다른 조직체들이 공동으로 협력하여 구매하는 형태이다. 공동구매는 독립구매보다 구매량이 많아지므로 원가절감 효과가 있으며, 공신력 있는 공급업체를 선정할 수 있다.

표 3-1
집중구매 및 분산구매의 장단점

구 분	분산구매	집중구매
장 점	• 구매 절차가 간단 • 자주 구매 가능 • 긴급 수요의 경우 유리 • 업자가 근거리에 있을 경우 경비 절감 및 사후 서비스에 유리	• 구매활동의 집중화로 비용 절감 • 일관된 구매 방침에 따른 구매활동 수행으로 구매 집중도 향상 • 거래처 및 품질 관리 용이 • 재고관리 용이 • 전문적 구매활동으로 구매기능 향상 • 대량 구매에 따른 구매 가격 인하
단 점	• 소량 구매로 인한 구입단가 상승 • 원거리 구매 시 불합격	• 복잡한 구매 절차로 긴급 필요시 불리

(4) JIT구매

JITJust-In-Time구매는 특정 기간의 급식 생산에 필요한 식품의 양을 정확히 파악하여 필요량만을 구입하는 방법이다. JIT구매는 불필요한 재고를 줄일 수 있고 공간을 효율적으로 사용할 수 있으며, 이로 인하여 원가를 절감할 수 있다는 장점을 가지고 있다.

3) 구매 절차

구매 절차는 각 급식소마다 독특한 방법으로 수행될 수 있으나, 기본적인 유형은 그림 3-1과 같다. 각 급식소의 필요에 따라 몇 가지 과정은 생략되거나 새로운 과정이 첨가될 수 있다.

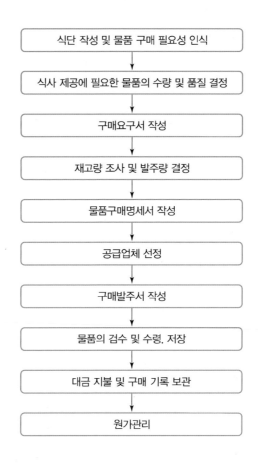

그림 3-1
급식 구매관리
절차

(1) 물품 구매 필요성 인식

구매는 단체급식소에서 **물품의 필요량**을 인식하면서 시작된다. 필요성이 대두되는 곳은 크게 두 곳으로, 구매를 주로 요청하는 생산부서와 적정 재고를 유지하기 위해 구매를 요청하는 창고 관리부서이다.

(2) 물품 구매명세서 및 구매청구서의 작성·승인

물품구매를 요청하는 부서는 사전에 작성한 **물품 구매명세서**를 근거로 구매청구서를 작성하며, 작성된 청구서는 구매 담당자의 승인을 받아야 한다. 물품 구매명세서는 구매하고자 하는 제품의 품질 및 특성을 기술해 놓은 서식으로 물품의 사용부서, 구매부서, 검수부서, 창고관리 부서 및 공급업체에서 각자의 고유 업무 수행 시 급식소 전체의 **물품 품질 표준**을 유지하는 데 매우 중요한 서식이다.

① **물품 구매명세서**Specifications : Spes : 구매하고자 하는 물품의 품질 및 특성을 기록한 양식으로 **구입명세서, 물품명세서, 시방서**라고 한다. 발주서와 함께 공급업체에 송부함으로써 명세서에 기재된 품질에 맞게 공급하도록 하고, 검수 부서에서 이 명세서에 적힌 품질에 맞는 물품이 공급되었는지를 검사하게 된다.

　물품 구매명세서는 꼭 필요한 정보를 간단명료하게 제공해 주어야 하며, 물품명(시장에서 유통되는 상표명), 품질 규정 및 등급, 포장 규격 및 단위(중량, 용기 크기), 단가 등이 명시되어야 한다. 물품의 용도, 검수방법, 숙성 정도 등의 내용도 포함된다. 육류의 경우는 등급, 부위, 연령, 절단 형태 및 크기, 지방 함량 등을 기재하고 과일 또는 채소는 무게, 익은 정도, 생산지 등을 명시하여야 하며, 냉장·냉동품의 경우는 운송할 때의 보관 온도 등을 기록하여야 한다.

② **물품 구매청구서**Purchase requisition : **구매청구서** 또는 **요구서**라고도 한다. 물품 구매청구서에는 청구번호, 필요량, 필요한 품목에 대한 간단한 설명, 배달 날짜, 예산 회계 번호 등을 기재하며 공급업자의 상호명과 주소, 주문 날짜, 가격 등을 기재하기도 한다. 물품 구매청구서는 보통 2부씩 작성하는데 원본은 구매부서에 보내고 사본은 구매를 요구한 부서에 보관해 둔다.

(3) 공급업체 선정

구매 담당자는 구매 청구서에 근거하여 필요한 물품을 공급해 줄 수 있는 업체를 선정하여야 한다. 공급업체의 위생관리 능력, 운영능력 및 위생상태 등의 기준을 마련해 놓으면 좀 더 신선하고 질이 좋으면서 위생적으로 안전한 물품을 납품하는 공급업체를 선정할 수 있다.

　공급업체 선정 방법은 계약 방식에 따라 **경쟁 입찰 계약**과 **수의 계약**으로 나눌 수 있으며, 경쟁 입찰 계약 방법은 **공식적**Formal **구매 방법**이라 하며, 수의 계약 방법은 **비공식적**Informal **구매 방법**이라 한다.

　경쟁 입찰 계약은 입찰을 원하는 공급업체 중 급식소에서 원하는 품질의 물품 입찰가격을 가장 합당하게 제시한 업체와 계약을 체결하는 방법이며, **일반 경쟁 입찰**과 **지명 경쟁 입찰**로 나눌 수 있다.

　수의 계약 방법은 공급업자들을 경쟁에 붙이지 않고 계약 내용을 이행할 자격을 가진 특정 업체와 계약을 체결하는 방법을 말하며, **복수 견적수의 계약**과 **단일 견적 수의 계약**으로 나뉜다.

그림 3-2
구매 계약 방법

| 경쟁 입찰 계약 | 일반 경쟁 입찰
지명 경쟁 입찰 | 계약서 작성 |
| 수의 계약 | 단일 견적 수의 계약
복수 견적 수의 계약 | 주문서 작성 |

표 3-2
경쟁 입찰 계약 방법
(공식적 구매 방법)

구 분	내 용
종 류	• 일반 경쟁 입찰 : 경쟁자의 제한 없이 모든 거래처에 입찰 자격을 부여, 입찰 내용을 신문 또는 메스컴에 공고하여 응찰자를 모집 • 지명 경쟁 입찰 : 구매자 측에서 지명한 몇 개의 업체에만 공고하여 응찰자를 모집하는 방법으로 급식소에서는 이 방법을 더 선호
계약 절차	• 입찰 공고 : 구매물품의 명세서를 입찰안내서와 함께 공급자 측에 송부하거나 메스컴에 공고 • 응찰 : 계약을 원하는 업체들이 계약조건(납품가격, 품질, 납품 시기 등)을 제시 • 개찰 : 정해진 날짜와 장소에서 입찰서 공개 • 낙찰 : 최적 조건을 제시한 업체를 선정 • 계약 체결
법적 효력	• 계약서가 법적인 효력을 발휘
장 점	• 공평하고 경제적 • 구매거래 시 생길 수 있는 의혹이나 부조리를 미연에 방지
단 점	• 일반 경쟁 입찰의 경우 자격이 부족한 업체가 응찰할 수 있음 • 업체 간 담합으로 낙찰이 어려운 경우가 생길 수 있음 • 수속이 복잡하여 긴급 시 배달시기를 놓칠 수 있음
용 도	• 저장성이 높은 식품(쌀, 조미료, 건어물 등)을 정기적으로 구매할 때 주로 사용

계약기간은 보관할 수 있는 창고의 크기와 수량, 사용 시기, 대금 지불 시기 등을 고려하여 설정하여야 한다. 일반적으로 채소류, 육류, 과일류, 난류, 어패류, 반가공 제품들은 주 단위로, 설탕, 식용유, 밀가루는 월 단위로, 가격 변동이 적은 조미료, 고춧가루, 깨 등은 3개월 단위로 계약이 이루어진다.

표 3-3
수의 계약 방법
(비공식적 구매 방법)

구 분	내 용
종 류	• 복수견적 : 여러 취급업체로부터 견적서를 요청한 후 가장 최적의 업체를 선정 • 단일견적 : 구매자가 미리 시장 조사를 하여 거래처를 정한다거나 특수한 품목으로 다른 취급업체가 없는 경우 한 곳으로 부터 견적을 받음
계약 절차	• 계약 내용을 경쟁에 붙이지 않고 계약을 이행할 수 있는 자격을 가진 특정 업체 또는 몇몇 업체에 구매 물품의 견적서를 요구 • 최적 업체에 물품의 명세서 및 발주서를 송부함으로써 계약 체결
법적 효력	• 계약서를 별도로 체결하지 않을 때에는 발주서가 법적인 효력을 지님
장 점	• 절차가 간편하며 경비와 인원을 줄일 수 있음 • 신용이 확실한 업자를 선정할 수 있음 • 신속하고 안전한 구매가 가능
단 점	• 구매자의 구매력이 제한 • 불리한 가격으로 계약하기 쉬움 • 의혹을 사기 쉬움
용 도	• 소규모 급식시설에 적합한 구매 계약 방법이며, 채소·생선·육류 등의 비저장 품목을 수시로 구매할 때 주로 사용

(4) 재고량 조사 및 구매 발주서 작성

구매부서에서는 구매 청구서의 물품 필요량에 근거하여 발주량을 결정하고, 공급업체에 보낼 발주서를 작성한다. 재고가 없는 물품일 경우 요청한 물품의 필요량을 그대로 발주량으로 하고, 재고가 있는 경우에는 이를 고려하여 주문할 발주량을 결정하여야 한다. 구매담당자들이 발주서에 기재할 물품의 품목과 필요량을 결정할 때는 이를 요청한 부서의 관리자들과 구매수량, 품질, 용도 등에 대해 충분히 협의하는 것이 바람직하다.

 발주서

발주서Purchase order는 구매표, 발주전표라고도 불린다. 보통 3부씩 작성하여 원본은 공급업자, 1부는 구매부서, 나머지 1부는 회계부서로 보내 물품 납입 후 대금 지불의 근거로 사용한다. 발주서는 구매청구서에 근거하여 작성하며 독립된 구매부서가 없는 급식소의 경우 구매청구서 없이 발주서만 작성하기도 한다. 발주서에는 급식소명과 주소, 공급업체명과 주소, 식재료명과 발주량, 납품일자, 구매자의 서명 등의 내용을 포함한다.

① 발주량 산출 : 품목별로 필요한 발주량은 표준 레시피의 1인 분량과 예측식수를 근거하여 산출한다. 이때 폐기 부분이 없는 식품과 폐기 부분이 있는 식품의 발주량은 다음과 같은 공식에 의해 산출하며, 폐기율에 따른 출고계수를 감안하여야 한다.

- 폐기 부분이 없는 식품의 발주량 = 1인 분량 × 예상 식수
- 폐기 부분이 있는 식품의 발주량 = 1인 분량 × 출고계수 × 예상 식수
- 출고계수 = 100/100 - 폐기율

② 적정 발주량 결정 : 비저장품일 경우 산출된 발주량 그대로 주문하면 되지만 저장품목인 경우는 재고량이나 주문비용 등을 고려하여 적정 발주량을 결정한다. 적정 발주량은 저장비용Storage cost과 주문비용Order cost에 의해 영향을 받는다. 저장비용은 재고를 보유하기 위해 소요되는 비용이며 저장시설의 유지비, 보험비, 변패로 인한 손실비, 재고 자체의 보유에 소요되는 비용 등이 포함된다. 주문비용은 주로 인건비가 차지하며, 주문과 관련된 업무처리 비용이나 교통통신비, 소모품비 및 검수에 소요되는 비용이 해당된다.

저장비용이나 주문비용은 발주량과 주문 횟수에 따라 달라진다. 연간 소요비용으로 산출될 때 1회당 발주량이 많아지면 연간 저장비용은 증가하지만, 주문 횟수가 줄어들게 되므로 주문비용은 저하되고, 반대로 1회 발주량이 적으면 재고 유치에 드는 비용은 줄고 연간 주문비용은 증가한다. 적정 주문량인 경제적 발주량Economic Order Quantity ; EOQ은 연간 저장비용과 주문비용의 총합이 가장 적은 지점인 두 가지 비용의 교차점이 적당하다.

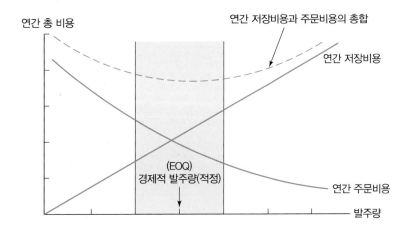

그림 3-3
경제적 발주량

③ 발주 방식의 결정 : 저장품의 발주 방식에는 정기 발주 방식Fixed-order period system과 정량 발주 방식Fixed-order quantity system이 있다.

㉠ 정기 발주 방식, 정기 실사 방식Periodic inventory system : P 시스템이라 하며, 정기적으로 일정한 발주시기에 부정량(不定量 : 최대 재고량-현재 재고량)을 발주하는 유형이다. 정기 발주 방식은 발주 주기와 최대 재고량에

의해서 작용되는데 발주 주기는 발주량을 같은 기간 중의 수요량으로 나누어 구할 수 있으며, 적정 발주 주기는 경제적 발주량을 수요량으로 나누어 산출할 수 있다.

ⓛ **정량 발주 방식, 발주점 방식**Order point system : Q 시스템이라 하며, 재고가 일정 수준(발주점)에 이르면 일정 발주량을 발주하는 시스템이다. 정량 발주 방식은 발주량과 발주점에 의해 작용되는데 이때의 발주량은 경제적 발주량이 되며, 발주점은 발주에서 입고까지의 조달 기간lead time 중에 소비되는 재고량과 이 기간에 대비한 안전재고와 합계만큼의 재고량이 있을 때를 의미한다.

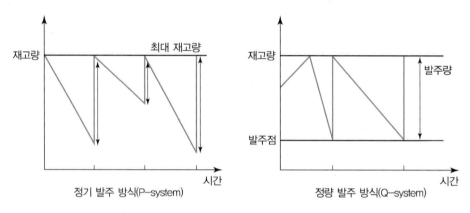

그림 3-4
발주 방식

표 3-4
**정기 발주 방식과
정량 발주 방식의 비교**

구 분	정기 발주 방식	정량 발주 방식
특 징	정기적 부정량 발주	재고가 발주점에 이르면 정량 발주
발주시기	정기적	부정기적(발주점 도달 시)
발주량	부정량(최대 재고량−현재의 재고량)	정량(경제적 발주량 : EOQ)
재고 조사 방법	정기적인 실사 방법	계속적 실사 방법
안전재고	조달 기간 및 발주 주기 중의 수요 변화 대비	조달 기간 중의 수요 변화 대비

(5) 물품의 검수 및 수령, 저장

구매 담당자는 공급업체가 주문한 물품을 적시에 배달할 수 있도록 독촉 및 확인을 해야 한다. 공급업체는 물품을 배달할 때 배달 통지서인 납품서(또는 거래명세서)를 구매자에게 송부하고, 검수 담당자는 배달된 물품을 철저히 검수하여야 한다.

(6) 대금 지불 및 구매기록 보관

구매업무 과정에서 사용된 모든 기록은 다음 구매활동에 참고가 되고 대금 지불의 근거로 사용된다. 따라서 계약서나 발주서와 같이 법적 효력을 갖는 서류는 반드시 일정기간 동안 보관해 두어야 한다.

2 검 수

검수는 납품된 식재료의 품질, 선도, 위생, 수량, 규격이 주문 내용과 일치하는지 검사하여 수령 여부를 판단하는 과정이다. 검수가 효과적으로 이루어지려면 검수 설비 및 기기, 발주서 또는 구매 청구서 사본, 구매 명세서 사본 등을 구비하고 검수 지식과 경험이 풍부한 검수 담당자가 필요하다. 검수 절차는 다음과 같다.

① **납품 물품과 주문한 내용, 납품서의 대조 및 품질검사** : 납품서는 송장 또는 거래 명세서라고 하며 물품명, 수량, 단가, 공급가액, 총액, 공급업자명 등의 내용이 기재된 서식이다. 검수가 끝난 후 검수 담당자는 납품서에 검수 확인 서명이나 도장을 찍어야 하며, 이것은 물품 대금 청구의 근거로 사용되므로 오류 사항에 대해서는 시정하여야 한다.

납품 물품의 검사 방법에는 **전수검사법**과 **발췌검사법**이 있다. **전수검사법**은 납품된 물품 전체를 하나하나 검사하는 방법으로 전수 검사가 어렵지 않은 경우나 보석류와 같이 개별 물품의 가격이 매우 비싼 경우 실시한다. **발췌검사법**은 일부 시료를 샘플로 뽑아 검사하고 그 결과를 토대로 전체의 품질을 평가하여 합격과 불합격을 평가하는 방법이다. 대량 구입하는 품목 중 어느 정도 불량이 섞여 있어도 크게 문제가 되지 않는 경우에 주로 사용한다.

② 물품의 인수 또는 반품

③ 인수한 물품의 입고(레이블 부착)

④ 식품 정리 보관 및 저장장소로의 이동

⑤ 검수에 관한 기록 및 문서 정리

3 저장과 출고

1) 저장관리

저장관리란 일반적으로 납품된 식재료를 수요자에게 음식으로 조리하여 공급할 때까지 일정 기간 동안 합리적인 방법으로 품질을 유지하도록 보존·관리하는 것을 말한다. 철저한 검수를 거쳐 양질의 안전한 식재료를 납품받았다고 해도 적정하게 보관·관리하지 않으면 손실을 초래할 수 있다. 품질을 최적으로 유지하며 위생적으로 보관하기 위해서는 신속하고 올바른 식재료 보관이 필수적이다.

저장창고의 위치는 검수구역과 조리구역 사이, 즉 두 구역에서 인접하여 위치하는 것이 이상적이며 같은 층에 검수장소, 창고, 주방이 있는 것이 바람직하다. 검수구역과 창고의 거리는 짧을수록 운반하는 데 필요한 노동력이나 물품 도난의 기회를 감소시킬 수 있다. 저장실의 적절한 크기는 메뉴의 내용, 거래량, 구매정책, 배달의 빈도 등에 따라 달라질 수 있다.

2) 식재료 저장 원칙

① **저장품 위치 표식** : 저장품을 품목별·규격별·품질 특성별로 분류하여 저장고 내 일정한 위치에 표식화한 후 적재한다.

② **품목별 분류 저장** : 저장품들은 재고 회전, 진열 위치, 사용 빈도 등을 고려하여 창고 내에 체계적으로 정리하여야 하며, 종류에 따라 분류한 후 가나다 순, 알파벳 순 또는 사용빈도 순으로 정렬하는 것이 이상적이다.

③ **품질보존의 원칙** : 저장 기준(온도, 습도) 및 기간은 식품에 따라 다르며, 저장품의 품질 저하를 막기 위해서는 식품과 비식품류를 분류하여 유형별로 적절한 상태에서 보관하여야 한다.

④ **선입선출에 의한 출고** : 창고 담당자는 재고 물품의 낭비를 최고화하기 위해 재고 회전 시 **선입선출**First-In, First-Out ; FIFO의 원칙에 의거하여 먼저 반입된 물품이 나중에 반입된 물품보다 먼저 사용하도록 하고, 물품을 진열할 때 나중에 구입한 물품을 보관 중인 물품의 뒤쪽에 두어야 한다.

⑤ **저장물품의 안전성 확보** : 물품의 부정 유출을 방지하기 위해 창고에 잠금장치를 설치하고, 창고 열쇠는 늘 안전한 곳에 보관한다. 창고 출입을 특정 시간으로 제한할 뿐만 아니라 관계자 외에는 창고에 접근하지 못하도록 하는 것이 좋다.

4 재고관리

재고란 현재 보유되어 있는 물품의 상태를 이야기한다. **재고관리**란 물품의 수요가 발생했을 때 가장 빠른 시간에 가장 경제적인 방법으로 공급할 수 있도록 재고를 최적의 상태로 관리하는 절차를 의미한다. 재고관리에서 중요한 것은 발주시기, 발주량, 적정 재고수준을 결정하는 것이며, 이를 시행하기 위해 다양한 방법이 사용된다.

합리적 재고관리의 효과 ●

- 재고 부족으로 인한 생산계획의 차질이 발생하지 않는다.
- 적정 재고수준을 유지함으로써 유지비용을 감소시킬 수 있다.
- 정확한 재고 수량 파악으로 적정 주문량 결정을 가능하게 하며 구매비용을 절감할 수 있다.

1) 재고관리의 유형

재고관리를 위해서는 입고량과 출고량, 현재 보유량을 확인하는 것이 중요하다. 이를 위해 다양한 조사 및 기록 방법이 사용되며, 조사 및 기록 방법에 따라 **영구재고 시스템**과 **실사재고 시스템**으로 재고관리 유형을 분류할 수 있다. 각 유형마다 장점과 단점이 있으므로 2가지 시스템을 혼용하는 것이 가장 이상적이다.

(1) 영구재고 시스템

영구재고 시스템Perpetual inventory system은 구매 후 검수하여 창고에 입고되는 물품의 수량과, 보관되었다가 이후 출고되는 물품의 수량을 지속 및 연속적으로 기록한후, 해당 기록을 비교하여 남아 있는 물품의 목록과 수량을 계산하는 방법이다.

(2) 실사재고 시스템

실사재고 시스템Physical inventory system은 일정 기간을 두고 주기적으로 현재 창고에 보관되어 있는 재고 물품의 수량과 목록을 확인하여 기록하는 방법이다. 실제 보유량을 정확히 알 수 있는 방법으로, 기록을 통한 재고관리법인 영구재고 시스템의 정확성을 점검하기 위해 사용된다.

실사재고 시스템이 좀 더 효율적이고 신속하게 운영되기 위해서는, 저장창고별로 품목의 위치를 명확하게 하고 이를 조사지에서 쉽게 찾아 기입할 수 있게 한다. 냉동고에 보관하는 식품에는 기본적인 정보를 꼬리표로 달아 보관하도록 한다.

표 3-5
**영구 및 실사재고
시스템의 장단점**

구 분	영구재고 시스템	실사재고 시스템
장 점	• 재고관리의 효율적인 통제가 용이 • 적절한 재고량 유지에 관한 빠른 정보 제공 • 특정 시점에서의 재고량과 재고자산을 쉽게 파악	• 사용한 품목비의 산출에 필요한 정보를 제공(재고자산의 총 가치 평가를 위한 정확한 재고 조사에 필요)
단 점	• 경비가 많이 소요 • 수작업 오류와 같은 기록 체계의 정확성에 문제 발생이 가능함	• 많은 시간 소요 • 신속하지 못함

2) 재고관리 기법

급식소의 규모가 커짐에 따라 사용되는 식품 및 기타 품목수가 다양해진다. 이런 경우 재고관리와 통제는 더욱 복잡해지고, 잘못하면 다양한 문제가 발생한다. 이를 막기 위해 정교한 재고관리 기법이 사용되며 이를 이용하여 급식관리자가 원가관리, 구매량 결정, 적정 재고량 결정을 하게 된다. 대표적인 관리 기법으로는 ABC 관리 방식과 최소-최대 관리 방식이 있다.

(1) ABC 관리 방식

재고 품목의 가치도가 중요한 정도에 따라 세 등급으로 분류하고, 그에 따라 차별적으로 재고를 관리하는 방식이다. 중요도에 따라 재고관리에 필요한 시간, 노력, 우선순위 등을 결정한다. ABC 관리 방식을 사용하기 위해서는 재고품의 단가 등을 고려하여 품목을 A, B, C의 세 등급으로 분류하는 과정이 필요하며, 이 과정은 이후 재고량과 재고 통제에 영향을 미친다. 품목을 3가지 범주로 분류하기 위해 재고가와 총 재고량을 기준으로 하는 **파레토 분석**Pareto analysis 곡선을 이용한다.

표 3-6
**ABC 관리 기법의
분류 및 특성**

구 분	분 류	특 성
A형 품목	• 고가 재고 품목 / 단기 저장용품 • 총 재고량의 10~20% / 재고액의 70~80% 차지 • 정기 발주 방식이 적합함 • 소요량과 보유량을 확인하고 정확한 발주량 계산이 필요함	육류, 해산물, 냉동편의식품 등
B형 품목	• 중가 재고 품목 • 총 재고량의 15~20% / 재고액의 20~40% 차지 • 일반적인 재고관리시스템 적용함	유제품, 식기류 등
C형 품목	• 저가 재고 품목 / 장기 저장용품 • 총 재고량의 40~60% / 재고액의 5~10% 차지	곡류(밀가루, 콩류), 설탕 등

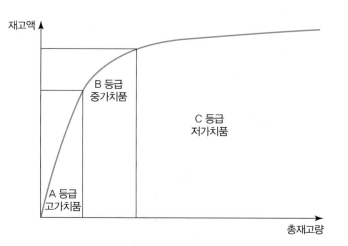

그림 3-5
**ABC 분석도표
(파레토 분석)**

(2) 최소 – 최대 관리 방식

최소 – 최대 관리 방식Minimum – maximum method은 실제로 급식소에서 많이 사용하는 방법으로 Mini – max 관리 방식이라고도 한다. 이 관리 방식에서 가장 중요한 개념은 바로 안전재고 수준의 재고량을 유지하는 것이다. 예기치 못한 상황에 대비하는 것이다. 여기서는 안전재고의 수준을 유지하면서 재고량이 최소에 이르면 주문을 하여 최대 재고량을 보유한다. 이때 물품이 조달될 때까지 시간이 필요하기 때문에 이 기간 동안 소비되는 재고량도 감안하여야 한다. 이러한 사항들을 감안하여 발주량이 결정된다.

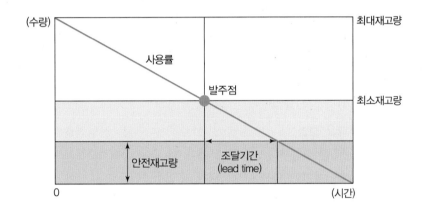

그림 3–6
최소 – 최대 관리 방식

3) 재고자산의 평가

급식경영에 있어 **재고는 현재의 자산량을** 대표한다. 재고품은 재고자산으로 반영되어 월별, 분기별, 연도별 시점마다 손익계산서과 같은 재무재표에서 원가 결정에 반영된다. 따라서 회계 기간의 마지막에 평가되는 재고자산평가는 식자재 공급에 소요된 비용에 영향을 주어 식단가 결정에도 영향을 미치고, 궁극적으로는 경영 이익이나 손실까지 영향을 주게 된다. 그러므로 재고조사 후 재고량을 재고자산으로 평가하는 방법은 재고자산가 라는 화폐적 평가에 영향을 주게 된다. 평가 방법에 따라 재고자산가는 다르게 나타날 수 있는데, 일반적으로 **실제구매가법, 총평균법, 선입선출법, 후입선출법, 최종구매가법** 등이 재고자산 평가 방법으로 사용되고 있다.

(1) 실제구매가법

실제구매가법Actual purchase price method은 마감재고 조사에서 남아 있는 물품들의 실제 구매 가격을 기준으로 계산하는 방법이다. 재고품목과 재고량이 많지 않은 소규모 급식소에서 많이 이용된다. 평가를 쉽게 하기 위해 구매한 물품의 검수 후 창고에 저장할 때 물품에 구입단가를 표시하여 둔다.

(2) 총평균법

총평균법Weighted average purchase price method은 특정 기간 동안 구입된 물품의 총액을 전체 구입 수량으로 나누어 평균 단가를 구한 후 여기에 재고량을 환산하여 평가액을 구하는 방법이다. 재고 물품이 대량으로 입·출고될 때 적합한 방법이다.

(3) 선입선출법

식품 원재료 재고 관리에서 가장 기본이 되는 방법이라 할 수 있다. **선입선출법**First—In, First—Out : FIFO method은 가장 먼저 들어온 품목이 나중에 입고된 품목들보다 먼저 사용된다는 재고회전 원리이다. 이 원리를 기준으로 해서 먼저 들어온 재고가 먼저 소진되며, 결국 남아 있는 재고는 나중에 구매된 품목의 가격을 반영하여 계산한다. 이 방법은 시간의 변동에 따라 물가가 인상되는 상황에서 재고가를 높게 책정하고 싶을 때 사용한다.

(4) 후입선출법

후입선출법Last—In, First—Out : LIFO method은 선입선출법의 반대 개념으로 최근에 구입한 식품부터 사용한 것이다. 이 경우 상대적으로 오래전에 구매한 품목의 구매가가 재고액 환산에 사용된다. 후입선출법은 인플레이션이나 물가 상승의 경우 재고평가액을 적게 해서 소득세를 줄이기 위해 재무제표상의 이익을 최소화하고자 할 때 사용된다.

(5) 최종구매가법

최종구매가법Latest purchase price method의 재고가는 보관 중인 품목들의 가장 최근 구매 단가를 이용하여 환산하는 방법이다. 이 방법은 현재 재고량에 대한 시장평가를 가장 정확히 반영할 수 있고, 현 시점에서 구매를 할 경우 들어가는 비용을 정확히 알 수 있는 방법이다. 이 방법은 간단하며 빠르게 재고평가를 할 수 있기 때문에 급식소에서 가장 널리 사용된다.

01 다음 (가)는 급식소에서 이루어지는 업무이고, (나)는 딸기의 품질 감별 카드이다. (가)에 적합한 용어와 (가)를 진행할 때 (나)를 이용한 품질 확인 방법에 해당하는 명칭을 순서대로 쓰시오. [2점]

영양기출

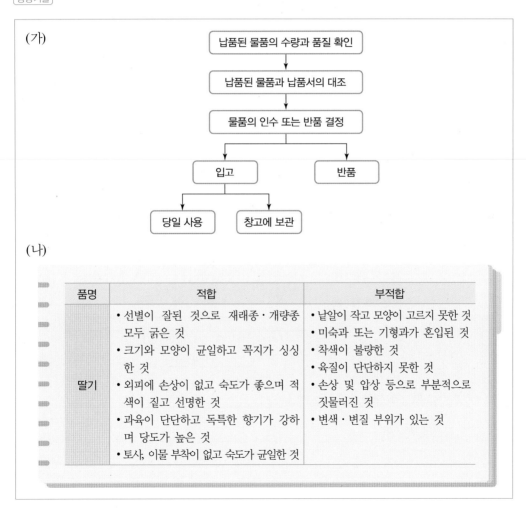

(가)에 적합한 용어 _____

(나)를 이용한 품질확인 방법에 해당하는 명칭 _____

02 다음은 학교급식에서 식재료를 구매하려고 할 때 공급업체 선정과 계약에 관한 내용이다. ( ) 안에 들어갈 계약 방법을 쓰고, 이 방법의 장점과 단점을 각각 2가지씩 서술하시오. [5점] 영양기출

> 공급업체를 선정할 때는 업체의 위생 관리 능력, 운영 능력, 위생적인 운송 능력 등을 고려한다. 구매 계약은 구매하려는 물품의 추정 가격에 따라 계약 방법이 다르다. 즉, 일정 금액 이상의 물품은 반드시 ( )을/를 통해서 계약해야 한다.

장점 _____

단점 _____

03 다음은 정량발주 방식으로 발주한 식품 A의 시간에 따른 재고량을 나타낸 그래프이다. (가) 기간 중 식품 A를 발주한 날짜와 그 시점의 발주량은 몇 kg인지 쓰시오. [2점] 영양기출

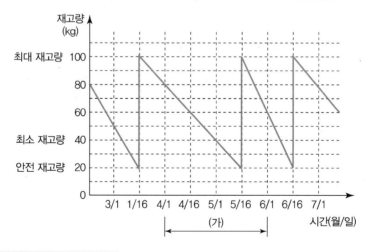

(가) 기간 중 식품 A를 발주한 날짜 _____

그 시점의 발주량 _____

04 다음 내용은 영양교사가 신규 조리원에게 급식소의 운영에 관하여 설명하는 장면이다. 밑줄 친 ①의 저장원칙이 무엇인지 쓰고, 밑줄 친 ②의 재고관리 유형의 명칭과 그 장점을 2가지 쓰시오. [4점] 영양기출

> 영양교사 물품이 들어오면 ① 나중에 들어온 것을 현재 보관 중인 물품의 뒤쪽에 적재시켜야 해요.
>
> 조리원 아, 그렇군요.
>
> 영양교사 그리고 냉동식품이 ② 입·출고될 때마다 입·출고 현황표를 작성해야 합니다.
>
> 조리원 네, 알겠습니다.

저장원칙 _____

재고관리 유형의 명칭과 장점 2가지 _____

_____

_____

05 다음은 ○○ 급식업체에서 식재료를 발주하기 위한 산출 근거 자료이다. 밑줄 친 ①을 위하여 고려해야 할 비용을 2가지 제시하고, 밑줄 친 ②의 발주량(g)을 산출하고, ③의 이유를 1가지 서술하시오. [4점] 유사기출

항목	식품명	폐기율(%)	1인 분량(g)	예상식수(명)	비고
저장 품목	쌀	0	90	500	① 적정 재고 수준 유지
비저장 품목	② 조개	60	40	500	③ 폐기율 고려

고려해야 할 비용 2가지 _____

발주량(g) _____

③의 이유 _____

_____

06 다음은 시장(market)의 종류와 기능에 대한 설명이다. 괄호 안의 ①, ②에 들어갈 용어를 순서대로 쓰시오. [2점] 유사기출

> • 시장은 상품과 소유권이 생산자에서 소비자에게 인도되는 장소이며, 생산된 상품의 수송, 가공, 포장, 판매까지의 모든 경로를 포함한다.
> • (①)은/는 소비되는 장소에 근접한 시장으로 산지시장에서 대규모로 상품을 반입한 후 지역시장에 물량을 반출하는 유통이 이루어지는 장소를 의미한다.
> • 또한, 취급하는 식품의 종류에 따라 크게 (②), 수산물시장, 농수산물시장, 청과물시장, 축산물시장으로 분류된다.

① : _____ ② : _____

07 다음은 B 외식업체에 입고된 식품을 검수하고 입고 및 보관하는 과정에 대한 설명이다. 작성 방법에 따라 서술하시오. [4점] 유사기출

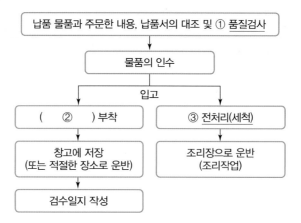

> **작성 방법**
> • 밑줄 친 ①의 과정에서 납품된 식품의 맛, 색, 향기 등의 품질 특성을 확인하기 위해 가장 많이 사용하는 검수 방법을 제시할 것
> • 괄호 안의 ②은 검수 후 저장해야 하는 식품(육류, 가금류, 어류 등)에 부착하며, 재고관리에 도움이 된다. 이에 해당하는 용어를 제시할 것
> • 밑줄 친 ③의 과정에서 육류, 채소류, 가금류, 어류를 1구 싱크대에서 위생적으로 세척·소독하는 순서와 방법을 서술할 것

_____
_____
_____

08 다음은 급식소의 식재료 창고에서 급식 관리자와 현장 실습생이 나누는 대화이다. ( ) 안에 들어갈 용어를 쓰시오. [2점] 유사기출

> 급식 관리자 새로 들어온 식품을 선반에 둘 땐 보관 중인 것의 뒤에 진열하는 것이 좋아요.
> 현장 실습생 왜 그렇게 하죠?
> 급식 관리자 구입일이 오래되거나 유통기한이 가까운 것부터 먼저 사용하기 위해서예요.
> 현장 실습생 네, 그러면 ( )의 원칙이 쉽게 지켜지겠네요.

---

09 다음은 한 외식 기업에 새로 부임한 구매팀장이 재고관리 현황에 대해 사원과 나눈 대화이다. 밑줄 친 ①, ②에 해당하는 재고 조사 방식의 종류를 순서대로 쓰고, 밑줄 친 ③의 적정 재고량과 재고액에 대하여 ABC 관리 기법을 근거로 서술하시오. [4점] 유사기출

> 사원 우리 팀에서는 ① 구매 물품을 입·출고할 때마다 장부에 수량을 기록하는 방식으로 재고를 파악합니다.
> 구매팀장 ② 창고에 들어가 물품 수량을 직접 확인하는 방식도 사용하나요?
> 사원 취급하는 품목이 너무 다양해 직접 세지는 못하고 있어요.
> 구매팀장 앞으로는 장부 기록 대신 전산화 시스템을 도입하고, 물품 가치에 따라 세 등급으로 나눠 관리하는 것이 좋겠어요. 특히 ③ 고가품(高價品)은 두 방식을 병행해 중점적으로 관리해야 해요.

①, ②에 해당하는 재고 조사 방식의 종류 _____

_____

③의 적정 재고량과 재고액 _____

_____

_____

10 어떤 급식소의 구매 담당자가 인턴 사원과 함께 급식소의 물품을 주문하기 위해 재고량 조사를 하면서 2가지 발주 방식에 대하여 나눈 대화이다. 괄호 안의 ①, ②에 해당하는 발주 방식이 무엇인지 쓰고, 각각의 발주 방식에서 발주량과 발주시점이 어떻게 다른지 비교하여 서술하시오. [4점] 유사기출

구매 담당자	이 물품은 공급 기간이 길고 매월 초에 발주하니까 일정에 맞추어 미리 재고를 조사해서 (①)으로 발주해야 해요.
인턴 사원	네, 알겠습니다.
구매 담당자	이 물품은 시장에서 쉽게 구할 수 있으니까 수시로 재고를 조사해서 3포대가 남게 되면 (②)으로 발주해야 합니다.
인턴 사원	네, 바로 발주서를 작성해 보겠습니다.

_____

_____

_____

11 식재료의 구매 방법은 구매 기간에 따라 장기 계약 구매, 수시 구매, 정기 구매로, 구매 주관처에 따라 집중 구매, 분산 구매로 나누어진다. 집중 구매와 분산 구매의 특징을 각각 2가지씩 쓰시오. 기출문제

집중 구매의 특징 2가지

① : _____

② : _____

분산 구매의 특징 2가지

① : _____

② : _____

해설 집중 구매 방법은 기업에서 필요한 모든 물품을 한 부서에 집중시켜 구매하는 방법이다. 이 경우 일관된 구매 지침이 확립되고, 구매가격이 저렴해져서 구매비용을 절약할 수 있다. 하지만, 시간이 많이 소요되고 긴급한 경우 비경제적인 단점이 있다.
분산 구매 방법은 각 사업소별로 필요한 물품을 알아서 구매하는 방식이다. 이 경우 구매 절차가 간단하고 능률적이다. 원하는 곳에서 직접 구매하기 때문에 자신들이 필요로 하는 물품의 구매가 쉽고, 그만큼 구매 만족도가 높다. 긴급하게 시간을 요하는 구매의 경우 매우 적합하다. 하지만 개별 구매로 인해 각 사업소마다 구매 조직을 가지고 있어야 해서 경비가 많이 들고, 소량 구매로 구입단가가 높을 수가 있다.

12 아래의 〈식단표〉는 단체급식 회사에서 어느 기업체의 중식으로 500명에게 제공할 식단의 1인분이다. 다음 질문에 답하시오. 기출문제

음식명	식품명	중량(g)
흰밥	쌀	110g
생선찌개	동태	40g
	무	45g
	두부	30g
	쑥갓	20g
불고기	쇠고기	80g
김구이	구운 김	10g
김치	배추김치	50g

12-1 위 메뉴를 보고 식재료 구매 시 유의해야 할 사항을 3가지만 쓰시오.

① : _____

② : _____

③ : _____

12-2 위 메뉴 중 생선찌개를 위한 식재료 발주량을 계산하시오(단, 폐기량을 동태는 20%, 무는 10%, 쑥갓은 20%로 하고, 두부는 폐기량이 없는 것으로 가정한다.).

동태 _____

_____

무 _____

_____

쑥갓 _____

_____

두부 _____

해설 12 - 1번의 경우 식재료 구매 시 유의 사항은 매우 다양하다.
- 두부의 경우는 쉽게 부패하기 때문에 저장 상태와 부패 여부를 파악하고, 경우에 따라서는 사용 대두가 GMO인지 여부 등을 확인하여야 한다.
- 구운 김은 쉽게 눅눅해질 수 있으니 눅눅한지 여부를 확인하여야 한다.
- 쇠고기의 경우는 원산지의 표기 여부와 주문한 부위가 맞는지 확인하여야 한다.
- 배추김치의 경우 역시 원산지와 숙성 정도가 덜 익은 것인지, 알맞은지, 과숙되었는지 확인하여야 한다.

12 - 2번 문제는 본문에서 소개한 발주량을 구하는 공식을 이용하면 쉽게 구할 수 있다.

13 학교급식의 품질과 식품 위생을 확보하기 위하여 영양교사가 〈보기〉의 구매관리 활동을 수행하였다. (가)~(다)에 들어갈 적절한 단어로 묶인 것은? 기출문제

보기

• 가공업체에서 제품 생산의 전체 공정 중에 발생 가능한 위해 요소를 확인하고 관리함으로써, 제품이 안전하게 생산되었음을 인증하는 [(가)]의 햄과 어묵을 구매하였다.
• 농산물의 재배, 수확, 포장 단계에 토양, 수질, 농약 등의 위해 요소를 적절하게 관리했음을 알려 주는 [(나)] 사과를 구매하였다.
• 한우를 구매할 때 공급업체로부터 [(다)]를 받아서 학교급식 식재료 품질 기준에 맞는 한우인지를 확인하였다.

	(가)	(나)	(다)
①	이력추적 관리품	HACCP 인증품	도축 증명서
②	이력추적 관리품	우수농산물인증품	지리적특산품 인증서
③	HACCP	지리적특산물	도축 증명서
④	HACCP	우수농산물인증품	HACCP 인증서
⑤	HACCP	우수농산물인증품	축산물등급판정 확인서

정답 ⑤

14 ○○급식소에서 사용하고 있는 검수 일지이다. ⓐ에 포함되어야 하는 내용으로 옳은 것만을 〈보기〉에서 있는 대로 고른 것은? 기출문제

검수일지

No	식품명	단위	수량	단가(원)	금액(원)	ⓐ
1	양파/생것(깐것)	kg	7	2,000	14,000	
2	당근/생것	kg	5	2,500	12,500	
3	파/대파	kg	2	3,200	6,400	
4	고추/풋고추(개량종)	kg	2	2,100	4,200	
5	물엿	kg	3	1,500	4,500	

보기

ㄱ. 시장가격
ㄴ. 포장 상태
ㄷ. 식품명세서
ㄹ. 업체명
ㅁ. 원산지
ㅂ. 식품 온도

① ㄱ, ㄴ, ㄷ   ② ㄴ, ㄷ, ㅁ   ③ ㄹ, ㅁ, ㅂ
④ ㄱ, ㄷ, ㄹ, ㅂ   ⑤ ㄴ, ㄹ, ㅁ, ㅂ

정답 ⑤

15 급식소에서 배식 시 1인 분량이 적절하지 않게 산출될 경우, 생산량과 원가 통제가 어렵고 고객의 불만이 발생할 수 있다. 적절한 1인 분량 조절 방안으로 옳은 것만을 〈보기〉에서 모두 고른 것은? 기출문제

> **보기**
> ㄱ. 표준조리법에 정확한 조리시간과 온도 등을 명시하여 조리 과정을 철저하게 관리한다.
> ㄴ. 식품명세서에 식품의 수량, 무게 등을 정확하게 명시하여 주문한다.
> ㄷ. 분산조리하여 배식 시 시간적 여유를 갖는다.
> ㄹ. 배식 시 음식의 무게를 측정하면서 제공한다.

① ㄱ, ㄴ　　　　　　② ㄱ, ㄷ　　　　　　③ ㄴ, ㄹ
④ ㄱ, ㄷ, ㄹ　　　　⑤ ㄴ, ㄷ, ㄹ

정답 ①

16 다음은 산업체 급식소에서 3개월 동안 구입한 A 제품과 B 제품에 대한 내역과 재고 현황이다. 실제 구매가법과 최종구매가법을 이용하여 재고자산을 산출한 것으로 옳은 것은? 기출문제

날짜	구입량(개)		단가(원/개)		현재 재고량(개)	
	A 제품	B 제품	A 제품	B 제품	A 제품	B 제품
6월 30일	15	8	1,100	550	5	4
7월 30일	10	7	1,200	600	2	4
8월 30일	8	6	1,000	500	4	3

	실제구매가법에 의한 재고자산(원)	최종구매가법에 의한 재고자산(원)
①	18,500	16,000
②	18,000	16,500
③	18,000	16,000
④	17,500	16,500
⑤	17,500	16,000

정답 ②

17 예상 식수가 1,000식인 A 초등학교의 발주서 일부이다. 발주서를 참고로 할 때, 이 급식소에서의 구매 업무에 대한 설명으로 가장 옳은 것은? 기출문제

발주서

• 급식소명 : A 초등학교
• 납품 업체명 : B 식품

번호	식재료 코드	식재료명	단위(규격)	발주 수량	단가(원)	납품 일자
1	205030	계란(대란)	판(30개)	34	5,500	2009.4.19.
2	182746	떡볶이용떡	kg	35	3,200	2009.4.19.
3	378291	어묵	kg	50	4,000	2009.4.19.
4	482934	당면	kg	31	3,200	2009.4.20.
5	938578	고추장	14kg	3	41,000	2009.4.20.
6	267395	연두부	1kg	40	4,600	2009.4.20.
7	799734	오렌지주스	24개	42	7,000	2009.4.21.
8	318583	쇠고기(한우 양지)	kg	20	24,000	2009.4.21.
9	756387	감자	상자(4kg)	(가)	11,000	2009.4.21.
⋮						

① 계란 1,020개를 전수 검수법으로 검수한다.
② 쇠고기의 1인당 필요량을 24g으로 산정하였다.
③ 4월 19일에 납품할 식재료의 총금액은 563,000원이다.
④ 4월 20일에 입고 예정인 품목 중 당면을 가장 먼저 검수하여야 한다.
⑤ 감자 1인분 분량이 50g이고 폐기율이 10%일 때 당일 사용을 위한 감자의 발주 수량 (가)는 13상자이다.

정답 ③

18 A 중학교 영양교사가 2009년 11월 11일(수)에 사용할 식재료를 구매하고자 한다. 학교급식법에 근거하여 구매할 수 있는 식재료를 〈보기〉에서 모두 고른 것은? 기출문제

보기
ㄱ. 품질 등급이 2등급인 중란 규격의 계란
ㄴ. 2007년에 수확하여 2009년에 도정한 국내산 쌀
ㄷ. 무농약 농산물로 인증받아 세척, 박피 후 깍둑썰기된 무
ㄹ. 위해요소중점관리기준을 적용하는 도축장에서 처리된, 육질등급이 3등급인 육우

① ㄱ, ㄷ   ② ㄴ, ㄷ   ③ ㄴ, ㄹ
④ ㄱ, ㄷ, ㄹ   ⑤ ㄱ, ㄴ, ㄷ, ㄹ

정답 ④

19 식품 조리를 위해 구매한 유제품들의 저장관리(재고, 입고, 출고)의 원칙들 중 옳지 <u>않은</u> 것은?

① 위치 표시
② 최대 재고량 유지
③ 선입 선출의 원칙 준수
④ 품질의 최적 상태 유지
⑤ 해충 방지 및 손해 발생의 최소화

정답 ②

20 다음은 구매 방법에 대한 사례이다. (가), (나), (다)의 구매 방법을 바르게 나타낸 것은? 기출문제

> 보기
>
> (가) 김 조리장은 갑자기 들어온 예약으로 인하여 메뉴를 작성하다가 꽃게가 부족한 것을
>   알게 되었다. 그래서 다급하게 구매 담당자에게 꽃게를 구매해 줄 것을 요구하였다.
> (나) 단체 급식업체인 A사는 식재료 집중 공급업체에서 신선도가 떨어지는 채소류를 납품
>   하는 경우가 잦아지자, 이에 대한 대비책으로 다음 달부터 채소류는 새로 정한 거래처
>   에서 별도로 구매가 가능하도록 조치하였다.
> (다) 해산물 뷔페업체인 B사는 주방에 효율적인 식재료 공급을 위해 냉동 저장시설을 확충
>   하여 오징어, 새우 등의 냉동 해산물 재료의 재고가 일정량 이상 유지되도록 할 방침
>   이다.

	(가)	(나)	(다)
①	수시구매	분산구매	정기구매
②	수시구매	당용구매	분산구매
③	당용구매	수시구매	정기구매
④	수시구매	당용구매	정기구매
⑤	당용구매	분산구매	수시구매

정답 ①

CHAPTER **04**

급식생산관리

단체급식의 생산과정은 **대량 생산**Quantity food production을 기본으로 하므로 식수를 예측하고 각 급식소에 적합한 표준 레시피 개발 및 대량조리에 알맞은 생산기술이 필요하다.

1 급식 수요예측

1) 수요예측의 의의

수요예측Forecasting은 미래의 요구를 예측하기 위하여 체계적 방법에 의해서 과거의 정보를 이용하는 기술이다. 잘못된 수요예측에 의한 **생산초과**Overproduction 또는 **생산부족**Underproduction 모두 손실을 초래할 수 있으므로 수요예측 과정을 체계적으로 구축하여 비용 낭비를 최소화함과 동시에 고객만족을 증대시켜야 한다. 예측된 수요보다 생산이 초과될 경우 잔식 발생으로 인한 비용 낭비, 음식의 품질 하락, 현금 유동성 저하 등의 문제가 발생할 수 있다. 반대로 생산량이 수요에 미치지 못하는 경우에는 고객 불만을 초래하며 긴급한 추가 발주 및 생산을 위해 부득이 다른 물품으로 대체하게 되어 원가 상승에 대한 부담이 가중된다.

2) 수요예측 방법

수요예측 방법은 마케팅 전략의 기초가 되므로 정확해야 함에도 불구하고, 기존의 수요예측은 숙련자의 경험과 직관적인 논리에 의존하는 경향이 강하여 정확한 예측이 어렵다는 단점이 있었다. 수요예측 방법을 선택할 때는 비용, 정확성, 과거 기록의 활용성 등을 고려하여야 한다. 단체급식에서 사용되고 있는 수요예측 방법은 크게 시계열 분석법, 인과형 예측법, 주관적 예측법으로 나누어진다.

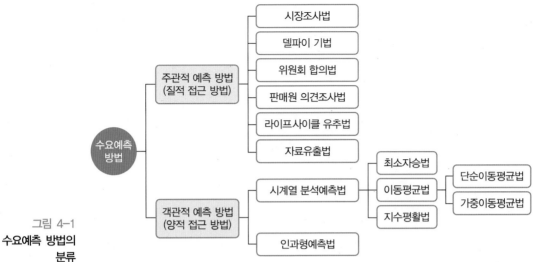

그림 4-1
수요예측 방법의
분류

2 표준 레시피

기업이 판매를 하기 위해서는 상품이 있어야 하는 것처럼, 급식소에서는 메뉴가 상품의 역할을 한다. 이러한 메뉴의 생산 공정을 위해 필요한 양과 조리법을 기술한 것이 레시피Recipe로, 단체급식에서는 질Quality, 양Quantity, 원가Cost, 시간Time을 효율적으로 조절하기 위한 수단으로 급식소 상황에 맞는 **표준 레시피**Standardized recipe를 사용하고 있다.

1) 표준 레시피의 효과

① 일관된 품질의 음식을 제공하여 고객만족도 증대
② 음식의 양적·질적 표준을 표시
③ 음식 원가와 판매가격을 정확하게 산출
④ 정확한 생산량을 계산하여 생산 초과나 부족으로 인한 손실을 줄여 줌

2) 표준 레시피의 구성요소

표준 레시피에는 식재료의 이름과 재료량, 조리법, 총 생산량 및 1인 분량, 배식 방법 등이 기재된다.

3) 표준 레시피의 개발과 대량조리 산출량 조정

(1) 표준 레시피의 개발

단체급식소에서는 현재 사용되고 있는 메뉴 중 아직 표준화되지 않았거나 타 회사 및 외식업체의 벤치마킹을 통해 개발하고자 하는 메뉴의 식재료 및 조리 과정을 기록한다. 그다음 레시피 분량을 50인분, 100인분으로 정하고 1차 실험조리를 실시하면서 조리 과정을 검토하게 된다. 조리된 메뉴를 가지고 패널 요원이 관능평가를 실시하고, 레시피 분량을 수정하여 2차 실험조리를 실시한다. 2차 관능평가 후에는 만족스러운 결과가 나올 때까지 조정하고, 새로운 조리사에 의해서도 동일한 결과가 나오면 표준 레시피로 확정한 후 영구 파일로 보관한다.

(2) 대량조리 산출량 조정

단체급식 표준 레시피는 대개 50인분 또는 100인분을 기준으로 작성되어 있다. 식수에 따라 산출량을 쉽게 조정하기 위해서이다.

① 변환계수Conversion factor 방법에 의한 조정 : 변환계수 방법은 다음 3단계로 진행되며 급식소에서 많이 이용한다(표준레시피가 100인분 기준으로 작성되었을 경우임).

> - 1단계 : 산출해야 할 음식의 양을 표준 레시피의 기준 식수로 나누어 변환계수factor를 구한다.
>   예) 100인분을 350인분으로 조정한다면,
>   변환계수 = 350인분 ÷ 100인분 = 3.5
> - 2단계 : 표준 레시피에 나타나 있는 각 식재료의 양(가식부량 : EP)에 변환계수를 곱해 준다.
> - 3단계 : 급식소에서 사용하기 편리한 단위로 식재료 단위를 변경하고 반올림하여 각 재료의 필요량EP을 확정한다.

② 백분율Percentage 방법에 의한 조정 : 백분율 방법은 제과, 제빵용 레시피의 산출량 조정 시 많이 사용된다. 우선 식재료의 총량에 대한 각 식재료의 백분율을 먼저 구한다. 그다음 생산하고자 하는 총량에 사용되는 식재료의 백분율을 각각 곱하여 필요한 식재료량을 산출한다. 이때 반드시 계량 단위를 통일하고, 가식부량EP으로 계산하여야 한다.

③ 직접계측표Direct reading measurement table에 의한 조정 : 25인분, 50인분, 100인분 등 식수 증가에 따른 중량 또는 부피를 미리 표로 작성해 두었다가 만들어야 하는 식수에 따라 필요한 식재료량을 직접 표에서 찾는 방법이다. 수학적인 계산이 필요하지 않고 신속하며 간단하게 사용할 수 있다는 장점이 있다.

3 대량조리

1) 대량조리의 특징

단체급식의 조리는 대량생산Quantity food production을 기본으로 한다. 가정에서와 같이 적은 양을 조리하는 소량조리와는 차이가 있다.

① 작업 일정에 따른 계획적인 생산 통제가 반드시 필요하다.
② 대량조리용 조리기기를 활용하여 한정된 시간 내에 대량조리 과정을 완료한다.
③ 음식의 관능적·미생물적 품질관리를 위해 조리시간과 온도 통제가 필수적이다.
④ 음식의 맛과 질감의 저하가 급속히 진행되므로 사용 가능한 대량조리법에 제약이 따른다.

2) 대량조리법의 종류

대량조리의 기본 과정은 가열 공정이다. 가열 시 열 전달매체로는 물, 기름, 공기가 주로 사용된다. 열 전달매체의 종류에 따라 사용되는 가열 공정이 다르다. 물을 이용하는 가열조리법으로는 끓이기Boiling, 데치기Blanching, 찌기Steaming가 있으며, 기름을 이용하는 가열조리법으로는 튀기기Deep-fat frying, 볶기Pan-frying, 공기를 이용하는 가열조리법으로는 구이Roasting가 있다.

3) 분산조리의 활용

대량조리를 시 분산조리Batch cooking를 사용하는 경우도 많다. 분산조리는 메뉴를 대량으로 조리하지 않고 적당한 분량으로 나누어 준비해 두었다가 필요한 양만을 조리하는 방법이다. 이를 이용하면 대량으로 조리하는 과정 중에 발생할 수 있는 품질 저하를 방지하여 양질의 음식을 공급할 수 있다.

그림 4-2
**분산조리를 위해
필요한 기기**

4 운반과 배식

1) 적절한 온도의 급식 제공

표 4-1
완성되었을 때
온도와 용기에
옮겼을 때의 온도

음식명	완성온도(℃)	용기에 옮겼을 때의 온도(℃)	음식명	완성온도(℃)	용기에 옮겼을 때의 온도(℃)
된장국	97	87~90	포크 커틀릿	95	85~87
맑은 장국	98	87~90	닭튀김	95	83~85
콘수프	95	87~90	크로켓	80	60~65
돼지고기조림	90	87~90	햄버거	85	75~78
스튜	95	87~90	닭 양념구이	80	70~72

2) 1인 분량 조절

표 4-2
분배 조절을 위한
기구인 스쿱의 사용 예

기구명	크기	용도	중량(g)	분량(ts)
스쿱 (scoop)	No.100	고급 과자	10	2
	No.70	작은 과자	11	2
	No.60	작은 과자	15	3
	No.40	중간 크기 과자	23	5
	No.30	큰 과자	28.35	6
	No.24	샌드위치 filling이나 슈크림	35	8
	No.20	샌드위치 filling, 샐러드, 머핀, 디저트	42	10
	No.16	앙트레, 머핀, 디저트	57	12
	No.12	앙트레, 샐러드, 크로켓, 야채	76	14
	No.10	고기 패티, 시리얼, 크로켓, 야채	92	191/2
	No.8	고기 패티, 캐서롤	14	24
	No.6	주요리 샐러드	170	36

3) 검식과 보존식

검식은 급식시간대별로 조리 마감상태를 확인하고 배식 직전에 일차적으로 조리된 음식의 맛, 질감, 조리 상태, 위생 등을 종합적으로 확인하여, 계획대로 조리되었는지를 확인하는 작업이다. 배식 전 검식 시 가장 중요한 것은 중심온도를 확인하는 것으로 중심온도계를 사용하여 뜨거운 음식은 60℃ 이상, 차가운 음식은 5℃ 이하인지 확인하여야 한다. 만약 가열 조리 상태가 완전하지 않다면 재가열 후 배식하여야 한다. 일련의 상황은 모두 검식일지에 기록한다.

보존식은 식중독 사고에 대비하여, 식중독 발생 시 원인을 규명할 때 사용할 검체식을 남겨 두는 것을 말한다. 배식 직전에 소독된 보존식 전용용기에 종류별로 각각 검체식을 100g 이상씩 담아 144시간(6일간) 동안 보존식 전용 냉동고에 보관한다.

4) 급식서비스 형태

급식서비스의 형태는 서비스 수준, 생산과 서비스 장소의 분리 여부에 따라 달라진다. 급식소에서 사용되고 있는 서비스 형태는 크게 셀프서비스Self-service, 쟁반서비스Tray-service, 배식원에 의한 서비스Waiter and waitress service, 배달음식Portable meals으로 구분할 수 있다.

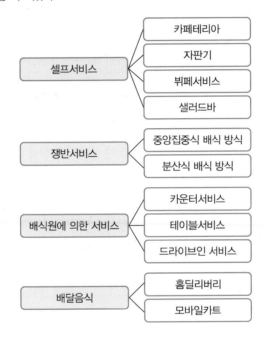

셀프서비스Self-service는 배식과 반납을 급식대상자가 직접 하는 형태로 **카페테리아, 뷔페서비스, 샐러드바, 자판기**Vending machine가 있다. **카페테리아**는 셀프서비스 중 가장 널리 알려진 방법으로 음식을 미리 조리하여 1인분씩 미리 소분하여 놓으면 원하는 음식을 골라 쟁반에 담아 계산하고 먹는 방식이다. 가장 바람직한 급식 형태로 음식의 다양성과 취향, 개인의 허기 정도와 먹는 양 등을 모두 충족시켜 줄 수 있다. **자판기**는 기계에서 음식을 빼서 먹는 방법이다. **뷔페**는 여러 음식을 큰 서빙 테이블 위에 모두 올려놓고 자신이 원하는 음식의 종류와 양을 직접 선택하여 먹는 방식이다.

쟁반서비스Tray-service는 배식과 반납을 급식 관련 직원이 하는 풀서비스에 속하는 형태로 음식을 미리 쟁반에 담아 직접 급식하는 방식이다. 병원같이 개별적으로 급식을 하여야 하는 경우 사용되며, 중앙집중식 배식 방법과 분산식 배식 방법이 있다. 쟁반서비스Tray-service 중에서 **중앙집중식 배식 방법**은 중앙 조리장에서 모든 음식을 준비하고 개인용 접시에 담아 운반용 카트Cart에 실어 운반하는 방법이다. 모든 급식 대상자의 접시에 음식을 담아야 하므로 음식 분배에 많은 시간이 들고 오랜 시간 소분하거나 이동시간이 오래 걸릴 경우 음식의 품질 저하가 우려되며 적온 급식이 어려운 단점이 있다. **분산식 배식 방법**은 중앙조리장에서 급식이 이루어지는 곳까지 냉동차와 적온차를 이용하여 음식을 이동시킨 후, 간이 주방에서 쟁반에 음식을 소분하여 서비스하는 방법이다. 이때 각 간이 주방에는 급식을 감독하는 영양사가 배치되어야 하며, 중앙집중식 배식 방법에 비해 음식의 질을 높일 수 있으나 인력과 시설비가 많이 든다는 단점이 있다.

배식원서비스Waiter and waitress service에 의한 방식은 배식원을 따로 두고 배식을 하는 방식으로 **카운터서비스, 테이블서비스** 및 **드라이브인 서비스**가 있다. 카운터서비스는 조리사가 요리를 만들어 카운터 테이블에 놓으면서 급식 대상자에게 바로 식사를 제공하는 방법으로, 급식 대상자는 카운터 높이에 맞춘 간이의자에 앉아 요구하는 음식을 바로 배식 담당자로부터 제공받을 수 있다. 테이블서비스는 레스토랑이나 호텔에서 배식원이 음식을 주문받아 음식을 배식하고 식사가 끝난 후 그릇을 회수하는 방식이다. **드라이브인 서비스**Drive in service는 식당으로 차를 몰고 들어가 주차된 차내에서 주문을 하고 종업원이 배식을 해 주는 형태로, 차 안에서 식사를 하거나 포장하여 가져가기도 한다. 이런 방식은 맥도날드 햄버거에서 찾아 볼 수 있다.

배달음식Portable meals은 음식을 이동하면서 배식하는 방식으로 **장외배달**Off-primiss delivery과 **장내배달**On-primiss delivery로 나누어진다. 장외배달의 한 종류인 홈딜리버리Home delivery는 입원을 필요로 하지 않는 노인이나 만성질환 환자들을 위해 식사를 가정으로 직접 배달해 주는 형태이다. 장내배달의 한 종류인 모바일카트Mobile carts는 일부 산업체나 사무실에서 사용되는 방법으로, 이동 카트로 작업장에서 급식대상자에게 음식을 배식하는 형태이다. 이때 보온이나 보냉이 가능한 카트를 사용한다.

01 다음은 일정 기간 중 1일 평균치를 제시한 급식소의 현황 자료이다. 작성 방법에 따라 순서대로 서술하시오. [4점] 영양기출

- 급식 제공 식수 : 560식
- 급식 작업 인원수 : 4명
- 작업시간 : 2명은 각각 8시간, 2명은 각각 6시간
- 작업시간당 인건비 : 20,000원

작성 방법
- 제공된 자료로만 작성할 것
- 작업시간당 식수를 계산할 것
- 1식당 인건비를 계산할 것
- 산출된 결과들을 활용하는 방안 2가지를 서술할 것

_____

_____

_____

_____

02 학교에서 꽁치를 구입하여 조림을 하려고 한다. 다음 조건에 따라 계산 과정을 포함하여 꽁치의 출고계수와 발주량(kg)을 구하시오. 그리고 식품 구매 시 잔반 감소를 위한 객관적 수요예측 방법 중 가장 대표적인 시계열 분석예측법 2가지를 제시하고 설명하시오. [4점] 영양기출

조건
• 급식 인원 1,000명
• 꽁치 1인 분량 50g, 꽁치 폐기율 50%

_____

_____

_____

_____

03 표준 레시피를 근거로 200인분 생산에 필요한 식재료를 납품받기 위한 서류를 작성하였다. 작성 방법에 따라 서술하시오. [4점] 유사기출

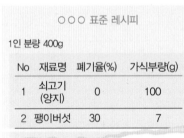

○○○ 표준 레시피

1인 분량 400g

No	재료명	폐기율(%)	가식부량(g)
1	쇠고기 (양지)	0	100
2	팽이버섯	30	7

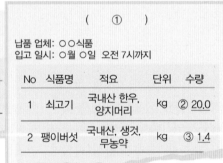

(①)

납품 업체: ○○식품
입고 일시: ○월 ○일 오전 7시까지

No	식품명	적요	단위	수량
1	쇠고기	국내산 한우, 양지머리	kg	② 20.0
2	팽이버섯	국내산, 생것, 무농약	kg	③ 1.4

작성 방법
• 괄호 안의 ①에 해당하는 서류명을 쓸 것
• 밑줄 친 ②, ③ 중 수량이 잘못 기재된 것의 식품명을 쓰고, 그 이유를 서술할 것
• 잘못된 수량을 수정하기 위한 풀이 과정을 쓰고, 정확한 수량을 제시할 것

_____

_____

_____

_____

04 다음은 학생들이 현장실습 업장에서 경험한 급식체계 유형에 대해 나누는 대화이다. ( ) 안에 공통으로 들어갈 급식체계 유형을 쓰고, 이 급식체계에 대하여 서술하시오. [4점] 유사기출

> 학생 1 내가 현장실습으로 다녀온 학교급식소는 분교에 차량으로 음식을 보내고 있었어. 이 경우는 ( ) 급식체계라고 배웠어.
>
> 학생 2 난 공항 인근 기내식 공동 조리장에서 실습을 했어. 수업시간에 들었던 쿡칠 (cook-chill) 급식체계로 음식이 준비되는 걸 보았어.
>
> 학생 1 정말?
>
> 학생 2 비행기 기내식은 쿡칠 급식체계뿐만 아니라 ( ) 급식체계가 동시에 적용되는 경우야. 공동 조리장에서 음식을 만들어 여러 비행기의 기내로 운반하니까.

괄호 안에 공통으로 들어갈 급식체계 유형 _____

급식체계의 장점(식재료 구매 및 시설·설비와 관련하여 각각 1가지씩) _____

_____

_____

음식의 미생물적인 품질 저하를 막기 위한 해결 방안 1가지 _____

_____

05 ○○급식소의 운영 현황을 보고 급식소의 생산성을 노동시간당 식수 지표로 구하시오(소수점 첫째 자리에서 반올림). 그리고 이와 같은 생산성은 어디에 활용되는지를 2가지 쓰고, 종업원과 관련하여 생산성을 증대시키기 위한 방안 1가지를 쓰시오. 기출문제

생산성   식/노동시간

· 하루 급식 수 : 1,300식   _____

· 주당 급식일 수 : 5일   _____

· 종업원 수 : 8명

┌ 2명 : 매일 8시간씩 근무

└ 6명 : 매일 5시간씩 근무   활용도

① : _____

② : _____

증대 방안	_____
	_____

> **해설** 이것은 노동시간당 만들어 내는 식수의 양을 측정하는 것이다. 위의 경우를 보면 8명이 매일 총 46시간 동안 1, 300식을 만들어 내고 있다. 이 경우 28.2608식/노동시간의 효율성을 나타낸다. 첫째 자리에서 반올림하여야 되므로 이 급식소의 경우 28식/노동시간의 생산효율성을 가지고 있다. 이것을 통해 현 급식소의 생산성에 대한 평가와 생산성 향상을 위한 가능성 등을 알 수 있다. 생산성을 증가시키기 위해 종업원들에게 적절한 교육 훈련 실시, 동기부여, 인센티브제의 실시, 작업의 단순화와 자동화 기기의 이용 등이 고안될 수 있다.

06 단체급식의 배식 방법은 크게 셀프서비스, 트레이서비스, 웨이터서비스와 portable meals로 구분된다. 이 중 셀프 서비스는 카페테리아, 자판기와 뷔페로 나누어진다. 각각의 배식 방식을 설명하고 장점을 1가지씩 쓰시오.

① 카페테리아

급식 방식	_____
장점	_____

② 자판기

급식 방식	_____
장점	_____

③ 뷔페

급식 방식	_____
장점	_____

> **해설** 단체급식의 배식 방법에 따른 분류에 관한 내용이다. 각 급식 방식의 장점에 대한 내용을 서술하도록 하자.

07 트레이서비스는 식판에 음식을 미리 담아서 공급하는 급식 방식이다. 이는 식판에 담는 방식에 따라 중앙집중식 배식 방법과 분산식 배식 방법으로 세분화된다. 각각의 배식 방식을 설명하고 단점을 1가지씩 쓰시오.

① 중앙집중식 배식 방법

급식 방식	_____
장점	_____

② 분산식 배식 방법

급식 방식 _____

장점 _____

해설 중앙집중식 배식 방법은 중앙 조리장에서 모든 음식을 준비하고 개인용 접시에 담아서 운반용 카트에 실어 운반하는 것이다. 이 방법은 모든 피급식자의 접시에 음식을 담아야 되는 관계로 음식 분배에 많은 시간이 들고, 오랜 시간 소분하거나 이동 시간이 오래 걸릴 경우 음식의 품질 저하가 우려된다. 적온 급식이 어려운 단점도 있다. 여기에 비해 분산식 배식 방법은 중앙조리장에서 급식이 이루어지는 곳까지 냉동차와 적온차를 이용하여 음식을 이동시킨 후, 그곳의 간이 주방에서 쟁반에 소분하여 급식하는 방법이다. 이때 각 간이 주방에는 급식을 감독하는 영양사가 배치된다. 이 방법을 사용하면 중앙집중식에 비해 음식의 질을 높일 수 있다. 하지만 인력과 시설비가 많이 든다는 단점이 있다.

08 표준 레시피란 무엇이며 표준 레시피를 통해 얻을 수 있는 효과를 3가지 적으시오.

표준 레시피 _____

_____

효과

① : _____

② : _____

③ : _____

해설 표준 레시피란 단체급식에서 질, 양, 원가, 시간을 효율적으로 조절하기 위한 수단으로 식재료의 이름과 재료량, 조리법, 총 생산량 및 1인 분량, 배식 방법 등이 기재된 서류를 말한다. 표준 레시피를 통해 ① 일관된 품질의 음식을 제공하여 고객만족도를 증대, 음식의 양적 질적 표준을 표시, ③ 음식원가와 판매 가격을 정확하게 산출, ④ 정확한 생산량을 계산하여 생산 초과나 부족으로 인한 손실을 줄일 수 있다.

09 대량조리 산출량을 조정하는 방법 3가지를 쓰고, 각각에 대해 2줄 이내로 간단히 설명하시오.

방법

① : _____ ② : _____ ③ : _____

설명

① : _____

_____

② : _____

_____

③ : _____

_____

대량조리 산출량 조정에는 변환계수 방법에 의한 조정, 백분율 방법에 의한 조정과 직접계측표에 의한 조정이 있다. 각각의 내용은 본문을 참조한다.

10 ○○중학교 학생들은 점심 시간에 배식이 지연되고 혼잡하다며 불평하였다. 이 문제를 해결하기 위하여 영양교사는 다음과 같은 절차로 작업 개선을 계획하였다. 2단계에서 수행할 내용으로 옳은 것만을 〈보기〉에서 있는 대로 고른 것은? 기출문제

1단계		2단계		3단계		4단계		5단계
작업 개선 대상 선정	→	현재 작업	→	세부적 해결 과제 검토	→	개선안 수립	→	개선안 도입

보기

ㄱ. 작업 공정의 순서를 바꾸고 작업을 단순화한다.

ㄴ. 관측을 통해 작업자의 배식 활동 동작을 순서대로 기록한다.

ㄷ. 작업 공정에 불필요한 작업을 제거하거나 유사한 작업을 결합한다.

ㄹ. 작업 공정을 재조합하고 개선 공정을 분류함으로써 적정 인력수를 정한다.

ㅁ. 비디오 촬영을 통해 배식 작업을 수행하는 조리원들의 작업 활동 시간을 측정한다.

① ㄱ, ㄷ   ② ㄴ, ㅁ   ③ ㄱ, ㄷ, ㄹ

④ ㄴ, ㄹ, ㅁ   ⑤ ㄱ, ㄴ, ㄷ, ㅁ

정답 ②

11 1주간 제공한 면류의 식수가 600식, 식사류의 식수가 3,000식인 A 단체급식소의 1주간 총 작업시간은 480시간이다. 이때 면류의 1식이 1/2식당량에 해당된다면 A 단체급식소의 노동 시간당 식당량을 계산한 것으로 옳은 것은? 기출문제

① 6.9 식당량/시간   ② 9.6 식당량/시간   ③ 12.3 식당량/시간

④ 15.9 식당량/시간   ⑤ 25.3 식당량/시간

정답 ①

12 표준화된 레시피(Standardized Recipe)에 대한 설명으로 옳지 않은 것만을 모두 고른 것은? 기출문제

> 보기
>
> ㄱ. 표준화된 레시피를 사용하면 원가 통제가 어렵다.
>
> ㄴ. 재료, 수량, 방법, 1인분의 양 등이 표준화되어 있다.
>
> ㄷ. 표준화된 레시피의 설정은 반복 실험조리를 통해 개발할 수 있다.
>
> ㄹ. 표준화되었으므로 일단 개발되면 여러 급식소에서 즉시 활용할 수 있다.

① ㄴ   ② ㄱ, ㄹ   ③ ㄷ, ㄹ

④ ㄱ, ㄴ, ㄷ   ⑤ ㄱ, ㄴ, ㄷ, ㄹ

정답 ②

13 A, B 고등학교의 급식 특성은 다음과 같다. 두 학교 중 상대적으로 전처리 식품 사용이나 자동화 기계 이용 등의 생산성 변화 노력이 요구되는 학교의 1식당 작업 시간(minutes per meal)은? 기출문제

특성	A 고등학교	B 고등학교
급식 학생수	90명/끼니	800명/끼니
급식 종사자수 및 근무시간	총 17명 • 종사자 5명 : 8시 30분~16시 30분 • 종사자 8명 : 9시~17시 • 종사자 4명 : 10시~14시	총 23명 • 종사자 5명 : 8시 30분~16시 30분 • 종사자 10명 : 9시~17시 • 종사자 8명 : 14시~19시
메뉴 유형	복수 메뉴	단일 메뉴
배식시간	점심 식사 : 12시~13시 30분	점심 식사 : 12시~13시 저녁 식사 : 12시~18시

① 5분/식   ② 6분/식   ③ 8분/식

④ 10분/식   ⑤ 12분/식

정답 ③

14 단체급식소의 작업관리를 효과적으로 하기 위해서는 작업 내용을 시간적·공간적으로 배열한 후 작업 공정표를 작성하는 것이 바람직하다. 작업 공정표 계획 및 작성에 관한 설명으로 옳은 것을 〈보기〉에서 모두 고른 것은? 기출문제

> 보기
>
> ㄱ. 작업 공정을 계획할 때는 조리 시간, 음식의 생산량, 배선에 소요되는 시간 등을 구체적으로 계획해야 한다.
>
> ㄴ. 작업 공정을 계획할 때는 적온 급식 배식을 위하여 배치 쿠킹(batch cooking)을 계획하는 것이 바람직하다.

ㄷ. 작업 공정표를 작성할 때는 조리기기의 종류와 수량, 용량, 조리 시간 등을 파악하여 음식별로 조리에 적합한 기기를 선택한다.

ㄹ. 작업 공정을 계획한 후에는 구매, 검수, 조리, 세척 공정의 요점과 순서를 내용으로 하는 상세하고 정확한 표준 레시피를 작성해야 한다.

① ㄱ, ㄴ   ② ㄴ, ㄷ   ③ ㄷ, ㄹ
④ ㄱ, ㄴ, ㄷ   ⑤ ㄱ, ㄴ, ㄷ, ㄹ

정답 ④

15 위탁업체에서 취반을 담당하는 조리사의 아침 작업 일정 계획표이다. 작업 일정표를 작성한 조리장이 얻을 수 있는 작업관리의 효과가 아닌 것은?

작업 일정 계획표

- 담당 업무 – 밥
- 근무시간 조 – 오전팀

시간	업무 단계	주요 업무 내용	담당 종업원
6 : 00 ~6 : 10	준비 단계	출근, 위생 작업복 착용 확인	조리사, 조리 보조원
		규정에 따라 손 씻기	조리사, 조리 보조원
		조리기구와 위생 및 안전 점검	조리장
6 : 10 ~7 : 30	조리 단계	표준 레시피를 확인하여 밥 짓기	조리 보조원 1
		작업 분담 및 조리 작업 관리	조리사 1
7 : 30 ~7 : 50	배식 준비 단계	쟁반 및 밥그릇 준비	조리 보조원 2
		쟁반에 이름표 놓기	조리 보조원 3
		배식 준비 확인	조리장
7 : 50 ~9 : 00	배식 단계	음식 온도 확인	조리사 2
		쟁반을 배식차에 넣기	조리 보조원 4

① 일정표에 따라 종업원에게 작업 분담을 하므로 책임과 업무가 명확하다.
② 작업에 소요되는 시간에 맞추어진 일정표로 종업원의 작업시간이 절약된다.
③ 작업 일정표상의 정확한 표준 레시피를 통하여 표준화된 품질 생산이 가능하다.
④ 일정표에 의해 조리되어 제때에 적온급식이 가능하므로 음식의 맛을 유지할 수 있다.
⑤ 종업원의 만족도를 반영하여 작성된 일정표에 따라서 조리기기의 중복 사용이 가능하다.

정답 ⑤

CHAPTER **05**

급식원가관리

1 원가의 개념과 분석

원가관리는 재무와 관련되어 목표를 세우고, 계획과 실행을 한 후 결과를 비교하여 최종적으로 재무효율을 평가하는 **통제**Controlling 기능 중 하나이다. 단체급식에서 원가관리는 우선 원가표준을 설정하고, 실제로 메뉴를 운영하여 발생한 원가를 상호 비교하여 그 차이를 분석함으로써 이루어진다. 원가관리는 급식소 운영의 효율성을 높이는 것이 가장 큰 목적이으며. 급식 운영을 위한 예산 수립, 새로운 조리기기 구입 및 시설 개선, 판매가격 조정과 같은 다양한 재무와 관련된 의사 결정에 사용된다.

1) 원가의 개념

원가Cost란 '제품의 제조·용역의 생산 및 판매를 위하여 소비된 유형·무형의 경제적 가치'로 정의된다. 급식원가에는 메뉴에 사용된 식재료비를 포함하여 음식을 생산하여 사용된 모든 경제적 가치가 포함된다. 즉 메뉴 생산에 사용된 식재료비, 인건비, 수도광열비, 통신비 등이 모두 급식원가에 포함된다.

원가는 크게 **재료비**Material cost, **인건비**Labor cost, **경비**Expense의 세 가지로 구성된다. 이를 원가의 3요소라 한다. 급식원가는 세부적으로 **식재료비, 인건비, 경비**로 나누어진다. 이 중 식재료비와 인건비가 급식 운영비용 대부분을 차지하여 가장 중요하며 두 가지를 합해서 **주요원가**Prime costs 또는 **기초원가**라고 부른다.

① **재료비** : 일반적으로 제품 제조를 위해 소비되는 물품의 원가로 정의된다. 음식 생산을 위해 필요한 식재료 구입에 소요되는 비용인 주식비, 부식비가 포함된다.

② **노무비** : 제품 제조를 위해 소비된 노동의 가치로 정의된다. 급식을 위해 일한 사람들의 임금, 급료, 각종 수당, 상여금, 퇴직금 등이 포함된다.

③ **경비** : 재료비와 노무비 외의 가치로 계속적으로 소비되는 일체 비용이다. 필요에 따라 수도광열비, 전력비, 보험료, 감가상각비 등이 포함된다.

2) 원가의 분류

원가는 경영의 여러 가지 기준에 따라 분류할 수 있다. 일반적으로 **원가**Cost와 **비용** Expense은 거의 유사한 의미로 혼용되고는 한다. 하지만 경제적 가치로 볼 때, 원가는 좀 추상적인 의미로 사용되는 반면 비용은 소멸되어 사용된다는 관점에서 구분해 볼 수 있다. 회계학적 관점에서는 소비되는 원가는 비용으로, 소비되지 않은 원가는 자산으로 간주한다.

표 5-1
원가의 분류

기 준	분 류
제품 생산	직접비, 간접비
생산과 비용	고정원가, 변동원가, 준변동원가
경영활동의 기능	제조원가, 비제조원가
비용통제 가능성	통제가능원가, 통제불가능원가

3) 원가계산

(1) 원가계산의 목적

원가계산은 일정 기간 동안 소비된 모든 원가를 집계하고, 여기에 동일한 일정 기간의 생산량을 환산하여 원가를 산출하는 절차 과정이다. 일정 기간의 수익과 손실 정도를 평가하고 재정상태를 파악하는 데 반드시 필요하다. **원가계산의 목적**은 다음과 같다.

① **원가관리** : 표준원가 계산을 통한 원가관리의 기초 자료를 제공하기 위해
② **예산 편성** : 예산 편성 시 기초 자료로 이용하기 위해
③ **재무제표 작성** : 경영활동과 관련된 재무제표 작성과 보고를 위해
④ **가격 결정** : 적절한 제품 판매가격을 결정하기 위해

(2) 원가계산의 원칙

① 진실성의 원칙　　　　② 발생기준의 원칙
③ 계산경제성의 원칙　　④ 확실성의 원칙
⑤ 정상성의 원칙　　　　⑥ 비교성의 원칙
⑦ 상호관리의 원칙

(3) 원가의 구조와 판매가격의 결정

제품의 판매가격을 결정할 때 요소별로 발생하는 원가를 계산하는 것은 필수적인 과정이다. 판매가격은 직접원가, 제조원가, 총원가 순서의 원가계산에 근거하여 결정한다.

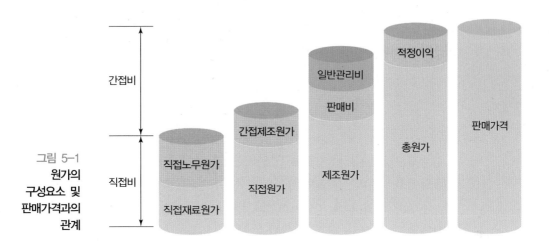

그림 5-1
원가의 구성요소 및 판매가격과의 관계

(4) 원가계산의 단계

보통 전표나 장부상의 원가계산에서는 **요소별, 부문별, 제품별**이라는 3가지 단계로 원가를 계산하고 있다.

(5) 원가요소의 계산

① 식재료비 계산

② 노무비 계산

③ 경비 계산

④ 감가상각비 : 감가상각이란 기계설비와 같은 고정자산의 소모 및 손상에 의한 가치의 감소를 **내용연수**기간 동안 일정하고 규칙적인 방법에 따라 비용으로 할당하여 계산하고 자산 가격을 감소시켜 나가는 것을 말하며, 감가된 금액을 **감가상각비**로 계산한다. 고정자산을 감가상각 하는 데 많이 쓰이는 방법으로는 **정액법**과 **정률법**이 있다.

　㉠ **정액법** : 고정자산의 감가총액을 **내용연수**로 균등하게 할당하는 방법으로, 정액법에 의하면 매년 일정액의 감가상각비를 계상할 수 있다. 여기서 내용연수란 고정자산이 마모, 성능 등의 노후로 사용 불가능해지는 시간을 의미한다. 유형자산의 내용연수는 법인세법 시행령에 정해져 있으며 각 기업에서 물리적·기능적 요인을 고려하여 자체적으로 정하기도 한다.

$$\text{매년 감가상각액} = (\text{취득원가} - \text{잔존가액}) / \text{내용연수}$$

ⓒ **정률법** : 자산의 처음 취득연도에 감가상각을 많이 하고 나중에 상각을 줄이는 것으로 감가상각 자산의 새당기 초의 미상각잔액에 상각률을 곱해서 계산한다.

- 감가상각액 = 미상각잔액 × 상각률
- 미상각잔액 = 구입가격 − 감가상각비 누계액
- 감가상각률 = $1 - n\sqrt{\dfrac{S}{C}}$ (n : 내용연수, s : 잔존가격, c : 구입가격)

이렇게 계산된 감가상각비는 기업의 경영 분석에 유용하게 쓰이며 감가상각비가 매출액에서 차지하는 비율이 높을수록 유·무형 자산의 회수가 빠르다고 볼 수 있다. 감가상각률이 15% 이상이면 양호하다고 간주되며, 5% 이하이면 불량하다고 한다.

2 재무제표 작성 및 손익분기 분석

1) 재무제표의 작성

재무제표Financial statement는 기업의 경영활동을 측정하고 기록하여 작성하는 **회계보고서**로, 다양한 정보를 제공하기 위해 작성된다. 재무제표를 통해 자산 상태, 경영성과, 현금 변동 상황 등과 같은 재무 정보를 알 수 있다. 기업과 관련된 객관적인 재무 정보를 제공하기 위해 법률의 형태로 제정된 **기업회계기준**에서는 **대차대조표, 손익계산서, 이익잉여금 처분계산서, 현금흐름표** 등을 재무제표로 규정하고 있다. 이는 기업체가 매년 연말 결산 후 작성하여 발표하는 것으로, 해당 기간 동안 기업의 경영 성과를 알려준다. 단체급식에서 사용되는 재무제표로는 급식소의 재무 상태를 나타내는 **대차대조표**와, 운영 성과를 나타내는 **손익계산서**가 있다.

2) 대차대조표

대차대조표Balance sheet는 가장 기초적인 재무보고서로, 특정 시점의 기업 재무 상태를 나타낸다. 대채대조표에는 **자산, 부채, 자본**의 세 항목이 사용되며, 이를 통해 재무 상태를 파악할 수 있다. 대차대조표를 작성함에 있어서 자산은 대차대조표의 왼쪽 난(차변)에, 부채와 자본은 오른쪽 난(대변)에 적는다.

이때 자산의 합과 부채 및 자본의 합이 일치하여야 한다.

$$자산 = 부채 + 자본$$

① **자산** : 단기간(1년)에 현금화가 가능한 **유동자산**과 가능하지 않은 **고정자산**으로 분류된다. 유동자산에는 현금, 외상 매출, 재고 등이 포함되며, 고정자산에는 토지, 건물, 기구 등이 포함된다.

② **부채** : **유동부채**(단기부채)와 **고정부채**(장기부채)로 나누어진다. 자산과 마찬가지로 대개 1년을 기준으로 하여 단기간에 상환해야 하는 유동부채와 그렇지 않은 고정부채로 나누어진다. 유동부채에는 미지급 급여, 외상매입금, 미지급 이자 등이 포함되며, 고정부채에는 사채, 장기차입금 등이 포함된다.

③ **자본** : 자산에서 부채를 차감하고 남은 금액으로 '소유주 자본Owner's equity' 또는 '순재산', '순수한 재산'이라고 부른다. 자본에는 기업을 창업하는 시점에 주주가 납입한 자본금과 이 시점 이후 증자에 의해 발생한 자본금, 기업의 경영활동 결과 발생한 손익보고서의 당기순이익 등이 포함된다.

3) 손익계산서

손익계산서Profit and loss statement, Income statement는 일정 기간 동안 **기업의 경영성과를 보고하는 회계보고서이다.** 손익계산서는 일정 회계 기간 동안 **수익, 비용, 순이익의 관계를 보여준다.** 수익은 총 매출액을 의미하고 비용은 수익을 발생시키기 위하여 지출한 비용이다. 순이익은 발생한 수익에서 비용을 차감한 것이다. 식품비와 인건비가 수입에서 차지하는 비율을 분석하기 위해서는 지출 항목별로 분류하여 기록하고 매출액에서의 비율을 보여 주는 것이 좋다.

 공헌마진

공헌마진Contribution margin이란 총 매출액에서 총 변동비를 뺀 값이다. 고정원가를 회수하고 이익창출에 공헌한다는 의미에서 이러한 이름이 붙었다. 만약 공헌마진이 고정원가를 회수하지 못한다면 손실이 발생하며, 고정원가를 회수할 만큼 크다면 이익이 창출된다.
따라서 고정원가가 모두 회수된 후, 공헌마진이 증가한다는 것은 순이익이 증가한다는 것을 의미하게 된다. 이러한 개념은 손익분기점 분석에 매우 유용하게 사용된다.
- 총 공헌마진＝총 매출액－총 변동비＝단위당 공헌마진 × 매출량(또는 식수)
- 메뉴별 공헌마진＝메뉴별 판매가－메뉴별 변동비

4) 손익분기 분석

기업의 목표는 근본적으로 이익 창출이다. 이러한 이익 창출과 관련되어 중요한 개념이 바로 손익분기점Break-Even Point ; BEP이다. 급식소 관리 측면에서, 급식소 운영에 금전적 관계가 원활히 운영되고 있는지를 파악할 때 필요한 자료가 바로 단기적인 손익 정보를 파악해 볼 수 있는 손익분기점인 것이다. 손익분기점을 분석하기 위해서는 **총비용**Cost과 **조업도**Volumn 및 **발생된 이익**Profit의 관계를 알아야 한다. 이는 운영과 재무 계획 단계에서 의사 결정을 위한 관리 기법으로 사용된다. 또 CVP 분석이라고 하여 생산, 판매, 이익 등을 계획을 수립할 때 도움을 주기도 한다. 일정 기간의 판매수익이 동일 기간 사용된 총비용을 초과할 때 이익이 발생하며, 사용된 총비용이 매출액보다 많을 때는 손실로 나타난다. 매출액과 총비용이 일치하는 시점에서는 이익도 손실도 발생하지 않는데, 바로 이 지점이 **손익분기점**이 된다.

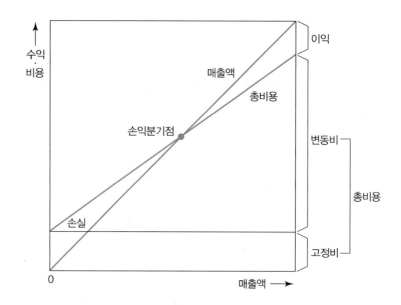

그림 5-2
손익분기점

(1) 손익분기점 매출량

손익분기점에서는 **매출액**Sales : S과 **총비용**Total Cost : TC이 일치하여 **이익**Profit : P이 0이 된다. 여기서 총비용은 고정비Fixed Cost : FC와 변동비Variable Costs : VC를 합한 값이므로, 결국 **총공헌마진**Total contibutions : T Contrib이 고정비와 같아질 때 손익분기점에 도달하게 된다고 할 수 있다. 이를 계산하는 데 고려해야 할 사항은 다음과 같다.

- 매출액$_S$ = 고정비$_{FC}$ + 변동비$_{VC}$ + 이익$_P$
- 손익분기점 매출액 = 고정비$_{FC}$ + 변동비$_{VC}$
- 총공헌마진 = 매출액 − 변동비 = 고정비
- 총공헌마진 = 단위당 공헌마진 × 매출량(또는 식수)
- 손익분기점 판매량 = 고정비/단위당 공헌이익
- 손익분기점 매출액 = 고정비/공헌 이익률 = 고정비/1 − 변동비율
- 공헌이익 비율 = 1 − 변동비율

$$손익분기점(BEP)의\ 매출량 = \frac{고정비(FC)}{단위당\ 공헌마진(Contrib)}$$

(2) 손익분기점 매출액

손익분기점 매출액은 고정비를 공헌마진비율$_{Contrib\%}$로 나누어 계산하며, 다음과 같은 공식으로 산출할 수 있다.

- 공헌마진비율(Contrib%) = 1 − 변동비율(VC%)
- $$손익분기점(BEP)의\ 매출액 = \frac{고정비(FC)}{공헌마진비율(Contrib\%)}$$

(3) 손익분기 분석의 활용

손익분기 분석은 비용을 바탕으로 한 **마케팅 의사 결정**에 많은 도움을 주며, 이는 급식소에서 많이 사용된다. 손익분기 분석은 새롭게 업무를 시작하는 기업이나 사업장, 급식소 등에 투입된 고정비와 급식 운영에 따른 제반 변동비를 모두 충당하기 위해 얼마만큼의 매출을 달성해야 하는지를 알려 주어 근본적인 운영목표 수립에 도움을 준다. 또 메뉴의 객단가를 책정할 때 손익분기 분석을 통한 가격 책정을 하면, 예상 판매량이 현실성이 있는지를 사전에 평가할 수 있다.

01 다음은 ○○사업체 급식소에서 작성한 재무제표의 한 종류이다. 작성 방법에 따라 서술하시오.
[4점] 영양기출

	항목	금액
(①) 2019.10.01～2019.10.31 (단위: 천 원)		
	총 매출액	80,000
급식원가	재료비(식재료비)	56,000
	• 인건비	12,000
	− 급여	10,000
	− 4대보험	950
	− 퇴직 충당금	500
	− 일용직 잡급	550
	• 경비	8,000
	− 가스비	1,500
	− 수도광열비	3,000
	− 통신비	250
	− 소모품비	1,000
	− 수선비	1,500
	− 잡비	750
	총 원가	76,000
	경상 이익	4,000

월별 급식원가 지출 목표는 매출액 대비 재료비, 인건비, 경비의 비율을 각각 45%, 20%, 10%로 책정

작성 방법
• 괄호 안의 ①에 들어갈 이 문서의 명칭을 쓰고, 작성 목적 1가지를 제시할 것
• 급식소의 월별 지출 목표와 일치시키기 위해 3가지 급식원가 항목 중 매출액 대비 비율을 조정해야 하는 항목 2가지를 찾고, 금액을 얼마나 조정해야 하는지 각각 제시할 것

문서의 명칭	_____	작성 목적	_____

3가지 급식원가 항목 중 매출액 대비 비율을 조정해야 하는 항목 2가지 _____

_____

조정해야 하는 금액 _____

_____

_____

02 다음은 A씨가 한식 레스토랑을 효율적으로 경영하고자 지난 1년간의 재무 분석을 시행하고 얻은 그래프이다. ①은 인건비, 임차료, 감가상각비 등과 같이 매출에 관계없이 발생하는 비용이며, ②는 영업에 따른 이익이나 손실이 발생하지 않는 지점이다. ①과 ②에 해당하는 용어를 순서대로 쓰시오. [2점] 유사기출

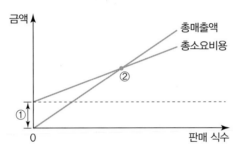

① : _____   ② : _____

03 영양교사로서 아이들에게 좋은 품질의 급식을 계속적으로 공급하는 것은 매우 중요하다. 하지만 현실적으로 영양교사는 급식비라는 한정된 경제력으로 식단을 짜고 급식을 진행해야 한다. 이를 원활하게 진행하기 위해 급식원가의 계산은 꼭 필요한데, 급식원가를 계산하는 목적을 3가지만 적으시오.

① : _____

② : _____

③ : _____

해설 급식원가를 계산하는 것은 영양교사가 해야 하는 중요 업무 중 하나이다. 원가 계산을 통해 다음과 같은 목적을 이룰 수 있다. 첫째, 원가계산에 의해 회계의 목적인 결산을 정확하게 할 수 있다. 둘째, 경영자들이 필요로 할 경우 원가와 관련된 자료로 사용할 수 있다. 셋째, 원가계산을 통해 공급하는 급식이나 물건의 적합한 가격을 정할 수 있다. 마지막으로, 경영자가 경영을 하는 데 필요한 여러 계획과 결정에서 원가 자료가 유용하게 사용될 수 있다.

04 원가는 일반적으로 직접비와 간접비로 분리된다. 직접비에 포함되는 원가 내역과 간접비에 포함되는 원가 내역은 3가지씩 이다. 각 원가 내역을 쓰고 실제 예를 하나씩 드시오.

원가 내역 _____

_____

예 _____

직접비

① : _____

② : _____

③ : _____

간접비

① : _____

② : _____

③ : _____

해설 본문 원가 계산 부분의 내용을 참고하여 풀어 보도록 한다.

05 원가는 계산하는 방법에 따라 '직접원가, 제조원가, 총원가와 판매원가'로 분류된다. 각 원가에 포함되는 원가 내역들이 무엇인지 쓰고, 각각의 원가에 대해 간략하게 설명하시오.

원가내역 _____

_____

제조원가 _____

_____

총원가 _____

_____

판매원가 _____

_____

해설 원가에는 직접원가, 제조원가, 총원가와 판매원가가 있으며 각각은 다음과 같은 방법으로 구할 수 있다.
- 직접원가 = 직접재료비 + 직접노무비 + 직접경비
- 제조원가 = 제조직접비(직접원가) + 제조간접비
- 총원가 = 제조원가 + 판매경비와 일반관리비
- 판매원가 = 총원가 + 이익

06 제무제표란 무엇인지 2줄 이내로 쓰시오.

_____

_____

해설 본문을 참고한다.

07 손익계산서란 무엇인지 2줄 이내로 쓰시오.

_____

_____

해설 손익계산서는 일정 기간 동안 기업의 경영 성과를 보고하는 회계보고서이다.

08 공헌마진이란 무엇인지 쓰시오.

_____

_____

해설 공헌마진이란 총매출액에서 총변동비를 뺀 값으로, 공헌마진이라는 표현은 고정원가를 회수하고 이익 창출에 공헌한다는 의미에서 붙여졌다.

09 행복고등학교는 급식 대상자인 고등학생 1인당 1식의 예산이 3,000원이고, 식단가 비율이 50%, 기타 변동비 비율이 20%이다. 정규 직원 인건비, 감가상각비, 각종 경비를 포함하는 고정비가 월 8,100,000원인 경우, 단위당 공헌마진(contribution margin)과 손익분기점(break-evenpoint)에 도달하는 월 급식수로 옳은 것은?

	단위당 공헌마진	손익분기점 급식수
①	600원	13,500식
②	900원	9,000식
③	900원	13,500식
④	1,500원	9,000식
⑤	1,500원	5,400식

정답 ②

CHAPTER **06**

급식경영관리

1 급식경영관리의 지휘와 조정

1) 리더십

리더십Leadership이란 집단이나 조직의 목표 달성을 위해 다양한 방법으로 집단과 조직 구성원에게 영향을 미치는 과정을 말한다. 리더십은 응집력 있고 목표지향적인 팀을 만드는 데 필요한 능력이다. 리더십은 자신의 힘을 이용하여 남을 지배하고 억누르는 것이 아니라 집단의 목표를 명확히 하고 이를 구성원 스스로 자신의 것으로 받아들이도록 하는 데서 나온다.

(1) 리더십의 특성 이론

리더십에 관한 초기 연구는 사회적으로 이미 훌륭한 리더로 평가되고 있는 사람들이 지니고 있는 탁월한 개인적 특성(신체적 특성, 지적 특성, 성격 특성 등)을 규명하려는 방법으로 진행되었다. 우리가 아는 위인에 대한 연구를 통해 그들의 리더십을 규명하는 것이다.

(2) 리더십의 행동 이론

1950년대에 들어서면서 점차적으로 리더십의 연구 흐름은 바뀌게 된다. 리더십이 강한 사람의 특성을 분석하던 흐름에서, 높음 리더십을 발휘하여 높은 성과를 창출해 내는 리더의 행동 유형(사람에 중심을 두는가, 일에 중심을 두는가)에 초점을 두게 되었다.

① 미시간Michigan대학 모형 : 리커트를 비롯한 미시간대학의 학자들은 인터뷰와 설문조사를 통하여 리더들의 행동에는 과업중심적과 인간중심적이라고 지칭되는 두 가지 행동 유형이 있다고 보고, 이것으로 리더십의 유형을 분류하였다.
　　　과업중심적 행동 패턴의 리더는 추종자들이 예시된 절차에 따라 직무를 수행하도록 깊이 관여하고, 경우에 따라서는 행동과 작업에 영향을 미치기 위하

여 강압적·보상적·합법적 권력을 까지도 사용한다. 반면 **인간중심적 행동 패턴**의 리더는 그들의 의사결정 역할을 과감히 종업원들에게 위임하고, 이 과정을 통해 종업원들이 만족감을 느끼도록 도와주려고 노력한다. 또 부하 직원들의 진급, 성장, 그리고 성취감에 높은 관심을 보이는 특성을 갖는다.

② 오하이오Ohio**주립대학 모형** : 오하이오 주립대학의 플래쉬맨을 비롯한 학자들은 연구에서 리더십을 결정하는 요소에는 **구도주도형과 인간배려형**이 있다고 주장하였다.

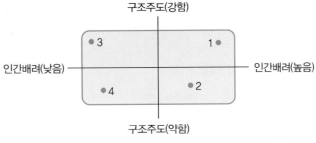

그림 6-1
구조주도형 –
인간배려형
스타일의 결합

자료 : 김영규, 2006

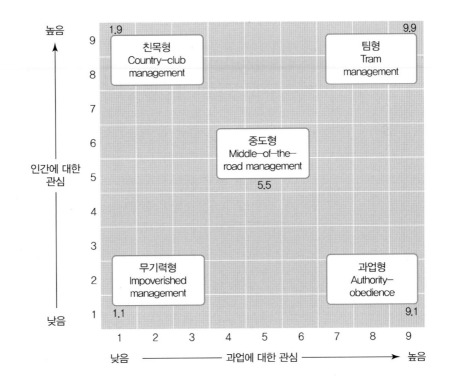

그림 6-2
관리격자 모형

구조주도형 리더는 목표 설정과 작업 추진 결과를 중시한다. 그리고 그룹 간 관계를 명확하게 설정하며 의사소통 경로와 형태 역시 명확하게 한다. 더불어 직무가 수행되는 방법과 절차를 정확히 지시하려는 성향을 가진다. **인간배려형 리더**는 리더와 부하 간의 우의·상호 신뢰·존중·관계를 중시하고, 공개적인 대화를 시도하며 대화에 참여하는 것을 적극 지지한다.

③ **관리격자**Managerial grid **모형** : 리더십의 행동적 연구의 특성은 **블레이크**Blake**와 뮤튼**Mouton**의 관리격자 이론**에 잘 나타나 있다. 관리격자 모형은 오하이오주립대학의 구조주도형과 인간배려형의 2차원적 기준을 확대하여 서로 다른 4가지의 리더십 유형으로 세분화한 이론이다. 이 이론은 현재 리더의 행동을 어떤 방향으로 개선해야 하는 지도 알려 준다.

(3) 리더십의 상황 이론

1960년대 이후에는 이전에 연구된 리더십의 유형과 유효성뿐만 아니라 여기에 상호작용하는 다른 관계의 영향성에 대한 상황적 특성(리더와 구성원과의 관계, 과업 구조의 명확성, 리더에게 부여되는 직위 권력)을 강조하는 연구 흐름으로 리더십 연구가 이어졌다.

① **피들러의 상황접합이론** : 상황이론 중 가장 대표적인 것으로 일리노이대학의 피들러Fiedler 교수 등이 주장하였다. 이들은 집단의 작업 수행 성과가 리더십의 스타일과 환경적 상황변수의 상호작용에 의해 결정된다고 판단하였다. 결국 동일한 유형의 리더십이라도 어떤 상황에서 사용되느냐에 따라 효과적일수도 혹은 비효과적일수도 있다는 전제하에 상황에 맞는 리더십을 판단하였다.

㉠ **리더십 스타일 측정을 위한 LPC 척도** : 피들러는 우선 리더십 스타일을 측정하기 위해 최소 선호 동료(Least preferred coworker ; LPC)척도를 개발하였다. LPC 측정을 통해 리더의 스타일을 판단할 수 있다는 것인데, 이들은 리더를 크게 LPC 점수가 낮은 **과업지향적 리더**와 LPC점수가 높은 **관계지향적 리더**로 구분하였다.

㉡ **상황변수** : 피들러는 관계지향적 리더와 과업지향적 리더의 작업 수행 유효성이 3가지 상황변수에 의해 결정된다고 주장하였다. 이 상황변수에는 리더와 구성원의 관계, 과업 구조, 직위 권력이 해당된다. 그는 이 변수들을 조합하여 8가지 상황(옥탄트)으로 구분하고, 각 상황에서 효과적인 리더십의 유형을 규명하였다.

- 리더-구성원 간의 관계Leader-member relations : 조직 구성원이 리더를 얼마나 신뢰하고 지원하고 있는가를 나타내는 정도로 좋음Good 또는 나쁨Poor으로 나타낸다. 피들러는 리더의 관점에서 볼 때 이를 가장 중요한 것으로 여겼다. 이것은 집단 구성원들이 갖는 리더에 대한 호감, 신뢰도, 추종 정도를 나타낸다.
- 과업 구조Task-structure : 과업의 목표나 절차 또는 지침이 명확하고 구체적으로 규정되어 있는 정도로 높음High 또는 낮음Low으로 나타낸다. 과업 구조가 명확한 상황에서는 통제가 보다 용이하며 구성원들의 책임감도 커지게 된다.
- 직위 권력Position power : 리더의 직위에 부여되어 있는 집단 구성원들에 대한 명령과 지시 권한, 보상과 처벌을 가할 수 있는 권한의 정도로서 강함Strong과 약함Weak으로 나타낸다. 명확하면서도 막강한 직위 권력을 가지는 리더는, 이러한 권력이 없는 리더보다 쉽게 타의 추종을 받게 된다.

② 상황론적 접근의 관리적 의의

　㉠ 과업지향적 리더Task-oriented leader : 강력한 통제 상황이나 매우 약한 통제 상황에서 가장 성공적으로 나타났다.

　㉡ 관계지향적 리더Relationship-oriented leader : 중간 정도의 통제 상황에서 가장 성공적으로 나타났다.

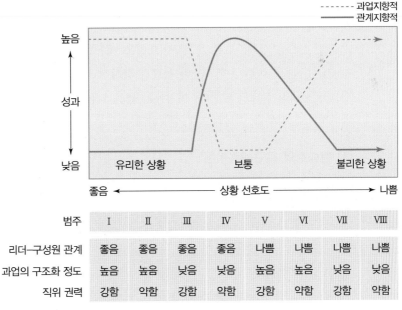

그림 6-3
**상황과 리더십
스타일의 결합**

범주	I	II	III	IV	V	VI	VII	VIII
리더-구성원 관계	좋음	좋음	좋음	좋음	나쁨	나쁨	나쁨	나쁨
과업의 구조화 정도	높음	높음	낮음	낮음	높음	높음	낮음	낮음
직위 권력	강함	약함	강함	약함	강함	약함	강함	약함

자료 : Fiedler & chemers, 1974

(4) 최근 리더십 이론

① **카리스마형 리더십**Charismatic leadership : 새로운 비전, 영웅적 행동, 설득력 있는 언변 혹은 개인적 매력 등으로 추종자들에게 강한 영향을 미치는 유형이다.

② **거래적 리더십과 변혁적 리더십** : 전통적인 리더십에서는 리더의 역할을, 목표를 설정하고 목표에 따른 보상을 약속함으로써 동기부여를 시키는 것이라고 보았다. 결국 리더가 원하는 결과와 하급자들이 원하는 보상 간의 관계를 원활하게 하고, 거래적 교환이 효과적으로 이루어지도록 하여 목표 달성으로 이끄는 리더십을 **거래적 리더십**Transactional leadership이라고 한 것이다. 그러나 바스B.M Bass는 거래적 교환만으로는 리더와 하급자들의 관계가 장기간 유지될 수 없다고 보고, 변혁적 리더십을 주장하였다. **변혁적 리더십**Transformational leadership에서는 동기부여를 중시하여 개별적 배려, 지적 자극 등을 리더가 보여 줌으로써 높은 성과와 직무만족을 달성하고자 하였다. 변혁적 리더십에서는 장기적 비전 제시와가 필요하며 비전을 달성하려면 점진적 변화가 아닌, 과거와 다른 큰 변혁이 필요하고, 리더는 이러한 변혁을 주도할 수 있어야 한다고 보았다.

2) 동기부여

동기부여란 최근 중요성이 높아지고 있는 리더의 덕목 중 하나이다. 리더가 조직 구성원들에게 자발적으로 일하고자 하는 의욕을 심어 주는 활동을 말한다. 또한 각각 직무를 스스로 수행하도록 동기부여요인을 제공하는 것을 의미한다. **동기부여요인**Motivating factors이란 수행자들이 목표를 향하여 행동하는 힘을 부여하고 촉진하고 행동하는 내적 상태를 말한다. 여기에는 높은 임금, 명예로운 칭호, 안정적 생활 등 일반적으로 직무를 적극적으로 수행하게 만드는 많은 것들이 포함된다.

(1) 매슬로의 욕구계층이론

매슬로Maslow의 욕구계층이론Need hierarchy theory은 동기부여이론 중 가장 널리 알려져 있다. 욕구계층이론에서 욕구란, 개인의 만족 추구를 위해 충동을 느끼는 생리적·심리적 결핍 상태를 뜻한다. 매슬로는 인간의 욕구가 낮은 계층을 형성하고 있다고 지적하였다. 욕구계층이론에서는 인간과 욕구와의 관계를 아래와 같이 파악하였다.

① 인간은 결코 만족될 수 없는 욕구를 지니고 있다.

② 인간의 행동은 일정 시점에서 자신이 만족하지 못한 욕구를 채우기 위해 일어난다.

③ 인간의 욕구는 계층화된 구조를 가지고 있으며 하위 단계의 욕구가 채워지면 상위 단계의 욕구를 충족시키기 위해 진행된다.

(2) 알더퍼의 ERG 이론

알더퍼는 인간의 욕구를 크게 생존 욕구Existence, 관계 욕구Relatedness, 성장 욕구 Growth로 세분화하여 정의하고 이의 연관성을 나타낸 ERG 이론을 제안하였다.

(3) 허즈버그의 이요인이론

허즈버그의 이요인이론Two-factor theory은 동기−위생이론이라고도 불린다. 산업체 조직에서 실증연구에 기반을 두고 제안된 최초의 동기이론이라는 점에서 의미를 가진다.

① 위생요인Hygiene factor : 직무를 둘러싼 환경요인을 의미하며, 불만요인Dissatisfied 또는 유지요인Maintenance factors이라고도 부른다. 산업체의 작업조건Work conditions, 임금Salary, 동료Peer, 감독자Supervisors, 부하Subordinates, 회사 정책 Company policy, 고용 안정성Job security, 대인관계Interpersonal relations 등과 같은 요인이 여기 포함된다. 만일 위생요인이 충족되지 않는다면 사람들은 불만을 느낄 것이다. 조직을 유지하기 위해서는 이러한 불만이 나타나지 않게 하는 것이 중요하며, 이를 위해 적절한 위생요인들을 갖추어야 한다.

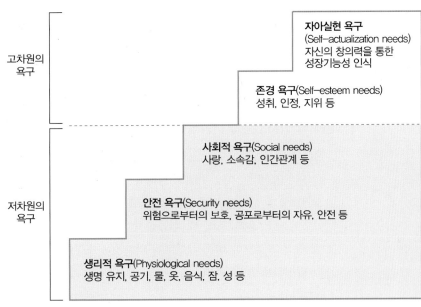

그림 6-4
매슬로의
욕구계층이론

자료 : Maslow, 1943

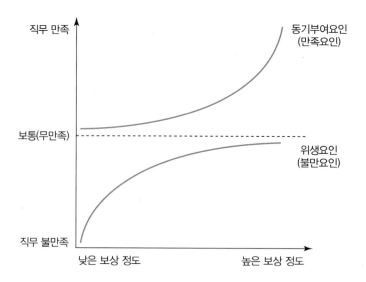

그림 6-5
허즈버그의
이요인이론

② **동기부여요인**Motivators : **만족요인**Satisfier이라고도 부르며, 모두 직무의 내적 측면과 관련되어 있다. 허츠버그는 동기부여요인으로 직무에 대한 성취감Achievement, 인정Recognition, 승진Advancement, 직무 자체Work itself, 성장 가능성Growth potential, 책임감Responsibility의 6가지를 언급하였다. 이러한 동기부여요인을 통해 사람들은 본인의 일에 더욱 적극적이며 자발적으로 참여하게 된다.

3) 의사소통

의사소통은 두 사람 이상의 사람들 사이에 언어, 비언어 등의 수단을 통하여 자신들이 지니고 있는 감정, 정보, 의견을 전달하는 과정이다. 이 과정에서 상대방에게 피드백을 받게 되는데, 이러한 상호작용은 조직 내 지휘 활동에서 리더십과 동기부여를 위한 중요한 수단으로 사용되며 구성원들에게 미치는 영향도 매우 크다.

(1) 공식적 의사소통과 비공식적 의사소통

① **공식적 의사소통**Formal network은 체계적이고 계획적이며 주로 권한 주도에 따라 이루어진다. 이에 비해 **비공식적 의사소통**Informal network은 조직 내에서 자연스럽게 생겨난 비공식적 조직(향우회, 취미서클, 동아리 활동 등)을 통해 이루어진다. 흔히 조직 내 비공식적 의사소통망을 **풍문**Grapevine이라고 하는데, 공식 경로보다 비공식 경로에 의한 의사소통이 더욱 신속하게 소기의 목적을 달성하도록 해 준다.

② **배회관리**Management by walking around는 비공식적 의사소통의 하나로, 관리자가 조직 이곳저곳을 돌아다니며 구성원이나 고객들과의 대화를 통해 원하는 정보를 주고받는 것을 말한다.

(2) 수직적 의사소통과 교차적 의사소통

① 수직적 의사소통

ㄱ 하향식 의사소통Downward communication : 조직의 권한 계층을 따라 상층 부문으로부터 하위 계층 부문으로 전달되는 의사소통(예 : 회의, 공문 발송, 서면, 전화, 편지, 메모)

ㄴ 상향식 의사소통Upwnward communication : 조직의 하층 부문으로부터 상위 계층으로 메시지가 전달되는 의사소통(예 : 업무 보고, 제안제도)

② 교차적 의사소통

ㄱ 수평적 의사소통Horizontal communication

ㄴ 대각선 의사소통Diagonal communication

2 급식경영 계획의 기법

급식경영 계획의 대표적인 기법으로는 SWOT 분석을 들 수 있다. SWOT 분석이란 내부 환경 분석으로 자사의 강점과 약점을 도출하고, 외부 환경 분석으로부터 환경의 기회와 위협요인을 파악함으로써 보다 유리한 전략 계획을 수립하기 위한 기법이다. SWOT 분석 전략의 내용은 다음과 같다.

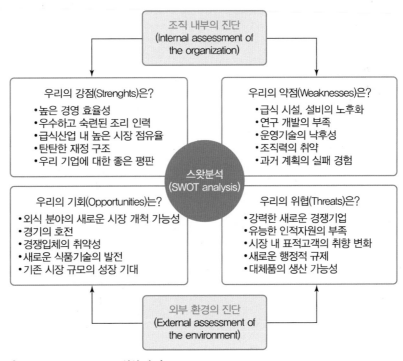

그림 6-6
SWOT 분석   자료 : Schermerhorn, 1996 부분 수정

① SO 전략(강점 – 기회전략) : 시장의 기회를 활용하기 위해 강점을 사용하는 전략
② ST 전략(강점 – 위협전략) : 시장의 위협을 회피하기 위해 강점을 사용하는 전략
③ WO 전략(약점 – 기회전략) : 시장의 기회를 활용하기 위해 약점을 사용하는 전략
④ WT 전략(약점 – 위협전략) : 시장의 위협을 회피하고 약점을 최소화하는 전략

01 다음은 마케팅 전략 수립을 위해 ○○ 레스토랑의 환경을 SWOT 분석한 내용이다. 작성 방법에 따라 서술하시오. [4점] 유사기출

Strength • 판매 메뉴의 전문화 • 고객을 위한 넓은 주차 공간 운영	Weakness • 판매 메뉴의 다양성 부족 • 고객의 지리적 접근성 낮음
Opportunity • 4차 산업의 발달과 전자 상거래의 다각화 • 소득 증가로 고품질의 외식 상품 선호	Threat • 물가 상승으로 인한 식자재의 원가 관리 어려움 • 맞벌이 및 1인 가구 증가로 <u>HMR</u>의 급성장

작성 방법

• SWOT 분석에서 외부 환경 구성 요인을 2가지 제시할 것

• 밑줄 친 용어를 설명할 것

• ○○ 레스토랑의 환경 분석 내용을 중심으로 W/O 전략을 2가지 서술할 것

_____

_____

_____

_____

_____

02 다음은 표적 시장을 선정하여 마케팅 전략을 세우기 위한 과정을 그림으로 나타낸 것이다. 시장의 특성에 따른 대표적인 3가지 표적시장 접근 전략 중 ①에 해당하는 마케팅 전략의 명칭을 쓰고, 이 전략의 장점과 단점을 각각 1가지씩 서술하시오. [4점] 유사기출

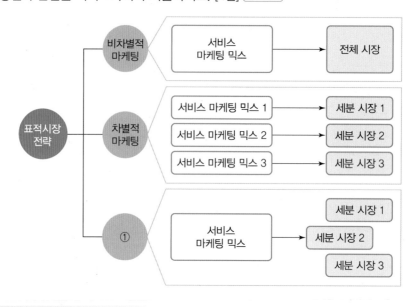

①에 해당하는 마케팅 전략의 명칭 _____

전략의 장점과 단점 _____

_____

_____

03 다음 그림은 매슬로(A. Maslow)가 제시한 인간 욕구 단계이다. 인간 욕구는 주거 욕구에 영향을 주어 주거행동으로 나타난다. 보기를 참조하여 (가)에 해당하는 주거 욕구를 설명하고, 개별 가구와 공동체 차원에서 나타날 수 있는 주거행동 사례를 각각 1가지씩 쓰시오. [3점] 유사기출

• 생리적 주거욕구 : 가장 기본적인 주거욕구로 신체적 건강 관리를 위한 욕구이다.
　－개별 가구 차원 : 보온을 합리적으로 통제할 수 있도록 난방 시설을 설치한다.
　－공동체 차원 : 아파트의 일조를 가로막는 초고층 건물의 건축에 대해 함께 대처한다.

(가)에 해당하는 주거 욕구　_____

_____

개별 가구와 공동체 차원에서 나타날 수 있는 주거행동 사례　_____

_____

_____

04　영양교사는 한명의 교사이면서 동시에 학생들의 급식을 담당하는 영양사이다. 학생들의 급식을 만들기 위해서는 몇몇의 조리원들과 함께 협동하여 일을 하지 않으면 안 된다. 여기서 영양사의 리더십이 필요하다. 일반적으로 리더십은 전체적 리더십, 자유방임적 리더십, 민주적 리더십과 온정주의 형 리더십이 있다. 각각의 특징을 2줄 이내로 간단히 쓰시오.

전체적 리더십

_____

_____

자유방임적 리더십

_____

_____

민주적 리더십

_____

_____

온정주의적 리더십

_____

_____

05 학교 영양교사들의 대화 내용이다. 리더십 이론 중 관리격자모형에 근거하여 볼 때, A와 D에 해당하는 리더십 유형에 바르게 나열한 것은? 기출문제

> A : 개교기념일에 이벤트를 해야 하는데 생각보다 쉬운 일은 아닌 것 같아, 어떤 음식을 주 식단으로 해야 할지 고민이야.
> B : 작년에 우리 학교에서 할 때 조리원들과 의논했는데 의외로 조리원들이 참 좋아했어. 식단에 대한 좋은 아이디어도 많이 갖고 있더라고.
> C : 식단을 조리원들을 힘들지 않게 하고 학생과 선생님들한테도 싫은 소리 듣지 않으면서 이벤트를 할 수 있는 방법은 없을까?
> D : 난 조리원들을 편하게 해 주려고 예전 식단 중에서 제일 만들기 쉬운 식단을 조리원들에게 고르라고 했어. 말만 이벤트지 학생들이 좋아하는 식단 한두 가지만 추가했어.
> B : 이벤트할 때 힘들긴 했어도 의논하니까 조리원들이 좋아하면서 일을 더 하려고 하더라. 또 학생과 선생님들 모두 새로운 음식을 맛있게 먹었다고 너무 좋아했어.
> C : 글쎄, 난 좀 생각이 달라. 지난번 이벤트 때 일도 빨리 끝났고 학생들도 참 좋아했어. 교장선생님도 잘했다고 칭찬해 주셔서 기분이 좋더라.
> D : 그러니? 나는 같이 일하는 조리원들이 늘 편안하고 즐거운 마음으로 일하는 것이 제일 중요한 것 같아.

① A-무기력형, D-중도형 ② A-무기력형, D-친목형
③ A-중도형, D-친목형 ④ A-중도형, D-팀형
⑤ A-친목형, D-팀형

정답 ③

06 〈보기〉는 민츠버그(H. Minzberg)가 제시한 관리자의 역할을 설명한 내용이다. 다음 ㄱ~ㅁ의 관리자 역할에 해당하는 영역을 구분한 것으로 옳지 <u>않은</u> 것은? 기출문제

보기

ㄱ 부하 직원의 직무 활동을 지도하고 동기를 부여하는 리더로서의 역할

ㄴ 외부 환경 변화를 파악하고 대응 전략을 수립하며, 사업을 기획하는 기업가로서의 역할

ㄷ 조직의 자금, 설비, 시간 등에 대한 요구를 적절하게 선택, 배분하는 자원 배분자로서의 역할

ㄹ 회의, 인터넷을 통해 조직 안팎의 정보 네트워크를 형성하고, 외부 이해 관계자들과 접촉하는 연락자로서의 역할

ㅁ 조직 안팎의 사람에게 장기 계획, 조직문화와 같은 조직의 공식적 입장에 관한 정보를 전달하는 대변인으로서의 역할

① ㄱ-대인 간 역할
② ㄴ-의사 결정 역할
③ ㄷ-의사 결정 역할
④ ㄹ-정보 전달 역할
⑤ ㅁ-정보 전달 역할

정답 ④

07 다음은 B 초등학교 급식소 종사자들의 성향을 분류해서 설명한 것이다. 영양교사가 이들의 성향에 따라 동기부여를 하고자 할 때 옳은 것은? 기출문제

유형	성향
(가)형	• 경쟁에서 이기는 것을 즐긴다. • 다른 사람에게 영향력을 행사하길 원한다. • 다른 사람을 가르치려하며 강압적이다.
(나)형	• 다른 사람과 친밀감을 갖기 원한다. • 사람들과의 관계에서 배제되지 않으려고 한다. • 다른 사람을 도와주며 친근한 관계를 유지한다.
(다)형	• 문제 해결을 좋아한다. • 항상 효과적으로 업무를 수행하려고 한다. • 목표 지향적이며 이를 통해 자긍심을 높이려 한다.

① (가)형에게는 지엽적인 업무를 주고 업무 성과에 대해 정확한 평가를 해 주어야 한다.

② (가)형에게는 업무 결정을 다른 종사자와 의논하도록 하고 업무 성과에 대해 칭찬을 해 주어야 한다.

③ (나)형에게는 경조사를 담당시키고 업무 성과에 대해 책임감을 부여하며 피드백을 해 주어야 한다.

④ (나)형에게는 비중 있는 업무를 맡겨 우월감을 갖게 하고 업무 성과에 대해 격려해 주어야 한다.

⑤ (다)형에게는 새롭고 도전적인 업무를 주고 업무 성과에 대한 피드백을 빨리 해 주어야 한다.

정답 ⑤

08 유능한 급식 관리자가 되기 위해서는 조리 종사원들에게 자발적으로 일하고자 하는 의욕을 심어 주어야 한다. 동기부여가 제대로 이루어지지 않으면 조리 종사원의 직무 만족도는 저하된다. 동기부여 방법으로 옳지 <u>않은</u> 것은? 기출문제

① 직무와 관련된 교육 이외에 자아 개발을 할 수 있는 기회를 부여한다.

② 조리 종사원의 공로에 대한 칭찬과 인정은 많은 사람들이 보는 앞에서 해야 오래 효력을 발휘한다.

③ 특별한 임무를 수행할 마음이 있는 조리 종사원에게는 기존의 업무 이외에 특별한 업무를 부여한다.

④ 작업 수행도가 낮은 조리 종사원뿐만 아니라 작업 수행도가 높은 조리 종사원에게도 관심을 가져야 한다.

⑤ 조리 종사원의 업무 수행이 기대 이하일 때, 먼저 잘못한 부분을 지적한 후 잘한 부분에 대한 칭찬을 하는 것이 바람직하다.

정답 ⑤

CHAPTER 07

급식
인적자원관리

1 인적자원관리의 개념

지금껏 인사관리란 기업에서 사람과 관련된 모든 활동으로 정의되었으나, 근래에는 인적자원의 개발을 강조하는 **인적자원관리**Human Resource Management ; HRM로 불리고 있다. 인적자원관리는 조직의 목표달성에 필요한 인적자원을 **확보**Procurement, **개발**Development, **보상**Compensation, **유지**Maintenance하여 조직 내 인적자원을 최대한 효과적으로 활용하고자 하는 관리활동이다.

표 7-1
인적자원관리의
주요 기능과
핵심활동

주요 기능	내 용	핵심활동
확 보	조직에 필요한 인적자원의 종류와 수의 확보	인력계획, 직무 분석, 모집 및 고용, 배치
개 발	훈련을 통한 직무 기술 향상	교육·훈련, 지도, 경력 개발
보 상	직무수행 결과에 따른 대가의 제공	임금 및 복리후생관리
유 지	유능한 인적자원의 유지	인사고과, 인사이동, 징계관리, 안전·보건관리, 스트레스관리

2 인적자원의 확보

1) 직무분석

직무분석이란, 직무의 관찰과 연구를 통해 직무에 대한 정보를 파악하고 보고하는 것이다. 또한 각 직무의 내용, 특징, 자격 조건을 분석하여 다른 직무와의 질적인 차이를 분명하게 파악하고 문서화하는 것이다.

직무분석의 용도는 직무기술서, 직무명세서를 작성하기 위한 것이며 직무평가의 기초자료로 이용할 수 있다. 또한 직무분석은 모집, 선발, 오리엔테이션, 교육훈련,

조직 체계화, 인력 계획, 직무 재설계, 임금관리에도 사용된다.

직무기술서는 직무분석을 통해 얻은 직무의 내용, 성질, 수행 방법 등에 관한 정보 자료를 일정한 양식에 따라 기록한 것이다. 즉 직무 자체에 대한 내용들로 직무 구분, 직무 요약, 수행되는 임무, 감독자와 피감독자, 다른 직무와의 관계, 기계, 용구, 도구, 작업 조건과 같은 내용들이 포함된다.

직무명세서는 직무분석을 통해 직무를 원활하게 수행할 수 있는 개인의 자격 요건을 명시한 것이다. 직무를 수행하기 위한 기술력, 나이, 학력, 성격, 인성, 임금 수준 등이 내용에 여기에 포함된다.

정리하면 **직무기술서**는 직무 수행을 위한 직무 내용과 직무 요건에 대해 다루며, **직무명세서**는 인적 내용에 대한 것을 명시하는 것이다.

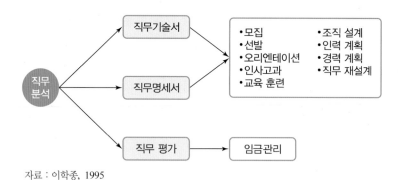

그림 7-1
인적자원관리에서 직무분석의 활용

자료 : 이학종, 1995

2) 인적자원의 모집

인적자원 확보 방법에는 내부모집과 외부모집이 있다.

(1) 내부모집

내부모집은 같은 부서 조직원을 내부 승진시키거나, 사내공보제도를 통하여 다른 부서에서 데려오거나, 퇴사한 사원을 재고용하는 것처럼 내부에서 보충이 일어나는 형태로, 인건비가 덜 들고, 이미 그 일에 익숙하여 쉽게 성과를 낼 수 있는 사람을 뽑아 쓸 수 있고, 조직원들에게는 승진 기회로 작용할 수 있다. 그러나 내부모집만 할 경우 새로운 일에 대한 적응이 늦거나 조직에 활력이 떨어지는 경우가 있다.

(2) 외부모집

외부모집은 현재 조직에서 일하지 않고, 일한 적도 없는 새로운 외부 인사로 인력 보충을 하는 방법이다. 이 경우 외부 인사가 조직에 적응하는 시간이 필요하고 업무와 인사의 경력·적성이 맞지 않는 경우도 생길 수 있다. 하지만 새로운 일을 진행하는 데에는 적합한 외부 인사를 보충하는 것이 시간적으로 더 유리하다. 외부모집 방법에는 광고, 직업안내소, 현 직원의 추천, 학교 추천 등이 있다.

표 7-2
내부모집과
외부모집의 장단점

구 분	내부모집	외부모집
장 점	• 능력이 검증된 인력의 채용 • 신속한 충원과 충원비용 절감 • 내부 승진에 의한 모집 시 구성원들의 동기 유발 • 장기근속에 대한 유인 제공 • 조직 적응 시간의 단축	• 조직 내 새로운 정보, 지식의 유입 • 연쇄적 이동에 따른 혼란 방지 • 경력자 채용 시 인력 개발 비용 절감
단 점	• 모집 범위나 유자격자에 한계가 있음 • 조직 내부 연쇄적 이동으로 인한 혼란 야기 • 승진되지 않은 구성원의 좌절감	• 부적격자 채용의 위험성 • 시간비용 및 충원비용 소요 • 안정되기까지의 적용기간 소요 • 내부 인력의 사기 저하

자료 : 이학종 2000 ; 김식현 1999

3 인적자원의 개발

표 7-3
교육 훈련의
분류와 내용

분류 기준	교육 형태	교육 내용
수행 장소	직장 내 훈련	• 상사나 지도원에 의한 훈련 • 교육 스텝에 의한 훈련 • 전문가나 외부 강사에 의한 훈련
	직장 외 훈련	• 파견 교육 훈련 • 외부 교육기관 및 연수기관 훈련 • 해외연수
대 상	신입사원 교육 훈련	• 기초직무훈련(오리엔테이션) • 실무 훈련
	현직자 교육 훈련	• 계층별 교육(일반 종업원 교육, 감독자 훈련, 관리자 훈련, 경영자 훈련 등)

자료 : 이진규 2001 ; 이학종 2000

4 인적자원의 보상

1) 직무평가

직무평가는 직무의 가치를 평가하는 것으로, 직무 담당자의 업무 수행 성과를 평가하는 인사고과와 다르다. 가장 큰 목적은 조직 내 임금 구조를 보다 합리적으로 하는 것이다.

- 조직 내 직무의 기본임금과 공정한 임금 구조를 위한 기준을 마련
- 새로운 직무 또는 변경된 직무에 적용할 수 있는 임금 책정 방법을 제공
- 조직 구성원이나 노동조합에게 단체교섭에 필요한 임금 결정에 대한 자료를 제공

2) 직무평가의 방법

직무평가의 방법으로는 **서열법**과 **분류법**과 같이 평가자의 주관적 판단이나 경험에 의한 방법(주관적 평가 방법 또는 질적인 방법), **요소비교법** 또는 **점수법**과 같이 사전에 마련된 평가기준에 의해 행하는 방법(객관적 평가 방법 또는 양적인 방법)이 있다.

표 7-4
직무평가의 방법

종 류	특 징
서열법	• 방법 : 종업원과 경영자 대표들로 구성된 위원회에서 두 개의 직무를 비교하여 서열을 매긴 후 그 두 직무와 다른 직무를 비교하면서 계속해서 서열을 매긴다. • 장점 : 평가 방법이 비교적 간단하다. • 단점 : 평가 방법이 주관적이어서 일관성 있는 기준이 없으며, 직무의 수가 많을 때에는 이용하기가 불가능하다.
분류법	• 방법 : 평가자가 각 직무의 숙련도, 지식, 책임감 등에 대해 주관적으로 종합 판단하여 사전에 정해 놓은 등급에 따라 각 직무의 가치를 구분한다. • 장점 : 서열법에서처럼 평가 방법이 간단하다. • 단점 : 직무 특성상 등급 분류가 용이하지 않거나 등급 분류 자체가 부정확하면 하나의 직무가 두 개의 등급에 속하게 될 수도 있다.
요소비교법	• 방법 : 평가의 표준이 될 수 있는 중심 직무(Key jobs)를 선택하여 평가 기준을 근거로 중심 직무의 각 기준 요소별로 기본 임금 비율을 정한다. • 장점 : 평가 기준이 분명히 명시되고 평가의 결과가 금전 단위로 나타난다. • 단점 : 중심 직무의 선정과 중심 직무 기준 요소별 임금률 배분이 어렵다.
점수법	• 방법 : 평가 요소를 등급별로 점수화하고, 각 직무를 평가 요소별로 등급을 매김으로써 얻어진 점수들의 합계를 계산하여 직무의 가치를 결정한다. • 장점 : 비교적 정확한 평가가 이루어지고, 최종적으로 얻어진 점수를 근거로 임금 비율을 비교적 쉽게 산정할 수 있다. • 단점 : 평가 요소의 선정과 요소의 점수화가 용이하지 않다.

01 다음은 ○○사업체 급식소에서 이루어진 영양사와 조리팀원의 대화 내용이다. ①에 해당하는 모집 방법의 장점 2가지와 ②에 해당하는 직무교육훈련 방법의 단점 2가지를 서술하시오. [4점] 영양기출

영양사	현재 우리 급식소의 조리팀장이 공석이어서 신규 채용을 하려고 합니다. 이 번에는 ① 우리 급식소에 재직 중인 조리팀원들을 대상으로 모집할 계획이 니 팀장 자격 요건을 충족하는 분은 모두 지원하시기 바랍니다.
조리팀원	영양사님! 그럼 조리팀원이 1명 감소되는데 추가 확보 계획은 있나요?
영양사	물론입니다. 우리 급식소의 소재지인 ○○시청 게시판에 공고하여 조리팀원 1명을 채용한 후, ② A 연수원에 위탁하여 직무교육훈련을 3일간 시행할 예 정입니다. 주변 분들에게 조리팀원 신규 채용 정보를 많이 홍보해 주시기 바 랍니다.
조리팀원 전체	네, 알겠습니다.

①에 해당하는 모집 방법의 장점 2가지 _____

_____

②에 해당하는 직무교육훈련 방법의 단점 2가지 _____

_____

다음은 대한고등학교 급식실에서 조리원을 훈련하는 장면이다. 작성 방법에 따라 서술하시오. [4점] 영양기출

영양교사	오늘 새로 오신 김영희 조리원을 소개합니다.
김영희 조리원	안녕하세요, 급식실 업무는 처음인데 열심히 배울게요.
기존에 일하던 조리원들	안녕하세요.
영양교사	보존식은 급식에 제공되는 모든 음식을 배식 직전 소독된 전용 용기에 각각 1인분씩 혹은 100g 이상씩 담아 두는 거예요.
김영희 조리원	네, 그렇군요.
	… (잠시 후) …
김영희 조리원	이렇게 하면 되죠?
영양교사	잘하셨어요. 보존식을 담을 때는 음식이 오염되지 않게 주의해야 해요.
	… (2시간 후) …
영양교사	보존식 기록표를 작성하고 −18℃ 이하에서 144시간 동안 보관해야 합니다.
김영희 조리원	네, 제가 보존식 냉동고에 넣을게요. 내일은 혼자 해 보겠습니다.

작성 방법
• 보존식을 보관하는 목적을 서술할 것
• 위 상황에 사용된 훈련 방법을 쓰고, 장점과 단점을 각각 1가지씩 서술할 것

03 다음의 (가)는 대형 급식소의 영양사가 종사원의 직무설계에 반영하고자 '종사원 제안함'을 운영하여 제안 건수를 조사한 후 나타낸 그래프이고, (나)는 영양사가 이를 반영하여 직무설계의 전략을 세운 내용이다. 두 가지 내용을 잘 읽고 아래와 같이 서술하시오. [4점] 영양기출

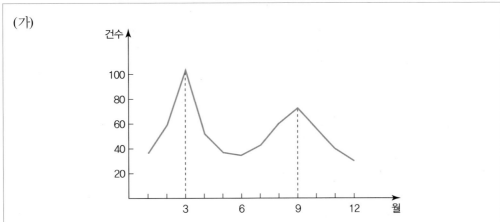

(나)

- 제안 건수가 많아진 3월에 ① 조리업무만 담당하던 조리 종사원에게 배식업무를 하도록 하는 등 다른 직무를 추가시켰더니 제안 건수가 줄어들고 안정적으로 급식 운영이 이루어짐

- 다시 제안 건수가 증가한 9월에 동기부여가 충분하지 않다고 판단하여 ② 조리작업 이외에도 조리작업 계획, 평가의 일부를 관여하게 하는 등 책임과 권한을 주는 직무설계 전략을 세움

밑줄 친 ①의 전략 _____

밑줄 친 ②의 전략 _____

①의 장점 _____

②의 장점 _____

04 다음은 A 급식업체의 선임 조리사와 신입 조리사 간의 신입직원 교육에 대한 대화이다. (　) 안의 ①과 밑줄 친 ②에 해당하는 용어를 순서대로 쓰시오. [2점] 유사기출

신입 조리사	전체 신입사원을 대상으로 진행된 (　①　)에서 회사의 운영 방침과 규정들을 알게 되었어요.
선임 조리사	그렇군요. 우리 회사를 이해하고 적응하는 데 도움이 될 거예요.
신입 조리사	그런데 조리 업무는 언제부터 시작하나요?
선임 조리사	② 작업장에서 선임 조리사에게 조리 작업과 안전 수칙 등을 지도받은 후 시작해요.

① : _____　② : _____

05 다음은 외식 기업에서 조리사를 채용하기 위해 직무를 분석한 결과이다. (　) 안에 들어갈 문서명을 쓰시오. [2점] 유사기출

결재			
	/	/	/

(　　　　　　　　　　　　)

• 직무명
　스테이크 담당 조리사

• 근무 부서
　○○ 외식업체 조리부

• 직무 요약
　총 주방장 지시에 따라 안전하고 위생적으로 스테이크를 조리한다.

• 직무 내용
　− 스테이크 조리를 담당한다.
　− 스테이크 조리에 필요한 식재료를 충분히 확보한다.
　− 식재료의 보관 및 수량 관리를 책임진다.
　− 스테이크 조리 구역의 청소와 위생 관리를 책임진다.
　− 스테이크 조리 구역의 기기 유지를 책임진다.
　− 보조 조리사를 관리 · 감독한다.

문서명 _____

06 직무기술서와 직무명세서란 무엇인지 각각 2줄 이내로 쓰시오.

직무기술서 _____

_____

_____

직무명세서 _____

_____

_____

해설 본문을 참조 하시오.

07 직무 평가 방법 4가지를 적고 각 방법의 장단점을 적으시오.

직무 평가 방법

① : _____   ② : _____

③ : _____   ④ : _____

장·단점

① : _____

② : _____

③ : _____

④ : _____

해설 직무 평가법에는 서열법, 분류법, 요소비교법, 점수법이 있다. 각 방법의 장단점은 본문의 표 내용을 참조한다.

08 인적 자원 개발을 위한 교육 훈련법 중 직장 내 훈련법에 관해 적으시오.

_____

_____

_____

해설 직장 내 훈련으로는 상사나 지도원에 의한 훈련, 교육 시스템에 의한 훈련, 전문가나 외부 강사에 의한 훈련이 있다.

CHAPTER **08**

급식시설관리

1 학교급식 위생관리 지침서

학교급식 위생관리 지침서는 학교급식과 관련된 다양한 위생 사고를 사전에 막기 위해 개발되었다. 교육부에서는 2016년 4차 개정을 통해, 2013년 11월에 개정된 학교급식법령과 지난 5년간의 관계 법규와 위생 관련 정보, 개정된 미국 FDA의 Food Code 2013의 내용을 반영하여 만든 것이다. 4차 개정에서는 선행요건과 HACCP 제도를 분리시켜 영역을 정리하였다. 위생관리에서 중요한 CCP를 5개, CP를 2개로 조정하기도 했다.

학교급식 위생관리 지침서는 학교급식시설관리의 기본이 되며, 영양교사가 학교급식소를 관리함에 있어서 매우 중요하다. 이 장에서는 200쪽이 넘는 전체 지침서 중, 시험에 출제하기에 용이한 부분을 선택하여 지침서 전문을 그대로 옮겨 담았다.

2 시설·설비 위생관리

학교급식의 안전성 확보를 위해서는 대량의 식재료를 위생적이고 안전하게 조리·제공할 수 있는 급식 시설과 설비가 갖추어져야 한다. 이 장에서는 효율적인 위생관리와 학교급식 HACCP 시스템 운영에 필요한 급식시설·설비의 기준을 제시하였다.

1) 위치 및 구조

(1) 급식소의 위치

① 급식소는 도로, 운동장, 쓰레기장 등의 오염원과 차단될 수 있는 곳에 위치해야 하며, 주변은 먼지가 나지 않도록 포장되어 있어야 한다.

② 급식소로의 이동이 용이하고 통로 포장, 비 가림 등 주변 환경이 위생적이고 쾌적하여야 한다.

③ 급식소는 외부로부터의 보안 및 유지관리가 용이하여야 한다.

④ 급식소는 지상에 설치하는 것을 원칙으로 하되, 부득이 지하 및 반지하에 위치할 경우 공조 및 환기시설, 배수, 조명 등이 원활한 구조로 설치되어야 한다.

(2) 급식소의 구조

① 급식소는 철근콘크리트 등의 충분한 내구성을 가진 구조여야 하며, 모든 건축자재는 식품의 안전 및 위생에 나쁜 영향을 미치지 아니하는 내구성·내수성이 있는 재료여야 한다.

② 급식소에는 전처리실, 조리실, 식기구세척실, 식재료상온보관실, 소모품보관실, 급식관리실, 탈의실 및 휴게실 등을 두어야 하며, 쾌적한 급식환경을 위하여 식당을 갖추어야 한다.

③ 여건상 부득이 교실 배식을 해야 할 경우에는 배식차 보관장소와 엘리베이터(여건상 불가피할 경우 덤웨이터)를 설치하여야 한다.

2) 급식소 시설·설비

(1) 조리장

급식작업이 위생적으로 이루어지기 위해서는 조리장이 위생개념에 입각하여 설계되고 기구가 배치되어야 한다. 위생적인 급식작업을 위해서는 작업의 흐름에 따라 공간을 구획하고, 필요한 설비와 기구를 능률적으로 배치하며, 이에 소요되는 면적을 확보하고, 온도 조절이 용이하도록 냉·난방시설도 갖추는 것이 바람직하다. 또한 시공 시 바닥과 배수로의 물빠짐이 용이 하게 하는 등 세심한 주의가 필요하다.

(2) 조리장의 구획·구분

① 작업 과정의 미생물 오염 방지를 위하여 조리장을 식재료 전처리실, 조리실, 식기구세척실 등으로 구획하여 일반작업구역과 청결작업구역으로 분리한다.

② 이러한 구획이 여의치 않을 경우 낮은 벽 설치 또는 작업구역(일반, 청결) 표지판을 이용하여 구분한다.

③ 작업구역별 작업 내용 구분은 표 8−1에 제시하였다.

표 8−1
**작업구역별
작업 내용 구분**

작업구역	작업 내용	
일반작업구역	• 검수구역 • 식재료 저장구역	• 전처리(가열 전·소독 전 식품절단) 구역 • 세정구역
청결작업구역	• 조리(가열·비가열/가열·소독 후 식품절단) 구역 • 정량 및 배선구역 • 식기 보관 구역	

(3) 내 벽

내벽은 틈이 없고 평활하며, 청소가 용이한 구조여야 하고, 오염 여부를 쉽게 구별할 수 있도록 밝은 색조로 한다.

① 바닥에서 내벽 끝까지 전면을 타일로 시공하되 부득이한 경우 바닥에서 최소한 1.5m 높이까지는 내구성, 내수성이 있는 타일 또는 스테인리스 스틸판 등으로 마감한다.
② 조리장 내의 전기 콘센트는 방수용 콘센트를 바닥으로부터 1.2m 높이 이상으로 설치한다.
③ 내벽과 바닥의 경계면인 모서리 부분은 청소가 용이하도록 둥글게 곡면으로 처리한다.
④ 벽면과 기둥의 모서리 부문은 타일이 파손되지 않도록 보호대로 마감 처리한다.

(4) 바 닥

① 바닥은 청소가 용이하고 내구성이 있으며, 미끄러지지 않고 쉽게 균열이 가지 않는 재질로 하여야 한다.
② 바닥과 배수로는 물 흐름이 용이하도록 적당한 경사를 두어야 한다.

(5) 천 장

① 천장의 높이는 바닥에서부터 3m 이상이 바람직하다.
② 천장의 재질은 내수성, 내화성을 가진 재질(알루미늄 판 등)로 한다.
③ 천장으로 통과하는 배기덕트, 전기설비 등은 위생적인 조리장 환경을 위해 천장 내부에 설치하는 것이 바람직하다.

(6) 출입구

① 조리 종사자와 식재료 반입을 위한 출입구는 별도로 구분 설치하여야 한다.
② 조리장의 문은 평활하고 방습성이 있는 재질이어야 하며, 개폐가 용이하고 꼭 맞게 닫혀야 한다.
③ 외부로 통하는 출입문은 개폐가 용이하며 청소가 용이한 재질로 설치하고, 위생해충의 진입을 방지하기 위한 방충·방서시설과 외부로 통하는 출입문 바깥쪽에 에어커튼이 설치되어야 한다.
④ 출입구에는 조리장 전용 신발로 갈아 신기 위한 신발장 및 발판 소독조와 손세정대를 갖추어야 한다.

(7) 창 문

① 공조(급·배기, 집진, 온도 조절) 설비를 갖추지 못하는 경우에는 개폐식 창문을 설치하고, 위생해충의 침입을 방지할 수 있도록 방충망을 설치하여야 한다.

② 조리장의 창문에는 먼지가 쌓이는 것을 방지하기 위하여 그림 8-1과 같이 창문틀과 내벽은 일직선이 유지되게 하거나, 그림 8-2와 같이 창문턱을 60° 이하의 각도로 시설하는 것이 바람직하다.

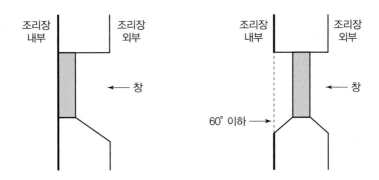

그림 8-1(좌)
창문틀과 내벽

그림 8-2(우)
창문틀 각도

(8) 채광·조명

① 자연채광을 위하여 창문 면적은 바닥 면적의 1/4 이상이 되도록 한다.

② 인공조명 시설은 효과적으로 실내를 점검·청소할 수 있고 작업에 적합한 충분한 밝기여야 한다(검수대 540Lux, 전처리실, 조리실 작업대 220Lux 이상).

③ 천장 전등은 함몰형으로 하되, 반드시 물이나 가스로부터 안전한 기구(방수·방폭등)여야 하며, 유리 파손 시 식품 오염을 방지할 수 있는 보호장치를 갖추어야 한다.

(9) 냉·난방 시설

① 조리장 내 적정 실내온도는 18℃ 이하가 이상적이나, 실제로 이 조건을 충족하기 어려우므로 에어컨 등을 설치하여 가능한 한 낮은 온도를 유지하여야 한다.

② 학교를 신축할 경우 공조 시스템 설치를 권장한다(식당 및 조리장에 설치된 냉·난방기의 바람이 식품이나 조리된 음식에 직접 쏘이지 않도록 하고, 실내온도 조절용으로만 사용하되 필터 세척 및 소독을 주기적으로 실시하여야 함).

(10) 식재료·소모품 보관실

① 식재료보관실과 소모품보관실을 별도로 구분하며, 부득이하게 함께 보관할 경우 서로 혼입되지 않도록 분리 보관한다.

② 조리실을 통하지 않고 반입이 가능하여야 하며 출입문은 항상 내부에서만 개폐할 수 있도록 한다.

③ 환기시설과 충분한 보관선반 등이 설치되어야 하며 보관선반은 청소 및 통풍이 용이하도록 바닥으로부터 15cm 이상 띄워야 한다.

④ 식재료보관실 바닥은 조리실로부터 물의 유입을 방지하기 위해 조리실 바닥보다 약간 높게 시공되어 왔으나, 식품운반차 등의 이동이 용이하도록 높이를 같게 시공하는 것이 바람직하다.

⑤ 물청소가 용이하도록 하고, 바닥은 미끄럽지 않은 재질로 하며 배수가 잘되어야 한다.

⑥ 직사광선을 피할 수 있는 위치에 설치하거나, 차광설비를 갖추어야 한다.

(11) 급식관리실

① 외부로부터 조리장을 통하지 않고 출입이 가능해야 하며, 외부로 통하는 환기시설을 갖추어야 한다.

② 급식관리실에서 조리실의 내부를 잘 볼 수 있도록 바닥으로부터 1.2m 높이 윗면은 전면을 유리로 시공한다.

③ 급식관리실에는 책상, 의자, 전화, 컴퓨터 등 사무장비와 냉·난방시설 또는 기구를 갖추는 것을 권장한다.

④ 전기 배전반 등은 급식관리실 가까이 배치하여 관리가 용이하도록 한다.

(12) 탈의실 및 휴게실

① 외부로부터 조리장을 통하지 않고 출입이 가능하여야 한다.

② 조리 종사자의 수를 고려한 위생복 및 외부 옷을 분리 보관할 수 있는 옷장과 필요한 설비를 갖추어야 한다.

③ 외부로 통하는 환기시설(동력배기)을 갖추어야 한다.

④ 조리 종사자의 수를 고려한 적정한 면적을 확보하고, 냉·난방시설 또는 기구를 갖추어야 한다(휴게실에는 학교 여건을 고려하여 근무 상황 신청 등 업무에 필요한 책상과 컴퓨터를 비치함).

(13) 화장실 및 샤워장

① 조리장 내 전용 화장실을 설치할 경우에는 조리장이 오염되지 않도록 탈의실 안에 설치하되, 화장실과 샤워실을 분리하여 설치하는 것이 바람직하다.

② 전용 화장실은 청소가 용이한 구조로 한다.

③ 화장실에는 수세설비 및 손을 건조시킬 수 있는 시설(종이타월 등)을 설치하며, 비누와 덮개가 있는 페달식 휴지통 등을 비치한다.

④ 화장실은 배기가 잘되도록 외부로 통하는 환기시설을 갖추며, 창에는 방충망을 설치하여 위생해충의 침입을 막을 수 있도록 한다.

⑤ 화장실의 바닥은 타일 또는 기타 내수성 자재로 마감한다.

(14) 식당(식생활교육관)

① 안전하고 위생적인 공간에서 식사할 수 있도록 급식 인원수를 고려한 크기의 식당을 갖추어야 한다.

② 다만 공간이 부족한 경우 등 식당을 따로 갖추기 곤란한 학교에서는 교실 배식에 필요한 운반기구와 위생적인 배식도구를 갖추어야 한다.

3) 급식설비·기구

조리 및 급식에 필요한 설비와 기구는 그 처리 능력, 유지관리의 용이성 및 내구성·경제성·안전성 등을 고려하여 선택하고, 사전에 장비의 신뢰성과 활용도에 대한 충분한 검증과 효율적 활용계획 수립하에 구입하도록 한다. 작업 흐름에 따라 위생, 동선, 효율성 등을 고려하여 배치한다. 또한 근골격계 부담 작업과 유해·위험 작업을 최소화할 수 있도록 급식 시설·설비 및 현대적 급식기구 확충 방안을 강구하도록 한다.

(1) 작업구역별 설비·기구

작업구역별 설비·기구 선정 시 확인 사항은 표 8-2와 같다.

표 8-2
설비·기구 선정 시 확인 사항

구 분	품 목	확인 사항
전처리실	작업대	재질은 스테인리스 스틸로 하며, 급식인원을 고려한 충분한 크기로 한다.
	식품검수대	이동식이며 바닥면에서의 높이가 60cm 이상인 검수에 알맞은 충분한 크기로 한다.
	채소세정대	• 3조 세정대를 설치한다. • 세정대의 배수구는 적절한 크기여야 하며, 배수관과 직선으로 연결되는 구조이어야 한다.
	어·육류세정대	• 2조 세정대를 설치한다. • 세정대의 배수구는 적절한 크기여야 하며, 배수관과 직선으로 연결되는 구조이어야 한다.
	냉장·냉동고	검수 후 저장 가능한 충분한 용량이어야 한다.
	자동세미기	• 적정한 수압이 유지되어야 한다. • 배수관은 배수로와 연결되도록 설치한다.

(계속)

구 분	품 목	확인 사항
전처리실	구근탈피기	• 내부가 완전 분리되어 세척과 소독이 용이하여야 한다. • 배수관은 배수로와 연결되도록 설치한다.
	채소절단기	• 세척과 소독이 용이하여야 한다. • 다양한 모양과 크기로 절단이 가능해야 한다. • 분리 가능하며 전용 받침대를 설치하여야 한다.
	바구니운반대	• 바닥으로부터 60cm 이상 간격을 유지하여야 한다. • 바구니 크기별로 사용가능 하여야 한다. • 이동이 용이하여야 하며 안전성을 고려하여 원형으로 제작된 것이어야 한다.
	손소독기	자동식으로 소독액이 분무되거나 손을 담글 수 있는 소독조여야 한다.
	손세정대	• 전자감응식 또는 페달식으로 손을 사용하지 않고 조작이 가능하여야 한다. • 냉·온수가 공급되어야 한다.
	저 울	전자저울로 설치하되 1kg~150kg까지 측정 가능한 것으로 갖춘다.
조리실	취반기	고정시킬 경우는 바닥과 주변을 세척하기에 용이한 구조와 공간을 확보하여야 한다.
	국 솥	회전식이어야 하며 뚜껑이 부착되어야 한다
	부침기	• 부침판은 기름이 흐르도록 약간 경사가 있어야 하며 덮개가 있어야 한다. • 안전을 고려하여 고정식이어야 한다.
	볶음솥	• 바닥이 무쇠 등으로 두꺼워야 한다. • 회전식이어야 하며 뚜껑이 부착되어야 한다.
	가스테이블레인지 혹은 전기레인지	• 화구가 2~3개 정도인 제품이 적당하다. • 작업대의 높이와 같아야 한다.
	가스그리들 혹은 전기그리들	가스 사용기기와 동일 구역에 위치하여야 한다.
	밥·반찬 배식대	보온·보냉 기능이 있어야 한다.
	오븐	• 조리기능이 다양하여야 한다. • 급식수를 고려하여 크기를 정한다. • 상·중·하단 온도 분포가 균일하도록 작동되어야 한다.
	만능조리기	튀김, 부침, 조리기능이 있어야 한다.
	냉장/냉동고	냉장·냉동 식재료 보관 및 조리식품 냉각에 충분한 용량이어야 한다.
	작업대	재질은 스테인리스스틸로 하며, 급식인원수를 고려한 충분한 크기여야 한다.

(계속)

구 분	품 목	확인 사항
조리실	손세정대	• 전자 감응식 또는 페달식으로서 손을 사용하지 않고 조작이 가능하여야 한다. • 냉·온수가 공급되어야 한다.
식기세척실	담금세정대	세척과 소독이 용이하고 충분한 크기이어야 한다.
	세척기	• 세척 및 헹굼 기능이 자동적으로 이루어져야 한다. • 최종 헹굼수의 온도가 살균에 적합한 온도(식판온도 71℃ 이상)를 유지하여야 한다.
	식기소독보관고	• 내부 선반은 물 빠짐을 위해 타공된 것이어야 한다. • 적정온도 관리를 위해 소독고 문에 설치된 고무패킹 부분은 기밀성이 있어야 한다.
	다단식 선반	청소 시 물이 튀지 않도록 하며, 맨 아래 선반은 바닥으로부터 60cm 이상 띄워야 한다.
	3조 세정대	기물 세척·헹굼·소독이 가능하도록 3조로 한다.

(2) 설비·기구 선정 시 유의 사항

설비·기구 선정 시 유의 사항은 표 8-3에 제시하였다.

표 8-3
설비·기구 선정 시
유의사항

구 분	유의 사항
처리능력	• 급식인원수를 고려하여 적정량을 처리할 수 있을 것 • 주어진 시간 내에 목적하는 작업을 완료할 수 있을 것
내구성 및 관리 용이성	• 기구의 수명을 고려할 것 • 체위에 알맞게 사용이 편리하며 관리방법이 용이할 것 • 위생적으로 세척·소독이 용이한 구조일 것 • 재질은 녹이 슬지 않는 스테인리스스틸 27종으로 할 것
경제성	• 작업 목적에 부합되며, 기본적으로 필요할 것 • 효용가치와 사용빈도가 높을 것 • 인력절감 또는 시간단축 효과가 있을 것
안전성	• 재질의 안전성(녹, 환경호르몬 검출 등)을 고려할 것 • 압력용기, 가스용기 등은 안전성을 보증하는 허가를 득한 제품일 것

※ 나무주걱과 같은 연재목 재질의 조리용도 사용 금지(단풍나무, 참나무 등의 경질목 나무 사용 가능), 플라스틱 소쿠리의 조리용도 사용금지(전처리용에는 사용 가능)

(3) 설비·기구 설치 시 유의사항

① 작업 흐름에 따라 동선을 단축시키며 능률적이고 위생적인 작업이 가능하도록 배치한다.

② 급수 및 가스 배관은 바닥에 노출되어 기물의 이동을 방해하거나 작업 중 안전 사고의 요인이 되지 않도록 한다.

③ 고정식 설비는 하부 청소가 용이하도록 바닥에서 15cm 이상 띄워 설치한다.

④ 열사용 및 가스 배출 기구와 배기후드의 위치가 일치하도록 한다.

⑤ 냉장·냉동고는 가스레인지, 오븐 등 열원 및 직사광선과 멀리 떨어진 위치에 설치한다.

⑥ 작업대 등의 스테인리스스틸 제품은 절단된 면을 잘 마무리하여 손을 베는 등 안전사고가 일어나지 않도록 한다.

⑦ 식기세척기는 세척·소독이 가능한 온도가 유지되는지를 확인하고 온수 공급 이 원활히 되도록 설치한다.

⑧ 급식기구 및 배식도구 등을 안전하고 위생적으로 세척할 수 있도록 온수 공급 설비를 갖추어야 한다.

4) 급·배수시설

학교급식 조리장에서 사용하는 물은 환경부의 '먹는 물 수질기준 및 검사 등에 관한 규칙 제2조'의 먹는 물 수질기준에 적합해야 한다. 오염된 물을 사용할 경우 식중독 이나 세균성 이질과 같은 질환이 집단 발병할 수 있으므로 수돗물을 사용하며, 수돗물이 공급되지 않아 부득이 지하수를 사용할 경우에는 소독 등 기타 위생상의 필요한 조치를 하고, 정기적으로 수질검사를 실시하는 등 수질관리와 저수조 등의 위생관리를 철저히 하여야 한다.

(1) 조리용수 관리

① 지하수를 사용하는 경우 오염되지 않고 충분히 공급할 수 있는 보온·단열되는 저수조 시설을 갖춘다.

② 수돗물을 사용하지 않고 지하수, 생수, 정수기 통과수 등을 먹는 물 및 조리용수로 사용할 때는 수질검사 기준의 적합 여부를 확인하고 사용하도록 한다.

③ 용수의 수질상태를 알기 위해 '먹는물 수질기준 및 검사 등에 관한 규칙'에 의거 수질검사를 실시하고 그 결과를 3년간 보존하여야 한다.

④ 지하수를 사용하는 경우에는 지하수 살균 장치를 반드시 설치하여야 한다. 만약 오존을 이용하여 지하수를 살균하는 경우에는 오존처리수의 브롬산염이 0.01mg/l를 초과하지 않도록 관리한다.

(2) 저수조

① 저수조의 윗부분은 건축물 등으로부터 100cm 이상 떨어져야 하며, 그 밖의 부분은 60cm 이상으로 간격을 띄운다.

② 건축물 또는 시설 외부의 땅 밑에 저수조를 설치하는 경우에는 분뇨·쓰레기 등의 유해물질로부터 5m 이상 띄워 설치한다.

③ 저수조 및 저수조에 설치하는 사다리 등의 재질은 섬유보강플라스틱(FRP)·스테인리스스틸·콘크리트 등의 내부식성 재료를 사용한다.

④ 저수조에는 잠금장치(시건장치)를 설치한다(저수조에 대한 청소 및 위생점검 '수도법' 시행규칙 제22조의3 제1항).

(3) 조리장 내 급·배수설비

① 수도전(栓)의 높이는 바닥에서 95~105cm 정도가 바람직하다.

② 수도전은 물을 필요로 하는 기구나 장소에 위치하도록 한다.

③ 부득이 고무호스를 수도전에 연결하여 사용할 경우는 꼭 필요한 만큼의 길이로 하며, 끝에 개폐형 노즐gun type nozzle을 달아 호스 끝이 바닥에 끌리지 않도록 사용 후 벽에 설치한 호스걸이에 잘 감아 둔다.

④ 젖은 바닥에 놓여 있던 호스를 만져 손의 오염과 호스 외부의 젖은 물이 식품이나 물로 흘러 들어가지 않도록 하며, 노즐은 반드시 소독하여 사용한다.

⑤ 세척수가 세정대의 배수관을 통해 배수로에 바로 연결되게 하여 바닥이 오염되지 않게 한다.

⑥ 트렌치

　㉠ 배수로(트렌치)의 폭과 깊이는 배수가 신속히 되도록 적합하게 하고, 위생적으로 관리되도록 전체를 틈새가 없고 세척이 용이한 스테인리스스틸판 등으로 마감 처리한다.

　㉡ 바닥이 오염되는 것을 방지하기 위해 국솥, 튀김솥 등으로부터 물이 쏟아지는 곳에는 그 물을 수용할 수 있는 적당한 규격의 배수구를 설치하도록 한다.

　㉢ 배수구 덮개는 청소할 때 쉽게 열 수 있는 구조로 하되, 휘거나 이탈되지 않도록 견고한 재질(스테인리스스틸판 등)로 설치한다.

⑦ 그리스트랩

　㉠ 그리스트랩이란 하수에 섞인 기름을 분리하는 장치로 다음과 같은 기능을 한다.

　　• 기름이 하수관 내벽에 부착되어 관을 막아 역류하게 되는 현상 예방

　　• 정화조에 유입된 조리실 하수의 기름 성분으로 인한 환경 오염 방지

　㉡ 기름이 섞인 하수가 발생하는 공정이 있어 필요한 경우, 공정 다음의 배관에 연결 설치하는 것이 이상적이나 악취가 발생할 우려가 있으므로 조리장과 정화조 사이에 위치하도록 외부에 설치하는 것이 바람직하다. 그리스트랩에서 기름을 정치하여 기름과 물을 분리하여 처리한다.

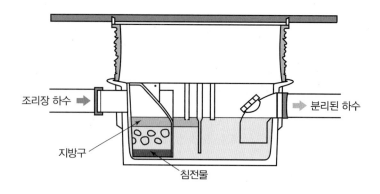

그림 8-3
그리스트랩의
구조

ⓒ 부득이하게 조리장 내부에 설치할 경우에는 매일 청소하여 위생적으로 관리한다.

ⓔ 조리장 내부의 그리스트랩을 제거할 경우에는 배수로 끝에 찌꺼기 거름망을 설치한다.

5) 환기시설

환기시설은 열을 사용하는 조리기구의 상부에 설치하여 작업 시 조리장 내에서 발생되는 가스(이산화탄소)와 증기, 냄새, 연기 또는 먼지 등이 조리장 내부에 퍼지지 않고 외부로 잘 배출되도록 해야 한다. 조리장은 온도를 조절할 수 있는 충분한 환기시설 또는 공조시설을 갖어야 한다.

공기 흐름은 청결작업구역에서 일반작업구역 방향으로 흘러가게 한다. 특히 조리실과 상온창고, 전처리실, 식기세척실에 적절한 흡인력 있는 환기시설을 설치하고, 증기·열·연기 등이 많이 발생하는 조리기구 위에 급·배기 기능이 있는 후드를 설치한다. 외부에 개방된 흡·배기구 등에는 위생해충 및 쥐의 침입을 방지하기 위해 방충·방서시설을 갖춘다.

(1) 후드

① 후드hood는 열기기보다 사방을 15cm 이상 크게 하며, 스테인리스스틸 재질로 제작하되 적정 각도(30° 정도)를 유지하도록 한다.

② 후드 표면에 형성된 응축수, 기름 등의 이물질이 조리기구 내부로 떨어지지 않는 구조로 제작·설치되어야 한다.

③ 후드의 몸체 및 테두리에 홈통을 만들어 흘러내린 물이 바닥 또는 조리기구 위에 바로 떨어지지 않도록 한다.

④ 튀김기·부침기 등 기름을 많이 취급하는 조리기구 위에 설치하는 후드는 청소가 용이한 구조로 하고, 기름받이 및 기름입자 제거용 필터를 설치한다.

(2) 덕트

① 덕트ₐᵤcₜ는 조리장 내의 증기 등 유해물질을 충분히 바깥으로 배송시킬 수 있는 크기와 흡인력을 갖추어야 한다.
② 덕트와 배기후드의 연결 시 외부의 오염물질이 유입되지 않도록 자동개폐시설을 설치하도록 한다.
③ 덕트 모양은 각형이나 신축형보다는 원통형이 배기 효율 면에서 더 효과적이다.
④ 후드와 연결되는 덕트는 천장공사 시공 전 설치하여 가급적 천장 아래로 노출되지 않도록 한다.
⑤ 소재는 아연도금 강판이나 스테인리스스틸 재질로 하되, 청소와 배기 배출수 관리를 철저하게 한다.

6) 손 세정대

조리장 내에는 조리 종사자들이 작업을 변경할 때마다 개인위생 관리원칙에 충실하게 손을 깨끗이 관리할 수 있도록 종사자 전용 손 세정대를 갖춘다. 손 세정대가 갖추어야 할 사항은 다음과 같다.

① 조리장 내 손 세척을 위한 손 세정대를 설치한다.
② 40℃ 정도의 온수로 손을 씻을 수 있도록 냉·온수관이 연결되어야 한다.
③ 손 세정대 근처에 비누, 손톱솔, 손소독시설 등을 두고, 씻은 손을 닦을 수 있는 종이타월과 페달식 휴지통을 비치한다.
④ 수도꼭지는 페달식 또는 전자감응식과 같이 직접 손을 사용하지 않고도 조작할 수 있는 것이 바람직하다.
⑤ 수도꼭지의 높이는 팔꿈치까지 씻을 수 있도록 충분한 간격을 둔다.
⑥ 손세정대 근처, 조리 종사자가 쉽게 볼 수 있는 위치에 손 세척 방법에 대한 안내문이나 포스터를 게시한다.

3 개인 위생관리

음식은 사람의 손에 의해 만들어진다. 따라서 조리 종사자는 건강해야 하며, 기본적인 위생관리 방법을 숙지하고 위생관념을 익히고 실천하는 것을 생활화하여야 한다. 청결하면서도 단정한 용모, 개인의 위생관리는 안전한 식품 조리에 있어 기본적이면서도 매우 중요한 요소이다. 이 부분에서는 종사자의 건강 확인, 개인 위생관리, 복장 등에 대한 기준을 제시하였다.

1) 건강 확인

(1) 채용 시 건강진단

① 채용 시 일반 채용 신체검사서와 '식품위생법 시행규칙' 제49조 및 '학교급식법 시행규칙' 제6조 제1항에 의한 건강진단을 통하여 건강상태를 확인한다.

② '식품위생법' 제40조 제4항에 의한 영업에 종사하지 못하는 질병의 종류는 다음과 같다.

    ㉠ '감염병의 예방 및 관리에 관한 법률' 제2조 제2호에 따른 제1군감염병(콜레라, 장티푸스, 파라티푸스, 세균성 이질, 장출혈성 대장균 감염증, A형 간염)

    ㉡ '감염병의 예방 및 관리에 관한 법률' 제2조 제4호 나목에 따른 결핵(비감염성인 경우는 제외)

    ㉢ 피부병 또는 그 밖의 화농성(化膿性)질환

③ 건강문진서와 건강 이상 시 보고할 것에 대한 동의서 <양식1>를 받음으로써 자가 보고를 통해 조리 종사자의 건강상태를 상시적으로 파악할 수 있다.

(2) 정기 건강진단

① 조리 종사자는 '학교급식법 시행규칙' 제6조 제1항 규정에 의거 6개월에 1회 건강진단을 실시하고 그 기록은 2년간 보관하도록 한다.

② 영양(교)사는 조리 종사자별로 지난 판정일, 다음 판정일, 이상 여부 등을 상시 파악할 수 있도록 건강진단 결과를 기록하여 관리한다.

(3) 비정기 건강진단

감염병 유행 시 또는 필요시에는 비정기 건강진단을 받도록 하여 조리 종사자의 건강 이상 여부를 확인한다. 일일 건강상태 확인 시 살펴보아야 할 주된 사항은 다음과 같다.

① 영양(교)사는 매일 조리 작업 전 조리 종사자의 건강상태를 확인한다.

② 발열, 복통, 구토, 황달, 인후염 등의 증상이 있는 자는 식중독이 우려되므로 조리 작업에 참여시키지 않으며, 의사의 진단을 받도록 한다. 특히 설사를 할 경우 조리 작업에 참여하지 않도록 주의를 기울여 관리하도록 한다.

③ 본인 및 가족 중에서 법정감염병(콜레라, 이질, 장티푸스 등) 보균자, 노로바이러스 질환자가 있거나, 발병한 경우에는 완쾌 시까지 조리장 출입을 금지한다.

④ 손 등에 상처나 종기가 있는 자는 적절한 치료와 보호로 교차오염이 발생하지 않도록 조치한 후 작업에 참여하게 하며, 보호할 수 없을 경우 작업에서 배제시킨다.

2) 조리 종사자 위생관리

조리 종사자 등 식품을 취급하는 자의 개인위생이 식품의 안전성에 큰 위험을 초래하는 오염원이 될 수 있으므로, 조리장에 들어서는 순간부터 나갈 때까지의 전 과정을 위생원칙에 입각하게끔 하고 개인위생 수칙을 철저히 지켜 생활화되도록 노력하여야 한다.

(1) 개인위생

① **목욕** : 매일 샤워한다.
② **두발** : 청결히 하며 머리카락이 위생모자 밖으로 나오지 않게 한다.
③ **손톱** : 주 1회 이상 짧게 자르고 매니큐어를 칠하지 않는다. 긴 손톱 밑에는 이물이 끼기 쉬우며 세균이 잠복하기 쉽기 때문에 짧게 유지하도록 한다.
④ **장신구** : 시계, 반지, 목걸이, 귀걸이, 팔찌 등의 장신구 착용을 금한다.
⑤ **화장** : 지나친 화장과 향수, 인조 속눈썹, 인조 손톱 등의 부착물 사용을 금한다.

(2) 손 씻기

우리 손에는 육안으로 확인되지 않는 많은 미생물이 존재하므로, 조리 과정 중 식재료, 식기구, 음식 등이 오염되어 식중독을 일으킬 수 있다. 이러한 미생물을 제거하기 위해서는 올바른 손 씻기가 중요하다. 올바르게 손을 씻기 위해서는 합리적인 손 세척 방법 설정, 적절한 세척제 및 살균소독제의 선택과 사용, 설정된 방법에 따른 충실한 손 세척이 필수적이다.

올바르게 손을 씻는 방법은 다음과 같다.

① 손 표면의 지방질 용해와 미생물 제거가 용이하도록 40℃ 정도의 온수를 사용한다.
② 손을 적시고 비누는 거품을 충분히 내어 팔 윗부분과 손목을 거쳐 손가락까지 깨끗이 씻고, 반팔을 입은 경우에는 팔꿈치까지 씻는다.
③ 손톱솔로 손톱 밑, 손톱 주변, 손바닥, 손가락 사이 등을 꼼꼼히 문질러서 눈에 보이지 않는 세균과 오물을 제거한다.
④ 손은 물로 헹구고 다시 비누를 묻혀서 20초 동안 서로 문지르며 회전하는 동작으로 씻어 낸다. 비누 또는 세정제, 항균제 등과 충분히 접촉할 시간이 필요하다.
⑤ 흐르는 물로 비누 거품을 충분히 헹구어 낸다.
⑥ 깨끗한 종이타월 등을 이용하여 완전히 건조시킨다.

손 씻기 시 주의 사항 ●──────

- 손에 로션을 바르지 않는다. 로션은 세균 번식에 필요한 수분과 양분을 공급하기 때문이다.
- 작업으로 돌아가기 전에 손을 오염시키지 않도록 한다. 화장실 문을 열 때는 손을 말린 후 종이타월을 이용하여 연다.

조리 과정 중 손을 씻어야 하는 경우를 정리하면 다음과 같다.

① 작업 시작 전
② 화장실을 이용한 후
③ 작업 중 미생물 등에 오염되었다고 판단되는 기구 등에 접촉한 경우
④ 쓰레기나 청소도구를 취급한 후
⑤ 일반작업구역에서 청결작업구역으로 이동하는 경우
⑥ 육류, 어류, 난각 등 미생물의 오염원으로 우려되는 식품과 접촉한 후
⑦ 귀, 입, 코, 머리 등 신체일부를 만졌을 때
⑧ 감염증상이 있는 부위를 만졌을 때
⑨ 음식찌꺼기를 처리했을 때 또는 식기를 닦고 난 후
⑩ 음식을 먹은 다음, 또는 차를 마시고 난 후
⑪ 전화를 받고 난 후
⑫ 담배를 피운 후
⑬ 식품 검수를 한 후
⑭ 코를 풀거나 기침, 재채기를 한 후 등 손 씻기가 필요한 경우

(3) 손 소독

① 손 소독이 필요한 경우에는 70% 에틸알코올 또는 동등한 소독효과를 가진 살균소독제를 용법에 맞게 사용한다.
② 손 소독이 손 씻기 과정을 대신해서는 안 된다. 손 소독은 손을 씻고 건조시킨 후 행한다.

(4) 올바르지 못한 개인 행위

① 땀을 옷으로 닦는 행위
② 한 번에 많은 양을 운반하기 위해 식품용기를 적재하는 행위(여러 번 나누어서 운반해야 함)
③ 맨손으로 식품을 만지는 행위{소독된 도구나 고무장갑, 일회용 고무장갑(라텍스)을 사용하며 일회용 비닐 위생장갑은 사용하지 않음. 배식 시 도구 사용이 어려울 경우 일회용 비닐위생장갑 사용 가능}

④ 식기 또는 배식용 기구 등의 식품 접촉면을 손으로 만지는 행위

⑤ 노출된 식품 쪽으로 기침이나 재채기를 하는 행위

⑥ 그릇을 씻거나 원재료 등을 만진 후 식품을 취급하는 행위(업무를 구분하거나, 한 사람이 2가지 이상의 작업을 해야 할 경우에는 손을 씻고 소독을 한 후 다음 작업을 수행)

⑦ 손가락으로 맛을 보거나 수저 하나로 여러 가지 음식을 맛보는 행위(검식용 식기구를 음식별로 마련, 한 번 사용한 식기구는 재사용 금지)

⑧ 조리실 내에서 취식을 하는 행위(별도의 장소를 마련해야 함)

⑨ 애완동물을 반입하거나 접촉하는 행위

⑩ 사용한 장갑을 다른 음식물 조리에 사용하는 행위(장갑은 음식별로 분리 사용해야 함)

⑪ 식품을 씻는 세정대에서 손을 씻는 행위(손 씻는 전용 세정대를 이용해야 함)

3) 복장

(1) 영양(교)사

① 조리장 내에서는 위생복, 위생모, 위생화를 착용하고 청결하게 관리한다.

② 외부 또는 화장실 출입 시 위생복을 착용하지 않는다.

(2) 조리사·조리원

① 위생복의 색상은 더러움을 쉽게 확인할 수 있는 흰색이나 밝은색으로 하고, 위생복을 입은 채 조리장 밖으로 나가지 않는다.

② 앞치마는 전처리용, 조리용, 배식용, 세척용의 4가지로 구분하여 착용한다.

③ 위생모는 머리카락이 모자 바깥으로 나오지 않도록 착용한다.

④ 조리 시작 시점부터 위생마스크 착용을 권장한다.

⑤ 배식 시 기침이나 재채기를 통한 세균 오염을 방지하기 위하여 위생마스크를 착용한다.

⑥ 위생화는 신고 벗기에 편리하고 발이 물에 젖지 않는 모양과 재질을 선택한다.

⑦ 위생화는 발을 완전히 가리는 것, 굽이 높지 않고, 밑창은 방수성이 있으며 미끄러지지 않는 것으로 선택한다. 전용 소독건조기를 비치하여 세척한 후 건조하여 사용하도록 한다.

⑧ 위생화를 신고 외부로 나가거나 화장실에 출입하는 것을 금한다.

(3) 방문객

① 조리장 입구에 방문객 전용 위생복, 위생모, 위생화를 비치하고 청결하게 관리한다.

② 식품취급지역에 들어오는 방문객은 식품을 오염시키지 않도록 위생복, 위생모, 위생화를 착용하고 신발 바닥을 소독해야 한다. 이를 착용하지 아니한 자를 조리장에 출입하게 해서는 안 된다.

③ 출입 및 검사를 실시한 관계 공무원은 해당 학교급식 관련 시설에 비치된 출입·검사 등 기록부에 그 결과를 기록하여야 한다(학교급식법 시행규칙 제8조).

 신발 소독조의 활용 ●

- 조리장의 출입구, 화장실 출입구, 일반작업구역과 청결작업구역 경계면에 신발소독조를 둔다.
- 소독조에 사용되는 소독제는 식품위생법상 "기구 등의 살균소독제"로 허가된 제품을 적정 농도로 사용한다.
- 소독판 내부에 플라스틱 깔판을 비치하여 위생화 바닥의 이물질을 제거할 수 있게 한다.

4 식재료 위생관리

식재료의 안전성과 품질은 학교급식의 질과 위생 및 안전성 확보와 직결된다. 따라서 식재료 구입 시에는 규격기준을 분명하게 제시하고, 이에 따라 검수를 철저히 하도록 한다. 여기서는 식재료의 구입 및 보관 등과 관련된 위생관리의 기준을 살펴보고, 식재료의 검수는 CCP3 관련 부분에서 설명하도록 한다.

1) 식재료 구입

식재료의 규격기준을 정하여 이를 준수하고, 집단급식소나 식품판매업소 등 식재료를 공급하는 업체의 선정 및 관리기준을 마련한다. 이렇게 위생관리 능력과 운영능력이 있는 업체를 선정함으로써 보다 신선하고 질이 좋으며 위생적으로 안전한 식재료를 구입하여야 한다. 식재료 규격과 납품업체 방문평가표는 다음에 제시하였다.

표 8-4
식재료 규격

구 분	식재료 규격	비 고
곡류 및 과채류	원산지 표시 또는 친환경농산물인증품, 품질인증품, 우수관리인증농산물, 이력추적관리농산물, 지리적특산품 등을 표시한 제품	거래명세서에 표기
전처리 농산물	제품명, 업소명, 제조연월일, 전처리하기 전 식재료의 품질(원산지, 품질등급, 생산연도), 내용량, 보관 및 취급 방법 등을 표시한 제품	

(계속)

구 분	식재료 규격	비 고
어·육류	• 육류의 공급업체는 신뢰성 있는 인가된 업체 • 육류는 등급판정확인서가 있는 것 • 수입육인 경우 수출국에서 발행한 검역증명서, 수입신고필증이 있는 제품 • 어류는 원산지 표시한 제품 • 냉장·냉동 상태로 유통되는 제품	
어·육류가공품	• 인가된 생산업체의 제품 • 원산지를 표시 및 유통기한 이내의 제품 • 냉장·냉동 상태로 유통되는 제품	거래명세서에 표기
난 류	세척·코팅과정을 거친 제품(등급판정란 권장) ※ 가능한 한 냉소(0~15℃)에서 보관·유통	축산법 제35조, 축산물의 가공기준 및 성분규격(8. 보존 및 유통기준)
김치류	• 인가된 생산업체의 제품 • 포장상태가 완전한 제품	
양념류	• 표시기준을 준수한 제품	
기타 가공품	모든 가공품은 유통기한 이내의 제품, 포장이 훼손되지 않은 제품	거래명세서에 표기

※ 어육가공품 중 어묵·어육소시지, 냉동수산식품 중 어류·연체류·조미가공품, 냉동식품 중 피자류·만두류·면류, 김치류 중 배추김치는 식품안전관리인증 의무품목이며, 그 외의 품목도 식품안전관리인증 제품 구매 권장
※ 김치류 업체 선정 시 상수도 사용하는 생산업체 또는 지하수 살균·소독장치 등을 통해 살균·소독된 물을 사용하는 업체 권장

 식재료 공급업자 건강진단

집단급식소 식품판매업소 등 식재료 공급업체 직원 중에서 완전 포장되지 않은 식재료를 운반하는 자(배송요원)는 6개월마다 건강진단을 실시해야 하고, 그 사본을 납품하는 학교에 제출하여야 한다. 단, 응찰 시 건강진단서 제출이 의무화되어 있는 경우에는 불필요하다. 배송요원 이외의 자에게는 '식품위생법 시행규칙' 제49조를 적용한다.

2) 식재료 보관

철저한 검수를 거쳐 양질의 식품을 구매하더라도 적정하게 보관·관리를 하지 않으면 식재료에 오염이 생길 수 있다. 식품의 품질을 최적으로 유지하며 위생적으로 보관하기 위해서는 신속하고 올바른 식재료 보관이 필수적이다.

(1) 공통 사항

① 식품을 보관할 경우 반드시 제품 표시 사항의 보관 방법(상온, 냉장, 냉동)을 확인한 후, 그에 맞게 보관하고 유통기한을 준수한다.

② 선입선출원칙을 지키고, 선입선출이 용이하도록 보관·관리한다.

③ 냉장고(실) 내에 급식외품을 보관하지 않는다. 급식외품 보관이 필요할 경우, 급식관리실이나 휴게실에 소형 냉장고를 구비하여 사용하도록 한다.

(2) 냉장·냉동 보관 방법

① 적정량을 보관하여 냉기 순환이 원활하고 적정온도가 유지되도록 한다(냉장·냉동고 용량의 70% 이하, 냉장실(walk-in cooler)의 경우 40% 이하).

② 오염 방지를 위해 식재료와 조리된 음식은 다른 냉장고를 사용하되, 냉장고가 하나일 경우에는 식재료를 냉장실 하부에, 조리된 음식은 상부에 보관한다.

③ 오염 방지를 위해 생(生)어·육류는 냉장고(실) 하부에, 생채소는 상부에 보관한다.

④ 보관 중인 재료는 덮개로 덮거나 포장하여 식재료 간 오염이 일어나지 않도록 유의한다.

⑤ 냉동·냉장고(실) 문 개폐는 신속하게 최소한으로 한다.

⑥ 개봉하여 일부 사용한 캔 제품, 소스류는 깨끗하게 소독된 용기에 옮겨 담아 개봉한 날짜와 유통기한, 원산지, 제조업체 등을 표시하여 냉장 보관한다.

⑦ 냉장제품은 냉장고(실)에 냉동제품은 냉동고(실)에 보관한다.

⑧ 식재료와 조리된 음식의 분리 보관 중 오염된 식품, 유통기한 경과 제품, 라벨 없이 하루 이상 사용하는 내부 전처리 식재료는 폐기한다.

(3) 냉장·냉동고(실) 온도관리

냉장·냉동 보관 중인 식재료나 음식의 냉장·냉동 온도가 잘 유지되어 미생물 증식과 품질상의 변화를 예방한다. 따라서 냉장·냉동고(실)를 기준온도 이하로 유지되도록 관리해야 한다. 냉장·냉동고(실)의 온도관리 기록지(CP 1)에 따른 온도관리 방법은 다음과 같다.

① 냉장고(실)는 5℃ 이하, 냉동고(실)는 −18℃ 이하의 내부 온도가 유지되는지를 확인·기록한다. 온도가 기준을 벗어난 경우 고장 때문인지 제상(성애 제거) 중인지를 확인한다. 정상 상태인데 온도가 높을 경우 온도 조절기를 사용하여 온도를 조정한다.

② 온도계를 부착할 때는 온도 감지 부위를 냉장·냉동고(실) 내부에서 온도가 가장 높은 곳에 고정시킨다. 온도계는 0.1℃ 단위로 표시되는 것을 부착한다.

③ 고장인 경우에는 보관된 냉장식품이 10℃ 이하이거나 또는 냉동식품이 아직 얼어 있다면 다른 냉장·냉동고(실)에 옮겨 보관한다. 냉동식품이 녹았으나 10℃ 이하이면 즉시 사용하도록 하며, 냉장·냉동식품이 10℃ 이상이면 식품

을 폐기해야 한다. 이상이 있는 냉장·냉동고(실)는 고장 표시 후 바로 수리를 의뢰해야 한다.

④ 냉장·냉동고(실)의 응결수는 주기적으로 제거한다.

(4) 상온보관 방법

① 정해진 곳에 정해진 물품을 구분하여 보관한다.

② 식품과 식품 이외의 것을 각각 분리하여 보관한다.

③ 식품보관 선반은 바닥으로부터 15cm 이상의 공간을 띄워 공기 순환이 원활하고 청소가 용이하도록 한다.

④ 대용량 제품을 나누어 보관할 때는 제품명과 유통기한을 반드시 표시한다.

⑤ 장마철 등 높은 온·습도에 의한 곰팡이 피해를 입지 않도록 한다.

⑥ 유통기한이 있는 것은 유통기한 순으로 사용할 수 있도록 하고, 유통기간이 짧은 것부터 라벨이 보이도록 진열한다.

⑦ 식재료보관실에 세척제, 소독액 등의 유해물질을 보관하지 않는다.

5 작업 위생관리

학교급식소에서의 작업은 구매한 물품을 검수하는 일부터 시작해서 전처리, 소독, 조리, 배식, 세정, 정리정돈에 이르기까지 다양한 작업이 수작업에 의해 이루어진다. 이 과정에서 발생할 수 있는 교차오염이 식중독 발생의 주요 원인이 되므로, 작업 과정에서의 위생관리가 보다 체계적으로 철저하게 이루어져야 한다. 식품 취급 및 조리 과정, 운반 및 배식 과정에 관한 내용은 CCP4, CCP5 부분에서 설명하도록 한다.

1) 교차오염의 방지

교차오염은 오염된 식재료, 기구, 용수와의 접촉 가능성을 차단함으로써 방지할 수 있다.

① **구역 구분** : 일반작업구역과 청결작업구역으로 구역을 설정하여 전처리, 조리, 기구 세척 등을 별도의 구역에서 한다.

② **세정대** : 어·육류용, 채소류용의 2가지로 구분하여 사용하고, 사용 전후에 충분히 세척·소독을 한다.

③ **식재료 및 식품 취급 등의 작업** : 바닥으로부터 60cm 이상에서 실시하여 바닥에 있는 오염된 물이 튀어 들어가지 않게 한다.

④ **고무장갑** : 바로 먹을 수 있는 식품 취급 시에는 미생물 오염을 줄이기 위해 적절하게 소독·보관된 조리용 고무장갑 또는 일회용 고무장갑(라텍스)을 사용한다.

⑤ 조리용 고무장갑을 착용하고, 냉장고 문손잡이와의 접촉, 소독고 문손잡이와의 접촉, 호스나 양념통과의 접촉, 기구·기물 운반 등을 하지 않도록 한다.

⑥ **칼, 도마**

    ㉠ **전처리실** : 식품위생법 시행규칙 제2조 별표1 '식품 등의 위생적인 취급에 관한 기준'에 의거 식재료용 칼과 도마는 어류·육류·채소류로 각각 구분하여 사용한다.

    ㉡ **조리실** : 소독된 채소에는 미생물이 잔존하므로 구분하여 사용하고, 나머지 음식은 가열조리되어 미생물이 제거된 상태이므로 한 종류의 칼·도마를 사용하면 된다.

⑦ **식품 보관** : 전처리하지 않은 식품과 전처리된 식품은 분리·보관한다.

⑧ **용수** : 전처리에 사용하는 용수는 반드시 먹는 물을 사용한다.

2) 전처리

전처리란 식재료를 다듬고 씻고, 용도에 맞게 자르는 작업이다. 이 과정 중 미생물 증식과 교차오염이 일어나지 않도록 특히 유의해야 한다.

(1) 일반적 준수 사항

① 내포장 제거와 다듬기 작업은 일반작업구역에서 실시한다. 단, 가열조리 없이 제공하는 가공 완제품의 내포장은 조리실에서 제거한다.

② 전처리는 청결작업구역을 오염시키지 않도록 구획된 장소 또는 전처리실에서 실시한다.

③ 냉장·냉동식품의 전처리 작업을 실온에서 장시간 수행하지 않는다.

④ 식재료를 전처리하는 도중 다른 일을 하지 않는다.

⑤ 작업 중인 식재료는 바닥에 방치되지 않도록 작업대, 선반 등에 놓는다.

⑥ 전처리하지 않은 식품과 전처리된 식품은 분리하여 취급하며, 전처리된 식품 간에 교차오염이 발생하지 않도록 위생적으로 관리한다.

⑦ 전처리 시 전처리 전용 고무장갑을 착용한다.

⑧ 절단 작업 시에는 소독된 전용 도마와 칼을 사용한다.

⑨ 전처리된 식재료 중 온도관리를 요하는 것은 조리 시까지 냉장고(실)에 보관한다.

⑩ 조·중·석식용으로 전처리된 식자재는 별도로 보관한다.

⑪ 전처리 시 발생되는 폐기물과 찌꺼기는 신속하게 폐기물 전용용기 또는 폐기물 봉지에 넣어 악취나 오물이 흐르지 않도록 처리한다.

(2) 세척 방법

전처리에 사용되는 세척수는 반드시 먹는 물을 사용하여 이물질이 완전히 제거(육안검사)될 때까지 세척한다. 세척수는 세정대 용량의 2/3 내에서 사용하되, 세척수가 다른 식재료 또는 조리된 음식 등에 튀지 않도록 주의한다.

① 생선·육류
  ㉠ 먹는 물로 충분히 씻는다.
  ㉡ 육류의 핏물(갈비, 사골, 잡뼈 등)을 뺄 때 1시간 이상 소요되는 경우는 냉장상태를 유지하여야 한다.

② 생조개류 : 애벌 세척 후, 소금물에 담가 해감을 토하게 한다.

③ 채소·과일류
  ㉠ 채소류나 과일류는 반드시 흐르는 물로 세척한 다음, 육안검사를 실시하여 청결상태와 이물질 잔존 여부를 확인한다.
  ㉡ 육안 검사 결과 세척 후 청결상태가 불량한 경우는 재세척한다.

④ 난류
  ㉠ 세척·코팅 과정을 거친 제품(등급판정란 권장)을 사용한다(가능한 한 0~15℃의 냉소에 보관·유통).
  ㉡ 일반작업구역에서 파각하여 뚜껑 있는 용기에 담아 사용 전까지 냉장고에 보관한다.
  ㉢ 위생란이 공급되지 않아 일반란을 사용할 경우, 달걀로부터 다른 식품이나 기물, 손을 오염시키지 않도록 특별히 관리한다.
  ㉣ 난류를 조리할 때는 파각 전후 반드시 손 세척과 소독을 한다.
  ㉤ 날달걀을 담았던 용기·기구는 그대로 재사용하지 않고 반드시 세척 및 소독 후 사용한다.

(3) 생선·육류의 해동

① 해동은 냉장상태에서 하고, 급속 해동 시에는 흐르는 찬물(21℃ 이하)에서 하되, 해동된 식품의 표면 온도는 5℃ 이하로 유지하여야 한다{단, 냉장고(실)에서 해동할 경우 보관 시 오해가 없도록 '해동 중' 표시}.

② 생식품은 조리된 식품과 분리 해동하며, 생식품은 조리되기 전에 완전 해동한다(단, 국거리용 고기나 생선은 해동 없이 냉동 상태로 가열조리 가능).

③ 해동된 식품은 즉시 사용하고 재동결하지 않는다.

3) 조리 완제품관리

① 조리된 식품 취급 시 절대 맨손을 사용하지 말고, 잘 소독된 조리용 고무장갑이나 일회용 고무장갑(라텍스), 소독된 기물을 사용한다.

② 조리가 완료된 식품은 적온(찬 음식 10℃ 이하, 더운 음식 57℃ 이상)이 유지되게 하고, 세척 및 소독된 용기에 덮개를 덮어 2차 오염이 방지되도록 보관한다.

③ 조리 완료 후 보온·보냉 해야 되는 음식을 보온·보냉 이외의 장소에 보관 시에는 2시간 이내에 배식이 완료되도록 한다.

4) 검식 및 보존식

검식은 조리된 음식의 맛, 질감, 조리 상태 등을 조사하여 기록함으로써 음식의 품질을 확인하고, 향후 식단 개선의 자료로 활용할 수 있도록 하는 것이다. 보존식은 만일의 위생사고가 발생할 경우, 원인 규명에 도움이 될 수 있도록 보관하는 것이다.

(1) 검 식

① 검식은 영양(교)사가 조리된 식품에 대하여 조리 완료 시 실시한다.

② 검식할 때 한 번 사용한 검식용기와 검식기구는 재사용하지 않는다.

③ 검식 시 음식의 맛, 조화(영양적인 균형, 재료의 균형), 이물, 이취, 조리 상태 등을 확인하고 기록지에 기록한다.

(2) 보존식

① 배식 직전에 소독된 보존식 전용용기 또는 멸균봉투(일반 지퍼백 허용)에 제공된 모든 음식을 종류별로 각각 1인분씩 담아 −18℃ 이하에 144시간(6일) 동안 냉동 보관한다. 가볍거나 소량만 제공하는 음식의 1인분 분량은, 미생물 분석 시 요구되는 시료의 양(100g)을 충족시키지 못할 수 있으므로 모든 음식을 100g 이상 보존하는 것이 바람직하다.

② 납품받은 가공 완제품 중에서 그대로 제공하는 식품의 경우 개봉할 때 식중독 원인균의 출처를 확인하기 어렵기 때문에 포장을 뜯지 않은 원 상태로 보관한다.

③ 보존식을 용기에 담아 보관할 경우, 용기는 소독이 용이해야 하고 각 음식물이 독립적으로 보존되어야 한다.

④ 표 8−5와 같은 보존식 기록지에 날짜, 시간, 채취자 성명을 기록하여 관리한다. 보존식 투입 시에는 냉동고(실)의 온도를 기록한다.

표 8−5
보존식 기록지

년 월 일 요일(조 · 중 · 석식)	
식단명	
채취 일시	
냉동고(실)온도	
폐기 일시	
채취자	
비고 (특이 사항)	

6 급식기구 세척과 소독

식품접촉 표면을 통한 교차오염을 예방하기 위해서는 급식기구 및 용기의 세척 및 소독이 적절히 이루어져야 하며, 이를 위해 기구별 세척 및 소독 방법을 정확히 숙지하여야 한다. 이 부분에서는 세척 및 소독 방법을 구체적으로 살펴본다.

1) 세 척

세척이란 급식기구 및 용기의 표면에서 세척제를 사용하여 음식성분과 기타 유기성분을 제거하는 일련의 작업 과정이다. 세척제 사용 시 유의 사항은 다음과 같다.

① 세척제는 보건복지부 고시 '위생용품의 규격 및 기준'에 적합한 제품을 구입하여 사용하도록 한다.

② 세척제의 용도, 효율성 및 안전성을 고려하여 구입한다.

③ 사용 방법을 숙지하여 사용한다.

④ 세척제를 다른 약제와 임의로 섞어 사용하는 일이 없도록 한다(염소계와 산성계 약품을 함께 사용하거나 혼합해서 사용하면 유해가스 발생).

⑤ 세척제는 반드시 식품과 구분하여 안전한 장소에 보관한다.

⑥ 사용 중인 세척제의 물질안전보건자료MSDS를 확보하여 비치한다.

2) 소 독

소독이란 급식기구, 용기 및 음식이 접촉되는 표면에 존재하는 미생물을 완전히 제거하거나 안전한 수준으로 감소시키는 것을 말한다. 소독의 종류 및 방법은 표 8-6에 제시하였다. 소독제 사용 시 유의 사항은 다음과 같다.

① 살균소독제는 식품위생법에 명시된 '기구 등의 살균소독제'를 구입하여 제품별 용량, 용법 및 주의 사항을 반드시 지켜 사용한다(식품첨가물 살균소독제 중 '기구 등의 살균소독제'로 인정된 제품을 사용할 수 있음).

② 사용 중인 살균소독제의 물질안전보건자료MSDS를 확보하여 비치하여야 한다.

③ 소독제의 유통기한을 확인하여 기한 내에 사용하도록 한다.

④ 소독제는 반드시 식품과 구분하여 안전한 장소에 보관한다.

⑤ 소독제는 제조 후 시간이 경과되면 농도가 낮아지므로 1일 1회 이상 제조한다.

⑥ 사용 전 테스트페이퍼나 농도측정기 등을 사용하여 농도를 확인한다.

⑦ 사용한 기구류는 세척 후 소독한다. 세정 전에 사용하면 유기물질, 지방, 때 등과 반응하여 소독력이 떨어진다.

표 8-6
소독의 종류 및 방법

종 류	대 상	소독 방법	비 고
열탕소독	식기, 행주	77℃에서 30초 이상	
건열살균	식기	식기 표면온도 71℃ 이상	
화학소독	칼, 도마, 조리도구, 고무장갑, 앞치마	'기구 등의 살균소독제'를 구입하여 용법에 맞게 사용 ※ 식품첨가물 살균소독제 중 "기구 등의 살균소독제"로 인정된 제품은 사용 가능	도마와 고무장갑의 경우 소독제에 일정 시간 침지

3) 기구 세척·소독 방법

(1) 세척과 소독의 일반원칙

① 세척하기 전에 소독이 끝난 용기를 보관할 받침이나 선반 등을 미리 준비한다. 수작업으로 세척 및 소독을 할 경우에는 다음과 같이 한다.

    ㉠ 1단계 : 물로 기구 및 용기에 붙은 음식물 찌꺼기를 씻어내고 애벌 세척한다.

    ㉡ 2단계 : 수세미에 세척제를 묻혀 이물질을 완전히 닦아낸다.

    ㉢ 3단계 : 흐르는 물에 세척제를 충분히 씻어 낸다.

    ㉣ 4단계 : 적정 농도의 소독제 혹은 열탕으로 소독하고 건조시킨다(소독 후 헹굼이 필요 없음).

② 살균소독제 사용이나 열탕 소독 모두 사용 가능하다. 열탕 소독 시 화상 위험, 실온과 습도 상승, 에너지 낭비 등의 단점이 크므로 살균소독제 사용을 권장한다.

③ 식기세척기를 사용할 경우에는 음식물 찌꺼기를 제거하고 식기세척기에 급식 기구 및 용기를 투입하면 세척·헹굼·소독·건조가 자동적으로 이루어지도록 한다.

④ 세척기로 소독이 안 될 경우 전기식기소독고를 사용하여 소독한다.

⑤ 소독 후에는 식품 접촉면을 공기로 건조하거나 청결히 보관할 수 있는 선반 또는 보관고에 넣어 둔다.

    ㉠ 행주를 사용하여 건조시키지 않는다.

    ㉡ 식품 접촉 표면 세척과 소독 기록지(CP 2)를 참고한다.

(2) 식품과 직접 접촉하는 기구의 세척 및 소독 방법

① 도마

표 8–7
**도마의 세척 및
소독 방법**

구 분	방법 및 주기	비 고

세 척	• 주기 : 사용 후
	• 세척제 : 중성, 약알칼리성
	• 방법
	  – 물로 씻은 후, 수세미에 세척제를 묻혀 잘 씻는다.
	  – 물로 세척제를 헹궈 낸다.	

소 독	• 용도에 맞는 '기구등의 살균소독제'를 용법에 맞게 사용한다. • 일정 시간 침지	
건 조	완전 건조 후 보관	자외선 소독고 투입 가능

② 다회용 고무장갑

표 8-8
다회용 고무장갑의
세척 및 소독 방법

구 분	방법 및 주기	비 고
세 척	• 주기 : 작업 전환 시 마다, 개인위생 준수 사항에 따라 실시 • 세척제 : 중성 • 방법 　－ 흐르는 물에 손을 비비며 씻어 이물질을 제거한다. 　－ 세척제를 묻혀 팔목 부분까지 안과 밖을 닦는다. 　－ 손바닥 면의 요철이 있는 부분은 전용솔을 사용하여 깨끗이 　　씻는다. 　－ 물로 깨끗이 헹군다.	
소 독	• 용도에 맞는 "기구 등의 살균소독제"를 용법, 용량에 맞게 사 용한다. • 일정 시간 침지	소독 후 헹굼 필요 없음
건 조	완전 건조 후 보관	자외선 소독고 투 입 가능

③ 앞치마

표 8-9
앞치마의 세척 및
소독 방법

구 분	방법 및 주기	비 고
세 척	• 주기 : 사용 후 • 세척제 : 중성 • 방법 　－ 흐르는 물에 씻어 이물질을 제거한다. 　－ 세척제를 묻혀 앞면과 뒷면을 닦는다. • 물로 깨끗이 헹군다.	
소 독	• 용도에 맞는 '기구등의 살균소독제'를 용법에 맞게 사용한다. • 일정 시간 침지	소독 후 헹굼 필요 없음
건 조	완전 건조 후 보관	자외선 소독고 투 입 가능

　세척 시 주의를 요하는 도구 ●

• 분해 세척이 필요한 도구 : 분쇄기, 믹서기, 채소 절단기, 민서기(mincer) 등
※ 솔 등 적절한 세척도구를 구비하여 사용
• 세척 후 확인이 필요한 도구 : 캔 오프너, 뜰채, 채칼, 채소절단기 칼날 등

7 환경 위생관리

조리장의 구조물, 장비, 기구 및 하수구를 포함한 모든 시설과 설비는 깨끗하게 청소·소독해야 하며, 위생해충이 서식 또는 출입하지 못하도록 관리해야 한다. 여기서는 청소 계획, 폐기물 처리, 위생해충 구제 방법 등에 대하여 살펴본다.

1) 청소

청소란 조리장 내의 모든 표면의 오염물질을 제거하고 세제로 세척한 후 헹굼·소독하는 단계를 말한다. 청소 시 유의 사항은 다음과 같다.

① 식품, 특히 급식품의 오염을 막기 위해 모든 장비와 기구는 일별·주별·월별·연간으로 계획을 수립하여 정기적으로 실시하며 청소와 소독 과정에 대한 작업 기록을 작성·비치한다. 주기별 청소 계획과 주(일)별 세척·청소 점검표의 예시는 표 8-10에 제시하였다. 2·3식을 제공하는 학교에서는 청소에 소홀(석식 배식 후 등)할 우려가 있으므로 조리 종사자 수, 근무시간 등 여건을 고려하여 개선하도록 한다.

② 청소 시 급식으로 제공되는 음식과 식재료가 오염되지 않도록 주의한다.

표 8-10
주기별 청소 계획 예시

시 기	청소 구역	비 고
일 별	• 전처리실, 조리실 및 식당 • 쉽게 오염되는 벽 및 바닥 • 냉장·냉동고의 내·외부(손잡이 등) • 배수구 및 트랜치, 찌꺼기 거름망 • 내부 설치된 그리스트랩 • 식재료보관실 및 화장실	
주 별	• 배기후드, 덕트 청소 • 보일러 및 가스, 기화실 • 조명·환기설비	• 지정일(1회 이상) • 지정일(1회 이상) • 지정일(1회 이상)
월 별	• 유리창 청소 및 방충망 청소 • 식재료보관실 대청소	• 지정일(1회 이상) • 쌀 입고 전(1회 이상)
연 간	• 개학 및 방학 대비 대청소 • 식판 및 기기 스케일 제거(약품사용) • 위생 관련 시설·설비·기기 점검 및 보수 • 외부 그리스트랩 청소	• 연 1회 이상(방학 중) • 연 4회(2, 7, 8, 12월) • 연 2회(방학 중) • 연 2회(방학 중)

2) 폐기물 처리

음식과 관계된 폐기물에는 수분과 영양성분이 많아 쉽게 상하고 오수와 악취가 발생하며, 위생해충을 유인하여 환경 오염을 유발하므로 관리에 유의해야 한다. 따라서 음식물쓰레기의 발생을 줄이기 위해 학생들의 기호도를 조사 및 분석하고 급식인원 등을 고려하여 주간·월간 식단을 계획해야 한다. 또 식재료는 계획한 식단에 따라 필요한 양만큼만 구매 후 적정량을 조리·배식하도록 한다. 편식 교정 지도 및 식생활 교육, 주 1회 이상 '잔반통 없는 날'을 운영하는 등 근원적인 대책을 강구하려는 노력도 필요하다.

폐기물관리법령에 따라 1일 평균 총 급식인원이 100명 이상인 집단급식소는 '음식물류 폐기물 배출자'의 범위에 해당되므로 음식물쓰레기를 감량 또는 재활용하거나 적합한 업체에 위탁하여 수집·운반 또는 재활용하여야 한다.

> • 예시 : 아침(30인), 점심(40인), 저녁(50인)인 경우 1일 평균 총 급식인원은 120명
> • 지자체 조례로 정한 사항을 준수하고, 지자체장에게 신고

(1) 일반 관리사항

① 조리장 쓰레기통, 잔반통, 일반 쓰레기통은 각각 분리하여 사용한다.
② 식재료쓰레기 및 잔반은 가급적 장시간 방치되지 않도록 한다(장시간 보관 시 환기가 잘 되는 곳에 보관).
③ 쓰레기를 수거해 갔다면 쓰레기통의 세척 및 소독을 실시한다.
④ 쓰레기는 쓰레기통, 잔반은 잔반수거통 외의 다른 곳에 함부로 방치하지 않는다(별도의 음식물쓰레기 처리공간을 마련하여 청결하게 관리하는 것이 권장).
⑤ 쓰레기 및 잔반의 운반 처리를 원활하게 하기 위하여 전용 운반도구 또는 기타 적절한 도구를 사용한다.
⑥ 쓰레기 처리장소는 쥐나 곤충의 접근을 막을 수 있는 곳이어야 하며, 정기적으로 구충·구서 작업을 실시해야 한다.
⑦ 쓰레기 및 잔반은 수거통의 2/3 이상이 담기지 않도록 하여, 운반 시 넘치거나 흐르지 않도록 유의한다.
⑧ 쓰레기통은 뚜껑이 달린 페달식으로 비치하고, 배식시간 동안 잔반통이 학생에게 보이지 않도록 한다.
⑨ 쓰레기통 및 잔반통을 조리 작업의 받침대로 사용하지 않는다.
⑩ 재활용이 가능한 쓰레기는 조리장 이외의 장소에 별도로 둔다.

(2) 음식물쓰레기 처리

① 학교 자체 처리 방법
　　㉠ 학교 자체에서 사육장의 동물 사료 또는 실습지 퇴비 등으로 재활용한다.
　　㉡ 감량화 기기가 구비된 학교에서는 효율적 활용 방안을 모색한다. 음식물쓰
　　　레기 재활용기기를 조리장 내에 설치해서는 안 된다.

② 위탁재활용 방법
　　㉠ 폐기물처리시설 설치 운영자에게 위탁하여 처리한다.
　　㉡ 폐기물 수집·운반업의 허가를 받은 자에게 위탁하여 처리한다.
　　㉢ 폐기물 재활용업의 허가를 받은 자에게 위탁하여 처리한다.
　　㉣ 폐기물 처리 신고자(음식물류 폐기물을 재활용하기 위하여 신고한 자로 한
　　　정)에게 위탁하여 처리한다. 위탁 처리 시 반드시 합의하에 계약을 맺고 서
　　　류를 비치한다.

(3) 쓰레기통 재질 및 관리

① 쓰레기통 및 잔반수거통은 흡수성이 없으며, 단단하고 내구성이 있어야 한다.
② 쓰레기통 및 잔반수거통에 반드시 뚜껑을 사용하며, 악취 및 액체가 새지 않도
　　록 파손된 부분이 없도록 한다.
③ 쓰레기통 및 잔반수거통 내부와 외부를 세척제로 씻어 헹군 후 '기구등의 살균
　　소독제'로 용법 및 용량에 맞게 소독한다.
④ 세척 또는 소독 시 조리장 내부가 오염되지 않도록 주의한다.

3) 해충구제

(1) 방충·방서대책

조리장의 창문과 출입구 등에 쥐, 파리 등 위생해충의 침입을 막을 수 있는 적절한
설비를 갖추도록 한다.

① 방충시설
　　㉠ 출입구는 자동문이나 용수철이 달린 문 등을 설치하여 항상 닫는다.
　　㉡ 에어커튼을 출입문에 설치할 경우 문 외부에 설치하고, 풍속이 약하면 위
　　　생곤충이 유입될 수 있으므로 유의한다. 바람은 출입문 바깥을 향해 15°
　　　각도를 유지하도록 설치하고, 문 개방 시 에어커튼이 자동으로 작동하게
　　　하는 것이 바람직하다(문이 열리면 전기가 공급되는 리미트 스위치limit
　　　switch 설치가 바람직함).
　　㉢ 환기시설에는 방충망을 설치하여야 한다.

ⓔ 포충등은 빛이 밖으로 새어나가지 않는 곳에 설치하고, 포충등의 장파장 자외선등과 끈끈이판을 정상 작동하도록 유지·관리한다.

ⓜ 전격 살충등의 종류에는 저전압용과 고전압용이 있다. 고전압 유인살충등은 죽은 곤충류 파편이 비산하여 식품에 혼입될 우려가 있으므로 식품이 노출된 곳에서는 사용할 수 없다.

② 방서시설

ⓐ 배수로에 폭 0.8cm 이하의 철망을 설치하여 쥐가 들어오지 못하도록 한다.

ⓑ 출입구 외부에 쥐덫을 설치하여 쥐를 포획한다.

③ 관리 방안

ⓐ 위생해충의 방제를 위하여 '감염병의 예방 및 관리에 관한 법률'에 따라 하절기(4~9월)는 2개월, 동절기(10~3월)는 3개월마다 1회 이상 허가받은 방역업체와 계약을 체결하여 급식시설 방역을 실시한다.

ⓑ 동 법령에 따라 집단급식소의 경우, 한 번에 100명 이상에게 계속적으로 식사를 공급하는 경우에만 해당되나, 소규모의 학교에서도 전문업체를 통해 실시하는 것이 바람직하다.

(2) 쥐와 해충의 구제

① 해충에 대한 화학적·물리적 또는 생물학적 약품 처리를 포함한 관리는 전문 방역업체의 감독하에 이루어져야 하고, 살충제 사용에 대한 적절한 기록이 유지되어야 한다.

② 쥐·해충 등이 서식할 수 없도록 필요한 조치를 하여야 한다.

ⓐ 서식장소를 완전히 없애서 산란 또는 어미벌레 등이 서식하지 못하게 한다.

ⓑ 애벌레 또는 어미벌레 등의 발생이나 출입을 막기 위해 적절한 시설을 갖춘다.

ⓒ 쥐덫, 벌레잡이용 약제를 사용하여 쥐·벌레 등을 없앤다.

ⓓ 조리장 주변에 쥐·벌레 등의 먹이가 되는 고인 물, 음식물찌꺼기 등을 제거한다.

(3) 살충제 사용 방법

① 살충제는 다른 예방책이 효과적으로 이용될 수 없을 때만 사용한다.

② 살충제를 사용하기 전에 모든 식품, 장비 및 기구가 오염되지 않도록 보호한다.

③ 살충제를 사용한 후 오염된 장비와 기구는 다시 사용하기 전에 충분하게 세척하여 잔류물질을 제거한다.

(4) 유해물질의 보관

① 살충제나 사람의 건강에 위해를 줄 수 있는 기타 유해물질은 그 독성과 용도에 대한 경고문을 표시하며, 물질안전보건자료MSDS를 비치하고 사용자 교육을 실시한 후 기록을 유지한다.

② 유해물질은 자물쇠가 채워진 전용구역이나 캐비닛에 보관하며, 적절하게 훈련받은 위임된 사람에 의해 취급 및 처분되어야 하고, 식품이 오염되지 않도록 최대한 주의를 기울인다.

③ 위생이라는 목적에 필요한 경우를 제외하고, 식품을 오염시킬 수 있는 어떠한 물질도 식품취급지역에서 사용 및 보관해서는 안 된다.

 물질안전보건자료

① 물질안전보건자료(Material Safety Data Sheet ; MSDS)란 화학물질의 성분, 안전보건상의 취급 주의 사항 등에 관한 사항을 기재한 자료이다. 급식소에서 사용되는 대표적인 화학물질로는 락스 등 살균소독제와 다양한 종류의 세제가 있다.

② 처음 화학물질을 구입하는 경우 물질안전보건자료를 함께 제공받으며, 작성된 MSDS 내용을 갱신 및 보완하는 작업을 주기적으로 해야 한다.

③ 물질안전보건자료는 조리사들이 쉽게 볼 수 있는 장소에 비치하고, 충분히 숙지하도록 교육하여 이를 준수하게 함으로써 화학물질사고를 예방한다.

8 중요관리점 CCP 관리 방안

1) 식단 검토

식단 작성 후에는 검토하여 급식에 제공하기 부적절한 식단을 파악 및 배제해야 한다. 열장(57℃ 이상) 또는 냉장 제공하지 못하는 안전을 위해 시간온도 관리가 필요한 식품Time/Temperature Control for Safety Food ; TCS Food 중 공정관리가 필요한 음식을 파악하여 CCP2에서 관리하도록 하는 것이다. 자세한 내용은 CCP1 관리 방안 부분에서 설명하도록 한다.

2) 안전을 위해 시간 · 온도 관리가 필요한 식단의 공정관리

CCP1에서 파악된 CCP2의 관리 대상 음식은 조리 완료(혼합) 시점이 배식 직전에 이루어지도록 공정을 관리하여 세균이 증식할 수 있는 시간을 줄인다. 자세한 내용은 CCP2 관리 방안 부분에서 설명하도록 한다.

(1) 안전을 위해 시간 · 온도 관리가 필요한 식품TCS Food/PHF의 예

① 생 혹은 익힌 동물성 식품

② 익힌 식물성 식품(숙채류)

③ 병원성 미생물의 증식과 독소형성을 억제하도록 조절되지 않은 새싹 식품(새싹채소), 자른 멜론(산도가 낮은 과일류), 자른 엽채류, 자른 토마토, 자른 토마토가 혼합된 채소, 채친 채소(오이채, 양배추채 등), 개봉한 상업적 멸균제품(통조림, 레토르트 식품)

④ 식품의 수분활성도와 pH값의 상관관계에 의해 식품평가가 필요한 식품 등

　㉠ 수분활성도 0.88~0.90은 pH 5.0 이하이면 안전을 위해 시간 · 온도 관리가 필요한 식품이 아니나, 5.0 이상이면 안전을 위해 시간 · 온도 관리가 필요한 식품 여부 판단을 위해 제품 평가가 필요함

　㉡ 수분활성도 0.90~0.92는 pH 4.6 이하이면 안전을 위해 시간 · 온도 관리가 필요한 식품이 아니나, 4.6 이상이면 안전을 위해 시간 · 온도 관리가 필요한 식품 여부 판단을 위해 제품 평가가 필요함

　㉢ 수분활성도 0.92 이상은 pH 4.2 이하이면 안전을 위해 시간 · 온도 관리가 필요한 식품이 아니나, 4.2이상이면 안전을 위해 시간 · 온도 관리가 필요한 식품 여부 판단을 위해 제품 평가가 필요함

⑤ 참고 사항 : 국내와 해외에서 식중독 사고를 빈번히 유발하는 식품으로는 껍질이 없거나 껍질을 벗기지 않고 먹는 과일과 냉동 과일(예 : 냉동 딸기, 냉동 블루베리, 냉동 망고, 냉동 홍시 등), 생채소, 급식용으로 제조 공급되는 외부업체에서 가열조리한 동물성 음식(예 : 족발, 계란말이 등)이 있다. 이러한 재료들은 학교급식 사고 예방을 위해 사용빈도를 줄이는 것이 바람직하다.

(2) 안전을 위해 시간 · 온도 관리가 필요한 식품이 아닌 것

① 껍질을 온전히 공랭시킨 삶은 달걀, 살모넬라균을 사멸시킨 껍질이 온전한 살균 달걀, 포장을 개봉하지 않은 상온 저장과 유통이 가능하도록 밀봉된 상업적 멸균 식품

② 식품의 pH나 수분활성도 또는 pH와 수분활성도 상호관계에 의해 TCS Food가 아닌 식품{수분활성도 0.88 이하는 pH에 상관없이 TCS Food(시간 · 온도 관리가 필요한 식품)이 아님}

③ 제품 평가를 해야 하는 식품 중 평가 결과 내재되거나 첨가된 보존제, 항생제, 산, 혹은 산소감소포장, 진공포장 등으로 미생물의 증식이나 독소 형성이 억제되는 식품, 또는 이들의 복합적 효과에 의한 미생물의 증식이나 독소 형성이 억제되는 식품

④ 식품 속에 질병이나 상해를 일으키지 못할 수준의 병원균, 화학적·물리적 오염 이 있더라도 그 식품이 병원균의 증식이나 독소 형성을 지원하지 못하는 경우

3) 검 수

검수는 물리·화학적 위해요소의 혼합 여부와 냉장·냉동 상태로 납품되는 안전을 위해 시간·온도 관리가 필요한 식품TCS Food의 온도를 확인하여, 사용되는 식재 료의 안전성을 확보하기 위한 목적으로 행해진다.

검수 시 학교의 구매의뢰에 따라 식재료 납품업체가 공급하는 식재료에 대하여 식품의 원산지, 포장 상태, 식품온도, 유통기한, 품질 상태, 규격(등급) 등이 학교의 요구기준에 부합되는지를 확인해야 한다. 선납품, 후검수는 식재료의 위생 및 안전 에 중대한 영향을 미칠 수 있으므로 납품 시 영양(교)사 등 학교관계자 입회하에 복 수 대면 검수를 실시하도록 한다. 자세한 내용은 CCP3 관리 방안에 따른다.

(1) 검수 시 유의 사항

① 식재료를 검수대 위에 올려놓고 검수하며, 맨바닥에 놓지 않는다. 검수대의 조 도는 540Lux 이상을 유지한다.

② 식재료 운송차량의 청결 상태 및 온도 유지 여부를 확인·기록한다(월 1회 이 상 운송차량 내부의 청결 상태 확인).

③ 제품에 표시된 보관 조건을 확인하여 조건에 맞게 상온, 냉장, 냉동 운송해야 한다.

④ 온도계 사용법 및 관리
  ㉠ 표면 온도계 사용 설명서를 숙지하고, 사용법을 준수한다.
  ㉡ 주기적으로 검교정을 실시한다.

⑤ 쇠고기, 돼지고기 등에 대한 축산물등급판정 확인서 원본을 제출받아 축산물 품질평가원(http://www.ekape.or.kr)의 '축산물유통정보서비스' 조회를 통해 진위 여부를 확인한다.

⑥ 생패류의 경우 죽은 것, 진흙이 묻거나 껍질이 깨진 것이 없어야 한다(온도 측 정 불필요).

⑦ 탈각패류는 10℃ 이하로 냉장해야 한다.

⑧ 검수가 끝난 식재료는 곧바로 전처리 과정을 거치도록 하되, 곧바로 전처리 과정을 거치지 않는 식재료 중 온도관리를 요하는 것은 전처리하기 전까지 냉 장·냉동보관 한다.

⑨ 외부 포장 등의 오염 우려가 있는 것은 제거한 후 전처리실이나 조리실에 반입한다.

⑩ 곡류, 식용유, 통조림 등 상온에서 보관 가능한 것을 제외한 육류, 어패류, 채소류 등의 신선식품은 당일 구입하여 당일 사용을 원칙으로 한다. 단, 냉장 용량이 충분하고 냉장고(실)에 온도 유지가 확인되는 경우(예 : 온도기록장치 등)에 한해 전일 검수가 가능하다(전일 오후에 식자재를 납품 받아 검수, 전처리, 냉장 보관 후 퇴근).

 기타 주의 사항 ●

- 냉장되어 있던 제품을 냉장하지 않고 운반할 경우 표면부터 온도가 상승하므로 표면 온도계를 사용, 표면이 10℃ 이하면 합격으로 본다. 만약 납품업자가 냉장되지 않은 제품을 구매하여 냉장차량에 싣고 올 경우, 표면은 10℃ 이하로 냉각될 수 있으나 중심은 높을 수 있다. 이 경우 탐침온도계로 중심온도를 측정해 볼 필요가 있다.
- 채소 생물은 상온 유통이 허용되나, 깐 양파와 같이 절단 혹은 전처리된 것은 10℃ 이하에서 유통되어야 한다.
- 냉동제품이 녹았던 흔적 추정 예 : 골판지 포장식품에서 골판지 상자가 젖은 채 얼어 있는 경우, 냉동 튀김류, 만두류에서 개체들이 붙어서 얼어 있는 경우
- 냉동 식재 구매 시 식품위생법에 따르면 −18℃ 이하로 운반·검수하여야 하나 실제 이 온도로 운반하기가 어렵고 이 온도의 제품을 받으면 당일 사용이 어려우므로 해동 상태로 배송을 요청하여 얼어 있으나 −18℃는 아닌 상태로 받는 것이 바람직하다(식품위생법 시행규칙 별표17).

※ 근거 : 식품위생법 시행규칙 [별표 17] 〈개정 2014.12.26.〉 식품접객업영업자 등의 준수 사항(제57조 관련) 4. 집단급식소 식품판매업자의 준수 사항 다. 냉동식품을 공급할 때 해당 집단급식소의 영양사 및 조리사가 해동(解凍)을 요청할 경우 해동을 위한 별도의 보관 장치를 이용하거나 냉장운반을 할 수 있다. 이 경우 해당 제품이 해동 중이라는 표시, 해동을 요청한 자, 해동 시작시간, 해동한 자 등 해동에 관한 내용을 표시하여야 한다.

(2) 부적합품 처리

식재료 검수 결과 신선도, 품질 등에 이상이 있거나 규격기준에 맞지 않는 부적합한 식재료는 반품하고, 검수기준에 맞는 식재료로 다시 납품할 것을 지시하거나, 부적합품에 대한 적절한 조치를 취한다. 반품이나 부적합품 처리 시 식재료 부적합품 확인서를 발급하며, 사유서 또는 재발 방지 확인서를 요청한다. 단, 조리가능 시간 내 반품 및 교환 처리가 원활히 완료된 경우에는 검수서 또는 급식일지에 조치 내용 기재로 대체한다. 월 2회 이상 확인서(첫 확인서 제출 이후 30일 이내 2회)를 제출한 업체에 대해서는 납품 참여 제한 등 제재조치 방안을 강구한다(입찰 참가 제한 기한 등은 학교운영위원회 심의를 거쳐 사전에 공고문 및 특수계약서에 명시, 학교 급식 식재료 구매관리 매뉴얼 참조, 2014년 9월).

학교급식 식재료에 대한 품질 및 안전성 조사는 학교급식에 공급되기 전, 산지 출하 단계 및 유통 단계에서 사전 검사를 하는 것을 원칙으로 한다. 다만 학교에서 원산지나 품질 등이 의심될 경우에는 국립농산물품질관리원, 시·도 보건환경연구원 등 관계기관에 품질검사를 의뢰하여 부적합한 식재료가 납품된 경우에도 해당 업체와 계약 해지 및 관할 경찰서에 고발하는 등 제재조치를 강구하여야 한다.

4) 식품 취급 및 조리 과정

① 전처리실이 조리실과 분리되어 있거나 전처리 작업대가 확실히 분리되는 경우, 정해진 장소에서 구분된 도구를 사용하여 작업을 행하여 생(生) 식재료로부터 조리된 음식으로의 미생물 오염을 차단하고, 식재료 속의 식중독 균의 영양세포를 사멸시킬 수 있는 온도로 가열조리를 행하면 된다.

② 전처리 공간이 분리되어 있지 않은 경우, 식재료의 전처리 작업을 모두 수행한 후 조리실의 작업대를 세척 및 소독한 후 시차를 두고 구분된 도구를 사용하여 조리 작업을 하여 생 식재료로부터 조리된 음식으로의 미생물 오염을 차단하고, 식재료 속의 식중독 균의 영양세포를 사멸시킬 수 있도록 식품중심온도가 75℃(패류 85℃) 1분 이상 가열되게 가열조리를 행하면 된다.

③ 식재료 전처리 시 칼, 도마, 고무장갑, 조리기구 등을 구분 사용하여 교차오염을 방지하고, 칼과 도마는 어류·육류·채소류로 구분하여 사용해야 한다.

④ 재배·수확·유통 시 오염되어 있는 채소·과일 표면의 이물질들과 미생물 감소시키기 위해 적절한 방법으로 세척, 소독, 헹굼을 실시한다. 자세한 내용은 CCP4 관리 방안에 따른다.

(1) 채소 · 과일 소독

가열하지 아니하고 생으로 먹는 채소 및 과일류는 우선 전처리실에서 반드시 흐르는 물로 흙이나 이물질 제거를 위해 세척하고, 필요시 절단하여 전처리실 또는 조리실에서 소독을 실시한다(전처리실에서의 소독 권장).

① 소독제는 식품위생법 제7조제1항에 따라 식품의약품안전처장이 식품에 대한 살균·소독제로 승인하여 고시한 식품첨가물로 표시된 제품을 사용한다. 사용 중인 소독제의 물질안전보건자료MSDS를 확보하여 비치하여야 한다.

② 염소계 살균·소독제의 경우 유효염소농도 100ppm 또는 이와 동등한 살균효과가 있는 소독제(식품첨가물 표시제품)에 5분간 침지(혹은 소독제 사용설명서대로 사용)한 후 냄새가 나지 않을 때까지 먹는 물로 헹군다(유효염소농도 100ppm 소독제 : 먹는 물 4L에 4% 차아염소산나트륨 10ml를 가하여 희석).

③ 소독제 희석농도는 채소 및 과일류를 담그기 전에 test paper의 색 변화 또는 농도 측정기로 확인한다.

④ 채소·과일류를 소독한 후 그 내용을 CCP 4 기록지에 기입한다.

(2) 가열조리

가열조리식품은 중심부가 75℃(패류 85℃) 1분 이상 가열되고 있는지 온도계로 확인하고, 기록한다(밥, 국과 같이 끓이는 음식은 온도계 사용 없이 확인하여 기록지에 기록).

(3) 일반적 준수 사항

① 가열조리는 정해진 장소에서만 실시하고 조리 후 오염을 방지한다.

② 동일 작업을 반복하는 경우 각 작업별로 식품의 중심온도를 측정하여 그 중심온도가 75℃(패류 85℃) 1분 이상 유지되었음을 확인한다.

③ 급식소 전용으로 제조·납품된 가공 완제품(예 : 계란말이, 족발 등)은 가열조리와 동일한 조건으로 재가열한다.

(4) 각 조리법별 관리점

① CCP4 관리 방안에 따른다.

② 가열 조리 시 온도 확인법

　㉠ 온도 확인은 음식을 불에서 내리기 전에 하고 온도가 적합하면 불에서 내린다.

　㉡ 식품의 중심을 재기 어려운 작거나 얇은 식품(예 : 멸치볶음, 데친 시금치 등)은 표면온도계를 사용할 수 있다.

　㉢ 두께가 얇은 전류는 3개 정도 쌓아 올려 중심온도를 측정한다.

　㉣ 튀김의 경우 가운데 1개, 가장자리에서 2개 크기 큰 것 골라 중심온도를 측정하고, 오븐의 경우에는 상·중·하단의 크기 중 큰 것을 골라 측정하며, 모두 한계 기준 이상이어야 한다.

③ 튀김류는 기름온도가 설정된 온도(냉동식품 160℃, 채소류 170℃, 어육류 180℃ 이하)인 것을 그림 8-4와 같은 기름온도 측정용 탐침온도계로 확인한다.

그림 8-4
기름온도 측정용
탐침온도계

④ 튀김을 하는 중에는 찌꺼기를 자주 여과하거나 건져 주고, 기름의 양이 감소되었다면 보충한다.

⑤ 안전을 위해 튀김 시 뜨거운 기름에 물방울이 들어가지 않도록 주의한다.

 튀김기름의 재사용 조건

- 튀김에 사용하는 기름은 재사용 시 산가 측정 페이퍼로 산가 2.5 이하임을 확인한 후 사용할 수 있다. 재사용 시에는 채소류 등 비린내가 안 나는 것부터 튀기고, 육류·생선 등의 순서로 사용한다.
- 튀김에 사용한 유지를 재사용하고자 할 때는 신속히 여과하여 찌꺼기, 부유물 및 침전물 등을 제거한 후 방냉 보관하여야 한다.

5) 운반 및 배식

운반 및 배식관리의 목적은 열장온도(57℃) 이상으로 제공하거나 여건상 열장온도를 유지할 수 없을 때 가열 조리완료 시점부터 배식 완료까지의 소요시간을 2시간 이내로 관리하는 것이다. 이를 통해 열장온도를 유지하여 가열조리 시 사멸시킬 수 없는 식중독 유발 포자의 발아와 증식을 방지할 수 있다. 또 배식 시 위생원칙을 지켜 오염을 방지하려는 목적도 가진다. 자세한 내용은 CCP5의 관리 방안에 따른다.

(1) 운 반

① 배식용 운반기구(배식차, 승강기) 등에 의해 오염되지 않도록 배식차 등은 사용 후 바로 세척·소독하여 건조시키며, 식품운반용 승강기는 매일 1회 이상 내부를 청소하여 청결상태를 유지한다.

② 승강기 하부에 물이 고이거나 식판 및 음식물이 떨어지지 않도록 시설 및 관리한다.

③ 식품을 운반하는 동안 먼지와 다른 오염물질이 들어가지 않도록 보호한다.

④ 운반 도중 적온이 유지되도록 보온·보냉 용기를 이용한다.

⑤ 공동조리교에서 비조리교로 운반하는 용기는, 운반 도중 식품의 오염이나 차량 내에 식품이 쏟아지는 것을 방지하기 위하여 밀폐시킨다.

⑥ 급식품 운반차량은 매일 1회 이상 내부를 청소하여 청결 상태를 유지한다.

⑦ 운반 담당자는 개인위생규정을 준수한다.

(2) 배 식

① 배식대는 배식 전후 철저히 세척·소독하고, 배식에 사용하는 기구도 세척·소독하여 건조된 배식 전용기구를 사용하도록 한다.

② 식기, 수저, 컵 등은 세척·소독 후 별도의 보관함에 보관 후 사용하며, 외부에 비치할 경우에는 별도의 덮개를 사용하여 배식 전까지 보관한다.

③ 배식 담당자는 위생복, 위생모, 마스크를 착용한다.

④ 보온·보냉 배식대를 준비하여 배식하는 동안 음식이 적정한 온도로 유지되게 한다.

⑤ 일회용 장갑 또는 청결한 도구(집게, 국자 등)를 사용하며, 절대 맨손으로 배식하지 않도록 한다.

⑥ 배식하던 용기에 남은 음식을, 새로운 배식용 음식 위에 혼합 배식하지 않는다.

⑦ 식당 배식의 경우 미리 상차림을 하여 식판을 쌓아 두는 행위를 금한다.

⑧ 2식, 3식 급식 학교에서는 남은 음식을 다음 급식에 사용하지 않는다. 교실 배식은 급식 안전을 보장하기 어려우므로 공간이 확보된다면 식당 배식을 한다.

표 8-11 **학교급식의 일반 HACCP 계획**

공 정	위해 요소	한계기준 (관리기준)	모니터링 방법				개선조치
			대 상	방 법	빈 도	작성자/확인자	
CCP1. 식단 검토	미생물의 생존 및 증식	• 학교급식으로 제공하기 부적절한 식단 배제 • CCP2 공정관리가 필요한 식단 파악	식단	식단검토	식단 작성, 변경 시	영양(교)사	• 식단 변경 • 조리법 변경
CCP2. TCS Food의 공정관리	미생물 증식	배식 시작 1시간 30분 이내 혼합(배식 직전에 혼합하는 것이 바람직)	TCS Food	시간확인	TCS Food 공정 관리 시	영양(교)사/ 조리사/ 조리원	혼합 시간 조정
CCP3. 검수	미생물 증식	• 냉장식품, 전처리된 농산물 10℃ 이하, 생선 및 육류 5℃ 이하, 냉동식품은 냉동상태 유지 • 품질은 학교급식 식재료의 품질관리기준 준수	식재료	• 온도측정 • 관능검사	검수 시	검수자	• 반품 및 교환 • 식재료 부적합 확인서 발급
CCP4A. 식품취급 및 조리과정 (장소 구분이 될 경우)	교차 오염	• 장소 구분(전처리실, 조리실) • 도구 구분(식재료 및 조리 전·후)	구분여부	육안관찰	해당 공정시	영양(교)사/ 조리사/ 조리원	• 장소 변경 • 도구 변경 • 재가열 혹은 폐기
	미생물 생존	• 식품 중심온도 75℃ (패류 85℃) 1분 이상	가열조리 식품	온도측정	식품 가열 조리 시	영양(교)사/ 조리사/ 조리원	• 계속 가열
		• 소독제 유효염소농도 100ppm 5분 침지 혹은 동등한 효과를 가진 살균소독제의 용량 용법 준수	채소· 과일	소독제 희석농도 확인 (Test paper, 농도 측정기)	채소 및 과일 소독 시	영양(교)사/ 조리사/ 조리원	• 소독제 희석농도 조정

(계속)

공 정	위해 요소	한계기준 (관리기준)	모니터링 방법				개선조치
			대 상	방 법	빈 도	작성자/확인자	
CCP4B. 식품취급 및 조리과정 (장소 구분이 안 될 경우)	교차 오염	• 전처리와 조리 사이에 작업대 세척·소독 • 도구 구분	세척· 소독 및 도구 구분 여부	육안관찰	해당 공정시	영양(교)사/ 조리사/ 조리원	• 작업대 세척· 소독 • 도구 변경 • 재가열 혹은 폐기
	미생물 생존	식품중심온도 75℃(패류 85℃) 1분 이상	가열조리 식품	온도측정	식품 가열 조리 시	영양(교)사/ 조리사/ 조리원	계속 가열
		소독제 유효염소농도 100ppm 5분 침지 혹은 동등한 효과를 가진 살 균소독제의 용량 용법 준수	채소· 과일	소독제 희석농도 확인 (Test paper, 농도 측정기)	채소 및 과일 소독 시	영양(교)사/ 조리사/ 조리원	소독제 희석농도 조정
CCP5A. 운반 및 배식과정 (단독조리: 식당배식)	미생물 증식과 오염	• 열장음식 57℃ 이상 유지 • 열장 불가 시 조리 후 2시간 내 배식 완료	열장음식	온도측정 시간확인	배식 완료 시	조리사/ 조리원	• 오븐 또는 열장 설비 확보 • 음식 재가열 혹은 폐기
CCP5B. 운반 및 배식과정 (단독조리: 교실배식)	미생물 증식과 오염	조리 후 2시간 내 배식 완료	열장음식	시간확인	배식 완료 시	조리사/ 조리원	• 공정관리 • 음식교체 • 식당 공간 확보
CCP5C. 운반 및 배식과정 (공동조리)	미생물 증식과 오염	• 열장음식 57℃ 이상 유지 • 열장 불가 시 조리후 2시간 내 배식 완료 • 운반과 배식시 오염 방지	열장음식	온도확인 시간측정 육안관찰	운반 급식 시	조리사/ 조리원 (비조리교 담당자)	• 상차 시 온도 조정 • 운반용기 개선
CP1 냉장·냉동고 온도관리	미생물 증식과 오염	• 냉장고(실) : 5℃ 이하 • 냉동고(실) : −18℃ 이하	냉장· 냉동고 (실)	온도확인	2~3회	조리사/ 조리원	• 온도 보정 • 고장시 수리 • 식품 이동 혹은 폐기
CP2A 식품접촉표면 세척 및 소독 (세척기로 소독 안 되는 학교)	미생물 생존	• 식판 표면 71℃ 이상 • 소독시 소독제 용법· 용량 준수 • 식판 및 기구·기물류 표면에 세제 불검출	식기 소독고/ 소독제/ 식판 및 기구· 기물류	온도확인 소독제 및 잔류세제 농도확인	세척· 소독 시	세척 담당자	• 식기소독고 온도 및 시간 조정 • 소독제 농도조 정 및 재세척

(계속)

공 정	위해 요소	한계기준 (관리기준)	모니터링 방법				개선조치
			대 상	방 법	빈 도	작성자/확인자	
CP2B (세척기로 소독 되는 학교)	미생물 생존	• 식판 표면 71℃ 이상 • 소독시 소독제 용법・ 용량 준수 • 식판 및 기구・기물류 표면에 세제 불검출	세척기/ 소독제/ 식판 및 기구・ 기물류	온도확인 소독제 및 잔류세제 농도확인	세척・ 소독 시	세척 담당자	• 세척기 A/S (온도보정) • 소독제 농도조 정 및 재세척
CP2C (세척기 없는 학교)	미생물 생존	• 식판 표면 71℃ 이상 • 소독시 소독제 용법・ 용량 준수 • 식판 및 기구・기물류 표면에 세제 불검출	식기 소독고/ 소독제/ 식판 및 기구・ 기물류	온도확인 소독제 및 잔류세제 농도확인	세척・ 소독 시	세척 담당자	• 식기소독고 온도 및 시간 조정 • 소독제 농도조 정 및 재세척

※ 모니터링 작성자/확인자는 학교에서 지정・운영

01 다음은 영양교사가 급식소의 시설 설비를 개선하기 위하여 인근의 다른 학교급식 시설을 벤치마킹한 내용이다. 작성 방법에 따라 순서대로 서술하시오. [4점] 영양기출

급식소의 문제점	(가) 실내에 위치한 ① 검수공간 인공조명의 조도가 낮아서 어두움 (나) 조리장 바닥에 문제가 발생하여 교체할 필요성이 있음
영양교사의 활동 사항	(가) 시설 설비가 잘 갖추어진 급식시설을 둘러보고 시설 관련 예산 등에 관한 충분한 설명을 들었음 (나) 학교에 돌아온 후 교장에게 시설 설비 개선 방안을 보고하였음

작성 방법
• 급식소의 시설 설비 기준은 <학교급식 위생관리 지침서>(2016년 제4차 개정)의 내용을 적용할 것
• 밑줄 친 ①의 조도의 기준치를 제시할 것
• 영양교사의 활동 사항 중 (나)에 해당하는 의사소통의 유형을 구체적으로 쓸 것
• 급식소 조리장의 바닥 재질 조건 2가지를 서술할 것

02 다음은 영양교사가 효율적인 급식 청소 작업을 위해 실시한 교육 사례이다. 이에 해당하는 작업관리의 연구 기법과 원칙의 명칭을 순서대로 쓰시오. [2점] 영양기출

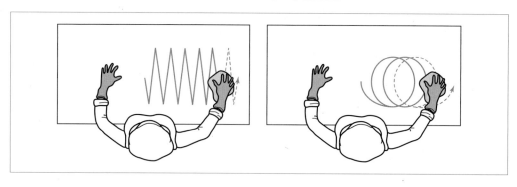

작업관리의 연구 기법 _____

작업관리원칙의 명칭 _____

03 다음은 영양교사가 배식하기 직전에 해야 하는 2가지 업무에 대한 매뉴얼과 서식이다. 괄호 안의 ①, ②에 해당하는 용어를 순서대로 쓰시오. [2점] 영양기출

(①)에 대한 업무 매뉴얼	(②) 기록표	
	2015년 11월 10일(중식)	
• 소독된 용기 및 기구를 사용하되, 한 번 사용한 것은 재사용하지 않을 것	식단명	자장밥, 유부 장국, 시금치나물, 깍두기, 유산균 음료
• 음식의 맛, 온도, 조화, 이물, 이취, 조리 상태 등을 기록할 것	채취 일시	2015년 11월 10일 11시 30분
	냉동고 온도	−18℃
	폐기 일시	2015년 11월 16일 11시 30분
	채취자	○○○
	비고(특이 사항)	

① : _____   ② : _____

04 다음은 영양교사와 현장 실습을 나온 학생과의 대화이다. 밑줄 친 내용과 같이 설비하는 이유가 무엇인지 쓰시오. [2점] 영양기출

> **영양교사** 조리장에서는 동선을 작업의 흐름에 따라 한쪽 방향으로 이동하게 만드는 것이 좋아요.
>
> **학생** 아, 그래서 동선을 고려하여 <u>검수, 전처리, 세척 구역과 조리, 배식 구역으로 따로 구획·구분하여 설비한</u> 것이군요.

설비의 이유 _____

_____

05 다음은 HACCP 시스템을 적용하여 학교급식을 운영하는 영양교사가 CCP(Critical Control Point)와 CP(Control Point)의 한계기준 일부를 문서화한 것이다. CCP와 CP를 결정하는 단계 이전에 진행하여야 할 원칙의 명칭과 그 내용을 쓰고, 괄호 안의 ①, ② 한계기준 중 시간관리 측면에서의 관리기준을 설명하시오. [5점] 영양기출

공 정	한계기준
CCP 1. 식단의 구성	위해도가 높은 식단 제한
CCP 2. 잠재적으로 위험한 식단의 공정 관리	(①)
CCP 3. 검수	냉장·냉동식품 온도 측정
CCP 4. 냉장·냉동고 관리	냉장실, 냉동실 온도 확인
CCP 5. 생채소, 과일의 세척 및 소독	흐르는 물 세척, 소독제에 소독
CCP 6. 식품 취급 및 조리 과정	조리기구의 구분 사용, 가열 조리식품의 중심온도 확인
CCP 7. 운반 및 배식	(②)
CCP 8. 식품 접촉 표면 세척 및 소독	세척 시 헹굼 온도 확인, 기구 소독 시 소독액 농도 확인

자료 : 교육과학기술부, 학교급식 위생관리 지침서, 2010.

_____

_____

_____

_____

06 LPG 가스를 사용하는 조리실에 배기구와 가스 누출 경보기를 설치하려고 한다. 이들의 설치 위치를 정할 때 고려해야 할 점을 LNG 가스와 비교하여 서술하시오. 그리고 학교급식의 위생·안전관리기준에 의거하여 작업위생관리에서 식품을 가열·조리할 때 지켜야 할 사항을 일반 식품과 패류로 구분하여 서술하시오(학교급식의 위생·안전관리기준, 교육부령 제14호, 2013.11.22., 일부개정 적용). [5점] 영양기출

_____

_____

_____

_____

07 다음은 단체급식 조리실에서 수작업으로 진행하는 조리기기 및 식기의 세척·소독 과정의 일부이다. 작성 방법에 따라 서술하시오. [4점] 유사기출

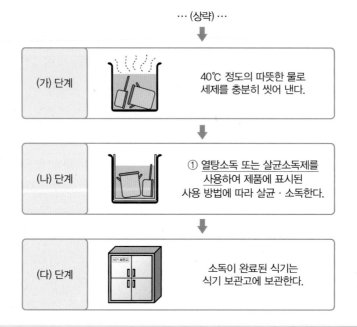

··· (상략) ···

(가) 단계 | 40℃ 정도의 따뜻한 물로 세제를 충분히 씻어 낸다.

(나) 단계 | ① 열탕소독 또는 살균소독제를 사용하여 제품에 표시된 사용 방법에 따라 살균·소독한다.

(다) 단계 | 소독이 완료된 식기는 식기 보관고에 보관한다.

작성 방법
• 세척과 소독의 주목적을 구별하여 서술할 것
• (나)의 단계에서 밑줄 친 ①을 제외한 조리기기 및 식기의 살균·소독 방법 2가지를 제시할 것
• 세척을 끝낸 스테인리스 물컵을 (다)의 단계에서 자외선 소독고에 위생적으로 보관할 때의 유의사항 3가지를 서술할 것

_____

_____

_____

_____

08 다음은 HACCP(Hazard Analysis Critical Control Point, 식품안전관리인증)를 적용하는 외식업체에서 신입 조리사를 훈련시키기 위해 준비한 위생 교육안이다. 작성 방법에 따라 서술하시오. [4점]

유사기출

교육 주제

온도-시간 관리(Time-Temperature Control) 온도는 미생물 성장에 가장 중요한 영향을 미치는 요인으로 대부분의 미생물이 잘 증식하는 5~57℃를 (①)(이)라고 한다. 육류, 가금류, 어패류 등 온도-시간 관리가 필요한 식품을 (①)에 둘 경우, 식중독균의 증식 가능성이 증가하므로 식품 취급 단계별 온도-시간 관리 기준을 확립해 준수한다.

1. 검수 : 냉장·냉동 식품의 품온과 유통기한을 확인해 검수일지에 기록한다.
2. 저장 : 냉장·냉동 온도 기준을 유지하는지 하루 3회 이상 정해진 시간에 확인해 냉장·냉동 온도 일지에 기록한다.

냉장·냉동 온도 기준		
구분	냉장	냉동
온도	1~10℃	(②)℃ 이하

　자료 : 식품공전

3. 해동 : ③ <u>냉동식품을 해동</u>할 때는 실온에서 해동하지 말아야 한다.

… (하략) …

작성 방법

• 괄호 안의 ①에 공통으로 들어갈 용어를 쓸 것
• 괄호 안의 ②에 들어갈 온도를 쓸 것
• 밑줄 친 ③을 하기 위한 올바른 방법 2가지를 서술할 것(단, 실온 해동 금지는 제외)

①에 공통으로 들어갈 용어 _____

②에 들어갈 온도 _____

③을 하기 위한 올바른 방법 2가지(단, 실온 해동 금지는 제외) _____

_____

_____

09 다음은 집단급식소에서 급식관리자와 조리실습생이 나누는 대화이다. 괄호 안에 들어갈 용어를 쓰시오. [2점] 유사기출

급식관리자	검식을 마치고 나면 소독한 용기에 음식을 1인분씩 담아 -18℃ 이하에서 144시간 보관해야 해요.
조리실습생	왜 그렇게 하나요?
급식관리자	식중독 사고가 날 때를 대비해 원인 규명을 위한 검체로 남겨 두는 거예요.
조리실습생	이것을 ( )(이)라고 하지요?

10 다음은 어떤 급식소의 HACCP팀에서 관리하는 메뉴를 조리공정별로 구분하여 3가지 유형으로 나타낸 것이다. 유형 A의 공정에 의하여 조리되는 대표적인 메뉴의 예는 생채류이다. 유형 A, B, C에 해당하는 각 조리 공정을 설명하고, 유형 B, C로 조리하는 메뉴의 예를 1가지씩 쓰시오(단, 유형 B, C의 순서는 무관함). [5점] 유사기출

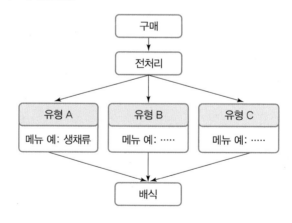

_____

_____

_____

_____

11 다음 그림은 학교급식 주방 도면이다. (A)~(C)의 작업구역에서 갖추어야 할 시설설비기준과 모방 기기를 옳게 연결한 것은? 기출문제

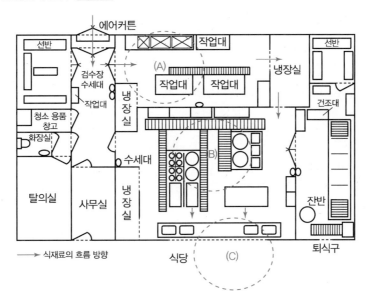

시설설비기준

ㄱ. 교차오염을 방지할 수 있도록 청결작업구역으로 관리한다.

ㄴ. 불쾌한 냄새가 신속히 배출될 수 있도록 환기시설을 설치한다.

ㄷ. 소음을 차단하기 위해 컨베이어벨트를 설치하거나 석조벽, 이중문을 설치한다.

ㄹ. 저장구역과 전처리실 가까이에 위치해야 하며, 조명은 540lux 이상 유지한다.

ㅁ. 물을 많이 사용하는 공간이므로 배수가 용이하도록 주방 바닥을 1/100 정도의 구배를 준다.

주방기기

a. 번철　　　　　　　　b. 보온고　　　　　　　　c. 박피기

d. 브로일러　　　　　　e. L형 운반차

① (A) − ㄹ − e　　　　② (A) − ㅁ − d　　　　③ (B) − ㄱ − a

④ (B) − ㄴ − c　　　　⑤ (C) − ㄷ − b

정답 ③

12 A씨는 학교급식소 점검에서 식품위생관리의 문제점을 발견한 후, 아래와 같이 각 사항을 시정하도록 요구하였다. A씨가 요구한 시정 사항들 중 옳은 것만을 있는 대로 고른 것은? 기출문제

구분	문제점	시점 사항
ㄱ	익힌 음식을 뚜껑을 덮어서 냉장고 하단에 보관하였다.	뚜껑을 열고 냉장고 상단에 보관하도록 하였다.
ㄴ	가열조리식품의 중심 온도가 64℃이었다.	중심 온도가 74℃ 이상 될 때까지 가열하도록 하였다.
ㄷ	보존식을 5℃ 냉장고에서 72시간 보관하였다.	−18℃에서 72시간 보관하도록 하였다.
ㄹ	조리가 완료된 뜨거운 음식을 50℃ 이상에서 배식하였다.	57℃ 이상에서 배식하도록 하였다.
ㅁ	오이생채를 만들 때 오이를 75ppm의 차아염소산나트륨 용액에 3분간 침지하였다.	100ppm의 차아염소산나트륨 용액에 3분간 침지하도록 하였다.

① ㄱ, ㄹ ② ㄴ, ㄹ ③ ㄷ, ㅁ
④ ㄱ, ㄷ, ㅁ ⑤ ㄴ, ㄹ, ㅁ

정답 ②

13 A 학교급식소는 그림과 같은 공정으로 오이부추무침을 조리한다. 학교급식 HACCP 관리기준으로 옳은 것만을 〈보기〉에서 있는 대로 고른 것은? 기출문제

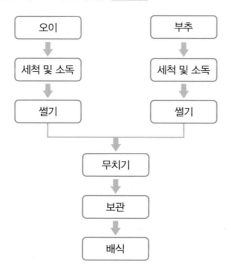

보기

ㄱ. 조리장 바닥은 물기가 없고 미끄럽지 않아야 한다.

ㄴ. 조리가 끝난 오이부추무침은 바로 5℃ 이하의 냉장고에 보관하였다가 배식한다.

ㄷ. 조리수는 수돗물은 먹는 물의 수질 기준에 적합한 지하수 등으로 공급되어야 한다

ㄹ. 썰기, 무치기 단계에서 교차오염 방지가 필요하며 이를 위해 칼, 도마, 장갑, 용기를 구분하여 사용한다.

ㅁ. 오이, 부추를 세척·소독하는 올바른 방법은 오이, 부추를 깨끗이 씻고 유효 염소농도 200ppm에서 5분간 침지한 후 냄새가 나지 않을 때까지 먹는 물로 헹구는 것이다.

① ㄴ, ㄹ ② ㄱ, ㄴ, ㄹ ③ ㄴ, ㄹ, ㅁ

④ ㄱ, ㄴ, ㄷ, ㄹ ⑤ ㄱ, ㄴ, ㄹ, ㅁ

정답 ①

14 A 초등학교에서는 급식시설을 현대화하면서 영양교사에게 다음의 급식시설 설비 계획서에 대한 검토를 의뢰하였다. 계획서의 시설 설비 내용 중 옳은 것은? 기출문제

영역	시설설비 내용
조리장 바닥	바닥과 벽사이의 각진 코너는 둥근 곡면으로 처리하고, 내수성, 내구성, 내열성이 있는 바닥용 타일을 사용한다.
조리장 벽	내구성·내화성이 있는 밝은 색상의 타일을 사용하고, 바닥에서 최소한 1~1.5m 이상은 타일을 붙인다.
조리장 공간	검수, 전처리, 식재료보관구역은 일반구역으로, 조리, 배선 및 배식구역, 식기보관 구역은 청결구역으로 구분한다.
조리장 창고	통풍과 환기가 잘 되고 햇빛이 잘 들어오도록 창문을 설치하며 선반은 벽과 바닥에서 15cm 떨어지게 한다.
환기 시설	후드는 스텐인리스스틸로 제작하며 크기는 열 조리기구와 같게 하고 덕트는 배기효율을 높이기 위해 각형으로 설치한다.

① 조리장벽, 건조창고, 환기시설
② 조리장벽, 조리장공간, 건조창고
③ 조리장바닥, 건조창고, 환기시설
④ 조리장바닥, 조리장공간, 환기시설
⑤ 조리장바닥, 조리장벽, 조리장공간

정답 ⑤

15 단체급식소에서 식중독의 발생 빈도를 낮추기 위한 조리단계에서 주의해야할 사항으로 옳지 <u>않은</u> 것은? 기출문제

① 냉장고, 냉동고에서 꺼낸 식품은 신속히 조리한다.
② 식중독과 경구전염병 발생이 쉬운 시기에는 생식품 사용은 피한다.
③ 일반적으로 9~55℃ 범위를 미생물이 증식하기 쉬운 위험온도 범위라 한다.
④ 식품의 가열 조리 시 안전을 위한 최소 조리시간을 준수하도록 내부 중심온도를 확인한다.
⑤ 칼, 도마, 용기 등은 육류용, 생선용, 채소용, 조리된 음식용, 생식용 등으로 구분하여 사용한다.

정답 ③

16 A고등학교 기숙사 급식소에서 2009년 11월 2일(월)에 점심 식사로 제공한 메뉴의 보존식 관리 내용의 일부이다. (ㄱ)~(ㄷ) 중 식품위생법에 위배되는 사항을 모두 고른 것은?(단, 월요일~토요 일 급식을 제공함) 기출문제

| 잡곡밥 <u>100g</u>을 보존식 전용 용기에 넣어 <u>−20℃</u>에서 <u>11월 5일(목) 저녁까지</u> 보관하였다. |
| (ㄱ)   (ㄴ)   (ㄷ) |

① ㄴ   ② ㄷ   ③ ㄱ, ㄴ
④ ㄱ, ㄷ   ⑤ ㄱ, ㄴ, ㄷ

정답 ④

17 단체급식에서의 위생 관리는 생산된 음식의 품질 확보를 위한 전제 조건으로 식재료, 조리 인력, 시설 및 설비의 3가지 측면에서 관리 체계가 확립되어야 한다. 이 중 식재료 위생관리를 할 때 급식단계별로 고려해야 할 설명으로 옳은 것은? 기출문제

① 곡류, 식용유, 통조림 등 상온에서 보관할 수 있는 것은 당일 구입하여 당일 사용함을 원칙으로 한다.
② 건조, 냉장, 냉동 보관된 식품은 후입 선출에 따라 관리하고 적정 보관기간 내에서 사용해야 한다.
③ 전처리 구역 등이 포함되는 청결작업구역과 검수구역 등이 포함되는 일반작업구역에서의 작업을 분리시켜야 한다.
④ 익힌 음식과 날 음식을 별도의 냉장고에 분리하여 보관하지 못할 경우에는 익힌 음식을 냉장고 위 칸에 보관하여야 한다.
⑤ 채소 및 과일류는 2종 세척제 용액에 5분 이상 담그지 않아야 하며 사용 후에는 반드시 음용수로 씻는 것이 바람직하다.

정답 ④

18 식품의 안전성을 확보하기 위해서는 조리 종사자들의 개인 위생이 중요하다. 옳은 것을 〈보기〉에서 모두 고른 것은? 기출문제

> **보기**
>
> ㄱ. 배식 전 손톱 밑의 세정에 주의하면서 씻는다.
>
> ㄴ. 조리사는 정기적으로 건강진단을 받아야 한다.
>
> ㄷ. 긴 머리는 단정하게 묶으면 조리 위생모를 착용하지 않아도 된다.
>
> ㄹ. 손 소독을 위해 역성비누와 일반비누를 혼합하여 사용하는 것이 효과적이다.

① ㄱ, ㄴ   ② ㄷ, ㄹ   ③ ㄱ, ㄴ, ㄷ
④ ㄱ, ㄴ, ㄹ   ⑤ ㄴ, ㄷ, ㄹ

정답 ①

부록 | 한국인영양섭취기준

Dietary Reference Intakes for Koreans ; KDIRs

1. 2015 한국인 영양소 섭취기준 연령·체위기준

연령	2015 체위기준					
	신장(cm)		체중(kg)		BMI(kg/m^2)	
0~5(개월)	60.3		6.2		17.1	
6~11	72.2		8.9		17.1	
1~2(세)	86.4		12.5		16.7	
3~5	105.4		17.4		15.7	
	남자	여자	남자	여자	남자	여자
6~8(세)	126.4	125.0	26.5	25.0	16.6	16.0
9~11	142.9	142.9	38.2	35.7	18.7	17.5
12~14	163.5	158.1	52.9	48.5	19.8	19.4
15~18	173.3	160.9	63.1	53.1	21.0	20.5
19~29	174.8	161.5	68.7	56.1	22.5	21.5
30~49	172.0	159.0	66.6	54.4	22.5	21.5
50~64	168.4	155.4	63.8	51.9	22.5	21.5
65~74	164.9	152.1	61.2	49.7	22.5	21.5
75 이상	163.3	147.1	60.0	46.5	22.5	21.5

자료 : 보건복지부, 한국영양학회, 2015

2. 한국인 영양소 섭취기준 요약표(보건복지부, 2015)

1) 에너지적정비율

영양소		에너지적정비율			
		1~2세	3~18세	19세 이상	비고
탄수화물		55~65%	55~65%	55~65%	
단백질		7~20%	7~20%	7~20%	
지질	총지방	20~35%	15~30%	15~30%	
	n~6계 지방산	4~10%	4~10%	4~10%	
	n~3계 지방산	1% 내외	1% 내외	1% 내외	
	포화지방산	~	8% 미만	7% 미만	
	트랜스지방산	~	1% 미만	1% 미만	
	콜레스테롤	~	~	300mg/일 미만	목표섭취량

2) 당류

총당류 섭취량을 총에너지 섭취량의 10~20%로 제한하고 특히 식품의 조리 및 가공 시 첨가되는 첨가당은 총에너지 섭취량의 10% 이내로 섭취하도록 한다. 첨가당의 주요 급원으로는 설탕, 액상과당, 물엿, 당밀, 꿀, 시럽, 농축과일주스 등이 있다.

3) 에너지와 다량영양소

성별	연령	에너지(kcal/일)				탄수화물(g/일)				지방(g/일)				n~6계 지방산(g/일)			
		필요추정량	권장섭취량	충분섭취량	상한섭취량	평균필요량	권장섭취량	충분섭취량	상한섭취량	평균필요량	권장섭취량	충분섭취량	상한섭취량	평균필요량	권장섭취량	충분섭취량	상한섭취량
영아	0~5(개월)	550						60				25				2.0	
	6~11	700						90				25				4.5	
유아	1~2(세)	1,000															
	3~5	1,400															
남자	6~8(세)	1,700															
	9~11	2,100															
	12~14	2,500															
	15~18	2,700															
	19~29	2,600															
	30~49	2,400															
	50~64	2,200															
	65~74	2,000															
	75 이상	2,000															
여자	6~8(세)	1,500															
	9~11	1,800															
	12~14	2,000															
	15~18	2,000															
	19~29	2,100															
	30~49	1,900															
	50~64	1,800															
	65~74	1,600															
	75 이상	1,600															
임신부[1]		+0 +340 +450															
수유부		+320															

성별	연령	n~3계 지방산(g/일)				단백질(g/일)				식이섬유(g/일)				수분(mL/일)		
		평균필요량	권장섭취량	충분섭취량	상한섭취량	평균필요량	권장섭취량	충분섭취량	상한섭취량	평균필요량	권장섭취량	충분섭취량	상한섭취량	평균필요량 / 권장섭취량	충분섭취량	상한섭취량
															액체 / 총수분	
영아	0~5(개월)			0.3				10							700 / 700	
	6~11			0.8		10	15								500 / 800	
유아	1~2(세)					12	15			10					800 / 1,100	
	3~5					15	20			15					1,100 / 1,500	
남자	6~8(세)					25	30			20					900 / 1,800	
	9~11					35	40			20					1,000 / 2,100	
	12~14					45	55			25					1,000 / 2,300	
	15~18					50	65			25					1,200 / 2,600	
	19~29					50	65			25					1,200 / 2,600	
	30~49					50	60			25					1,200 / 2,500	
	50~64					50	60			25					1,000 / 2,200	
	65~74					45	55			25					1,000 / 2,100	
	75 이상					45	55			25					1,000 / 2,100	
여자	6~8(세)					20	25			20					900 / 1,700	
	9~11					30	40			20					900 / 1,900	
	12~14					40	50			20					900 / 2,000	
	15~18					40	50			20					900 / 2,000	
	19~29					45	55			20					1,000 / 2,100	
	30~49					40	50			20					1,000 / 2,000	
	50~64					40	50			20					900 / 1,900	
	65~74					40	45			20					900 / 1,800	
	75 이상					40	45			20					900 / 1,800	
임신부[1]						+12 +25	+15 +30			+5					+200	
수유부						+20	+25			+5					+500 / +700	

1) 에너지 임신부 1,2,3 분기별 부가량, 단백질 임신부 2,3 분기별 부가량

성별	연령	메티오닌+시스테인(g/일)				류신(g/일)				이소류신(g/일)				발린(g/일)			
		평균필요량	권장섭취량	충분섭취량	상한섭취량	평균필요량	권장섭취량	충분섭취량	상한섭취량	평균필요량	권장섭취량	충분섭취량	상한섭취량	평균필요량	권장섭취량	충분섭취량	상한섭취량
영아	0~5(개월)			0.4				1.0				0.6				0.6	
	6~11	0.3	0.4			0.6	0.8			0.3	0.4			0.3	0.5		
유아	1~2(세)	0.3	0.4			0.6	0.8			0.3	0.4			0.4	0.5		
	3~5	0.3	0.4			0.7	0.9			0.3	0.4			0.4	0.5		
남자	6~8(세)	0.5	0.6			1.1	1.3			0.5	0.6			0.6	0.7		
	9~11	0.7	0.8			1.5	1.9			0.7	0.8			0.9	1.1		
	12~14	1.0	1.2			2.1	2.6			1.0	1.2			1.2	1.5		
	15~18	1.1	1.3			2.4	3.0			1.1	1.3			1.4	1.7		
	19~29	1.0	1.3			2.3	3.0			1.0	1.3			1.3	1.6		
	30~49	1.0	1.3			2.3	2.9			1.0	1.3			1.3	1.6		
	50~64	1.0	1.2			2.2	2.7			1.0	1.2			1.2	1.5		
	65~74	0.9	1.2			2.1	2.6			0.9	1.2			1.2	1.5		
	75 이상	0.9	1.1			2.0	2.6			0.9	1.1			1.1	1.4		
여자	6~8(세)	0.5	0.6			1.0	1.2			0.5	0.6			0.6	0.7		
	9~11	0.6	0.7			1.4	1.7			0.6	0.7			0.8	1.0		
	12~14	0.8	1.0			1.8	2.3			0.8	1.0			1.1	1.3		
	15~18	0.8	1.0			1.9	2.3			0.8	1.0			1.1	1.3		
	19~29	0.8	1.1			1.9	2.4			0.8	1.1			1.1	1.3		
	30~49	0.8	1.0			1.8	2.3			0.8	1.0			1.0	1.3		
	50~64	0.8	1.0			1.8	2.2			0.8	1.0			1.0	1.2		
	65~74	0.7	0.9			1.7	2.1			0.7	0.9			0.9	1.2		
	75 이상	0.7	0.9			1.6	2.0			0.7	0.9			0.9	1.1		
임신부		+0.3	+0.3			+0.6	+0.7			+0.3	+0.3			+0.3	+0.4		
수유부		+0.3	+0.4			+0.9	+1.1			+0.5	+0.6			+0.5	+0.6		

성별	연령	라이신(g/일)				페닐알라닌+티로신(g/일)				트레오닌(g/일)				트립토판(g/일)				히스티딘(g/일)			
		평균필요량	권장섭취량	충분섭취량	상한섭취량	평균필요량	권장섭취량	충분섭취량	상한섭취량	평균필요량	권장섭취량	충분섭취량	상한섭취량	평균필요량	권장섭취량	충분섭취량	상한섭취량	평균필요량	권장섭취량	충분섭취량	상한섭취량
영아	0~5(개월)			0.7				0.9				0.5				0.2				0.1	
	6~11	0.6	0.8			0.5	0.7			0.3	0.4			0.1	0.1			0.2	0.3		
유아	1~2(세)	0.6	0.7			0.5	0.7			0.3	0.4			0.1	0.1			0.2	0.3		
	3~5	0.6	0.8			0.6	0.7			0.3	0.4			0.1	0.1			0.2	0.3		
남자	6~8(세)	1.0	1.2			0.9	1.1			0.5	0.6			0.1	0.2			0.3	0.4		
	9~11	1.4	1.8			1.3	1.6			0.7	0.9			0.2	0.2			0.5	0.6		
	12~14	2.0	2.4			1.7	2.2			1.0	1.3			0.3	0.3			0.7	0.9		
	15~18	2.2	2.7			2.0	2.4			1.1	1.4			0.3	0.4			0.8	0.9		
	19~29	2.4	3.0			2.7	3.4			1.1	1.4			0.3	0.3			0.8	1.0		
	30~49	2.3	2.9			2.7	3.3			1.1	1.3			0.3	0.3			0.7	0.9		
	50~64	2.2	2.8			2.6	3.2			1.0	1.3			0.3	0.3			0.7	0.9		
	65~74	2.1	2.7			2.4	3.1			1.0	1.2			0.2	0.3			0.7	0.9		
	75 이상	2.1	2.6			2.4	3.0			1.0	1.2			0.2	0.3			0.7	0.8		
여자	6~8(세)	0.9	1.2			0.8	1.0			0.5	0.6			0.1	0.2			0.3	0.4		
	9~11	1.2	1.5			1.1	1.4			0.6	0.8			0.2	0.2			0.4	0.5		
	12~14	1.7	2.1			1.5	1.8			0.9	1.1			0.2	0.3			0.6	0.7		
	15~18	1.7	2.1			1.5	1.9			0.9	1.1			0.2	0.3			0.6	0.7		
	19~29	2.0	2.5			2.2	2.8			0.9	1.1			0.2	0.3			0.6	0.8		
	30~49	1.9	2.4			2.2	2.7			0.9	1.1			0.2	0.3			0.6	0.8		
	50~64	1.8	2.3			2.1	2.6			0.8	1.0			0.2	0.3			0.6	0.7		
	65~74	1.7	2.2			2.0	2.5			0.8	1.0			0.2	0.2			0.5	0.7		
	75 이상	1.6	2.0			1.9	2.3			0.7	0.9			0.2	0.2			0.5	0.7		
임신부		+0.3	+0.4			+0.8	+1.0			+0.3	+0.4			+0.1	+0.1			+0.2	+0.2		
수유부		+0.4	+0.4			+1.5	+1.9			+0.4	+0.6			+0.2	+0.2			+0.2	+0.3		

4) 지용성 비타민

성별	연령	비타민 A(μg RAE/일)				비타민 D(μg/일)				비타민 E(mg α~TE/일)				비타민 K(μg/일)			
		평균 필요량	권장 섭취량	충분 섭취량	상한 섭취량	평균 필요량	권장 섭취량	충분 섭취량	상한 섭취량	평균 필요량	권장 섭취량	충분 섭취량	상한 섭취량	평균 필요량	권장 섭취량	충분 섭취량	상한 섭취량
영아	0~5(개월)			350	600			5	25			3				4	
	6~11			450	600			5	25			4				7	
유아	1~2(세)	200	300		600			5	30			5	200			25	
	3~5	230	350		700			5	35			6	250			30	
남자	6~8(세)	320	450		1,000			5	40			7	300			45	
	9~11	420	600		1,500			5	60			9	400			55	
	12~14	540	750		2,100			10	100			10	400			70	
	15~18	620	850		2,300			10	100			11	500			80	
	19~29	570	800		3,000			10	100			12	540			75	
	30~49	550	750		3,000			10	100			12	540			75	
	50~64	530	750		3,000			10	100			12	540			75	
	65~74	500	700		3,000			15	100			12	540			75	
	75 이상	500	700		3,000			15	100			12	540			75	
여자	6~8(세)	290	400		1,000			5	40			7	300			45	
	9~11	380	550		1,500			5	60			9	400			55	
	12~14	470	650		2,100			10	100			10	400			65	
	15~18	440	600		2,300			10	100			11	500			65	
	19~29	460	650		3,000			10	100			12	540			65	
	30~49	450	650		3,000			10	100			12	540			65	
	50~64	430	600		3,000			10	100			12	540			65	
	65~74	410	550		3,000			15	100			12	540			65	
	75 이상	410	550		3,000			15	100			12	540			65	
임신부		+50	+70		3,000	+0			100			+0	540	+0			
수유부		+350	+490		3,000	+0			100			+3	540	+0			

5) 수용성 비타민

성별	연령	비타민 C(mg/일)				티아민(mg/일)				리보플라빈(mg/일)				니아신(mg NE/일)[1]				
		평균 필요량	권장 섭취량	충분 섭취량	상한 섭취량	평균 필요량	권장 섭취량	충분 섭취량	상한 섭취량	평균 필요량	권장 섭취량	충분 섭취량	상한 섭취량	평균 필요량	권장 섭취량	충분 섭취량	상한 섭취량[2]	상한 섭취량[2]
영아	0~5(개월)	35						0.2				0.3				2		
	6~11	45						0.3				0.4				3		
유아	1~2(세)	30	35		350	0.4	0.5			0.5	0.5			4	6		10	180
	3~5	30	40		500	0.4	0.5			0.5	0.6			5	7		10	250
남자	6~8(세)	40	55		700	0.6	0.7			0.7	0.9			7	9		15	350
	9~11	55	70		1,000	0.7	0.9			1.0	1.2			9	12		20	500
	12~14	70	90		1,400	1.0	1.1			1.2	1.5			11	15		25	700
	15~18	80	105		1,500	1.1	1.3			1.4	1.7			13	17		30	800
	19~29	75	100		2,000	1.0	1.2			1.3	1.5			12	16		35	1,000
	30~49	75	100		2,000	1.0	1.2			1.3	1.5			12	16		35	1,000
	50~64	75	100		2,000	1.0	1.2			1.3	1.5			12	16		35	1,000
	65~74	75	100		2,000	1.0	1.2			1.3	1.5			12	16		35	1,000
	75 이상	75	100		2,000	1.0	1.2			1.3	1.5			12	16		35	1,000
여자	6~8(세)	45	60		700	0.6	0.7			0.6	0.8			7	9		15	350
	9~11	60	80		1,000	0.7	0.9			0.8	1.0			9	12		20	500
	12~14	75	100		1,400	0.9	1.1			1.0	1.2			11	15		25	700
	15~18	70	95		1,500	1.0	1.2			1.0	1.2			11	14		30	800
	19~29	75	100		2,000	0.9	1.1			1.0	1.2			11	14		35	1,000
	30~49	75	100		2,000	0.9	1.1			1.0	1.2			11	14		35	1,000
	50~64	75	100		2,000	0.9	1.1			1.0	1.2			11	14		35	1,000
	65~74	75	100		2,000	0.9	1.1			1.0	1.2			11	14		35	1,000
	75 이상	75	100		2,000	0.9	1.1			1.0	1.2			11	14		35	1,000
임신부		+10	+10		2,000	+0.4	+0.4			+0.3	+0.4			+3	+4		35	1,000
수유부		+35	+40		2,000	+0.3	+0.4			+0.4	+0.5			+2	+3		35	1,000

(계속)

성별	연령	비타민 B6(mg/일)				엽산(μg DFE/일)[3]				비타민 B12(μg/일)				판토텐산(mg/일)				비오틴(μg/일)			
		평균필요량	권장섭취량	충분섭취량	상한섭취량	평균필요량	권장섭취량	충분섭취량	상한섭취량	평균필요량	권장섭취량	충분섭취량	상한섭취량	평균필요량	권장섭취량	충분섭취량	상한섭취량	평균필요량	권장섭취량	충분섭취량	상한섭취량
영아	0~5 (개월)			0.1		65						0.3				1.7				5	
	6~11			0.3		80						0.5				1.9				7	
유아	1~2(세)	0.5	0.6		25	120	150		300	0.8	0.9					2				9	
	3~5	0.6	0.7		35	150	180		400	0.9	1.1					2				11	
남자	6~8(세)	0.7	0.9		45	180	220		500	1.1	1.3					3				15	
	9~11	0.9	1.1		55	250	300		600	1.5	1.7					4				20	
	12~14	1.3	1.5		60	300	360		800	1.9	2.3					5				25	
	15~18	1.3	1.5		65	320	400		900	2.2	2.7					5				30	
	19~29	1.3	1.5		100	320	400		1,000	2.0	2.4					5				30	
	30~49	1.3	1.5		100	320	400		1,000	2.0	2.4					5				30	
	50~64	1.3	1.5		100	320	400		1,000	2.0	2.4					5				30	
	65~74	1.3	1.5		100	320	400		1,000	2.0	2.4					5				30	
	75 이상	1.3	1.5		100	320	400		1,000	2.0	2.4					5				30	
여자	6~8(세)	0.7	0.9		45	180	220		500	1.1	1.3					3				15	
	9~11	0.9	1.1		55	250	300		600	1.5	1.7					4				20	
	12~14	1.2	1.4		60	300	360		800	1.9	2.3					5				25	
	15~18	1.2	1.4		65	320	400		900	2.0	2.4					5				30	
	19~29	1.2	1.4		100	320	400		1,000	2.0	2.4					5				30	
	30~49	1.2	1.4		100	320	400		1,000	2.0	2.4					5				30	
	50~64	1.2	1.4		100	320	400		1,000	2.0	2.4					5				30	
	65~74	1.2	1.4		100	320	400		1,000	2.0	2.4					5				30	
	75 이상	1.2	1.4		100	320	400		1,000	2.0	2.4					5				30	
임신부		+0.7	+0.8		100	+200	+220		1,000	+0.2	+0.2					+1				+0	
수유부		+0.7	+0.8		100	+130	+150		1,000	+0.3	+0.4					+2				+5	

1) 1mg NE(니아신 당량)=1mg 니아신=60mg 트립토판
2) 니코틴산/니코틴아미드
3) Dietary Folate Equivalents, 가임기 여성의 경우 400μg/일의 엽산보충제 섭취를 권장함, 엽산의 상한섭취량은 보충제 또는 강화 식품의 형태로 섭취한 μg/일에 해당됨

6) 다량 무기질

성별	연령	칼슘(mg/일)				인(mg/일)				나트륨(mg/일)				
		평균 필요량	권장 섭취량	충분 섭취량	상한 섭취량	평균 필요량	권장 섭취량	충분 섭취량	상한 섭취량	평균 필요량	권장 섭취량	충분 섭취량	상한 섭취량	목표 섭취량
영아	0~5(개월)			210	1,000			100				120		
	6~11			300	1,500			300				370		
유아	1~2(세)	390	500		2,500	380	450		3,000			900		
	3~5	470	600		2,500	460	550		3,000			1,000		
남자	6~8(세)	580	700		2,500	490	600		3,000			1,200		
	9~11	650	800		3,000	1,000	1,200		3,500			1,400		2,000
	12~14	800	1,000		3,000	1,000	1,200		3,500			1,500		2,000
	15~19	720	900		3,000	1,000	1,200		3,500			1,500		2,000
	20~29	650	800		2,500	580	700		3,500			1,500		2,000
	30~49	630	800		2,500	580	700		3,500			1,500		2,000
	50~64	600	750		2,000	580	700		3,500			1,500		2,000
	65~74	570	700		2,000	580	700		3,500			1,300		2,000
	75 이상	570	700		2,000	580	700		3,000			1,100		2,000
여자	6~8(세)	580	700		2,500	450	550		3,000			1,200		
	9~11	650	800		3,000	1,000	1,200		3,500			1,400		2,000
	12~14	740	900		3,000	1,000	1,200		3,500			1,500		2,000
	15~19	660	800		3,000	1,000	1,200		3,500			1,500		2,000
	20~29	530	700		2,500	580	700		3,500			1,500		2,000
	30~49	510	700		2,500	580	700		3,500			1,500		2,000
	50~64	580	800		2,000	580	700		3,500			1,500		2,000
	65~74	560	800		2,000	580	700		3,500			1,300		2,000
	75 이상	560	800		2,000	580	700		3,000			1,100		2,000
임신부		+0	+0		2,500	+0	+0		3,000			1,500		2,000
수유부		+0	+0		2,500	+0	+0		3,500			1,500		2,000

(계속)

성별	연령	염소(mg/일)				칼륨(mg/일)				마그네슘(mg/일)			
		평균 필요량	권장 섭취량	충분 섭취량	상한 섭취량	평균 필요량	권장 섭취량	충분 섭취량	상한 섭취량	평균 필요량	권장 섭취량	충분 섭취량	상한 섭취량[1]
영아	0~5(개월)			180				400				30	
	6~11			560				700				55	
유아	1~2(세)			1,300				2,000		65	80		65
	3~5			1,500				2,300		85	100		90
남자	6~8(세)			1,900				2,600		135	160		130
	9~11			2,100				3,000		190	230		180
	12~14			2,300				3,500		265	320		250
	15~18			2,300				3,500		335	400		350
	19~29			2,300				3,500		295	350		350
	30~49			2,300				3,500		305	370		350
	50~64			2,300				3,500		305	370		350
	65~74			2,000				3,500		305	370		350
	75 이상			1,700				3,500		305	370		350
여자	6~8(세)			1,900				2,600		125	150		130
	9~11			2,100				3,000		180	210		180
	12~14			2,300				3,500		245	290		250
	15~18			2,300				3,500		285	340		350
	19~29			2,300				3,500		235	280		350
	30~49			2,300				3,500		235	280		350
	50~64			2,300				3,500		235	280		350
	65~74			2,000				3,500		235	280		350
	75 이상			1,700				3,500		235	280		350
임신부				2,300				+0		+32	+40		350
수유부				2,300				+400		+0	+0		350

1) 식품 외 급원의 마그네슘에만 해당

7) 미량 무기질

성별	연령	철(mg/일)				아연(mg/일)				구리(μg/일)				불소(mg/일)			
		평균필요량	권장섭취량	충분섭취량	상한섭취량	평균필요량	권장섭취량	충분섭취량	상한섭취량	평균필요량	권장섭취량	충분섭취량	상한섭취량	평균필요량	권장섭취량	충분섭취량	상한섭취량
영아	0~5 (개월)			0.3	40			2				240				0.01	0.6
	6~11	5	6		40	2	3					310				0.5	0.9
유아	1~2 (세)	4	6		40	2	3		6	220	280		1,500			0.6	1.2
	3~5	5	6		40	3	4		9	250	320		2,000			0.8	1.7
남자	6~8 (세)	7	9		40	5	6		13	340	440		3,000			1.0	2.5
	9~11	8	10		40	7	8		20	440	580		5,000			2.0	10.0
	12~14	11	14		40	7	8		30	570	740		7,000			2.5	10.0
	15~18	11	14		45	8	10		35	650	840		7,000			3.0	10.0
	19~29	8	10		45	8	10		35	600	800		10,000			3.5	10.0
	30~49	8	10		45	8	10		35	600	800		10,000			3.0	10.0
	50~64	7	10		45	8	9		35	600	800		10,000			3.0	10.0
	65~74	7	9		45	7	9		35	600	800		10,000			3.0	10.0
	75 이상	7	9		45	7	9		35	600	800		10,000			3.0	10.0
여자	6~8 (세)	6	8		40	4	5		13	340	440		3,000			1.0	2.5
	9~11	7	10		40	6	8		20	440	580		5,000			2.0	10.0
	12~14	13	16		40	6	8		25	570	740		7,000			2.5	10.0
	15~18	11	14		45	7	9		30	650	840		7,000			2.5	10.0
	19~29	11	14		45	7	8		35	600	800		10,000			3.0	10.0
	30~49	11	14		45	7	8		35	600	800		10,000			2.5	10.0
	50~64	6	8		45	6	7		35	600	800		10,000			2.5	10.0
	65~74	6	8		45	6	7		35	600	800		10,000			2.5	10.0
	75 이상	5	7		45	6	7		35	600	800		10,000			2.5	10.0
임신부		+8	+10		45	+2.0	+2.5		35	+100	+130		10,000			+0	10.0
수유부		+0	+0		45	+4.0	+5.0		35	+370	+480		10,000			+0	10.0

(계속)

성별	연령	망간(mg/일) 평균필요량	권장섭취량	충분섭취량	상한섭취량	요오드(μg/일) 평균필요량	권장섭취량	충분섭취량	상한섭취량	셀레늄(μg/일) 평균필요량	권장섭취량	충분섭취량	상한섭취량	몰리브덴(μg/일) 평균필요량	권장섭취량	충분섭취량	상한섭취량	크롬(μg/일) 평균필요량	권장섭취량	충분섭취량	상한섭취량
영아	0~5 (개월)			0.01				130	250			9	45							0.2	
	6~11			0.8				170	250			11	65							5.0	
유아	1~2 (세)			1.5	2.0	55	80		300	19	23		75				100			12	
	3~5			2.0	3.0	65	90		300	22	25		100				100			12	
남자	6~8 (세)			2.5	4.0	75	100		500	30	35		150				200			20	
	9~11			3.0	5.0	85	110		500	39	45		200				300			25	
	12~14			4.0	7.0	90	130		1,800	49	60		300				400			35	
	15~18			4.0	9.0	95	130		2,200	55	65		300				500			40	
	19~29			4.0	11.0	95	150		2,400	50	60		400	25	30		550			35	
	30~49			4.0	11.0	95	150		2,400	50	60		400	20	25		550			35	
	50~64			4.0	11.0	95	150		2,400	50	60		400	20	25		550			35	
	65~74			4.0	11.0	95	150		2,400	50	60		400	20	25		550			35	
	75 이상			4.0	11.0	95	150		2,400	50	60		400	20	25		550			35	
여자	6~8 (세)			2.5	4.0	75	100		500	30	35		150				200			15	
	9~11			3.0	5.0	85	110		500	39	45		200				300			20	
	12~14			3.5	7.0	90	130		2,000	49	60		300				400			25	
	15~18			3.5	9.0	95	130		2,200	55	65		300				400			25	
	19~29			3.5	11.0	95	150		2,400	50	60		400	20	25		450			25	
	30~49			3.5	11.0	95	150		2,400	50	60		400	20	25		450			25	
	50~64			3.5	11.0	95	150		2,400	50	60		400	20	25		450			25	
	65~74			3.5	11.0	95	150		2,400	50	60		400	20	25		450			25	
	75 이상			3.5	11.0	95	150		2,400	50	60		400	20	25		450			25	
임신부				+0	11.0	+65	+90			+3	+4		400				450			+5	
수유부				+0	11.0	+130	+190			+9	+10		400				450			+20	

3. 식품구성자전거

식품구성자전거는 6가지 식품군 중 과잉 섭취를 주의해야 하는 유지·당류를 제외한 5가지 식품군을 매일 골고루 필요한 만큼 먹어 균형 잡힌 식사를 해야 한다는 의미를 전달하고 있다.

여기에 앞바퀴는 매일 충분한 양의 물을 섭취해야 하는 것을 표현하고 있으며 자전거에 앉은 사람의 모습은 매일 충분한 양의 신체활동을 해서 적절한 영양소 섭취기준과 함께 건강을 유지하고 비만을 예방할 수 있음을 의미한다.

식품구성자전거의 뒷바퀴를 보면 곡류는 매일 2~4회, 고기·생선·달걀·콩류는 매일 3~4회, 채소류는 매 끼니 2가지 이상, 과일류는 매일 1~2개, 우유·유제품은 매일 1~2잔을 섭취하는 것을 표현하고 있다. 유지·당류는 조리 시 조금씩 사용하는 것을 권장하여 포함되지 않았다.

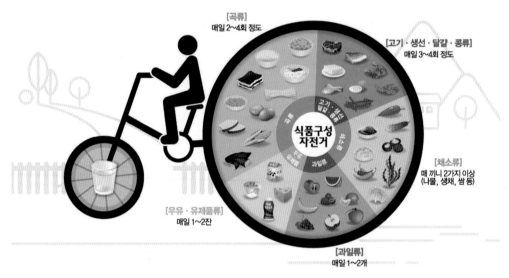

자료 : 보건복지부·한국영양학회 2015

4. 식품군별 주요 식품과 1인 1회 분량

1) 곡류의 주요 식품, 1인 1회 분량 및 1회 분량에 해당하는 횟수

구분	품목	식품명	1회 분량(g)[1]	횟수[2]
곡류 (300kcal)	곡류	백미, 보리, 찹쌀, 현미, 조, 수수, 기장, 팥	90	1회
		옥수수	70	0.3회
		쌀밥	210	1회
	면류	국수(말린 것)	90	1회
		국수(생면)	210	1회
		당면	30	0.3회
		라면사리	120	1회
	떡류	가래떡/백설기	150	1회
		떡(팥소, 시루떡 등)	150	1회
	빵류	식빵	35	0.3회
		빵(쨈빵, 팥빵 등)	80	1회
		빵(기타)	80	1회
	씨리얼류	시리얼	30	0.3회
	감자류	감자	140	0.3회
		고구마	70	0.3회
	기타	묵	200	0.3회
		밤	60	0.3회
		밀가루, 전분, 빵가루, 부침가루, 튀김가루, 믹스	30	0.3회
	과자류	과자(비스킷, 쿠키)	30	0.3회
		과자(스낵)	30	0.3회

삭제한 식품 : 혼합잡곡, 삶은 면, 냉면국수, 메밀국수
1) 1회 섭취하는 가식부 분량임
2) 곡류 300kcal에 해당하는 분량을 1회라고 간주하였을 때, 해당 1회 분량에 해당하는 횟수

2) 고기·생선·달걀·콩류의 주요 식품, 1인 1회 분량 및 1회 분량에 해당하는 횟수

구분	품목	식품명	1회 분량(g)[1]	횟수[2]
고기·생선· 달걀·콩류 (100kcal)	육류	쇠고기(한우, 수입우)	60	1회
		돼지고기, 돼지고기(삼겹살)	60	1회
		닭고기	60	1회
		오리고기	60	1회
		햄, 소시지, 베이컨, 통조림햄	30	1회

(계속)

구분	품목	식품명	1회 분량(g)[1]	횟수[2]
고기·생선· 달걀·콩류 (100kcal)	어패류	고등어, 명태/동태, 조기, 꽁치, 갈치, 다랑어(참치)	60	1회
		바지락, 게, 굴	80	1회
		오징어, 새우, 낙지	80	1회
		멸치자건품, 오징어(말린 것), 새우자건품, 뱅어포(말린 것), 명태(말린 것)	15	1회
		다랑어(참치통조림)	60	1회
		어묵, 게맛살	30	1회
		어류젓	40	1회
	난류	달걀, 메추라기알	60	1회
	콩류	대두, 완두콩, 강낭콩	20	1회
		두부	80	1회
		순두부	200	1회
		두유	200	1회
	견과류	땅콩, 아몬드, 호두, 잣, 해바라기씨, 호박씨	10	0.3회

삭제한 식품 : 미꾸라지, 민물장어, 넙치, 삼치, 깨(유지류로)

1) 1회 섭취하는 가식부 분량임

2) 고기·생선·달걀·콩류 100kcal에 해당하는 분량을 1회라고 간주하였을 때, 해당 1회 분량에 해당하는 횟수

3) 채소류의 주요 식품, 1인 1회 분량 및 1회 분량에 해당하는 횟수

구분	품목	식품명	1회 분량(g)[1]	횟수[2]
채소류 (15kcal)	채소류	파, 양파, 당근, 풋고추, 무, 애호박, 오이, 콩나물, 시 금치, 상추, 배추, 양배추, 깻잎, 피망, 부추, 토마토, 쑥갓, 무청, 붉은고추, 숙주나물, 고사리, 미나리	70	1회
		배추김치, 깍두기, 단무지, 열무김치, 총각김치	40	1회
		우엉	40	1회
		마늘, 생강	10	1회
	해조류	미역, 다시마	30	1회
		김	2	1회
	버섯류	느타리버섯, 표고버섯, 양송이버섯, 팽이버섯	30	1회

삭제한 식품 : 고구마줄기, 근대, 쑥, 아욱, 취나물, 두릅, 머위, 가지, 늙은 호박, 나박김치, 오이소박이, 동치미, 갓김치, 파김치, 도라
지, 토마토주스, 파래

1) 1회 섭취하는 가식부 분량임

2) 채소류 15 kcal에 해당하는 분량을 1회라고 간주하였을 때, 해당 1회 분량에 해당하는 횟수

4) 과일류의 주요 식품, 1인 1회 분량 및 1회 분량에 해당하는 횟수

구분	품목	식품명	1회 분량(g)[1]	횟수[2]
과일류 (50kcal)	과일류	수박, 참외, 딸기	150	1회
		사과, 귤, 배, 바나나, 감, 포도, 복숭아, 오렌지, 키위, 파인애플	100	1회
		건포도, 대추(말린 것)	15	1회
	주스류	과일음료	100	1회

삭제한 식품 : 망고
1) 1회 섭취하는 가식부 분량임
2) 과일류 50kcal에 해당하는 분량을 1회라고 간주하였을 때, 해당 1회 분량에 해당하는 횟수

5) 우유·유제품류의 주요 식품, 1인 1회 분량 및 1회 분량에 해당하는 횟수

구분	품목	식품명	1회 분량(g)[1]	횟수[2]
우유· 유제품류 (125kcal)	우유	우유	200	1회
	유제품	치즈	20	0.3회
		요구르트(호상)	100	1회
		요구르트(액상)	150	1회
		아이스크림	100	1회

1) 1회 섭취하는 가식부 분량임
2) 우유·유제품류 125kcal에 해당하는 분량을 1회라고 간주하였을 때, 해당 1회 분량에 해당하는 횟수

6) 유지·당류의 주요 식품, 1인 1회 분량 및 1회 분량에 해당하는 횟수

구분	품목	식품명	1회 분량(g)[1]	횟수[2]
유지·당류 (45kcal)	유지류	참기름, 콩기름, 커피프림, 들기름, 유채씨기름/채종유, 흰깨, 들깨, 버터, 포도씨유, 마요네즈	5	1회
		커피믹스	12	1회
	당류	설탕, 물엿/조청, 꿀	10	

삭제한 식품 : 옥수수기름, 당밀/시럽, 사탕
1) 1회 섭취하는 가식부 분량임
2) 유지·당류 45kcal에 해당하는 분량을 1회라고 간주하였을 때, 해당 1회 분량에 해당하는 횟수

저자
소개

차윤환

동국대학교 식품공학과 졸업
동국대학교 대학원 식품공학과 석사
연세대학교 대학원 생명공학과 박사

주요 강의 숭의여자대학교 식품영양학과
상지대학교 식품영양학과
용인대학교 식품영양학과
동국대학교 식품공학과
서울산업대학교 식품공학과

김옥선

숙명여자대학교 대학원 식품영양학전공 이학석사
숙명여자대학교 대학원 식품영양학전공 이학박사
Culinary Institute of American(U.S.A)
American Cuisine, French Cuisine, Menu Planning, Food Styling 과정 수료
장안대학교 식품영양과 교수

주요 강의 숙명여자대학교 식품영양학과
명지대학교 식품영양학과
숙명여자대학교 교육대학원 영양교육전공
경희대학교 교육대학원 영양교육전공
서울여자대학교 교육대학원 영양교육전공
원광대학교 교육대학원 영양교육전공
한국방송통신대학교 가정학과 식품영양전공
가천의과학대학교 치위생학과

2020년 4월 21일 초판 인쇄 | 2020년 4월 27일 초판 발행

지은이 차윤환·김옥선 | **펴낸이** 류원식 | **펴낸곳 교문사**

편집부장 모은영 | **책임진행** 이정화 | **표지디자인** 베이퍼 | **본문디자인·편집** 디자인이투이
제작 김선형 | **홍보** 이솔아 | **영업** 정용섭·송기윤·진경민 | **출력·인쇄** 동화인쇄 | **제본** 한진제본

주소 (1088) 경기도 파주시 문발로 116 | **전화** 031-955-6111 | **팩스** 031-955-0955
홈페이지 www.gyomoon.com | **E-mail** genie@gyomoon.com
등록 1960. 10. 28. 제406-2006-000035호
ISBN 978-89-363-1988-5 (14590)
     978-89-363-1987-8 (14590) (세트) | **값** 38,000원